ŒUVRES

DE LAGRANGE,

PUBLIÉES PAR LES SOINS

DE M. J.-A. SERRET,

SOUS LES AUSPICES

DE SON EXCELLENCE
LE MINISTRE DE L'INSTRUCTION PUBLIQUE.

TOME SEPTIÈME.

PARIS,

GAUTHIER-VILLARS, IMPRIMEUR-LIBRAIRE
DE L'ÉCOLE POLYTECHNIQUE, DU BUREAU DES LONGITUDES,

SUCCESSEUR DE MALLET-BACHELIER,
Quai des Grands-Augustins, 55.

M DCCC LXXVII

ŒUVRES

DE LAGRANGE,

PUBLIÉES PAR LES SOINS

DE M. J.-A. SERRET,

SOUS LES AUSPICES

DE SON EXCELLENCE
LE MINISTRE DE L'INSTRUCTION PUBLIQUE.

TOME SEPTIÈME.

PARIS,

GAUTHIER-VILLARS, IMPRIMEUR-LIBRAIRE

DE L'ÉCOLE POLYTECHNIQUE, DU BUREAU DES LONGITUDES,

SUCCESSEUR DE MALLET-BACHELIER,

Quai des Augustins, 55.

—

M DCCC LXXVII

QUATRIÈME SECTION.

PIÈCES DIVERSES

NON COMPRISES DANS LES RECUEILS ACADÉMIQUES.

ADDITIONS

AUX

ÉLÉMENTS D'ALGÈBRE D'EULER.

ANALYSE INDÉTERMINÉE.

I.

ADDITIONS

ÉLÉMENTS D'ALGÈBRE D'EULER.

ANALYSE INDÉTERMINÉE.

(*Éléments d'Algèbre,* par Léonard Euler, traduits de l'allemand avec des Notes et Additions. — Nouvelle édition revue et corrigée. A Pétersbourg, MDCCXCVIII, 2 vol. in-8.)

AVERTISSEMENT.

Les géomètres du siècle passé se sont beaucoup occupés de l'Analyse indéterminée qu'on appelle vulgairement *Analyse de Diophante;* mais il n'y a proprement que Bachet et Fermat qui aient ajouté quelque chose à ce que Diophante lui-même nous a laissé sur cette matière.

On doit surtout au premier une méthode complète pour résoudre en nombres entiers tous les Problèmes indéterminés du premier degré (*). Le second est l'auteur de quelques méthodes pour la résolution des équations indéterminées qui passent le second degré (**); de la méthode singulière par laquelle on démontre qu'il est impossible que la somme

---

(*) *Voyez* plus bas le § III. Au reste, je ne parle point ici de son *Commentaire* sur Diophante, parce que cet Ouvrage, excellent dans son genre, ne renferme, à proprement parler, aucune découverte.

(**) Ce sont celles qui sont exposées dans les Chapitres VIII, IX et X du Traité précédent. Billi les a recueillies dans différents écrits de Fermat, et les a publiées à la tête de la nouvelle édition de Diophante, donnée par Fermat le fils.

ou la différence de deux carrés-carrés puisse jamais être un carré (*);
de la solution d'un grand nombre de Problèmes très-difficiles et de plusieurs beaux Théorèmes sur les nombres entiers, qu'il a laissés sans démonstration, mais dont la plupart ont été ensuite démontrés par Euler
dans les *Commentaires de Pétersbourg* (**).

Cette branche de l'Analyse a été presque abandonnée dans ce siècle,
et, si l'on en excepte Euler, je ne connais personne qui s'y soit appliqué;
mais les belles et nombreuses découvertes que ce grand géomètre y a
faites nous ont bien dédommagés de l'espèce d'indifférence que les autres
géomètres paraissent avoir eue jusqu'ici pour ces sortes de recherches.
Les *Commentaires de Pétersbourg* sont pleins des travaux d'Euler dans
ce genre, et l'Ouvrage qu'il vient de donner est un nouveau service qu'il
rend aux amateurs de l'Analyse de Diophante. On n'en avait aucun où
cette science fût traitée d'une manière méthodique, et qui renfermât et
expliquât clairement les principales règles connues jusqu'ici pour la
solution des Problèmes indéterminés. Le Traité précédent réunit ce
double avantage; mais, pour le rendre encore plus complet, j'ai cru devoir y faire plusieurs Additions dont je vais rendre compte en peu de
mots.

La Théorie des fractions continues est une des plus utiles de l'Arithmétique, où elle sert à résoudre avec facilité des Problèmes qui, sans
son secours, seraient presque intraitables; mais elle est d'un plus grand
usage encore dans la solution des Problèmes indéterminés, lorsqu'on ne
demande que des nombres entiers. Cette raison m'a engagé à exposer
cette Théorie avec toute l'étendue nécessaire pour la faire bien entendre;
comme elle manque dans les principaux Ouvrages d'Arithmétique et

---

(*) Cette méthode est détaillée dans le Chapitre XIII du Traité précédent; on en trouve
les principes dans la *Remarque* de Fermat, qui est après la Question XXVI du Livre VI de
Diophante.

(**) Les Problèmes et les Théorèmes dont nous parlons sont répandus dans les *Remarques*
de Fermat sur les Questions de Diophante, et dans ses Lettres imprimées dans les *Opera
mathematica*,..., et dans le second volume des *OEuvres de Wallis*.

On trouvera aussi dans les *Mémoires de l'Académie de Berlin,* pour les années 1770 et
suivantes, les démonstrations de quelques Théorèmes de cet Auteur, qui n'avaient pas encore
été démontrés.

d'Algèbre, elle doit être peu connue des géomètres : je serai satisfait si je puis contribuer à la leur rendre un peu plus familière. Je donne ensuite des applications nouvelles de cette Théorie à l'Analyse indéterminée. Je détermine les minima qui peuvent avoir lieu dans les formules indéterminées à deux inconnues, surtout dans celle du second ordre, et je démontre, relativement à celles-ci, des propositions remarquables qui n'étaient pas connues, ou qui n'avaient pas encore été démontrées d'une manière générale et directe. On remarquera principalement dans l'Article XXXIII une méthode particulière pour réduire en fractions continues les racines réelles des équations du second degré, et dans les Articles suivants une démonstration rigoureuse que ces fractions doivent toujours être nécessairement périodiques (*).

Les autres Additions concernent la résolution des équations indéterminées. Bachet avait donné, en 1624, la résolution complète des équations indéterminées du premier degré. Celle des équations du second degré n'a paru qu'en 1769, dans les *Mémoires de l'Académie de Berlin*. On la redonne ici simplifiée et généralisée de manière à ne rien laisser à désirer. A l'égard des équations indéterminées des degrés supérieurs au second, on n'a encore que des méthodes particulières pour les résoudre dans quelques cas, et il est à présumer que, pour ces sortes d'équations, la résolution générale devient impossible passé le second degré, comme elle paraît l'être passé le quatrième pour les équations déterminées.

Enfin le dernier paragraphe renferme des recherches sur les fonctions qui ont la propriété que le produit de deux ou de plusieurs fonctions semblables est aussi une fonction semblable; j'y donne une méthode générale pour trouver ces sortes de fonctions, et j'en fais voir l'usage pour la résolution de différents Problèmes indéterminés, sur lesquels les méthodes connues n'auraient aucune prise.

Tels sont les principaux objets de ces Additions, auxquelles j'aurais

(*) Dans cette nouvelle édition on a fait quelques changements à l'analyse du Problème I du § II, pour la rendre plus directe et plus facile à suivre.

pu donner beaucoup plus d'étendue, si je n'avais craint de passer de justes bornes. Je souhaite que les matières que j'y ai traitées puissent mériter l'attention des géomètres, et réveiller leur goût pour une partie de l'Analyse qui me paraît très-digne d'exercer leur sagacité.

§ I. — *Sur les fractions continues considérées par rapport à l'Arithmétique.*

1. Comme la Théorie des fractions continues manque dans les livres ordinaires d'Arithmétique et d'Algèbre, et que, par cette raison, elle doit être peu connue des géomètres, nous croyons devoir commencer ces Additions par une exposition abrégée de cette Théorie, dont nous aurons souvent lieu de faire l'application dans la suite.

On appelle, en général, *fraction continue* toute expression de cette forme

$$\alpha + \cfrac{b}{\beta + \cfrac{c}{\gamma + \cfrac{d}{\delta + \cdot}}},$$

où les quantités α, β, γ, δ,... et b, c, d,... sont des nombres entiers positifs ou négatifs; mais nous ne considérerons ici que les fractions continues où les numérateurs b, c, d,... sont égaux à l'unité, c'est-à-dire, celles qui sont de la forme

$$\alpha + \cfrac{1}{\beta + \cfrac{1}{\gamma + \cfrac{1}{\delta + \cdot}}},$$

α, β, γ,... étant d'ailleurs des nombres quelconques entiers positifs ou négatifs: car celles-ci sont, à proprement parler, les seules qui soient d'un grand usage dans l'Analyse, les autres n'étant presque que de pure curiosité.

2. Mylord Brouncker est, je crois, le premier qui ait imaginé les fractions continues; on connaît celle qu'il a trouvée pour exprimer le rapport du carré circonscrit à l'aire du cercle, et qui est

$$1 + \cfrac{1}{2 + \cfrac{9}{2 + \cfrac{25}{2 + \cdot \cdot \cdot}}} \; ;$$

mais on ignore le chemin qui y a conduit. On trouve seulement, dans l'*Arithmetica infinitorum*, quelques recherches sur ce sujet, dans lesquelles Wallis démontre d'une manière assez indirecte, quoique fort ingénieuse, l'identité de l'expression de Brouncker avec la sienne, qui est, comme l'on sait, $\frac{3.3.5.5.7\ldots}{2.4.4.6.6\ldots}$: il y donne aussi la méthode de réduire, en général, toutes sortes de fractions continues à des fractions ordinaires. Au reste il ne paraît pas que l'un ou l'autre de ces deux grands géomètres ait connu les principales propriétés et les avantages singuliers des fractions continues; nous verrons ci-après que la découverte en est principalement due à Huyghens.

3. Les fractions continues se présentent naturellement toutes les fois qu'il s'agit d'exprimer en nombres des quantités fractionnaires ou irrationnelles. En effet, supposons qu'on ait à évaluer une quantité quelconque donnée a, qui ne soit pas exprimable par un nombre entier; la voie la plus simple est de commencer par chercher le nombre entier qui sera le plus proche de la valeur de α, et qui n'en différera que par une fraction moindre que l'unité. Soit ce nombre α, et l'on aura $a - \alpha$ égal à une fraction plus petite que l'unité, de sorte que $\frac{1}{a - \alpha}$ sera, au contraire, un nombre plus grand que l'unité; soit donc $\frac{1}{a - \alpha} = b$, et,

VII. 2

comme b doit être un nombre plus grand que l'unité, on pourra chercher de même le nombre entier qui approchera le plus de la valeur de b; et, ce nombre étant nommé β, on aura de nouveau $b - \beta$ égal à une fraction plus petite que l'unité, et par conséquent $\dfrac{1}{b - \beta}$ sera égal à une quantité plus grande que l'unité, qu'on pourra désigner par c; ainsi, pour évaluer c, il n'y aura qu'à chercher pareillement le nombre entier le plus proche de c, lequel étant désigné par γ, on aura $c - \gamma$ égal à une quantité plus petite que l'unité, et par conséquent $\dfrac{1}{c - \gamma}$ sera égal à une quantité d plus grande que l'unité, et ainsi de suite. Par ce moyen il est clair qu'on doit épuiser peu à peu la valeur de a, et cela de la manière la plus simple et la plus prompte qu'il est possible, puisqu'on n'emploie que des nombres entiers dont chacun approche, autant qu'il est possible, de la valeur cherchée.

Maintenant, puisque $\dfrac{1}{a - \alpha} = b$, on aura

$$a - \alpha = \frac{1}{b}, \quad \text{et} \quad a = \alpha + \frac{1}{b};$$

de même, à cause de $\dfrac{1}{b - \beta} = c$, on aura

$$b = \beta + \frac{1}{c},$$

et, à cause de $\dfrac{1}{c - \gamma} = d$, on aura pareillement

$$c = \gamma + \frac{1}{d},$$

et ainsi de suite; de sorte qu'en substituant successivement ces valeurs, on aura

$$a = \alpha + \frac{1}{b} = \alpha + \frac{1}{\beta + \dfrac{1}{c}} = \alpha + \frac{1}{\beta + \dfrac{1}{\gamma + \dfrac{1}{d}}},$$

et, en général,

$$a = \alpha + \cfrac{1}{\beta + \cfrac{1}{\gamma + \cfrac{1}{\delta + .}}}$$

Il est bon de remarquer ici que les nombres α, β, γ,..., qui représentent, comme nous venons de le voir, les valeurs entières approchées
des quantités a, b, c,..., peuvent être pris chacun de deux manières différentes, puisqu'on peut prendre également, pour la valeur entière approchée d'une quantité donnée, l'un ou l'autre des deux nombres entiers
entre lesquels se trouve cette quantité. Il y a cependant une différence
essentielle entre ces deux manières de prendre les valeurs approchées
par rapport à la fraction continue qui en résulte; car, si l'on prend toujours les valeurs approchées plus petites que les véritables, les dénominateurs β, γ, δ,... seront tous positifs; au lieu qu'ils seront tous négatifs
si l'on prend les valeurs approchées toutes plus grandes que les véri-
tables, et ils seront en partie positifs et en partie négatifs si les valeurs
approchées sont prises tantôt trop petites et tantôt trop grandes.

En effet, si α est plus petit que a, $a - \alpha$ sera une quantité positive; donc b sera positif et β le sera aussi; au contraire, $a - \alpha$ sera négatif si α est plus grand que a; donc b sera négatif et β le sera aussi.
De même, si β est plus petit que b, $b - \beta$ sera toujours une quantité
positive; donc c le sera aussi et par conséquent aussi γ; mais, si β est
plus grand que b, $b - \beta$ sera une quantité négative, de sorte que c et
par conséquent aussi γ seront négatifs, et ainsi de suite.

Au reste, lorsqu'il s'agit des quantités négatives, j'entends par quantités plus petites celles qui, prises positivement, seraient plus grandes;
nous aurons cependant quelquefois, dans la suite, occasion de comparer
entre elles des quantités purement par rapport à leur grandeur absolue;
mais nous aurons soin d'avertir alors qu'il faudra faire abstraction des
signes.

Je dois remarquer encore que si, parmi les quantités b, c, d,..., il s'en trouve une qui soit égale à un nombre entier, alors la fraction continue sera terminée, parce qu'on pourra y conserver cette quantité même; par exemple, si c est un nombre entier, la fraction continue qui donne la valeur de a sera

$$a = \alpha + \cfrac{1}{\beta + \cfrac{1}{c}}.$$

En effet, il est clair qu'il faudrait prendre $\gamma = c$, ce qui donnerait

$$d = \frac{1}{c - \gamma} = \frac{1}{0} = \infty,$$

et par conséquent $\delta = \infty$, de sorte que l'on aurait

$$a = \alpha + \cfrac{1}{\beta + \cfrac{1}{\gamma + \cfrac{1}{\infty}}},$$

les termes suivants s'évanouissant vis-à-vis de la quantité infinie ∞; or $\frac{1}{\infty} = 0$; donc on aura simplement

$$a = \alpha + \cfrac{1}{\beta + \cfrac{1}{c}}.$$

Ce cas arrivera toutes les fois que la quantité a sera commensurable, c'est-à-dire qu'elle sera exprimée par une fraction rationnelle; mais, lorsque a sera une quantité irrationnelle ou transcendante, alors la fraction continue ira nécessairement à l'infini.

4. Supposons que la quantité a soit une fraction ordinaire $\frac{A}{B}$, A et B étant des nombres entiers donnés; il est d'abord évident que le nombre entier α qui approchera le plus de $\frac{A}{B}$ sera le quotient de la division de A par B; ainsi, supposant la division faite à la manière ordinaire, et

nommant α le quotient et C le reste, on aura $\frac{A}{B} - \alpha = \frac{C}{B}$, donc $b = \frac{B}{C}$:

pour avoir de même la valeur entière approchée β de la fraction $\frac{B}{C}$, il

n'y aura qu'à diviser B par C, et prendre pour β le quotient de cette

division; alors, nommant D le reste, on aura $b - \beta = \frac{D}{C}$, et par consé-

quent $c = \frac{C}{D}$: on continuera donc à diviser C par D, et le quotient sera

la valeur du nombre γ, et ainsi de suite; d'où résulte cette règle fort

simple pour réduire les fractions ordinaires en fractions continues :

Divisez d'abord le numérateur de la fraction proposée par son dénomi-
nateur, et nommez le quotient α; divisez ensuite le dénominateur par le
reste, et nommez le quotient β; divisez après cela le premier reste par le
second reste, et soit le quotient γ; continuez ainsi en divisant toujours
l'avant-dernier reste par le dernier, jusqu'à ce qu'on parvienne à une divi-
sion qui se fasse sans reste, ce qui doit nécessairement arriver, puisque les
restes sont tous des nombres entiers qui vont en diminuant; vous aurez la
fraction continue

$$\alpha + \cfrac{1}{\beta + \cfrac{1}{\gamma + \cfrac{1}{\delta + .}}}$$

qui sera égale à la fraction donnée.

5. Soit proposé de réduire en fraction continue la fraction $\frac{1103}{887}$: on

divisera donc 1103 par 887, on aura le quotient 1 et le reste 216; on

divisera 887 par 216, on aura le quotient 4 et le reste 23; on divi-

sera 216 par 23, ce qui donnera le quotient 9 et le reste 9; on divisera

encore 23 par 9, on aura le quotient 2 et le reste 5; on divisera 9 par 5,

on aura le quotient 1 et le reste 4; on divisera 5 par 4, on aura le quo-

tient 1 et le reste 1; enfin, divisant 4 par 1, on aura le quotient 4 et le reste nul, de sorte que l'opération sera terminée. Rassemblant donc par ordre tous les quotients trouvés, on aura cette série 1, 4, 9, 2, 1, 1, 4, d'où l'on formera la fraction continue

$$\frac{1103}{887} = 1 + \cfrac{1}{4 + \cfrac{1}{9 + \cfrac{1}{2 + \cfrac{1}{1 + \cfrac{1}{1 + \cfrac{1}{4}}}}}}.$$

6. Comme, dans la manière ordinaire de faire les divisions, on prend toujours pour quotient le nombre entier qui est égal ou moindre que la fraction proposée, il s'ensuit que, par la méthode précédente, on n'aura que des fractions continues, dont tous les dénominateurs seront des nombres positifs.

Or on peut aussi prendre pour quotient le nombre entier qui est immédiatement plus grand que la valeur de la fraction, lorsque cette fraction n'est pas réductible à un nombre entier, et pour cela il n'y a qu'à augmenter d'une unité la valeur du quotient trouvé à la manière ordinaire; alors le reste sera négatif, et le quotient suivant sera nécessairement négatif. Ainsi on pourra à volonté rendre les termes de la fraction continue positifs ou négatifs.

Dans l'exemple précédent, au lieu de prendre 1 pour le quotient de 1103 divisé par 887, je puis prendre 2; mais j'aurai le reste négatif — 671, par lequel il faudra maintenant diviser 887; on divisera donc 887 par — 671, et l'on aura ou le quotient — 1 et le reste 216, ou le quotient — 2 et le reste — 455. Prenons le quotient plus grand — 1, et alors il faudra diviser le reste — 671 par le reste 216, d'où l'on aura ou le quotient — 3 et le reste — 23, ou le quotient — 4 et le reste 193. Je continue la division en adoptant le quotient plus grand — 3; j'aurai à diviser le reste 216 par le reste — 23, ce qui me donnera ou le quotient — 9 et le reste 9, ou le quotient — 10 et le reste — 14, et ainsi de suite.

De cette manière on aura

$$\frac{1103}{887} = 2 + \cfrac{1}{-1 + \cfrac{1}{-3 + \cfrac{1}{-9 + \cdot}}},$$

où l'on voit que tous les dénominateurs sont négatifs.

7. On peut, au reste, rendre positif chaque dénominateur négatif, en changeant le signe du numérateur; mais il faut alors changer aussi le signe du numérateur suivant; car il est clair qu'on a

$$\mu + \cfrac{1}{-\nu + \cfrac{1}{\varpi + \cdot}} = \mu - \cfrac{1}{\nu - \cfrac{1}{\varpi + \cdot}}.$$

Ensuite on pourra, si l'on veut, faire disparaitre tous les signes — de la fraction continue, et la réduire à une autre où tous les termes soient positifs; car on a, en général,

$$\mu - \cfrac{1}{\nu + \cdot} = \mu - 1 + \cfrac{1}{1 + \cfrac{1}{\nu - 1 + \cdot}},$$

comme on peut s'en convaincre aisément, en réduisant ces deux quantités en fractions ordinaires.

On pourrait aussi, par un moyen semblable, introduire des termes négatifs à la place des positifs, car on a

$$\mu + \cfrac{1}{\nu + \cdot} = \mu + 1 - \cfrac{1}{1 + \cfrac{1}{\nu - 1 + \cdot}};$$

d'où l'on voit que, par ces sortes de transformations, on peut quelquefois simplifier une fraction continue et la réduire à un moindre nombre de termes; ce qui aura lieu toutes les fois qu'il y aura des dénominateurs égaux à l'unité positive ou négative.

En général il est clair que, pour avoir la fraction continue la plus convergente qu'il est possible vers la valeur de la quantité donnée, il faut toujours prendre pour α, β, γ,... les nombres entiers qui approchent le plus des quantités a, b, c,..., soit qu'ils soient plus petits ou plus grands que ces quantités; or il est facile de voir que si, par exemple, on ne prend pas pour α le nombre entier qui approche le plus, soit en excès ou en défaut, de a, le nombre suivant β sera nécessairement égal à l'unité; en effet la différence entre a et α sera alors plus grande que $\frac{1}{2}$; par conséquent on aura $b = \frac{1}{a-\alpha} < 2$; donc β ne pourra être qu'égal à l'unité.

Ainsi, toutes les fois que dans une fraction continue on trouvera des dénominateurs égaux à l'unité, ce sera une marque que l'on n'a pas pris les dénominateurs précédents aussi approchants qu'il est possible, et que, par conséquent, la fraction peut se simplifier en augmentant ou en diminuant ces dénominateurs d'une unité, ce qu'on pourra exécuter par les formules précédentes, sans être obligé de refaire en entier le calcul.

8. La méthode du n° 4 peut servir aussi à réduire en fraction continue toute quantité irrationnelle ou transcendante, pourvu qu'elle soit auparavant exprimée en décimales. Mais, comme la valeur en décimales ne peut être qu'approchée, et qu'en augmentant d'une unité le dernier caractère on a deux limites entre lesquelles doit se trouver la vraie valeur de la quantité proposée, il faudra, pour ne pas sortir de ces limites, faire à la fois le même calcul sur les deux fractions dont il s'agit, et n'admettre ensuite dans la fraction continue que les quotients qui résulteront également des deux opérations.

Soit, par exemple, proposé d'exprimer par une fraction continue le rapport de la circonférence du cercle au diamètre.

Ce rapport exprimé en décimales est, par le calcul de Viète, 3,1415926535..., de sorte qu'on aura la fraction $\frac{3141592653}{10000000000}$ à réduire en fraction continue par la méthode ci-dessus; or, si l'on ne prend que la fraction $\frac{314159}{100000}$, on trouve les quotients 3, 7, 15, 1,..., et si l'on prenait la fraction plus grande $\frac{314160}{100000}$, on trouverait les quotients 3, 7, 16,...; de sorte que le troisième quotient demeurerait incertain; d'où l'on voit que, pour pouvoir pousser seulement la fraction continue au delà de trois termes, il faudra nécessairement adopter une valeur de la périphérie qui ait plus de six caractères.

Si l'on prend la valeur donnée par Ludolph en trente-cinq caractères, et qui est

$$3,14159\ 26535\ 89793\ 23846\ 26433\ 83279\ 50288,$$

et qu'on opère en même temps sur cette fraction et sur la même, en y augmentant le dernier caractère 8 d'une unité, on trouvera cette suite de quotients

$$3, 7, 15, 1, 292, 1, 1, 1, 2, 1, 3, 1, 14, 2, 1, 1, 2, 2, 2, 2, 1, 84, 2,$$
$$1, 1, 15, 3, 13, 1, 4, 2, 6, 6, 1;$$

de sorte que l'on aura

$$\frac{\text{périphérie}}{\text{diamètre}} = 3 + \cfrac{1}{7 + \cfrac{1}{15 + \cfrac{1}{1 + \cfrac{1}{292 + \cfrac{1}{1 + \cfrac{1}{1 + .}}}}}}$$

Comme il y a ici des dénominateurs égaux à l'unité, on pourra sim-

plifier la fraction, en y introduisant des termes négatifs, par les formules du n° 7, et l'on trouvera

$$\frac{\text{périphérie}}{\text{diamètre}} = 3 + \cfrac{1}{7 + \cfrac{1}{16 - \cfrac{1}{294 - \cfrac{1}{3 - \cfrac{1}{3 + .}}}}}$$

ou bien

$$\frac{\text{périphérie}}{\text{diamètre}} = 3 + \cfrac{1}{7 + \cfrac{1}{16 + \cfrac{1}{-294 + \cfrac{1}{3 + \cfrac{1}{-3 + .}}}}}$$

9. Nous avons montré ailleurs comment on peut appliquer la Théorie
des fractions continues à la résolution numérique des équations, pour
laquelle on n'avait encore que des méthodes imparfaites et insuffisantes.
[*Voyez* les *Mémoires de l'Académie de Berlin* pour les années 1767 et
1768 (*)]. Toute la difficulté consiste à pouvoir trouver dans une équation quelconque la valeur entière la plus approchée, soit en excès ou
en défaut, de la racine cherchée, et c'est sur quoi nous avons donné les
premiers des règles sûres et générales, par lesquelles on peut non-seulement reconnaître combien de racines réelles positives ou négatives,
égales ou inégales, contient la proposée, mais encore trouver facilement
les limites de chacune de ces racines, et même les limites des quantités
réelles qui composent les racines imaginaires. Supposant donc que x
soit l'inconnue de l'équation proposée, on cherchera d'abord le nombre
entier qui approchera le plus de la racine cherchée, et, nommant ce

(*) *OEuvres de Lagrange*, t. II, p. 538 et 581.

nombre α, il n'y aura qu'à faire, comme on l'a vu dans le n° 3, $x = \alpha + \frac{1}{y}$ (je nomme ici x, y, z,... ce que j'ai dénoté dans l'Article cité par a, b, c,...); et, substituant cette valeur à la place de x, on aura, après avoir fait évanouir les fractions, une équation du même degré en y, qui devra avoir au moins une racine positive ou négative plus grande que l'unité. On cherchera donc de nouveau la valeur entière approchée de cette racine, et, nommant cette valeur β, on fera ensuite $y = \beta + \frac{1}{z}$, ce qui donnera de même une équation en z, qui aura aussi nécessairement une racine plus grande que l'unité, et dont on cherchera pareillement la valeur entière approchée γ, et ainsi de suite. De cette manière la racine cherchée se trouvera exprimée par la fraction continue

$$\alpha + \cfrac{1}{\beta + \cfrac{1}{\gamma + \cfrac{1}{\delta + \cdot_{\cdot_{\cdot}}}}},$$

qui sera terminée si la racine est commensurable, mais qui ira nécessairement à l'infini si elle est incommensurable.

On trouvera dans les Mémoires cités tous les principes et les détails nécessaires pour se mettre au fait de cette méthode et de ses usages, et même différents moyens pour abréger souvent les opérations qu'elle demande; nous croyons n'y avoir presque rien laissé à désirer sur ce sujet si important.

Au reste, pour ce qui regarde les racines des équations du second degré, nous donnerons plus bas (n°s 33 et suivants) une méthode particulière et très-simple pour les convertir en fractions continues.

10. Après avoir expliqué la génération des fractions continues, nous allons en montrer les usages et les principales propriétés.

Il est d'abord évident que, plus on prend de termes dans une fraction continue, plus on doit approcher de la vraie valeur de la quantité qu'on

a exprimée par cette fraction; de sorte que, si l'on s'arrête successivement à chaque terme de la fraction, on aura une suite de quantités qui
seront nécessairement convergentes vers la quantité proposée.

Ainsi, ayant réduit la valeur de a à la fraction continue

$$\alpha + \cfrac{1}{\beta + \cfrac{1}{\gamma + \cfrac{1}{\delta + \cdots}}},$$

on aura les quantités

$$\alpha, \quad \alpha + \frac{1}{\beta}, \quad \alpha + \cfrac{1}{\beta + \cfrac{1}{\gamma}}, \quad \cdots,$$

ou bien, en réduisant,

$$\alpha, \quad \frac{\alpha\beta + 1}{\beta}, \quad \frac{\alpha\beta\gamma + \alpha + \gamma}{\beta\gamma + 1}, \quad \cdots,$$

qui approcheront de plus en plus de la valeur de a.

Pour pouvoir mieux juger de la loi et de la convergence de ces quantités, nous remarquerons que, par les formules du n° 3, on a

$$a = \alpha + \frac{1}{b}, \quad b = \beta + \frac{1}{c}, \quad c = \gamma + \frac{1}{d}, \quad \cdots,$$

d'où l'on voit d'abord que α est la première valeur approchée de a;
qu'ensuite, si l'on prend la valeur exacte de a, qui est $\dfrac{\alpha b + 1}{b}$, et qu'on y
substitue pour b sa valeur approchée β, on aura cette valeur plus approchée $\dfrac{\alpha\beta + 1}{\beta}$; qu'on aura de même une troisième valeur plus approchée
de a, en mettant d'abord pour b sa valeur exacte $\dfrac{\beta c + 1}{c}$, ce qui donne
$a = \dfrac{(\alpha\beta + 1)c + \alpha}{\beta c + 1}$, et prenant ensuite pour c la valeur approchée γ;

par ce moyen la nouvelle valeur approchée de a sera

$$\frac{(\alpha\beta + 1)\gamma + \alpha}{\beta\gamma + 1};$$

continuant le même raisonnement, on pourra approcher davantage, en mettant, dans l'expression de a trouvée ci-dessus, à la place de c sa valeur exacte $\frac{\gamma d + 1}{d}$, ce qui donnera

$$a = \frac{[(\alpha\beta + 1)\gamma + \alpha]d + \alpha\beta + 1}{(\beta\gamma + 1)d + \beta};$$

et prenant ensuite pour d sa valeur approchée δ, de sorte qu'on aura pour la quatrième approximation la quantité

$$\frac{[(\alpha\beta + 1)\gamma + \alpha]\delta + \alpha\beta + 1}{(\beta\gamma + 1)\delta + \beta},$$

et ainsi de suite.

De là il est facile de voir que, si par le moyen des nombres α, β, γ, δ,... on forme les expressions suivantes

$$
\begin{aligned}
A &= \alpha, & A_1 &= 1, \\
B &= \beta A + 1, & B_1 &= \beta, \\
C &= \gamma B + A, & C_1 &= \gamma B_1 + A_1, \\
D &= \delta C + B, & D_1 &= \delta C_1 + B_1, \\
E &= \epsilon D + C, & E_1 &= \epsilon D_1 + C_1, \\
&\dots\dots\dots, & &\dots\dots\dots,
\end{aligned}
$$

on aura cette suite de fractions convergentes vers la quantité a

$$\frac{A}{A_1}, \frac{B}{B_1}, \frac{C}{C_1}, \frac{D}{D_1}, \frac{E}{E_1}, \frac{F}{F_1}, \dots$$

Si la quantité a est rationnelle, et représentée par une fraction quelconque $\frac{V}{V_1}$, il est évident que cette fraction sera toujours la dernière dans la série précédente, puisque dans ce cas la fraction continue sera terminée, et que la dernière fraction de la série ci-dessus doit toujours équivaloir à toute la fraction continue.

Mais, si la quantité a est irrationnelle ou transcendante, alors, la fraction continue allant nécessairement à l'infini, on pourra aussi pousser à l'infini la série des fractions convergentes.

11. Examinons maintenant la nature de ces fractions; et d'abord il est visible que les nombres A, B, C,... doivent aller en augmentant, aussi bien que les nombres A_1, B_1, C_1,..., car :

1º Si les nombres α, β, γ,... sont tous positifs, les nombres A, B, C,... et A_1, B_1, C_1,... seront aussi tous positifs, et l'on aura évidemment $B > A$, $C > B$, $D > C$,..., et $B_1 = $ ou $> A_1$, $C_1 > B_1$, $D_1 > C_1$,....

2º Si les nombres α, β, γ,... sont tous ou en partie négatifs, alors, parmi les nombres A, B, C,..., et A_1, B_1, C_1,..., il y en aura de positifs et de négatifs; mais, dans ce cas, on considérera que l'on a, en général, par les formules précédentes,

$$\frac{B}{A} = \beta + \frac{1}{\alpha}, \quad \frac{C}{B} = \gamma + \frac{A}{B}, \quad \frac{D}{C} = \delta + \frac{B}{C}, \quad \cdots$$

d'où l'on voit d'abord que, si les nombres α, β, γ,... sont différents de l'unité, quels que soient d'ailleurs leurs signes, on aura nécessairement, en faisant abstraction des signes, $\frac{B}{A} > 1$; donc, $\frac{A}{B} < 1$, par conséquent $\frac{C}{B} > 1$, et ainsi de suite; donc $B > A$, $C > B$,....

Il n'y aura d'exception que lorsque, parmi les nombres α, β, γ,..., il s'en trouvera d'égaux à l'unité; supposons, par exemple, que le nombre γ soit le premier qui soit égal à ± 1; on aura d'abord $B > A$, mais $C < B$, s'il arrive que la fraction $\frac{A}{B}$ soit de signe différent de γ; ce qui est clair par l'équation $\frac{C}{B} = \gamma + \frac{A}{B}$; parce que dans ce cas $\gamma + \frac{A}{B}$ sera un nombre < 1; or je dis qu'alors on aura nécessairement $D > B$;

car, puisque $\gamma = \pm 1$, on aura (n° 10)

$$c = \pm 1 + \frac{1}{d}, \quad \text{et} \quad c - \frac{1}{d} = \pm 1;$$

or, comme c et d sont des quantités > 1 (n° 3), il est clair que cette équation ne pourra subsister, à moins que c et d ne soient de même signe; donc, puisque γ et δ sont les valeurs entières approchées de c et d, ces nombres γ et δ devront être aussi de même signe; mais la fraction $\frac{C}{B} = \gamma + \frac{A}{B}$ doit être de même signe que γ, à cause que γ est un nombre entier, et $\frac{A}{B}$ une fraction < 1; donc $\frac{C}{B}$ et δ seront des quantités de même signe; par conséquent $\frac{\delta C}{B}$ sera une quantité positive. Or on a $\frac{D}{C} = \delta + \frac{B}{C}$; donc, multipliant par $\frac{C}{B}$, on aura $\frac{D}{B} = \delta \frac{C}{B} + 1$; donc, $\frac{\delta C}{B}$ étant une quantité positive, il est clair que $\frac{D}{B}$ sera > 1; donc $D > B$.

De là on voit que, s'il arrive que dans la série A, B, C,... il se trouve un terme qui soit moindre que le précédent, le terme suivant sera nécessairement plus grand; de sorte qu'en mettant à part ces termes plus petits la série ne laissera pas d'aller en augmentant.

Au reste on pourra toujours éviter, si l'on veut, cet inconvénient, soit en prenant les nombres α, β, γ,... tous positifs, soit en les prenant tous différents de l'unité, ce qui est toujours possible.

On fera les mêmes raisonnements par rapport à la série A_1, B_1, C_1...., dans laquelle on a pareillement

$$\frac{B_1}{A_1} = \beta, \quad \frac{C_1}{B_1} = \gamma + \frac{A_1}{B_1}, \quad \frac{D_1}{C_1} = \delta + \frac{B_1}{C_1}, \quad \cdots,$$

d'où l'on déduira des conclusions semblables aux précédentes.

12. Maintenant, si l'on multiplie en croix les termes des fractions voisines dans la série $\frac{A}{A_1}$, $\frac{B}{B_1}$, $\frac{C}{C_1}$,..., on trouvera

$$BA_1 - AB_1 = 1, \quad CB_1 - BC_1 = AB_1 - BA_1, \quad DC_1 - CD_1 = BC_1 - CB_1, \quad \cdots,$$

d'où je conclus qu'on aura, en général,

$$BA_1 - AB_1 = 1,$$
$$CB_1 - BC_1 = -1,$$
$$DC_1 - CD_1 = 1,$$
$$ED_1 - DE_1 = -1,$$
$$\dots\dots\dots\dots$$

Cette propriété est très-remarquable et donne lieu à plusieurs conséquences importantes.

D'abord on voit que les fractions $\frac{A}{A_1}$, $\frac{B}{B_1}$, $\frac{C}{C_1}$, $\cdots$ doivent être déjà réduites à leurs moindres termes; car si, par exemple, C et C_1 avaient
un commun diviseur autre que l'unité, le nombre entier $CB_1 - BC_1$
serait aussi divisible par ce même diviseur, ce qui ne se peut à cause
de $CB_1 - BC_1 = -1$.

Ensuite, si l'on met les équations précédentes sous cette forme

$$\frac{B}{B_1} - \frac{A}{A_1} = \frac{1}{A_1 B_1},$$
$$\frac{C}{C_1} - \frac{B}{B_1} = - \frac{1}{B_1 C_1},$$
$$\frac{D}{D_1} - \frac{C}{C_1} = \frac{1}{C_1 D_1},$$
$$\frac{E}{E_1} - \frac{D}{D_1} = - \frac{1}{D_1 E_1},$$
$$\dots\dots\dots\dots\dots,$$

il est aisé de voir que les différences entre les fractions voisines de la
série $\frac{A}{A_1}$, $\frac{B}{B_1}$, $\frac{C}{C_1}$, $\cdots$ vont continuellement en diminuant, de sorte que
cette série est nécessairement convergente.

Or je dis que la différence entre deux fractions consécutives est aussi
petite qu'il est possible; en sorte qu'entre ces mêmes fractions il ne
saurait tomber aucune autre fraction quelconque, à moins qu'elle n'ait
un dénominateur plus grand que ceux de ces fractions-là.

Car prenons, par exemple, les deux fractions $\frac{C}{C_i}$ et $\frac{D}{D_i}$, dont la diffé-

rence est $\frac{1}{C_i D_i}$, et supposons, s'il est possible, qu'il existe une autre frac-

tion $\frac{m}{n}$, dont la valeur tombe entre celles de ces deux fractions, et dans

laquelle le dénominateur n soit moindre que C_i ou que D_i; donc,

puisque $\frac{m}{n}$ doit se trouver entre $\frac{C}{C_i}$ et $\frac{D}{D_i}$, il faudra que la différence

entre $\frac{m}{n}$ et $\frac{C}{C_i}$, qui est $\frac{m C_i - n C}{n C_i}$ ou $\frac{n C - m C_i}{n C_i}$, soit $< \frac{1}{C_i D_i}$, différence

entre $\frac{D}{D_i}$ et $\frac{C}{C_i}$; mais il est clair que celle-là ne saurait être moindre que

$\frac{1}{n C_i}$; donc, si $n < D_i$, elle sera nécessairement $> \frac{1}{C_i D_i}$; de même, la dif-

férence entre $\frac{m}{n}$ et $\frac{D}{D_i}$, ne pouvant être plus petite que $\frac{1}{n D_i}$, sera néces-

sairement $> \frac{1}{C_i D_i}$, si $n < C_i$, au lieu qu'elle devrait en être plus petite.

13. Voyons présentement de combien chaque fraction de la série

$\frac{A}{A_i}, \frac{B}{B_i}, \cdots$ approchera de la valeur de la quantité a. Pour cela on remar-

quera que les formules trouvées dans le n° 10 donnent

$$a = \frac{A b + 1}{A_i b},$$

$$a = \frac{B c + A}{B_i c + A_i},$$

$$a = \frac{C d + B}{C_i d + B_i},$$

$$a = \frac{D e + C}{D_i e + C_i},$$

et ainsi de suite.

Donc, si l'on veut savoir de combien la fraction $\frac{C}{C_i}$, par exemple, ap-

proche de la quantité, on cherchera la différence entre $\frac{C}{C_i}$ et a; en pre-

VII.   4

nant pour a la quantité $\dfrac{Cd + B}{C_i d + B_i}$, on aura

$$a - \frac{C}{C_i} = \frac{Cd + B}{C_i d + B_i} - \frac{C}{C_i} = \frac{BC_i - CB_i}{C_i(C_i d + B_i)} = \frac{1}{C_i(C_i d + B_i)},$$

à cause de $BC_i - CB_i = 1$ (n° 12); or, comme on suppose que δ soit la valeur approchée de d, en sorte que la différence entre d et δ soit < 1 (n° 3), il est clair que la valeur de d sera renfermée entre les deux nombres δ et $\delta \pm 1$ (le signe supérieur étant pour le cas où la valeur approchée δ est moindre que la véritable d, et le signe inférieur pour le cas où $\delta > d$), et que, par conséquent, la valeur de $C_i d + B_i$ sera aussi renfermée entre ces deux-ci, $C_i \delta + B_i$ et $C_i(\delta \pm 1) + B_i$, c'est-à-dire, entre D_i et $D_i \pm C_i$; donc la différence $a - \dfrac{C}{C_i}$ sera renfermée entre ces deux limites $\dfrac{1}{C_i D_i}$, $\dfrac{1}{C_i(D_i \pm C_i)}$, d'où l'on pourra juger de la quantité de l'approximation de la fraction $\dfrac{C}{C_i}$.

14. En général on aura

$$a = \frac{A}{A_i} + \frac{1}{A_i b},$$

$$a = \frac{B}{B_i} - \frac{1}{B_i(B_i c + A_i)},$$

$$a = \frac{C}{C_i} + \frac{1}{C_i(C_i d + B_i)},$$

$$a = \frac{D}{D_i} - \frac{1}{D_i(D_i e + C_i)},$$

et ainsi de suite.

Or, si l'on suppose que les valeurs approchées α, β, γ,... soient toujours prises moindres que les véritables, ces nombres seront tous positifs, aussi bien que les quantités b, c, d,... (n° 3); donc les nombres A_i, B_i, C_i,... seront aussi tous positifs; d'où il s'ensuit que les différences entre la quantité a et les fractions $\dfrac{A}{A_i}$, $\dfrac{B}{B_i}$, $\dfrac{C}{C_i}$,... seront alternativement positives et négatives; c'est-à-dire que ces fractions seront alternativement plus petites et plus grandes que la quantité a.

De plus, comme $b > \beta$, $c > \gamma$, $d > \delta$,... (hyp.), on aura

$$b > B_1, \quad B_1 c + A_1 > B_1 \gamma + A_1 > C_1, \quad C_1 d + B_1 > C_1 \delta + B_1 > D_1, \quad ...,$$

et, comme $b < \beta + 1$, $c < \gamma + 1$, $d < \delta + 1$,..., on aura

$$b < B_1 + 1, \quad B_1 c + A_1 < B_1(\gamma + 1) + A_1 < C_1 + B_1,$$
$$C_1 d + B_1 < C_1(\delta + 1) + B_1 < D_1 + C_1, \quad ...;$$

de sorte que les erreurs qu'on commettrait en prenant les fractions $\dfrac{A}{A_1}$, $\dfrac{B}{B_1}$, $\dfrac{C}{C_1}$,... pour la valeur de a seraient respectivement moindres que

$$\frac{1}{A_1 B_1}, \quad \frac{1}{B_1 C_1}, \quad \frac{1}{C_1 D_1}, \quad ...,$$

mais plus grandes que

$$\frac{1}{A_1(B_1 + A_1)}, \quad \frac{1}{B_1(C_1 + B_1)}, \quad \frac{1}{C_1(D_1 + C_1)} \cdot \quad ...$$

d'où l'on voit combien ces erreurs sont petites, et combien elles vont en diminuant d'une fraction à l'autre.

Mais il y a plus : puisque les fractions $\dfrac{A}{A_1}$, $\dfrac{B}{B_1}$, $\dfrac{C}{C_1}$,... sont alternativement plus petites et plus grandes que la quantité a, il est clair que la valeur de cette quantité se trouvera toujours entre deux fractions consécutives quelconques; or nous avons vu ci-dessus (n° 12) qu'il est impossible qu'entre deux telles fractions puisse se trouver une autre fraction quelconque qui ait un dénominateur moindre que l'un de ceux de ces deux fractions; d'où l'on peut conclure que chacune des fractions dont il s'agit exprime la quantité a plus exactement que ne pourrait faire toute autre fraction quelconque, dont le dénominateur serait plus petit que celui de la fraction suivante; c'est-à-dire que la frac-

4.

tion $\frac{C}{C_i}$, par exemple, exprimera la valeur de a plus exactement que

toute autre fraction $\frac{m}{n}$, dans laquelle n serait $< D_i$.

15. Si les valeurs approchées α, β, γ,... sont toutes ou en partie
plus grandes que les véritables, alors parmi ces nombres il y en aura
nécessairement de négatifs (n° 3), ce qui rendra aussi négatifs quelques-uns des termes des séries A, B, C,..., A_i, B_i, C_i,...; par con-
séquent les différences entre les fractions $\frac{A}{A_i}$, $\frac{B}{B_i}$, $\frac{C}{C_i}$,... et la quantité a
ne seront plus alternativement positives et négatives, comme dans le
cas du numéro précédent; de sorte que ces fractions n'auront plus
l'avantage de donner toujours des limites en plus et en moins de la
quantité a, avantage qui me parait d'une très-grande importance, et qui
doit par conséquent faire préférer toujours dans la pratique les fractions
continues où les dénominateurs seront tous positifs. Ainsi nous ne considérerons plus dans la suite que des fractions de cette espèce.

16. Considérons donc la série

$$\frac{A}{A_i}, \quad \frac{B}{B_i}, \quad \frac{C}{C_i}, \quad \frac{D}{D_i}, \quad \ldots,$$

dans laquelle les fractions sont alternativement plus petites et plus
grandes que la quantité a, et il est clair qu'on pourra partager cette
série en ces deux-ci

$$\frac{A}{A_i}, \quad \frac{C}{C_i}, \quad \frac{E}{E_i}, \quad \ldots,$$

$$\frac{B}{B_i}, \quad \frac{D}{D_i}, \quad \frac{F}{F_i}, \quad \ldots;$$

la première sera composée de fractions toutes plus petites que a, et qui
iront en augmentant vers la quantité a; la seconde sera composée de
fractions toutes plus grandes que a, mais qui iront en diminuant vers
cette même quantité. Examinons maintenant chacune de ces deux

séries en particulier : dans la première on aura (n°s 10 et 12)

$$\frac{C}{C_i} - \frac{A}{A_i} = \frac{\gamma}{A_i C_i},$$

$$\frac{E}{E_i} - \frac{C}{C_i} = \frac{\varepsilon}{C_i E_i},$$

$$\dots\dots\dots\dots\dots,$$

et dans la seconde on aura

$$\frac{B}{B_i} - \frac{D}{D_i} = \frac{\delta}{B_i D_i},$$

$$\frac{D}{D_i} - \frac{F}{F_i} = \frac{\zeta}{D_i F_i},$$

$$\dots\dots\dots\dots\dots$$

Si les nombres γ, δ, ε,... étaient tous égaux à l'unité, on pourrait prouver, comme dans le n° 12, qu'entre deux fractions consécutives quelconques de l'une ou de l'autre des séries précédentes il ne pourrait jamais se trouver aucune autre fraction dont le dénominateur serait moindre que ceux de ces deux fractions; mais il n'en sera pas de même lorsque les nombres γ, δ, ε,... seront différents de l'unité; car dans ce cas on pourra insérer entre les fractions dont il s'agit autant de fractions intermédiaires qu'il y aura d'unités dans les nombres $\gamma - 1$, $\delta - 1$, $\varepsilon - 1$,..., et pour cela il n'y aura qu'à mettre successivement dans les valeurs de C et C$_i$ (n° 10) les nombres 1, 2, 3,..., γ à la place de γ; et de même, dans les valeurs de D et D$_i$, les nombres 1, 2, 3,..., δ à la place de δ, et ainsi de suite.

17. Supposons, par exemple, que $\gamma = 4$, on aura

$$C = 4B + A, \quad C_i = 4B_i + A_i,$$

et l'on pourra insérer entre les fractions $\frac{A}{A_i}$ et $\frac{C}{C_i}$ trois fractions intermédiaires, qui seront

$$\frac{B + A}{B_i + A_i}, \quad \frac{2B + A}{2B_i + A_i}, \quad \frac{3B + A}{3B_i + A_i}.$$

Il est clair que les dénominateurs de ces fractions forment une suite croissante arithmétiquement depuis A_1 jusqu'à C_1, et nous allons voir que les fractions elles-mêmes croissent aussi continuellement depuis $\frac{A}{A_1}$ jusqu'à $\frac{C}{C_1}$, en sorte qu'il serait maintenant impossible d'insérer dans la série

$$\frac{A}{A_1}, \quad \frac{B+A}{B_1+A_1}, \quad \frac{2B+A}{2B_1+A_1}, \quad \frac{3B+A}{3B_1+A_1}, \quad \frac{4B+A}{4B_1+A_1} \quad \text{ou} \quad \frac{C}{C_1}$$

aucune fraction dont la valeur tombât entre celles de deux fractions consécutives, et dont le dénominateur se trouvât aussi entre ceux des mêmes fractions. Car, si l'on prend les différences entre les fractions précédentes, on aura, à cause de $BA_1 - AB_1 = 1$,

$$\frac{B+A}{B_1+A_1} - \frac{A}{A_1} = \frac{1}{A_1(B_1+A_1)},$$

$$\frac{2B+A}{2B_1+A_1} - \frac{B+A}{B_1+A_1} = \frac{1}{(B_1+A_1)(2B_1+A_1)},$$

$$\frac{3B+A}{3B_1+A_1} - \frac{2B+A}{2B_1+A_1} = \frac{1}{(2B_1+A_1)(3B_1+A_1)},$$

$$\frac{C}{C_1} - \frac{3B+A}{3B_1+A_1} = \frac{1}{(3B_1+A_1)C_1};$$

d'où l'on voit d'abord que les fractions $\frac{A}{A_1}$, $\frac{B+A}{B_1+A_1}$, $\cdots$ vont en augmentant, puisque leurs différences sont toutes positives; ensuite, comme ces différences sont égales à l'unité divisée par le produit des deux dénominateurs, on pourra prouver, par un raisonnement analogue à celui que nous avons fait dans le n° 12, qu'il est impossible qu'entre deux fractions consécutives de la série précédente il puisse tomber une fraction quelconque $\frac{m}{n}$, si le dénominateur n tombe entre les dénominateurs de ces fractions, ou, en général, s'il est plus petit que le plus grand des deux dénominateurs.

De plus, comme les fractions dont nous parlons sont toutes plus grandes que la vraie valeur de a, et que la fraction $\frac{B}{B_1}$ en est plus petite, il est évident que chacune de ces fractions approchera de la quantité a, en sorte que la différence en sera plus petite que celle de la même fraction et de la fraction $\frac{B}{B_1}$; or on trouve

$$\frac{A}{A_1} - \frac{B}{B_1} = \frac{1}{A_1 B_1},$$

$$\frac{B+A}{B_1+A_1} - \frac{B}{B_1} = \frac{1}{(B_1+A_1)B_1},$$

$$\frac{2B+A}{2B_1+A_1} - \frac{B}{B_1} = \frac{1}{(2B_1+A_1)B_1},$$

$$\frac{3B+A}{3B_1+A_1} - \frac{B}{B_1} = \frac{1}{(3B_1+A_1)B_1},$$

$$\frac{C}{C_1} - \frac{B}{B_1} = \frac{1}{C_1 B_1}.$$

Donc, puisque ces différences sont aussi égales à l'unité divisée par le produit des dénominateurs, on y pourra appliquer le même raisonnement du n° 12, pour prouver qu'aucune fraction $\frac{m}{n}$ ne saurait tomber entre une quelconque des fractions $\frac{A}{A_1}$, $\frac{B+A}{B_1+A_1}$, $\frac{2B+A}{2B_1+A_1}$, ... et la fraction $\frac{B}{B_1}$, si le dénominateur n est plus petit que celui de la même fraction; d'où il suit que chacune de ces fractions approche plus de la quantité a que ne pourrait faire toute autre fraction plus petite que a, et qui aurait un dénominateur plus petit, c'est-à-dire, qui serait conçue en termes plus simples.

18. Nous n'avons considéré dans le numéro précédent que les fractions intermédiaires entre $\frac{A}{A_1}$ et $\frac{C}{C_1}$; il en sera de même des fractions intermédiaires entre $\frac{C}{C_1}$ et $\frac{E}{E_1}$, entre $\frac{E}{E_1}$ et $\frac{G}{G_1}$,..., si ε, η,... sont des nombres > 1.

On peut aussi appliquer à l'autre série

$$\frac{B}{B_\iota}, \quad \frac{D}{D_\iota}, \quad \frac{F}{F_\iota}, \quad \ldots$$

tout ce que nous venons de dire relativement à la première série

$$\frac{A}{A_\iota}, \quad \frac{C}{C_\iota}, \quad \ldots,$$

de sorte que, si les nombres δ, ζ, ... sont > 1, on pourra insérer entre les fractions $\frac{B}{B_\iota}$ et $\frac{D}{D_\iota}$, entre $\frac{D}{D_\iota}$ et $\frac{F}{F_\iota}$, ... différentes fractions intermédiaires toutes plus grandes que a, mais qui iront continuellement en diminuant, et qui seront telles, qu'elles exprimeront la quantité a plus exactement que ne pourrait faire aucune autre fraction plus grande que a, et qui serait conçue en termes plus simples.

De plus, si β est aussi un nombre > 1, on pourra pareillement placer avant la fraction $\frac{B}{B_\iota}$ les fractions $\frac{A+1}{1}$, $\frac{2A+1}{2}$, $\frac{3A+1}{3}$, ... jusqu'à $\frac{\beta A + 1}{\beta}$, savoir $\frac{B}{B_\iota}$; et ces fractions auront les mêmes propriétés que les autres fractions intermédiaires.

De cette manière, on aura donc ces deux suites complètes de fractions convergentes vers la quantité a.

Fractions croissantes et plus petites que a.

$$\frac{A}{A_\iota}, \quad \frac{B+A}{B_\iota+A_\iota}, \quad \frac{2B+A}{2B_\iota+A_\iota}, \quad \frac{3B+A}{3B_\iota+A_\iota}, \quad \ldots,$$

$$\frac{\gamma B+A}{\gamma B_\iota+A_\iota}, \quad \frac{C}{C_\iota}, \quad \frac{D+C}{D_\iota+C_\iota}, \quad \frac{2D+C}{2D_\iota+C_\iota}, \quad \frac{3D+C}{3D_\iota+C_\iota}, \quad \ldots,$$

$$\frac{\varepsilon D+C}{\varepsilon D_\iota+C_\iota}, \quad \frac{E}{E_\iota}, \quad \frac{F+E}{F_\iota+E_\iota}, \quad \ldots,$$

$$\ldots\ldots\ldots, \quad \ldots, \quad \ldots\ldots\ldots, \quad \ldots$$

Fractions décroissantes et plus grandes que a.

$$\frac{A+1}{1}, \quad \frac{2A+1}{2}, \quad \frac{3A+1}{3}, \quad \ldots,$$

$$\frac{\beta A+1}{\beta}, \quad \frac{B}{B_i}, \quad \frac{C+B}{C_i+B_i}, \quad \frac{2C+B}{2C_i+B_i}, \quad \ldots,$$

$$\frac{\delta C+B}{\delta C_i+B_i}, \quad \frac{D}{D_i}, \quad \frac{E+D}{E_i+D_i}, \quad \ldots, \quad \text{etc.}$$

Si la quantité a est irrationnelle ou transcendante, les deux séries précédentes iront à l'infini, puisque la série des fractions

$$\frac{A}{A_i}, \quad \frac{B}{B_i}, \quad \frac{C}{C_i}, \quad \ldots,$$

que nous nommerons dans la suite *fractions principales*, pour les distinguer des *fractions intermédiaires*, va d'elle-même à l'infini (n° 10).

Mais, si la quantité a est rationnelle et égale à une fraction quelconque $\frac{V}{V_i}$, nous avons vu dans le numéro cité que la série dont il s'agit sera terminée, et que la dernière fraction de cette série sera la fraction même $\frac{V}{V_i}$; donc cette fraction terminera aussi nécessairement une des deux séries ci-dessus, mais l'autre série pourra toujours aller à l'infini.

En effet, supposons que δ soit le dernier dénominateur de la fraction continue; alors $\frac{D}{D_i}$ sera la dernière des fractions principales, et la série des fractions plus grandes que a sera terminée par cette même fraction $\frac{D}{D_i}$; or l'autre série des fractions plus petites que a se trouvera naturellement arrêtée à la fraction $\frac{C}{C_i}$, qui précède $\frac{D}{D_i}$; mais, pour la continuer, il n'y a qu'à considérer que le dénominateur ε, qui devrait suivre le dernier dénominateur δ, sera $= \infty$ (n° 3); de sorte que la fraction $\frac{E}{E_i}$, qui suivrait $\frac{D}{D_i}$ dans la suite des fractions principales, serait

$$\frac{\infty D+C}{\infty D_i+C_i} = \frac{D}{D_i};$$

or, par la loi des fractions intermédiaires, il est clair que, à cause de $\varepsilon = \infty$, on pourra insérer entre les fractions $\dfrac{C}{C_1}$ et $\dfrac{E}{E_1}$ une infinité de fractions intermédiaires, qui seront

$$\frac{D + C}{D_1 + C_1}, \quad \frac{2D + C}{2D_1 + C_1}, \quad \frac{3D + C}{3D_1 + C_1}, \quad \ldots$$

Ainsi, dans ce cas, on pourra, après la fraction $\dfrac{C}{C_1}$ dans la première suite de fractions, placer encore les fractions intermédiaires dont nous parlons, et les continuer à l'infini.

Problème.

19. *Une fraction exprimée par un grand nombre de chiffres étant donnée, trouver toutes les fractions en moindres termes qui approchent si près de la vérité, qu'il soit impossible d'en approcher davantage sans en employer de plus grandes.*

Ce Problème se résoudra facilement par la théorie que nous venons d'expliquer.

On commencera par réduire la fraction proposée en fraction continue par la méthode du n° 4, en ayant soin de prendre toutes les valeurs approchées plus petites que les véritables, pour que les nombres β, γ, δ,... soient tous positifs; ensuite, à l'aide des nombres trouvés α, β, γ,..., on formera, d'après les formules du n° 10, les fractions $\dfrac{A}{A_1}$, $\dfrac{B}{B_1}$, $\dfrac{C}{C_1}$,..., dont la dernière sera nécessairement la même que la fraction proposée, parce que dans ce cas la fraction continue est terminée. Ces fractions seront alternativement plus petites et plus grandes que la fraction donnée, et seront successivement conçues en termes plus grands; et de plus elles seront telles, que chacune de ces fractions approchera plus de la fraction donnée que ne pourrait faire toute autre fraction quelconque qui serait conçue en termes moins simples. Ainsi l'on aura par ce moyen toutes les fractions conçues en moindres termes que la proposée, qui pourront satisfaire au Problème.

Que si l'on veut considérer en particulier les fractions plus petites et les fractions plus grandes que la proposée, on insérera entre les fractions précédentes autant de fractions intermédiaires que l'on pourra, et l'on en formera deux suites de fractions convergentes, les unes toutes plus petites et les autres toutes plus grandes que la fraction donnée (n°s 16, 17 et 18); chacune de ces suites aura en particulier les mêmes propriétés que la suite des fractions principales $\frac{A}{A_1}$, $\frac{B}{B_1}$, $\frac{C}{C_1}$,....; car les fractions, dans chaque suite, seront successivement conçues en plus grands termes, et chacune d'elles approchera plus de la fraction proposée que ne pourrait faire aucune autre fraction qui serait pareillement plus petite ou plus grande que la proposée, mais qui serait conçue en termes plus simples.

Au reste, il peut arriver qu'une des fractions intermédiaires d'une série n'approche pas si près de la fraction donnée qu'une des fractions de l'autre série, quoique conçue en termes moins simples que celle-ci; c'est pourquoi il ne convient d'employer les fractions intermédiaires que lorsqu'on veut que les fractions cherchées soient toutes plus petites ou toutes plus grandes que la fraction donnée.

Exemple I.

20. Suivant La Caille, l'année solaire est de 365^j 5^h 48^m 49^s, et par conséquent plus longue de 5^h 48^m 49^s que l'année commune de 365^j; si cette différence était exactement de 6 heures, elle donnerait un jour au bout de quatre années communes; mais, si l'on veut savoir au juste au bout de combien d'années communes cette différence peut produire un certain nombre de jours, il faut chercher le rapport qu'il y a entre 24^h et 5^h 48^m 49^s, et l'on trouve que ce rapport est $\frac{86400}{20929}$; de sorte qu'on peut dire qu'au bout de 86400 années communes il faudrait intercaler 20929 jours pour les réduire à des années tropiques.

5.

Comme le rapport de 86400 à 20929 est exprimé en termes fort grands, on propose de trouver en des termes plus petits des rapports aussi approchés de celui-ci qu'il est possible.

On réduira donc la fraction $\dfrac{86400}{20929}$ en fraction continue par la règle donnée dans le n° 4, qui est la même que celle qui sert à trouver le plus grand commun diviseur de deux nombres donnés : on aura

$$
\begin{array}{l}
20929 \,|\, 86400 \,|\, 4 = \alpha \\
83716 \\
\hline
2684 \,|\, 20929 \,|\, 7 = \beta \\
18788 \\
\hline
2141 \,|\, 2684 \,|\, 1 = \gamma \\
2141 \\
\hline
543 \,|\, 2141 \,|\, 3 = \delta \\
1629 \\
\hline
512 \,|\, 543 \,|\, 1 = \varepsilon \\
512 \\
\hline
31 \,|\, 512 \,|\, 16 = \zeta \\
496 \\
\hline
16 \,|\, 31 \,|\, 1 = \eta \\
16 \\
\hline
15 \,|\, 16 \,|\, 1 = \theta \\
15 \\
\hline
1 \,|\, 15 \,|\, 15 = \iota \\
15 \\
\hline
0.
\end{array}
$$

Connaissant ainsi tous les quotients α, β, γ, ..., on en formera aisément la série $\dfrac{A}{A_i}$, $\dfrac{B}{B_i}$, ..., de la manière suivante

$$4, \quad 7, \quad 1, \quad 3, \quad 1, \quad 16, \quad 1, \quad 1, \quad 15,$$

$$\frac{4}{1}, \quad \frac{29}{7}, \quad \frac{33}{8}, \quad \frac{128}{31}, \quad \frac{161}{39}, \quad \frac{2704}{655}, \quad \frac{2865}{694}, \quad \frac{5569}{1349}, \quad \frac{86400}{20929},$$

où l'on voit que la dernière fraction est la même que la proposée.

Pour faciliter la formation de ces fractions, on écrira d'abord, comme je viens de le faire, la suite des quotients 4, 7, 1...., et l'on placera au-dessous de ces coefficients les fractions $\frac{4}{1}$, $\frac{29}{7}$, $\frac{33}{8}$,..., qui en résultent.

La première fraction aura toujours pour numérateur le nombre qui est au-dessus, et pour dénominateur l'unité.

La seconde aura pour numérateur le produit du nombre qui est au-dessus par le numérateur de la première, plus l'unité, et pour dénominateur le nombre même qui est au-dessus.

La troisième aura pour numérateur le produit du nombre qui est au-dessus par le numérateur de la seconde, plus celui de la première; et de même pour dénominateur le produit du nombre qui est au-dessus par le dénominateur de la seconde, plus celui de la première.

Et, en général, chaque fraction aura pour numérateur le produit du nombre qui est au-dessus par le numérateur de la fraction précédente, plus celui de l'avant-précédente, et pour dénominateur le produit du même nombre par le dénominateur de la fraction précédente, plus celui de l'avant-précédente.

Ainsi

$$29 = 7.4 + 1, \quad 7 = 7, \quad 33 = 1.29 + 4, \quad 8 = 1.7 + 1,$$
$$128 = 3.33 + 29, \quad 31 = 3.8 + 7,$$

et ainsi de suite; ce qui s'accorde avec les formules du n° 10.

Maintenant on voit, par les fractions $\frac{4}{1}$, $\frac{29}{7}$, $\frac{33}{8}$,..., que l'intercalation la plus simple est celle d'un jour dans quatre années communes, ce qui est le fondement du *Calendrier julien;* mais qu'on approcherait plus de l'exactitude en n'intercalant que sept jours dans l'espace de vingt-neuf années communes, ou huit dans l'espace de trente-trois ans, et ainsi de suite.

On voit de plus que, comme les fractions $\frac{4}{1}$, $\frac{29}{7}$, $\frac{33}{8}$ sont alternativement plus petites et plus grandes que la fraction $\frac{86400}{20929}$ ou $\frac{24^{h}}{5^{h}48^{m}49^{s}}$, l'intercalation d'un jour sur quatre ans sera trop forte, celle de sept jours sur vingt-neuf ans trop faible, celle de huit jours sur trente-trois ans trop forte, et ainsi de suite; mais chacune de ces intercalations sera toujours la plus exacte qu'il est possible dans le même espace de temps.

Or, si l'on range dans deux séries particulières les fractions plus petites et les fractions plus grandes que la fraction donnée, on y pourra
encore insérer différentes fractions secondaires pour compléter les
séries; et pour cela on suivra le même procédé que ci-dessus, mais en
prenant successivement à la place de chaque nombre de la série supérieure tous les nombres entiers moindres que ce nombre (lorsqu'il
y en a).

Ainsi, considérant d'abord les fractions croissantes

$$1, \quad 1, \quad 1, \quad 15,$$
$$\frac{4}{1}, \quad \frac{33}{8}, \quad \frac{161}{39}, \quad \frac{2865}{694}, \quad \frac{86400}{20929},$$

on voit qu'à cause que l'unité est au-dessus de la seconde, de la troisième et de la quatrième, on ne pourra placer aucune fraction intermédiaire, ni entre la première et la seconde, ni entre la seconde et la
troisième, ni entre la troisième et la quatrième; mais, comme la dernière fraction a au-dessus d'elle le nombre 15, on pourra, entre cette
fraction et la précédente, placer quatorze fractions intermédiaires, dont
les numérateurs formeront la progression arithmétique

$$2865 + 5569, \quad 2865 + 2.5569, \quad 2865 + 3.5569, \quad \ldots,$$

et dont les dénominateurs formeront aussi la progression arithmétique

$$694 + 1349, \quad 694 + 2.1349, \quad 694 + 3.1349, \quad \ldots.$$

Par ce moyen, la suite complète des fractions croissantes sera

$$\frac{4}{1}, \frac{33}{8}, \frac{161}{39}, \frac{2865}{694}, \frac{8434}{2043}, \frac{14003}{3392}, \frac{19572}{4741}, \frac{25141}{6090}, \frac{30710}{7439}, \frac{36279}{8788}, \frac{41848}{10137}, \frac{47417}{11486},$$

$$\frac{52986}{12835}, \frac{58555}{14184}, \frac{64124}{15533}, \frac{69693}{16882}, \frac{75262}{18231}, \frac{80831}{19580}, \frac{86400}{20929}.$$

Et, comme la dernière fraction est la même que la fraction donnée, il
est clair que cette série ne peut pas être poussée plus loin.

De là on voit que, si l'on ne veut admettre que des intercalations qui
pèchent par excès, les plus simples et les plus exactes seront celles d'un

jour sur quatre années, ou de huit jours sur trente-trois ans, ou de trente-neuf jours sur cent soixante et un ans, et ainsi de suite.

Considérons maintenant les fractions décroissantes

$$7, \quad 3, \quad 16, \quad 1,$$

$$\frac{29}{7}, \quad \frac{128}{31}, \quad \frac{2704}{655}, \quad \frac{5569}{1349},$$

et d'abord, à cause du nombre 7 qui est au-dessus de la première fraction, on pourra en placer six autres avant celle-ci, dont les numérateurs formeront la progression arithmétique $4+1$, $2.4+1$, $3.4+1,\dots$, et dont les dénominateurs formeront la progression 1, 2, $3,\dots$; de même, à cause du nombre 3, on pourra placer entre la première et la seconde fraction deux fractions intermédiaires, et entre la seconde et la troisième on en pourra placer quinze, à cause du nombre 16 qui est au-dessus de la troisième; mais entre celle-ci et la dernière on n'en pourra insérer aucune, à cause que le nombre qui est au-dessus est l'unité.

De plus il faut remarquer que, comme la série précédente n'est pas terminée par la fraction donnée, on peut encore la continuer aussi loin que l'on veut, comme nous l'avons fait voir dans le n° 18. Ainsi l'on aura cette série de fractions décroissantes

$$\frac{5}{1}, \frac{9}{2}, \frac{13}{3}, \frac{17}{4}, \frac{21}{5}, \frac{25}{6}, \frac{29}{7}, \frac{62}{15}, \frac{95}{23}, \frac{128}{31}, \frac{289}{70}, \frac{450}{109}, \frac{611}{148}, \frac{772}{187}, \frac{933}{226}, \frac{1094}{265},$$

$$\frac{1255}{304}, \frac{1416}{343}, \frac{1577}{382}, \frac{1738}{421}, \frac{1899}{460}, \frac{2060}{499}, \frac{2221}{538}, \frac{2382}{577}, \frac{2543}{616},$$

$$\frac{2704}{655}, \frac{5569}{1349}, \frac{91969}{22278}, \frac{178369}{43207}, \frac{264769}{64136}, \frac{351169}{85065}, \frac{437569}{105994}, \dots,$$

lesquelles sont toutes plus petites que la fraction proposée, et en approchent plus que toutes autres fractions qui seraient conçues en termes moins simples.

On peut conclure de là que, si l'on ne voulait avoir égard qu'aux intercalations qui pécheraient par défaut, les plus simples et les plus exactes seraient celles d'un jour sur cinq ans, ou de deux jours sur neuf ans, ou de trois jours sur treize ans, etc.

Dans le *Calendrier grégorien*, on intercale seulement quatre-vingt-dix-sept jours dans quatre cents années; on voit par la Table précédente qu'on approcherait beaucoup plus de l'exactitude en intercalant cent neuf jours en quatre cent cinquante années.

Mais il faut remarquer que dans la réformation grégorienne on s'est servi de la détermination de l'année donnée par Copernic, laquelle est de $365^j\,5^h\,49^m\,20^s$. En employant cet élément, on aurait, au lieu de la fraction $\frac{86400}{20929}$, celle-ci $\frac{86400}{20960}$, ou bien $\frac{540}{131}$; d'où l'on trouverait, par la méthode précédente, les quotients 4, 8, 5, 3, et de là ces fractions principales

$$4, \quad 8, \quad 5, \quad 3,$$

$$\frac{4}{1}, \quad \frac{33}{8}, \quad \frac{169}{41}, \quad \frac{540}{131},$$

qui sont, à l'exception des deux premières, assez différentes de celles que nous avons trouvées ci-dessus. Cependant on ne trouve pas parmi ces fractions la fraction $\frac{400}{97}$ adoptée dans le Calendrier grégorien; et cette fraction ne peut pas même se trouver parmi les fractions intermédiaires qu'on pourrait insérer dans les deux séries $\frac{4}{1}$, $\frac{169}{41}$ et $\frac{33}{8}$, $\frac{540}{131}$; car il est clair qu'elle ne pourrait tomber qu'entre ces deux dernières fractions, entre lesquelles, à cause du nombre 3 qui est au-dessus de la fraction $\frac{540}{131}$, il peut tomber deux fractions intermédiaires, qui seront $\frac{202}{49}$ et $\frac{371}{90}$; d'où l'on voit qu'on aurait approché plus de l'exactitude si dans la réformation grégorienne on avait prescrit de n'intercaler que quatre-vingt-dix jours dans l'espace de trois cent soixante et onze ans.

Si l'on réduit la fraction $\frac{400}{97}$ à avoir pour numérateur le nombre 86400, elle deviendra $\frac{86400}{20952}$, ce qui supposerait l'année tropique de $365^j\,5^h\,49^m\,12^s$.

Dans ce cas l'interpolation grégorienne serait tout à fait exacte; mais, comme les observations donnent l'année plus courte de plus de 20 secondes, il est clair qu'il faudra nécessairement, au bout d'un certain espace de temps, introduire une nouvelle intercalation.

Si l'on voulait s'en tenir à la détermination de La Caille, comme le dénominateur 97 de la fraction $\frac{400}{97}$ se trouve entre les dénominateurs de la cinquième et de la sixième des fractions principales trouvées ci-devant, il s'ensuit de ce que nous avons démontré (n° 14) que la fraction $\frac{161}{39}$ approcherait plus de la vérité que la fraction $\frac{400}{97}$; au reste, comme les Astronomes sont encore partagés sur la véritable longueur de l'année, nous nous abstiendrons de prononcer sur ce sujet; aussi n'avons-nous eu d'autre objet, dans les détails que nous venons de donner, que de faciliter les moyens de se mettre au fait des fractions continues et de leurs usages; dans cette vue nous ajouterons encore l'Exemple suivant.

Exemple II.

21. Nous avons déjà donné (n° 8) la fraction continue qui exprime le rapport de la circonférence du cercle au diamètre, en tant qu'elle résulte de la fraction de Ludolph; ainsi il n'y aura qu'à calculer, de la manière enseignée dans l'Exemple précédent, la série des fractions convergentes vers ce même rapport, laquelle sera

3,	7,	15,	1,	292,	1,	1,	1,	2,	1,	3,
$\frac{3}{1}$,	$\frac{22}{7}$,	$\frac{333}{106}$,	$\frac{355}{113}$,	$\frac{103993}{33102}$,	$\frac{104348}{33215}$,	$\frac{208341}{66317}$,	$\frac{312689}{99532}$,	$\frac{833719}{265381}$,	$\frac{1146408}{364913}$,	$\frac{4272943}{1360120}$,

1,	14,	2,	1,	1,	2,
$\frac{5419351}{1725033}$,	$\frac{80143857}{25510582}$,	$\frac{165707065}{52746197}$,	$\frac{245850922}{78256779}$,	$\frac{411557987}{131002976}$,	$\frac{1068966896}{340262731}$,

2,	2,	2,	1,	84,	2,
$\frac{2549491779}{811528438}$,	$\frac{6167950454}{1963319607}$,	$\frac{14885392687}{4738167652}$,	$\frac{21053343141}{6701487259}$,	$\frac{1783366216531}{567663097408}$,	$\frac{3587785776203}{1142027682075}$,

1,	1,	15,	3,
$\frac{5371151992734}{1709690779483}$,	$\frac{8958937768937}{2851718461558}$,	$\frac{139755218526789}{44485467702853}$,	$\frac{428224593349304}{136308121570117}$,

13,	1,	4,	2,
$\frac{5706674932067741}{1816491048114374}$,	$\frac{6134899525417045}{1952799169684491}$,	$\frac{30246273033735921}{9627687726852338}$,	$\frac{66627445592888887}{21208174623389167}$,

6,	6,	1.
$\frac{43001094659106 9243}{13687673546187340}$,	$\frac{264669312513930 4345}{842468587426513207}$,	$\frac{30767040717303 73588}{979345322893700547}$.

VII.   6

Ces fractions seront donc alternativement plus petites et plus grandes que la vraie raison de la circonférence au diamètre, c'est-à-dire que la première $\frac{3}{1}$ sera plus petite, la deuxième $\frac{22}{7}$ plus grande, et ainsi de suite, et chacune d'elles approchera plus de la vérité que ne pourrait faire toute autre fraction qui serait exprimée en termes plus simples, ou, en général, qui aurait un dénominateur moindre que le dénominateur de la fraction suivante; de sorte que l'on peut assurer que la fraction $\frac{3}{1}$ approche plus de la vérité que ne peut faire aucune autre fraction dont le dénominateur serait moindre que 7; de même la fraction $\frac{22}{7}$ approchera plus de la vérité que toute autre fraction dont le dénominateur serait moindre que 106, et ainsi des autres.

Quant à l'erreur de chaque fraction, elle sera toujours moindre que l'unité divisée par le produit du dénominateur de cette fraction par celui de la fraction suivante. Ainsi l'erreur de la fraction $\frac{3}{1}$ sera moindre que $\frac{1}{7}$, celle de la fraction $\frac{22}{7}$ sera moindre que $\frac{1}{7 \cdot 106}$, et ainsi de suite. Mais en même temps l'erreur de chaque fraction sera plus grande que l'unité divisée par le produit du dénominateur de cette fraction par la somme de ce dénominateur et du dénominateur de la fraction suivante; de sorte que l'erreur de la fraction $\frac{3}{1}$ sera plus grande que $\frac{1}{8}$, celle de la fraction $\frac{22}{7}$ plus grande que $\frac{1}{7 \cdot 113}$, et ainsi de suite (n° 14).

Si l'on voulait maintenant séparer les fractions plus petites que le rapport de la circonférence au diamètre d'avec les plus grandes, on pourrait, en insérant les fractions intermédiaires convenables, former deux suites de fractions, les unes croissantes et les autres décroissantes vers le vrai rapport dont il s'agit; on aurait de cette manière

$$Fractions\ plus\ petites\ que\ \frac{périph.}{diam.}$$

$$\frac{3}{1}, \frac{25}{8}, \frac{47}{15}, \frac{69}{22}, \frac{91}{29}, \frac{113}{36}, \frac{135}{43}, \frac{157}{50}, \frac{179}{57}, \frac{201}{64}, \frac{223}{71}, \frac{245}{78}, \frac{267}{85}, \frac{289}{92}, \frac{311}{99},$$

$$\frac{333}{106}, \frac{688}{219}, \frac{1043}{332}, \frac{1398}{445}, \frac{1753}{558}, \frac{2108}{671}, \frac{2463}{784}, \ldots$$

$$\text{Fractions plus grandes que } \frac{p\acute{e}riph.}{diam.}$$

$$\frac{4}{1}, \ \frac{7}{2}, \ \frac{10}{3}, \ \frac{13}{4}, \ \frac{16}{5}, \ \frac{19}{6}, \ \frac{22}{7}, \ \frac{355}{113}, \ \frac{104348}{33215}, \ \frac{312689}{99532}, \ \frac{1146408}{364913}, \ \frac{5419351}{1725033}, \ \frac{85563208}{27235615},$$

$$\frac{165707065}{52746197}, \ \frac{411557987}{131002976}, \ \frac{1480524883}{471265707}, \ \dots$$

Chaque fraction de la première série approche plus de la vérité que ne peut faire aucune autre fraction exprimée en termes plus simples, et qui pécherait aussi par défaut; et chaque fraction de la seconde série approche aussi plus de la vérité que ne peut faire aucune autre fraction exprimée en termes plus simples, et péchant par excès.

Au reste, ces séries deviendraient fort prolixes si l'on voulait les pousser aussi loin que nous avons fait celle des fractions principales donnée ci-dessus. Les bornes de cet Ouvrage ne nous permettent pas de les insérer ici dans toute leur étendue; mais on peut les trouver au besoin dans le Chapitre XI de l'*Algèbre* de Wallis (*Operum mathemat. vol. II*).

REMARQUE.

22. La première solution de ce Problème a été donnée par Wallis dans un petit Traité qu'il a joint aux OEuvres posthumes d'Horrocius, et on la retrouve dans l'endroit cité de son *Algèbre;* mais la méthode de cet Auteur est indirecte et fort laborieuse. Celle que nous venons de donner est due à Huyghens, et l'on doit la regarder comme une des principales découvertes de ce grand Géomètre. La construction de son automate planétaire parait en avoir été l'occasion. En effet, il est clair que, pour pouvoir représenter exactement les mouvements et les périodes des planètes, il faudrait employer des roues où les nombres des dents fussent précisément dans les mêmes rapports que les périodes dont il s'agit; mais, comme on ne peut pas multiplier les dents au delà d'une certaine limite dépendante de la grandeur de la roue, et que

6.

d'ailleurs les périodes des planètes sont incommensurables ou du moins ne peuvent être représentées avec une certaine exactitude que par de très-grands nombres, on est obligé de se contenter d'un à peu près, et la difficulté se réduit à trouver des rapports exprimés en plus petits nombres, qui approchent autant qu'il est possible de la vérité, et plus que ne pourraient faire d'autres rapports quelconques qui ne seraient pas conçus en termes plus grands.

Huyghens résout cette question par le moyen des fractions continues, comme nous l'avons fait ci-dessus; il donne la manière de former ces fractions par des divisions continuelles, et il démontre ensuite les principales propriétés des fractions convergentes qui en résultent, sans oublier même les fractions intermédiaires. (*Voyez*, dans ses *Opera posthuma*, le Traité intitulé *Descriptio automati planetarii*.)

D'autres grands Géomètres ont ensuite considéré les fractions continues d'une manière plus générale. On trouve surtout dans les *Commentaires de Pétersbourg* (tomes IX et XI des *anciens* et tomes IX et XI des *nouveaux*) des Mémoires d'Euler remplis des recherches les plus savantes et les plus ingénieuses sur ce sujet; mais la Théorie de ces fractions, envisagée du côté arithmétique, qui en est le plus intéressant, n'avait pas encore été, ce me semble, autant cultivée qu'elle le méritait : c'est ce qui m'a engagé à en composer ce petit Traité pour la rendre plus familière aux Géomètres. [*Voyez* aussi les *Mémoires de Berlin* pour les années 1767 et 1768 (*).]

Au reste, cette Théorie est d'un usage très-étendu dans toute l'Arithmétique, et il y a peu de problèmes de cette science, au moins parmi ceux pour lesquels les règles ordinaires ne suffisent pas, qui n'en dépendent directement ou indirectement. Jean Bernoulli vient d'en faire une application heureuse et utile dans une nouvelle espèce de calcul, qu'il a imaginé pour faciliter la construction des Tables de parties proportionnelles. (*Voyez* le tome I de son *Recueil pour les Astronomes*.)

_____

(*) *OEuvres de Lagrange*, t. II, p. 538 et 581.

§ II. — *Méthodes pour déterminer les nombres entiers qui donnent les minima des formules indéterminées à deux inconnues.*

Les questions dont nous allons nous occuper, et pour lesquelles nous allons donner des méthodes directes et générales, sont d'un genre entièrement nouveau dans l'Analyse indéterminée. On n'avait point encore appliqué cette Analyse aux Problèmes *de maximis et minimis;* nous nous proposons ici de déterminer les minima des fractions rationnelles, entières et homogènes à deux inconnues, lorsque ces inconnues doivent être des nombres entiers. Cette recherche nous conduira encore à la Théorie des fractions continues, et servira à donner à cette Théorie de nouveaux degrés de perfection.

PROBLÈME I.

23. *Étant donnée une quantité positive a, et supposant que y et z ne puissent être que des nombres entiers positifs et premiers entre eux, on demande de trouver les valeurs de ces nombres qui rendront la formule y — az un minimum (abstraction faite du signe) relativement à tous les nombres plus petits qu'on pourrait substituer pour y et z.*

Soient p et q des nombres entiers et premiers entre eux, qui, étant substitués pour y et z dans la formule $y - az$, la rendent plus petite que si l'on y substituait d'autres nombres moindres que p et q. Donc prenant pour r et s des nombres quelconques entiers positifs et premiers entre eux, mais moindres que p et q, il faudra que la valeur de $p - aq$ soit moindre que celle de $r - as$, abstraction faite des signes de ces quantités, c'est-à-dire en les prenant l'une et l'autre positivement. Prenons r et s tels que l'on ait $ps - qr = \pm 1$, le signe supérieur ayant lieu lorsque $p - aq$ sera positif, et l'inférieur lorsque $p - aq$ sera négatif. (Nous verrons dans un moment qu'il est toujours possible de trouver des nombres qui satisfassent à cette condition.) Je vais prouver que tous les autres nombres moindres que p et q, qu'on substituerait pour y et z, rendraient la formule $y - az$ (abstraction faite du signe) plus grande que $p - aq$ et que $r - as$.

En effet, il est clair qu'on peut supposer, en général,

$$y = pt + ru, \quad z = qt + su,$$

t et u étant deux inconnues; or, par la résolution de ces équations, on a

$$t = \frac{sy - rz}{ps - qr}, \quad u = \frac{qy - pz}{qr - ps};$$

donc, à cause de $ps - qr = \pm 1$,

$$t = \pm(sy - rz), \quad u = \pm(qy - pz);$$

d'où l'on voit que t et u seront toujours des nombres entiers, puisque p, q, r, s et y, z sont supposés entiers.

Donc, t et u étant des nombres entiers, et p, q, r, s des nombres entiers positifs, il est clair que, pour que les valeurs de y et z soient moindres que celles de p et q, il faudra nécessairement que les nombres t et u soient de signes différents.

Maintenant je remarque que la valeur de $r - as$ sera aussi de différent signe que celle de $p - aq$; car, faisant $p - aq = P$ et $r - as = R$, on aura

$$\frac{p}{q} = a + \frac{P}{q}, \quad \frac{r}{s} = a + \frac{R}{s};$$

mais l'équation $ps - qr = \pm 1$ donne $\frac{p}{q} - \frac{r}{s} = \pm \frac{1}{qs}$; donc

$$\frac{P}{q} - \frac{R}{s} = \pm \frac{1}{qs};$$

donc, puisqu'on suppose que le signe ambigu soit pris conformément à celui de la quantité $p - aq$ ou P, il faudra que la quantité $\frac{P}{q} - \frac{R}{s}$ soit positive si P est positif, et négative si P est négatif; or, comme s est

$< q$ et que R est $>$ P (hypothèse), il est clair que $\frac{R}{s}$ sera à plus forte raison $> \frac{P}{q}$ (abstraction faite du signe); donc la quantité $\frac{P}{q} - \frac{R}{s}$ sera toujours de signe différent de $\frac{R}{s}$, c'est-à-dire de R, puisque s est positif; donc P et R seront nécessairement de signes différents.

Cela posé, on aura, en substituant les valeurs ci-dessus de y et z,

$$y - az = (p - aq)\,t + (r - as)\,u = P\,t + R\,u;$$

or, t et u étant de signes différents, aussi bien que P et R, il est clair que Pt et Ru seront des quantités de mêmes signes; donc, puisque t et u sont d'ailleurs des nombres entiers, il est visible que la valeur de $y - az$ sera toujours plus grande que P et que R, c'est-à-dire, que les valeurs de $p - aq$ et de $r - as$, abstraction faite des signes.

Mais il reste maintenant à savoir si, les nombres p et q étant donnés, on peut toujours trouver des nombres r et s moindres que ceux-là, et tels que $ps - qr = \pm 1$, les signes ambigus étant à volonté; or cela suit évidemment de la Théorie des fractions continues; mais on peut aussi le démontrer directement et indépendamment de cette Théorie. Car la difficulté se réduit à prouver qu'il existe nécessairement un nombre entier positif et moindre que p, lequel, étant pris pour r, rendra $qr \pm 1$ divisible par p; or supposons qu'on substitue successivement à la place de r les nombres naturels 1, 2, 3,... jusqu'à p, et qu'on divise les nombres $q \pm 1$, $2q \pm 1$, $3q \pm 1$,..., $pq \pm 1$ par p, on aura p restes moindres que p, qui seront nécessairement tous différents les uns des autres; car, si par exemple $mq \pm 1$ et $nq \pm 1$ (m et n étant des nombres entiers différents qui ne surpassent pas p), étant divisés par p, donnaient un même reste, il est clair que leur différence $(m - n)\,q$ devrait être divisible par p; or c'est ce qui ne se peut, à cause que q est premier à p, et que $m - n$ est un nombre moindre que p. Donc, puisque tous les restes dont il s'agit sont des nombres entiers positifs moindres que p et différents entre eux, et que ces restes sont au nombre de p, il est clair qu'il faudra nécessairement que le zéro se trouve parmi ces restes, et conséquemment

qu'il y ait un des nombres $q \pm 1$, $2q \pm 1$, $3q \pm 1, \ldots, pq \pm 1$ qui soit
divisible par p; or il est clair que ce ne peut être le dernier; ainsi il
y aura sûrement une valeur de r moindre que p, laquelle rendra $rq \pm 1$
divisible par p; et il est clair en même temps que le quotient sera
moindre que q; donc il y aura toujours une valeur entière et positive
de r moindre que p, et une autre valeur pareille de s et moindre que q,
lesquelles satisferont à l'équation

$$s = \frac{qr \pm 1}{p}, \quad \text{ou} \quad ps - qr = \pm 1.$$

24. On voit par là que les nombres r et s sont, parmi les nombres
moindres que p et q, ceux qui rendent la formule $y - az$ le plus petite.

Nous dénoterons, pour plus de simplicité, les nombres r et s par p_1
et q_1; on aura ainsi la condition $pq_1 - qp_1 = \pm 1$, et les quantités
$p - aq$, $p_1 - aq_1$ seront les deux minima consécutifs dans la série des
valeurs de $y - az$, en prenant pour y et z tous les nombres qui ne surpassent pas p et q : ces minima seront de signes contraires, et le second
immédiatement plus grand que le premier.

Il est clair qu'on peut trouver de même deux autres nombres p_2 et q_2
moindres que p_1 et q_1, et qui aient avec ceux-ci la même relation que
p_1 et q_1 ont avec p et q. Ainsi, comme $p_1 - aq_1$ est de signe contraire à
$p - aq$, il faudra faire

$$p_1 q_2 - q_1 p_2 = \mp 1;$$

et la quantité $p_2 - aq_2$ sera de signe contraire à $p_1 - aq_1$, et plus grande
que celle-ci; mais en même temps elle sera plus petite que toute autre
valeur de $y - az$, tant que y et z seront moindres que p_1 et q_1. En continuant le même raisonnement, on trouvera encore des nombres p_3, q_3
moindres que p_2, q_2, tels que

$$p_2 q_3 - q_2 p_3 = \pm 1,$$

et qui rendront la quantité $p_3 - aq_3$ du signe contraire à $p_2 - aq_2$ et
plus grande que $p_2 - aq_2$, mais moindre que si l'on prenait pour p_3
et q_3 d'autres nombres moindres que p_2 et q_2, et ainsi de suite.

On aura de cette manière deux suites de nombres entiers décroissants p, p_1, p_2, p_3,...., q, q_1, q_2, q_3,...., tels que

$$p\,q_1 - q\,p_1 = \pm 1,$$
$$p_1 q_2 - q_1 p_2 = \pm 1,$$
$$p_2 q_3 - q_2 p_3 = \pm 1,$$
$$\dots\dots\dots\dots\dots,$$

et qui donneront la suite des minima

$$p - aq, \quad p_1 - aq_1, \quad p_2 - aq_2, \quad p_3 - aq_3, \quad \dots$$

de la formule $y - az$; ces minima seront successivement de signes dif-férents, et formeront une suite croissante, telle que chaque terme, comme $p_2 - aq_2$, sera un minimum relativement aux valeurs de y et z moindres que p_1 et q.

D'où il s'ensuit que les termes correspondants des deux séries p, p_1, p_2,...., q, q_1, q_2,... ont des propriétés analogues, et résolvent tout le Pro-blème proposé.

Il ne s'agit donc plus que de trouver les deux séries.

Pour cela, je remarque : 1° qu'en ajoutant ensemble les équations

$$pq_1 - qp_1 = \pm 1, \quad p_1 q_2 - q_1 p_2 = \mp 1,$$

on a

$$(p - p_2)\,q_1 - (q - q_2)\,p_1 = 0, \quad \text{savoir} \quad q_1(p - p_2) = p_1(q - q_2);$$

donc, puisque cette équation doit subsister en nombres entiers, et que p_1, q_1 sont premiers entre eux, en vertu de l'équation $pq_1 - qp_1 = \pm 1$, il faudra que $p - p_2$ soit divisible par p_1; ainsi, nommant μ le quotient de cette division, on aura

$$p - p_2 = \mu p_1, \quad \text{et} \quad p = \mu p_1 + v_2;$$

alors l'équation deviendra

$$\mu q_1 = q - q_2, \quad \text{ce qui donne de même} \quad q = \mu q_1 + q_2.$$

On trouvera de la même manière, en ajoutant ensemble les deux équations

$$p_1 q_2 - q_1 p_2 = \mp 1, \quad p_2 q_3 - q_2 p_3 = \pm 1,$$

et faisant des raisonnements semblables,

$$p_1 = \mu_1 p_2 + p_3, \quad q_1 = \mu_1 q_2 + q_3,$$

μ_1 étant un nombre entier, et ainsi de suite.

Donc la loi des deux séries dont il s'agit sera

$$p = \mu \, p_1 + p_2, \quad q = \mu \, q_1 + q_2,$$
$$p_1 = \mu_1 p_2 + p_3, \quad q_1 = \mu_1 q_2 + q_3,$$
$$p_2 = \mu_2 p_3 + p_4, \quad q_2 = \mu_2 q_3 + q_4,$$
$$p_3 = \mu_3 p_4 + p_5, \quad q_3 = \mu_3 q_4 + q_5,$$
$$\dots\dots\dots\dots, \quad \dots\dots\dots\dots,$$

les nombres μ, μ_1, μ_2,... étant tous entiers positifs, et les nombres p, p_1, p_2, p_3,..., q, q_1, q_2, q_3,.... formant deux séries continuellement décroissantes.

On voit par cette loi qu'il suffira de connaître les nombres μ, μ_1, μ_2,... pour pouvoir trouver tous les termes des deux séries, lorsqu'on en connaîtra les deux derniers.

La substitution des valeurs précédentes donne

$$p - aq = \mu \, (p_1 - aq_1) + p_2 - aq_2,$$
$$p_1 - aq_1 = \mu_1 (p_2 - aq_2) + p_3 - aq_3,$$
$$p_2 - aq_2 = \mu_2 (p_3 - aq_3) + p_4 - aq_4,$$
$$p_3 - aq_3 = \mu_3 (p_4 - aq_4) + p_5 - aq_5,$$
$$\dots\dots\dots\dots\dots\dots\dots\dots\dots;$$

d'où l'on tire

$$\mu = \frac{p - aq}{p_1 - aq_1} + \frac{aq_2 - p_2}{p_1 - aq_1},$$

$$\mu_1 = \frac{p_1 - aq_1}{p_2 - aq_2} + \frac{aq_3 - p_3}{p_2 - aq_2},$$

$$\mu_2 = \frac{p_2 - aq_2}{p_3 - aq_3} + \frac{aq_4 - p_4}{p_3 - aq_3},$$

$$\dots\dots\dots\dots\dots\dots\dots$$

On a vu plus haut que les quantités $p - aq$, $p_1 - aq_1$, $p_2 - aq_2$, ... forment une suite de termes qui vont en augmentant, et qui sont alternativement positifs et négatifs; d'où il suit que les fractions $\frac{p - aq}{p_1 - aq_1}$, $\frac{p_1 - aq_1}{p_2 - aq_2}$, $\frac{p_2 - aq_2}{p_3 - aq_3}$, ... ont toutes des valeurs négatives et moindres que l'unité, et qu'au contraire les fractions $\frac{aq_1 - p_2}{p_1 - aq_1}$, $\frac{aq_3 - p_3}{p_2 - aq_2}$, ... sont toutes positives et plus grandes que l'unité. Ainsi, comme les valeurs des premières sont renfermées entre les limites zéro et -1, on pourra substituer ces limites à leur place, ce qui donnera

$$\mu < \frac{aq_2 - p_2}{p_1 - aq_1} > \frac{aq_2 - p_2}{p_1 - aq_1} - 1,$$

$$\mu_1 < \frac{aq_3 - p_3}{p_2 - aq_2} > \frac{aq_3 - p_3}{p_2 - aq_2} - 1,$$

$$\mu_2 < \frac{aq_4 - p_4}{p_3 - aq_3} > \frac{aq_4 - p_4}{p_3 - aq_3} - 1,$$

. . . .

Il est clair que ces limites suffiront pour déterminer les nombres μ, μ_1, μ_2, ..., puisqu'on sait que ces nombres doivent être tous entiers. Par ce moyen, la détermination de μ ne dépendra que des quatre termes p_1, p_2, q_1, q_2, celle de μ_1 ne dépendra que de p_2, p_3, q_2, q_3, et ainsi de suite; par conséquent, en connaissant les valeurs de p_1, p_2 et q_1, q_2, on trouvera d'abord μ, ensuite on aura p et q par les formules $p = \mu p_1 + p_2$, $q = \mu q_1 + q_2$, données ci-dessus.

De même, en connaissant seulement les termes p_2, p_3, q_2, q_3, on trouvera d'abord μ_1 par la condition de

$$\mu_1 < \frac{aq_3 - p_3}{p_2 - aq_2} > \frac{aq_3 - p_3}{p_2 - aq_2} - 1,$$

ensuite on aura p_1, q_1 par les formules $p_1 = \mu_1 p_2 + p_3$, $q_1 = \mu_1 q_2 + q_3$; de là on trouvera μ, et enfin p et q, et ainsi de suite.

D'où l'on peut conclure qu'il suffira de connaître les deux derniers termes de chacune des deux séries correspondantes p, p_1, p_2, p_3, ...,

7.

q, q_1, q_2, q_3,.... pour pouvoir remonter de là successivement à tous les autres termes, et connaître les deux séries entières.

Ce Problème est donc réduit maintenant à trouver les deux derniers termes de ces séries.

Pour cela je remarque que, par leur nature, elles doivent se terminer l'une et l'autre à zéro; car les formules $p = \mu.p_1 + p_2$, $p_1 = \mu_1 p_2 + p_3$,... font voir que μ est le quotient et p_2 le reste de la division de p par p_1, que μ_1 est le quotient et p_3 le reste de la division de p_2 par p_1, et ainsi de suite, de manière que p_2, p_3,... sont les restes que l'on trouve en cherchant le plus grand commun diviseur des deux nombres p et p_1 qui sont supposés premiers entre eux; par conséquent on doit nécessairement parvenir à un reste nul. On doit dire la même chose des nombres q_2, q_3,..., qui ne sont que les différents restes qui résulteraient de la recherche du commun diviseur de q et q_1.

Supposons que la série q, q_1, q_2,... se termine avant sa correspondante p, p_1, p_2,..., et soit, par exemple, $q_4 = 0$; donc l'équation

$$p_3 q_4 - q_3 p_4 = \mp 1$$

se réduira à

$$q_3 p_4 = \pm 1,$$

d'où, à cause que q_3 et p_4 ne peuvent être que des nombres entiers positifs, il suit que $q_3 = 1$ et $p_4 = 1$; ainsi les deux quantités $p_3 - aq_3$, $p_4 - aq_4$ deviendront $p_3 - a$ et 1. Mais nous avons vu que ces quantités doivent être des signes différents, et que, abstraction faite des signes, la seconde doit être plus grande que la première, ces quantités étant deux termes consécutifs de la série des minima; donc il faudra que $a - p_3 > 0$ et < 1; par conséquent

$$p_3 < a > a - 1.$$

Ainsi p_3 sera connu, parce que, devant être un nombre entier, il ne pourra être que le nombre entier qui tombera entre a et $a - 1$.

Donc, en général, dans le cas dont il s'agit, les deux derniers termes de la série q, q_1, q_2,... seront 1, 0; et les correspondants de la série p,

$p_1, p_2, \ldots$ seront α, 1, en dénotant par α le nombre entier qui tombe entre a et $a - 1$.

Supposons maintenant que ce soit la série $p, p_1, p_2, \ldots$ qui se termine la première, et soit $p_4 = 0$, par exemple; alors l'équation

$$p_3 q_4 - q_3 p_4 = \mp 1,$$

devenant

$$p_3 q_4 = \mp 1,$$

donnera, par la raison que p_3 et q_4 doivent être entiers positifs, $p_3 = 1$, $q_4 = 1$; de sorte que les deux quantités $p_3 - a q_3$, $p_4 - a q_4$, qui doivent être de signe contraire, et la seconde plus grande que la première, deviendront $1 - a q_3 - a$; d'où il suit qu'il faudra que $1 - a q_3 > 0$ et $< a$; ce qui donne $q_3 < \dfrac{1}{a}$ et $q_3 + 1 > \dfrac{1}{a}$, et par conséquent

$$q_3 < \frac{1}{a} > \frac{1}{a} - 1;$$

c'est-à-dire que q_3 devra être le nombre entier qui tombera entre $\dfrac{1}{a}$ et $\dfrac{1}{a} - 1$.

Donc, en général, dans ce second cas, les deux derniers termes de la série $p, p_1, p_2, \ldots$ seront 1, 0; et les correspondants dans la série $q, q_1, q_2, \ldots$ seront β, 1, en dénotant par β le nombre entier qui tombera entre $\dfrac{1}{a}$ et $\dfrac{1}{a} - 1$.

On voit par là que le premier cas aura lieu lorsque a est un nombre plus grand que l'unité, et que le second aura lieu lorsque a sera moindre que l'unité.

Connaissant ainsi les deux derniers termes correspondants des séries $p, p_1, p_2, \ldots, q, q_1, q_2, \ldots$, on pourra, par les formules données plus haut, trouver successivement, en remontant, tous les termes de ces séries qui résolvent le Problème proposé.

25. Il est plus commode de considérer ces séries à rebours, en commençant par les derniers termes. Ainsi nous avons deux séries croissantes,

que nous représenterons, pour plus de commodité, de cette manière

$$p_0, \ p_1, \ p_2, \ p_3, \ldots, \quad q_0, \ q_1, \ q_2, \ q_3, \ldots,$$

et pour lesquelles nous avons les déterminations suivantes :

Si $a > 1$,

$$p_0 = 1, \quad p_1 < a > a - 1, \quad q_0 = 0, \quad q_1 = 1;$$

si $a < 1$,

$$p_0 = 0, \quad p_1 = 1, \quad q_0 = 1, \quad q_1 < \frac{1}{a} > \frac{1}{a} - 1;$$

ensuite

$$p_2 = \mu_1 p_1 + p_0, \quad q_2 = \mu_1 q_1 + q_0,$$

$$p_3 = \mu_2 p_2 + p_1, \quad q_3 = \mu_2 q_2 + q_1,$$

$$p_4 = \mu_3 p_3 + p_2, \quad q_4 = \mu_3 q_3 + q_2,$$

$$\ldots\ldots\ldots\ldots, \quad \ldots\ldots\ldots\ldots,$$

et pour la détermination de μ_1, μ_2, $\mu_3, \ldots$, les conditions

$$\mu_1 < \frac{p_0 - a q_0}{a q_1 - p_1} > \frac{p_0 - a q_0}{a q_1 - p_1} - 1,$$

$$\mu_2 < \frac{p_1 - a q_1}{a q_2 - p_2} > \frac{p_1 - a q_1}{a q_2 - p_2} - 1,$$

$$\mu_3 < \frac{p_2 - a q_2}{a q_3 - p_3} > \frac{p_2 - a q_2}{a q_3 - p_3} - 1,$$

$$\ldots\ldots\ldots\ldots\ldots\ldots\ldots\ldots\ldots$$

Il est bon de remarquer encore que le second cas rentre dans le premier; car, en supposant dans les formules du premier cas $a < 1$, on aura nécessairement

$$p_1 < a > a - 1 = 0;$$

donc

$$p_0 = 1, \quad p_1 = 0, \quad q_0 = 0, \quad q_1 = 1,$$

et de là

$$\mu_1 < \frac{1}{a} > \frac{1}{a} - 1, \quad p_2 = 1, \quad q_2 = \mu_1;$$

de sorte qu'ici p_1, p_2 et q_1, q_2 seront ce que seraient p_0, p_1, q_0, q_1 dans les formules du second cas; et les termes suivants seront par conséquent les mêmes dans les deux cas.

On peut donc établir, en général, quel que soit le nombre a, les déterminations suivantes :

$$p_0 = 1, \qquad q_0 = 0,$$
$$p_1 = \mu, \qquad q_1 = 1,$$
$$p_2 = \mu_1 p_1 + 1, \quad q_2 = \mu_1,$$
$$p_3 = \mu_2 p_2 + p_1, \quad q_3 = \mu_2 q_2 + q_1,$$
$$p_4 = \mu_3 p_3 + p_2, \quad q_4 = \mu_3 q_3 + q_2,$$
$$\dots\dots\dots\dots, \quad \dots\dots\dots\dots$$

Ensuite

$$\mu < a,$$
$$\mu_1 < \frac{p_0 - a q_0}{a q_1 - p_1} < \frac{1}{a - \mu},$$
$$\mu_2 < \frac{a q_1 - p_1}{p_2 - a q_2},$$
$$\mu_3 < \frac{p_2 - a q_2}{a q_3 - p_3},$$
$$\mu_4 < \frac{a q_3 - p_3}{p_4 - a q_4},$$
$$\dots\dots\dots\dots,$$

où le signe $<$ dénote le nombre entier qui est immédiatement moindre que la valeur de la quantité placée après ce signe.

On trouvera ainsi successivement toutes les valeurs de p et q qui pourront satisfaire au Problème, ces valeurs ne pouvant être que les termes correspondants des deux séries p_0, p_1, p_2, p_3,... et q_0, q_1, q_2, q_3,....

COROLLAIRE I.

26. Si l'on fait

$$b = \frac{p_0 - a q_0}{a q_1 - p_1}, \quad c = \frac{a q_1 - p_1}{p_2 - a q_2}, \quad d = \frac{p_2 - a q_2}{a q_3 - p_3}, \quad \dots,$$

on aura, comme il est facile de le voir,

$$b = \frac{1}{a - \mu}, \quad c = \frac{1}{b - \mu_1}, \quad d = \frac{1}{c - \mu_2}, \quad \ldots,$$

et $\mu < a$, $\mu_1 < b$, $\mu_2 < c$, $\mu_3 < d$, etc.; donc les nombres μ, μ_1, μ_2,... ne seront autre chose que ceux que nous avons désignés par α, β, γ,... dans le n° 3, c'est-à-dire que ces nombres seront les termes de la fraction continue qui représente la valeur de a, en sorte que l'on aura ici

$$a = \mu + \cfrac{1}{\mu_1 + \cfrac{1}{\mu_2 + \cdot}}$$

Par conséquent les nombres p_1, p_2, p_3,... seront les numérateurs, et q_1, q_2, q_3,... les dénominateurs des fractions convergentes vers a, fractions que nous avons désignées ci-devant par $\frac{A}{A_1}$, $\frac{B}{B_1}$, $\frac{C}{C_1}$,... (n° 10).

Ainsi tout se réduit à convertir la valeur de a en une fraction continue, dont tous les termes soient positifs, ce qu'on peut exécuter par les méthodes exposées plus haut, pourvu qu'on ait soin de prendre toujours les valeurs approchées en défaut; ensuite il n'y aura plus qu'à former la suite des fractions principales convergentes vers a, et les termes de chacune de ces fractions donneront des valeurs de p et q, qui résoudront le Problème proposé; de sorte que $\frac{p}{q}$ ne pourra être qu'une de ces mêmes fractions.

COROLLAIRE II.

27. Il résulte de là une nouvelle propriété des fractions dont nous parlons; c'est que, nommant $\frac{p}{q}$ une des fractions principales convergentes vers a (pourvu qu'elles soient déduites d'une fraction continue dont tous les termes soient positifs), la quantité $p - aq$ aura toujours une valeur plus petite, abstraction faite du signe, qu'elle n'aurait, si

l'on y mettait à la place de p et q d'autres nombres moindres quelconques.

Problème II.

28. *Étant proposée la quantité*

$$A p^m + B p^{m-1} q + C p^{m-2} q^2 + \ldots + V q^m,$$

dans laquelle A, B, C,... sont des nombres entiers donnés, positifs ou négatifs, et où p et q sont des nombres indéterminés, qu'on suppose devoir être entiers et positifs, on demande quelles valeurs on doit donner à p et q, pour que la quantité proposée devienne le plus petite qu'il est possible.

Soient α, β, γ,... les racines réelles, et $\mu \pm \nu \sqrt{-1}$, $\varpi \pm \rho \sqrt{-1}$,... les racines imaginaires de l'équation

$$A x^m + B x^{m-1} + C x^{m-2} + \ldots + V = 0;$$

on aura, par la Théorie des équations,

$$A p^m + B p^{m-1} q + C p^{m-2} q^2 + \ldots + V q^m$$
$$= A(p - \alpha q)(p - \beta q)(p - \gamma q)\ldots [p - (\mu + \nu \sqrt{-1})q]$$
$$\times [p - (\mu - \nu \sqrt{-1})q][p - (\varpi + \rho \sqrt{-1})q][p - (\varpi - \rho \sqrt{-1})q]\ldots$$
$$= A(p - \alpha q)(p - \beta q)(p - \gamma q)\ldots [(p - \mu q)^2 + \nu^2 q^2][(p - \varpi q)^2 + \rho^2 q^2]\ldots$$

Donc la question se réduit à faire en sorte que le produit des quantités $p - \alpha q$, $p - \beta q$, $p - \gamma q$,... et $(p - \mu q)^2 + \nu^2 q^2$, $(p - \varpi q)^2 + \rho^2 q^2$,... soit le plus petit qu'il est possible, tant que p et q sont des nombres entiers positifs.

Supposons qu'on ait trouvé les valeurs de p et q qui répondent au minimum; et, si l'on met à la place de p et q d'autres nombres moindres, il faudra que le produit dont il s'agit acquière une valeur plus grande. Donc il faudra nécessairement que quelqu'un des facteurs augmente de valeur. Or il est visible que, si α, par exemple, était négatif, le facteur $p - \alpha q$ diminuerait toujours, lorsque p et q décroîtraient; la

VII. 8

même chose arriverait au facteur $(p - \mu q)^2 + \nu^2 q^2$, si μ était négatif, et ainsi des autres; d'où il s'ensuit que, parmi les facteurs simples réels, il n'y a que ceux où les racines sont positives qui puissent augmenter de valeur; et, parmi les facteurs doubles imaginaires, il n'y aura que ceux où la partie réelle de la racine imaginaire sera positive qui puissent augmenter aussi; de plus, il faut remarquer, à l'égard de ces derniers, que, pour que $(p - \mu q)^2 + \nu^2 q^2$ augmente, tandis que p et q diminuent, il faut nécessairement que la partie $(p - \mu q)^2$ augmente, parce que l'autre terme $\nu^2 q^2$ diminue nécessairement, de sorte que l'augmentation de ce facteur dépendra de la quantité $p - \mu q$, et ainsi des autres.

Donc les valeurs de p et q, qui répondent au minimum, doivent être telles que la quantité $p - aq$ augmente, en donnant à p et q des valeurs moindres, et prenant pour a une des racines réelles positives de l'équation

$$A x^m + B x^{m-1} + C x^{m-2} + \ldots + V = o,$$

ou une des parties réelles positives des racines imaginaires de la même équation, s'il y en a.

Soient r et s deux nombres entiers positifs moindres que p et q; il faudra donc que $r - as$ soit $> p - aq$ (abstraction faite du signe de ces deux quantités). Qu'on suppose, comme dans le n° **23**, que ces nombres soient tels que $ps - qr = \pm 1$, le signe supérieur ayant lieu lorsque $p - aq$ est positive, et l'inférieur lorsque $p - aq$ est négative; en sorte que les deux quantités $p - aq$ et $r - as$ deviennent de différents signes, et l'on aura exactement le cas auquel nous avons réduit le Problème précédent (n° **24**), et dont nous avons déjà donné la solution.

Donc (n° **26**) les valeurs de p et q devront nécessairement se trouver parmi les termes des fractions principales convergentes vers a, c'est-à-dire vers quelqu'une des quantités que nous avons dit pouvoir être prises pour a. Ainsi il faudra réduire toutes ces quantités en fractions continues (ce qu'on pourra exécuter facilement par les méthodes enseignées ailleurs), et en déduire ensuite les fractions convergentes dont il s'agit, après quoi on fera successivement p égal à tous les numérateurs de ces fractions, et q égal aux dénominateurs correspondants, et celle de ces suppositions qui donnera la moindre valeur de la fonction proposée sera nécessairement aussi celle qui répondra au minimum cherché.

REMARQUE I.

29. Nous avons supposé que les nombres p et q devaient être tous deux positifs; il est clair que, si on les prenait tous deux négatifs, il n'en résulterait aucun changement dans la valeur absolue de la formule proposée; elle ne ferait que changer de signe dans le cas où l'exposant m serait impair, et elle demeurerait absolument la même dans le cas où l'exposant m serait pair; ainsi il n'importe quels signes on donne aux nombres p et q lorsqu'on les suppose tous deux de même signe.

Mais il n'en sera pas de même si l'on donne à p et q des signes différents; car alors les termes alternatifs de l'équation proposée changeront de signe, ce qui en fera aussi changer aux racines $\alpha, \beta, \gamma, \ldots,$ $\mu \pm \nu \sqrt{-1}, \varpi \pm \rho \sqrt{-1}, \ldots,$ de sorte que celles des quantités $\alpha, \beta,$ $\gamma, \ldots, \mu, \varpi, \ldots$ qui étaient négatives, et par conséquent inutiles dans le premier cas, deviendront positives dans celui-ci, et devront être employées à la place des autres.

De là je conclus, en général, que, lorsqu'on recherche le minimum de la formule proposée sans autre restriction, sinon que p et q soient des nombres entiers, il faut prendre successivement pour a toutes les racines réelles $\alpha, \beta, \gamma, \ldots$ et toutes les parties réelles $\mu, \varpi, \ldots$ des racines imaginaires de l'équation

$$A x^m + B x^{m-1} + C x^{m-2} + \ldots + V = 0,$$

en faisant abstraction des signes de ces quantités; mais ensuite il faudra donner à p et q les mêmes signes ou des signes différents, suivant que la quantité qu'on aura prise pour a aura eu originairement le signe positif ou le signe négatif.

8.

REMARQUE II.

30. Lorsque, parmi les racines réelles α, β, γ,..., il y en a de commensurables, alors il est clair que la quantité proposée deviendra nulle en faisant $\frac{p}{q}$ égal à une de ces racines; de sorte que dans ce cas il n'y aura pas, à proprement parler, de minimum; dans tous les autres cas il sera impossible que la quantité dont il s'agit devienne zéro, tant que p et q seront des nombres entiers; or, comme les coefficients A, B, C,... sont aussi des nombres entiers (hypothèse), cette quantité sera toujours égale à un nombre entier, et par conséquent elle ne pourra jamais être moindre que l'unité.

Donc, si l'on avait à résoudre en nombres entiers l'équation

$$A\,p^m + B\,p^{m-1}q + C\,p^{m-2}q^2 + \ldots + V q^m = \pm 1,$$

il faudrait chercher les valeurs de p et q par la méthode du Problème précédent, excepté dans les cas où l'équation

$$A\,x^m + B\,x^{m-1} + C\,x^{m-2} + \ldots + V = 0$$

aurait des racines ou des diviseurs quelconques commensurables; car alors il est visible que la quantité

$$A\,p^m + B\,p^{m-1}q + C\,p^{m-2}q^2 + \ldots$$

pourrait se décomposer en deux ou plusieurs quantités semblables de degrés moindres; de sorte qu'il faudrait que chacune de ces formules partielles fût égale à l'unité en particulier, ce qui donnerait pour le moins deux équations qui serviraient à déterminer p et q.

Nous avons déjà donné ailleurs [*Mémoires de l'Académie de Berlin pour l'année* 1768 (*)] une solution de ce dernier Problème; mais celle que nous venons d'indiquer est beaucoup plus simple et plus directe, quoique toutes les deux dépendent de la même Théorie des fractions continues.

(*) *OEuvres de Lagrange*, t. II, p. 538 et 581.

Problème III.

31. *On demande les valeurs de p et de q qui rendront la quantité*

$$A p^2 + B pq + C q^2$$

le plus petite qu'il est possible, dans l'hypothèse qu'on n'admette pour p et q que des nombres entiers.

Ce Problème n'est, comme l'on voit, qu'un cas particulier du précédent; mais nous avons cru devoir le traiter en particulier, parce qu'il est susceptible d'une solution très-simple et très-élégante, et que d'ailleurs nous aurons dans la suite occasion d'en faire usage dans la résolution des équations du second degré à deux inconnues, en nombres entiers.

Suivant la méthode générale, il faudra donc commencer par chercher les racines de l'équation

$$A x^2 + B x + C = 0,$$

lesquelles sont, comme l'on sait,

$$\frac{- B \pm \sqrt{B^2 - 4 AC}}{2 A}.$$

Or :

1° Si $B^2 - 4 AC$ est égal à un nombre carré, les deux racines seront commensurables, et il n'y aura point de minimum proprement dit, parce que la quantité $A p^2 + B pq + C q^2$ pourra devenir nulle.

2° Si $B^2 - 4 AC$ n'est pas carré, alors les deux racines seront irrationnelles ou imaginaires, suivant que $B^2 - 4 AC$ sera $>$ ou < 0, ce qui fait deux cas qu'il faut considérer séparément; nous commencerons par le dernier, qui est le plus facile à résoudre.

Premier cas, lorsque $B^2 - 4 AC < 0$.

32. Les deux racines étant, dans ce cas, imaginaires, on aura $\dfrac{- B}{2 A}$ pour la partie toute réelle de ces racines, laquelle devra par conséquent être prise pour a. Ainsi il n'y aura qu'à réduire la fraction $\dfrac{- B}{2 A}$

(en faisant abstraction du signe qu'elle peut avoir) en fraction continue par la méthode du n° 4, et en déduire ensuite la série des fractions convergentes (n° 10), laquelle sera nécessairement terminée; cela fait, on essayera successivement pour p les numérateurs de ces fractions, et pour q les dénominateurs correspondants, en ayant soin de donner à p et q les mêmes signes ou des signes différents, suivant que $\dfrac{-B}{2A}$ sera un nombre positif ou négatif. On trouvera de cette manière les valeurs de p et q, qui peuvent rendre la formule proposée un *moindre*.

EXEMPLE.

Soit proposée, par exemple, la quantité

$$49p^2 - 238pq + 290q^2.$$

On aura donc ici A $= 49$, B $= -238$, C $= 290$; donc

$$B^2 - 4AC = -196, \quad \frac{-B}{2A} = \frac{238}{98} = \frac{17}{7}.$$

Opérant donc sur cette fraction de la manière enseignée dans le n° 4, on trouvera les quotients 2, 2, 3, à l'aide desquels on formera ces fractions (n° 20)

$$2, \quad 2, \quad 3,$$

$$\frac{1}{0}, \quad \frac{2}{1}, \quad \frac{5}{2}, \quad \frac{17}{7}.$$

De sorte que les nombres à essayer seront 1, 2, 5, 17 pour p, et 0, 1, 2, 7 pour q; or, désignant par P la quantité proposée, on trouvera

p	q	P
1	0	49
2	1	10
5	2	5
17	7	49

d'où l'on voit que la plus petite valeur de P est 5, laquelle résulte de ces suppositions $p = 5$ et $q = 2$; ainsi l'on peut conclure en général que la formule proposée ne pourra jamais devenir plus petite que 5, tant que p et q seront des nombres entiers; de sorte que le minimum aura lieu lorsque $p = 5$ et $q = 2$.

Second cas, lorsque $B^2 - 4AC > 0$.

33. Comme, dans le cas présent, l'équation

$$A x^2 + B x + C = 0$$

a deux racines réelles irrationnelles, il faudra les réduire l'une et l'autre en fractions continues. Cette opération peut se faire avec la plus grande facilité par une méthode particulière que nous avons exposée ailleurs, et que nous croyons devoir rappeler ici, d'autant qu'elle se déduit naturellement des formules du n° **25**, et qu'elle renferme d'ailleurs tous les principes nécessaires pour la solution complète et générale du Problème proposé.

Dénotons donc par a la racine qu'on a dessein de convertir en fraction continue, et que nous supposerons toujours positive, et soit en même temps b l'autre racine; on aura, comme l'on sait,

$$a + b = -\frac{B}{A}, \quad ab = \frac{C}{A};$$

d'où

$$a - b = \frac{\sqrt{B^2 - 4AC}}{A},$$

ou bien, en faisant, pour abréger, $B^2 - 4AC = E$,

$$a - b = \frac{\sqrt{E}}{A},$$

où le radical $\sqrt{E}$ peut être positif ou négatif : il sera positif lorsque la racine a sera la plus grande des deux, et négatif lorsque cette racine sera la plus petite; donc

$$a = \frac{-B + \sqrt{E}}{2A}, \quad b = \frac{-B - \sqrt{E}}{2A}.$$

Maintenant, si l'on conserve les mêmes dénominations du n° **25**, il n'y aura qu'à substituer à la place de a la valeur précédente, et la difficulté ne consistera qu'à pouvoir déterminer facilement les valeurs entières approchées μ_1, μ_2, μ_3,....

Pour faciliter ces déterminations, je multiplie le haut et le bas des fractions $\dfrac{p_0 - aq_0}{aq_1 - p_1}$, $\dfrac{aq_1 - p_1}{p_2 - aq_2}$, $\dfrac{p_2 - aq_2}{aq_3 - p_3}$,.... respectivement par $\mathrm{A}(bq_1 - p_1)$, $\mathrm{A}(p_2 - bq_2)$, $\mathrm{A}(bq_3 - p_3)$,..., et, comme on a

$$\mathrm{A}(p_0 - aq_0)(p_0 - bq_0) = \mathrm{A},$$

$$\mathrm{A}(qa_1 - p_1)(bq_1 - p_1) = \mathrm{A}p_1^2 - \mathrm{A}(a+b)p_1q_1 + \mathrm{A}abq_1^2 = \mathrm{A}p_1^2 + \mathrm{B}p_1q_1 + \mathrm{C}q_1^2,$$

$$\mathrm{A}(p_2 - aq_2)(p_2 - bq_2) = \mathrm{A}p_2^2 - \mathrm{A}(a+b)p_2q_2 + \mathrm{A}abq_2^2 = \mathrm{A}p_2^2 + \mathrm{B}p_2q_2 + \mathrm{C}q_2^2,$$

$$\dotfill;$$

$$\mathrm{A}(p_0 - aq_0)(bq_1 - p_1) = -\mu\mathrm{A} - \tfrac{1}{2}\mathrm{B} - \tfrac{1}{2}\sqrt{\mathrm{E}},$$

$$\mathrm{A}(aq_1 - p_1)(p_2 - bq_2) = -\mathrm{A}p_1p_2 + \mathrm{A}ap_2q_1 + \mathrm{A}bp_1q_2 - \mathrm{A}abq_1q_2$$
$$= -\mathrm{A}p_1p_2 - \mathrm{C}q_1q_2 - \tfrac{1}{2}\mathrm{B}(p_1q_2 + q_1p_2) + \tfrac{1}{2}\sqrt{\mathrm{E}}(p_2q_1 - q_2p_1),$$

$$\mathrm{A}(p_2 - aq_2)(bq_3 - p_3) = -\mathrm{A}p_2p_3 + \mathrm{A}ap_3q_2 + \mathrm{A}bp_2q_3 - \mathrm{A}abq_2q_3$$
$$= -\mathrm{A}p_2p_3 - \mathrm{C}q_2q_3 - \tfrac{1}{2}\mathrm{B}(p_2q_3 + q_2p_3) + \tfrac{1}{2}\sqrt{\mathrm{E}}(p_3q_2 - q_3p_2),$$

$$\dotfill,$$

et ainsi de suite, je fais, pour abréger,

$$\mathrm{P}_0 = \mathrm{A},$$

$$\mathrm{P}_1 = \mathrm{A}p_1^2 + \mathrm{B}p_1q_1 + \mathrm{C}q_1^2,$$

$$\mathrm{P}_2 = \mathrm{A}p_2^2 + \mathrm{B}p_2q_2 + \mathrm{C}q_2^2,$$

$$\mathrm{P}_3 = \mathrm{A}p_3^2 + \mathrm{B}p_3q_3 + \mathrm{C}q_3^2,$$

$$\dotfill;$$

$$\mathrm{Q}_0 = \tfrac{1}{2}\mathrm{B},$$

$$\mathrm{Q}_1 = \mathrm{A}\mu + \tfrac{1}{2}\mathrm{B},$$

$$\mathrm{Q}_2 = \mathrm{A}p_1p_2 + \tfrac{1}{2}\mathrm{B}(p_1q_2 + q_1p_2) + \mathrm{C}q_1q_2,$$

$$\mathrm{Q}_3 = \mathrm{A}p_2p_3 + \tfrac{1}{2}\mathrm{B}(p_2q_3 + q_2p_3) + \mathrm{C}q_2q_3,$$

$$\dotfill$$

J'aurai, à cause de

$$p_2 q_1 - q_2 p_1 = 1, \quad p_3 q_2 - q_3 p_2 = -1, \quad p_4 q_3 - q_4 p_3 = 1, \quad \ldots,$$

les formules suivantes

$$\mu < \frac{-Q_0 \div \frac{1}{2}\sqrt{E}}{P_0},$$

$$\mu_1 < \frac{-Q_1 - \frac{1}{2}\sqrt{E}}{P_1},$$

$$\mu_2 < \frac{-Q_2 + \frac{1}{2}\sqrt{E}}{P_2},$$

$$\mu_3 < \frac{-Q_3 - \frac{1}{2}\sqrt{E}}{P_3},$$

. . . .

Or, si dans l'expression de Q_2 on met pour p_2 et q_2 leurs valeurs $\mu_1 p_1 + 1$ et μ_1, elle deviendra $\mu_1 P_1 + Q_1$; de même, si l'on substitue dans l'expression de Q_3 pour p_3 et q_3 leurs valeurs $\mu_2 p_2 + p_1$ et $\mu_2 q_2 + q_1$, elle se changera en $\mu_2 P_2 + Q_2$, et ainsi du reste; de sorte que l'on aura

$$Q_1 = \mu \, P_0 + Q_0,$$

$$Q_2 = \mu_1 P_1 + Q_1,$$

$$Q_3 = \mu_2 P_2 + Q_2,$$

$$Q_4 = \mu_3 P_3 + Q_3,$$

. . . .

Pareillement, si l'on substitue dans l'expression de P_2 les valeurs de p_2 et q_2, elle deviendra

$$\mu_1^2 P_1 + 2\mu_1 Q_1 + A;$$

et, si l'on substitue les valeurs de p_3 et q_3 dans l'expression de P_3, elle deviendra

$$\mu_2^2 P_2 + 2\mu_2 Q_2 + P_1,$$

VII.

et ainsi de suite; de sorte que l'on aura

$$P_1 = \mu^2 P_0 + 2\mu\, Q_0 + C,$$

$$P_2 = \mu_1^2 P_1 + 2\mu_1 Q_1 + P_0,$$

$$P_3 = \mu_2^2 P_2 + 2\mu_2 Q_2 + P_1,$$

$$P_4 = \mu_3^2 P_3 + 2\mu_3 Q_3 + P_2,$$

$$\dots\dots\dots\dots\dots\dots\dots$$

Ainsi l'on pourra, à l'aide de ces formules, continuer aussi loin qu'on voudra les suites des nombres μ, μ_1, μ_2,..., Q_0, Q_1, Q_2,... et P_0, P_1, P_2,..., qui dépendent, comme l'on voit, mutuellement les uns des autres, sans qu'il soit nécessaire de calculer en même temps les nombres p_0, p_1, p_2,... et q_0, q_1, q_2,....

On peut encore trouver les valeurs de P_1, P_2, P_3,... par des formules plus simples que les précédentes, en remarquant que l'on a

$$Q_1^2 - P_1 = (\mu_1 A + \tfrac{1}{2}B)^2 - A(\mu_1^2 A + \mu_1 B + C) = \tfrac{1}{4}B^2 - AC,$$

$$Q_2^2 - P_1 P_2 = (\mu_1 P_1 + Q_1)^2 - P_1(\mu_1^2 P_1 + 2\mu_1 Q_1 + A) = Q_1^2 - AP_1,$$

et ainsi de suite, c'est-à-dire

$$Q_1^2 - P_0 P_1 = \tfrac{1}{4}E,$$

$$Q_2^2 - P_1 P_2 = \tfrac{1}{4}E,$$

$$Q_3^2 - P_2 P_3 = \tfrac{1}{4}E,$$

$$\dots\dots\dots\dots\dots;$$

d'où l'on tire

$$P_1 = \frac{Q_1^2 - \tfrac{1}{4}E}{P_0},$$

$$P_2 = \frac{Q_1^2 - \tfrac{1}{4}E}{P_1}.$$

$$P_3 = \frac{Q_3^2 - \tfrac{1}{4}E}{P_2},$$

$$\dots\dots\dots\dots\dots$$

Les nombres μ, μ_1, μ_2,... étant donc trouvés ainsi, on aura (n° **26**) la fraction continue

$$a = \mu + \cfrac{1}{\mu_1 + \cfrac{1}{\mu_2 + \cdot}}$$

et, pour trouver le minimum de la formule

$$A p^2 + B pq + C q^2,$$

il n'y aura qu'à calculer les nombres p_0, p_1, p_2, p_3,... et q_0, q_1, q_2, q_3,... (n° 25), et les essayer ensuite à la place de p et q; mais on peut encore se dispenser de cette opération, en remarquant que les quantités P_0, P_1, P_2,... ne sont autre chose que les valeurs de la formule dont il s'agit, lorsqu'on y fait successivement $p = p_0$, p_1, p_2,... et $q = q_0$, q_1, q_2,.... Ainsi il n'y aura qu'à voir quel est le plus petit terme de la suite P_0, P_1, P_2,..., qu'on aura calculée en même temps que la suite μ, μ_1, μ_2,..., et ce sera le minimum cherché; on trouvera ensuite les valeurs correspondantes de p et q par les formules citées.

34. Maintenant je dis qu'en continuant la série P_0, P_1, P_2,..., on doit nécessairement parvenir à deux termes consécutifs de signes différents, et qu'alors tous les termes suivants seront aussi deux à deux de différents signes. Car on a (numéro précédent)

$$P_0 = A(p_0 - aq_0)(p_0 - bq_0), \quad P_1 = A(p_1 - aq_1)(p_1 - bq_1), \quad \dots$$

Or, de ce qu'on a démontré dans le Problème I, il s'ensuit que les quantités $p_0 - aq_0$, $p_1 - aq_1$, $p_2 - aq_2$,... doivent être de signes alternatifs et aller toujours en diminuant; donc : 1° si b est une quantité négative, les quantités $p_0 - bq_0$, $p_1 - bq_1$.... seront toutes positives; par conséquent les nombres P_0, P_1, P_2,... seront tous de signes alternatifs; 2° si b est une quantité positive, comme les quantités $p_1 - aq_1$, $p_2 - aq_2$,..., et à plus forte raison les quantités $\frac{p_1}{q_1} - a$, $\frac{p_2}{q_2} - a$,..., forment une suite décroissante à l'infini, on arrivera nécessairement à une de ces dernières

9.

quantités, comme $\frac{p_3}{q_3} - a$, qui sera $< a - b$, abstraction faite du signe, et alors toutes les suivantes $\frac{p_4}{q_4} - a$, $\frac{p_5}{q_5} - a, \ldots$ le seront aussi; de sorte que toutes les quantités $a - b + \frac{p_3}{q_3} - a$, $a - b + \frac{p_4}{q_4} - a, \ldots$ seront né-cessairement de même signe que la quantité $a - b$; par conséquent les quantités $\frac{p_3}{q_3} - b$, $\frac{p_4}{q_4} - b, \ldots$ et celles-ci $p_3 - bq_3$, $p_4 - bq_4, \ldots$ à l'infini seront toutes de même signe; donc les nombres p_3, $p_4, \ldots$ seront tous de signes alternatifs.

Supposons donc, en général, que l'on soit parvenu à des termes de signes alternatifs dans la série P_1, P_2, $P_3, \ldots$ et que P_λ soit le premier de ces termes, en sorte que tous les termes P_λ, $P_{\lambda+1}$, $P_{\lambda+2}, \ldots$, à l'infini, soient alternativement positifs et négatifs; je dis qu'aucun de ces termes ne pourra être $> E$. Car si, par exemple, P_3, P_4, $P_5, \ldots$ sont tous de signes alternatifs, il est clair que les produits deux à deux, $P_3 P_4$, $P_4 P_5, \ldots$ seront nécessairement tous négatifs; mais on a (numéro pré-cédent)

$$Q_4^2 - P_3 P_4 = \tfrac{1}{4}E, \quad Q_5^2 - P_4 P_5 = \tfrac{1}{4}E, \quad \ldots;$$

donc les nombres positifs $- P_3 P_4$, $- P_4 P_5, \ldots$ seront tous moindres que $\tfrac{1}{4}E$ ou au moins pas plus grands que $\tfrac{1}{4}E$; de sorte que, comme les nombres P_1, P_2, $P_3, \ldots$ sont d'ailleurs tous entiers par leur nature, les nombres P_3, $P_4, \ldots$ et, en général, les nombres P_λ, $P_{\lambda+1}, \ldots$, abstraction faite de leurs signes, ne pourront jamais surpasser le nombre E.

Il s'ensuit aussi de là que les termes Q_4, $Q_5, \ldots$ et, en général, $Q_{\lambda+1}$, $Q_{\lambda+2}, \ldots$ ne pourront jamais être plus grand que $\tfrac{1}{2}\sqrt{E}$.

D'où il est facile de conclure que les deux séries P_λ, $P_{\lambda+1}$, $P_{\lambda+2}, \ldots$ et $Q_{\lambda+1}$, $Q_{\lambda+2}, \ldots$, quoique poussées à l'infini, ne pourront être composées que d'un certain nombre de termes différents, ces termes ne pouvant être pour la première que les nombres naturels jusqu'à E, pris positive-ment ou négativement, et, pour la seconde, les nombres naturels jus-qu'à $\tfrac{1}{2}\sqrt{E}$ avec les fractions intermédiaires $\tfrac{1}{2}$, $\tfrac{3}{2}$, $\tfrac{5}{2}, \ldots$, pris aussi positi-vement ou négativement; car il est visible, par les formules du numéro précédent, que les nombres Q_1, Q_2, Q_3,... seront toujours entiers lorsque B sera pair, mais qu'ils contiendront chacun la fraction $\frac{1}{2}$ lorsque B sera impair.

Donc, en continuant les deux séries P_1, P_2, P_3,... et Q_1, Q_2, Q_3,..., il arrivera nécessairement que deux termes correspondants, comme P_ϖ et Q_ϖ, reviendront après un certain intervalle de termes, dont le nombre pourra toujours être supposé pair; car, comme il faut que les mêmes termes P_ϖ et Q_ϖ reviennent en même temps une infinité de fois, à cause que le nombre des termes différents dans l'une et l'autre série est limité, et par conséquent aussi le nombre de leurs combinaisons différentes, il est clair que, si ces deux termes revenaient toujours après un intervalle d'un nombre impair de termes, il n'y aurait qu'à considérer leurs retours alternativement, et alors les intervalles seraient tous composés d'un nombre pair de termes.

On aura donc, en dénotant par 2ρ le nombre des termes intermédiaires,

$$P_{\varpi+2\rho} = P_\varpi, \quad \text{et} \quad Q_{\varpi+2\rho} = Q_\varpi,$$

et alors tous les termes P_ϖ, $P_{\varpi+1}$, $P_{\varpi+2}$,..., Q_ϖ, $Q_{\varpi+1}$, $Q_{\varpi+2}$,..., et μ_ϖ, $\mu_{\varpi+1}$, $\mu_{\varpi+2}$, ... reviendront aussi au bout de chaque intervalle de 2ρ termes; car il est facile de voir, par les formules données dans le numéro précédent pour la détermination des nombres μ_1, μ_2, μ_3,..., Q_1, Q_2, Q_3,..., et P_1, P_2, P_3,..., que, dès qu'on aura

$$P_{\varpi+2\rho} = P_\varpi, \quad \text{et} \quad Q_{\varpi+2\rho} = Q_\varpi,$$

on aura aussi

$$\mu_{\varpi+2\rho} = \mu_\varpi,$$

ensuite

$$Q_{\varpi+2\rho+1} = Q_{\varpi+1} \quad \text{et} \quad P_{\varpi+2\rho+1} = P_{\varpi+1};$$

donc aussi

$$\mu_{\varpi+2\rho+1} = \mu_{\varpi+1},$$

et ainsi de suite.

Donc, si Π est un nombre quelconque, égal ou plus grand que ϖ, et que m dénote un nombre quelconque entier positif, on aura, en général,

$$P_{\Pi+2m\rho} = P_\Pi, \quad Q_{\Pi+2m\rho} = Q_\Pi, \quad \mu_{\Pi+2m\rho} = \mu_\Pi;$$

de sorte qu'en connaissant les $\varpi + 2\rho$ premiers termes de chacune de ces trois suites, on connaîtra aussi tous les suivants, qui ne seront autre chose que les 2ρ derniers termes répétés à l'infini dans le même ordre.

De tout cela il s'ensuit que, pour trouver la plus petite valeur de

$$P = A p^2 + B pq + C q^2,$$

il suffit de pousser les séries $P_0, P_1, P_2,\ldots$ et $Q_0, Q_1, Q_2,\ldots$ jusqu'à ce que deux termes correspondants, comme P_ϖ et Q_ϖ, reparaissent ensemble après un nombre pair de termes intermédiaires, en sorte que l'on ait

$$P_{\varpi+2\rho} = P_\varpi, \quad \text{et} \quad Q_{\varpi+2\rho} = Q_\varpi;$$

alors le plus petit terme de la série $P_0, P_1, P_2,\ldots, P_{\varpi+2\rho}$ sera le minimum cherché.

COROLLAIRE I.

35. Si le plus petit terme de la série $P_0, P_1, P_2,\ldots, P_{\varpi+2\rho},\ldots$ ne se trouve pas avant le terme P_ϖ, alors ce terme reparaîtra une infinité de fois dans la même suite prolongée à l'infini; ainsi il y aura alors une infinité de valeurs de p et de q qui répondront au minimum, et qu'on pourra trouver toutes par les formules du n° **25**, en continuant la série des nombres $\mu_1, \mu_2, \mu_3,\ldots$ au delà du terme $\mu_{2\rho+\varpi}$ par la répétition des mêmes termes $\mu_{\varpi+1}, \mu_{\varpi+2},\ldots$, comme on l'a dit plus haut.

On peut aussi, dans ce cas, avoir des formules générales qui représentent toutes les valeurs de p et de q dont il s'agit; mais le détail de la méthode qu'il faut employer pour y parvenir nous mènerait trop loin; quant à présent, nous nous contenterons de renvoyer pour cet objet aux *Mémoires de Berlin* déjà cités, année 1768, pages 123 et suivantes (*), où l'on trouvera une Théorie générale et nouvelle des fractions continues périodiques.

COROLLAIRE II.

36. Nous avons démontré, dans le n° **34**, qu'en continuant la série $P_1, P_2, P_3,\ldots$, on doit trouver des termes consécutifs de signes diffé-

(*) *OEuvres de Lagrange*, t. II, p. 538 et 581.

rents. Supposons donc, par exemple, que P_3 et P_4 soient les deux premiers termes de cette qualité; on aura nécessairement les deux quantités $p_3 - bq_3$ et $p_4 - bq_4$ de mêmes signes, à cause que les quantités $p_3 - aq_3$ et $p_4 - aq_4$ sont de leur nature de différents signes. Or, en mettant dans les quantités $p_5 - bq_5$, $p_6 - bq_6$,... les valeurs de p_5, p_6,..., q_5, q_6,... (n° **25**), on aura

$$p_5 - bq_5 = \mu_4(p_4 - bq_4) + p_3 - bq_3,$$

$$p_6 - bq_6 = \mu_5(p_5 - bq_5) + p_4 - bq_4,$$

$$\dots\dots\dots\dots\dots\dots\dots\dots\dots ;$$

d'où, à cause que μ_4, μ_5,... sont des nombres positifs, il est clair que toutes les quantités $p_5 - bq_5$, $p_6 - bq_6$,..., à l'infini, seront de mêmes signes que les quantités $p_3 - bq_3$ et $p_4 - bq_4$; par conséquent tous les termes P_3, P_4, P_5,..., à l'infini, auront alternativement les signes $+$ et $-$.

Maintenant on aura par les équations précédentes

$$\mu_4 = \frac{p_5 - bq_5}{p_4 - bq_4} - \frac{p_3 - bq_3}{p_4 - bq_4},$$

$$\mu_5 = \frac{p_6 - bq_6}{p_5 - bq_5} - \frac{p_4 - bq_4}{p_5 - bq_5},$$

$$\mu_6 = \frac{p_7 - bq_7}{p_6 - bq_6} - \frac{p_5 - bq_5}{p_6 - bq_6},$$

$$\dots\dots\dots\dots\dots\dots\dots\dots ,$$

où les quantités $\frac{p_3 - bq_3}{p_4 - bq_4}$, $\frac{p_4 - bq_4}{p_5 - bq_5}$,... seront toutes positives.

Donc, puisque les nombres μ_4, μ_5, μ_6,... doivent être tous entiers positifs (hypothèse), la quantité $\frac{p_5 - bq_5}{p_4 - bq_4}$ devra être positive et > 1, de même que les quantités $\frac{p_6 - bq_6}{p_5 - bq_5}$, $\frac{p_7 - bq_7}{p_6 - bq_6}$,..; donc les quantités $\frac{p_4 - bq_4}{p_5 - bq_5}$, $\frac{p_5 - bq_5}{p_6 - bq_6}$,... seront positives et moindres que l'unité; de sorte que les nombres μ_5, μ_6,... ne pourront être que les nombres entiers qui sont immédiatement moindres que les valeurs de $\dfrac{p_6 - bq_6}{p_5 - bq_5}$, $\dfrac{p_7 - bq_7}{p_6 - bq_6}$,...; quant

au nombre μ_4, il sera aussi égal au nombre entier, qui est immédiatement

moindre que la valeur de $\dfrac{p_5 - bq_5}{p_4 - bq_4}$, toutes les fois qu'on aura $\dfrac{p_3 - bq_3}{p_4 - bq_4} < 1$.

Ainsi l'on aura

$$\mu_4 < \frac{p_5 - bq_5}{p_4 - bq_4}, \quad \text{si} \quad \frac{p_3 - bq_3}{p_4 - bq_4} < 1,$$

$$\mu_5 < \frac{p_6 - bq_6}{p_5 - bq_5},$$

$$\mu_6 < \frac{p_7 - bq_7}{p_6 - bq_6},$$

$$\ldots\ldots\ldots\ldots,$$

le signe $<$ placé après les nombres μ_3, μ_4, μ_5,... dénotant, comme plus
haut, les nombres entiers qui sont immédiatement au-dessous des quantités qui suivent ce même signe.

Or il est facile de transformer, par des réductions semblables à celles

du n° 33, les quantités $\dfrac{p_5 - bq_5}{p_4 - bq_4}$, $\dfrac{p_6 - bq_6}{p_5 - bq_5}$,... en celles-ci $\dfrac{Q_5 + \frac{1}{2}\sqrt{E}}{P_4}$,

$\dfrac{Q_6 - \frac{1}{2}\sqrt{E}}{P_5}$,...; de plus, la condition de $\dfrac{p_3 - bq_3}{p_4 - bq_4} < 1$ peut se réduire à

celle-ci $\dfrac{-P_3}{P_4} < \dfrac{aq_3 - p_3}{p_4 - aq_4}$, laquelle, à cause de $\dfrac{aq_3 - p_3}{p_4 - aq_4} > 1$, aura sûre-

ment lieu lorsqu'on aura $\dfrac{-P_3}{P_4} = $ ou < 1; donc on aura

$$\mu_4 < \frac{Q_5 + \frac{1}{2}\sqrt{E}}{P_4}, \quad \text{si} \quad \frac{-P_3}{P_4} = \text{ou} < 1,$$

$$\mu_5 < \frac{Q_6 - \frac{1}{2}\sqrt{E}}{P_5},$$

$$\mu_6 < \frac{Q_7 + \frac{1}{2}\sqrt{E}}{P_6},$$

$$\ldots\ldots\ldots\ldots,$$

En combinant ces formules avec celles du n° 33, qui renferment la
loi des séries P_1, P_2, P_3,... et Q_1, Q_2, Q_3,..., on verra aisément que, si

l'on suppose donnés deux termes correspondants de ces deux séries, dont le numéro soit plus grand que 3, on pourra remonter aux termes précédents jusqu'à P_4 et Q_5, et même jusqu'aux termes P_3 et Q_4, si la condition de $\dfrac{-P_3}{P_4} =$ ou < 1 a lieu; en sorte que tous ces termes seront absolument déterminés par ceux qu'on a supposés donnés.

En effet, connaissant, par exemple, P_6 et Q_6, on connaîtra d'abord P_5 par l'équation

$$Q_6^2 - P_5 P_6 = \tfrac{1}{4}E;$$

ensuite, ayant Q_6 et P_5, on trouvera la valeur de μ_5, à l'aide de laquelle on trouvera ensuite la valeur de Q_5 par l'équation

$$Q_6 = \mu_5 P_5 + Q_5;$$

or l'équation

$$Q_5^2 - P_4 P_5 = \tfrac{1}{4}E$$

donnera P_4; et, si l'on sait d'avance que $\dfrac{-P_3}{P_4}$ doit être $=$ ou < 1, on trouvera μ_4, après quoi on aura Q_4 par l'équation

$$Q_5 = \mu_4 P_4 + Q_4,$$

et ensuite P_3 par celle-ci

$$Q_4^2 - P_3 P_4 = \tfrac{1}{4}E.$$

De là il est facile de tirer cette conclusion générale, que, si P_λ et $P_{\lambda+1}$ sont les premiers termes de la série P_1, P_2, P_3,..., qui se trouvent consécutivement de différents signes, le terme $P_{\lambda+1}$ et les suivants reviendront toujours après un certain nombre de termes intermédiaires, et qu'il en sera de même du terme P_λ, si l'on a $\dfrac{\pm P_\lambda}{P_{\lambda+1}} =$ ou < 1.

Car imaginons, comme dans le n° 34, que l'on ait trouvé $P_{\varpi+2\rho} = P_\varpi$ et $Q_{\varpi+2\rho} = Q_\varpi$, et supposons que ϖ soit $> \lambda$, c'est-à-dire $\varpi = \lambda + \nu$; donc on pourra, d'un côté, remonter du terme P_ϖ au terme $P_{\lambda+1}$ ou P_λ, et de l'autre, du terme $P_{\varpi+2\rho}$ au terme $P_{\lambda+2\rho+1}$ ou $P_{\lambda+2\rho}$; et, comme les

VII.   10

termes d'où l'on part, de part et d'autre, sont égaux, tous les dérivés seront aussi respectivement égaux, de sorte qu'on aura

$$P_{\lambda+2\rho+1} = P_{\lambda+1}, \quad \text{ou même} \quad P_{\lambda+2\rho} = P_\lambda,$$

si $\dfrac{\pm P_\lambda}{P_{\lambda+1}} = $ ou < 1.

Par là on pourra donc juger d'avance du commencement des périodes dans la série P_0, P_1, P_2, P_3,..., et par conséquent aussi dans les deux autres séries Q_0, Q_1, Q_2, Q_3,..., et μ, μ_1, μ_2, μ_3,...; mais, quant à la longueur des périodes, cela dépend de la nature du nombre E, et même uniquement de la valeur de ce nombre, comme je pourrais le démontrer, si je ne craignais que ce détail ne me menât trop loin.

COROLLAIRE III.

37. Ce qu'on vient de démontrer dans le corollaire précédent peut servir encore à prouver ce beau Théorème :

Toute équation de la forme $p^2 - Kq^2 = 1$, où K est un nombre entier positif non carré, et p et q deux indéterminées, est toujours résoluble en nombres entiers.

Car, en comparant la formule $p^2 - Kq^2$ avec la formule générale $Ap^2 + Bpq + Cq^2$, on a $A = 1$, $B = 0$, $C = -K$; donc (n° 33)

$$E = B^2 - 4AC = 4K, \quad \text{et} \quad \tfrac{1}{2}\sqrt{E} = \sqrt{K}.$$

Donc $P_0 = 1$, $Q_0 = 0$; donc

$$\mu < \sqrt{K}, \quad Q_1 = \mu, \quad \text{et} \quad P_1 = \mu^2 - K;$$

d'où l'on voit : 1° que P_1 est négatif, et par conséquent de signe différent de P_0; 2° que P_1 est $=$ ou > 1, parce que K et μ sont des nombres entiers; de sorte qu'on aura $\dfrac{P_0}{-P_1} = $ ou < 1; donc on aura (numéro précédent)

$$\lambda = 0, \quad \text{et} \quad P_{2\rho} = P_0 = 1;$$

de sorte qu'en continuant la série P_0, P_1, P_2,..., le terme $P_0 = 1$ reviendra nécessairement après un certain intervalle de termes; par conséquent on pourra toujours trouver une infinité de valeurs de p et de q qui rendent la formule $p^2 - Kq^2$ égale à l'unité.

COROLLAIRE IV.

38. On peut aussi démontrer cet autre Théorème :

Si l'équation $p^2 - Kq^2 = \pm H$ est résoluble en nombres entiers, en supposant K un nombre positif non carré, et H un nombre positif et moindre que $\sqrt{K}$, les nombres p et q doivent être tels que $\frac{p}{q}$ soit une des fractions principales convergentes vers la valeur de $\sqrt{K}$.

Supposons que le signe supérieur doive avoir lieu, en sorte que $p^2 - Kq^2 = H$; donc on aura

$$p - q\sqrt{K} = \frac{H}{p + q\sqrt{K}}, \qquad \frac{p}{q} - \sqrt{K} = \frac{H}{q^2\left(\frac{p}{q} + \sqrt{K}\right)};$$

qu'on cherche deux nombres entiers positifs r et s moindres que p et q, et tels que $ps - qr = 1$, ce qui est toujours possible, comme on l'a démontré dans le n° **23**, et l'on aura

$$\frac{p}{q} - \frac{r}{s} = \frac{1}{qs};$$

donc, retranchant cette équation de la précédente, il viendra

$$\frac{r}{s} - \sqrt{K} = \frac{H}{q^2\left(\frac{p}{q} + \sqrt{K}\right)} - \frac{1}{qs};$$

de sorte qu'on aura

$$p - q\sqrt{K} = \frac{H}{q\left(\frac{p}{q} + \sqrt{K}\right)},$$

$$r - s\sqrt{K} = \frac{1}{q}\left[\frac{sH}{q\left(\frac{p}{q} + \sqrt{K}\right)} - 1\right].$$

Or, comme $\frac{p}{q} > \sqrt{K}$ et $H < \sqrt{K}$, il est clair que $\dfrac{H}{\frac{p}{q} + \sqrt{K}}$ sera $< \frac{1}{2}$;

donc $p - q\sqrt{K}$ sera $< \frac{1}{2q}$; donc $\dfrac{sH}{q\left(\frac{p}{q} + \sqrt{K}\right)}$ sera à plus forte raison

$< \frac{1}{2}$, puisque $s < q$; de sorte que $r - s\sqrt{K}$ sera une quantité négative,

laquelle, prise positivement, sera $> \frac{1}{2q}$, à cause de $1 - \dfrac{sH}{q\left(\frac{p}{q} + \sqrt{K}\right)} > \frac{1}{2}$.

Ainsi, en faisant $\sqrt{K} = a$, on aura les deux quantités $p - aq$ et $r - as$ assujetties aux mêmes conditions que celles du n° 23; on y pourra par conséquent appliquer la même analyse du n° 24, et l'on en tirera des conclusions semblables; donc, etc. (n° 26). Si l'on avait $p^2 - Kq^2 = -H$, alors il faudrait chercher les nombres r et s, tels que $ps - qr = -1$, et l'on aurait ces deux équations

$$ q\sqrt{K} - p = \frac{H}{q\left(\sqrt{K} + \frac{p}{q}\right)}, $$

$$ s\sqrt{K} - r = \frac{1}{q}\left[\frac{sH}{q\left(\sqrt{K} + \frac{p}{q}\right)} - 1\right]. $$

Comme $H < \sqrt{K}$ et $s < q$, il est clair que $\dfrac{sH}{q\left(\sqrt{K} + \frac{p}{q}\right)}$ sera < 1; de sorte

que la quantité $s\sqrt{K} - r$ sera négative; or je dis que cette quantité, prise

positivement, sera $> q\sqrt{K} - p$; pour cela il faut démontrer que

$$ \frac{1}{q}\left[1 - \frac{sH}{q\left(\sqrt{K} + \frac{p}{q}\right)}\right] > \frac{H}{q\left(\sqrt{K} + \frac{p}{q}\right)}, $$

ou bien que

$$ 1 > \frac{H\left(1 + \frac{s}{q}\right)}{\sqrt{K} + \frac{p}{q}}, \quad \text{savoir} \quad \sqrt{K} + \frac{p}{q} > H + \frac{sH}{q}; $$

mais $H < \sqrt{K}$ (hypothèse); donc il suffit de prouver que

$$\frac{p}{q} > \frac{s\sqrt{K}}{q}, \quad \text{ou bien que} \quad p > s\sqrt{K};$$

c'est ce qui est évident, à cause que, la quantité $s\sqrt{K} - r$ étant négative, il faut que $r > s\sqrt{K}$, et à plus forte raison $p > s\sqrt{K}$, puisque $p > r$.

Ainsi les deux quantités $p - q\sqrt{K}$ et $r - s\sqrt{K}$ seront de différents signes, et la seconde sera plus grande que la première, abstraction faite des signes, comme dans le cas précédent; donc, etc.

Donc, lorsqu'on aura à résoudre en nombres entiers une équation de la forme

$$p^2 - Kq^2 = \pm H,$$

où $H < \sqrt{K}$, il n'y aura qu'à suivre les mêmes procédés du n° 33, en faisant $A = 1$, $B = 0$ et $C = -K$; et, si dans la série P_0, P_1, P_2, P_3,...., $P_{\varpi+2\rho}$ on rencontre un terme $= \pm H$, on aura la résolution cherchée; sinon on sera assuré que l'équation proposée n'admet absolument aucune solution en nombres entiers.

REMARQUE.

39. Nous n'avons considéré dans le n° 33 qu'une des racines de l'équation

$$Ax^2 + Bx + C = 0,$$

que nous avons supposée positive; si cette équation a ses deux racines positives, il faudra les prendre successivement pour a, et faire la même opération sur l'une que sur l'autre; mais, si l'une des deux racines ou toutes deux étaient négatives, alors on les changerait d'abord en positives, en changeant seulement le signe de B, et l'on opérerait comme ci-dessus; mais ensuite il faudrait prendre les valeurs de p et de q avec des signes différents, c'est-à-dire l'une positivement et l'autre négativement (n° 29).

Donc, en général, on donnera à la valeur de B le signe ambigu $\pm$, de

même qu'à $\sqrt{E}$, c'est-à-dire qu'on fera $Q_0 = \mp \frac{1}{2}B$, et qu'on mettra $\pm$
à la place de $\sqrt{E}$, et il faudra prendre ces signes en sorte que la racine

$$a = \frac{\mp \frac{1}{2}B \pm \frac{1}{2}\sqrt{E}}{A}$$

soit positive, ce qui pourra toujours se faire de deux manières différentes; le signe supérieur de B indiquera une racine positive, auquel
cas il faudra prendre p et q tous deux de mêmes signes; au contraire, le
signe inférieur de B indiquera une racine négative, auquel cas les valeurs
de p et q devront être prises de signes différents.

EXEMPLE.

40. *On demande quels nombres entiers il faudrait prendre pour p et q,
afin que la quantité*

$$9p^2 - 118pq + 378q^2$$

devînt le plus petite qu'il est possible.

Comparant cette quantité avec la formule générale du Problème III,
on aura $A = 9$, $B = -118$, $C = 378$, donc $B^2 - 4AC = 316$: d'où l'on
voit que ce cas se rapporte à celui du n° 33. On fera donc $E = 316$
et $\frac{1}{2}\sqrt{E} = \sqrt{79}$, où l'on remarquera d'abord que $\sqrt{79} > 8$ et < 9; de
sorte que, dans les formules dont il ne s'agira que d'avoir la valeur
entière approchée, on pourra prendre sur-le-champ, à la place du radical $\sqrt{79}$, le nombre 8 ou 9, suivant que ce radical se trouvera ajouté ou
retranché des autres nombres de la même formule.

Maintenant on donnera tant à B qu'à $\sqrt{E}$ le signe ambigu ± 1, et l'on
prendra ensuite ces signes tels que

$$a = \frac{\pm 59 \pm \sqrt{79}}{9}$$

soit une quantité positive (n° 39); d'où l'on voit qu'il faut toujours
prendre le signe supérieur pour le nombre 59, et que pour le radical

$\sqrt{79}$ on peut prendre également le signe supérieur et l'inférieur. Ainsi l'on fera toujours $Q_0 = -\frac{1}{2}B$, et $\sqrt{E}$ pourra être pris successivement en plus et en moins.

Soit donc :

$1°$ $\frac{1}{2}\sqrt{E} = \sqrt{79}$ avec le signe positif; on fera (n° 33) le calcul suivant :

$$Q_0 = -59, \qquad P_0 = 9, \qquad \mu < \frac{59 + \sqrt{79}}{9} = 7,$$

$$Q_1 = 9.7 - 59 = 4, \qquad P_1 = \frac{16 - 79}{9} = -7, \qquad \mu_1 < \frac{-4 - \sqrt{79}}{-7} = 1,$$

$$Q_2 = -7.1 + 4 = -3, \qquad P_2 = \frac{9 - 79}{-7} = 10, \qquad \mu_2 < \frac{3 + \sqrt{79}}{10} = 1,$$

$$Q_3 = 10.1 - 3 = 7, \qquad P_3 = \frac{49 - 79}{10} = -3, \qquad \mu_3 < \frac{-7 - \sqrt{79}}{-3} = 5,$$

$$Q_4 = -3.5 + 7 = -8, \qquad P_4 = \frac{64 - 79}{-3} = 5, \qquad \mu_4 < \frac{8 + \sqrt{79}}{5} = 3,$$

$$Q_5 = 5.3 - 8 = 7, \qquad P_5 = \frac{49 - 79}{5} = -6, \qquad \mu_5 < \frac{-7 - \sqrt{79}}{-6} = 2,$$

$$Q_6 = -6.2 + 7 = -5, \qquad P_6 = \frac{25 - 79}{-6} = 9, \qquad \mu_6 < \frac{5 + \sqrt{79}}{9} = 1,$$

$$Q_7 = 9.1 - 5 = 4, \qquad P_7 = \frac{16 - 79}{9} = -7, \qquad \mu_7 < \frac{-4 - \sqrt{79}}{-7} = 1,$$

$$\ldots\ldots\ldots\ldots, \qquad \ldots\ldots\ldots\ldots, \qquad \ldots\ldots\ldots\ldots$$

Je m'arrête ici, parce que je vois que $Q_7 = Q_1$ et $P_7 = P_1$, et que la différence entre les deux numéros 1 et 7 est paire; d'où il s'ensuit que tous les termes suivants seront aussi les mêmes que les précédents; ainsi l'on aura

$$Q_7 = 4, \quad Q_8 = -3, \quad Q_9 = 7, \quad \ldots, \quad P_7 = -7, \quad P_8 = 10, \quad \ldots,$$

de sorte qu'on pourra, si l'on veut, continuer les séries ci-dessus à l'infini, en ne faisant que répéter les mêmes termes.

2° Prenons maintenant le radical $\sqrt{79}$ avec un signe négatif, et le calcul sera comme il suit :

$$Q_0 = -59, \qquad P_0 = 9, \qquad \mu < \frac{59 - \sqrt{79}}{9} = 5,$$

$$Q_1 = 9.5 - 59 = -14, \qquad P_1 = \frac{196 - 79}{9} = 13, \qquad \mu_1 < \frac{14 + \sqrt{79}}{13} = 1,$$

$$Q_2 = 13.1 - 14 = -1, \qquad P_2 = \frac{1 - 79}{13} = -6, \qquad \mu_2 < \frac{1 - \sqrt{79}}{-6} = 1,$$

$$Q_3 = -6.1 - 1 = -7, \qquad P_3 = \frac{49 - 79}{-6} = 5, \qquad \mu_3 < \frac{7 + \sqrt{79}}{5} = 3,$$

$$Q_4 = 5.3 - 7 = 8, \qquad P_4 = \frac{64 - 79}{5} = -3, \qquad \mu_4 < \frac{-8 - \sqrt{79}}{-3} = 5,$$

$$Q_5 = -3.5 + 8 = -7, \qquad P_5 = \frac{49 - 79}{-3} = 10, \qquad \mu_5 < \frac{7 + \sqrt{79}}{10} = 1,$$

$$Q_6 = 10.1 - 7 = 3, \qquad P_6 = \frac{9 - 79}{10} = -7, \qquad \mu_6 < \frac{-3 - \sqrt{79}}{-7} = 1,$$

$$Q_7 = -7.1 + 3 = -4, \qquad P_7 = \frac{16 - 79}{-7} = 9, \qquad \mu_7 < \frac{4 + \sqrt{79}}{9} = 1,$$

$$Q_8 = 9.1 - 4 = 5, \qquad P_8 = \frac{25 - 79}{9} = -6, \qquad \mu_8 < \frac{-5 - \sqrt{79}}{-6} = 2,$$

$$Q_9 = -6.2 + 5 = -7, \qquad P_9 = \frac{49 - 79}{-6} = 5, \qquad \mu_9 < \frac{7 + \sqrt{79}}{5} = 3,$$

$$\ldots\ldots\ldots\ldots\ldots\ldots, \qquad \ldots\ldots\ldots\ldots\ldots, \qquad \ldots\ldots\ldots\ldots\ldots$$

On peut s'arrêter ici, puisque l'on a trouvé $Q_9 = Q_3$ et $P_9 = P_3$, et que la différence des numéros 9 et 3 est paire; car, en continuant les séries, on ne retrouverait plus que les mêmes termes qu'on a déjà trouvés.

Si l'on considère les valeurs des termes P_0, P_1, P_2, P_3,... trouvées dans les deux cas, on verra que le plus petit de ces termes est égal à -3; dans le premier cas, c'est le terme P_3 auquel répondent les valeurs p_3

et q_3, et dans le second cas, c'est le terme P_4 auquel répondent les valeurs p_4 et q_4.

D'où il s'ensuit que la plus petite valeur que puisse recevoir la quantité proposée est -3; et, pour avoir les valeurs de p et q qui y répondent, on prendra dans le premier cas les nombres μ, μ_1, μ_2, savoir 7, 1 et 1, et l'on en formera les fractions principales convergentes $\frac{7}{1}$, $\frac{8}{1}$, $\frac{15}{2}$; la troisième fraction sera donc $\frac{p_3}{q_3}$, en sorte que l'on aura $p_3 = 15$ et $q_3 = 2$; c'est-à-dire que les valeurs cherchées seront $p = 15$ et $q = 2$. Dans le second cas, on prendra les nombres μ, μ_1; μ_2, μ_3, savoir 5, 1, 1, 3, lesquels donneront ces fractions $\frac{5}{1}$, $\frac{6}{1}$, $\frac{11}{2}$, $\frac{39}{7}$; de sorte qu'on aura $p_4 = 39$ et $q_4 = 7$; donc $p = 39$ et $q = 7$.

Les valeurs qu'on vient de trouver pour p et q dans le cas du minimum sont aussi les plus petites qu'il est possible; mais on pourra, si l'on veut, en trouver successivement d'autres plus grandes; car il est clair que le même terme -3 reviendra toujours au bout de chaque intervalle de six termes; de sorte que, dans le premier cas, on aura $P_3 = -3$, $P_9 = -3$, $P_{15} = -3, \ldots$, et dans le second, $P_4 = -3$, $P_{10} = -3$, $P_{16} = -3, \ldots$. Donc dans le premier cas on aura, pour les valeurs satisfaisantes de p et q, celles-ci p_3, q_3, p_9, q_9, p_{15}, $q_{15}, \ldots$, et dans le second cas celles-ci p_4, q_4, p_{10}, q_{10}, p_{16}, $q_{16}, \ldots$. Or les valeurs de μ, μ_1, $\mu_2, \ldots$ sont, dans le premier cas,

$$7, \ 1, \ 1, \ 5, \ 3, \ 2, \ 1, \ 1, \ 1, \ 5, \ 3, \ 2, \ 1, \ 1, \ 1, \ 5, \ 3, \ \ldots,$$

à l'infini, parce que $\mu_7 = \mu_1$ et $\mu_8 = \mu_2, \ldots$; ainsi il n'y aura qu'à former par la méthode du n° 20 les fractions

$$7, \ 1, \ 1, \ 5, \ 3, \ 2, \ 1, \ 1, \ 1, \ 5, \ \ldots,$$

$$\frac{7}{1}, \ \frac{8}{1}, \ \frac{15}{2}, \ \frac{83}{11}, \ \frac{264}{35}, \ \frac{611}{81}, \ \frac{875}{116}, \ \frac{1486}{197}, \ \frac{2361}{313}, \ \frac{13291}{1762}, \ \ldots,$$

et l'on pourra prendre pour p les numérateurs de la troisième, de la neuvième, etc., et pour q les dénominateurs correspondants; on aura donc $p = 15$, $q = 2$, ou $p = 2361$, $q = 313$, ou etc.

VII.

Dans le second cas, les valeurs de μ_1, μ_2, μ_3,.... seront

$$5, \ 1, \ 1, \ 3, \ 5, \ 1, \ 1, \ 1, \ 2, \ 3, \ 5, \ 1, \ 1, \ 1, \ 2, \ \ldots,$$

parce que $\mu_9 = \mu_3$, $\mu_{10} = \mu_4$,..... On formera donc ces fractions-ci

$$5, \ 1, \ 1, \ 3, \ 5, \ 1, \ 1, \ 1, \ 2, \ 3, \ 5, \ \ldots,$$

$$\frac{5}{1}, \ \frac{6}{1}, \ \frac{11}{2}, \ \frac{39}{7}, \ \frac{206}{37}, \ \frac{245}{44}, \ \frac{451}{81}, \ \frac{696}{125}, \ \frac{1843}{331}, \ \frac{6225}{1118}, \ \frac{32968}{5921}, \ \ldots,$$

et les fractions quatrième, dixième, etc., donneront les valeurs de p et q, lesquelles seront donc $p = 39$, $q = 7$, ou $p = 6225$, $q = 1118$, etc.

De cette manière on pourra donc trouver par ordre toutes les valeurs de p et q qui rendront la formule proposée $= -3$, valeur qui est la plus petite qu'elle puisse recevoir. On pourrait même avoir une formule générale qui renfermât toutes ces valeurs de p et de q; on la trouvera, si l'on en est curieux, par la méthode que nous avons exposée ailleurs et dont nous avons parlé plus haut (n° 35).

Nous venons de trouver que le minimum de la quantité proposée est -3, et par conséquent négatif; or on pourrait proposer de trouver la plus petite valeur positive que la même quantité puisse recevoir; alors il n'y aurait qu'à examiner les séries P_0, P_1, P_2, P_3,... dans les deux cas, et l'on verrait que le plus petit terme positif est 5 dans les deux cas; et, comme dans le premier cas c'est P_4, et dans le second P_3 qui est égal à 5, les valeurs de p et de q, qui donneront la plus petite valeur positive de la quantité proposée, seront p_4, q_4, ou p_{10}, q_{10}, ou etc. dans le premier cas, et p_3, q_3, ou p_9, q_9, ou etc. dans le second; de sorte que l'on aura, par les fractions ci-dessus, $p = 83$, $q = 11$, ou $p = 13291$, $q = 1762$,..., ou $p = 11$, $q = 2$, ou $p = 1843$, $q = 331$, ou etc.

Au reste, on ne doit pas oublier de remarquer que les nombres μ, μ_1, μ_2,..., trouvés dans les deux cas ci-dessus, ne sont autre chose que les termes des fractions continues qui représentent les deux racines de l'équation

$$9x^2 - 118x + 378 = 0.$$

De sorte que ces racines seront

$$7 + \cfrac{1}{1 + \cfrac{1}{1 + \cfrac{1}{5 + \cfrac{1}{3 + .}}}}$$

$$5 + \cfrac{1}{1 + \cfrac{1}{1 + \cfrac{1}{3 + \cfrac{1}{5 + .}}}}$$

expressions qu'on pourra continuer à l'infini par la simple répétition des mêmes nombres.

Ainsi l'on voit par là comment on doit s'y prendre pour réduire en fractions continues les racines de toute équation du second degré.

SCOLIE.

41. Euler a donné, dans le tome XI des *Nouveaux Commentaires de Pétersbourg*, une méthode analogue à la précédente, quoique déduite de principes un peu différents, pour réduire en fraction continue la racine d'un nombre quelconque entier non carré, et il y a joint une Table où les fractions continues sont calculées pour tous les nombres naturels non carrés jusqu'à 120. Comme cette Table peut être utile en différentes occasions, et surtout pour la solution des Problèmes indéterminés du second degré, comme on le verra plus bas (§ VII), nous croyons faire plaisir à nos lecteurs de la leur présenter ici. On remarquera qu'à chaque nombre radical il répond deux suites de nombres entiers : la supérieure est celle des nombres $P_0, -P_1, P_2, -P_3, \ldots$, et l'inférieure est celle des nombres $\mu, \mu_1, \mu_2, \mu_3, \ldots$

$\sqrt{2}$
$$\begin{matrix} 1 & 1 & 1 & 1 & \cdots \\ 1 & 2 & 2 & 2 & \cdots \end{matrix}$$

$\sqrt{3}$
$$\begin{matrix} 1 & 2 & 1 & 2 & 1 & 2 & 1 & \cdots \\ 1 & 1 & 2 & 1 & 2 & 1 & 2 & \cdots \end{matrix}$$

$\sqrt{5}$
$$\begin{matrix} 1 & 1 & 1 & 1 & \cdots \\ 2 & 4 & 4 & 4 & \cdots \end{matrix}$$

$\sqrt{6}$
$$\begin{matrix} 1 & 2 & 1 & 2 & 1 & 2 & 1 & \cdots \\ 2 & 2 & 4 & 2 & 4 & 2 & 4 & \cdots \end{matrix}$$

$\sqrt{7}$
$$\begin{matrix} 1 & 3 & 2 & 3 & 1 & 3 & 2 & 3 & 1 & \cdots \\ 2 & 1 & 1 & 1 & 4 & 1 & 1 & 1 & 4 & \cdots \end{matrix}$$

$\sqrt{8}$
$$\begin{matrix} 1 & 4 & 1 & 4 & 1 & 4 & 1 & \cdots \\ 2 & 1 & 4 & 1 & 4 & 1 & 4 & \cdots \end{matrix}$$

$\sqrt{10}$
$$\begin{matrix} 1 & 1 & 1 & 1 & \cdots \\ 3 & 6 & 6 & 6 & \cdots \end{matrix}$$

$\sqrt{11}$
$$\begin{matrix} 1 & 2 & 1 & 2 & 1 & 2 & 1 & \cdots \\ 3 & 3 & 6 & 3 & 6 & 3 & 6 & \cdots \end{matrix}$$

$\sqrt{12}$
$$\begin{matrix} 1 & 3 & 1 & 3 & 1 & 3 & 1 & \cdots \\ 3 & 2 & 6 & 2 & 6 & 2 & 6 & \cdots \end{matrix}$$

$\sqrt{13}$
$$\begin{matrix} 1 & 4 & 3 & 3 & 4 & 1 & 4 & 3 & 3 & 4 & 1 & \cdots \\ 3 & 1 & 1 & 1 & 1 & 6 & 1 & 1 & 1 & 1 & 6 & \cdots \end{matrix}$$

$\sqrt{14}$
$$\begin{matrix} 1 & 5 & 2 & 5 & 1 & 5 & 2 & 5 & 1 & \cdots \\ 3 & 1 & 2 & 1 & 6 & 1 & 2 & 1 & 6 & \cdots \end{matrix}$$

$\sqrt{15}$
$$\begin{matrix} 1 & 6 & 1 & 6 & 1 & 6 & 1 & \cdots \\ 3 & 1 & 6 & 1 & 6 & 1 & 6 & \cdots \end{matrix}$$

$\sqrt{17}$
$$\begin{matrix} 1 & 1 & 1 & 1 & 1 & \cdots \\ 4 & 8 & 8 & 8 & 8 & \cdots \end{matrix}$$

$\sqrt{18}$
$$\begin{matrix} 1 & 2 & 1 & 2 & 1 & 2 & 1 & 2 & 1 & \cdots \\ 4 & 4 & 8 & 4 & 8 & 4 & 8 & 4 & 8 & \cdots \end{matrix}$$

$\sqrt{19}$
$$\begin{matrix} 1 & 3 & 5 & 2 & 5 & 3 & 1 & 3 & 5 & 2 & 5 & 3 & 1 & \cdots \\ 4 & 2 & 1 & 3 & 1 & 2 & 8 & 2 & 1 & 3 & 1 & 2 & 8 & \cdots \end{matrix}$$

$\sqrt{20}$
$$\begin{matrix} 1 & 4 & 1 & 4 & 1 & 4 & 1 & 4 & 1 & \cdots \\ 4 & 2 & 8 & 2 & 8 & 2 & 8 & 2 & 8 & \cdots \end{matrix}$$

$\sqrt{21}$
$$\begin{matrix} 1 & 5 & 4 & 3 & 4 & 5 & 1 & 5 & 4 & 3 & 4 & 5 & 1 & \cdots \\ 4 & 1 & 1 & 2 & 1 & 1 & 8 & 1 & 1 & 2 & 1 & 1 & 8 & \cdots \end{matrix}$$

$\sqrt{22}$
$$\begin{matrix} 1 & 6 & 3 & 2 & 3 & 6 & 1 & 6 & 3 & 2 & 3 & 6 & 1 & \cdots \\ 4 & 1 & 2 & 4 & 2 & 1 & 8 & 1 & 2 & 4 & 2 & 1 & 8 & \cdots \end{matrix}$$

$$\sqrt{23}\begin{cases} 1 & 7 & 2 & 7 & 1 & 7 & 2 & 7 & 1 & \cdots \\ 4 & 1 & 3 & 1 & 8 & 1 & 3 & 1 & 8 & \cdots \end{cases}$$

$$\sqrt{24}\begin{cases} 1 & 8 & 1 & 8 & 1 & 8 & 1 & \cdots \\ 4 & 1 & 8 & 1 & 8 & 1 & 8 & \cdots \end{cases}$$

$$\sqrt{26}\begin{cases} 1 & 1 & 1 & 1 & \cdots \\ 5 & 10 & 10 & 10 & \cdots \end{cases}$$

$$\sqrt{27}\begin{cases} 1 & 2 & 1 & 2 & 1 & 2 & 1 & \cdots \\ 5 & 5 & 10 & 5 & 10 & 5 & 10 & \cdots \end{cases}$$

$$\sqrt{28}\begin{cases} 1 & 3 & 4 & 3 & 1 & 3 & 4 & 3 & 1 & \cdots \\ 5 & 3 & 2 & 3 & 10 & 3 & 2 & 3 & 10 & \cdots \end{cases}$$

$$\sqrt{29}\begin{cases} 1 & 4 & 5 & 5 & 4 & 1 & 4 & 5 & 5 & 4 & 1 & \cdots \\ 5 & 2 & 1 & 1 & 2 & 10 & 2 & 1 & 1 & 2 & 10 & \cdots \end{cases}$$

$$\sqrt{30}\begin{cases} 1 & 5 & 1 & 5 & 1 & 5 & 1 & 5 & 1 & \cdots \\ 5 & 2 & 10 & 2 & 10 & 2 & 10 & 2 & 10 & \cdots \end{cases}$$

$$\sqrt{31}\begin{cases} 1 & 6 & 5 & 3 & 2 & 3 & 5 & 6 & 1 & 6 & 5 & \cdots \\ 5 & 1 & 1 & 3 & 5 & 3 & 1 & 1 & 10 & 1 & 1 & \cdots \end{cases}$$

$$\sqrt{32}\begin{cases} 1 & 7 & 4 & 7 & 1 & 7 & 4 & 7 & 1 & \cdots \\ 5 & 1 & 1 & 1 & 10 & 1 & 1 & 1 & 10 & \cdots \end{cases}$$

$$\sqrt{33}\begin{cases} 1 & 8 & 3 & 8 & 1 & 8 & 3 & 8 & 1 & \cdots \\ 5 & 1 & 2 & 1 & 10 & 1 & 2 & 1 & 10 & \cdots \end{cases}$$

$$\sqrt{34}\begin{cases} 1 & 9 & 2 & 9 & 1 & 9 & 2 & 9 & 1 & \cdots \\ 5 & 1 & 4 & 1 & 10 & 1 & 4 & 1 & 10 & \cdots \end{cases}$$

$$\sqrt{35}\begin{cases} 1 & 10 & 1 & 10 & 1 & 10 & 1 & 10 & \cdots \\ 5 & 1 & 10 & 1 & 10 & 1 & 10 & 1 & \cdots \end{cases}$$

$$\sqrt{37}\begin{cases} 1 & 1 & 1 & 1 & 1 & \cdots \\ 6 & 12 & 12 & 12 & 12 & \cdots \end{cases}$$

$$\sqrt{38}\begin{cases} 1 & 2 & 1 & 2 & 1 & 2 & 1 & \cdots \\ 6 & 6 & 12 & 16 & 12 & 6 & 12 & \cdots \end{cases}$$

$$\sqrt{39}\begin{cases} 1 & 3 & 1 & 3 & 1 & 3 & 1 & \cdots \\ 6 & 4 & 12 & 4 & 12 & 4 & 12 & \cdots \end{cases}$$

$$\sqrt{40}\begin{cases} 1 & 4 & 1 & 4 & 1 & 4 & 1 & \cdots \\ 6 & 3 & 12 & 3 & 12 & 3 & 12 & \cdots \end{cases}$$

$$\sqrt{41}\begin{cases} 1 & 5 & 5 & 1 & 5 & 5 & 1 & \cdots \\ 6 & 2 & 2 & 12 & 2 & 2 & 12 & \cdots \end{cases}$$

$$\sqrt{42}\begin{cases} 1 & 6 & 1 & 6 & 1 & 6 & 1 & \cdots \\ 6 & 2 & 12 & 2 & 12 & 2 & 12 & \cdots \end{cases}$$

$\sqrt{43}$
$\begin{cases} 1 & 7 & 6 & 3 & 9 & 2 & 9 & 3 & 6 & 7 & 1 & 7 & 6 & \cdots \\ 6 & 1 & 1 & 3 & 1 & 5 & 1 & 3 & 1 & 1 & 12 & 1 & 1 & \cdots \end{cases}$

$\sqrt{44}$
$\begin{cases} 1 & 8 & 5 & 7 & 4 & 7 & 5 & 8 & 1 & 8 & 5 & \cdots \\ 6 & 1 & 1 & 1 & 2 & 1 & 1 & 1 & 12 & 1 & 1 & \cdots \end{cases}$

$\sqrt{45}$
$\begin{cases} 1 & 9 & 4 & 5 & 4 & 9 & 1 & 9 & 4 & 5 & 4 & 9 & 1 & 9 & 4 & \cdots \\ 6 & 1 & 2 & 2 & 2 & 1 & 12 & 1 & 2 & 2 & 2 & 1 & 12 & 1 & 2 & \cdots \end{cases}$

$\sqrt{46}$
$\begin{cases} 1 & 10 & 3 & 7 & 6 & 5 & 2 & 5 & 6 & 7 & 3 & 10 & 1 & 10 & 3 & \cdots \\ 6 & 1 & 3 & 1 & 1 & 2 & 6 & 2 & 1 & 1 & 3 & 1 & 12 & 1 & 3 & \cdots \end{cases}$

$\sqrt{47}$
$\begin{cases} 1 & 11 & 2 & 11 & 1 & 11 & 2 & 11 & 1 & \cdots \\ 6 & 1 & 5 & 1 & 12 & 1 & 5 & 1 & 12 & \cdots \end{cases}$

$\sqrt{48}$
$\begin{cases} 1 & 12 & 1 & 12 & 1 & 12 & \cdots \\ 6 & 1 & 12 & 1 & 12 & 1 & \cdots \end{cases}$

$\sqrt{50}$
$\begin{cases} 1 & 1 & 1 & 1 & \cdots \\ 7 & 14 & 14 & 14 & \cdots \end{cases}$

$\sqrt{51}$
$\begin{cases} 1 & 2 & 1 & 2 & 1 & 2 & \cdots \\ 7 & 7 & 14 & 7 & 14 & 7 & \cdots \end{cases}$

$\sqrt{52}$
$\begin{cases} 1 & 3 & 9 & 4 & 9 & 3 & 1 & 3 & 9 & 4 & 9 & 3 & 1 & 3 & \cdots \\ 7 & 4 & 1 & 2 & 1 & 4 & 14 & 4 & 1 & 2 & 1 & 4 & 14 & 4 & \cdots \end{cases}$

$\sqrt{53}$
$\begin{cases} 1 & 4 & 7 & 7 & 4 & 1 & 4 & 7 & 7 & 4 & 1 & 4 & 7 & \cdots \\ 7 & 3 & 1 & 1 & 3 & 14 & 3 & 1 & 1 & 3 & 14 & 3 & 1 & \cdots \end{cases}$

$\sqrt{54}$
$\begin{cases} 1 & 5 & 9 & 2 & 9 & 5 & 1 & 5 & 9 & 2 & 9 & 5 & 1 & 5 & \cdots \\ 7 & 2 & 1 & 6 & 1 & 2 & 14 & 2 & 1 & 6 & 1 & 2 & 14 & 2 & \cdots \end{cases}$

$\sqrt{55}$
$\begin{cases} 1 & 6 & 5 & 6 & 1 & 6 & 5 & 6 & 1 & 6 & \cdots \\ 7 & 2 & 2 & 2 & 14 & 2 & 2 & 2 & 14 & 2 & \cdots \end{cases}$

$\sqrt{56}$
$\begin{cases} 1 & 7 & 1 & 7 & 1 & 7 & 1 & \cdots \\ 7 & 2 & 14 & 2 & 14 & 2 & 14 & \cdots \end{cases}$

$\sqrt{57}$
$\begin{cases} 1 & 8 & 7 & 3 & 7 & 8 & 1 & 8 & 7 & \cdots \\ 7 & 1 & 1 & 4 & 1 & 1 & 14 & 1 & 1 & \cdots \end{cases}$

$\sqrt{58}$
$\begin{cases} 1 & 9 & 6 & 7 & 7 & 6 & 9 & 1 & 9 & 6 & \cdots \\ 7 & 1 & 1 & 1 & 1 & 1 & 14 & 1 & 1 & \cdots \end{cases}$

$\sqrt{59}$
$\begin{cases} 1 & 10 & 5 & 2 & 5 & 10 & 1 & 10 & 5 & \cdots \\ 7 & 1 & 2 & 7 & 2 & 1 & 14 & 1 & 2 & \cdots \end{cases}$

$\sqrt{60}$
$\begin{cases} 1 & 11 & 4 & 11 & 1 & 11 & 4 & \cdots \\ 7 & 1 & 2 & 1 & 14 & 1 & 2 & \cdots \end{cases}$

$\sqrt{61}$
$\begin{cases} 1 & 12 & 3 & 4 & 9 & 5 & 5 & 9 & 4 & 3 & 12 & 1 & 12 & 3 & \cdots \\ 7 & 1 & 4 & 3 & 1 & 2 & 2 & 1 & 3 & 4 & 1 & r4 & 1 & 4 & \cdots \end{cases}$

$\sqrt{62}$ $\begin{cases} 1 & 13 & 2 & 13 & 1 & 13 & 2 & \dots \\ 7 & 1 & 6 & 1 & 14 & 1 & 6 & \dots \end{cases}$

$\sqrt{63}$ $\begin{cases} 1 & 14 & 1 & 14 & 1 & 14 & \dots \\ 7 & 1 & 14 & 1 & 14 & 1 & \dots \end{cases}$

$\sqrt{65}$ $\begin{cases} 1 & 1 & 1 & 1 & \dots \\ 9 & 16 & 16 & 16 & \dots \end{cases}$

$\sqrt{66}$ $\begin{cases} 1 & 2 & 1 & 2 & 1 & \dots \\ 8 & 8 & 16 & 8 & 16 & \dots \end{cases}$

$\sqrt{67}$ $\begin{cases} 1 & 3 & 6 & 7 & 9 & 2 & 9 & 7 & 6 & 3 & 1 & 3 & 6 & \dots \\ 8 & 5 & 2 & 1 & 1 & 7 & 1 & 1 & 2 & 5 & 16 & 5 & 2 & \dots \end{cases}$

$\sqrt{68}$ $\begin{cases} 1 & 4 & 1 & 4 & 1 & 4 & \dots \\ 8 & 4 & 16 & 4 & 16 & 4 & \dots \end{cases}$

$\sqrt{69}$ $\begin{cases} 1 & 5 & 4 & 11 & 3 & 11 & 4 & 5 & 1 & 5 & 4 & \dots \\ 8 & 3 & 3 & 1 & 4 & 1 & 3 & 3 & 16 & 3 & 3 & \dots \end{cases}$

$\sqrt{70}$ $\begin{cases} 1 & 6 & 9 & 5 & 9 & 6 & 1 & 6 & 9 & \dots \\ 8 & 2 & 1 & 2 & 1 & 2 & 16 & 2 & 1 & \dots \end{cases}$

$\sqrt{71}$ $\begin{cases} 1 & 7 & 5 & 11 & 2 & 11 & 5 & 7 & 1 & 7 & 5 & \dots \\ 8 & 2 & 2 & 1 & 7 & 1 & 2 & 2 & 16 & 2 & 2 & \dots \end{cases}$

$\sqrt{72}$ $\begin{cases} 1 & 8 & 1 & 8 & 1 & 8 & \dots \\ 8 & 2 & 16 & 2 & 16 & 2 & \dots \end{cases}$

$\sqrt{73}$ $\begin{cases} 1 & 9 & 8 & 3 & 3 & 8 & 9 & 1 & 9 & 8 & \dots \\ 8 & 1 & 1 & 5 & 5 & 1 & 1 & 16 & 1 & 1 & \dots \end{cases}$

$\sqrt{74}$ $\begin{cases} 1 & 10 & 7 & 7 & 10 & 1 & 10 & 7 & \dots \\ 8 & 1 & 1 & 1 & 1 & 16 & 1 & 1 & \dots \end{cases}$

$\sqrt{75}$ $\begin{cases} 1 & 11 & 6 & 11 & 1 & 11 & 6 & \dots \\ 8 & 1 & 1 & 1 & 16 & 1 & 1 & \dots \end{cases}$

$\sqrt{76}$ $\begin{cases} 1 & 12 & 5 & 8 & 9 & 3 & 4 & 3 & 9 & 8 & 5 & 12 & 1 & 12 & 5 & \dots \\ 8 & 1 & 2 & 1 & 1 & 5 & 4 & 5 & 1 & 1 & 2 & 1 & 16 & 1 & 2 & \dots \end{cases}$

$\sqrt{77}$ $\begin{cases} 1 & 13 & 4 & 7 & 4 & 13 & 1 & 13 & 4 & \dots \\ 8 & 1 & 3 & 2 & 3 & 1 & 16 & 1 & 3 & \dots \end{cases}$

$\sqrt{78}$ $\begin{cases} 1 & 14 & 3 & 14 & 1 & 14 & 3 & \dots \\ 8 & 1 & 4 & 1 & 16 & 1 & 4 & \dots \end{cases}$

$\sqrt{79}$ $\begin{cases} 1 & 15 & 2 & 15 & 1 & 15 & 2 & \dots \\ 8 & 1 & 7 & 1 & 16 & 1 & 7 & \dots \end{cases}$

$\sqrt{80}$ $\begin{cases} 1 & 16 & 1 & 16 & 1 & 16 & \dots \\ 8 & 1 & 16 & 1 & 16 & 1 & \dots \end{cases}$

$\sqrt{82}$
$\begin{matrix} 1 & 1 & 1 & 1 & \cdots \\ 9 & 18 & 18 & 18 & \cdots \end{matrix}$

$\sqrt{83}$
$\begin{matrix} 1 & 2 & 1 & 2 & 1 & 2 & \cdots \\ 9 & 9 & 18 & 9 & 18 & 9 & \cdots \end{matrix}$

$\sqrt{84}$
$\begin{matrix} 3 & 3 & 1 & 3 & 1 & 3 & \cdots \\ 9 & 6 & 18 & 6 & 18 & 6 & \cdots \end{matrix}$

$\sqrt{85}$
$\begin{matrix} 1 & 4 & 9 & 9 & 4 & 1 & 4 & 9 & \cdots \\ 9 & 4 & 1 & 1 & 4 & 18 & 4 & 1 & \cdots \end{matrix}$

$\sqrt{86}$
$\begin{matrix} 1 & 5 & 10 & 7 & 11 & 2 & 11 & 7 & 10 & 5 & 1 & 5 & 10 & \cdots \\ 9 & 3 & 1 & 1 & 1 & 8 & 1 & 1 & 1 & 3 & 18 & 3 & 1 & \cdots \end{matrix}$

$\sqrt{87}$
$\begin{matrix} 1 & 6 & 1 & 6 & 1 & 6 & \cdots \\ 9 & 3 & 18 & 3 & 18 & 3 & \cdots \end{matrix}$

$\sqrt{88}$
$\begin{matrix} 1 & 7 & 9 & 8 & 9 & 7 & 1 & 7 & 9 & \cdots \\ 9 & 2 & 1 & 1 & 1 & 2 & 18 & 2 & 1 & \cdots \end{matrix}$

$\sqrt{89}$
$\begin{matrix} 1 & 8 & 5 & 5 & 8 & 1 & 8 & 5 & \cdots \\ 9 & 2 & 3 & 3 & 2 & 18 & 2 & 3 & \cdots \end{matrix}$

$\sqrt{90}$
$\begin{matrix} 1 & 9 & 1 & 9 & 1 & \cdots \\ 9 & 2 & 18 & 2 & 18 & \cdots \end{matrix}$

$\sqrt{91}$
$\begin{matrix} 1 & 10 & 9 & 3 & 14 & 3 & 9 & 10 & 1 & 10 & 9 & \cdots \\ 9 & 1 & 1 & 5 & 1 & 5 & 1 & 1 & 18 & 1 & 1 & \cdots \end{matrix}$

$\sqrt{92}$
$\begin{matrix} 1 & 11 & 8 & 7 & 4 & 7 & 8 & 11 & 1 & 11 & 8 & \cdots \\ 9 & 1 & 1 & 2 & 4 & 2 & 1 & 1 & 18 & 1 & 1 & \cdots \end{matrix}$

$\sqrt{93}$
$\begin{matrix} 1 & 12 & 7 & 11 & 4 & 3 & 4 & 11 & 7 & 12 & 1 & 12 & 7 & \cdots \\ 9 & 1 & 1 & 1 & 4 & 6 & 4 & 1 & 1 & 1 & 18 & 1 & 1 & \cdots \end{matrix}$

$\sqrt{94}$
$\begin{matrix} 1 & 13 & 6 & 5 & 9 & 10 & 3 & 15 & 2 & 15 & 3 & 10 & 9 & 5 & 6 & 13 & 1 & \cdots \\ 9 & 1 & 2 & 3 & 1 & 1 & 5 & 1 & 8 & 1 & 5 & 1 & 1 & 3 & 2 & 1 & 18 & \cdots \end{matrix}$

$\sqrt{95}$
$\begin{matrix} 1 & 14 & 5 & 14 & 1 & 14 & \cdots \\ 9 & 1 & 2 & 1 & 18 & 1 & \cdots \end{matrix}$

$\sqrt{96}$
$\begin{matrix} 1 & 15 & 4 & 15 & 1 & 15 & \cdots \\ 9 & 1 & 3 & 1 & 18 & 1 & \cdots \end{matrix}$

$\sqrt{97}$
$\begin{matrix} 1 & 16 & 3 & 11 & 8 & 9 & 9 & 8 & 11 & 3 & 16 & 1 & 16 & \cdots \\ 9 & 1 & 5 & 1 & 1 & 1 & 1 & 1 & 1 & 5 & 1 & 18 & 1 & \cdots \end{matrix}$

$\sqrt{98}$
$\begin{matrix} 1 & 17 & 2 & 17 & 1 & 17 & \cdots \\ 9 & 1 & 8 & 1 & 18 & 1 & \cdots \end{matrix}$

$\sqrt{99}$
$\begin{matrix} 1 & 18 & 1 & 18 & 1 & \cdots \\ 9 & 1 & 18 & 1 & 18 & \cdots \end{matrix}$

Ainsi l'on aura, par exemple,

$$\sqrt{2} = 1 + \cfrac{1}{2 + \cfrac{1}{2 + \cdots}}$$

$$\sqrt{3} = 1 + \cfrac{1}{1 + \cfrac{1}{2 + \cdots}}$$

et ainsi des autres.

Et, si l'on forme les fractions convergentes $\frac{p_0}{q_0}, \frac{p_1}{q_1}, \frac{p_2}{q_2}, \frac{p_3}{q_3}, \ldots$ d'après chacune de ces fractions continues, on aura

$$p_0^2 - 2q_0^2 = 1, \quad p_1^2 - 2q_1^2 = -1, \quad p_2^2 - 2q_2^2 = 1, \quad \ldots,$$

et de même

$$p_0^2 - 3q_0^2 = 1, \quad p_1^2 - 3q_1^2 = -1, \quad p_2^2 - 3q_2^2 = 1, \quad \ldots.$$

§ III. — *Sur la résolution des équations du premier degré à deux inconnues en nombres entiers.*

(Addition pour le Chapitre I.)

42. Lorsqu'on a à résoudre une équation de cette forme

$$ax - by = c,$$

où a, b, c sont des nombres entiers donnés positifs ou négatifs, et où les deux inconnues x et y doivent être aussi des nombres entiers, il suffit de connaitre une seule solution pour pouvoir en déduire facilement toutes les autres solutions possibles.

En effet, supposons que l'on sache que ces valeurs $x = \alpha$ et $y = \beta$ satisfont à l'équation proposée, α et β étant des nombres entiers quelconques; on aura donc

$$a\alpha - b\beta = c,$$

et par conséquent

$$ax - by = a\alpha - b\beta,$$

ou bien

$$a(x - \alpha) - b(y - \beta) = 0;$$

d'où l'on tire

$$\frac{x - \alpha}{y - \beta} = \frac{b}{a}.$$

Qu'on réduise la fraction $\frac{b}{a}$ à ses moindres termes, et supposant qu'elle se change par là en celle-ci $\frac{b_1}{a_1}$, où b_1 et a_1 seront premiers entre eux, il est visible que l'équation

$$\frac{x - \alpha}{y - \beta} = \frac{b_1}{a_1}$$

ne saurait subsister dans la supposition que $x - \alpha$ et $y - \beta$ soient des nombres entiers, à moins que l'on ait

$$x - \alpha = mb_1, \quad y - \beta = ma_1,$$

m étant un nombre quelconque entier; de sorte que l'on aura, en général,

$$x = \alpha + mb_1, \quad y = \beta + ma_1,$$

m étant un nombre entier indéterminé.

Comme on peut prendre m positif ou négatif à volonté, il est facile de voir qu'on pourra toujours déterminer ce nombre m, en sorte que la valeur de x ne soit pas plus grande que $\frac{b_1}{2}$, ou que celle de y ne soit pas plus grande que $\frac{a_1}{2}$ (abstraction faite des signes de ces quantités); d'où il s'ensuit que, si l'équation proposée

$$ax - by = c$$

est résoluble en nombres entiers, et qu'on y substitue successivement à la place de x tous les nombres entiers, tant positifs que négatifs, renfermés entre ces deux limites $\frac{b_1}{2}$ et $\frac{-b_1}{2}$, on en trouvera nécessairement un qui satisfera à cette équation; et l'on trouvera de même une valeur satisfaisante de y parmi les nombres entiers positifs ou négatifs, contenus entre les limites $\frac{a_1}{2}$ et $\frac{-a_1}{2}$.

Ainsi l'on pourra par ce moyen trouver une première solution de la proposée, après quoi on aura toutes les autres par les formules ci-dessus.

43. Mais si l'on ne veut pas employer la méthode de tâtonnement que nous venons de proposer, et qui serait souvent très-laborieuse, on pourra faire usage de celle qui est exposée dans le Chapitre Ier du Traité précédent, et qui est très-simple et très-directe, ou bien on pourra s'y prendre de la manière suivante.

On remarquera :

1° Que, si les nombres a et b ne sont pas premiers entre eux, l'équation ne pourra subsister en nombres entiers, à moins que le nombre donné c ne soit divisible par la plus grande commune mesure de a et b; de sorte qu'en supposant la division faite lorsqu'elle a lieu, et désignant les quotients par a_1, b_1, c_1, on aura à résoudre l'équation

$$a_1 x - b_1 y = c_1,$$

où a_1 et b_1 seront premiers entre eux.

2° Que, si l'on peut trouver des valeurs de p et de q qui satisfassent à l'équation

$$a_1 p - b_1 q = \pm 1,$$

on pourra résoudre l'équation précédente; car il est visible qu'en multipliant ces valeurs par $\pm c_1$, on aura des valeurs qui satisferont à l'équation

$$a_1 x - b_1 y = c_1;$$

c'est-à-dire qu'on aura

$$x = \pm p c_1, \quad y = \pm q c_1.$$

Or l'équation

$$a_i p - b_i q = \pm 1$$

est toujours résoluble en nombres entiers, comme nous l'avons démontré dans le n° **23**; et, pour trouver les plus petites valeurs de p et de q qui y peuvent satisfaire, il n'y aura qu'à convertir la fraction $\dfrac{b_i}{a_i}$ en fraction continue par la méthode du n° **4**, et en déduire ensuite la série des fractions principales convergentes vers la même fraction $\dfrac{b_i}{a_i}$ par les formules du n° **10**; la dernière de ces fractions sera la fraction même $\dfrac{b_i}{a_i}$, et, si l'on désigne l'avant-dernière par $\dfrac{p}{q}$, on aura, par la loi de ces fractions (n° **12**),

$$a_i p - b_i q = \pm 1,$$

le signe supérieur étant pour le cas où le quantième de la fraction $\dfrac{p}{q}$ est pair, et l'inférieur pour celui où ce quantième est impair.

Ces valeurs de p et de q étant ainsi connues, on aura donc d'abord

$$x = \pm p c_i, \quad y = \pm q c_i,$$

et, prenant ensuite ces valeurs pour α et β, on aura, en général (n° **42**),

$$x = \pm p c_i + m b_i, \quad y = \pm q c_i + m a_i,$$

expressions qui renfermeront nécessairement toutes les solutions possibles en nombres entiers de l'équation proposée.

Au reste, pour ne laisser aucun embarras dans la pratique de cette méthode, nous remarquerons que, quoique les nombres a et b puissent être positifs ou négatifs, on peut néanmoins les prendre toujours positivement, pourvu qu'on donne des signes contraires à x si a est négatif, et à y si b est négatif.

EXEMPLE.

44. Pour donner un exemple de la méthode précédente, nous prendrons celui du n° **14** du Chapitre Ier du Traité précédent, où il s'agit de résoudre l'équation

$$39p = 56q + 11;$$

changeant p en x et q en y, on aura donc

$$39x - 56y = 11.$$

Ainsi on fera $a = 39$, $b = 56$ et $c = 11$; et, comme 56 et 39 sont déjà premiers entre eux, on aura $a_i = 39$, $b_i = 56$, $c_i = 11$. On réduira donc en fraction continue la fraction $\dfrac{b_i}{a_i} = \dfrac{56}{39}$, et pour cela on fera (comme on l'a déjà pratiqué dans le n° **20**) le calcul suivant

$$
\begin{array}{l}
39\,\big|\,56\,\big|\,1 \\
\quad\;\big|\,39 \\
\hline
\quad\,17\,\big|\,39\,\big|\,2 \\
\qquad\;\big|\,34 \\
\hline
\qquad\;5\,\big|\,17\,\big|\,3 \\
\qquad\quad\;\big|\,15 \\
\hline
\qquad\quad\;2\,\big|\,5\,\big|\,2 \\
\qquad\qquad\;\big|\,4 \\
\hline
\qquad\qquad\;1\,\big|\,2\,\big|\,2 \\
\qquad\qquad\quad\;\big|\,2 \\
\hline
\qquad\qquad\qquad\;0.
\end{array}
$$

Ensuite, à l'aide des quotients 1, 2, 3,..., on formera les fractions

$$1, \quad 2, \quad 3, \quad 2, \quad 2,$$

$$\frac{1}{1}, \quad \frac{3}{2}, \quad \frac{10}{7}, \quad \frac{23}{16}, \quad \frac{56}{39},$$

et la pénultième fraction $\dfrac{23}{16}$ sera celle que nous avons désignée, en général, par $\dfrac{p}{q}$; de sorte qu'on aura $p = 23$, $q = 16$; et, comme cette fraction est la quatrième et par conséquent d'un quantième pair, il faudra prendre le signe supérieur; ainsi l'on aura, en général,

$$x = 23.11 + 56m, \quad y = 16.11 + 39m,$$

m pouvant être un nombre quelconque entier, positif ou négatif.

REMARQUE.

45. On doit la première solution de ce Problème à Bachet de Méziriac, qui l'a donnée dans la seconde édition de ses Récréations mathématiques, intitulées *Problèmes plaisans et délectables, etc.* La première édition de cet Ouvrage a paru en 1612; mais la solution dont il s'agit n'y est qu'annoncée, et ce n'est que dans l'édition de 1624 qu'on la trouve complète. La méthode de Bachet est très-directe et très-ingénieuse, et ne laisse rien à désirer du côté de l'élégance et de la généralité.

Nous saisissons avec plaisir cette occasion de rendre à ce savant Auteur la justice qui lui est due sur ce sujet, parce que nous avons remarqué que les géomètres qui ont traité le même Problème après lui n'ont jamais fait aucune mention de son travail.

Voici en peu de mots à quoi se réduit la méthode de Bachet. Après avoir fait voir comment la solution des équations de la forme

$$ax - by = c,$$

a et b étant premiers entre eux, se réduit à celle de

$$ax - by = \pm 1,$$

il s'attache à résoudre cette dernière équation, et pour cela il prescrit de faire entre les nombres a et b la même opération que si l'on voulait chercher leur plus grand commun diviseur (c'est aussi la même que nous avons pratiquée ci-devant); ensuite, nommant $c, d, e, f, \ldots$ les restes provenant des différentes divisions, et supposant, par exemple, que f soit le dernier reste, qui sera nécessairement égal à l'unité (à cause que a et b sont premiers entre eux, hyp.), il fait, lorsque le nombre des restes est pair, comme dans ce cas,

$$e \mp 1 = \varepsilon, \quad \frac{\varepsilon d \pm 1}{e} = \delta, \quad \frac{\delta c \mp 1}{d} = \gamma, \quad \frac{\gamma b \pm 1}{c} = \beta, \quad \frac{\beta a \mp 1}{b} = \alpha;$$

ces derniers nombres β et α seront les plus petites valeurs de x et y.

Si le nombre des restes était impair, comme si g était le dernier reste $= 1$, alors il faudrait faire

$$f \pm 1 = \zeta, \quad \frac{\zeta e \mp 1}{f} = \varepsilon, \quad \frac{\varepsilon d \pm 1}{e} = \delta, \quad \ldots$$

Il est facile de voir que cette méthode revient au même dans le fond que celle du Chapitre Ier; mais elle est moins commode, parce qu'elle demande des divisions; au reste, les géomètres qui sont curieux de ces matières verront avec plaisir dans l'Ouvrage de Bachet les artifices qu'il a employés pour parvenir à la règle précédente, et pour en déduire la solution complète des équations de la forme

$$ax - by = c.$$

§ IV. — *Méthodes pour résoudre en nombres entiers les équations indéterminées à deux inconnues, lorsque l'une des inconnues ne passe pas par le premier degré, et lorsque les deux inconnues ne forment que des produits d'une même dimension.*

(Addition pour le Chapitre III.)

46. Soit proposée l'équation générale

$$a + bx + cy + dx^2 + exy + fx^3 + gx^2y + hx^4 + kx^3y + \ldots = 0,$$

dans laquelle les coefficients a, b, c,... soient des nombres entiers donnés, et où x et y soient deux nombres indéterminés, qui doivent aussi être entiers.

Tirant la valeur de y de cette équation, on aura

$$y = -\frac{a + bx + dx^2 + fx^3 + hx^4 + \ldots}{c + ex + gx^2 + kx^3 + \ldots};$$

ainsi la question sera réduite à trouver un nombre entier qui, étant pris pour x, rende le numérateur de cette fraction divisible par son dénominateur.

Soit supposé

$$p = a + bx + dx^2 + fx^3 + hx^4 + \ldots, \quad q = c + ex + gx^2 + kx^3 + \ldots,$$

et qu'on élimine x de ces deux équations par les règles ordinaires de l'Algèbre; on aura une équation finale de cette forme

$$A + Bp + Cq + Dp^2 + Epq + Fq^2 + Gp^3 + \ldots = o,$$

où les coefficients A, B, C,... seront des fonctions rationnelles et entières des nombres a, b, c,....

Maintenant, puisque $y = -\dfrac{p}{q}$, on aura aussi $p = -qy$; de sorte qu'en substituant cette valeur de p, il viendra

$$A - Byq + Cq + Dy^2q^2 - Eq^2y + Fq^2 + \ldots = o,$$

où l'on voit que tous les termes sont multipliés par q, à l'exception du premier terme A; donc il faudra que le nombre A soit divisible par le nombre q; autrement il serait impossible que les nombres q et y pussent être entiers à la fois.

On cherchera donc tous les diviseurs du nombre entier connu A, et l'on prendra successivement chacun de ces diviseurs pour q; on aura par chacune de ces suppositions une équation déterminée en x, dont on cherchera par les méthodes connues les racines rationnelles et entières, s'il y en a; on substituera ensuite ces racines à la place de x, et l'on verra si les valeurs résultantes de p et de q seront telles que $\dfrac{p}{q}$ soit un nombre entier. On sera sûr de trouver par ce moyen toutes les valeurs entières de x, qui peuvent donner aussi des valeurs entières pour y dans l'équation proposée.

De là on voit que le nombre des solutions en entiers de ces sortes d'équations est toujours nécessairement limité; mais il y a un cas qui doit être excepté, et qui échappe à la méthode précédente.

47. Ce cas est celui où les coefficients e, g, k,... sont nuls, en sorte que l'on ait simplement

$$y = -\frac{a + bx + dx^2 + fx^3 + hx^4 + \ldots}{c};$$

voici comment il faudra s'y prendre pour trouver toutes les valeurs de x qui pourront rendre la quantité

$$a + bx + dx^2 + fx^3 + hx^4 + \dots$$

divisible par le nombre donné c : je suppose d'abord qu'on ait trouvé un nombre entier n qui satisfasse à cette condition; il est facile de voir que tout nombre de la forme $n \pm \mu c$ y satisfera aussi, μ étant un nombre quelconque entier; de plus, si n est $> \frac{c}{2}$ (abstraction faite des signes de n et de c), on pourra toujours déterminer le nombre μ et le signe qui le précède, en sorte que le nombre $n \pm \mu c$ devienne $< \frac{c}{2}$; et il est aisé de voir que cela ne saurait se faire que d'une seule manière, les valeurs de n et de c étant données; donc, si l'on désigne par n_1 cette valeur de $n \pm \mu c$, laquelle est $< \frac{c}{2}$, et qui satisfait à la condition dont il s'agit, on aura, en général,

$$n = n_1 \mp \mu c,$$

μ étant un nombre quelconque.

D'où je conclus que, si l'on substitue successivement, dans la formule

$$a + bx + dx^2 + fx^3 + \dots,$$

à la place de x tous les nombres entiers positifs ou négatifs qui ne passent pas $\frac{c}{2}$, et qu'on dénote par n_1, n_2, n_3,... ceux de ces nombres qui rendront la quantité $a + bx + dx^2 + \dots$ divisible par c, tous les autres nombres qui pourront faire le même effet seront nécessairement renfermés dans ces formules

$$n_1 \pm \mu_1 c, \quad n_1 \pm \mu_2 c, \quad n_3 \pm \mu_3 c, \quad \dots,$$

μ_1, μ_2, μ_3,... étant des nombres quelconques entiers.

On pourrait faire ici différentes remarques pour faciliter la recherche des nombres n_1, n_2, n_3,...; mais nous ne croyons pas devoir nous arrêter davantage sur ce sujet, d'autant que nous avons déjà eu occasion de le traiter dans un Mémoire imprimé parmi ceux de l'Académie de Berlin

pour l'année 1768, et qui a pour titre : *Nouvelle Méthode pour résoudre
les Problèmes indéterminés* (*). *Voyez* aussi un *Mémoire* de Legendre *sur
l'Analyse indéterminée*, dans le *Recueil de l'Académie des Sciences de
Paris pour l'année* 1785.

48. Considérons maintenant les équations de la forme

$$ay^m + by^{m-1}x + cy^{m-2}x^2 + dy^{m-3}x^3 + \ldots = h,$$

dans lesquelles a, b, c,..., h sont des nombres entiers donnés, et où les
deux indéterminées x, y, qui forment partout dans le premier membre
le même nombre m de dimensions, doivent être aussi des nombres
entiers.

Je supposerai d'abord que x et y doivent être premiers entre eux, et
que de plus y doive être premier à h; je dis qu'on peut faire

$$x = ny - hz,$$

n et z étant des nombres entiers indéterminés; car, en regardant x, y
et h comme des nombres donnés, on aura une équation résoluble en
nombres entiers par la méthode du § III, puisque y et h n'ont, par l'hypothèse, d'autre commune mesure que l'unité. Qu'on substitue cette
expression de x dans l'équation proposée, elle deviendra

$$(a + bn + cn^2 + dn^3 + \ldots)y^m - (b + 2cn + 3dn^2 + \ldots)hy^{m-1}z$$
$$+ (c + 3dn + \ldots)h^2y^{m-2}z^2 - \ldots = h,$$

où l'on voit que tous les termes sont divisibles d'eux-mêmes par h, excepté le premier

$$(a + bn + cn^2 + dn^3 + \ldots)y^m.$$

Il faudra donc, pour que l'équation puisse subsister en nombres entiers,
que cette quantité soit aussi divisible par h. Mais nous supposons que h
et y sont premiers entre eux; donc il faudra que la quantité

$$a + bn + cn^2 + dn^3 + \ldots$$

(*) *OEuvres de Lagrange*, t. II, p. 655.

soit elle-même divisible par h. Ainsi il n'y aura qu'à chercher, par la méthode du numéro précédent, toutes les valeurs de n qui pourront satisfaire à cette condition; faisant ensuite, pour chacune de ces valeurs,

$$a + bn + cn^2 + dn^3 + \ldots = h\mathrm{A},$$

$$b + 2cn + 3dn^2 + \ldots = \mathrm{B},$$

$$c + 3dn + \ldots = \mathrm{C},$$

$$\ldots\ldots\ldots\ldots\ldots,$$

l'équation précédente deviendra, après ces substitutions et la division de tous les termes par h,

$$\mathrm{A}y^m - \mathrm{B}y^{m-1}z + h\mathrm{C}y^{m-2}z^2 - \ldots = 1;$$

cette équation, étant ainsi réduite à la forme de celle du n° 30, est susceptible des méthodes que nous avons données dans le § II, et par lesquelles on pourra trouver toutes les valeurs satisfaisantes de y et z. Ces valeurs, ainsi que celles de n, étant connues, on aura, en général,

$$x = ny - hz.$$

Nous avons supposé, dans la solution précédente, que x et y doivent être premiers entre eux, ainsi que y et h entre eux; ces suppositions sont permises, puisque les nombres x et y sont indéterminés; mais, comme elles ne paraissent point absolument nécessaires, il faut encore examiner dans quels cas elles peuvent cesser d'avoir lieu.

Supposons donc : 1° que x et y puissent avoir une commune mesure α; il n'y aura qu'à mettre partout, dans l'équation proposée, $\alpha x_{,}$, $y_{,}$ à la place de x et y, et regarder ensuite $x_{,}$ et $y_{,}$ comme premiers entre eux. Or, par cette substitution, il est clair que tous les termes du premier membre de l'équation se trouveront multipliés par α^m; par conséquent, il faudra que le second membre h soit divisible par α^m : d'où il suit qu'on ne peut prendre pour α que les diviseurs du nombre h qui s'y trouveront élevés à la puissance m. Ainsi, si le nombre h ne contient aucun facteur élevé à la puissance m, on sera assuré que les nombres x et y devront nécessairement être premiers entre eux.

13.

Si le nombre h contient un ou plusieurs facteurs élevés à la puissance m, alors il faudra prendre successivement pour α chaque facteur ou combinaison de facteurs, dont la puissance m divisera le nombre h, et l'on aura autant de solutions différentes en regardant dans chacune x_1 et y_1 comme premiers entre eux.

Supposons : 2° que y et h aient une commune mesure β; on mettra βy_1 et βh_1 à la place de y et h, et l'on regardera ensuite y_1 et h_1 comme premiers entre eux. Par ces substitutions, tous les termes du premier membre qui contiennent y se trouveront multipliés par une puissance de β; il n'y aura que le dernier terme, que je représenterai par $g x^m$, qui, ne contenant point y, ne se trouvera point multiplié par β. Mais, puisque le second membre h devient βh_1, il s'ensuit que le terme $g x^m$ devra aussi être divisible par β; or, x et y étant déjà supposés premiers entre eux, x ne saurait être divisible par β; donc il faudra que le coefficient g le soit. D'où je conclus qu'on pourra prendre pour β successivement tous les diviseurs de g, et, après la substitution de βy_1 et βh_1 au lieu de y et de h et la division de toute l'équation par β, on aura de nouveau le cas où l'indéterminée y_1 sera nécessairement première au nombre h_1, qui formera le second membre.

§ V. — *Méthode directe et générale pour trouver les valeurs de x qui peuvent rendre rationnelles les quantités de la forme $\sqrt{a + bx + cx^2}$, et pour résoudre en nombres rationnels les équations indéterminées du second degré à deux inconnues, lorsqu'elles admettent des solutions de cette espèce.*

(Addition pour le Chapitre IV.)

49. Je suppose d'abord que les nombres connus a, b, c soient entiers; s'ils étaient fractionnaires, il n'y aurait qu'à les réduire à un même dénominateur carré, et alors il est clair qu'on pourrait toujours faire abstraction de leur dénominateur; quant au nombre x, on supposera ici

qu'il puisse être entier ou fractionnaire, et l'on verra par la suite comment il faudra résoudre la question, lorsqu'on ne veut admettre que des nombres entiers.

Soit donc

$$\sqrt{a + bx + cx^2} = y,$$

et l'on aura

$$2cx + b = \sqrt{4cy^2 + b^2 - 4ac};$$

de sorte que la difficulté sera réduite à rendre rationnelle la quantité

$$\sqrt{4cy^2 + b^2 - 4ac}.$$

50. Supposons donc, en général, qu'on ait à rendre rationnelle la quantité $\sqrt{Ay^2 + B}$, c'est-à-dire à rendre

$$A y^2 + B$$

égal à un carré, A et B étant des nombres entiers donnés, positifs ou négatifs, et y un nombre indéterminé, qui doit être rationnel.

Il est d'abord clair que, si l'un des nombres A ou B était $= 1$, ou égal à un carré quelconque, le Problème serait résoluble par les méthodes connues de Diophante, qui sont détaillées dans le Chapitre IV; ainsi nous ferons ici abstraction de ces cas, ou plutôt nous tâcherons d'y ramener tous les autres.

De plus, si les nombres A et B étaient divisibles par des nombres carrés quelconques, on pourrait aussi faire abstraction de ces diviseurs, c'est-à-dire les supprimer, en ne prenant pour A et B que les quotients qu'on aurait après avoir divisé les valeurs données par les plus grands carrés possibles; en effet, supposant $A = \alpha^2 A_1$, et $B = \beta^2 B_1$, on aura à rendre carré le nombre $A_1 \alpha^2 y^2 + B_1 \beta^2$; donc, divisant par β^2, et faisant $\dfrac{\alpha y}{\beta} = y_1$, il s'agira de déterminer l'inconnue y_1, en sorte que

$$A_1 y_1^2 + B_1$$

soit un carré.

D'où il s'ensuit que, dès qu'on aura trouvé une valeur de y propre à rendre $Ay^2 + B$ égal à un carré, en rejetant dans les valeurs données de A et de B les facteurs carrés α^2 et β^2 qu'elles pourraient renfermer, il n'y aura qu'à multiplier la valeur trouvée de y par $\frac{\beta}{\alpha}$, pour avoir celle qui convient à la quantité proposée.

51. Considérons donc la formule $Ay^2 + B$, dans laquelle A et B soient des nombres entiers donnés qui ne soient divisibles par aucun carré; et, comme on suppose que y puisse être une fraction, faisons $y = \frac{p}{q}$, p et q étant des nombres entiers et premiers entre eux, pour que la fraction soit réduite à ses moindres termes; on aura donc la quantité

$$\frac{A p^2}{q^2} + B,$$

qui devra être un carré; donc $Ap^2 + Bq^2$ devra en être un aussi; de sorte qu'on aura à résoudre l'équation

$$A p^2 + B q^2 = z^2,$$

en supposant p, q et z des nombres entiers.

Je vais prouver d'abord que q doit être premier à A, et que p doit l'être à B; car, si q et A avaient un commun diviseur, il est clair que le terme Bq^2 serait divisible par le carré de ce diviseur, et que le terme Ap^2 ne serait divisible que par la première puissance du même diviseur, à cause que q et p sont premiers entre eux, et que A est supposé ne contenir aucun facteur carré; donc le nombre $Ap^2 + Bq^2$ ne serait divisible qu'une seule fois par le diviseur commun de q et de A; par conséquent il serait impossible que ce nombre fût un carré. On prouvera de même que p et B ne sauraient avoir aucun diviseur commun.

Résolution de l'équation $A p^2 + B q^2 = z^2$ *en nombres entiers.*

52. Supposons $A > B$; on écrira cette équation ainsi

$$A p^2 = z^2 - B q^2,$$

et l'on remarquera que, comme les nombres p, q et z doivent être entiers, il faudra que $z^2 - Bq^2$ soit divisible par A.

Donc, puisque A et q sont premiers entre eux (numéro précédent), on fera, suivant la méthode du § IV, n° 48 ci-dessus,

$$z = nq - Aq_1,$$

n et q_1 étant deux nombres entiers indéterminés; ce qui changera la formule $z^2 - Bq^2$ en celle-ci

$$(n^2 - B)q^2 - 2nAqq_1 + A^2q_1^2,$$

dans laquelle il faudra que $n^2 - B$ soit divisible par A, en prenant pour n un nombre entier non $> \dfrac{A}{2}$.

On essayera donc pour n tous les nombres entiers qui ne surpassent pas $\dfrac{A}{2}$, et, si l'on n'en trouve aucun qui rende $n^2 - B$ divisible par A, on en conclura sur-le-champ que l'équation

$$Ap^2 = z^2 - Bq^2$$

n'est pas résoluble en nombres entiers, et qu'ainsi la quantité $Ay^2 + B$ ne saurait jamais devenir un carré.

Mais, si l'on trouve une ou plusieurs valeurs satisfaisantes de n, on les mettra l'une après l'autre à la place de n, et l'on poursuivra le calcul comme on va le voir.

Je remarquerai seulement encore qu'il serait inutile de donner aussi à n des valeurs plus grandes que $\dfrac{A}{2}$; car, nommant n_1, n_2, n_3,... les valeurs de n moindres que $\dfrac{A}{2}$, qui rendront $n^2 - B$ divisible par A, toutes les autres valeurs de n qui pourront faire le même effet seront renfermées dans ces formules (n° 47 du § IV)

$$n_1 \pm \mu_1 A, \quad n_2 \pm \mu_2 A, \quad n_3 \pm \mu_3 A, \quad \ldots;$$

or, substituant ces valeurs à la place de n dans la formule

$$(n^2 - B)q^2 - 2nAqq_1 + A^2q_1^2, \quad \text{c'est-à-dire} \quad (nq - Aq_1)^2 - Bq^2,$$

il est clair qu'on aura les mêmes résultats que si l'on mettait seulement $n_1, n_2, n_3,\ldots$ à la place de n, et qu'on ajoutât à q_1 les quantités $\mp \mu_1 q$, $\mp \mu_2 q$, $\mp \mu_3 q,\ldots$, de sorte que, comme q_1 est un nombre indéterminé, ces substitutions ne donneraient pas des formules différentes de celles qu'on aura par la simple substitution des valeurs $n_1, n_2, n_3,\ldots$.

53. Puis donc que $n^2 - B$ doit être divisible par A, soit A_1 le quotient de cette division, en sorte que $AA_1 = n^2 - B$; et l'équation

$$A p^2 = z^2 - B q^2 = (n^2 - B) q^2 - 2 n A q q_1 + A^2 q_1^2,$$

étant divisée par A, deviendra celle-ci

$$p^2 = A_1 q^2 - 2 n q q_1 + A q_1^2,$$

où A_1 sera nécessairement moindre que A, à cause que $A_1 = \dfrac{n^2 - B}{A}$ et que $B < A$, et n non $> \dfrac{A}{2}$.

Or, 1° si A_1 est un nombre carré, il est clair que cette équation sera résoluble par les méthodes connues, et l'on en aura la solution la plus simple qu'il est possible, en faisant $q_1 = 0$, $q = 1$ et $p = \sqrt{A_1}$.

2° Si A_1 n'est pas égal à un carré, on verra si ce nombre est moindre que B, ou au moins s'il est divisible par un nombre quelconque carré, en sorte que le quotient soit moindre que B, abstraction faite des signes; alors on multipliera toute l'équation par A_1, et l'on aura, à cause de $A A_1 - n^2 = - B$,

$$A_1 p^2 = (A_1 q - n q_1)^2 - B q_1^2;$$

de sorte qu'il faudra que

$$B q_1^2 + A_1 p^2$$

soit un carré; donc, divisant par p^2, et faisant $\dfrac{q_1}{p} = y_1$ et $A_1 = C$, on aura à rendre carrée la formule

$$B y_1^2 + C,$$

laquelle est, comme l'on voit, analogue à celle du n° 50. Ainsi, si C contient un facteur carré γ^2, on pourra le supprimer, en ayant attention de multiplier ensuite par γ la valeur qu'on trouvera pour y_1, pour avoir sa véritable valeur; et l'on aura une formule qui sera dans le cas de celle du n° 51, mais avec cette différence que les coefficients B et C de celle-ci seront moindres que les coefficients A et B de celle-là.

54. Mais, si A_1 n'est pas moindre que B, ni ne peut le devenir en le divisant par le plus grand carré qui le mesure, alors on fera $q = \nu q_1 + q_2$, et substituant cette valeur dans l'équation, elle deviendra

$$p^2 = A_1 q_2^2 - 2 n_1 q_2 q_1 + A_2 q_1^2,$$

où

$$n_1 = n - \nu A_1, \quad \text{et} \quad A_2 = A_1 \nu^2 - 2 n \nu + A = \frac{n_1^2 - B}{A_1}.$$

On déterminera, ce qui est toujours possible, le nombre entier ν, en sorte que n_1 ne soit pas $> \frac{A_1}{2}$, abstraction faite des signes, et alors il est clair que A_2 deviendra $< A_1$, à cause de $A_2 = \frac{n^2 - B}{A_1}$, et de B = ou $< A_1$, et $n_1 =$ ou $< \frac{A_1}{2}$.

On fera donc ici le même raisonnement que nous avons fait dans le numéro précédent, et, si A_2 est carré, on aura la résolution de l'équation; si A_2 n'est pas carré, mais qu'il soit $<$ B, ou qu'il le devienne étant divisé par un carré, on multipliera l'équation par A_2 et l'on aura, en faisant $\frac{p}{q_2} = \gamma_1$ et $A_2 = C$, la formule

$$B y_1^2 + C,$$

qui devra être un carré, et dans laquelle les coefficients B et C (après avoir supprimé dans C les diviseurs carrés, s'il y en a) seront moindres que ceux de la formule $A y^2 + B$ du n° 51.

Mais, si ces cas n'ont pas lieu, on fera comme ci-dessus $q_1 = \nu_1 q_2 + q_3$, et l'équation se changera en celle-ci

$$p^2 = A_3 q_2^2 - 2 n_2 q_2 q_3 + A_2 q_3^2,$$

où

$$n_2 = n_1 - \nu_1 A_2, \quad \text{et} \quad A_3 = A_2 \nu_1^2 - 2 n_1 \nu_1 + A_1 = \frac{n_2^2 - B}{A_2}.$$

On prendra donc pour ν_1 un nombre entier, tel que n_2 ne soit pas $> \frac{A_2}{2}$, abstraction faite des signes; et, comme B n'est pas $> A_2$ (hyp.), il s'ensuit de l'équation

$$A_3 = \frac{n_2^2 - B}{A_2}$$

que A_3 sera $< A_2$; ainsi l'on pourra faire derechef les mêmes raisonnements que ci-dessus, et l'on en tirera des conclusions semblables, et ainsi de suite.

Maintenant, comme les nombres A, A_1, A_2, A_3,... forment une suite décroissante de nombres entiers, il est visible qu'en continuant cette suite on parviendra nécessairement à un terme moindre que le nombre donné B; et alors, nommant ce terme C, on aura, comme nous l'avons vu ci-dessus, la formule

$$B y_1^2 + C$$

à rendre égale à un carré; de sorte que, par les opérations que nous venons d'exposer, on sera toujours assuré de pouvoir ramener la formule $A y^2 + B$ à une autre plus simple, telle que $B y_1^2 + C$, au moins si le Problème est résoluble.

55. De même qu'on a réduit la formule $A y^2 + B$ à celle-ci $B y_1^2 + C$, on pourra réduire cette dernière à cette autre-ci

$$C y_2^2 + D,$$

où D sera moindre que C, ainsi de suite; et, comme les nombres A, B, C, D,... forment une série décroissante de nombres entiers, il est clair que cette série ne pourra pas aller à l'infini, et qu'ainsi l'opération sera toujours nécessairement terminée. Si la question n'admet point de solution en nombres rationnels, on parviendra à une condition impossible; mais, si la question est résoluble, on arrivera toujours à une équation semblable à celle du n° 53, et où l'un des coefficients, comme A_1, sera carré, en sorte qu'elle sera susceptible des méthodes connues; cette

équation étant résolue, on pourra, en rétrogradant, résoudre successivement toutes les équations précédentes, jusqu'à la première

$$A p^2 + B q^2 = z^2.$$

Éclaircissons cette méthode par quelques Exemples.

EXEMPLE I.

56. *Soit proposé de trouver une valeur rationnelle de* x, *telle que la
formule*

$$7 + 15 x + 13 x^2$$

devienne un carré. (*Voyez* Chapitre IV, n° 57 du Traité précédent.)

On aura donc ici $a = 7$, $b = 15$, $c = 13$; donc

$$4c = 4.13, \quad \text{et} \quad b^2 - 4ac = -139,$$

de sorte que, en nommant y la racine du carré dont il s'agit, on aura la
formule

$$4.13 y^2 - 139$$

qui devra être un carré; ainsi l'on aura $A = 4.13$ et $B = -139$, où l'on
remarquera d'abord que A est divisible par le carré 4, de sorte qu'il
faudra rejeter ce diviseur carré et supposer simplement $A = 13$; mais
on se souviendra ensuite de diviser par 2 la valeur qu'on trouvera
pour y (n° 50).

On aura donc, en faisant $y = \frac{p}{q}$, l'équation

$$13 p^2 - 139 q^2 = z^2,$$

ou bien, à cause que 139 est > 13, on fera $y = \frac{q}{p}$, pour avoir

$$-139 p^2 + 13 q^2 = z^2,$$

équation qu'on écrira ainsi

$$-139 p^2 = z^2 - 13 q^2.$$

On fera (n° 52) $z = nq - 139 q_1$, et il faudra prendre pour n un nombre entier non $> \frac{139}{2}$, c'est-à-dire < 70, tel que $n^2 - 13$ soit divisible par 139; je trouve $n = 41$, ce qui donne $n^2 - 13 = 1668 = 139.12$; de sorte que, en faisant la substitution et divisant ensuite par -139, on aura l'équation

$$p^2 = - 12 q^2 + 2.41 \, qq_1 - 139 q_1^2.$$

Or, comme $- 12$ n'est pas un carré, cette équation n'a pas encore les conditions requises; ainsi, puisque 12 est déjà moindre que 13, on multipliera toute l'équation par $- 12$, et elle deviendra

$$- 12 p^2 = (- 12 q + 41 q_1)^2 - 13 q_1^2,$$

de sorte qu'il faudra que $13 q_1^2 - 12 p^2$ soit un carré, ou bien, en faisant $\frac{q_1}{p} = y_1$, que

$$13 y_1^2 - 12$$

en soit un aussi.

On voit ici qu'il n'y aurait qu'à faire $y_1 = 1$; mais, comme ce n'est que le hasard qui nous donne cette valeur, nous allons poursuivre le calcul selon notre méthode, jusqu'à ce que l'on arrive à une formule qui soit susceptible des méthodes ordinaires. Comme 12 est divisible par 4, je rejette ce diviseur carré, en me souvenant que je dois ensuite multiplier la valeur de y_1 par 2; j'aurai donc à rendre carrée la formule $13 y_1^2 - 3$, ou bien, en faisant $y_1 = \frac{r}{s}$ (on suppose que r et s sont des nombres entiers premiers entre eux, en sorte que la fraction $\frac{r}{s}$ soit déjà réduite à ses moindres termes, comme la fraction $\frac{q_1}{p}$), celle-ci

$$13 \, r^2 - 3 s^2;$$

soit la racine z_1, j'aurai

$$13 r^2 = z_1^2 + 3 s^2,$$

et je ferai $z_1 = ms - 13 s_1$, m étant un nombre entier non $> \frac{13}{2}$, c'est-à-dire < 7, et tel que $m^2 + 3$ soit divisible par 13; or je trouve $m = 6$, ce qui donne $m^2 + 3 = 39 = 13.3$; donc, substituant la valeur de z_1 et divisant toute l'équation par 13, on aura

$$r^2 = 3s^2 - 2.6 ss_1 + 13 s_1^2.$$

Comme le coefficient 3 de s^2 n'est ni carré, ni moindre que celui de s_1^2 dans l'équation précédente, on fera $(n^o\ 54)\, s = \mu s_1 + s_2$, et, substituant, on aura la transformée

$$r^2 = 3s_2^2 - 2(6 - 3\mu)\, s_2 s_1 + (3\mu^2 - 2.6\mu + 13)s_1^2;$$

on déterminera μ en sorte que $6 - 3\mu$ ne soit pas $> \dfrac{3}{2}$, et il est clair qu'il faudra faire $\mu = 2$, ce qui donne $6 - 3\mu = 0$; et l'équation deviendra

$$r^2 = 3s_2^2 + s_1^2,$$

laquelle est, comme l'on voit, réduite à l'état demandé, puisque le coefficient du carré de l'une des deux indéterminées du second membre est aussi carré.

On fera donc, pour avoir la solution la plus simple qu'il est possible, $s_2 = 0$, $s_1 = 1$ et $r = 1$; donc $s = \mu = 2$, et de là $y_1 = \dfrac{r}{s} = \dfrac{1}{2}$; mais nous avons vu qu'il faut multiplier la valeur de y_1 par 2; ainsi l'on aura $y_1 = 1$; donc, en rétrogradant toujours, on aura $\dfrac{q_1}{p} = 1$; donc $q_1 = p$; donc l'équation

$$-12 p^2 = (-12q + 41 q_1)^2 - 13 q_1^2$$

donnera

$$(-12q + 41p)^2 = p^2;$$

donc

$$-12q + 41p = p, \quad \text{c'est-à-dire} \quad 12q = 40p;$$

donc

$$r = \dfrac{q}{p} = \dfrac{40}{12} = \dfrac{10}{3};$$

mais, comme il faut diviser la valeur de y par 2, on aura $y = \dfrac{5}{3}$; ce sera le côté de la racine de la formule proposée $7 + 15x + 13x^2$; ainsi, faisant cette quantité $= \frac{25}{9}$, on trouvera, par la résolution de l'équation,

$$26x + 15 = \pm \frac{7}{3},$$

d'où

$$x = -\frac{19}{39} \quad \text{ou} \quad = -\frac{2}{3}.$$

On aurait pu prendre aussi

$$-12q + 41p = -p,$$

et l'on aurait eu $y = \frac{q}{p} = \frac{21}{6}$, et divisant par 2, $y = \frac{21}{12}$; faisant donc

$$7 + 15x + 13x^2 = \left(\frac{21}{12}\right)^2,$$

on trouvera

$$26x + 15 = \pm \frac{9}{2};$$

donc

$$x = -\frac{21}{52} \quad \text{ou} \quad = -\frac{3}{4}.$$

Si l'on voulait avoir d'autres valeurs de x, il n'y aurait qu'à chercher d'autres solutions de l'équation

$$r^2 = 3s_2^2 + s_1^2,$$

laquelle est résoluble, en général, par les méthodes connues; mais on peut aussi, dès qu'on connaît une seule valeur de x, en déduire immédiatement toutes les autres valeurs satisfaisantes de x, par la méthode expliquée dans le Chapitre IV du Traité précédent.

Remarque.

57. Supposons, en général, que la quantité $a + bx + cx^2$ devienne égale à un carré g^2, lorsque $x = f$, en sorte que l'on ait

$$a + bf + cf^2 = g^2;$$

donc
$$a = g^2 - bf - cf^2;$$

de sorte que, en substituant cette valeur dans la formule proposée, elle deviendra

$$g^2 + b(x - f) + c(x^2 - f^2).$$

Qu'on prenne $g + m(x - f)$ pour la racine de cette quantité, m étant un nombre indéterminé, et l'on aura l'équation

$$g^2 + b(x - f) + c(x^2 - f^2) = g^2 + 2mg(x - f) + m^2(x - f)^2,$$

c'est-à-dire, en effaçant g^2 de part et d'autre, et divisant ensuite par $x - f$,

$$b + c(x + f) = 2mg + m^2(x - f),$$

d'où l'on tire

$$x = \frac{fm^2 - 2gm + b + cf}{m^2 - c}.$$

Et il est clair qu'à cause du nombre indéterminé m cette expression de x doit renfermer toutes les valeurs qu'on peut donner à x pour que la formule proposée devienne un carré; car, quel que soit le nombre carré auquel cette formule peut être égale, il est visible que la racine de ce nombre pourra toujours être représentée par $g + m(x - f)$, en donnant à m une valeur convenable. Ainsi, quand on aura trouvé par la méthode expliquée ci-dessus une seule valeur satisfaisante de x, il n'y aura qu'à la prendre pour f, et la racine du carré qui en résultera pour g; on aura par la formule précédente toutes les autres valeurs possibles de x.

Dans l'Exemple précédent on a trouvé $y = \frac{5}{3}$ et $x = -\frac{2}{3}$; ainsi l'on fera $g = \frac{5}{3}$ et $f = -\frac{2}{3}$, et l'on aura

$$x = \frac{19 - 10m - 2m^2}{3(m^2 - 13)}:$$

c'est l'expression générale des valeurs rationnelles de x, qui peuvent rendre carrée la quantité $7 + 15x + 13x^2$.

EXEMPLE II.

58. *Soit encore proposé de trouver une valeur rationnelle de y, telle que $23y^2 - 5$ soit un carré.*

Comme 23 et 5 ne sont divisibles par aucun nombre carré, il n'y aura aucune réduction à y faire. Ainsi, en faisant $y = \dfrac{p}{q}$, il faudra que la formule $23p^2 - 5q^2$ devienne un carré z^2, de sorte qu'on aura l'équation

$$23p^2 = z^2 + 5q^2.$$

On fera donc $z = nq - 23q_1$, et il faudra prendre pour n un nombre entier non $> \dfrac{23}{2}$, tel que $n^2 + 5$ soit divisible par 23. Je trouve $n = 8$, ce qui donne $n^2 + 5 = 23.3$, et cette valeur de n est la seule qui ait les conditions requises. Substituant donc $8q - 23q_1$ à la place de z, et divisant toute l'équation par 23, j'aurai celle-ci

$$p^2 = 3q^2 - 2.8qq_1 + 23q_1^2,$$

dans laquelle on voit que le coefficient 3 est déjà moindre que la valeur de B, qui est 5, abstraction faite du signe.

Ainsi l'on multipliera toute l'équation par 3, et l'on aura

$$3p^2 = (3q - 8q_1)^2 + 5q_1^2;$$

de sorte qu'en faisant $\dfrac{q_1}{p} = y_1$, il faudra que la formule

$$-5y_1^2 + 3$$

soit un carré, où les coefficients 5 et 3 n'admettent aucune réduction.

Soit donc $y_1 = \dfrac{r}{s}$ (r et s sont supposés premiers entre eux, au lieu que q_1 et p peuvent ne pas l'être), et l'on aura à rendre carrée la quantité

$-5r^2 + 3s^2$; de sorte qu'en nommant la racine z_1 on aura

$$-5r^2 + 3s^2 = z_1^2,$$

et de là

$$-5r^2 = z_1^2 - 3s^2.$$

On prendra donc $z_1 = ms + 5s_1$, et il faudra que m soit un nombre entier non $> \dfrac{5}{2}$, et tel que $m^2 - 3$ soit divisible par 5; or c'est ce qui est impossible, car on ne pourrait prendre que $m = 1$ ou $= 2$, ce qui donne $m^2 - 3 = -2$ ou $= 1$. Ainsi l'on en doit conclure que le Problème n'est pas résoluble, c'est-à-dire qu'il est impossible que la formule $23y^2 - 5$ puisse jamais devenir égale à un nombre carré, quelque nombre que l'on substitue à la place de y.

COROLLAIRE.

59. Si l'on avait une équation quelconque du second degré à deux inconnues, telle que

$$a + bx + cy + dx^2 + exy + fy^2 = 0,$$

et que l'on proposât de trouver des valeurs rationnelles de x et y qui satisfissent à cette équation, on y pourrait parvenir, lorsque cela est possible, par la méthode que nous venons d'exposer.

En effet, si l'on tire la valeur de y en x, on aura

$$2fy + ex + c = \sqrt{(c + ex)^2 - 4f(a + bx + dx^2)},$$

ou bien, en faisant $\alpha = c^2 - 4af^2$, $\beta = 2ce - 4bf$, $\gamma = e^2 - 4df$,

$$2fy + ex + c = \sqrt{\alpha + \beta x + \gamma x^2};$$

de sorte que la question sera réduite à trouver des valeurs de x qui rendent rationnel le radical $\sqrt{\alpha + \beta x + \gamma x^2}$.

VII.

REMARQUE.

60. Nous avons déjà traité ce même sujet, mais d'une manière un peu différente, dans les *Mémoires de l'Académie des Sciences de Berlin* pour l'année 1767 (*), et nous croyons être les premiers qui aient donné une méthode directe et exempte de tâtonnements pour la solution des Problèmes indéterminés du second degré. Le lecteur qui sera curieux d'approfondir cette matière pourra consulter les Mémoires cités, où il trouvera surtout des remarques nouvelles et importantes sur la recherche des nombres entiers qui, étant pris pour n, peuvent rendre $n^2 - B$ divisible par A, A et B étant des nombres donnés.

On trouvera aussi, dans les *Mémoires* pour les années 1770 et suivantes, des recherches sur la forme des diviseurs des nombres représentés par $z^2 - Bq^2$; de sorte que, par la forme même du nombre A, on pourra juger souvent de l'impossibilité de l'équation

$$A p^2 = z^2 - B q^2, \quad \text{ou} \quad A y^2 + B = \text{à un carré (**) (n° 52).}$$

Legendre s'est occupé depuis, dans le Mémoire cité plus haut (n° 47), à chercher les conditions générales de la possibilité ou de l'impossibilité des équations indéterminées du second degré, et il est parvenu à ce Théorème remarquable, que

L'équation $ax^2 + by^2 = cz^2$, *dans laquelle* a, b, c *sont positifs, premiers entre eux et dégagés de tout facteur carré, est résoluble, si l'on peut trouver trois entiers* λ, μ, ν, *tels que les trois quantités* $\dfrac{a\lambda^2 - b}{c}$, $\dfrac{c\mu^2 - b}{a}$, $\dfrac{c\nu^2 - a}{b}$ *soient des entiers.*

§ VI. — Sur les doubles et triples égalités.

61. Nous traiterons ici en peu de mots des doubles et triples égalités, qui sont d'un usage très-fréquent dans l'Analyse de Diophante, et pour

---

(*) *OEuvres de Lagrange*, t. II, p. 377.
(**) *OEuvres de Lagrange*, t. II, p. 581.

la solution desquelles ce grand géomètre et ses commentateurs ont cru devoir donner des règles particulières.

Lorsqu'on a une formule contenant une ou plusieurs inconnues à égaler à une puissance parfaite, comme à un carré ou à un cube, etc., cela s'appelle, dans l'Analyse de Diophante, une *égalité simple;* et lorsqu'on a deux formules contenant la même ou les mêmes inconnues à égaler chacune à des puissances parfaites, cela s'appelle une *égalité double,* et ainsi de suite.

Jusqu'ici on a vu comment il faut résoudre les égalités simples où l'inconnue ne passe pas le second degré, et où la puissance proposée est la seconde, *c'est-à-dire le carré.*

Voyons donc comment on doit traiter les égalités doubles et triples de la même espèce.

62. Soit d'abord proposée cette égalité doublée

$$a + bx = \text{à un carré,} \quad c + dx = \text{à un carré,}$$

où l'inconnue x ne se trouve qu'au premier degré.

Faisant

$$a + bx = t^2, \quad c + dx = u^2,$$

et chassant x de ces deux équations, on aura

$$ad - bc = dt^2 - bu^2;$$

donc

$$dt^2 = bu^2 + ad - bc, \quad \text{et} \quad (dt)^2 = dbu^2 + (ad - bc)d;$$

de sorte que la difficulté sera réduite à trouver une valeur rationnelle de u, telle que $dbu^2 + ad^2 - bcd$ devienne un carré. On résoudra cette égalité simple par la méthode exposée ci-dessus, et, connaissant ainsi u, on aura

$$x = \frac{u^2 - c}{d}.$$

Si l'égalité doublée était

$$ax + bx = \text{à un carré,} \quad cx^2 + dx = \text{à un carré,}$$

il n'y aurait qu'à faire $x = \frac{1}{x_1}$ et multiplier ensuite l'une et l'autre formule par le carré x_1^2; on aurait ces deux autres égalités

$$a + bx_1 = \text{à un carré}, \quad c + dx_1 = \text{à un carré},$$

qui sont semblables aux précédentes.

Ainsi l'on peut résoudre, en général, toutes les égalités doubles où l'inconnue ne passe pas le premier degré, et celles où l'inconnue se trouve dans tous les termes, pourvu qu'elle ne passe pas le second degré; mais il n'en est pas de même lorsque l'on a des égalités de cette forme

$$a + bx + cx^2 = \text{à un carré}, \quad \alpha + \beta x + \gamma x^2 = \text{à un carré}.$$

Si l'on résout la première de ces égalités par notre méthode, et qu'on nomme f la valeur de x qui rend $a + bx + cx^2 =$ au carré g^2, on aura en général (n° 57)

$$x = \frac{fm^2 - 2gm + b + cf}{m^2 - c};$$

donc, substituant cette expression de x dans l'autre formule $\alpha + \beta x + \gamma x^2$, et la multipliant ensuite par $(m^2 - c)^2$, on aura à résoudre l'égalité

$$\alpha(m^2 - c)^2 + \beta(m^2 - c)(fm^2 - 2gm + b + cf)$$
$$+ \gamma(fm^2 - 2gm + b + cf)^2 = \text{à un carré},$$

dans laquelle l'inconnue m monte au quatrième degré.

Or on n'a jusqu'à présent aucune règle générale pour résoudre ces sortes d'égalités, et tout ce qu'on peut faire, c'est de trouver successivement différentes solutions, lorsqu'on en connaît une seule (*voyez* le Chapitre IX).

63. Si l'on avait la triple égalité

$$ax + by = \text{à un carré}, \quad cx + dy = \text{à un carré}, \quad hx + ky = \text{à un carré},$$

on ferait

$$ax + by = t^2, \quad cx + dy = u^2, \quad hx + ky = s^2,$$

et, chassant x et y de ces trois équations, on aurait celle-ci

$$(ak - bh) u^2 - (ck - dh) t^2 = (ad - cb) s^2;$$

de sorte qu'en faisant $\dfrac{u}{t} = z$, la difficulté se réduirait à résoudre l'égalité simple

$$\frac{ak - bh}{au - cb} z^2 - \frac{ck - dh}{ad - cb} = \text{à un carré,}$$

laquelle est, comme l'on voit, dans le cas de notre méthode générale.

Ayant trouvé la valeur de z, on aura $u = tz$, et les deux premières équations donneront

$$x = \frac{d - b z^2}{ad - cb} t^2, \quad y = \frac{a z^2 - c}{ad - cb} t^2.$$

Mais, si la triple égalité proposée ne contenait qu'une seule variable, on retomberait alors dans une égalité où l'inconnue monterait au quatrième degré.

En effet, il est clair que ce cas peut se déduire du précédent, en faisant $y = 1$, de sorte qu'il faudra que l'on ait

$$\frac{a z^2 - c}{au - cb} t^2 = 1,$$

et par conséquent

$$\frac{a z^2 - c}{ad - cb} = \text{à un carré.}$$

Or, nommant j une des valeurs de z qui peuvent satisfaire à l'égalité ci-dessus, et faisant, pour abréger, $\dfrac{ak - bh}{ad - cb} = e$, on aura en général (n° 57)

$$z = \frac{fm^2 - 2gm + ef}{m^2 - e}.$$

Donc, substituant cette valeur de z dans la dernière égalité et la multipliant toute par le carré de $m^2 - e$, on aura celle-ci

$$\frac{a(fm^2 - 2gm + ef)^2 - c(m^2 - e)^2}{ad - cb} = \text{à un carré,}$$

où l'inconnue m monte, comme l'on voit, au quatrième degré.

§ VII. — *Méthode directe et générale pour trouver toutes les valeurs de y exprimées en nombres entiers, par lesquelles on peut rendre rationnelles les quantités de la forme $\sqrt{Ay^2 + B}$, A et B étant des nombres entiers donnés; et pour trouver aussi toutes les solutions possibles en nombres entiers des équations indéterminées du second degré à deux inconnues.*

(Addition pour le Chapitre VI.)

64. Quoique par la méthode du § V on puisse trouver des formules générales qui renferment toutes les valeurs rationnelles de y, propres à rendre $Ay^2 + B$ égal à un carré, cependant ces formules ne sont d'aucun usage lorsqu'on demande pour y des valeurs exprimées en nombres entiers; c'est pourquoi nous sommes obligé de donner ici une nouvelle méthode pour résoudre la question dans le cas des nombres entiers.

Soit donc

$$Ay^2 + B = x^2;$$

et, comme A et B sont supposés des nombres entiers, et que y doit être aussi un nombre entier, il est clair que x devra être pareillement entier; de sorte qu'on aura à résoudre en entiers l'équation

$$x^2 - Ay^2 = B.$$

Je commence par remarquer ici que, si B n'est divisible par aucun nombre carré, il faudra nécessairement que y soit premier à B; car supposons, s'il est possible, que y et B aient une commune mesure α, en sorte que $y = \alpha y_1$, et $B = \alpha B_1$; donc on aura

$$x^2 = A\alpha^2 y_1^2 + \alpha B_1,$$

d'où il s'ensuit qu'il faudra que x^2 soit divisible par α; et, comme α n'est ni carré, ni divisible par aucun carré (hyp.), à cause que α est facteur de B, il faudra que x soit divisible par α; faisant donc $x = \alpha x_1$, on aura

$$\alpha^2 x_1^2 = \alpha^2 A y^2 + \alpha B_1,$$

ou bien, en divisant par α,

$$\alpha x_1^2 = \alpha A y_1^2 + B_1;$$

d'où l'on voit que B_1 devrait encore être divisible par α, ce qui est contre l'hypothèse.

Ce n'est donc que lorsque B contient des facteurs carrés que y peut avoir une commune mesure avec B; et il est facile de voir par la démonstration précédente que cette commune mesure de y et de B ne peut être que la racine d'un des facteurs carrés de B, et que le nombre x devra avoir la même commune mesure; en sorte que toute l'équation sera divisible par le carré de ce commun diviseur de x, y et B.

De là je conclus :

1° Que, si B n'est divisible par aucun carré, y et B seront premiers entre eux;

2° Que, si B est divisible par un seul carré α^2, y pourra être premier à B ou divisible par α, ce qui fait deux cas qu'il faudra examiner séparément : dans le premier cas, on résoudra l'équation

$$x^2 - A y^2 = B,$$

en supposant y et B premiers entre eux; dans le second, on aura à résoudre l'équation

$$x^2 - A y^2 = B_1,$$

B_1 étant $= \dfrac{B}{\alpha^2}$, en supposant aussi y et B_1 premiers entre eux; mais il faudra ensuite multiplier par α les valeurs qu'on aura trouvées pour y et x pour avoir les valeurs convenables à l'équation proposée;

3° Que, si B est divisible par deux différents carrés, α^2 et β^2, on aura trois cas à considérer : dans le premier, on résoudra l'équation

$$x^2 - A y^2 = B,$$

en regardant y et B comme premiers entre eux; dans le second, on résoudra de même l'équation

$$x^2 - Ay^2 = B_1,$$

B_1 étant $= \dfrac{B}{\alpha^2}$, dans l'hypothèse de y et B_1 premiers entre eux, et l'on multipliera ensuite les valeurs de x et y par α; dans le troisième, on résoudra l'équation

$$x^2 - Ay^2 = B_2,$$

B_2 étant $= \dfrac{B}{\beta^2}$, dans l'hypothèse de y et B_2 premiers entre eux, et l'on multipliera ensuite les valeurs de x et de y par β;

4° Etc.

Ainsi on aura autant d'équations différentes à résoudre qu'il y aura de différents diviseurs carrés de B; mais ces équations seront toutes de la même forme

$$x^2 - Ay^2 = B,$$

et y sera aussi toujours premier à B.

65. Considérons donc, en général, l'équation

$$x^2 - Ay^2 = B,$$

où y est premier à B; et, comme x et y doivent être des nombres entiers, il faudra que $x^2 - Ay^2$ soit divisible par B.

On fera donc, suivant la méthode du § IV (n° 48), $x = ny - Bz$, et l'on aura l'équation

$$(n^2 - A)y^2 - 2nByz + B^2z^2 = B,$$

par laquelle on voit que le terme $(n^2 - A)y^2$ doit être divisible par B, puisque tous les autres le sont d'eux-mêmes; donc, comme y est premier à B (hyp.), il faudra que $n^2 - A$ soit divisible par B; de sorte qu'en faisant $\dfrac{n^2 - A}{B} = C$ on aura, après avoir divisé par B,

$$Cy^2 - 2nyz + Bz^2 = 1;$$

Or cette équation est plus simple que la proposée, en ce que le second membre est égal à l'unité.

On cherchera donc les valeurs de n qui peuvent rendre $n^2 - A$ divisible par B ; pour cela il suffira (n° 47) d'essayer pour n tous les nombres entiers positifs ou négatifs non $> \frac{B}{2}$; et, si parmi ceux-ci on n'en trouve aucun qui satisfasse, on en conclura d'abord qu'il est impossible que $n^2 - A$ puisse être divisible par B, et qu'ainsi l'équation proposée n'est pas résoluble en nombres entiers.

Mais, si l'on trouve de cette manière un ou plusieurs nombres satisfaisants, on les prendra l'un après l'autre pour n, ce qui donnera autant de différentes équations, qu'il faudra traiter séparément, et dont chacune pourra fournir une ou plusieurs solutions de la question proposée.

Quant aux valeurs de n qui surpasseraient celle de $\frac{B}{2}$, on en pourra faire abstraction, parce qu'elles ne donneraient point d'équations différentes de celles qui résulteront des valeurs de n qui ne sont pas $> \frac{B}{2}$, comme nous l'avons déjà montré dans le n° 52.

Au reste, comme la condition par laquelle on doit déterminer n est que $n^2 - A$ soit divisible par B, il est clair que chaque valeur de n pourra être également positive ou négative ; de sorte qu'il suffira d'essayer successivement pour n tous les nombres naturels qui ne sont pas plus grands que $\frac{B}{2}$, et de prendre ensuite les valeurs satisfaisantes de n, tant en plus qu'en moins.

Nous avons donné ailleurs des règles pour faciliter la recherche des valeurs de n qui peuvent avoir la propriété requise, et même pour trouver ces valeurs *a priori* dans un grand nombre de cas. [*Voir* les *Mémoires de Berlin* pour l'année 1767, pages 194 et 274 (*).]

Résolution de l'équation $Cy^2 - 2nyz + Bz^2 = 1$ *en nombres entiers.*

On peut résoudre cette équation par deux méthodes différentes, que nous allons expliquer.

(*) *OEuvres de Lagrange*, t. II, p. 377 et 655.

VII. 16

PREMIÈRE MÉTHODE.

66. Comme les quantités C, n, B sont supposées des nombres entiers, de même que les indéterminées y et z, il est visible que la quantité

$$Cy^2 - 2nyz + Bz^2$$

sera toujours nécessairement égale à des nombres entiers; par conséquent l'unité sera la plus petite valeur qu'elle puisse recevoir, à moins qu'elle ne puisse devenir nulle, ce qui ne peut arriver que lorsque cette quantité peut se décomposer en deux facteurs rationnels. Comme ce cas n'a aucune difficulté, nous en ferons d'abord abstraction, et la question se réduira à trouver les valeurs de y et z qui rendront la quantité dont il s'agit le plus petite qu'il est possible; si le minimum est égal à l'unité, on aura la résolution de l'équation proposée; sinon, on sera assuré qu'elle n'admet aucune solution en nombres entiers. Ainsi le Problème présent rentre dans le Problème III du § II, et est susceptible d'une solution semblable. Or, comme l'on a ici (n° 65)

$$(2n)^2 - 4BC = 4A,$$

il faudra distinguer deux cas, suivant que A sera positif ou négatif.

Premier cas, lorsque $n^2 - BC = A < 0.$

67. Suivant la méthode du n° 32, il faudra réduire en fraction continue la fraction $\frac{n}{C}$, prise positivement : c'est ce qu'on exécutera par la règle du n° 4; ensuite on formera par les formules du n° 10 la série des fractions convergentes vers $\frac{n}{C}$, et il n'y aura plus qu'à essayer successivement les numérateurs de ces fractions pour le nombre y, et les dénominateurs correspondants pour le nombre z. Si la proposée est résoluble en nombres entiers, on trouvera de cette manière les valeurs

satisfaisantes de y et z; et réciproquement, on sera assuré que la proposée n'admet aucune solution en nombres entiers, si, parmi les nombres
qu'on aura essayés, il ne s'en trouve point de satisfaisants.

Second cas, lorsque $n^2 - BC = A > 0$.

68. On fera usage ici de la méthode des n°s 33 et suivants; ainsi, à
cause de $E = 4A$, on considérera d'abord la quantité (n° 39)

$$a = \frac{n \pm \sqrt{A}}{C},$$

dans laquelle il faudra déterminer les signes tant de la valeur de n,
que nous avons vue pouvoir être également positive et négative, que de
$\sqrt{A}$, en sorte qu'elle devienne positive; ensuite on fera le calcul suivant :

$$Q_0 = -n, \qquad P_0 = C, \qquad \mu < \frac{-Q_0 \pm \sqrt{A}}{P_0},$$

$$Q_1 = \mu. P_0 + Q_0, \quad P_1 = \frac{Q_1^2 - A}{P_0}, \quad \mu_1 < \frac{-Q_1 \mp \sqrt{A}}{P_1},$$

$$Q_2 = \mu_1 P_1 + Q_1, \quad P_2 = \frac{Q_2^2 - A}{P_1}, \quad \mu_2 < \frac{-Q_2 \pm \sqrt{A}}{P_2},$$

$$Q_3 = \mu_2 P_2 + Q_2, \quad P_3 = \frac{Q_3^2 - A}{P_2}, \quad \mu_3 < \frac{-Q_3 \mp \sqrt{A}}{P_3},$$

$$\dots\dots\dots, \qquad \dots\dots\dots, \qquad \dots\dots\dots,$$

et l'on continuera seulement ces séries jusqu'à ce que deux termes correspondants de la première et de la seconde série reparaissent ensemble.
Alors, si, parmi les termes de la seconde série P_0, P_1, P_2,..., il s'en
trouve un égal à l'unité positive, ce terme donnera une solution de
l'équation proposée, et les valeurs de y et z seront les termes correspondants des deux séries p_0, p_1, p_2,... et q_0, q_1, q_2,..., calculées par les
formules du n° 25; sinon, on en conclura sur-le-champ que la proposée
n'est pas résoluble en nombres entiers. (*Voir* l'Exemple du n° 40.)

Troisième cas, lorsque $A = $ *à un carré.*

69. Dans ce cas le nombre $\sqrt{A}$ deviendra rationnel, et la quantité

$$C y^2 - 2 n y z + B z^2$$

pourra se décomposer en deux facteurs rationnels. En effet, cette quantité n'est autre chose que celle-ci

$$\frac{(C y - n z)^2 - A z^2}{C},$$

laquelle, en supposant $A = a^2$, peut se mettre sous cette forme

$$\frac{[C y - (n + a) z][(C y - (n - a) z]}{C}.$$

Or, comme

$$n^2 - a^2 = BC = (n + a)(n - a),$$

il faudra que le produit de $n + a$ par $n - a$ soit divisible par C, et par conséquent que l'un de ces deux nombres $n + a$ et $n - a$ soit divisible par un des facteurs de C, et l'autre par le facteur réciproque. Supposons donc $C = bc$, et que $n + a = fb$ et $n - a = gc$, f et g étant des nombres entiers, et la quantité précédente deviendra le produit de ces deux facteurs linéaires $cy - fz$ et $by - gz$; donc, puisque ces deux facteurs sont égaux à des nombres entiers, il est clair que leur produit ne saurait être $= 1$, comme l'équation proposée le demande, à moins que chacun d'eux ne soit en particulier $= \pm 1$. On fera donc

$$cy - fz = \pm 1, \quad by - gz = \pm 1,$$

et l'on déterminera par là les nombres y et z; si ces nombres se trouvent entiers, on aura la solution de l'équation proposée; sinon, elle sera insoluble, au moins en nombres entiers.

SECONDE MÉTHODE.

70. Qu'on pratique sur la formule

$$C y^2 - 2 n y z + B z^2$$

des transformations semblables à celles dont nous avons fait usage plus haut (n° 54), et je dis qu'on pourra toujours parvenir à une transformée telle que

$$L \xi^2 - 2 M \xi \psi + N \psi^2,$$

les nombres L, M, N étant des nombres entiers, dépendants des nombres donnés C, B, n, en sorte que l'on ait

$$M^2 - LN = n^2 - CB = A,$$

et que, de plus, 2M ne soit pas plus grand (abstraction faite des signes) que le nombre L ni que le nombre N; les nombres ξ et ψ seront aussi des nombres entiers, mais dépendants des nombres indéterminés y et z.

En effet, soit, par exemple, C moindre que B, et qu'on mette la formule dont il s'agit sous cette forme

$$B_1 y^2 - 2 n y y_1 + B y_1^2,$$

en faisant $C = B_1$ et $z = y_1$; si $2n$ n'est pas plus grand que B_1, il est clair que cette formule aura déjà d'elle-même les conditions requises; mais, si $2n$ est plus grand que B_1, alors on supposera $y = m y_1 + y_2$, et, substituant, on aura la transformée

$$B_1 y_2^2 - 2 n_1 y_2 y_1 + B_2 y_1^2,$$

où

$$n_1 = n - m B_1,$$

$$B_2 = m^2 B_1 - 2 m n + B = \frac{n^2 - A}{B_1}.$$

Or, comme le nombre m est indéterminé, on pourra, en le supposant entier, le prendre tel que le nombre $n - m B_1$ ne soit pas plus grand que $\frac{1}{2}B_1$; alors $2n_1$ ne surpassera pas B_1. Ainsi, si $2n_1$ ne surpasse pas non plus B_2, la transformée précédente sera déjà dans le cas qu'on a en vue; mais, si $2n_1$ est plus grand que B_2, on continuera alors à supposer $y_1 = m_1 y_2 + y_3$, ce qui donnera la nouvelle transformée

$$B_3 y_2^2 - 2n_2 y_2 y_3 + B_2 y_3^2,$$

où

$$n_2 = n_1 - m_1 B_2,$$

$$B_3 = m_1^2 B_2 - 2m_1 n_1 + B_1 = \frac{n_2^2 - A}{B_2}.$$

On déterminera le nombre entier m_1, en sorte que $n_1 - m_1 B_2$ ne soit pas plus grand que $\frac{B_2}{2}$, moyennant quoi $2n_2$ ne surpassera pas B_2; de sorte que l'on aura la transformée cherchée, si $2n_2$ ne surpasse pas non plus B_3; mais, si $2n_2$ surpasse B_3, on supposera de nouveau $y_2 = m_2 y_3 + y_4$, etc.

Or il est visible que ces opérations ne peuvent pas aller à l'infini; car, puisque $2n$ est plus grand que B_1 et que $2n_1$ ne l'est pas, il est clair que n_1 sera moindre que n; de même, $2n_1$ est plus grand que B_2, et $2n_2$ ne l'est pas; donc n_2 sera moindre que n_1, et ainsi de suite, de sorte que les nombres n, n_1, n_2,... formeront une suite décroissante de nombres entiers, laquelle ne pourra par conséquent pas aller à l'infini. On parviendra donc nécessairement à une formule où le coefficient du terme moyen ne sera pas plus grand que ceux des deux termes extrêmes, et qui aura d'ailleurs les autres propriétés que nous avons énoncées ci-dessus, ce qui est évident par la nature même des transformations pratiquées.

Pour faciliter la transformation de la formule

$$C y^2 - 2 n y z + B z^2$$

en celle-ci

$$L \xi^2 - 2 M \xi \psi + N \psi^2,$$

je désigne par D le plus grand des deux coefficients extrêmes C et B, et par D_1 l'autre coefficient; et, *vice versa*, je désigne par θ la variable dont le carré se trouvera multiplié par D_1, et par θ_1 l'autre variable; en sorte que la formule proposée prenne cette forme

$$D_1 \theta^2 - 2n\theta\theta_1 + D\theta_1^2,$$

où D_1 soit moindre que D; ensuite je n'aurai qu'à faire le calcul suivant :

$$m = \frac{n}{D_1}, \quad n_1 = n - m\,D_1, \quad D_2 = \frac{n_1^2 - A}{D_1}, \quad \theta = m\,\theta_1 + \theta_2,$$

$$m_1 = \frac{n_1}{D_2}, \quad n_2 = n_1 - m_1 D_2, \quad D_3 = \frac{n_2^2 - A}{D_2}, \quad \theta_1 = m_1 \theta_2 + \theta_3,$$

$$m_2 = \frac{n_2}{D_3}, \quad n_3 = n_2 - m_2 D_3, \quad D_4 = \frac{n_3^2 - A}{D_3}, \quad \theta_2 = m_2 \theta_3 + \theta_4,$$

$$\ldots\ldots, \quad \ldots\ldots\ldots, \quad \ldots\ldots\ldots, \quad \ldots\ldots\ldots,$$

où il faut bien remarquer que le signe $=$, qui est mis après les lettres m, m_1, m_2,..., n'indique pas une égalité parfaite, mais seulement une égalité aussi approchée qu'il est possible, en tant qu'on n'entend par m, m_1, m_2,... que des nombres entiers. Je n'ai employé ce signe $=$ que faute d'un autre signe convenable.

Ces opérations doivent être continuées jusqu'à ce que, dans la série n, n_1, n_2,..., on trouve un terme, comme n_ρ, qui (abstraction faite du signe) ne surpasse pas la moitié du terme correspondant D_ρ de la série D_1, D_2, D_3,..., non plus que la moitié du terme suivant $D_{\rho+1}$. Alors on pourra faire

$$D_\rho = L, \quad n_\rho = N, \quad D_{\rho+1} = M, \quad \text{et} \quad \theta_\rho = \psi, \quad \theta_{\rho+1} = \xi,$$

ou bien

$$D_\rho = M, \quad D_{\rho+1} = L, \quad \text{et} \quad \theta_\rho = \xi, \quad \theta_{\rho+1} = \psi.$$

Nous supposerons toujours par la suite qu'on ait pris pour M le plus petit des deux nombres D_ρ, $D_{\rho+1}$.

71. L'équation

$$Cy^2 - 2nyz + Dz^2 = 1$$

sera donc réduite à celle-ci

$$L\xi^2 - 2N\xi\psi + M\psi^2 = 1,$$

où $N^2 - LM = A$, et où $2N$ n'est ni $> L$ ni $> M$ (abstraction faite des signes). Or, M étant le plus petit des deux coefficients L et M, qu'on multiplie toute l'équation par ce coefficient M, et faisant

$$v = M\psi - N\xi,$$

il est clair qu'elle se changera en celle-ci

$$v^2 - A\xi^2 = M,$$

dans laquelle il faudra maintenant distinguer les deux cas de A positif et de A négatif.

Soit :

1° A négatif et $= -a$, a étant un nombre positif; l'équation sera donc

$$v^2 + a\xi^2 = M.$$

Or, comme $N^2 - LM = A$, on aura $a = LM - N^2$; d'où l'on voit d'abord que les nombres L et M doivent être de même signe; d'ailleurs $2N$ ne doit être ni $> L$ ni $> M$; donc N^2 ne sera pas $> \dfrac{LM}{4}$; donc $a =$ ou $> \dfrac{3}{4}LM$; et, puisque M est supposé moindre que L, ou au moins pas plus grand que L, on aura à plus forte raison $a =$ ou $> \dfrac{3}{4}M^2$; donc $M =$ ou $< \sqrt{\dfrac{4a}{3}}$; donc $M < \dfrac{4}{3}\sqrt{a}$.

On voit par là que l'équation

$$v^2 + a\xi^2 = M$$

ne saurait subsister dans l'hypothèse que v et ξ soient des nombres entiers, à moins que l'on ne fasse $\xi = 0$ et $v^2 = M$, ce qui demande que M soit un nombre carré.

Supposons donc $M = \mu^2$, et l'on aura $\xi = 0$, $v = \pm \mu$; donc, par l'équation

$$v = M\psi - N\xi,$$

on aura

$$\mu^2\psi = \pm \mu, \quad \text{et par conséquent} \quad \psi = \pm \dfrac{1}{\mu};$$

de sorte que ψ ne saurait être un nombre entier, comme il le doit (hyp.), à moins que μ ne soit égal à l'unité, soit $= \pm 1$, et par conséquent $M = 1$.

De là je tire donc cette conséquence, que l'équation proposée ne saurait être résoluble en nombres entiers, à moins que M ne se trouve égal à l'unité positive. Si cette condition a lieu, alors on fera $\xi = 0$, $\psi = \pm 1$, et l'on remontera de ces valeurs à celles de y et z.

Cette méthode revient, pour le fond, au même que celle du n° 67, mais elle a sur celle-là l'avantage de n'exiger aucun tâtonnement.

2° Soit maintenant A un nombre positif; on aura $A = N^2 - LM$; or, comme N^2 ne peut pas être plus grand que $\dfrac{LM}{4}$, il est clair que l'équation ne pourra subsister, à moins que $- LM$ ne soit un nombre positif, c'est-à-dire que L et M ne soient de signes différents. Ainsi A sera nécessairement $< - LM$ ou tout au plus $= - LM$, si $N = 0$, de sorte qu'on aura $- LM =$ ou $< A$, et par conséquent $M^2 =$ ou $< A$, ou $M =$ ou $< \sqrt{A}$.

Le cas de $M = \sqrt{A}$ ne peut avoir lieu que lorsque A est un carré; par conséquent ce cas est très-facile à résoudre par la méthode donnée plus haut (n° 69).

Reste donc le cas où A n'est pas carré et dans lequel on aura nécessairement $M < \sqrt{A}$ (abstraction faite du signe de M); alors l'équation

$$v^2 - A\xi^2 = M$$

sera dans le cas du Théorème du n° 38, et se résoudra par conséquent par la méthode que nous y avons indiquée.

Ainsi il n'y aura qu'à faire le calcul suivant :

$$Q_0 = 0, \qquad P_0 = 1, \qquad \mu < \sqrt{A},$$

$$Q_1 = \mu, \qquad P_1 = Q_1^2 - A, \qquad \mu_1 < \frac{-Q_1 - \sqrt{A}}{P_1},$$

$$Q_2 = \mu_1 P_1 + Q_1, \quad P_2 = \frac{Q_2^2 - A}{P_1}, \quad \mu_2 < \frac{-Q_2 + \sqrt{A}}{P_2},$$

$$Q_3 = \mu_2 P_2 + Q_2, \quad P_3 = \frac{Q_3^2 - A}{P_2}, \quad \mu_3 < \frac{-Q_3 - \sqrt{A}}{P_3},$$

$$\dots\dots\dots, \qquad \dots\dots\dots, \qquad \dots\dots\dots,$$

VII.   17

qu'on continuera jusqu'à ce que deux termes correspondants de la première et de la seconde série reparaissent ensemble, ou bien jusqu'à ce
que dans la série P_1, P_2, P_3,... il se trouve un terme égal à l'unité positive, c'est-à-dire $= P_0$; car alors tous les termes suivants reviendront
dans le même ordre dans chacune des trois séries (n° 37). Si dans la
série P_1, P_2. P_3,... il se trouve un terme égal à M, on aura la résolution
de l'équation proposée; car il n'y aura qu'à prendre pour v et ξ les
termes correspondants des séries p_1, p_2, p_3....; q_1, q_2, q_3...., calculées
d'après les formules du n° **25**; et même on pourra frouver une infinité
de valeurs satisfaisantes de v et ξ, en continuant à l'infini les mêmes
séries.

Dès qu'on connaîtra deux valeurs de v et ξ, on aura, par l'équation

$$v = M\psi - N\xi,$$

celle de ψ, laquelle sera aussi toujours égale à un nombre entier; ensuite on pourra remonter de ces valeurs de ξ et ψ, c'est-à-dire de $\theta_{\rho+1}$
et θ_ρ, à celles de θ et θ_1, ou bien de y et de z (n° **70**).

Mais si, dans la série P_1, P_2, P_3,..., il n'y a aucun terme qui soit $= M$,
on en conclura hardiment que l'équation proposée n'admet aucune solution en nombres entiers.

Il est bon de remarquer que, comme la série P_0, P_1. P_2,..., ainsi que
les deux autres Q_0, Q_1, Q_2,... et μ, μ_1, μ_2,..., ne dépend que du
nombre A, le calcul une fois fait pour une valeur donnée de A servira
pour toutes les équations où A, c'est-à-dire $n^2 - CB$, aura la même valeur; et c'est en quoi la méthode précédente est préférable à celle du
n° 68, qui exige un nouveau calcul pour chaque équation.

Au reste, tant que A ne passera pas 100, on pourra faire usage de la
Table que nous avons donnée au n° 41, laquelle contient pour chaque
radical $\sqrt{A}$ les valeurs des termes des deux séries P_0, $-P_1$, P_2, $-P_3$,...,
et μ, μ_1, μ_2, μ_3,...., continuées jusqu'à ce que l'un des termes P_1, P_2, P_3...
devienne $= 1$, après quoi tous les termes suivants de l'une et de l'autre
série reviennent dans le même ordre; de sorte qu'on pourra juger sur-

le-champ, par le moyen de cette Table, de la résolubilité de l'équation

$$v^2 - A\xi^2 = M.$$

De la manière de trouver toutes les solutions possibles de l'équation $Cy^2 - 2nyz + Bz^2 = 1$, *lorsqu'on n'en connaît qu'une seule.*

72. Quoique, par les méthodes que nous venons de donner, on puisse trouver successivement toutes les solutions de cette équation, lorsqu'elle est résoluble en nombres entiers, cependant on peut parvenir à cet objet d'une manière encore plus simple, que voici :

Qu'on nomme p et q les valeurs trouvées de y et z, en sorte que l'on ait

$$Cp^2 - 2npq + Bq^2 = 1,$$

et qu'on prenne deux autres nombres entiers r et s, tels que $ps - qr = 1$ (ce qui est toujours possible, à cause que p et q sont nécessairement premiers entre eux); qu'on suppose ensuite

$$y = pt + ru, \quad z = qt + su,$$

t et u étant deux nouvelles indéterminées; substituant ces expressions dans l'équation

$$Cy^2 - 2nyz + Bz^2 = 1,$$

et faisant, pour abréger,

$$P = Cp^2 - 2npq + Bq^2,$$
$$Q = Cpr - n(ps + qr) + Bqs,$$
$$R = Cr^2 - 2nrs + Bs^2,$$

on aura cette transformée

$$Pt^2 + 2Qtu + Ru^2 = 1.$$

Or on a (hyp.) $P = 1$; de plus, si l'on nomme ρ et σ deux valeurs de r et s qui satisfassent à l'équation $ps - qr = 1$, on aura, en général (n° 42),

$$r = \rho + mp, \quad s = \sigma + mq,$$

m étant un nombre quelconque entier; donc, mettant ces valeurs dans l'expression de Q, elle deviendra

$$Q = Cp\rho - n(p\sigma + q\rho) + Bq\sigma + mP;$$

de sorte que, comme $P = 1$, on pourra rendre $Q = 0$, en prenant

$$m = -Cp\rho + n(p\sigma + q\rho) - Bq\sigma.$$

Maintenant je remarque que la valeur de $Q^2 - PR$ se réduit (après les substitutions et les réductions) à celle-ci

$$(n^2 - CB)(ps - qr)^2;$$

de sorte que, comme $ps - qr = 1$, on aura

$$Q^2 - PR = n^2 - CB = A;$$

donc, faisant $P = 1$ et $Q = 0$, il viendra $-R = A$, savoir $R = -A$; ainsi l'équation transformée ci-dessus se changera en celle-ci

$$t^2 - Au^2 = 1;$$

or, comme y, z, p, q, r et s sont, par l'hypothèse, des nombres entiers, il est facile de voir que t et u seront aussi des nombres entiers; car, en tirant leurs valeurs des équations

$$y = pt + ru, \quad z = qt + su,$$

on a

$$t = \frac{sy - rz}{ps - qr}, \quad u = \frac{qy - pz}{qr - ps},$$

c'est-à-dire, à cause de $ps - qr = 1$,

$$t = sy - rz, \quad u = pz - qy.$$

Il n'y aura donc qu'à résoudre en nombres entiers l'équation

$$t^2 - Au^2 = 1,$$

et chaque valeur de t et de u donnera de nouvelles valeurs de y et z.

En effet, substituant dans les valeurs générales de r et s la valeur du nombre m trouvée ci-dessus, on aura

$$r = \rho(1 - Cp^2) - Bpq\sigma + np(p\sigma + q\rho),$$
$$s = \sigma(1 - Bq^2) - Cpq\rho + nq(p\sigma + q\rho)$$

ou bien, à cause de $Cp^2 - 2npq + Bq^2 = 1$,

$$r = (Bq - np)(q\rho - p\sigma) = -Bq + np,$$
$$s = (Cp - nq)(p\sigma - q\rho) = Cp - nq.$$

Donc, mettant ces valeurs de r et s dans les expressions ci-dessus de y et z, on aura, en général,

$$y = pt - (Bq - np)u,$$
$$z = qt + (Cp - nq)u.$$

73. Tout se réduit donc à résoudre l'équation

$$t^2 - Au^2 = 1.$$

Or :

1° Si A est un nombre négatif, il est visible que cette équation ne saurait subsister en nombres entiers, qu'en faisant $u = 0$ et $t = 1$, ce qui donnerait $y = p$ et $z = q$; d'où l'on peut conclure que, dans le cas où A est un nombre négatif, l'équation proposée

$$Cy^2 - 2nyz + Bz^2 = 1$$

ne peut jamais admettre qu'une seule solution en nombres entiers.

Il en serait de même si A était un nombre positif carré; car, faisant $A = a^2$, on aurait
$$(t + au)(t - au) = 1;$$
donc
$$t + au = \pm 1, \quad \text{et} \quad t - au = \pm 1;$$
donc $2au = 0$; donc $u = 0$, et par conséquent
$$t = \pm 1.$$

2° Mais, si A est un nombre positif non carré, alors l'équation

$$t^2 - A\,u^2 = 1$$

est toujours susceptible d'une infinité de solutions en nombres entiers (n° 37), qu'on peut trouver toutes par les formules données ci-
dessus (n° 71, 2°); mais il suffira de trouver les plus petites valeurs
de t et u, et pour cela, dès que l'on sera parvenu, dans la série P_1, P_2,
P_3,..., à un terme égal à l'unité, il n'y aura qu'à calculer, par les formules du n° 25, les termes correspondants des deux séries $p_1, p_2, p_3,...$,
et $q_1, q_2, q_3,....$ Ce seront les valeurs cherchées de t et u; d'où l'on voit
que le même calcul qu'on aura fait pour la résolution de l'équation

$$v^2 - A\,\xi^2 = M$$

servira aussi pour celle de l'équation

$$t^2 - A\,u^2 = 1.$$

Au reste, tant que A ne passe pas 100, on a les plus petites valeurs
de t et u toutes calculées dans la Table (*) qui est à la fin du Chapitre VII
du Traité précédent, et dans laquelle les nombres a, m, n sont les mêmes
que ceux que nous appelons ici A, t et u.

74. Désignons par t_1, u_1 les plus petites valeurs de t, u dans l'équation

$$t^2 - A\,u^2 = 1;$$

et de même que ces valeurs peuvent servir à trouver de nouvelles va-

(*) Voici encore quelques exemples, lorsque a est plus grand que 100 :

Si $a = 103$, on aura $\begin{cases} n = 22419, \\ m = 227528; \end{cases}$ Si $a = 109$, on aura $\begin{cases} n = 15140424455100, \\ m = 158070671986249; \end{cases}$

Si $a = 113$, on aura $\begin{cases} n = 1113296, \\ m = 1204353; \end{cases}$ Si $a = 157$, on aura $\begin{cases} n = 3726964292220, \\ m = 46698728731849; \end{cases}$

et si $a = 367$, il viendra

$$n = 5763448635, \quad m = 110413985786.$$

leurs de y et z dans l'équation

$$Cy^2 - 2nyz + Bz^2 = 1,$$

de même aussi elles pourront servir à trouver de nouvelles valeurs de t et u dans l'équation

$$t^2 - Au^2 = 1,$$

qui n'est qu'un cas particulier de celle-là. Pour cela, il n'y aura qu'à supposer $C = 1$ et $n = 0$, ce qui donne $-B = A$, et prendre ensuite t, u à la place de y, z, et t_1, u_1 à la place de p, q. Faisant donc ces substitutions dans les expressions générales de y et z du n° **72**, et mettant de plus T, U à la place de t, u, on aura, en général,

$$t = T t_1 + A U u_1,$$
$$u = T u_1 + U t_1,$$

et pour la détermination de T et U l'équation

$$T^2 - AU^2 = 1,$$

qui est semblable à la proposée.

Ainsi on pourra supposer $T = t_1$ et $U = u_1$, ce qui donnera

$$t = t_1^2 + A u_1^2, \quad u = t_1 u_1 + t_1 u_1.$$

Nommant donc t_2, u_2 les secondes valeurs de t et u, on aura

$$t_2 = t_1^2 + A u_1^2, \quad u_2 = 2 t_1 u_1.$$

Maintenant il est clair qu'on peut prendre ces nouvelles valeurs t_2, u_2 à la place des premières t_1, u_1; ainsi l'on aura

$$t = T t_2 + A U u_2,$$
$$u = T u_2 + U t_2,$$

où l'on peut supposer de nouveau $T = t_1$, $U = u_1$, ce qui donnera

$$t = t_1 t_2 + A u_1 u_2, \quad u = t_1 u_2 + u_1 t_2.$$

Ainsi on aura de nouvelles valeurs de t et u, lesquelles seront

$$t_3 = t_1 t_2 + A u_1 u_2 = t_1 (t_1^2 + 3 A u_1^2),$$
$$u_3 = t_1 u_2 + u_1 t_2 = u_1 (3 t_1^2 + A u_1^2),$$

et ainsi de suite.

75. La méthode précédente ne fait trouver que successivement les valeurs $t_2, t_3, \ldots$; $u_2, u_3, \ldots$. Voyons maintenant comment on peut généraliser cette recherche. On a d'abord

$$t = T t_1 + A U u_1, \quad u = T u_1 + U t_1,$$

d'où je tire cette combinaison

$$t \pm u \sqrt{A} = (t_1 \pm u_1 \sqrt{A})(T \pm U \sqrt{A});$$

donc, supposant $T = t_1$ et $U = u_1$, on aura

$$t_2 \pm u_2 \sqrt{A} = (t_1 \pm u_1 \sqrt{A})^2.$$

Qu'on mette à présent ces valeurs de t_2 et u_2 à la place de celles de t_1 et u_1, on aura

$$t \pm u \sqrt{A} = (t_1 \pm u_1 \sqrt{A})^2 (T \pm U \sqrt{A}),$$

où, faisant de nouveau $T = t_1$ et $U = u_1$, et nommant t_3, u_3 les valeurs résultantes de t et u, il viendra

$$t_3 \pm u_3 \sqrt{A} = (t_1 \pm u_1 \sqrt{A})^3.$$

On trouvera de même

$$t_4 \pm u_4 \sqrt{A} = (t_1 \pm u_1 \sqrt{A})^4,$$

et ainsi de suite.

Donc si, pour plus de simplicité, on nomme maintenant T et U les premières et plus petites valeurs de t, u, que nous avons nommées ci-dessus t_1, u_1, on aura, en général,

$$t \pm u \sqrt{A} = (T \pm U \sqrt{A})^m,$$

m étant un nombre quelconque entier positif; d'où l'on tire, à cause de l'ambiguïté des signes,

$$t = \frac{(T + U\sqrt{A})^m + (T - U\sqrt{A})^m}{2},$$

$$u = \frac{(T + U\sqrt{A})^m - (T - U\sqrt{A})^m}{2\sqrt{A}}.$$

Quoique ces expressions paraissent sous une forme irrationnelle, cependant il est aisé de voir qu'elles deviendront rationnelles, en développant les puissances de $T \pm U\sqrt{A}$; car on a, comme l'on sait,

$$(T \pm U\sqrt{A})^m = T^m \pm m\,T^{m-1}U\sqrt{A} + \frac{m(m-1)}{2}\,T^{m-2}U^2A \pm \frac{m(m-1)(m-2)}{2.3}T^{m-3}U^3A\sqrt{A} + \dots.$$

Donc

$$t = T^m + \frac{m(m-1)}{2}\,AT^{m-2}U^2 + \frac{m(m-1)(m-2)(m-3)}{2.3.4}\,A^2T^{m-4}U^4 + \dots,$$

$$u = m\,T^{m-1}U + \frac{m(m-1)(m-2)}{2.3}\,AT^{m-3}U^3 + \frac{m(m-1)(m-2)(m-3)(m-4)}{2.3.4.5}\,A^2T^{m-5}U^5 + \dots,$$

où l'on pourra prendre pour m des nombres quelconques entiers positifs.

Il est clair qu'en faisant successivement $m = 1, 2, 3, 4, \dots$, on aura des valeurs de t et u qui iront en augmentant.

Or je vais prouver que l'on aura de cette manière toutes les valeurs possibles de t et u, pourvu que T et U en soient les plus petites. Pour cela il suffit de prouver qu'entre les valeurs de t et u qui répondent à un nombre quelconque m, et celles qui répondraient au nombre suivant $m + 1$, il est impossible qu'il se trouve des valeurs intermédiaires qui puissent satisfaire à l'équation

$$t^2 - Au^2 = 1.$$

Prenons, par exemple, les valeurs t_3, u_3, qui résultent de la supposition de $m = 3$, et les valeurs t_4, u_4, qui résultent de la supposition $m = 4$, et soient, s'il est possible, d'autres valeurs intermédiaires θ et υ,

VII.   18

qui satisfassent aussi à l'équation

$$t^2 - A u^2 = 1.$$

Puisque l'on a

$$t_3^2 - A u_3^2 = 1, \quad t_4^2 - A u_4^2 = 1, \quad \theta^2 - A v^2 = 1,$$

on aura

$$\theta^2 - t_3^2 = A(v^2 - u_3^2), \quad \text{et} \quad t_4^2 - \theta^2 = A(u_4^2 - v^2);$$

d'où l'on voit que, si $\theta > t_3$ et $< t_4$, on aura aussi $v > u_3$ et $< u_4$. De plus, on aura aussi ces autres valeurs de t et u, savoir

$$t = \theta t_4 - A v u_4, \quad u = \theta u_4 - v t_4,$$

qui satisferont à la même équation

$$t^2 - A u^2 = 1;$$

car, en les y substituant, on aurait

$$(\theta t_4 - A v u_4)^2 - A(v t_4 - \theta u_4)^2 = (\theta^2 - A v^2)(t_4^2 - A u_4^2) = 1,$$

équation identique à cause de (hyp.)

$$\theta^2 - A v^2 = 1, \quad t_4^2 - A u_4^2 = 1.$$

Or ces deux dernières équations donnent

$$\theta - v\sqrt{A} = \frac{1}{\theta + v\sqrt{A}}, \quad t_4 - u_4\sqrt{A} = \frac{1}{t_4 + u_4\sqrt{A}};$$

donc, mettant dans l'expression de $u = \theta u_4 - v t_4$, à la place de θ, $v\sqrt{A} + \dfrac{1}{\theta + v\sqrt{A}}$, et à la place de t_4, $u_4\sqrt{A} + \dfrac{1}{t_4 + u_4\sqrt{A}}$, on aura

$$u = \frac{u_4}{\theta + v\sqrt{A}} - \frac{v}{t_4 + u_4\sqrt{A}};$$

de même, si l'on considère la quantité $t_3 u_4 - u_3 t_4$, elle pourra aussi, à cause de $t_3^2 - A u_3^2 = 1$, se mettre sous la forme

$$\frac{u_4}{t_3 + u_3\sqrt{A}} - \frac{u_3}{t_4 + u_4\sqrt{A}}.$$

Or, il est facile de voir que la quantité précédente doit être plus petite que celle-ci, à cause de $\theta > t_3$ et $v > u_3$; donc on aura une valeur de u, qui sera moindre que la quantité $t_3 u_4 - u_3 t_4$; mais cette quantité est égale à U; car

$$t_3 = \frac{(T + U\sqrt{A})^3 + (T - U\sqrt{A})^3}{2},$$

$$t_4 = \frac{(T + U\sqrt{A})^4 + (T - U\sqrt{A})^4}{2},$$

$$u_3 = \frac{(T + U\sqrt{A})^3 - (T - U\sqrt{A})^3}{2\sqrt{A}},$$

$$u_4 = \frac{(T + U\sqrt{A})^4 - (T - U\sqrt{A})^4}{2\sqrt{A}},$$

d'où

$$t_3 u_4 - t_4 u_3 = \frac{(T - U\sqrt{A})^3 (T + U\sqrt{A})^4 - (T - U\sqrt{A})^4 (T + U\sqrt{A})^3}{2\sqrt{A}};$$

de plus,

$$(T - U\sqrt{A})^3 (T + U\sqrt{A})^3 = (T^2 - AU^2)^3 = 1,$$

puisque $T^2 - AU^2 = 1$ (hyp.); donc

$$(T - U\sqrt{A})^3 (T + U\sqrt{A})^4 = T + U\sqrt{A},$$

$$(T - U\sqrt{A})^4 (T + U\sqrt{A})^3 = T - U\sqrt{A},$$

de sorte que la valeur de $t_3 u_4 - u_3 t_4$ se réduira à

$$\frac{2U\sqrt{A}}{2\sqrt{A}} = U.$$

Il s'ensuivrait donc de là qu'on aurait une valeur de $u < U$, ce qui est contre l'hypothèse, puisque U est supposé la plus petite valeur possible de u; donc il ne saurait y avoir des valeurs de t et u intermédiaires entre celles-ci t_3, t_4 et u_3, u_4. Et comme ce raisonnement peut s'appliquer en général à toutes valeurs de t et u qui résulteraient des formules ci-dessus, en y faisant m égal à un nombre entier quelconque, on en peut conclure

18.

que ces formules renferment effectivement toutes les valeurs possibles de t et u.

Au reste, il est inutile de remarquer que les valeurs de t et de u peuvent être également positives ou négatives; car cela est visible par l'équation même

$$t^2 - A u^2 = 1.$$

De la manière de trouver toutes les solutions possibles, en nombres entiers, des équations indéterminées du second degré à deux inconnues.

76. Les méthodes que nous venons d'exposer suffisent pour la résolution complète des équations de la forme

$$A y^2 + B = x^2;$$

mais il peut arriver qu'on ait à résoudre des équations du second degré d'une forme plus composée : c'est pourquoi nous croyons devoir montrer comment il faudra s'y prendre.

Soit proposée l'équation

$$a r^2 + b r s + c s^2 + d r + e s + f = 0,$$

où a, b, c, d, e, f soient des nombres entiers donnés, et où r et s soient deux inconnues qui doivent être aussi des nombres entiers.

J'aurai d'abord, par la résolution ordinaire,

$$2 a r + b s + d = \sqrt{(b s + d)^2 - 4 a (c s^2 + e s + f)};$$

d'où l'on voit que la difficulté se réduit à faire en sorte que

$$(b s + d)^2 - 4 a (c s^2 + e s + f)$$

soit un carré.

Supposons, pour plus de simplicité,

$$b^2 - 4 a c = A, \quad b d - 2 a e = g, \quad d^2 - 4 a f = h,$$

et il faudra que $A s^2 + 2 g s + h$ soit un carré; supposons ce carré $= y^2$, en sorte que l'on ait l'équation

$$As^2 + 2gs + h = y^2;$$

et, tirant la valeur de s, on aura

$$As + g = \sqrt{Ay^2 + g^2 - Ah},$$

de sorte qu'il ne s'agira plus que de rendre carrée la formule

$$Ay^2 + g^2 - Ah.$$

Donc, si l'on fait encore
$$g^2 - Ah = B,$$

on aura à rendre rationnel le radical

$$\sqrt{Ay^2 + B};$$

c'est à quoi on parviendra par les méthodes données.

Soit $\sqrt{Ay^2 + B} = x$, en sorte que l'équation à résoudre soit

$$Ay^2 + B = x^2;$$

on aura donc
$$As + g = \pm x;$$

d'ailleurs on a déjà
$$2ar + bs + d = \pm y.$$

Ainsi, dès qu'on aura trouvé les valeurs de x et y, on aura celles de r et s par les deux équations

$$s = \frac{\pm x - g}{A}, \quad r = \frac{\pm y - d - bs}{2a}.$$

Or, comme r et s doivent être des nombres entiers, il est visible qu'il faudra : 1° que x et y soient des nombres entiers aussi; 2° que $\pm x - g$ soit divisible par A, et qu'ensuite $\pm y - d - bs$ le soit par $2a$. Ainsi, après avoir trouvé toutes les valeurs possibles de x et y en nombres entiers, il restera encore à trouver parmi ces valeurs celles qui pourront rendre r et s des nombres entiers.

Si A est un nombre négatif ou un nombre positif carré, nous avons vu que le nombre des solutions possibles en nombres entiers est toujours limité, de sorte que dans ces cas il n'y aura qu'à essayer successivement pour x et y les valeurs trouvées; et, si l'on n'en rencontre aucune qui donne pour r et s des nombres entiers, on en conclura que l'équation proposée n'admet point de solution de cette espèce.

La difficulté ne tombe donc que sur le cas où A est un nombre positif non carré, cas dans lequel on a vu que le nombre des solutions possibles en entiers peut être infini; comme l'on aurait alors un nombre infini de valeurs à essayer, on ne pourrait jamais bien juger de la résolubilité de l'équation proposée, à moins d'avoir une règle qui réduise le tâtonnement entre certaines limites : c'est ce que nous allons rechercher.

77. Puisqu'on a $(\text{n}^\circ\ 65)$

$$x = ny - Bz,$$

et $(\text{n}^\circ\ 72)$

$$y = pt - (Bq - np)u,$$
$$z = qt + (Cp - nq)u,$$

il est facile de voir que les expressions générales de r et s seront de cette forme

$$r = \frac{\alpha t + \beta u + \gamma}{\delta}, \quad s = \frac{\alpha_1 t + \beta_1 u + \gamma_1}{\delta_1},$$

α, β, γ, δ; α_1, β_1, γ_1, δ_1 étant des nombres entiers connus, et t, u étant donnés par les formules du $\text{n}^\circ\ 75$, dans lesquelles l'exposant m peut être un nombre entier positif quelconque. Ainsi la question se réduit à trouver quelle valeur on doit donner à m, pour que les valeurs de r et s soient des nombres entiers.

78. Je remarque d'abord qu'il est toujours possible de trouver une valeur de u qui soit divisible par un nombre quelconque donné Δ; car, supposant $u = \Delta\omega$, l'équation

$$t^2 - Au^2 = 1$$

deviendra

$$t^2 - A \Delta^2 \omega^2 = 1,$$

laquelle est toujours résoluble en nombres entiers; et l'on trouvera les plus petites valeurs de t et ω en faisant le même calcul qu'auparavant, mais en prenant $A\Delta^2$ à la place de A. Or, comme ces valeurs satisfont aussi à l'équation

$$t^2 - A u^2 = 1,$$

elles seront nécessairement renfermées dans les formules du n° 75. Ainsi il y aura nécessairement une valeur de m qui rendra l'expression de u divisible par Δ.

Qu'on dénote cette valeur de m par μ, et je dis que si, dans les expressions générales de t et u du numéro cité, on fait $m = 2\mu$, la valeur de u sera divisible par Δ, et celle de t étant divisée par Δ donnera 1 pour reste.

Car, si l'on désigne par T_1 et U_1 les valeurs de t et u où $m = \mu$, et par T_2 et U_2 celles où $m = 2\mu$, on aura (n° 75)

$$T_1 \pm U_1 \sqrt{A} = (T \pm U \sqrt{A})^\mu,$$
$$T_2 \pm U_2 \sqrt{A} = (T \pm U \sqrt{A})^{2\mu};$$

donc

$$(T_1 \pm U_1 \sqrt{A})^2 = T_2 \pm U_2 \sqrt{A},$$

c'est-à-dire, en comparant la partie rationnelle du premier membre avec la rationnelle du second, et l'irrationnelle avec l'irrationnelle,

$$T_2 = T_1^2 + A U_1^2, \quad U_2 = 2 T_1 U_1;$$

donc, puisque U_1 est divisible par Δ, U_2 le sera aussi, et T_2 laissera le même reste que laisserait T_1^2; mais on a $T_1^2 - A U_1^2 = 1$ (hyp.): donc $T_1^2 - 1$ doit être divisible par Δ et même par Δ^2, puisque U_1^2 l'est déjà; donc T_1^2 et par conséquent aussi T_2, étant divisés par Δ, laisseront le reste 1.

Maintenant je dis que les valeurs de t et u qui répondent à un exposant quelconque m, étant divisées par Δ, laisseront les mêmes restes que les valeurs de t et u qui répondraient à l'exposant $m + 2\mu$; car, désignant ces dernières par θ et v, on aura

$$t \pm u \sqrt{\mathrm{A}} = (\mathrm{T} \pm \mathrm{U} \sqrt{\mathrm{A}})^m,$$

$$\theta \pm v \sqrt{\mathrm{A}} = (\mathrm{T} \pm \mathrm{U} \sqrt{\mathrm{A}})^{m+2\mu};$$

donc

$$\theta \pm v \sqrt{\mathrm{A}} = (t \pm u \sqrt{\mathrm{A}})(\mathrm{T} \pm \mathrm{U} \sqrt{\mathrm{A}})^{2\mu}.$$

Mais nous venons de trouver ci-dessus

$$\mathrm{T}_2 \pm \mathrm{U}_2 \sqrt{\mathrm{A}} = (\mathrm{T} \pm \mathrm{U} \sqrt{\mathrm{A}})^{2\mu};$$

donc on aura

$$\theta \pm v \sqrt{\mathrm{A}} = (t \pm u \sqrt{\mathrm{A}})(\mathrm{T}_2 \pm \mathrm{U}_2 \sqrt{\mathrm{A}}),$$

d'où l'on tire, en faisant la multiplication et comparant ensuite les parties rationnelles ensemble et les irrationnelles ensemble,

$$\theta = t\,\mathrm{T}_2 + \mathrm{A}\,u\,\mathrm{U}_2, \quad v = t\,\mathrm{U}_2 + u\,\mathrm{T}_2.$$

Or U_2 est divisible par Δ, et T_2 laisse le reste 1; donc θ laissera le même reste que t, et v le même reste que u.

Donc, en général, les restes des valeurs de t et u répondant aux exposants $m + 2\mu$, $m + 4\mu$, $m + 6\mu$,... seront les mêmes que ceux des valeurs qui répondent à l'exposant quelconque m.

De là on peut donc conclure que, si l'on veut avoir les restes provenant de la division des termes t_1, t_2, t_3,... et u_1, u_2, u_3,... qui répondent à $m = 1, 2, 3,...$ par le nombre Δ, il suffira de trouver ces restes jusqu'aux termes $t_{2\mu}$ et $u_{2\mu}$ inclusivement; car, après ces termes, les mêmes restes reviendront dans le même ordre, et ainsi de suite à l'infini.

Quant aux termes $t_{2\mu}$ et $u_{2\mu}$, auxquels on pourra s'arrêter, ce seront ceux dont l'un $u_{2\mu}$ sera exactement divisible par Δ, et dont l'autre $t_{2\mu}$ laissera l'unité pour reste; ainsi il n'y aura qu'à pousser les divisions jusqu'à ce qu'on parvienne aux restes 1 et 0; alors on sera assuré que les termes suivants redonneront toujours les mêmes restes que l'on a déjà trouvés.

On pourrait aussi trouver l'exposant 2μ *a priori;* car il n'y aurait qu'à faire le calcul indiqué dans le n° 71, 2°, premièrement pour le nombre A, et ensuite pour le nombre $A\Delta^2$; et, si l'on nomme ϖ le numéro du terme de la série P_1, P_2, P_3,... qui, dans le premier cas, sera $= 1$, et ρ le numéro du terme qui sera $= 1$ dans le second cas, on n'aura qu'à chercher le plus petit multiple de ϖ et de ρ, lequel, étant divisé par ϖ, donnera la valeur cherchée de μ.

Ainsi, si l'on a, par exemple, $A = 6$ et $\Delta = 3$, on trouvera dans la Table du n° 41, pour le radical $\sqrt{6}$,

$$P_0 = 1, \quad P_1 = -2, \quad P_2 = 1;$$

donc $\varpi = 2$; ensuite on trouvera dans la même Table, pour le radical $\sqrt{6.9} = \sqrt{54}$,

$$P_0 = 1, \quad P_1 = -5, \quad P_2 = 9, \quad P_3 = -2, \quad P_4 = 9, \quad P_5 = -5, \quad P_6 = 1;$$

donc $\rho = 6$; or le plus petit multiple de 2 et 6 est 6, qui, étant divisé par 2, donne 3 pour quotient, de sorte qu'on aura ici $\mu = 3$ et $2\mu = 6$.

Donc, pour avoir dans ce cas tous les restes de la division des termes t_1, t_2, t_3,... et u_1, u_2, u_3,... par 3, il suffira de chercher ceux des six premiers termes de l'une et de l'autre série; car les termes suivants redonneront toujours les mêmes restes, c'est-à-dire que les septièmes termes donneront les mêmes restes que les premiers, les huitièmes les mêmes restes que les seconds, et ainsi de suite à l'infini.

Au reste, il peut arriver quelquefois que les termes t_μ et u_μ aient les mêmes propriétés que les termes $t_{2\mu}$ et $u_{2\mu}$, c'est-à-dire que u_μ soit divisible par Δ, et que t_μ laisse l'unité pour reste. Dans ces cas on pourra s'arrêter à ces mêmes termes; car les restes des termes suivants $t_{\mu+1}$, $t_{\mu+2}$,..., $u_{\mu+1}$, $u_{\mu+2}$,... seront les mêmes que ceux des termes t_1, t_2,..., u_1, u_2,..., et ainsi des autres.

En général, nous désignerons par M la plus petite valeur de l'exposant m, qui rendra $t - 1$ et u divisibles par Δ.

VII.   19

79. Supposons maintenant que l'on ait une expression quelconque composée de t et u et de nombres entiers donnés, de manière qu'elle représente toujours des nombres entiers, et qu'il s'agisse de trouver les valeurs qu'il faudrait donner à l'exposant m, pour que cette expression devienne divisible par un nombre quelconque donné Δ; il n'y aura qu'à faire successivement $m = 1, 2, 3,\dots$ jusqu'à M; et, si aucune de ces suppositions ne rend l'expression proposée divisible par Δ, on en conclura hardiment qu'elle ne peut jamais le devenir, quelques valeurs qu'on donne à m.

Mais, si l'on trouve de cette manière une ou plusieurs valeurs de m qui rendent la proposée divisible par Δ, alors nommant N chacune de ces valeurs, toutes les valeurs possibles de m qui pourront faire le même effet seront

$$N, \quad N + M, \quad N + 2M, \quad N + 3M, \quad \dots,$$

et, en général,

$$N + \lambda M,$$

λ étant un nombre entier quelconque.

De même, si l'on avait une autre expression composée de même de t, u et de nombres entiers donnés, laquelle dût être en même temps divisible par un autre nombre quelconque donné Δ_1, on chercherait pareillement les valeurs convenables de M et de N, que nous désignerons ici par M_1 et N_1, et toutes les valeurs de l'exposant m qui pourront satisfaire à la condition proposée seront renfermées dans la formule

$$N_1 + \lambda_1 M_1,$$

λ_1 étant un nombre quelconque entier. Ainsi il n'y aura plus qu'à chercher les valeurs qu'on doit donner aux nombres entiers λ et λ_1, pour que l'on ait

$$N + \lambda M = N_1 + \lambda_1 M_1,$$

savoir

$$M\lambda - M_1\lambda_1 = N_1 - N,$$

équation résoluble par la méthode du n° 42.

Il est maintenant aisé de faire l'application de ce que nous venons de dire au cas du n° **77**, où les expressions proposées sont de la forme

$$\alpha t + \beta u + \gamma, \quad \alpha_i t + \beta_i u + \gamma_i,$$

et les diviseurs sont δ et δ_i.

Il faudra seulement se souvenir de prendre les nombres t et u successivement en plus et en moins, pour avoir tous les cas possibles.

EXEMPLE I.

80. *Soit proposé de rendre rationnelle cette quantité*

$$\sqrt{30 + 62s - 7s^2},$$

en ne prenant pour s que des ·nombres entiers.

On aura donc à résoudre cette équation

$$30 + 62s - 7s^2 = y^2,$$

laquelle, étant multipliée par 7, peut se mettre sous cette forme

$$7 \cdot 30 + (31)^2 - (7s - 31)^2 = 7y^2,$$

ou bien, en faisant $7s - 31 = x$ et transposant,

$$x^2 = 1171 - 7y^2, \quad \text{ou} \quad x^2 + 7y^2 = 1171.$$

Cette équation est donc maintenant dans le cas du n° **64**, de sorte qu'on aura $A = -7$ et $B = 1171$; d'où l'on voit d'abord que y et B doivent être premiers entre eux, puisque ce dernier nombre ne renferme aucun facteur carré.

On fera, suivant la méthode du n° **65**,

$$x = ny - 1171z,$$

et il faudra, pour que l'équation soit résoluble, que l'on puisse trouver pour n un nombre entier, positif ou négatif, non $> \dfrac{B}{2}$, c'est-à-dire non > 586, tel que $n^2 - A$ ou $n^2 + 7$ soit divisible par B ou par 1171.

19.

Je trouve $n = \pm 321$, ce qui donne $n^2 + 7 = 1171.88$; ainsi je substitue dans l'équation précédente $\pm 321 y - 1171 z$ à la place de x, moyennant quoi elle se trouve toute divisible par 1171, et la division faite, elle devient

$$88 y^2 \mp 642 yz + 1171 z^2 = 1.$$

Pour résoudre cette équation je vais faire usage de la seconde méthode exposée dans le n° **70**, parce qu'elle est en effet plus simple et plus commode que la première. Or, comme le coefficient de y^2 est plus petit que celui de z^2, j'aurai ici $D = 1171$, $D_1 = 88$ et $n = \pm 321$; donc, retenant pour plus de simplicité la lettre y à la place de θ, et mettant y_1 à la place de z, je ferai le calcul suivant, où je supposerai d'abord $n = 321$:

$$m = \frac{321}{88} = 4, \qquad n_1 = 321 - 4.88 = -31,$$

$$m_1 = \frac{-31}{11} = -3, \qquad n_2 = -31 + 3.11 = 2,$$

$$m_2 = \frac{2}{1} = 2, \qquad n_3 = 2 - 2.1 = 0,$$

$$D_2 = \frac{31^2 + 7}{88} = 11, \qquad y = 4 y_1 + y_2,$$

$$D_3 = \frac{4 + 7}{11} = 1, \qquad y_1 = -3 y_2 + y_3,$$

$$D_4 = \frac{7}{1} = 7, \qquad y_2 = 2 y_3 + y_4.$$

Puisque $n_3 = 0$ et par conséquent $< \dfrac{D_3}{2}$ et $< \dfrac{D_4}{2}$, on s'arrêtera ici et l'on fera

$$D_3 = M = 1, \quad D_4 = L = 7, \quad n_3 = 0 = N, \quad \text{et} \quad y_3 = \xi, \quad y_4 = \psi,$$

à cause que D_3 est $< D_4$.

Maintenant je remarque que, A étant $= -7$, et par conséquent négatif, il faut, pour la résolubilité de l'équation, que l'on ait $M = 1$; c'est ce que l'on vient de trouver, de sorte qu'on en peut conclure d'abord que la résolution est possible. On supposera donc $\xi = y_3 = 0$, $\psi = y_4 = \pm 1$; et l'on aura, par les formules ci-dessus,

$$y_2 = \pm 1, \quad y_1 = \mp 3 = z, \quad y = \mp 12 \pm 1 = \mp 11,$$

les signes ambigus étant à volonté. Donc

$$x = 321 y - 1171 z = \mp 18,$$

et conséquemment

$$s = \frac{x + 31}{7} = \frac{31 \mp 18}{7} = \frac{13}{7}, \quad \text{ou} \quad = \frac{49}{7} = 7.$$

Or, comme on exige que la valeur de s soit égale à un nombre entier, on ne pourra prendre que $s = 7$.

Il est remarquable que l'autre valeur de s, savoir $\frac{13}{7}$, quoique fractionnaire, donne néanmoins un nombre entier pour la valeur du radical $\sqrt{30 + 62 s - 7 s^2}$, et le même nombre 11 que donne la valeur $s = 7$; de sorte que ces deux valeurs de s seront les racines de l'équation

$$30 + 62 s - 7 s^2 = 121.$$

Nous avons supposé ci-dessus $n = 321$; or on peut faire également $n = -321$; mais il est facile de voir d'avance que tout le changement qui en résultera dans les formules précédentes, c'est que les valeurs de m, m_1, m_2 et de n_1, n_2 changeront de signe; moyennant quoi les valeurs de y_1 et de y deviendront aussi de différents signes, ce qui ne donnera aucun nouveau résultat, puisque ces valeurs ont déjà d'elles-mêmes le signe ambigu $\pm$.

Il en sera de même dans tous les autres cas, de sorte qu'on pourra toujours se dispenser de prendre successivement la valeur de n en plus et en moins.

La valeur $s = 7$, que nous venons de trouver, résulte de la valeur de $n = \pm 321$; on pourrait trouver d'autres valeurs de s, si l'on trouvait d'autres valeurs de n qui eussent la condition requise; mais, comme le diviseur $B = 1171$ est un nombre premier, il ne saurait y avoir d'autres valeurs de n de la même qualité, comme nous l'avons démontré ailleurs [*Mémoires de Berlin* pour l'année 1767, page 194 (*)], d'où il faut conclure que le nombre 7 est le seul qui puisse satisfaire à la question.

J'avoue, au reste, qu'on peut résoudre le Problème précédent avec plus de facilité par le simple tâtonnement; car, dès qu'on est parvenu à l'équation

$$x^2 = 1171 - 7y^2,$$

il n'y aura qu'à essayer pour y tous les nombres entiers dont les carrés multipliés par 7 ne surpasseront pas 1171, c'est-à-dire tous les nombres

$$< \sqrt{\frac{1171}{7}} < 13.$$

Il en est de même de toutes les équations où A est un nombre négatif; car, dès qu'on est arrivé à l'équation

$$x^2 = B + Ay^2,$$

ou, en faisant $A = -a$,

$$x^2 = B - ay^2,$$

il est clair que les valeurs satisfaisantes de y, s'il y en a, ne pourront se trouver que parmi les nombres $< \sqrt{\dfrac{B}{a}}$. Aussi n'ai-je donné des méthodes particulières, pour le cas de A négatif, que parce que ces méthodes ont une liaison intime avec celles qui concernent le cas de A positif, et que toutes ces méthodes, étant ainsi rapprochées les unes des autres, peuvent se prêter un jour mutuel et acquérir un plus grand degré d'évidence.

Exemple II.

81. Donnons maintenant quelques Exemples pour le cas de A positif, et *soit proposé de trouver tous les nombres entiers qu'on pourra prendre pour y, en sorte que la quantité radicale*

$$\sqrt{13y^2 + 101}$$

devienne rationnelle.

(*) *OEuvres de Lagrange*, t. II, p. 377.

On aura ici, n° 64, $A = 13$, $B = 101$, et l'équation à résoudre en entiers sera

$$x^2 - 13 y^2 = 101,$$

dans laquelle, à cause que 101 n'est divisible par aucun carré, y sera nécessairement premier à 101.

On fera donc (n° 65)

$$x = ny - 101 z,$$

et il faudra que $n^2 - 13$ soit divisible par 101, en prenant $n < \dfrac{101}{2} < 51$.

Je trouve $n = 35$, ce qui donne

$$n^2 = 1225, \quad \text{et} \quad n^2 - 13 = 1212 = 101.12;$$

ainsi l'on pourra prendre $n = \pm 35$, et substituant, au lieu de x, $\pm 35y - 101z$, on aura une équation toute divisible par 101, qui, la division faite, sera

$$12 y^2 \mp 70 yz + 101 z^2 = 1.$$

Employons encore, pour résoudre cette équation, la méthode du n° **70**; faisons $D_1 = 12$, $D = 101$, $n = \pm 35$; mais, au lieu de la lettre θ, nous conserverons la lettre y, et nous changerons seulement z en y_1, comme dans l'exemple précédent.

Soit : 1° $n = 35$; on fera le calcul suivant :

$$m = \frac{35}{12} = 3, \quad n_1 = 35 - 3.12 = -1, \quad D_1 = \frac{1 - 13}{12} = -1, \quad y = 3y_1 + y_2,$$

$$m_1 = \frac{-1}{-1} = 1, \quad n_2 = -1 + 1 = 0, \quad D_3 = \frac{-13}{-1} = 13, \quad y_1 = y_2 + y_3.$$

Comme $n_2 = 0$ et conséquemment $< \dfrac{D_2}{2}$ et $< \dfrac{D_3}{2}$, on s'arrêtera ici et l'on aura la transformée

$$D_3 y_2^2 - 2 n_2 y_2 y_3 + D_2 y_3^2 = 1,$$

ou bien

$$13 y_2^2 - y_3^2 = 1,$$

laquelle, étant réduite à cette forme

$$y_3^2 - 13y_2^2 = -1,$$

sera susceptible de la méthode du n°. 71, 2°; et, comme A = 13 est
< 120, on pourra faire usage de la Table du n° 41.

Ainsi il n'y aura qu'à voir si, dans la série supérieure des nombres
qui répondent à $\sqrt{13}$, il se trouve le nombre 1 dans une place paire; car
il faut, pour que l'équation précédente soit résoluble, que dans la série
P_0, P_1, P_2,... il se trouve un terme $= -1$; mais on a $P_0 = 1$, $-P_1 = 4$,
$P_2 = 3$,...; donc, etc. Or, dans la série 1, 4, 3, 3, 4, 1,..., on trouve
justement 1 à la sixième place, en sorte que $P_5 = -1$; donc on aura
une solution de l'équation proposée, en prenant $y_3 = p_5$, et $y_2 = q_5$,
les nombres p_5, q_5 étant calculés d'après les formules du n° 25, en donnant à μ., μ_1, μ_2,... les valeurs 3, 1, 1, 1, 1, 6,... qui forment la série
inférieure des nombres répondant à $\sqrt{13}$ dans la même Table.

On aura donc

$$\begin{aligned}
p_0 &= 1, & q_0 &= 0, \\
p_1 &= 3, & q_1 &= 1, \\
p_2 &= p_1 + p_0 = 4, & q_2 &= 1, \\
p_3 &= p_2 + p_1 = 7, & q_3 &= q_2 + q_1 = 2, \\
p_4 &= p_3 + p_2 = 11, & q_4 &= q_3 + q_1 = 3, \\
p_5 &= p_4 + p_3 = 18, & q_5 &= q_4 + q_3 = 5.
\end{aligned}$$

Donc $y_3 = 18$ et $y_2 = 5$; donc

$$y_1 = y_2 + y_3 = 23, \quad \text{et} \quad y = 3y_1 + y_2 = 74.$$

Nous avons supposé ci-dessus $n = 35$, mais on peut aussi prendre
$n = -35$.

Soit donc : 2° $n = -35$; on fera

$$m = \frac{-35}{12} = -3, \quad n_1 = -35 + 3.12 = 1, \quad D_1 = \frac{1-13}{12} = -1, \quad y = -3y_1 + y_2,$$

$$m_1 = \frac{1}{-1} = -1, \quad n_2 = 1 - 1 = 0, \quad D_2 = \frac{-13}{-1} = 13, \quad y_1 = -y_2 + y_3;$$

ainsi l'on aura les mêmes valeurs de D_2, D_3 et n_2 qu'auparavant, de sorte que la transformée en y_2 et y_3 sera aussi la même.

On aura donc aussi $y_3 = 18$, et $y_2 = 5$; donc

$$y_1 = -y_2 + y_3 = 13, \quad \text{et} \quad y = -3y_1 + y_2 = -34.$$

Nous avons donc trouvé deux valeurs de y avec les valeurs correspondantes de y_1 ou z, et ces valeurs résultent de la supposition de $n = \pm 35$; or, comme on ne peut trouver aucune autre valeur de n qui ait les conditions requises, il s'ensuit que les valeurs précédentes seront les seules valeurs *primitives* que l'on puisse avoir; mais on pourra ensuite en trouver une infinité de *dérivées* par la méthode du n° **72**.

Prenant donc ces valeurs de y et z pour p et q, on aura, en général (numéro cité),

$$y = 74t - (101.23 - 35.74)u = 74t + 267u,$$
$$z = 23t + (12.74 - 35.23)u = 23t + 83u,$$

ou

$$y = -34t - (101.13 - 35.34)u = -34t - 123u,$$
$$z = 13t + (-12.34 + 35.13)u = 13t + 47u,$$

et il n'y aura plus qu'à tirer les valeurs de t et u de l'équation

$$t^2 - 13u^2 = 1.$$

Or ces valeurs se trouvent déjà toutes calculées dans la Table qui est à la fin du Chapitre VII du Traité précédent; on aura donc sur-le-champ $t = 649$ et $u = 180$; de sorte que, prenant ces valeurs pour T et U dans les formules du n° **75**, on aura en général

$$t = \frac{(649 + 180\sqrt{13})^m + (649 - 180\sqrt{13})^m}{2},$$

$$u = \frac{(649 + 180\sqrt{13})^m - (649 - 180\sqrt{13})^m}{2\sqrt{13}},$$

où l'on pourra donner à m telle valeur qu'on voudra, pourvu qu'on ne prenne que des nombres entiers positifs.

Or, comme les valeurs de t et u peuvent être prises tant en plus qu'en moins, les valeurs de y qui peuvent satisfaire à la question seront toutes renfermées dans ces deux formules

$$y = \pm\, 74\, t \pm 267\, u,$$
$$y = \pm\, 34\, t \pm 123\, u,$$

les signes ambigus étant à volonté.

Si l'on fait $m = 0$, on aura $t = 1$ et $u = 0$; donc

$$r = \pm\, 74, \quad \text{ou} \quad = \pm\, 34,$$

et cette dernière valeur sera la plus petite qui puisse résoudre le Problème.

Nous avons déjà résolu ce même Problème dans les *Mémoires de Berlin* pour l'année 1768, page 243 (*); mais, comme nous y avons fait usage d'une méthode un peu différente de la précédente, et qui revient au même pour le fond que la première méthode du n° 66 ci-dessus, nous avons cru devoir le redonner ici, pour que la comparaison des résultats, qui sont les mêmes par l'une et l'autre méthode, puisse leur servir de confirmation, s'il en est besoin.

Exemple III.

82. *Soit proposé encore de trouver des nombres entiers qui, étant pris pour y, rendent rationnelle la quantité*

$$\sqrt{79 y^2 + 101}.$$

On aura donc à résoudre en entiers l'équation

$$x^2 - 79 y^2 = 101,$$

dans laquelle y sera premier à 101, puisque ce nombre ne renferme aucun facteur carré.

(*) *OEuvres de Lagrange*, t. II, p. 719.

Qu'on suppose donc

$$x = ny - 101\,z,$$

et il faudra que $n^2 - 79$ soit divisible par 101, en prenant $n < \dfrac{101}{2} < 51$; on trouve $n = 33$, ce qui donne

$$n^2 - 79 = 1010 = 101 . 10.$$

Ainsi l'on pourra prendre $n = \pm 33$, et ces valeurs seront les seules qui aient la condition requise.

Substituant donc $\pm 33y - 101z$ à la place de x, et divisant toute l'équation par 101, on aura cette transformée

$$10\,y^2 \mp 66\,yz + 101\,z^2 = 1.$$

On fera donc $D_1 = 10$, $D = 101$, $n = \pm 33$, et, prenant d'abord n en plus, on opérera comme dans l'Exemple précédent; on aura ainsi

$$m = \frac{33}{10} = 3, \quad n_1 = 33 - 3 . 10 = 3, \quad D_2 = \frac{9 - 79}{10} = -7, \quad y = 3\,y_1 + y_2.$$

Or, comme $n_1 = 3$ est déjà $< \dfrac{D_1}{2}$ et $< \dfrac{D_2}{2}$, il ne sera pas nécessaire d'aller plus loin; ainsi l'on aura la transformée

$$-7\,y_1^2 - 6\,y_1 y_2 + 10\,y_2^2 = 1,$$

laquelle, étant multipliée par -7, pourra se mettre sous cette forme

$$(7\,y_1 + 3\,y_2)^2 - 79\,y_2^2 = -7.$$

Puisque donc 7 est $< \sqrt{79}$, si cette équation est résoluble, il faudra que le nombre 7 se trouve parmi les termes de la série supérieure des nombres qui répondent à $\sqrt{79}$ dans la Table du n° 41, et même que ce nombre 7 y occupe une place paire, puisqu'il a le signe —. Mais la série dont il s'agit ne renferme que les nombres 1, 15, 2, qui reviennent toujours; donc on doit conclure sur-le-champ que la dernière équation n'est pas résoluble, et qu'ainsi la proposée ne l'est pas, au moins, d'après la valeur de $n = 33$.

20.

Il ne reste donc qu'à essayer l'autre valeur $n = -33$, laquelle donnera

$$m = \frac{-33}{10} = -3, \; n_1 = -33 + 3.10 = -3, \; D_2 = \frac{9-79}{10} = -7, \; y = -3y_1 + y_2,$$

de sorte qu'on aura cette autre transformée,

$$-7y_1^2 + 6y_1y_2 + 10y_2^2 = 1,$$

laquelle se réduit à la forme

$$(7y_1 - 3y_2)^2 - 79y_2^2 = -7,$$

qui est semblable à la précédente; d'où je conclus que l'équation proposée n'admet absolument aucune solution en nombres entiers.

Remarque.

83. Euler, dans un excellent Mémoire imprimé dans le tome IX des *nouveaux Commentaires de Pétersbourg*, trouve par induction cette règle, pour juger de la résolubilité de toute équation de la forme

$$x^2 - Ay^2 = B,$$

lorsque B est un nombre premier; c'est que l'équation doit être possible toutes les fois que B sera de la forme $4An + r^2$, ou $4An + r^2 - A$; mais l'Exemple précédent met cette règle en défaut; car 101 est un nombre premier de la forme $4An + r^2 - A$, en faisant $A = 79$, $n = -4$ et $r = 38$; cependant l'équation

$$x^2 - 79y^2 = 101$$

n'admet aucune solution en nombres entiers.

Si la règle précédente était vraie, il s'ensuivrait que, si l'équation

$$x^2 - Ay^2 = B$$

est possible lorsque B a une valeur quelconque b, elle le serait aussi en prenant $B = 4An + b$, pourvu que B fût un nombre premier. On pourrait limiter cette dernière règle, en exigeant que b fût aussi un nombre premier; mais avec cette limitation même elle se trouverait démentie par l'Exemple précédent, car on a $101 = 4An+b$, en prenant $A = 79$, $n = -2$ et $b = 733$. Or 733 est un nombre premier de la forme $x^2 - 79y^2$, en faisant $x = 38$ et $y = 3$; cependant 101 n'est pas de la même forme $x^2 - 79y^2$.

§ VIII. — *Remarques sur les équations de la forme* $p^2 = Aq^2 + 1$, *et sur la manière ordinaire de les résoudre en nombres entiers.*

84. La méthode du Chapitre VII du Traité précédent, pour résoudre les équations de cette espèce, est la même que celle que Wallis donne dans son *Algèbre* (Chapitre XCVIII), et qu'il attribue à mylord Brouncker; on la trouve aussi dans l'*Algèbre* d'Ozanam, qui en fait honneur à Fermat. Quoi qu'il en soit de l'inventeur de cette méthode, il est au moins certain que Fermat est l'Auteur du Problème qui en fait l'objet; il l'avait proposé comme un défi à tous les géomètres anglais, ainsi qu'on le voit par le *Commercium epistolicum* de Wallis : c'est ce qui donna occasion à mylord Brouncker d'inventer la méthode dont nous parlons; mais il ne paraît pas que cet Auteur ait connu toute l'importance du Problème qu'il avait résolu : on ne trouve même rien sur ce sujet dans les écrits qui nous sont restés de Fermat, ni dans aucun des Ouvrages du siècle passé où l'on traite de l'Analyse indéterminée. Il est bien naturel de croire que Fermat, qui s'était principalement occupé de la Théorie des nombres entiers, sur lesquels il nous a d'ailleurs laissé de très-beaux théorèmes, avait été conduit au Problème dont il s'agit par les recherches qu'il avait faites sur la résolution générale des équations de la forme

$$x^2 = Ay^2 + B,$$

auxquelles se réduisent toutes les équations du second degré à deux inconnues; cependant ce n'est qu'à Euler que nous devons la remarque

que ce Problème est nécessaire pour trouver toutes les solutions possibles de ces sortes d'équations. (*Voir* le Chapitre VI ci-dessus, le tome VI
des *anciens Commentaires de Pétersbourg*, et le tome IX des *nouveaux*.)

La méthode que nous avons suivie pour démontrer cette proposition
est un peu différente de celle d'Euler, mais aussi est-elle, si je ne me
trompe, plus directe et plus générale ; car, d'un côté, la méthode d'Euler
conduit naturellement à des expressions fractionnaires lorsqu'il s'agit
de les éviter, et de l'autre on ne voit pas clairement que les suppositions
qu'on y fait pour faire disparaître les fractions soient les seules qui
puissent avoir lieu. En effet, nous avons fait voir ailleurs qu'il ne suffit
pas toujours de trouver une seule solution de l'équation

$$x^2 = A y^2 + B,$$

pour pouvoir en déduire toutes les autres à l'aide de l'équation

$$p^2 = A q^2 + 1,$$

et qu'il peut y avoir souvent, au moins lorsque B n'est pas un nombre
premier, des valeurs de x et y qui ne sauraient être renfermées dans les
expressions générales d'Euler. [*Voir* le n° 45 de mon *Mémoire sur les
Problèmes indéterminés*, dans les *Mémoires de Berlin*, année 1767 (*).]

Quant à la méthode de résoudre les équations de la forme

$$p^2 = A q^2 + 1,$$

il nous semble que celle du Chapitre VII, quelque ingénieuse qu'elle
soit, est encore assez imparfaite ; car : 1° elle ne fait pas voir que toute
équation de ce genre est toujours résoluble en nombres entiers, lorsque
a est un nombre positif non carré ; 2° il n'est pas démontré qu'elle doive
faire parvenir toujours à la résolution cherchée. Wallis, il est vrai, a
prétendu prouver la première de ces deux propositions ; mais sa démonstration n'est, si j'ose le dire, qu'une simple pétition de principe.
(*Voir* le Chapitre XCIX de son *Algèbre*.) Je crois donc être le premier qui
en ait donné une tout à fait rigoureuse ; elle se trouve dans les *Mé-*

(*) *OEuvres de Lagrange*, t. II, p. 457.

langes de Turin, tome IV (*); mais elle est très-longue et très-indirecte; celle du n° **37** ci-dessus est tirée des vrais principes de la chose, et ne laisse, ce me semble, rien à désirer. Cette méthode nous met aussi en état d'apprécier celle du Chapitre VII, et de reconnaître les inconvénients où l'on pourrait tomber si on la suivait sans aucune précaution; c'est ce que nous allons discuter.

85. De ce que nous avons démontré dans le § II, il s'ensuit que les valeurs de p et q qui satisfont à l'équation $p^2 - Aq^2 = 1$ ne peuvent être que les termes de quelqu'une des fractions principales déduites de la fraction continue qui exprimerait la valeur de $\sqrt{A}$; de sorte que, supposant cette fraction continue représentée ainsi

$$\mu + \cfrac{1}{\mu_1 + \cfrac{1}{\mu_2 + \cfrac{1}{\mu_3 + .}}}$$

on aura nécessairement

$$\frac{p}{q} = \mu + \cfrac{1}{\mu_1 + \cfrac{1}{\mu_2 + . . + \cfrac{1}{\mu_\rho}}},$$

μ_ρ étant un terme quelconque de la série infinie $\mu_1, \mu_2, \ldots$, dont le quantième ρ ne peut se déterminer qu'*a posteriori*.

Il faut remarquer que dans cette fraction continue les nombres μ, $\mu_1, \mu_2, \ldots$ doivent être tous positifs, quoique nous ayons vu dans le n° 3 qu'on peut, en général, dans les fractions continues, rendre les dénominateurs positifs ou négatifs, suivant que l'on prend les valeurs approchées plus petites ou plus grandes que les véritables; mais la méthode du Problème I (n°ˢ **23** et suivants) exige absolument que les valeurs approchées μ, $\mu_1, \mu_2, \ldots$ soient toutes prises en défaut.

(*) *OEuvres de Lagrange*, t. I, p. 671.

86. Maintenant, puisque la fraction $\frac{p}{q}$ est égale à une fraction continue dont les termes sont μ, μ_1, μ_2,..., μ_ρ, il est clair, par le n° 4, que μ sera le quotient de p divisé par q, que μ_1 sera celui de q divisé par le reste, μ_2 celui de ce reste divisé par le second reste, et ainsi de suite; de sorte que, nommant r, s, t,... les restes dont il s'agit, on aura, par la nature de la division,

$$p = \mu q + r, \quad q = \mu_1 r + s, \quad r = \mu_2 s + t, \quad \ldots,$$

où le dernier reste sera nécessairement $= 0$, et l'avant-dernier $= 1$, à cause que p et q sont des nombres premiers entre eux. Ainsi μ sera la valeur entière approchée de $\frac{p}{q}$, μ_1 celle de $\frac{q}{r}$, μ_2 celle de $\frac{r}{s}$, etc., ces valeurs étant toutes prises moindres que les véritables, à l'exception de la dernière μ_ρ, qui sera exactement égale à la fraction correspondante, à cause que le reste suivant est supposé nul.

Or, comme les nombres μ, μ_1, μ_2,..., μ_ρ sont les mêmes pour la fraction continue qui exprime la valeur de $\frac{p}{q}$, et pour celle qui exprime la valeur de $\sqrt{A}$, on peut prendre, jusqu'au terme μ_ρ, $\frac{p}{q} = \sqrt{A}$, c'est-à-dire $p^2 - Aq^2 = 0$. Ainsi on cherchera d'abord la valeur approchée en défaut de $\frac{p}{q}$, c'est-à-dire de $\sqrt{A}$, et ce sera la valeur de μ; ensuite on substituera dans $p^2 - Aq^2 = 0$, à la place de p, sa valeur $\mu q + r$, ce qui donnera

$$(\mu^2 - A) q^2 + 2\mu qr + r^2 = 0,$$

et l'on cherchera de nouveau la valeur approchée en défaut de $\frac{q}{r}$, c'est-à-dire de la racine positive de l'équation

$$(\mu^2 - A) \left(\frac{q}{r}\right)^2 + 2\mu \frac{q}{r} + 1 = 0;$$

et l'on aura la valeur de μ_1.

On continuera à substituer dans la transformée

$$(\mu^2 - A) q^2 + 2\mu qr + r^2 = 0,$$

à la place de q, $\mu_1 r + s$; on aura une équation dont la racine sera $\dfrac{r}{s}$; on prendra la valeur approchée en défaut de cette racine, et l'on aura la valeur de μ_2. On substituera $\mu_2 r + s$ à la place de r, etc.

Supposons maintenant que t soit, par exemple, le dernier reste, qui doit être nul; s sera l'avant-dernier, qui doit être $= 1$; donc, si la transformée en s et t de la formule $p^2 - A q^2$ est

$$P s^2 + Q st + R t^2,$$

il faudra qu'en y faisant $t = 0$ et $s = 1$ elle devienne $= 1$, pour que l'équation proposée $p^2 - A q^2 = 1$ ait lieu; donc P devra être $= 1$. Ainsi il n'y aura qu'à continuer les opérations et les transformations ci-dessus jusqu'à ce que l'on parvienne à une transformée où le coefficient du premier terme soit égal à l'unité; alors on fera dans cette formule la première des deux indéterminées, comme r, égale à 1, et la seconde, comme s, égale à zéro, et en remontant on aura les valeurs convenables de p et q.

On pourrait aussi opérer sur l'équation même $p^2 - A q^2 = 1$, en ayant seulement soin de faire abstraction du terme tout connu 1, et par conséquent aussi des autres termes tout connus qui peuvent résulter de celui-ci, dans la détermination des valeurs approchées μ, μ_1, μ_2,... de $\dfrac{p}{q}, \dfrac{q}{r}, \dfrac{r}{s}, \ldots$; dans ce cas on essayera, à chaque nouvelle transformation, si l'équation transformée peut subsister en y faisant l'une des deux indéterminées $= 1$ et l'autre $= 0$; quand on sera parvenu à une pareille transformée, l'opération sera achevée, et il n'y aura plus qu'à revenir sur ses pas pour avoir les valeurs cherchées de p et de q.

Nous voilà donc conduits à la méthode du Chapitre VII. A examiner cette méthode en elle-même et indépendamment des principes d'où nous venons de la déduire, il doit paraître assez indifférent de prendre les valeurs approchées de μ, μ_1, μ_2,... plus petites ou plus grandes que les véritables, d'autant que, de quelque manière qu'on prenne ces valeurs, celles de r, s, t,... doivent aller également en diminuant jusqu'à zéro (n° **6**).

VII.

Aussi Wallis remarque-t-il expressément qu'on peut employer à volonté les limites en plus ou en moins pour les nombres μ, μ_1, μ_2,..., et il propose même ce moyen comme propre à abréger souvent le calcul : c'est aussi ce que Euler fait observer dans le n° **102** et suivant du Chapitre cité; cependant je vais faire voir par un exemple qu'en s'y prenant de cette manière on peut risquer de ne jamais parvenir à la solution de l'équation proposée.

Prenons l'Exemple du n° **101** du même Chapitre, où il s'agit de résoudre une équation de cette forme

$$p^2 = 6q^2 + 1, \quad \text{ou bien} \quad p^2 - 6q^2 = 1.$$

On aura donc $p = \sqrt{6q^2 + 1}$, et, négligeant le terme constant 1, $p = q\sqrt{6}$; donc $\dfrac{p}{q} = \sqrt{6} > 2$ et < 3; prenons la limite en moins, et faisons $\mu = 2$, et ensuite $p = 2q + r$; substituant donc cette valeur, on aura

$$- 2q^2 + 4qr + r^2 = 1;$$

donc

$$q = \frac{2r + \sqrt{6r^2 - 2}}{2},$$

ou bien, en rejetant le terme constant $- 2$,

$$q = \frac{2r + r\sqrt{6}}{2}, \quad \text{d'où} \quad \frac{q}{r} = \frac{2 + \sqrt{6}}{2} > 2 \text{ et} < 3.$$

Prenons de nouveau la limite en moins, et faisons $q = 2r + s$; la dernière équation deviendra

$$r^2 - 4rs - 2s^2 = 1,$$

où l'on voit d'abord qu'on peut supposer $s = 0$ et $r = 1$; ainsi l'on aura $q = 2$, $p = 5$.

Maintenant reprenons la première transformée

$$- 2q^2 + 4qr + r^2 = 1,$$

où nous avons vu que $\dfrac{q}{r} > 2$ et < 3, et, au lieu de prendre la limite en moins, prenons-la en plus, c'est-à-dire, supposons $q = 3r + s$, ou bien, puisque s doit être alors une quantité négative, $q = 3r - s$; on aura la transformée suivante

$$- 5r^2 + 8rs - 2s^2 = 1,$$

laquelle donnera

$$r = \frac{4s + \sqrt{6s^2 + 5}}{5};$$

donc, négligeant le terme constant 5,

$$r = \frac{4s + s\sqrt{6}}{5}, \quad \text{et} \quad \frac{r}{s} = \frac{4 + \sqrt{6}}{5} > 1 \text{ et} < 2.$$

Prenons de nouveau la limite en plus, et faisons $r = 2s - t$; on aura

$$- 6s^2 + 12st - 5t^2 = 1;$$

donc

$$s = \frac{6t + \sqrt{6t^2 - 6}}{6};$$

donc, rejetant le terme $- 6$,

$$s = \frac{6t + t\sqrt{6}}{6} \quad \text{et} \quad \frac{s}{t} = 1 + \frac{\sqrt{6}}{6} > 1 \text{ et} < 2.$$

Qu'on continue à prendre les limites en plus, et qu'on fasse $s = 2t - u$, il viendra

$$- 5t^2 + 12tu - 6u^2 = 1;$$

donc

$$t = \frac{6u + \sqrt{6u^2 - 5}}{5},$$

donc

$$\frac{t}{u} = \frac{6 + \sqrt{6}}{5} > 1 \text{ et} < 2.$$

Faisons donc de même $t = 2u - x$; on aura

$$- 2u^2 + 8ux - 5x^2 = 1;$$

donc, etc.

Continuant de cette manière à prendre toujours les limites en plus, on ne trouvera jamais de transformée où le coefficient du premier terme soit égal à l'unité, comme il le faut, pour qu'on puisse trouver une solution de la proposée.

La même chose arrivera nécessairement toutes les fois qu'on prendra la première limite en moins et les suivantes toutes en plus; je pourrais en donner la raison *a priori;* mais, comme le lecteur peut la trouver aisément par les principes de notre Théorie, je ne m'y arrêterai pas. Quant à présent, il me suffit d'avoir montré la nécessité de traiter ces sortes de Problèmes d'une manière plus rigoureuse et plus profonde qu'on ne l'avait encore fait.

§ IX. — *De la manière de trouver des fonctions algébriques de tous les degrés, qui, étant multipliées ensemble, produisent toujours des fonctions semblables.*

(Addition pour les Chapitres XI et XII.)

87. Je crois avoir eu, en même temps qu'Euler, l'idée de faire servir les facteurs irrationnels et même imaginaires des formules du second degré à trouver les conditions qui rendent ces formules égales à des carrés ou à des puissances quelconques; j'ai lu sur ce sujet à l'Académie, en 1768, un Mémoire qui n'a pas été imprimé, mais dont j'ai donné un précis à la fin de mes *Recherches sur les Problèmes indéterminés,* qui se trouvent dans le volume pour l'année 1767 (*), lequel a paru en 1769, avant même la traduction allemande de l'*Algèbre* d'Euler.

J'ai fait voir, dans l'endroit que je viens de citer, comment on peut étendre la même méthode à des formules de degrés plus élevés que le second; et j'ai par ce moyen donné la solution de quelques équations dont il aurait peut-être été fort difficile de venir à bout par d'autres voies. Je vais maintenant généraliser encore davantage cette méthode,

(*) *OEuvres de Lagrange,* t. II, p. 377 et 655.

qui me paraît mériter particulièrement l'attention des géomètres par sa nouveauté et par sa singularité.

88. Soient α et β les deux racines de l'équation du second degré

$$s^2 - as + b = 0,$$

et considérons le produit de ces deux facteurs

$$(x + \alpha y)(x + \beta y),$$

qui sera nécessairement réel; ce produit sera

$$x^2 + (\alpha + \beta) xy + \alpha\beta y^2;$$

or on a $\alpha + \beta = a$, et $\alpha\beta = b$, par la nature de l'équation $s^2 - as + b = 0$; donc on aura cette formule du second degré

$$x^2 + axy + by^2,$$

laquelle est composée des deux facteurs

$$x + \alpha y \quad \text{et} \quad x + \beta y.$$

Maintenant il est visible que, si l'on a une formule semblable

$$x_1^2 + ax_1 y_1 + by_1^2,$$

et qu'on veuille les multiplier l'une par l'autre, il suffira de multiplier ensemble les deux facteurs $x + \alpha y$, $x_1 + \alpha y_1$, et les deux $x + \beta y$, $x_1 + \beta y_1$, ensuite les deux produits l'un par l'autre. Or le produit de $x + \alpha y$ par $x_1 + \alpha y_1$ est

$$xx_1 + \alpha (xy_1 + yx_1) + \alpha^2 yy_1;$$

mais, puisque α est une des racines de l'équation

$$s^2 - as + b = 0,$$

on aura

$$\alpha^2 - a\alpha + b = 0; \quad \text{donc} \quad \alpha^2 = a\alpha - b;$$

donc, substituant cette valeur de α^2 dans la formule précédente, elle deviendra

$$xx_1 - byy_1 + \alpha(xy_1 + yx_1 + ayy_1),$$

de sorte qu'en faisant, pour plus de simplicité,

$$X = xx_1 - byy_1,$$
$$Y = xy_1 + yx_1 + ayy_1,$$

le produit des deux facteurs $x + \alpha y$, $x_1 + \alpha y_1$ sera

$$X + \alpha Y,$$

et par conséquent de la même forme que chacun d'eux. On trouvera de même que le produit des deux autres facteurs $x + \beta y$ et $x_1 + \beta y_1$ sera

$$X + \beta Y,$$

de sorte que le produit total sera

$$(X + \alpha Y)(X + \beta Y), \quad \text{savoir} \quad X^2 + aXY + bY^2.$$

C'est le produit des deux formules semblables

$$x^2 + ax\,y + by^2,$$
$$x_1^2 + ax_1y_1 + by_1^2.$$

Si l'on voulait avoir le produit de ces trois formules semblables

$$x^2 + ax\,y + by^2,$$
$$x_1^2 + ax_1y_1 + by_1^2,$$
$$x_2^2 + ax_2y_2 + by_2^2,$$

il n'y aurait qu'à trouver celui de la formule

$$X^2 + aXY + bY^2$$

par la dernière $x_2^2 + ax_2y_2 + by_2^2$, et il est visible par les formules ci-dessus qu'en faisant

$$X_1 = Xx_2 - bYy_2,$$
$$Y_1 = Xy_2 + Yx_2 + aYy_2,$$

le produit cherché serait

$$X_i^2 + aX_iY_i + bY_i^2.$$

On pourra trouver de même le produit de quatre ou d'un plus grand nombre de formules semblables à celle-ci

$$x^2 + axy + by^2,$$

et ces produits seront toujours aussi de la même forme.

89. Si l'on fait $x_i = x$ et $y_i = y$, on aura

$$X = x^2 - by^2, \quad Y = 2xy + ay^2,$$

et par conséquent

$$(x^2 + axy + by^2)^2 = X^2 + aXY + bY^2.$$

Donc, si l'on veut trouver des valeurs rationnelles de X et Y, telles que la formule

$$X^2 + aXY + bY^2$$

devienne un carré, il n'y aura qu'à donner à X et à Y les valeurs précédentes, et l'on aura pour la racine du carré la formule

$$x^2 + axy + by^2,$$

x et y étant deux indéterminées.

Si l'on fait de plus $x_2 = x_i = x$, et $y_2 = y_i = y$, on aura

$$X_i = Xx - bYy, \quad Y_i = Xy + Yx + aYy,$$

c'est-à-dire, en substituant les valeurs précédentes de X et Y,

$$X_i = x^3 - 3bxy^2 - aby^3,$$
$$Y_i = 3x^2y + 3axy^2 + (a^2 - b)y^3;$$

donc

$$(x^2 + axy + by^2)^3 = X_i^2 + aX_iY_i + bY_i^2.$$

Ainsi, si l'on proposait de trouver des valeurs rationnelles de X_1 et Y_1, telles que la formule

$$X_1^2 + aX_1Y_1 + bY_1^2$$

devint un cube, il n'y aurait qu'à donner à X_1 et Y_1 les valeurs précédentes, moyennant quoi on aurait un cube dont la racine serait

$$x^2 + axy + by^2,$$

x et y étant deux indéterminées.

On pourrait résoudre d'une manière semblable les questions où il s'agirait de produire des puissances quatrièmes, cinquièmes,...; mais on peut aussi trouver immédiatement des formules générales pour une puissance quelconque m, sans passer par les puissances inférieures.

Soit donc proposé de trouver des valeurs rationnelles de X et Y, telles que la formule

$$X^2 + aXY + bY^2$$

devienne une puissance m, c'est-à-dire qu'il s'agisse de résoudre l'équation

$$X^2 + aXY + bY^2 = Z^m.$$

Comme la quantité $X^2 + aXY + bY^2$ est formée du produit des deux facteurs $X + \alpha Y$ et $X + \beta Y$, il faudra, pour que cette quantité devienne une puissance de degré m, que chacun de ses deux facteurs devienne aussi une semblable puissance.

Faisons donc d'abord

$$X + \alpha Y = (x + \alpha y)^m,$$

et, développant cette puissance par le théorème de Newton, on aura

$$x^m + m x^{m-1} y \alpha + \frac{m(m-1)}{2} x^{m-2} y^2 \alpha^2 + \frac{m(m-1)(m-2)}{2.3} x^{m-3} y^3 \alpha^3 + \ldots$$

Or, puisque α est une des racines de l'équation

$$s^2 - as + b = 0,$$

on aura aussi

$$\alpha^2 - a\alpha + b = 0,$$

donc

$$\alpha^2 = a\alpha - b, \qquad \alpha^3 = a\alpha^2 - b\alpha = (a^2 - b)\alpha - ab,$$

$$\alpha^4 = (a^2 - b)\alpha^2 - ab\alpha = (a^3 - 2ab)\alpha - a^2 b + b^2,$$

et ainsi de suite. Ainsi il n'y aura qu'à substituer ces valeurs dans la formule précédente, et elle se trouvera par là composée de deux parties, l'une toute rationnelle, qu'on comparera à X, et l'autre toute multipliée par la racine α, qu'on comparera à αY.

Si l'on fait, pour plus de simplicité,

$$A_1 = 1, \qquad\qquad B_1 = 0,$$
$$A_2 = a, \qquad\qquad B_2 = b,$$
$$A_3 = aA_2 - bA_1, \quad B_3 = aB_2 - bB_1,$$
$$A_4 = aA_3 - bA_2, \quad B_4 = aB_3 - bB_2,$$
$$A_5 = aA_4 - bA_3, \quad B_5 = aB_4 - bB_3,$$
$$\dots\dots\dots\dots, \qquad \dots\dots\dots\dots,$$

on aura

$$\alpha = A_1\alpha - B_1,$$
$$\alpha^2 = A_2\alpha - B_2,$$
$$\alpha^3 = A_3\alpha - B_3,$$
$$\alpha^4 = A_4\alpha - B_4,$$
$$\dots\dots\dots\dots$$

Donc, substituant ces valeurs et comparant, on aura

$$X = x^m - m x^{m-1} y B_1 - \frac{m(m-1)}{2} x^{m-2} y^2 B_2 - \frac{m(m-1)(m-2)}{2.3} x^{m-3} y^3 B_3 - \dots,$$

$$Y = m x^{m-1} y A_1 + \frac{m(m-1)}{2} x^{m-2} y^2 A_2 + \frac{m(m-1)(m-2)}{2.3} x^{m-3} y^3 A_3 + \dots.$$

Or, comme la racine α n'entre point dans les expressions de X et Y, il est clair qu'ayant

$$X + \alpha Y = (x + \alpha y)^m,$$

on aura aussi

$$X + \beta Y = (x + \beta y)^m;$$

VII.

donc, multipliant ces deux équations l'une par l'autre, on aura

$$X^2 + a\,XY + b\,Y^2 = (x^2 + axy + by^2)^m,$$

et par conséquent

$$Z = x^2 + axy + by^2.$$

Ainsi le Problème est résolu.

Si a était $= 0$, les formules précédentes deviendraient beaucoup plus simples; car on aurait

$$A_1 = 1,\quad A_2 = 0,\quad A_3 = -b,\quad A_4 = 0,\quad A_5 = b^2,\quad A_6 = 0,\quad A_7 = -b^3,\quad \ldots,$$

et de même

$$B_1 = 0,\quad B_2 = b,\quad B_3 = 0,\quad B_4 = -b^2,\quad B_5 = 0,\quad B_6 = b^3,\quad \ldots;$$

donc

$$X = x^m - \frac{m(m-1)}{2} x^{m-2} y^2 b + \frac{m(m-1)(m-2)(m-3)}{2.3.4} x^{m-4} y^4 b^2 - \ldots,$$

$$Y = m x^{m-1} y + \frac{m(m-1)(m-2)}{2.3} x^{m-3} y^3 b + \frac{m(m-1)(m-2)(m-3)(m-4)}{2.3.4.5} x^{m-5} y^5 b^2 - \ldots,$$

et ces valeurs satisferont à l'équation

$$X^2 + b\,Y^2 = (x^2 + by^2)^m.$$

90. Passons maintenant aux formules de trois dimensions; pour cela nous désignerons par α, β, γ les trois racines de l'équation du troisième degré,

$$s^3 - as^2 + bs - c = 0,$$

et nous considérerons ensuite le produit de ces trois facteurs

$$(x + \alpha y + \alpha^2 z)(x + \beta y + \beta^2 z)(x + \gamma y + \gamma^2 z),$$

lequel sera nécessairement rationnel, comme on va le voir. La multiplication faite, on aura le produit suivant :

$$x^3 + (\alpha + \beta + \gamma) x^2 y + (\alpha^2 + \beta^2 + \gamma^2) x^2 z + (\alpha\beta + \alpha\gamma + \beta\gamma) xy^2$$
$$+ (\alpha^2\beta + \alpha^2\gamma + \beta^2\alpha + \beta^2\gamma + \gamma^2\alpha + \gamma^2\beta) xyz + (\alpha^2\beta^2 + \alpha^2\gamma^2 + \beta^2\gamma^2) xz^2$$
$$+ \alpha\beta\gamma y^3 + (\alpha^2\beta\gamma + \beta^2\alpha\gamma + \gamma^2\alpha\beta) y^2 z + (\alpha^2\beta^2\gamma + \alpha^2\gamma^2\beta + \beta^2\gamma^2\alpha) yz^2 + \alpha^2\beta^2\gamma^2 z^3;$$

or, par la nature de l'équation, on a

$$\alpha + \beta + \gamma = a, \quad \alpha\beta + \alpha\gamma + \beta\gamma = b, \quad \alpha\beta\gamma = c;$$

de plus, on trouvera

$$\alpha^2 + \beta^2 + \gamma^2 = (\alpha + \beta + \gamma)^2 - 2(\alpha\beta + \alpha\gamma + \beta\gamma) = a^2 - 2b,$$

$$\alpha^2\beta + \alpha^2\gamma + \beta^2\alpha + \beta^2\gamma + \gamma^2\alpha + \gamma^2\beta = (\alpha + \beta + \gamma)(\alpha\beta + \alpha\gamma + \beta\gamma) - 3\alpha\beta\gamma = ab - 3c,$$

$$\alpha^2\beta^2 + \alpha^2\gamma^2 + \beta^2\gamma^2 = (\alpha\beta + \alpha\gamma + \beta\gamma)^2 - 2(\alpha + \beta + \gamma)\alpha\beta\gamma = b^2 - 2ac,$$

$$\alpha^2\beta\gamma + \beta^2\alpha\gamma + \gamma^2\alpha\beta = (\alpha + \beta + \gamma)\alpha\beta\gamma = ac,$$

$$\alpha^2\beta^2\gamma + \alpha^2\gamma^2\beta + \beta^2\gamma^2\alpha = (\alpha\beta + \alpha\gamma + \beta\gamma)\alpha\beta\gamma = bc;$$

donc, faisant ces substitutions, le produit dont il s'agit sera

$$x^3 + ax^2y + (a^2 - 2b)x^2z + bxy^2 + (ab - 3c)xyz$$
$$+ (b^2 - 2ac)xz^2 + cy^3 + acy^2z + bcyz^2 + c^2z^3.$$

Et cette formule aura la propriété que, si l'on multiplie ensemble autant de semblables formules que l'on voudra, le produit sera toujours aussi une formule semblable.

En effet, supposons qu'on demande le produit de cette formule-là par cette autre-ci

$$x_1^3 + ax_1^2y_1 + (a^2 - 2b)x_1^2z_1 + bx_1y_1^2 + (ab - 3c)x_1y_1z_1$$
$$+ (b^2 - 2ac)x_1z_1^2 + cy_1^3 + acy_1^2z_1 + bcy_1z_1^2 + c^2z_1^3;$$

il est clair qu'il n'y aura qu'à chercher celui de ces six facteurs

$$x + \alpha y + \alpha^2 z, \quad x + \beta y + \beta^2 z, \quad x + \gamma y + \gamma^2 z,$$
$$x_1 + \alpha y_1 + \alpha^2 z_1, \quad x_1 + \beta y_1 + \beta^2 z_1, \quad x_1 + \gamma y_1 + \gamma^2 z_1;$$

qu'on multiplie d'abord $x + \alpha y + \alpha^2 z$ par $x_1 + \alpha y_1 + \alpha^2 z_1$, on aura ce produit partiel

$$xx_1 + \alpha(xy_1 + yx_1) + \alpha^2(xz_1 + zx_1 + yy_1) + \alpha^3(yz_1 + zy_1) + \alpha^4 zz_1;$$

or, α étant une des racines de l'équation

$$s^3 - as^2 + bs - c = 0,$$

on aura

$$\alpha^3 - a\alpha^2 + b\alpha - c = 0, \quad \text{par conséquent} \quad \alpha^3 = a\alpha^2 - b\alpha + c;$$

donc

$$\alpha^4 = a\alpha^3 - b\alpha^2 + c\alpha = (a^2 - b)\alpha^2 - (ab - c)\alpha + ac;$$

de sorte qu'en substituant ces valeurs et faisant, pour abréger,

$$X = xx_i + c(yz_i + zy_i) + ac\,zz_i,$$
$$Y = xy_i + yx_i - b(yz_i + zy_i) - (ab - c)\,zz_i,$$
$$Z = xz_i + zx_i + yy_i + a(yz_i + zy_i) + (a^2 - b)\,zz_i,$$

le produit dont il s'agit deviendra de cette forme

$$X + \alpha Y + \alpha^2 Z,$$

c'est-à-dire de la même forme que chacun des produisants. Or, comme la racine α n'entre point dans les valeurs de X, Y, Z, il est clair que ces quantités seront les mêmes en changeant α en β ou en γ; donc, puisque l'on a déjà

$$(x + \alpha y + \alpha^2 z)(x_i + \alpha y_i + \alpha^2 z_i) = X + \alpha Y + \alpha^2 Z,$$

on aura aussi, en changeant α en β,

$$(x + \beta y + \beta^2 z)(x_i + \beta y_i + \beta^2 z_i) = X + \beta Y + \beta^2 Z,$$

et, en changeant α en γ,

$$(x + \gamma y + \gamma^2 z)(x_i + \gamma y_i + \gamma^2 z_i) = X + \gamma Y + \gamma^2 Z;$$

donc, multipliant ces trois équations ensemble, on aura d'un côté le produit des deux formules proposées, et de l'autre la formule

$$X^3 + a X^2 Y + (a^2 - 2b) X^2 Z + b XY^2 + (ab - 3c) XYZ$$
$$+ (b^2 - 2ac) XZ^2 + c Y^3 + ac Y^2 Z + bc YZ^2 + c^2 Z^3,$$

qui sera donc égale au produit demandé, et qui est, comme l'on voit, de la même forme que chacune des deux formules dont elle est composée.

Si l'on avait une troisième formule telle que celle-ci

$$x_2^3 + ax_2^2 y_2 + (a^2 - 2b) x_2^2 z_2 + bx_2 y_2^2 + (ab - 3c) x_2 y_2 z_2$$
$$+ (b^2 - 2ac) x_2 z_2^2 + cy_2^3 + acy_2^2 z_2 + bcy_2 z_2^2 + c^2 z_2^3,$$

et qu'on voulût avoir le produit de cette formule et des deux précédentes, il est clair qu'il n'y aurait qu'à faire

$$X_1 = X x_2 + c(Y z_2 + Z y_2) + ac Z z_2,$$

$$Y_1 = X y_2 + Y x_2 - b(Y z_2 + Z y_2) - (ab - c) Z z_2,$$

$$Z_1 = X z_2 + Z x_1 + Y y_2 + a(Y z_2 + Z y_2) + (a^2 - b) Z z_2,$$

et l'on aurait pour le produit cherché

$$X_1^3 + aX_1^2 Y_1 + (a^2 - 2b) X_1^2 Z_1 + bX_1 Y_1^2 + (ab - 3c) X_1 Y_1 Z_1$$
$$+ (b^2 - 2ac) X_1 Z_1^2 + c Y_1^3 + ac Y_1^2 Z_1 + bc Y_1 Z_1^2 + c^2 Z_1^3.$$

91. Faisons maintenant $x_1 = x$, $y_1 = y$, $z_1 = z$; nous aurons

$$X = x^2 + 2cyz + acz^2,$$

$$Y = 2xy - 2byz - (ab - c)z^2,$$

$$Z = 2xz + y^2 + 2ayz + (a^2 - b)z^2,$$

et ces valeurs satisferont à l'équation

$$X^3 + aX^2Y + bXY^2 + cY^3 + (a^2 - 2b)X^2Z$$
$$+ (ab - 3c)XYZ + ac Y^2 Z + (b^2 - 2ac)XZ^2 + bc YZ^2 + c^2 Z^3 = V^2,$$

en prenant

$$V = x^3 + ax^2 y + bxy^2 + cy^3 + (a^2 - 2b)x^2 z$$
$$+ (ab - 3c)xyz + acy^2 z + (b^2 - 2ac)xz^2 + bcyz^2 + c^2 z^3;$$

donc, si l'on avait, par exemple, à résoudre une équation de cette forme,

$$X^3 + aX^2Y + bXY^2 + cY^3 = V^2,$$

a, b, c étant des quantités quelconques données, il n'y aurait qu'à rendre $Z = 0$, en faisant

$$2xz + y^2 + 2ayz + (a^2 - b)z^2 = 0,$$

d'où l'on tire

$$x = -\frac{y^2 + 2ayz + (a^2 - b)z^2}{2z},$$

et, substituant cette valeur de x dans les expressions précédentes de X, Y et V, on aura des valeurs très-générales de ces quantités, qui satisferont l'équation proposée.

Cette solution mérite d'être bien remarquée à cause de sa généralité et de la manière dont nous y sommes parvenus, qui est peut-être l'unique qui puisse y conduire facilement.

On aurait de même la résolution de l'équation

$$X_1^3 + aX_1^2Y_1 + (a^2 - 2b)X_1^2Z_1 + bX_1Y_1^2 + (ab - 3c)X_1Y_1Z_1$$
$$+ (b^2 - 2ac)X_1Z_1^2 + cY_1^3 + acY_1^2Z_1 + bcY_1Z_1^2 + c^2Z_1^3 = V^3,$$

en faisant, dans les formules ci-dessus,

$$x_2 = x_1 = x, \quad y_2 = y_1 = y, \quad z_2 = z_1 = z,$$

et prenant

$$V = x^3 + ax^2y + (a^2 - 2b)x^2z + bxy^2 + (ab - 3c)xyz$$
$$+ (b^2 - 2ac)xz^2 + cy^3 + acy^2z + bcyz^2 + c^2z^3.$$

Et l'on pourrait résoudre aussi successivement les cas où, au lieu de la troisième puissance V^3, on aurait V^4, V^5,...; mais nous allons traiter ces questions d'une manière tout à fait générale, comme nous l'avons fait dans le n° 90 ci-dessus.

92. Soit donc proposé de résoudre une équation de cette forme

$$X^3 + aX^2Y + (a^2 - 2b)X^2Z + bXY^2 + (ab - 3c)XYZ$$
$$+ (b^2 - 2ac)XZ^2 + cY^3 + acY^2Z + bcYZ^2 + c^2Z^3 = V^m.$$

Puisque la quantité qui forme le premier membre de cette équation n'est autre chose que le produit de ces trois facteurs

$$(X + \alpha Y + \alpha^2 Z)(X + \beta Y + \beta^2 Z)(X + \gamma Y + \gamma^2 Z),$$

il est clair que, pour rendre cette quantité égale à une puissance du degré m, il ne faudra que rendre chacun de ses facteurs en particulier égal à une pareille puissance. Soit donc

$$X + \alpha Y + \alpha^2 Z = (x + \alpha y + \alpha^2 z)^m;$$

on commencera par développer la puissance m de $x + \alpha y + \alpha^2 z$ par le théorème de Newton, ce qui donnera

$$x^m + m x^{m-1}(y + \alpha z)\alpha + \frac{m(m-1)}{2} x^{m-2}(y + \alpha z)^2\alpha^2$$
$$+ \frac{m(m-1)(m-2)}{2.3} x^{m-3}(y + \alpha z)^3\alpha^3 + \ldots,$$

ou bien, en formant les différentes puissances de $y + \alpha z$, et ordonnant ensuite par rapport aux dimensions de α,

$$x^m + m x^{m-1} y \alpha + \left[m x^{m-1} z + \frac{m(m-1)}{2} x^{m-2} y^2 \right] \alpha^2$$
$$+ \left[m(m-1) x^{m-2} y z + \frac{m(m-1)(m-2)}{2.3} x^{m-3} y^3 \right] \alpha^3 + \ldots.$$

Mais, comme dans cette formule on ne voit pas aisément la loi des termes, nous supposerons, en général,

$$(x + \alpha y + \alpha^2 z)^m = P + P_1\alpha + P_2\alpha^2 + P_3\alpha^3 + P_4\alpha^4 + \ldots,$$

et l'on trouvera

$$P = x^m,$$
$$P_1 = \frac{m y P}{x},$$
$$P_2 = \frac{(m-1)y P_1 + 2mz P}{2x},$$
$$P_3 = \frac{(m-2)y P_2 + (2m-1)z P_1}{3x},$$
$$P_4 = \frac{(m-3)y P_3 + (2m-2)z P_2}{4x},$$
$$\ldots\ldots\ldots\ldots\ldots\ldots\ldots\ldots;$$

c'est ce qui se démontre facilement par le Calcul différentiel.

Maintenant on aura, à cause que α est une des racines de l'équation

$$s^3 - as^2 + bs - c = 0,$$

on aura, dis-je,

$$\alpha^3 - a\alpha^2 + b\alpha - c = 0, \quad \text{d'où} \quad \alpha^3 = a\alpha^2 - b\alpha + c;$$

donc

$$\alpha^4 = a\alpha^3 - b\alpha^2 + c\alpha = (a^2 - b)\alpha^2 - (ab - c)\alpha + ac,$$

$$\alpha^5 = (a^2 - b)\alpha^3 - (ab - c)\alpha^2 + ac\alpha$$
$$= (a^3 - 2ab + c)\alpha^2 - (a^2b - b^2 - ac)\alpha + (a^2 - b)c,$$

et ainsi de suite.

De sorte que, si l'on fait, pour plus de simplicité,

$$A_1 = 0,$$
$$A_2 = 1,$$
$$A_3 = a,$$
$$A_4 = aA_3 - bA_2 + cA_1,$$
$$A_5 = aA_4 - bA_3 + cA_2,$$
$$A_6 = aA_5 - bA_4 + cA_3,$$
$$\dots\dots\dots\dots\dots\dots ;$$

$$B_1 = 1,$$
$$B_2 = 0,$$
$$B_3 = b,$$
$$B_4 = aB_3 - bB_2 + cB_1,$$
$$B_5 = aB_4 - bB_3 + cB_2,$$
$$B_6 = aB_5 - bB_4 + cB_3,$$
$$\dots\dots\dots\dots\dots\dots ;$$

$$C_1 = 0,$$
$$C_2 = 0,$$
$$C_3 = c,$$
$$C_4 = aC_3 - bC_2 + cC_1,$$
$$C_5 = aC_4 - bC_3 + cC_2,$$
$$C_6 = aC_5 - bC_4 + cC_3,$$
$$\dots\dots\dots\dots\dots\dots ,$$

on aura

$$\alpha = A_1 \alpha' - B_1 \alpha + C_1,$$

$$x' = A_2 \alpha^2 - B_2 \alpha + C_2,$$

$$\alpha^3 = A_3 \alpha^2 - B_3 \alpha + C_3,$$

$$\alpha^4 = A_4 \alpha^2 - B_4 \alpha + C_4,$$

. . . .

Substituant donc ces valeurs dans l'expression de

$$(x + \alpha y + \alpha^2 z)^m,$$

elle se trouvera composée de trois parties, l'une toute rationnelle, l'autre toute multipliée par α, et la troisième toute multipliée par α^2; ainsi il n'y aura qu'à comparer la première à X, la deuxième à αY, et la troisième à α^2Z, et l'on aura par ce moyen

$$X = P + P_1 C_1 + P_2 C_2 + P_3 C_3 + P_4 C_4 + \dots,$$

$$Y = -P_1 B_1 - P_2 B_2 - P_3 B_3 - P_4 B_4 - \dots,$$

$$Z = P_1 A_1 + P_2 A_2 + P_3 A_3 + P_4 A_4 + \dots.$$

Ces valeurs satisferont donc à l'équation

$$X + \alpha Y + \alpha^2 Z = (x + \alpha y + \alpha^2 z)^m;$$

et, comme la racine α n'entre point en particulier dans les expressions de X, Y et Z, il est clair qu'on pourra changer α en β, ou en γ, de sorte qu'on aura également

$$X + \beta Y + \beta^2 Z = (x + \beta y + \beta^2 z)^m,$$

$$X + \gamma Y + \gamma^2 Z = (x + \gamma y + \gamma^2 z)^m.$$

Or, multipliant ensemble ces trois équations, il est visible que le premier membre sera le même que celui de l'équation proposée, et que le second sera égal à une puissance m, dont la racine étant nommée V, on aura

$$V = x^3 + ax^2 y + (a^2 - 2b)x^2 z + bxy^2 + (ab - 3c)xyz$$
$$+ (b^2 - 2ac)xz^2 + cy^3 + acy^2 z + bcyz^2 + c^2 z^3.$$

VII. 23

Ainsi on aura les valeurs demandées de X, Y, Z et V, lesquelles renfermeront trois indéterminées x, y, z.

93. Si l'on voulait trouver des formules de quatre dimensions qui eussent les mêmes propriétés que celles que nous venons d'examiner, il faudrait considérer le produit de quatre facteurs de cette forme,

$$x + \alpha y + \alpha^2 z + \alpha^3 t,$$
$$x + \beta y + \beta^2 z + \beta^3 t,$$
$$x + \gamma y + \gamma^2 z + \gamma^3 t,$$
$$x + \delta y + \delta^2 z + \delta^3 t,$$

en supposant que α, β, γ, δ fussent les racines d'une équation du quatrième degré, telle que celle-ci

$$s^4 - as^3 + bs^2 - cs + d = 0;$$

on aura ainsi

$$\alpha + \beta + \gamma + \delta = a,$$
$$\alpha\beta + \alpha\gamma + \alpha\delta + \beta\gamma + \beta\delta + \gamma\delta = b,$$
$$\alpha\beta\gamma + \alpha\beta\delta + \alpha\gamma\delta + \beta\gamma\delta = c,$$
$$\alpha\beta\gamma\delta = d,$$

moyennant quoi on pourra déterminer tous les coefficients des différents termes du produit dont il s'agit, sans connaître les racines α, β, γ, δ en particulier; mais, comme il faudra faire pour cela différentes réductions qui peuvent ne pas se présenter facilement, on pourra s'y prendre, si on le juge plus commode, de la manière que voici.

Qu'on suppose, en général,

$$x + sy + s^2 z + s^3 t = \rho,$$

et, comme s est déterminé par l'équation

$$s^4 - as^3 + bs^2 - cs + d = 0,$$

qu'on chasse s de ces deux équations par les règles connues, et l'équation résultante de l'évanouissement de s, étant ordonnée par rapport à l'inconnue ρ, montera au quatrième degré, de sorte qu'elle pourra se mettre sous cette forme

$$\rho^4 - N\rho^3 + P\rho^2 - Q\rho + R = o.$$

Or cette équation en ρ ne monte au quatrième degré que parce que s peut avoir les quatre valeurs α, β, γ, δ, et qu'ainsi ρ peut avoir aussi ces quatre valeurs correspondantes

$$x + \alpha y + \alpha^2 z + \alpha^3 t,$$
$$x + \beta y + \beta^2 z + \beta^3 t,$$
$$x + \gamma y + \gamma^2 z + \gamma^3 t,$$
$$x + \delta y + \delta^2 z + \delta^3 t,$$

lesquelles ne sont autre chose que les facteurs dont il s'agit d'avoir le produit; donc, puisque le dernier terme R doit être le produit de toutes les quatre racines ou valeurs de ρ, il s'ensuit que cette quantité R sera le produit demandé.

Mais en voilà assez sur ce sujet, que nous pourrons peut-être reprendre dans une autre occasion.

Je terminerai ici ces *Additions*, que les bornes que je me suis prescrites ne me permettent pas d'étendre plus loin; peut-être même les trouvera-t-on déjà trop longues; mais les objets que j'y ai traités étant d'un genre assez nouveau et peu connu, j'ai cru devoir entrer dans plusieurs détails nécessaires pour se mettre bien au fait des méthodes que j'ai exposées, et de leurs différents usages.

TABLE DES MATIÈRES

CONTENUES

DANS LES ADDITIONS A L'ANALYSE INDÉTERMINÉE.

LEÇONS ÉLÉMENTAIRES

SUR LES MATHÉMATIQUES

DONNÉES A L'ÉCOLE NORMALE EN 1795.

LEÇONS ÉLÉMENTAIRES

SUR LES MATHÉMATIQUES

DONNÉES A L'ÉCOLE NORMALE EN 1795.

[*Journal de l'École Polytechnique,* VIIᵉ et VIIIᵉ Cahiers, t. II, 1812 (*).]

LEÇON PREMIÈRE

SUR L'ARITHMÉTIQUE, OU L'ON TRAITE DES FRACTIONS ET DES LOGARITHMES.

L'Arithmétique a deux parties : l'une est fondée sur le système dé-cimal et sur la manière de placer les chiffres, pour leur faire exprimer les différents nombres; cette partie est celle qui contient les quatre opérations ordinaires, l'addition, la soustraction, la multiplication et la division. Ces opérations, comme vous l'avez vu, seraient différentes, si l'on avait adopté un autre système; cependant il ne serait pas diffi-cile de les traduire les unes dans les autres, si l'on voulait changer de système.

L'autre partie est indépendante du système de numération; elle est fondée sur la considération des quantités et sur les propriétés géné-rales des nombres. La théorie des fractions, celle des puissances et des racines, la théorie des proportions, celle des progressions arithmétiques et géométriques, et enfin la théorie des logarithmes, appartiennent à cette partie. Je vais faire ici quelques observations sur les différentes branches de cette partie de l'Arithmétique.

(*) Les Leçons ont paru d'abord dans les *deux* éditions des *Séances des Écoles normales,* an III (1794-1795). Dix-sept ans plus tard, sur l'avis de Lagrange, on a réimprimé ces Leçons dans le *Journal de l'École Polytechnique* (1812). « *Note de l'Éditeur.* »

On peut la regarder comme l'Arithmétique universelle, qui tient de près à l'Algèbre; car si, au lieu de fixer les quantités que l'on considère, au lieu de les déterminer en nombres, on veut les considérer d'une manière générale, en les désignant par des lettres, on a l'Algèbre. Vous avez déjà vu ce que c'est qu'une fraction; l'idée des fractions est un peu plus composée que celle des nombres entiers; dans les nombres entiers, on ne considère qu'une quantité répétée : pour avoir l'idée d'une fraction, il faut considérer la quantité même, divisée en un certain nombre de parties; les fractions représentent en général des rapports, et servent à exprimer les différentes quantités les unes par les autres; en général, tout ce qui se mesure ne peut être mesuré que par des fractions, à moins que la mesure ne soit contenue un nombre entier de fois dans la chose mesurée.

Vous avez vu comment une fraction peut être réduite à sa moindre expression.

Lorsque le numérateur et le dénominateur peuvent être divisés par un même nombre, on peut trouver ce plus grand commun diviseur par une méthode très-ingénieuse, et qui nous vient d'Euclide : cette méthode est très-simple et très-analytique, mais on peut la rendre encore plus sensible par la considération suivante. Supposez, par exemple, que vous ayez une longueur donnée, et que vous vouliez la mesurer; vous avez donc une mesure donnée, et vous voulez savoir combien de mesures sont contenues dans cette longueur; d'abord vous portez la mesure autant de fois que vous le pouvez sur la longueur donnée, et cela vous donne un nombre entier de mesures; s'il n'y a pas de reste, l'opération est terminée; mais s'il y a un reste, il faut encore évaluer le reste; si la mesure est divisée en parties égales, par exemple en dix ou douze, etc., il est naturel de porter ce reste sur les différentes parties, et de voir combien il y a de ces parties qui sont comprises dans le reste; alors vous avez, pour évaluer le reste, une fraction dont le numérateur est le nombre des parties contenues dans ce reste, et le dénominateur est le nombre total des parties dans lesquelles la mesure est divisée. Je suppose maintenant que votre mesure ne soit pas divisée, et que vous vouliez néanmoins savoir quel est le rapport de la longueur proposée à la longueur que vous avez prise pour mesure; voici l'opération qui se présente le plus naturellement. Si vous avez un reste, comme il est moindre que la mesure, il est naturel que vous cherchiez combien de fois il y sera compris. Supposons deux fois, et qu'il y ait encore un reste; reportez ce reste au reste précédent : comme il est nécessairement plus petit, il s'y trouvera encore contenu un certain nombre de fois, comme trois fois, et il y aura un reste ou non, et ainsi de suite. Ayant tous ces différents restes, vous avez ce qu'on appelle une *fraction continue;* par exemple, vous avez trouvé que la mesure était contenue trois fois dans la longueur proposée; vous avez d'abord le nombre trois; ensuite vous avez trouvé que le premier reste est contenu deux fois dans la mesure, vous aurez la fraction *un* divisé par *deux;* mais ce dénominateur n'est pas complet, parce qu'il faudrait qu'il n'y eût pas de reste; s'il y en a un, cela donne encore une autre fraction semblable à ajouter à ce dénominateur, laquelle sera un divisé par trois, parce que nous avons supposé que ce reste était contenu trois fois dans le reste précédent, et ainsi de suite. Vous aurez ainsi la fraction

$$3 + \cfrac{1}{2 + \cfrac{1}{3 + .}}$$

(le signe +, usité dans l'Algèbre, signifie *plus*, et indique une addition à faire) pour exprimer le rapport entre la longueur et celle que vous avez prise pour mesure. Les fractions de cette forme s'appellent *fractions continues*, et peuvent être réduites en fractions ordinaires par les règles que vous connaissez. En effet, si l'on s'arrête d'abord à la première fraction, ce qui revient à ne tenir compte que du premier reste et à négliger le suivant, on a $3 + \frac{1}{2}$ qui se réduit à $\frac{7}{2}$. Pour avoir égard au premier et au second reste seulement, on s'arrêtera à la seconde fraction, et l'on aura $3 + \cfrac{1}{2 + \cfrac{1}{3}}$: or $2 + \frac{1}{3} = \frac{7}{3}$; donc on aura $3 + \frac{3}{7}$, savoir $\frac{24}{7}$, et ainsi de suite. Si dans l'opération on parvient à un reste qui mesure exactement le reste précédent, elle est terminée; et l'on aura, par le moyen de la fraction continue, une fraction ordinaire qui sera la valeur exacte de la longueur mesurée, exprimée par celle qui a servi de mesure. Si l'opération ne se termine pas ainsi, elle pourra aller à l'infini, et l'on n'aura que des fractions qui approcheront de plus en plus de la vraie valeur.

Si maintenant on rapproche ce procédé de celui qu'on suit lorsqu'on cherche le plus grand commun diviseur de deux nombres, on verra que c'est la même chose; mais, dans la recherche du plus grand commun diviseur, on ne fait attention qu'aux différents restes, dont le dernier est ce même diviseur; au lieu qu'en employant les quotients successifs, comme nous l'avons fait plus haut, on obtient des fractions qui approchent toujours de plus en plus de la fraction formée par les deux nombres donnés, et dont la dernière est cette même fraction déjà réduite à ses moindres termes.

Comme cette théorie des fractions continues est peu connue, et qu'elle est néanmoins d'une grande utilité pour résoudre des questions numériques importantes, je vais m'étendre encore un peu sur la formation et les propriétés de ces fractions. Et d'abord supposons que les quotients trouvés, soit par l'opération mécanique, soit par celle du plus grand commun diviseur, soient comme ci-dessus 3, 2, 3, 5, 7, 3; voici comment on peut, sans passer par la fraction continue, trouver tout de suite les différentes fractions qui en résultent.

Le premier quotient, étant supposé divisé par l'unité, donnera la première fraction, qui sera trop petite, savoir $\frac{3}{1}$. Ensuite, multipliant le numérateur et le dénominateur de cette fraction par le second quotient et ajoutant l'unité au numérateur, on aura la seconde fraction, qui sera trop grande, et qui sera $\frac{7}{2}$. Multipliant de même le numérateur et le dénominateur de celle-ci par le troisième quotient, et ajoutant ensuite au numérateur celui de la fraction précédente, et au dénominateur celui de la fraction précédente, on aura la troisième fraction, qui sera trop petite; ainsi, le troisième quotient étant 3, on dira 7 par 3 donne 21, et 3 font 24, et de même, 2 par 3 donne 6, et 1 font 7; donc $\frac{24}{7}$ sera la fraction cherchée. On suivra le même procédé, et, puisque le quatrième quotient est 5, on dira 24 par 5 fait 120, et 7, numérateur de la fraction précédente $\frac{7}{2}$, font 127; de même, 7 par 5 fait 35, et 2 font 37; donc la nouvelle fraction sera $\frac{127}{37}$, et ainsi de suite.

De cette manière, en employant les six quotients 3, 2, 3, 5, 7, 3, on aura les six fractions

$$\frac{3}{1}, \quad \frac{7}{2}, \quad \frac{24}{7}, \quad \frac{127}{37}, \quad \frac{913}{266}, \quad \frac{2866}{835},$$

dont la dernière, en supposant l'opération terminée par le sixième quotient 3, sera la valeur cherchée de la longueur mesurée, ou bien sera la fraction même réduite à ses moindres termes.

Les fractions qui précèdent sont alternativement plus petites et plus grandes que cette valeur, et ont l'avantage d'en approcher de plus en plus, et de manière qu'aucune autre fraction ne pourrait en approcher autant, à moins d'avoir pour dénominateur un nombre plus grand que le produit du dénominateur de la fraction dont il s'agit, et de celui de la suivante. Par exemple, la fraction $\frac{24}{7}$ est plus petite que la vraie valeur qui est celle de la dernière fraction $\frac{2866}{835}$; mais elle en approche plus que ne pourrait faire toute autre fraction, dont le dénominateur ne surpasserait pas le produit de 7 par 37, c'est-à-dire le nombre 259; ce qui donne le moyen de réduire une fraction donnée, exprimée par de grands nombres, à des fractions exprimées en moindres nombres, et aussi approchées qu'il est possible.

La démonstration de ces propriétés se déduit de la nature de la fraction continue, et de ce que, si l'on cherche la différence d'une fraction à sa voisine, on trouve une fraction dont le numérateur est toujours l'unité, et le dénominateur est le produit des deux dénominateurs; ce qui peut aussi se démontrer *a priori* par la loi de la formation de ces fractions. Ainsi la différence de $\frac{7}{2}$ à $\frac{3}{1}$ est $\frac{1}{2}$, par excès; celle de $\frac{24}{7}$ à $\frac{7}{2}$ est $\frac{1}{14}$, par défaut; celle de $\frac{127}{37}$ à $\frac{24}{7}$ est $\frac{1}{259}$ par excès, et ainsi de suite; de sorte qu'en employant cette suite de différences, on peut encore exprimer d'une manière fort simple les fractions dont il s'agit, par une suite d'autres fractions, dont les numérateurs soient tous l'unité, et les dénominateurs soient successivement les produits de deux dénominateurs voisins. Ainsi, si, pour plus de simplicité, on fait usage des signes +, —, ×, qui signifient *plus, moins, multiplié par,* et indiquent une addition, ou soustraction, ou multiplication à faire, on aura, au lieu des fractions ci-dessus, la série

$$\frac{3}{1} + \frac{1}{1 \times 2} - \frac{1}{2 \times 7} + \frac{1}{7 \times 37} - \frac{1}{37 \times 266} + \frac{1}{266 \times 835}.$$

Le premier terme est, comme l'on voit, la première fraction, le premier et le second ensemble donneront la seconde fraction $\frac{7}{2}$, le premier, le second et le troisième donnent la troisième fraction $\frac{24}{7}$, et ainsi de suite; de sorte que toute la série sera équivalente à la dernière fraction.

Il y a encore une autre manière moins connue, mais à quelques égards plus simple, de traiter les mêmes questions, et qui conduit directement à une série semblable à la précédente. En reprenant l'exemple ci-dessus, après avoir trouvé que la mesure entre trois fois dans la longueur mesurée, avec un nouveau reste, au lieu de rapporter ce second reste au précédent, comme on en a usé plus haut, on peut le rapporter de nouveau à la mesure même. Ainsi, supposant qu'il y entre sept fois avec un reste, on rapportera encore ce reste à la même mesure, et ainsi de suite, jusqu'à ce qu'on parvienne, s'il est possible, à un reste qui soit une partie aliquote de la mesure, ce qui terminera l'opération; autrement elle pourra aller à l'infini, si la longueur mesurée et la mesure sont incommensurables. On aura alors, pour l'expression de la longueur mesurée, la série

$$3 + \frac{1}{2} - \frac{1}{2 \times 7} + \ldots$$

Il est clair que ce procédé peut s'appliquer de même à une fraction ordinaire, en retenant toujours le dénominateur de la fraction pour dividende, et prenant successivement les différents restes pour diviseurs. Ainsi la fraction $\frac{2866}{835}$ donnera les quotients 3, 2, 7, 18, 19, 46, 119, 417, 835; et de là, on aura la suite

$$3 + \frac{1}{2} - \frac{1}{2 \times 7} + \frac{2}{2 \times 7 \times 18} - \frac{1}{2 \times 7 \times 18 \times 19} + \ldots;$$

et, comme ces fractions partielles décroissent rapidement, on aura, en les réunissant successivement, les fractions simples

$$\frac{7}{2}, \quad \frac{48}{2 \times 7}, \quad \frac{865}{2 \times 7 \times 18}, \quad \ldots,$$

qui approcheront toujours de plus en plus de la vraie valeur cherchée, et l'erreur sera moindre que la première des fractions partielles négligées. Au reste, ce que nous venons de dire sur ces différentes manières d'évaluer les fractions n'empêche pas que l'usage des fractions décimales ne soit presque toujours préférable pour avoir des valeurs aussi exactes que l'on veut; mais il y a des cas où il importe que ces valeurs soient exprimées avec le moins de chiffres qu'il est possible. Par exemple, s'il s'agissait de construire un planétaire, comme les révolutions des planètes sont entre elles dans des rapports exprimés par de très-grands nombres, il faudrait, pour ne pas trop multiplier les dents des roues et des pignons, se contenter de moindres nombres, et en même temps faire en sorte que les rapports de ces nombres approchassent le plus des rapports donnés. Aussi est-ce cette question même qui a donné à Huyghens l'idée de chercher à la résoudre par le moyen des fractions continues, et qui a fait naître la théorie de ces sortes de fractions. Ensuite, en approfondissant cette théorie, on l'a reconnue propre à fournir la solution d'autres questions importantes : c'est pourquoi, comme elle ne se trouve guère dans les livres élémentaires, j'ai cru devoir en exposer les principes avec un peu de détails.

Passons maintenant à la théorie des puissances, des proportions et des progressions.

Vous avez déjà vu comment un nombre, multiplié par lui-même, donne le carré, et, multiplié encore de même, donne le cube, et ainsi de suite. En Géométrie, on ne va pas au delà du cube, parce qu'aucun corps ne peut avoir plus de trois dimensions; mais en Algèbre et en Arithmétique, on peut aller aussi loin que l'on veut; de là est née la théorie de l'extraction des racines; car, quoique tout nombre puisse être élevé au carré, au cube, etc., il n'est pas vrai réciproquement que ce nombre puisse être un carré ou un cube exact. Le nombre 2, par exemple, n'est pas carré, parce que le carré d'un est un, le carré de deux est quatre; n'y ayant pas d'autres nombres entiers intermédiaires, on ne peut pas trouver un nombre qui, multiplié par lui-même, produise 2; vous ne le pouvez pas même en fractions; car, prenons une fraction réduite à ses moindres termes, le carré de cette fraction sera encore une fraction réduite aux moindres termes, et par conséquent ne pourra être égal au nombre entier 2. Mais, si l'on ne peut pas avoir la racine exacte de deux, on peut l'avoir approchée autant qu'on veut, surtout par les fractions décimales. Cela peut aller à l'infini, et vous pouvez approcher des vraies racines à tel degré d'exactitude que vous voudrez, en suivant les règles pour extraire les racines carrées et cubes, etc.; mais je n'entrerai ici dans aucun détail là-dessus. La théorie des puissances a produit celle des progressions; avant d'en parler, il faut dire quelque chose sur les proportions.

On a vu que toute fraction exprime un rapport; lorsqu'il y a deux fractions égales, vous avez donc deux rapports égaux; alors les nombres que présentent les fractions ou les rapports forment ce qu'on appelle *proportion*. Ainsi l'égalité des rapports de 2 à 4 et de 3 à 6 donne la proportion 2 à 4 comme 3 à 6, parce que 4 est le double de 2, comme 6 est le double de 3; de la théorie des proportions dépendent beaucoup de règles d'Arithmétique; elle est d'abord le fondement de la fameuse règle de trois qui est d'un usage si général : vous savez que, quand on a les trois premiers termes, pour avoir le quatrième, il n'y a qu'à multiplier les deux derniers l'un par l'autre, et diviser le produit par le premier. On a imaginé ensuite différentes autres règles particulières qui se trouvent dans la plupart des livres d'Arithmétique; mais on peut s'en passer quand on conçoit bien l'état de la question : il y a les règles de trois directes, inverses, simples, composées; les règles de compagnie, d'alliage, etc. : tout se réduit à la règle de trois; il n'y a qu'à bien considérer l'état de la question, et à placer convenablement les termes de la proportion. Je n'entrerai pas dans ces détails; mais il y a une autre théorie qui est utile dans beaucoup d'occasions, c'est la théorie des progressions; quand vous avez plusieurs nombres qui ont la même proportion entre eux et qui se suivent, en sorte que le second est au premier comme le troisième est au second, comme le quatrième est au troisième, ainsi de suite, ces nombres sont en progression. Je commencerai par une observation.

On distingue communément, dans tous les livres d'Arithmétique et d'Algèbre, deux sortes de progressions, l'arithmétique et la géométrique, qui répondent aux proportions nommées *arithmétique* et *géométrique*; mais la dénomination de proportion me paraît très-impropre pour ce qu'on appelle *proportion arithmétique*. Comme un des objets de l'École Normale est de rectifier la langue des sciences, on ne regardera pas cette petite digression comme inutile.

Il me semble donc que l'idée de proportion est déjà fixée par l'usage, et ne répond qu'à ce qu'on appelle *proportion géométrique*. Quand on parle de la proportion des membres de l'homme, des parties d'un bâtiment, etc.; quand on dit qu'un plan qu'on dessine doit être réduit proportionnellement à un plus petit, etc.; quand on dit même, en général, qu'une chose doit être proportionnée à une autre, on n'entend par proportion que l'égalité des rapports, comme dans la proportion géométrique, et nullement l'égalité des différences, comme dans l'arithmétique. Ainsi, au lieu de dire que les nombres 3, 5, 7, 9 sont en proportion arithmétique, parce que la différence de 5 à 3 est la même que celle de 9 à 7, je désirerais que, pour éviter toute ambiguïté, on employât une autre dénomination; on pourrait, par exemple, appeler ces nombres *équidifférents*, en conservant le nom de *proportionnels* aux nombres qui sont en proportion géométrique, comme 3, 4, 6, 8.

D'ailleurs, je ne vois pas pourquoi la proportion appelée *arithmétique* est plus arithmétique que celle que l'on nomme *géométrique*, ni pourquoi celle-ci est plus géométrique que l'autre; au contraire, l'idée primitive de celle-ci est fondée sur l'Arithmétique, puisque celle des rapports vient essentiellement de la considération des nombres.

Au reste, en attendant qu'on ait changé ces dénominations impropres de proportions *arithmétique* et *géométrique*, je continuerai à m'en servir pour plus de simplicité et de commodité.

La théorie des progressions arithmétiques a peu de difficultés : ce sont des quantités qui augmentent ou diminuent constamment de la même quantité; mais celle des progressions géométriques est plus difficile et plus importante, parce que beaucoup de questions intéressantes en dépendent : par exemple, tous les problèmes sur l'intérêt composé, et qui regardent l'escompte, et beaucoup d'autres semblables.

En général, quand une quantité augmente, et que la force augmentative, pour ainsi dire, est proportionnelle à la quantité même, elle produit des quantités en proportion géométrique. On a observé que, dans les pays où la subsistance était très-aisée, comme dans les premières colonies américaines, la population doublait au bout de vingt ans; si elle est double au bout de vingt ans, elle sera quadruple au bout de quarante ans, octuple au bout de soixante ans, etc.; ce qui donne, comme on voit, une progression géométrique qui répond à des espaces de temps en progression arithmétique. Il en est de même de l'intérêt composé : si l'on suppose qu'une somme donnée d'argent produise, au bout d'un certain temps, une certaine somme; au bout d'un temps double, la même somme aura produit encore une pareille somme, et de plus, la somme produite dans le premier espace de temps aura produit proportionnellement une autre somme pendant le second espace de temps, et ainsi de suite. On appelle communément la somme primitive le *principal*, la somme produite, l'*intérêt*, et le rapport constant du principal à l'intérêt, pour un an, *denier*. Ainsi le denier vingt indique que l'intérêt est la vingtième partie du principal, ce qu'on nomme aussi 5 pour 100, puisque 5 est la vingtième partie de 100. Sur ce pied, le principal sera augmenté, au bout d'un an, d'un vingtième; par conséquent, il se trouvera augmenté en raison de 21 à 20; au bout de deux ans, il sera augmenté encore dans la même raison, c'est-à-dire dans la raison de $\frac{21}{20}$, multiplié par $\frac{21}{20}$; au bout de trois ans, dans la raison de $\frac{21}{20}$, multiplié deux fois par lui-même, et ainsi de suite. Et l'on trouve que de cette manière il aura presque doublé au bout de quinze ans, et sera décuplé au bout de cinquante-trois ans. Réciproquement donc, puisqu'une somme payée actuellement deviendra double au bout de quinze ans, il est clair qu'une somme qui ne devrait être payée qu'au bout de quinze ans n'aura actuellement qu'une valeur moitié moindre : c'est ce qu'on nomme la *valeur présente* d'une somme payable au bout d'un certain temps; et il est clair que, pour trouver cette valeur, il n'y aura qu'à diviser la somme promise autant de fois par la fraction $\frac{21}{20}$, ou bien la multiplier autant de fois par la fraction $\frac{20}{21}$ qu'il y aura d'années à courir. Ainsi l'on trouvera de même qu'une somme payable au bout de cinquante-trois ans ne vaut à présent qu'un dixième; d'où l'on voit combien peu d'avantage il y aurait à se défaire de la propriété absolue d'un fonds, pour n'en conserver la jouissance que pendant cinquante ans, par exemple, puisque l'on ne gagnerait par là que le dixième en jouissance, tandis qu'on aurait perdu la propriété pour l'éternité.

Dans les rentes viagères, la considération de l'intérêt se combine avec la probabilité de la vie; et, comme chacun croit toujours pouvoir vivre très-longtemps, et que, d'un autre côté, on ne peut pas faire beaucoup de cas d'une propriété qu'on est obligé d'abandonner en mourant, il en résulte un attrait particulier, quand on n'a point d'enfants, pour mettre son bien, en tout ou en partie, à fonds perdu. Néanmoins, quand on calcule une rente viagère à la rigueur, elle ne présente pas assez d'avantage pour engager à y sacrifier la propriété du fonds.

Aussi, toutes les fois qu'on a voulu créer des rentes viagères assez attrayantes pour engager les particuliers à s'y intéresser, il a fallu les faire à des conditions onéreuses pour l'établissement.

Mais nous en dirons davantage là-dessus lorsqu'on exposera la théorie des rentes viagères, qui est une branche du Calcul des probabilités.

Je finirai par dire encore un mot sur les logarithmes. L'idée la plus simple qu'on puisse se former de la théorie des logarithmes, tels qu'ils sont dans nos Tables usuelles, consiste à exprimer tous les nombres par des puissances de 10, et ainsi les exposants de ces puissances en sont les logarithmes. De cette manière, il est clair que la multiplication et la division de deux nombres se réduisent à l'addition et à la soustraction des exposants respectifs, c'est-à-dire, de leurs logarithmes; et par conséquent l'élévation aux puissances et l'extraction des racines se réduisent à la multiplication ou à la division, ce qui est d'un avantage immense dans l'Arithmétique, et y rend les logarithmes si précieux.

Mais, à l'époque où l'on a inventé les logarithmes, on ne connaissait pas encore cette théorie des puissances, on ne pensait pas que la racine d'un nombre pût être regardée comme une puissance fractionnaire. Voici comment on y est parvenu :

L'idée primitive est celle de deux progressions correspondantes, une arithmétique, l'autre géométrique; c'est ainsi qu'on les a conçues; mais il fallait trouver le moyen d'avoir les logarithmes de tous les nombres. Comme les nombres suivent la progression arithmétique, pour qu'ils puissent se trouver tous parmi les termes d'une progression géométrique, il est nécessaire d'établir cette progression de manière que les termes successifs soient très-rapprochés l'un de l'autre; et, pour prouver la possibilité d'exprimer ainsi tous les nombres, l'inventeur Neper les a d'abord considérés comme exprimés par des lignes et des parties de lignes, et il a considéré ces lignes comme engendrées par le mouvement continuel d'un point, ce qui est très-naturel.

Il a donc considéré deux lignes : la première engendrée par le mouvement d'un point qui décrit en temps égaux des espaces en progression géométrique, et l'autre engendrée par un point qui décrit des espaces qui augmentent comme les temps, et qui forment par conséquent une progression arithmétique, correspondante à la géométrique; et il a supposé, pour plus de simplicité, que les vitesses initiales de ces deux points étaient égales, ce qui lui a donné les logarithmes, qu'on a d'abord appelés *naturels*, ensuite *hyperboliques*, lorsqu'on a reconnu qu'ils pouvaient être exprimés par l'aire de l'hyperbole entre les asymptotes. De cette manière, il est clair que, pour avoir le logarithme d'un nombre quelconque donné, il ne s'agira que de prendre sur la première ligne une partie égale au nombre donné, et de chercher quelle partie de la seconde ligne aura été décrite en même temps que cette partie de la première.

Conformément à cette idée, si l'on prend pour les deux premiers termes de la progression géométrique les nombres très-peu différents 1 et 1,0000001, et pour ceux de la progression arithmétique 0 et 0,0000001, et qu'on cherche successivement, par les règles connues, tous les termes suivants des deux progressions, on trouve que le nombre 2 est, à la huitième décimale près, le 6931472e de la progression géométrique ; de sorte que le logarithme de 2 est 0,6931472 ; le nombre 10 se trouve le 23025851e de la même progression ; par conséquent le logarithme de 10 est 2,3025851, et ainsi des autres. Mais Neper, n'ayant pour objet que de déterminer les logarithmes des nombres moindres que l'unité, pour l'usage de la Trigonométrie, où les sinus et les cosinus des angles sont exprimés en fractions du rayon, a considéré la progression géométrique décroissante dont les deux premiers termes seraient 1 et 0,9999999, et il en a déterminé, par des calculs immenses, les termes suivants. Dans cette hypothèse, le logarithme que nous venons de trouver pour le nombre 2 devient celui du nombre $\frac{1}{2}$ ou 0,5, et celui du nombre 10 se rapporte au nombre $\frac{1}{10}$ ou 0,1 ; ce qui est facile à concevoir par la nature des deux progressions.

Ce travail de Neper parut en 1614 ; on en sentit tout de suite l'utilité, et l'on sentit en même temps qu'il serait plus conforme au système décimal de notre Arithmétique, et par conséquent beaucoup plus simple, de faire en sorte que le logarithme de 10 fût l'unité, moyennant quoi celui de 100 serait 2, et ainsi de suite. Pour cela, au lieu de prendre pour les deux premiers termes de la progression géométrique les nombres 1 et 1,0000001, il aurait fallu prendre les nombres 1 et 1,0000002302 en conservant 0 et 0,0000001 pour les termes correspondants de la progression arithmétique ; d'où l'on voit que, tandis que le point, qui est supposé engendrer par son mouvement la ligne géométrique ou des nombres, aurait décrit la partie très-petite 0,0000002302,..., l'autre point, qui doit engendrer en même temps la ligne arithmétique, ou des logarithmes, aurait parcouru la partie 0,0000001; et qu'ainsi les espaces décrits en même temps par ces deux points au commencement de leur mouvement, c'est-à-dire leurs vitesses initiales, au lieu d'être égales, comme dans le système précédent, seraient dans le rapport des nombres 2,302,... à 1, où l'on remarquera que le nombre 2,302... est précisément celui qui, dans le premier système des logarithmes naturels, exprime le logarithme de 10; ce qui peut aussi se démontrer *a priori*, comme nous le verrons, lorsqu'on appliquera à la théorie des logarithmes les formules algébriques. Briggs, contemporain de Neper, est l'auteur de ce changement dans le système des logarithmes, ainsi que des Tables de logarithmes dont on fait usage communément. Il en a calculé une partie, et le reste l'a été par Vlacq, Hollandais.

Ces Tables parurent à Goude en 1628; elles contiennent les logarithmes de tous les nombres depuis 1 jusqu'à 100000, calculés jusqu'à dix décimales, et elles sont maintenant très-rares : mais on a reconnu, depuis, que, pour les usages ordinaires, sept décimales suffisaient, et c'est ainsi qu'ils se trouvent dans les Tables dont on se sert journellement. Briggs et Vlacq employèrent différents moyens très-ingénieux pour faciliter leur travail. Celui qui se présente le plus naturellement et qui est encore un des plus simples, c'est de partir des nombres 1, 10, 100,... dont les logarithmes sont 0, 1, 2,..., et d'intercaler, entre les termes successifs des deux séries, autant de termes correspondants qu'on voudra, dans la première par des moyennes proportionnelles géométriques, et dans la seconde par des moyennes arithmétiques. De cette manière, quand on sera parvenu à un terme de la première série qui approchera jusqu'à la huitième décimale du nombre donné dont on cherche le logarithme, le terme correspondant de l'autre série sera, à la huitième décimale près, le logarithme de ce nombre : par exemple, pour avoir le logarithme de 2, comme 2 tombe entre 1 et 10, on cherche d'abord, par l'extraction de la racine carrée de 10, le moyen proportionnel géométrique entre 1 et 10, on trouve 3,1627766, et le moyen arithmétique correspondant entre 0 et 1 sera $\frac{1}{2}$ ou bien 0,50000000; ainsi l'on est

assuré que ce dernier nombre est le logarithme de l'autre. Puisque 2
est encore entre 1 et le nombre qu'on vient de trouver, on cherchera de
même le moyen proportionnel géométrique entre ces deux nombres, on
trouve le nombre 1,37823941; ainsi, en prenant de même le moyen
arithmétique entre 0 et 0,50000000, on aura le logarithme de ce
nombre, lequel sera 0,25000000. Maintenant, 2 étant entre ce dernier
nombre et le précédent, il faudra, pour en approcher toujours, chercher
le moyen géométrique entre ces deux-ci, ainsi que le moyen arithmétique entre leurs logarithmes, et ainsi de suite. On trouve ainsi, par un
grand nombre de pareilles opérations, que le logarithme de 2 est
0,3010300, que celui de 3 est 0,4771213, etc., en ne poussant l'exactitude que jusqu'à la huitième décimale. Mais ce calcul n'est nécessaire
que pour les nombres premiers; car, pour ceux qui sont le produit de
deux ou de plusieurs, leurs logarithmes se trouvent en faisant simplement la somme des logarithmes de leurs facteurs.

Au reste, comme il n'est plus question de calculer des logarithmes,
si ce n'est dans des cas particuliers, on pourrait regarder comme inutile le détail où nous venons d'entrer; mais on doit être curieux de
connaître la marche souvent indirecte et pénible des inventeurs, les différents pas qu'ils ont faits pour parvenir au but, et combien on est
redevable à ces véritables bienfaiteurs des hommes. Cette connaissance
d'ailleurs n'est pas de pure curiosité : elle peut servir à guider dans des
recherches semblables, et elle sert toujours à répandre une plus grande
lumière sur les objets dont on s'occupe.

Les logarithmes sont un instrument d'un usage universel dans les
sciences et même dans les arts qui dépendent du calcul. En voici, par
exemple, une application bien sensible.

Ceux qui ne sont pas tout à fait étrangers à la musique savent que
l'on exprime les différents sons de l'octave par les nombres qui déterminent les parties d'une même corde tendue, qui rendraient ces mêmes
sons; ainsi, le son principal étant exprimé par 1, son octave le sera par $\frac{1}{2}$,
la quinte par $\frac{2}{3}$, la tierce par $\frac{4}{5}$, la quarte par $\frac{3}{4}$, la seconde par $\frac{8}{9}$, et
ainsi des autres. La distance d'un des sons à l'autre s'appelle *intervalle*,

et doit se mesurer, non par la différence, mais par le rapport des nombres qui expriment les deux sons. Ainsi l'on regarde l'intervalle entre la quarte et la quinte, appelé *ton majeur*, comme sensiblement double de celui entre la tierce et la quarte, appelé *semi-ton majeur*. En effet, le premier se trouve exprimé par $\frac{8}{9}$, le second par $\frac{15}{26}$, et le premier ne diffère pas beaucoup du carré du second, ce qui est aisé à vérifier ; or il est clair que cette considération des intervalles, sur laquelle est fondée toute la théorie du tempérament, conduit naturellement aux logarithmes ; car, si l'on exprime les valeurs des différents sons par les logarithmes des longueurs des cordes qui y répondent, alors l'intervalle d'un son à l'autre sera exprimé par la différence même de valeur de ces sons ; et, si l'on voulait diviser l'octave en douze semi-tons égaux, ce qui donnerait le tempérament le plus simple et le plus exact, il n'y aurait qu'à diviser le logarithme de $\frac{1}{2}$, valeur de l'octave, en douze parties égales.

LEÇON SECONDE.

SUR LES OPÉRATIONS DE L'ARITHMÉTIQUE.

Un ancien disait que l'Arithmétique et la Géométrie étaient les *ailes des Mathématiques ;* je crois, en effet, qu'on peut dire sans métaphore que ces deux sciences sont le fondement et l'essence de toutes les sciences qui traitent des grandeurs. Mais non-seulement elles en sont le fondement, elles en sont, pour ainsi dire, encore le complément ; car, lorsque l'on a trouvé un résultat, pour pouvoir faire usage de ce résultat, il est nécessaire de le traduire en nombres ou en lignes ; pour le traduire en nombres, on a besoin du secours de l'Arithmétique ; pour le traduire en lignes, on a besoin du secours de la Géométrie.

L'importance de l'Arithmétique m'engage donc à vous en entretenir encore aujourd'hui, quoiqu'on ait déjà commencé l'Algèbre. Je reviendrai sur ces différentes parties, et je ferai de nouvelles observations, qui serviront à compléter celles que je vous ai déjà présentées. J'emploierai, d'ailleurs, le calcul géométrique, lorsqu'il sera nécessaire pour donner plus de généralité aux démonstrations et aux méthodes.

D'abord, par rapport à l'addition, il n'y a rien à ajouter à ce qui a déjà été dit. L'addition est une opération si simple, qu'elle se conçoit d'elle-même. Mais, à l'égard de la soustraction, il y a une autre manière de faire cette opération, qui peut quelquefois être plus commode que la manière ordinaire, surtout pour ceux qui y sont habitués : c'est de changer la soustraction en addition, en prenant le complément de chaque chiffre du nombre qui doit être soustrait, d'abord à 10, et ensuite à 9. Supposons, par exemple, que l'on ait le nombre 2635 à soustraire du nombre 7853; au lieu de dire 5 de 13, reste 8; ensuite 3 de 4, reste 1; 6 de 8, reste 2, et 2 de 7 reste 5, ce qui donne le reste total 5218; je dirai : 5 complément de 5 à 10 et 3 font 8; j'écris 8; 6 complément de 3 à 9 et 5 font 11, je pose 1, et je retiens 1; ensuite 3 complément de 6 à 9 et 9, à cause de 1 retenu, font 12, je pose 2, et retiens 1; enfin 7 complément de 2 à 9 et 8, à cause de 1 retenu, font 15, je pose 5, et je ne retiens rien, parce que l'opération est finie, et qu'il faut négliger la dernière dizaine qui avait été empruntée dans le cours de l'opération; ainsi l'on a également pour reste 5218.

Si l'on a des chiffres un peu plus considérables, cette manière est très-utile, parce qu'il arrive souvent qu'on se trompe en employant la manière ordinaire de la soustraction, lorsque l'on est obligé d'emprunter pour soustraire un nombre d'un autre; au lieu que, dans la manière dont il s'agit, on n'emprunte jamais, il suffit seulement de retenir, parce que la soustraction est convertie en addition. A l'égard des compléments, ils se prennent facilement à la simple vue; car tout le monde sait que 3 est le complément de 7 à 10, que 4 est celui de 5 à 9, etc. Quant à la raison de cette opération, elle se présente d'elle-même, car il est facile de voir que ces différents compléments forment le complément total du nombre qu'il s'agit de soustraire à 10, 100, 1000,..., suivant que ce nombre a 1, 2, 3,... chiffres; de sorte que c'est proprement la même chose que si l'on ajoutait d'abord 10, 100, 1000,... au nombre proposé, et qu'ensuite on en ôtât le nombre à soustraire de celui-là ; d'où l'on voit en même temps pourquoi il faut supprimer une dizaine de la somme trouvée par la dernière addition partielle.

Pour la multiplication, il se présente différents abrégés qui viennent du système décimal. D'abord on sait que, s'il est question de multiplier par 10, il n'y a qu'à ajouter un zéro ; si l'on veut multiplier par 100, on ajoute deux zéros ; par 1000, trois zéros, etc.

Ainsi, s'il fallait multiplier par une partie aliquote de 10, par exemple par 5, on n'aurait qu'à multiplier par 10, et ensuite à diviser par 2 ; par 25, on multiplierait par 100, et l'on diviserait par 4, et ainsi de suite, pour tous les produits de 5.

Lorsqu'on a un nombre entier avec des décimales à multiplier par un nombre entier avec des décimales, la règle générale est de regarder les deux nombres comme des nombres entiers, ensuite de retrancher, de droite à gauche, dans le produit autant de chiffres qu'il y a de décimales dans les deux nombres ; mais cette règle a souvent, dans la pratique, l'inconvénient d'allonger l'opération plus qu'il ne faut : car, quand on a des nombres qui contiennent des décimales, ces nombres ne sont ordinairement exacts que jusqu'à un certain rang de décimales ; ainsi l'on ne doit conserver dans le produit que les parties décimales du même ordre. Par exemple, si le multiplicande et le multiplicateur contiennent chacun deux rangs de décimales et n'ont que ce degré de précision, on aurait, par la méthode ordinaire, quatre rangs de décimales dans leur produit ; par conséquent, il faudrait négliger les deux dernières comme inutiles, et même comme inexactes. Voici comment on peut s'y prendre, pour n'avoir dans le produit qu'autant de décimales que l'on veut.

J'observe d'abord que, dans la manière ordinaire de faire la multiplication, on commence par les unités du multiplicateur, qu'on multiplie par celles du multiplicande, et ainsi de suite. Mais rien n'oblige à commencer par la droite du multiplicateur, on peut également commencer par la gauche ; et, à dire vrai, je ne sais pas pourquoi on ne préfère pas cette manière, qui aurait l'avantage de donner tout de suite les chiffres de la plus grande valeur ; car, ordinairement dans la multiplication des grands nombres, ce qui intéresse le plus, ce sont les derniers rangs de chiffres; souvent même on ne fait la multiplication que pour connaître quelques-uns des chiffres des derniers rangs; et c'est là, pour le dire en passant, un des grands avantages du calcul par les logarithmes, lesquels donnent toujours, dans les multiplications comme dans les divisions, ainsi que dans l'élévation aux puissances et dans l'extraction des racines, les chiffres suivant l'ordre de leur rang, à commencer par le plus élevé, c'est-à-dire en allant de gauche à droite.

En faisant la multiplication de cette manière, il n'y aura proprement d'autre différence dans le produit, si ce n'est que l'on aura pour première ligne celle qui aurait été la dernière, suivant la méthode ordinaire, pour seconde ligne celle qui aurait été l'avant-dernière, et ainsi des autres.

Cela peut être indifférent lorsqu'il s'agit de nombres entiers et qu'on veut avoir le produit exact; mais, lorsqu'il y a des parties décimales, l'essentiel est d'avoir d'abord dans le produit les chiffres des nombres entiers, et de descendre ensuite successivement à ceux des nombres décimaux; au lieu que, suivant le procédé ordinaire, on commence par les derniers chiffres décimaux, et l'on remonte successivement aux chiffres des nombres entiers.

Pour faire usage de cette méthode, on écrira le multiplicateur au-dessous du multiplicande, de manière que le chiffre des unités du multiplicateur soit au-dessous du dernier chiffre du multiplicande. Ensuite on commencera par le dernier chiffre à gauche du multiplicateur, qu'on multipliera comme à l'ordinaire par tous ceux du multiplicande, en commençant par le dernier à droite, et en allant successivement vers la gauche; et l'on observera de poser le premier chiffre de ce produit au-dessous du chiffre du multiplicateur, et les autres successivement à gauche de celui-ci. On continuera de même pour le second chiffre du multiplicateur, en posant également au-dessous de ce chiffre le premier chiffre du produit, et ainsi de suite. La place de la virgule, dans ces différents produits, sera la même que dans le multiplicande, c'est-à-dire que les unités des produits se trouveront toutes dans une même ligne

VII.   26

verticale avec celles du multiplicande; par conséquent, celles de la somme de tous les produits ou du produit total seront encore dans la même ligne. Ainsi il sera aisé de ne calculer qu'autant de décimales qu'on voudra. Voici un exemple de cette opération, où le multiplicande est 437,25, et le multiplicateur est 27,34 :

$$
\begin{array}{r|l}
\multicolumn{2}{c}{437,25} \\
\multicolumn{2}{c}{27,34} \\
\hline
8745 & 0 \\
3060 & 75 \\
131 & 17\ 5 \\
17 & 49\ 00 \\
\hline
1.1954 & 41\ 50
\end{array}
$$

J'ai écrit dans le produit toutes les décimales; mais il est aisé de voir comment on peut se dispenser de tenir compte de celles que l'on veut négliger. La ligne verticale est pour marquer plus distinctement la place de la virgule.

Cette règle me paraît plus naturelle et plus simple que celle qui est attribuée à Oughtred, et qui consiste à écrire le multiplicateur dans un ordre renversé.

Au reste, il y a une chose à considérer dans la multiplication des nombres avec des décimales : c'est que vous pourrez, à volonté, faire changer de place la virgule, parce que, si vous avancez la virgule de droite à gauche dans un des nombres, vous le multipliez par 10 ou par 100,...; et, si vous reculez d'autant la virgule de gauche à droite dans l'autre nombre, vous le divisez par 10 ou par 100,...; d'où il résulte que vous pouvez avancer à volonté la virgule d'un des deux nombres, pourvu que vous reculiez d'autant celle de l'autre nombre, vous aurez toujours le même produit; par ce moyen, vous pouvez faire en sorte qu'un des deux nombres soit toujours un nombre sans décimales, ce qui rend la question plus simple.

La division est susceptible d'une simplification semblable; car, comme le quotient reste le même en multipliant ou divisant le dividende et le diviseur également par un même nombre, il arrive que dans la division vous pouvez avancer ou reculer la virgule de l'un et de l'autre nombre, pourvu que vous les avanciez ou reculiez également toutes les deux; de sorte que par là vous pouvez réduire le diviseur à être toujours un nombre entier; ce qui facilite infiniment l'opération, parce que, les décimales ne se trouvant que dans le dividende, on peut faire la division à l'ordinaire, et négliger dans l'opération les chiffres qui donneraient des décimales d'un rang inférieur à celles dont vous voulez tenir compte.

Vous connaissez la fameuse propriété du nombre 9, qui consiste en ce que, si un nombre est divisible par 9, la somme de tous ses chiffres est aussi divisible par 9. Vous pouvez, par ce moyen, voir tout de suite, non-seulement si un nombre est divisible par 9, mais encore quel est son reste; car vous n'avez qu'à faire la somme des chiffres, et à la diviser par 9, le reste sera le même que celui du nombre proposé.

La démonstration de ce procédé n'est pas difficile; elle dépend de ce que les nombres 10 moins 1, 100 moins 1, 1000 moins 1,... sont tous divisibles par 9; ce qui est évident, ces nombres étant 9, 99, 999,....

Si donc vous retranchez d'un nombre quelconque la somme de tous ses chiffres ou caractères, vous aurez pour reste le chiffre des dizaines, multiplié par 9, plus celui des centaines, multiplié par 99, plus celui des mille multiplié par 999, et ainsi de suite; d'où il est clair que ce reste est tout divisible par 9. Par conséquent, si la somme des chiffres est divisible par 9, le nombre proposé le sera aussi, et, si elle n'est pas divisible par 9, le nombre ne le sera pas non plus; mais le reste de la division sera le même de part et d'autre.

Dans le cas du nombre 9, on voit clairement que 10 moins 1, 100 moins 1,... sont tous divisibles par 9; mais l'Algèbre fait voir que cette propriété est générale pour tout nombre a; car on trouve que

$$a - 1, \quad a^2 - 1, \quad a^3 - 1, \quad a^4 - 1, \quad \ldots$$

sont des quantités toutes divisibles par $a - 1$; en effet, en faisant la division, on a les quotients

$$1, \quad a + 1, \quad a^2 + a + 1, \quad a^3 + a^2 + a + 1, \quad \ldots$$

Il est aisé de conclure de là que cette propriété du nombre 9 a lieu dans notre système d'Arithmétique décimale, parce que 9 est 10 moins 1 et que, dans tout autre système fondé sur la progression a, a^2, a^3, ..., ce serait le nombre $a - 1$ qui jouirait de la même propriété. Ainsi, dans le système duodécimal, ce serait le nombre 11; de sorte que, dans ce système, tout nombre dont la somme des chiffres serait divisible par 11 le serait aussi par ce nombre.

Mais on peut généraliser cette propriété du nombre 9 par la considération suivante : comme tout nombre, dans notre système, est représenté par la somme de quelques termes de la progression 1, 10, 100, 1000,..., multipliés chacun par un des neuf chiffres 1, 2, 3, 4,..., 9, il est aisé de concevoir que le reste de la division d'un nombre quelconque par un diviseur donné sera égal à la somme des restes de la division des termes 1, 10, 100, 1000,... par le même diviseur, ces restes étant multipliés chacun par le chiffre correspondant qui multiplie chaque terme; donc, si l'on dénote en général le diviseur donné par D, et que m, n, p,... soient les restes de la division des nombres 1, 10, 100, 1000,... par D, le reste de la division d'un nombre quelconque N, dont les caractères, en allant de droite à gauche, seraient a, b, c,..., sera évidemment égal à

$$m.a + n.b + p.c + ...$$

Ainsi, connaissant pour un diviseur donné D les restes m, n, p,... qui ne dépendent que de ce diviseur, et qui sont toujours les mêmes pour le même diviseur, il n'y aura qu'à écrire les restes au-dessous du nombre proposé, en allant de droite à gauche, et à faire ensuite les différents produits de chaque chiffre par celui qui est au-dessous. La somme de tous ces produits sera le reste total de la division du nombre proposé par le même diviseur D. Et, si cette somme est plus grande que D, on pourra en chercher de nouveau le reste de la division par D, et ainsi de suite, jusqu'à ce qu'on arrive à un reste moindre que D, qui sera le véritable reste cherché : d'où il s'ensuit que le nombre proposé ne sera exactement divisible par le diviseur donné qu'autant que le dernier reste trouvé de la sorte sera nul.

Les restes de la division des termes 1, 10, 100, 1000,... par 9 sont toujours l'unité; ainsi la somme des chiffres d'un nombre quelconque est le reste de la division de ce nombre par 9. Les restes de la division des mêmes termes par 8 sont 1, 2, 4, 0, 0, 0,...: donc on aura le reste de la division d'un nombre quelconque par 8, en prenant la somme du premier chiffre à droite, du second (en allant de droite à gauche) multiplié par 2, et du troisième multiplié par 4.

Les restes de la division des mêmes termes 1, 10, 100, 1000,... par 7 sont 1, 3, 2, 6, 4, 5, 1, 3,..., où les mêmes restes reviennent toujours dans le même ordre; ainsi, ayant le nombre 13527541 à diviser par 7, je l'écrirai ainsi avec les restes au-dessous :

$$
\begin{array}{c}
13527541 \\
31546231 \\
\hline
1 \\
12 \\
10 \\
42 \\
8 \\
25 \\
3 \\
3 \\
\hline
104 \\
231 \\
\hline
4 \\
0 \\
2 \\
\hline
6
\end{array}
$$

Faisant ensuite les produits partiels et les ajoutant, je trouve d'abord le nombre 104, qui serait le reste de la division du nombre donné par 7, s'il n'était pas plus grand que ce diviseur; je répète donc l'opération sur ce reste, et je trouve pour second reste 6, qui est le véritable reste de la division dont il s'agit.

Je remarquerai encore, à l'égard de ces restes et des multiplications qui en dépendent, qu'on peut simplifier celle-ci en admettant des restes négatifs à la place de ceux qui se trouvent plus grands que la moitié du diviseur; et pour cela il n'y a qu'à soustraire encore le diviseur de chacun de ces restes : ainsi, au lieu des restes ci-dessus 6, 4, 5, on aura ceux-ci

$$-1, \quad -3, \quad -2;$$

ainsi les restes pour le diviseur 7 seront

$$1, \quad 3, \quad 2, \quad -1, \quad -3, \quad -2, \quad 1, \quad 3, \quad \dots$$

à l'infini.

De cette manière, j'aurai, dans l'exemple précédent,

$$
\begin{array}{r}
13527541 \\
31231231 \\
\hline
7 \quad 1 \\
6 \quad 12 \\
10 \quad 10 \\
\hline
23 \quad 3 \\
3 \\
\hline
29 \\
\text{ôtez} \quad 23 \\
\hline
6 \\
\end{array}
$$

Je mets une barre au-dessous des chiffres qui doivent être pris négativement; je soustrais la somme des produits de ces chiffres par ceux qui sont au-dessus d'eux de la somme des autres produits, comme on le voit dans cet exemple. Il ne s'agit donc que de trouver pour chaque diviseur les restes de la division des nombres 1, 10, 100, 1000,...; or la chose est aisée par la division actuelle; mais on peut y parvenir encore plus simplement, en considérant que, si r est le reste de la division de 10, r^2 sera celui de la division de 100, carré de 10; ainsi il n'y aura qu'à retrancher de r^2 autant de fois le diviseur qu'il sera nécessaire, pour que l'on ait un reste positif ou négatif, moindre que la moitié de ce diviseur. Soit s ce reste; alors il n'y aura qu'à le multiplier par r, reste de la division de 10, pour avoir celui de la division de 1000, parce que 1000 est 100 × 10, et ainsi de suite.

Ainsi, divisant 10 par 7, on a 3 de reste, donc le reste de la division de 100 sera 9, ou bien 2, en retranchant le diviseur 7; ensuite le reste de la division de 1000 sera le produit de 2 par 3, c'est-à-dire 6, ou bien — 1, en retranchant encore 7 : de là le reste de la division de 1000 sera le produit de — 1 par 3, savoir — 3, et ainsi de suite.

Prenons pour diviseur 11; le reste de la division de 1 est 1, celui de la division de 10 est 10, d'où retranchant le diviseur 11, on a — 1; le reste de la division de 100 sera donc le carré de — 1, savoir 1; celui de la division de 1000 sera 1, multiplié par — 1, savoir — 1, et ainsi de suite; de sorte que tous les restes seront

$$1, \quad -1, \quad 1, \quad -1, \quad 1, \quad -1, \quad \ldots$$

à l'infini.

De là résulte la propriété connue du nombre 11, savoir que, si l'on ajoute et qu'on retranche alternativement tous les chiffres d'un nombre quelconque, c'est-à-dire qu'on prenne la somme du premier, du troisième, du cinquième, etc., et qu'on en retranche la somme du second, du quatrième, etc., on aura le reste de la division de ce nombre par 11.

Cette théorie des restes est assez curieuse, et a donné lieu à des spéculations ingénieuses et difficiles. On peut démontrer, par exemple, que, quand le diviseur est un nombre premier, les restes d'une progression quelconque $1, a, a^2, a^3, a^4, \ldots$ forment toujours des périodes qui reviennent les mêmes à l'infini, et qui commencent toutes comme la première par l'unité; de sorte que, lorsque l'unité paraît parmi les restes, on peut les continuer à l'infini par la simple répétition des restes précédents. On démontre aussi que ces périodes ne peuvent jamais contenir qu'un nombre de termes égal au diviseur moins 1, ou à une partie aliquote du diviseur moins 1; mais on n'a pu encore déterminer *a priori* ce nombre pour un diviseur quelconque donné.

Quant à l'usage de cette manière de trouver le reste de la division d'un nombre par un diviseur donné, elle pourrait être très-utile, si l'on avait à diviser plusieurs nombres par un même nombre, et à former une Table des restes. Comme la division par 9 et par 11 est très-simple, on peut l'employer pour servir de preuve à la multiplication et à la division. En effet, ayant trouvé les restes de la division du multiplicande et du multiplicateur, il n'y aura qu'à faire le produit de ces deux restes, et, retranchant, s'il est nécessaire, le diviseur une ou plusieurs fois, on aura le reste de la division du produit, qui devra par conséquent s'accorder avec celui qu'on trouverait par la même opération. De même, comme dans la division le dividende moins le reste doit être égal au produit du diviseur et du quotient, on pourra y employer la même épreuve.

La proposition que je viens de supposer, que le produit des restes de la division des deux nombres par un même diviseur est égal au reste de la division du produit de ces nombres par le même diviseur, est facile à concevoir. En voici une démonstration générale.

Soient M et N les deux nombres, D le diviseur, p et q les quotients, et r, s les deux restes; il est clair qu'on aura

$$M = pD + r, \quad N = qD + s,$$

dont, faisant la multiplication,

$$MN = pq\,D^2 + sp\,D + rq\,D + rs;$$

où l'on voit que tous les termes sont divisibles par D, à l'exception du dernier rs, d'où il s'ensuit que rs sera le reste de la division MN par D; on voit de plus que, si l'on retranche de rs un multiple quelconque de D, comme mD, alors $rs - m$D sera aussi le reste de la division de MN par D; car, en mettant la valeur de MN sous cette forme

$$pq\,D^2 + sp\,D + rq\,D + m\,D + rs - m\,D,$$

on voit que tous les autres termes sont divisibles par D.

Ainsi l'on pourra toujours faire en sorte que le reste $rs - m$D soit moindre que D, ou même moindre que $\frac{D}{2}$, en employant des restes négatifs.

Voilà tout ce que j'avais à dire sur la multiplication et la division. Je ne vous parle pas de l'extraction des racines; la règle est assez simple pour les racines carrées ; elle conduit directement au but, et il n'y a pas de tâtonnement. Pour les racines cubiques et de degrés supérieurs, il est rare qu'on ait besoin d'extraire ces racines; d'ailleurs, par le moyen des logarithmes, on les extrait avec une grande facilité, et l'on peut pousser l'exactitude en décimales aussi loin que celle des logarithmes même le comporte; ainsi, avec des logarithmes de sept chiffres, on peut extraire des racines avec sept chiffres, et, en employant les grandes Tables, où les logarithmes sont poussés jusqu'à dix décimales, on peut avoir aussi dix chiffres dans le résultat.

Une des opérations les plus importantes de l'Arithmétique est celle qu'on appelle la *règle de trois,* qui consiste toujours à trouver le quatrième terme d'une proportion dont les trois premiers sont donnés.

Dans les livres ordinaires d'Arithmétique, on a beaucoup compliqué cette règle. On l'a divisée en *règles de trois simples, directes, inverses, composées.*

En général, il suffit de bien entendre l'état de la question: la règle ordinaire de trois s'applique toujours également toutes les fois qu'une quantité augmente ou diminue dans le même rapport qu'une autre; par exemple, le prix des choses augmente en proportion de la quantité des choses, de sorte que, la chose étant double, le prix devient double, et ainsi de suite; de même, le produit du travail augmente en proportion du nombre des personnes employées. Mais il y a des choses qui augmentent à la fois dans deux rapports différents : par exemple, la quantité du travail augmente suivant le nombre des personnes employées, et il augmente aussi suivant le temps qu'on emploie. Il y a d'autres choses qui diminuent à mesure que d'autres augmentent. Tout cela se réduit à une considération bien simple : c'est que, si une quantité augmente en même temps dans la proportion qu'une ou plusieurs autres quantités augmentent, et que d'autres quantités diminuent, c'est la même chose que si l'on disait que la quantité proposée augmente comme le produit des quantités qui augmentent en même temps qu'elle, divisé par le produit de celles qui diminuent en même temps. Ainsi, comme le résultat du travail augmente à mesure qu'il y a plus de travailleurs, et qu'ils travaillent plus longtemps, et qu'il diminue à mesure que l'ouvrage est plus difficile, on dira que le résultat est proportionnel au nombre des travailleurs, multiplié par le nombre qui mesure le temps, et divisé par le nombre qui mesure ou exprime la difficulté de l'ouvrage.

Cependant il faut faire attention à une chose, c'est que la règle de trois ne peut proprement s'appliquer qu'aux choses qui augmentent toujours dans un rapport constant. Par exemple, on suppose que, si un homme fait dans un jour une certaine quantité d'ouvrage, deux hommes en feront le double, trois hommes le triple, quatre le quadruple, etc. Cela pourrait ne pas être; mais, dans la règle de proportion, on le suppose, sans quoi on ne pourrait pas l'employer légitimement.

Quand la loi de l'augmentation et de la diminution est variable, la règle de trois ne s'y applique plus, et les règles ordinaires d'Arithmétique sont en défaut. Il faut avoir alors recours à l'Algèbre.

Si, parce qu'un tonneau d'une certaine capacité se vide dans un certain temps, on voulait en conclure qu'un tonneau d'une capacité double emploierait un temps double, on se tromperait; car il se videra dans un temps plus court. La loi de l'écoulement ne suit point une proportion constante, mais une proportion variable, qui diminue à mesure qu'il reste moins de liquide dans le tonneau.

Vous verrez dans la Mécanique que, dans les mouvements uniformes, les espaces parcourus suivent une proportion constante avec le temps. Dans une heure on fait une lieue, dans deux heures on en fera deux; mais une pierre qui tombe ne suivra pas la même proportion, et si, dans la première seconde, elle parcourt 15 pieds, dans la deuxième seconde elle en parcourt 45.

La règle de trois n'est applicable qu'au cas de la proportion constante. Ce cas a lieu dans la plupart des choses qui sont d'un usage ordinaire. En général, le prix est toujours proportionné à la quantité des choses; de sorte que, si une chose vaut tant, deux choses vaudront le double, trois le triple, quatre le quadruple, etc. Il en est de même du produit du travail, relativement au nombre des travailleurs et à la durée du travail; il y a néanmoins des cas où l'on pourrait aussi se tromper.

Si deux chevaux, par exemple, peuvent traîner une masse d'un certain poids, il serait naturel de croire que quatre chevaux traîneraient un poids double, six un poids triple; cependant cela n'est pas à la rigueur, car il faudrait que les quatre chevaux tirassent tous également et de la même manière, ce qui est presque impossible dans la pratique. Il arrive de là que l'on trouve souvent par le calcul des résultats qui s'éloignent de la vérité; mais alors ce n'est pas la faute du calcul, car il rend toujours exactement ce qu'on y a mis. On a supposé la proportion constante; le résultat est fondé sur cette supposition : si elle est fausse, le résultat sera nécessairement faux. Toutes les fois qu'on a voulu accuser le calcul, on n'a fait que rejeter sur le calcul la faute de celui qui l'avait fait : il avait employé des données fausses ou inexactes, il fallait bien que le résultat le fût aussi.

Parmi les autres règles de l'Arithmétique, il y a celle qu'on appelle d'*alliage*, qui mérite une considération particulière, parce qu'elle peut avoir beaucoup d'applications. Quoique l'alliage se dise principalement de métaux mêlés ensemble par la fusion, on le prend en général pour le mélange d'un certain nombre de choses de différentes valeurs, qui composent un tout d'un égal nombre de parties et d'une moyenne valeur; ainsi la règle d'alliage a deux parties.

Dans la première, on cherche la valeur moyenne et commune de chaque partie du mélange, quand on connaît le nombre des parties et la valeur particulière de chacune d'elles.

Dans la seconde, on cherche la constitution même d'un mélange, c'est-à-dire le nombre des parties des choses qui doivent être mélangées ou alliées, quand on connaît le nombre total des parties et leur valeur moyenne.

Supposons, par exemple, que l'on ait plusieurs setiers de blé de différents prix; on peut demander quel est le prix moyen : ce prix moyen doit être tel que, si chaque setier était de ce prix, le prix total de tous les setiers ensemble fût encore le même; d'où il est aisé de voir que, pour trouver dans ce cas le prix moyen, il n'y aura qu'à chercher d'abord le prix total, et à le diviser par le nombre des setiers.

27.

En général, si l'on multiplie le nombre des choses de chaque espèce par la valeur de l'unité de chaque chose, et qu'on divise ensuite la somme de tous ces produits par le nombre total des choses, on aura la valeur moyenne, parce que cette valeur, multipliée elle-même par le nombre des choses, redonnera la valeur entière de toutes les choses prises ensemble.

Cette valeur moyenne est d'une grande utilité dans presque toutes les affaires de la vie; quand on a plusieurs résultats différents, on aime à réduire tous ces résultats à un terme moyen qui produit cependant le même résultat total.

Vous verrez, quand il sera question du Calcul des probabilités, qu'il est presque tout fondé sur ce principe.

Les registres des naissances et des morts ont donné lieu à la construction des Tables qu'on appelle de *mortalité*, et qui montrent combien, sur un nombre donné d'enfants nés en même temps, ou dans la même année, il y en a de vivants au bout d'un an, de deux, de trois, etc.; on peut demander, d'après cela, quelle est la vie moyenne d'une personne d'un âge donné. Si l'on cherche dans ces Tables le nombre des vivants à cet âge, et qu'ensuite on additionne le nombre des vivants de tous les âges suivants, il est clair que cette somme donnera le nombre total des années qui auront été vécues par la totalité des vivants à l'âge donné; par conséquent, il n'y aura qu'à diviser la somme dont il s'agit par le nombre des vivants à l'âge donné; le quotient sera la vie moyenne, ou bien le nombre d'années que chaque personne devrait vivre encore, pour que le nombre total des années vécues fût le même, et que chaque personne eût vécu également.

On trouve de cette manière, en prenant le milieu entre les résultats, des différentes Tables de mortalité, que, pour un enfant d'un an, la vie moyenne est d'environ 40 ans; qu'à 10 ans, elle est encore de 40 ans; à 20, de 34; à 30, de 26; à 40, de 23; à 50, de 17; à 60, de 12; à 70, de 8; à 80, de 5.

On a, par exemple, fait différentes expériences; trois expériences ont donné quatre pour résultat; deux expériences ont donné cinq; une a donné six. Pour avoir le résultat moyen, on multipliera 4 par 3, 5 par 2, et 1 par 6. On ajoutera ensemble tous ces produits, ce qui fait 28, et l'on divisera ce nombre par le nombre des expériences, savoir 6; ce qui donnera $4\frac{2}{3}$ pour le résultat moyen de toutes ces expériences.

Au reste, vous sentez que ce résultat ne peut être regardé comme exact qu'autant qu'on suppose que toutes les expériences sont également exactes. Cependant elles peuvent ne pas l'être; alors il faut chercher à tenir compte de ces inégalités, ce qui demande un calcul plus compliqué : c'est l'objet de plusieurs recherches dont les géomètres se sont occupés.

Voilà pour ce qui regarde la première partie de la règle d'alliage; l'autre partie est l'inverse de celle-ci : étant donnée la valeur moyenne, trouver combien il faut prendre de chaque chose pour avoir cette valeur moyenne.

Les problèmes de la première espèce sont toujours déterminés, parce que, comme on vient de le voir, il n'y a qu'à multiplier le nombre par la valeur de chaque chose, et diviser la somme de tous ces produits par le nombre des choses.

Les problèmes de la seconde espèce sont, au contraire, toujours indéterminés; mais la condition de n'avoir que des nombres positifs et entiers pour résultat sert à limiter le nombre des solutions.

Supposons qu'on ait des choses de deux espèces; que la valeur de l'unité de la première espèce soit a, que celle de l'unité de la seconde espèce soit b, et qu'on demande combien on doit prendre d'unités de la première espèce et d'unités de la seconde pour en former un composé ou un tout dont la valeur moyenne soit m.

Nommons x le nombre des unités de la première espèce qui entreront dans le composé, et y le nombre des unités de la seconde espèce; il est clair que ax sera la valeur des x unités de la première espèce, et by celle des y unités de la seconde : donc $ax + by$ sera la valeur totale du mélange; mais la valeur moyenne du mélange devant être m, il faudra que la somme $x + y$ des unités du mélange, multipliée par m, valeur moyenne de chaque unité, donne la même valeur totale : donc on aura l'équation

$$ax + by = mx + my;$$

faisant passer d'un côté les termes multipliés par x, et de l'autre les termes multipliés par y, on aura

$$(a - m)x = (m - b)y,$$

et, divisant par $a - m$, il viendra

$$x = \frac{(m - b)y}{a - m},$$

où l'on voit que le nombre y peut être pris à volonté; car, en donnant à y une valeur quelconque, on aura toujours une valeur correspondante de x qui satisfera à la question. Telle est la solution générale que donne l'Algèbre; mais, si l'on ajoute la condition que les deux nombres x et y soient entiers, alors on ne peut plus prendre y à volonté. Pour voir comment on peut satisfaire de la manière la plus simple à cette dernière condition, on divisera la dernière équation par y, et l'on aura

$$\frac{x}{y} = \frac{m - b}{a - m}.$$

Pour que x et y soient tous deux positifs, il faudra que les deux quantités

$$m - b \quad \text{et} \quad a - m$$

soient de même signe; c'est-à-dire que, si a est plus grand ou moindre que m, b soit au contraire moindre ou plus grand que m; c'est-à-dire que m doit tomber entre les deux quantités a et b, ce qui est d'ailleurs évident de soi-même. Supposons a le plus grand et b le plus petit des deux prix; on cherchera la valeur de la fraction

$$\frac{m - b}{a - m},$$

qu'on réduira, s'il est nécessaire, à ses moindres termes; soit $\frac{B}{A}$ cette fraction réduite à ses moindres termes; il est visible qu'on aura la solution la plus simple en prenant

$$x = \text{B} \quad \text{et} \quad y = \text{A};$$

mais, comme une fraction demeure la même en multipliant le numérateur et le dénominateur par un même nombre, il est visible qu'on pourra prendre aussi

$$x = n\text{B} \quad \text{et} \quad y = n\text{A},$$

n étant un nombre quelconque, qu'il faudra supposer entier pour que x et y soient entiers; et il est facile de démontrer que ces expressions de x et y sont les seules qui résolvent la question proposée. Suivant la règle ordinaire d'alliage, on ferait x, quantité de la chose la plus chère, égale à $m - b$, excès du prix moyen sur le plus bas, et y, quantité de la chose la moins chère, égale à $a - m$, excès du plus haut prix sur le prix moyen, ce qui rentre dans la solution générale que nous venons de donner.

Supposons maintenant qu'au lieu de deux espèces de choses il y en ait trois, dont les valeurs soient, à commencer par la plus haute, a, b, c; soient x, y, z les quantités qu'il faudra prendre de chacune pour former un mélange ou un composé dont la valeur moyenne soit m. La somme des valeurs des trois quantités x, y, z sera

$$ax + by + cz,$$

d'après les valeurs particulières a, b, c de l'unité de chacune de ces quantités; mais cette valeur totale doit être la même que si toutes les valeurs particulières étaient égales à m, auquel cas il est clair que la valeur totale serait

$$mx + my + mz;$$

donc il faudra satisfaire à l'équation

$$ax + by + cz = mx + my + mz,$$

laquelle se réduit à cette forme plus simple

$$(a - m)x + (b - m)y + (c - m)z = 0.$$

Comme il y a trois inconnues dans cette question, on pourrait en prendre deux à volonté; mais, si l'on veut qu'elles soient exprimées par des nombres positifs et entiers, on observera d'abord que les nombres

$$a - m \quad \text{et} \quad m - c$$

sont nécessairement positifs; de sorte qu'en mettant l'équation sous cette forme

$$(a - m)\,x - (m - c)\,z = (m - b)\,y,$$

la question sera réduite à trouver deux multiples des nombres donnés

$$a - m \quad \text{et} \quad m - c,$$

dont la différence soit égale à $(m - b)\,y$.

Cette question est toujours résoluble en nombres entiers, quels que soient les nombres donnés dont on cherche les multiples, et quelle que soit la différence donnée de ces multiples. Comme elle est assez curieuse par elle-même et qu'elle peut être utile dans beaucoup d'occasions, nous allons en donner ici une solution générale déduite des propriétés des fractions continues.

Supposons donc en général que M et N soient deux nombres entiers donnés, et qu'on en cherche deux multiples xM, zN, dont la différence soit donnée et égale à D; on aura donc à satisfaire à l'équation

$$x\,\mathrm{M} - z\,\mathrm{N} = \mathrm{D},$$

x et z étant supposés des nombres entiers. D'abord il est clair que, si M et N n'étaient pas premiers entre eux, il faudrait que le nombre D fût aussi divisible par le plus grand commun diviseur de M et N; et, la division faite, on aurait une pareille équation où les nombres M et N seraient premiers entre eux; ainsi nous pouvons les supposer déjà réduits à cet état. J'observe maintenant que, si l'on connaissait la solution de cette équation pour le cas où le nombre D serait égal à l'unité positive ou négative, on en pourrait déduire la solution pour une valeur quelconque de D. Supposons, en effet, qu'on connaisse deux multiples de M et N, qui soient pM et qN, dont la différence pM $- q$N soit

$= \pm 1$, il est clair qu'il n'y aura qu'à les multiplier tous les deux par le nombre D, pour que la différence devienne égale à $\pm$ D; car, en multipliant l'équation précédente par D, on aura

$$p\,\mathrm{DM} - q\,\mathrm{DN} = \pm\,\mathrm{D};$$

qu'on retranche maintenant cette équation de l'équation proposée

$$x\,\mathrm{M} - z\,\mathrm{N} = \mathrm{D},$$

ou qu'on l'y ajoute, suivant que le terme D aura le signe $+$ ou $-$, il est clair qu'il viendra celle-ci

$$(x \mp p\,\mathrm{D})\,\mathrm{M} - (z \mp q\,\mathrm{D})\,\mathrm{N} = 0,$$

laquelle donnera sur-le-champ, comme nous l'avons vu plus haut dans le cas de l'alliage de deux choses différentes,

$$x \mp p\,\mathrm{D} = n\,\mathrm{N}, \qquad z \mp q\,\mathrm{D} = n\,\mathrm{M},$$

n étant un nombre quelconque; de sorte que l'on aura généralement

$$x = n\,\mathrm{N} \pm p\,\mathrm{D} \quad \text{et} \quad z = n\,\mathrm{M} \pm q\,\mathrm{D},$$

où l'on pourra prendre un nombre quelconque entier, positif ou négatif, pour n. Il ne reste donc plus qu'à trouver les nombres p et q, tels que l'on ait

$$p\,\mathrm{M} - q\,\mathrm{N} = \pm 1;$$

or cette question se résout facilement par les fractions continues; car nous avons fait voir, en traitant de ces fractions, que, si l'on réduit la fraction $\dfrac{\mathrm{M}}{\mathrm{N}}$ en fraction continue, qu'ensuite on en déduise toutes les fractions successives, dont la dernière sera la fraction même $\dfrac{\mathrm{M}}{\mathrm{N}}$, ces différentes fractions sont telles, que la différence entre deux fractions consécutives est toujours égale à une fraction dont le numérateur est l'unité, et le dénominateur le produit des deux dénominateurs; ainsi,

VII.

désignant par $\frac{K}{L}$ la fraction qui précédera immédiatement la dernière fraction $\frac{M}{N}$, on aura nécessairement

$$LM - KN = 1 \quad \text{ou} \quad -1,$$

suivant que celle-ci sera plus grande ou moindre que l'autre, c'est-à-dire, suivant que le quantième de la dernière fraction $\frac{M}{N}$, dans la suite de toutes les fractions successives, sera pair ou impair, puisque la première fraction de cette suite est toujours plus petite, la seconde plus grande, la troisième plus petite, etc. que la fraction primitive, qui est la même que la dernière; ainsi l'on fera

$$p = L \quad \text{et} \quad q = K,$$

et le problème des deux multiples sera résolu dans toute sa généralité.

Maintenant il est clair que, pour appliquer cette solution à la question ci-dessus concernant l'alliage, il n'y aura qu'à faire

$$M = a - m, \quad N = m - c, \quad \text{et} \quad D = (m - b)\,y;$$

de sorte que le nombre y demeurera indéterminé, et pourra être pris à volonté, ainsi que le nombre n qui entre dans les expressions de x et z.

LEÇON TROISIÈME.

SUR L'ALGÈBRE, OÙ L'ON DONNE LA RÉSOLUTION DES ÉQUATIONS DU TROISIÈME ET DU QUATRIÈME DEGRÉ.

L'Algèbre est une science presque entièrement due aux modernes. Je dis presque entièrement, car il nous reste un ouvrage grec, celui de Diophante, qui vivait dans le IIIe siècle de l'ère chrétienne : cet Ouvrage est le seul que nous devions aux anciens dans ce genre. Quand je parle des anciens, je n'entends que les Grecs; car les Romains ne nous ont rien laissé sur les sciences; il paraît même qu'ils n'avaient rien fait pour elles.

Diophante peut être regardé comme l'inventeur de l'Algèbre; en effet, par un mot de sa préface, ou plutôt de son épître d'envoi (car les anciens Géomètres envoyaient leurs Ouvrages à quelques-uns de leurs amis, comme on le voit aussi par les préfaces des Ouvrages d'Apollonius et d'Archimède); par un mot, dis-je, de sa préface, on voit qu'il a été le premier à s'occuper de cette partie de l'Arithmétique qui a été nommée depuis *Algèbre*.

Son Ouvrage contient les premiers éléments de cette science : il y emploie, pour exprimer la quantité inconnue, une lettre grecque qui répondait à l'*st*, et que dans la traduction on a remplacée par N; pour les quantités connues, il n'emploie que des nombres, car pendant longtemps l'Algèbre n'a été destinée qu'à résoudre des questions numériques; mais on voit qu'il traite également les quantités connues et les inconnues pour former l'équation d'après les conditions du problème. Voilà ce qui constitue proprement l'essence de l'Algèbre : c'est d'employer des quantités inconnues, de les calculer comme les connues, et d'en former une ou plusieurs équations d'après lesquelles on puisse déterminer la valeur de ces inconnues. Quoique l'Ouvrage de Diophante ne contienne presque que des questions indéterminées, dont on cherche une solution en nombres rationnels, questions qu'on a nommées, d'après lui, *questions de Diophante*, on y trouve néanmoins la solution de quelques problèmes déterminés du premier degré, même à plusieurs inconnues; mais l'Auteur emploie toujours des artifices particuliers pour réduire la question à une seule inconnue, ce qui n'est pas difficile. Il y donne aussi la solution des équations du second degré; mais il a l'art de les arranger de manière à ne pas tomber dans une équation composée, c'est-à-dire qui contienne le carré de l'inconnue avec sa première puissance.

Il se propose, par exemple, cette question, qui contient la théorie générale des équations du second degré : *Trouver deux nombres dont la somme et le produit soient donnés*. Si l'on fait la somme a et le produit b, d'après la théorie des équations qu'on vous a exposée, on a sur-le-champ l'équation

$$x^2 - ax + b = 0.$$

Voici comment Diophante s'y prend : la somme des deux nombres étant donnée, il en cherche la différence, et il prend cette différence pour l'inconnue. Il exprime ainsi les deux nombres, l'un par la moitié de la somme plus la moitié de la différence, l'autre par la moitié de la somme moins la moitié de la différence, et il n'a plus qu'à satisfaire à l'autre condition, c'est-à-dire à égaler leur produit au nombre donné. Nommant a la somme donnée, x la différence inconnue, l'un des nombres sera $\frac{a+x}{2}$, et l'autre sera $\frac{a-x}{2}$; en les multipliant ensemble, on a $\frac{a^2-x^2}{4}$, de manière que le terme en x disparaît, et qu'en égalant cette quantité au produit donné b, on a l'équation simple

$$\frac{a^2-x^2}{4} = b,$$

d'où l'on tire

$$x^2 = a^2 - 4b,$$

et de là

$$x = \sqrt{a^2 - 4b}.$$

Diophante résout encore quelques autres questions du même genre; en employant à propos la somme ou la différence pour inconnue, il parvient toujours à une équation dans laquelle il n'a qu'à extraire une racine carrée pour avoir la solution de son problème.

Mais, dans les livres qui nous sont restés (car tout l'Ouvrage de Diophante ne nous est pas parvenu), il ne va pas au delà des équations du second degré, et nous ignorons si lui ou quelqu'un de ses successeurs (car il ne nous est parvenu aucun autre Ouvrage sur cette matière) a été au delà des équations du second degré.

Je ferai encore une remarque à l'occasion de l'Ouvrage de Diophante : c'est qu'il établit en définition ce principe, que $+$ par $-$ fait $-$, et $-$ par $-$ fait $+$; mais je pense que c'est une faute des copistes; car il aurait dû plutôt l'établir comme un axiome, ainsi qu'Euclide l'a fait à l'égard de quelques principes de Géométrie. Quoi qu'il en soit, on voit que Diophante regarde la règle des signes comme un principe évident par lui-même, et qui n'a pas besoin de démonstration. Cet Ouvrage de Diophante est très-précieux, parce qu'il contient les premiers germes d'une science qui, par les progrès immenses qu'elle a faits depuis, est devenue une de celles qui font le plus d'honneur à l'esprit humain. Il n'a été connu en Europe que vers la fin du xvie siècle; on en a eu d'abord une traduction assez mauvaise faite par Xylander, vers le milieu du xvie siècle, sur un manuscrit trouvé dans la bibliothèque Vaticane, où il avait été probablement apporté de Grèce, lorsque les Turcs s'emparèrent de Constantinople.

Bachet de Meziriac, qui a été un des premiers membres de l'Académie française, et qui était d'ailleurs assez bon géomètre pour son temps, en donna une nouvelle traduction, accompagnée de commentaires très-longs, qui à présent sont devenus inutiles. Mais cette édition a été ensuite réimprimée avec des observations et des notes de Fermat, un des plus célèbres Géomètres de France, qui a vécu vers le milieu du dernier siècle, et dont on aura occasion de parler dans la suite, à cause des découvertes importantes qu'on lui doit dans l'Analyse. Cette édition, qui est de 1670, est la dernière qui ait été faite. Il serait à souhaiter qu'on fît passer dans la langue française, par de bonnes traductions, non-seulement l'Ouvrage de Diophante, mais encore le petit nombre d'ouvrages mathématiques que les Grecs nous ont laissés.

Mais, avant que l'Ouvrage de Diophante fût connu en Europe, l'Algèbre y avait déjà pénétré. En effet, il a paru vers la fin du xve siècle, à Venise, un Ouvrage d'un cordelier italien, nommé Luc Pacciolo, sur l'Arithmétique et la Géométrie, où l'on trouve les premières règles de l'Algèbre : c'est un des livres qui ont été imprimés dans les premiers temps de l'invention de l'imprimerie; le nom d'*Algèbre,* qu'on y donne à cette nouvelle science, indique assez qu'elle venait des Arabes. Il est vrai qu'on dispute encore sur la signification de ce mot arabe; mais nous ne nous arrêterons pas à ces sortes de discussions qui nous sont étrangères; il nous suffit que ce mot soit devenu le nom d'une science généralement connue, et qu'il n'y ait pas d'ambiguïté à craindre, puisque, jusqu'à présent, il n'a été employé à désigner aucune autre chose.

Nous ignorons, au reste, si les Arabes avaient inventé l'Algèbre d'eux-mêmes, ou s'ils l'avaient empruntée des Grecs; il y a apparence qu'ils avaient l'Ouvrage de Diophante, car, après que les temps de barbarie et d'ignorance qui suivirent leurs premières conquêtes furent passés, ils commencèrent à s'adonner aux sciences et à traduire en arabe tous les ouvrages grecs qui pouvaient y avoir rapport. Il est donc naturel de penser qu'ils avaient traduit aussi celui de Diophante, et c'est ce qui les aura engagés à pousser plus loin cette nouvelle science.

Quoi qu'il en soit, les Européens, l'ayant reçue des Arabes, l'ont eue cent ans avant que l'Ouvrage de Diophante leur fût connu; mais elle n'allait pas au delà des équations du premier et du second degré. Dans l'Ouvrage de Pacciolo, dont nous avons parlé plus haut, on ne trouve pas la résolution générale des équations du second degré, telle que nous l'avons; mais on y trouve seulement des règles exprimées en mauvais vers latins pour résoudre chaque cas particulier, suivant les différentes combinaisons des signes des termes de l'équation, et ces règles mêmes ne se rapportent qu'au cas où il y a des racines réelles et positives; car on regardait encore les racines négatives comme insignifiantes et inutiles. C'est proprement la Géométrie qui a fait connaître l'usage des quantités négatives, et c'est là un des plus grands avantages qui soient résultés de l'application de l'Algèbre à la Géométrie, qu'on doit à Descartes.

On chercha ensuite la résolution des équations du troisième degré, et elle fut découverte par un géomètre de Bologne, nommé Scipion Ferreo, mais seulement pour un cas particulier. Deux autres géomètres italiens, Tartalea et Cardan, la complétèrent ensuite et la rendirent générale pour toutes les équations du troisième degré; car, à cette époque, l'Italie, qui avait été le berceau de l'Algèbre en Europe, en était encore presque seule en possession. Ce ne fut que vers le milieu du xvie siècle que des Traités d'Algèbre parurent en France, en Allemagne et ailleurs. Ceux de Peletier et de Buteon, imprimés, l'un en 1554, l'autre en 1559, sont les premiers que la France ait eus sur cette science.

Tartalea exposa sa solution en mauvais vers italiens, dans un Ouvrage sur différentes questions et inventions, imprimé en 1546, Ouvrage qui a aussi le mérite d'être un des premiers où l'on ait traité de la fortification moderne par bastions.

Cardan publia, dans le même temps, son Traité *de Arte magna*, c'est-à-dire, de l'Algèbre, où il ne laisse presque rien à désirer sur la résolution des équations du troisième degré. Cardan est encore le premier qui ait aperçu la multiplicité des racines des équations, et leur distinction en positives et négatives; mais il est surtout connu pour avoir le premier remarqué le cas qu'on appelle *irréductible,* et dans lequel l'expression réelle des racines est sous une forme imaginaire. Cardan se convainquit, par quelques cas particuliers où l'équation a des diviseurs rationnels, que cette expression n'empêchait pas que les racines n'eussent une valeur réelle; mais il restait à prouver que non-seulement les racines sont réelles dans le cas irréductible, mais qu'elles ne peuvent même être toutes trois réelles que dans ce cas : c'est ce qu'a fait après lui Viète, et surtout Albert Girard, par la considération de la trisection de l'angle.

Nous reviendrons sur le cas irréductible des équations du troisième degré, non-seulement parce qu'il présente une nouvelle forme d'expressions algébriques qui est devenue d'un usage très-étendu dans l'Analyse, mais surtout parce qu'il donne encore lieu tous les jours à des recherches inutiles pour réduire la forme imaginaire à une réelle, et qu'il offre ainsi, en Algèbre, un problème qu'on peut mettre sur la même ligne que les fameux problèmes de la duplication du cube ou de la quadrature du cercle en Géométrie.

Les mathématiciens de ce temps-là étaient dans l'usage de se proposer des problèmes à résoudre : c'étaient des défis publics qu'ils se faisaient, et qui servaient à exciter et à entretenir dans les esprits la fermentation nécessaire pour l'étude des sciences. Ces sortes de défis ont continué jusqu'au commencement de ce siècle entre les premiers Géomètres de toute l'Europe, et ils n'ont proprement cessé qu'à cause des Académies, qui remplissent le même but d'une manière encore plus avantageuse au progrès des sciences, soit par la réunion des connaissances des différents membres qui les composent, soit par les relations qu'elles entretiennent entre elles, soit surtout par la publication de leurs Mémoires, qui sert à répandre, parmi tous ceux qui s'intéressent aux sciences, les découvertes et les observations nouvelles.

Les défis dont nous venons de parler suppléaient, en quelque sorte, au défaut des Académies, qui n'existaient pas encore, et l'on doit à ces défis plusieurs découvertes importantes d'Analyse. Celle de la résolution des équations du quatrième degré est de ce nombre.

On proposa ce Problème :

Trouver trois nombres continuellement proportionnels, dont la somme soit 10, *et le produit des deux premiers soit* 6.

Nommant, pour plus de généralité, a la somme des trois nombres, b le produit des deux premiers, et x, y ces deux nombres : on aura d'abord $xy = b$; ensuite le troisième nombre sera exprimé, à cause de la proportion continue, par $\frac{y^2}{x}$, de sorte que l'autre condition donnera

$$x + y + \frac{y^2}{x} = a.$$

De la première équation on tire $x = \frac{b}{y}$; cette valeur, substituée dans la seconde, donnera

$$\frac{b}{y} + y + \frac{y^3}{b} = a,$$

savoir, en faisant disparaître les fractions et ordonnant les termes,

$$y^4 + by^2 - aby + b^2 = 0,$$

équation du quatrième degré, sans le second terme.

Louis Ferrari, de Bologne, au rapport de Bombelli, dont nous parlerons bientôt, parvint à la résoudre par une méthode ingénieuse : elle consiste à partager l'équation en deux parties, qui permettent l'extraction de la racine carrée de part et d'autre; pour cela, il faut ajouter aux deux nombres des quantités dont la détermination dépend d'une équation du troisième degré; de sorte que la résolution des équations du quatrième degré dépend de celle du troisième, et est sujette aux mêmes inconvénients du cas irréductible.

L'*Algèbre* de Bombelli, imprimée à Bologne en 1579, en langue italienne, ne contient pas seulement la découverte de Ferrari, mais encore différentes remarques importantes sur les équations du second et du troisième degré, et surtout sur le calcul des radicaux, au moyen duquel l'Auteur parvient, dans quelques cas, à tirer les racines cubes imaginaires des deux binômes de la formule du troisième degré dans le cas irréductible, ce qui donne un résultat tout réel, et fournit la preuve la plus directe de la réalité de ces sortes d'expressions.

Voilà l'histoire succincte des premiers progrès de l'Algèbre en Italie : on parvint bientôt à résoudre les équations du troisième et du quatrième degré; mais les efforts continus des géomètres, pendant près de deux siècles, n'ont pu entamer le cinquième degré.

Ils nous ont valu néanmoins tous les beaux théorèmes que vous avez vus sur la formation des équations, sur la nature et les signes des racines, sur la transformation d'une équation en d'autres dont les racines soient composées comme l'on voudra des racines de la proposée; enfin sur la métaphysique même de la résolution des équations, d'où résulte la méthode la plus directe de parvenir à cette résolution, lorsqu'elle est possible : c'est celle qui vous a été exposée dans les dernières Leçons, et qui ne laisserait rien à désirer, si elle pouvait donner également la résolution des degrés supérieurs. Viète et Descartes en France, Harriot en Angleterre, Hudde en Hollande ont été les premiers, après les Italiens dont nous venons de parler, à perfectionner la théorie des équations, et depuis il n'y a presque point eu de Géomètre qui ne s'en soit occupé; de sorte que cette théorie, dans son état actuel, est le résultat de tant de recherches différentes, qu'il est très-difficile d'assigner l'auteur de chacune des découvertes qui la composent.

J'ai promis de revenir sur le cas irréductible. Pour cela, il est nécessaire de rappeler la méthode qui paraît avoir servi à la première résolution des équations du troisième degré, et qui est encore employée dans la plupart des Éléments d'Algèbre. Considérons l'équation générale du troisième degré, privée du second terme, qu'on peut toujours faire disparaître, savoir

$$x^3 + px + q = 0;$$

qu'on suppose

$$x = y + z,$$

y et z étant deux nouvelles inconnues, dont une, par conséquent, sera à volonté, et pourra être déterminée de la manière qu'on jugera la plus convenable ; on aura, en substituant cette valeur, la transformée

$$y^3 + 3y^2z + 3yz^2 + z^3 + p(y + z) + q = 0.$$

Or les deux termes $3y^2z + 3yz^2$ se réduisent à cette forme

$$3yz(y + z),$$

de sorte qu'on peut écrire la transformée ainsi

$$y^3 + z^3 + (3yz + p)(y + z) + q = 0.$$

Si maintenant on suppose égale à zéro la quantité qui multiplie $y + z$, ce qui est permis à cause des deux indéterminées, on aura, d'un côté, l'équation

$$3yz + p = 0,$$

et de l'autre l'équation restante

$$y^3 + z^3 + q = 0,$$

par lesquelles on pourra déterminer y et z. Le moyen qui se présente le plus naturellement pour cela est de tirer de la première la valeur de

$$z = -\frac{p}{3y},$$

de la substituer dans la seconde, et de faire évanouir par la multiplication les fractions, ce qui donne cette équation en y du sixième degré,
qu'on appelle la *réduite*,

$$y^6 + qy^3 - \frac{p^3}{27} = 0,$$

laquelle, ne contenant que deux puissances de l'inconnue, dont l'une est
le carré de l'autre, est résoluble à la manière de celles du second degré,
et donne sur-le-champ

$$y^3 = -\frac{q}{2} + \sqrt{\frac{q^2}{4} + \frac{p^3}{27}},$$

d'où, en extrayant la racine cubique, on a

$$y = \sqrt[3]{-\frac{q}{2} + \sqrt{\frac{q^2}{4} + \frac{p^3}{27}}},$$

et de là

$$x = y + z = y - \frac{p}{3y}.$$

On rend cette expression de y plus simple, en remarquant que le produit de y par le radical

$$\sqrt[3]{-\frac{q}{2} - \sqrt{\frac{q^2}{4} + \frac{p^3}{27}}}$$

est, en multipliant ensemble les quantités sous le signe,

$$\sqrt[3]{-\frac{p^3}{27}} = -\frac{p}{3},$$

d'où il suit que le terme $\frac{p}{3y}$ devient

$$-\sqrt[3]{-\frac{q}{2} - \sqrt{\frac{q^2}{4} + \frac{p^3}{27}}},$$

et que, par conséquent, on a

$$x = \sqrt[3]{-\frac{q}{2} + \sqrt{\frac{q^2}{4} + \frac{p^3}{27}}} + \sqrt[3]{-\frac{q}{2} - \sqrt{\frac{q^2}{4} + \frac{p^3}{27}}},$$

expression où l'on voit que le radical carré qui est sous le signe cubique se trouve également en plus et en moins, de sorte qu'il ne peut y avoir de ce côté-là aucune ambiguïté. C'est l'expression connue sous le nom de *formule de Cardan*, et à laquelle toutes les méthodes qu'on a pu imaginer jusqu'ici pour les équations du troisième degré ont toujours conduit. Comme les radicaux cubes ne présentent naturellement qu'une seule valeur, on a été longtemps dans l'idée que cette formule ne pouvait donner qu'une des racines de l'équation, et, pour trouver les deux autres, on revenait à l'équation primitive qu'on divisait par $x - a$, en supposant a la racine trouvée; et, le quotient étant une équation du second degré, on la résolvait à la manière ordinaire. En effet, cette division est non-seulement toujours possible, mais même très-facile; car, dans le cas proposé, l'équation étant

$$x^3 + px + q = 0,$$

si a est une des racines, on aura

$$a^3 + pa + q = 0;$$

cette équation, soustraite de la précédente, donnera

$$x^3 - a^3 + p(x - a) = 0,$$

quantité divisible par $x - a$, et qui donnera pour quotient

$$x^2 + ax + a^2 + p = 0;$$

de sorte que la nouvelle équation à résoudre pour avoir les deux autres racines sera

$$x^2 + ax + a^2 + p = 0,$$

d'où il est aisé de tirer

$$x = -\frac{a}{2} \pm \sqrt{-p - \frac{3a^2}{4}}.$$

Je vois par l'*Algèbre* de Clairaut, imprimée en 1746, et par l'article *Cas irréductible* de d'Alembert dans la première *Encyclopédie*, que cette idée subsistait encore à cette époque-là; mais c'est faire tort à l'Algèbre que de l'accuser de ne pas donner des résultats aussi généraux que la question en est susceptible. Il ne s'agit que de savoir bien lire ce genre d'écriture et d'y voir tout ce qu'elle peut renfermer. En effet, dans le cas dont il s'agit, on ne faisait pas attention que toute racine cubique doit avoir une triple valeur, comme toute racine carrée en a une double, par la raison qu'extraire, par exemple, la racine cubique de a n'est autre chose que résoudre l'équation du troisième degré $x^3 - a = 0$. Cette équation, en faisant $x = y\sqrt[3]{a}$, se ramène à cette forme plus simple $y^3 - 1 = 0$, qui a d'abord la racine $y = 1$; ensuite, en la divisant par $y - 1$, on a

$$y^2 + y + 1 = 0,$$

d'où l'on tire les deux autres racines

$$y = \frac{-1 \pm \sqrt{-3}}{2};$$

ces trois racines sont donc les trois racines cubiques de l'unité, comme vous l'avez déjà vu, et donnent les trois racines cubiques de toute autre quantité comme a, en les multipliant par la racine cubique ordinaire de cette quantité. Il en est de même des racines quatrièmes, cinquièmes, etc.

Nommons, pour abréger, m et n les deux racines

$$\frac{-1 + \sqrt{-3}}{2} \quad \text{et} \quad \frac{-1 - \sqrt{-3}}{2},$$

qu'on voit bien être imaginaires, quoique leur cube soit réel et égal à 1, comme on peut s'en convaincre par le calcul; on aura donc, pour les trois racines cubiques de a,

$$\sqrt[3]{a}, \quad m\sqrt[3]{a}, \quad n\sqrt[3]{a}.$$

Or, lorsque nous sommes parvenus ci-dessus, dans la résolution de l'équation du troisième degré, à la réduite $y^3 = A$, en faisant pour abréger

$$A = -\frac{q}{2} + \sqrt[3]{\frac{q^2}{4} + \frac{p^3}{27}},$$

nous en avons déduit de suite

$$y = \sqrt[3]{A};$$

mais, par ce que nous venons de démontrer, il est clair qu'on aura non-seulement

$$y = \sqrt[3]{A},$$

mais encore

$$y = m\sqrt[3]{A} \quad \text{et} \quad y = n\sqrt[3]{A};$$

donc la racine x de l'équation du troisième degré, que nous avons trouvée égale à

$$y - \frac{p}{3y},$$

aura aussi ces trois valeurs

$$\sqrt[3]{A} - \frac{p}{3\sqrt[3]{A}}, \quad m\sqrt[3]{A} - \frac{p}{3m\sqrt[3]{A}}, \quad n\sqrt[3]{A} - \frac{p}{3n\sqrt[3]{A}},$$

qui seront par conséquent les trois racines de l'équation proposée. Mais en faisant

$$B = -\frac{q}{2} - \sqrt{\frac{q^2}{4} + \frac{p^3}{27}},$$

il est clair que

$$AB = -\frac{p^3}{27},$$

donc

$$\sqrt[3]{A} \times \sqrt[3]{B} = -\frac{p}{3};$$

mettant donc $\sqrt[3]{B}$ à la place de $-\dfrac{p}{3\sqrt[3]{A}}$, et remarquant de plus que $mn = 1$, et par conséquent

$$\frac{1}{m} = n, \quad \frac{1}{n} = m,$$

les trois racines dont il s'agit seront exprimées ainsi

$$x = \sqrt[3]{A} + \sqrt[3]{B}, \quad x = m\sqrt[3]{A} + n\sqrt[3]{B}, \quad x = n\sqrt[3]{A} + m\sqrt[3]{B} \cdot$$

On voit par là que la méthode ordinaire, bien entendue, donne direc-

tement les trois racines, et n'en donne que trois; j'ai cru ce petit détail
nécessaire, parce que, si d'un côté on a longtemps accusé cette méthode
de ne donner qu'une seule racine, de l'autre, lorsqu'on eut aperçu
qu'elle pouvait en donner trois, on crut qu'elle en devait donner six, en
employant faussement toutes les combinaisons possibles des trois racines
cubiques de l'unité 1, m, n, avec les deux radicaux cubiques $\sqrt[3]{A}$ et $\sqrt[3]{B}$.

On aurait pu parvenir directement aux résultats que nous venons de
trouver, en remarquant que les deux équations

$$y^3 + z^3 + q = 0 \quad \text{et} \quad 3yz + p = 0$$

donnent

$$y^3 + z^3 = -q \quad \text{et} \quad y^3 z^3 = -\frac{p^3}{27};$$

d'où l'on voit sur-le-champ que y^3 et z^3 sont les racines d'une équation
du second degré, dont le second terme sera q, et le troisième $-\frac{p^3}{27}$.
Cette équation, qu'on appelle la *réduite*, sera donc

$$u^2 + qu - \frac{p^3}{27} = 0,$$

et, nommant A et B ses deux racines, on aura tout de suite

$$y = \sqrt[3]{A}, \quad z = \sqrt[3]{B},$$

où l'on observera qu'en effet A et B auront les mêmes valeurs que nous
avons assignées plus haut à ces mêmes lettres. Or, par ce que nous avons
démontré ci-dessus, on aura également

$$y = m\sqrt[3]{A} \quad \text{ou} \quad = n\sqrt[3]{A},$$

et il en sera de même de la valeur de z; mais l'équation

$$zy = -\frac{p}{3},$$

dont nous n'avons employé que le cube, limite ces valeurs, et il est aisé de voir qu'elle exige que les trois valeurs correspondantes de z soient

$$\sqrt[3]{B}, \quad n\sqrt[3]{B}, \quad m\sqrt[3]{B};$$

d'où résultent, pour la valeur de x, qui est $= y + z$, les mêmes trois valeurs que nous avons trouvées.

Pour la forme de ces valeurs, il est visible d'abord qu'il ne peut y en avoir qu'une de réelle, tant que A et B seront des quantités réelles, puisque m et n sont des quantités imaginaires. Elles ne pourront donc être toutes les trois réelles que dans le cas où les racines A et B de la réduite seront imaginaires, c'est-à-dire lorsque la quantité

$$\frac{q^2}{4} + \frac{p^3}{27},$$

qui se trouve sous le signe radical, sera négative, ce qui n'a lieu que lorsque p est négatif et plus grand que

$$3\sqrt[3]{\frac{q^2}{4}};$$

c'est le cas qu'on appelle *irréductible*.

Puisque dans ce cas

$$\frac{q^2}{4} + \frac{p^3}{27}$$

est une quantité négative, supposons-la égale à $-g^2$, g étant une quantité quelconque réelle, et faisant, pour plus de simplicité,

$$-\frac{q}{2} = f,$$

les deux racines A et B de la réduite prendront cette forme

$$A = f + g\sqrt{-1}, \quad B = f - g\sqrt{-1}.$$

Or je dis que si $\sqrt[3]{A} + \sqrt[3]{B}$, qui est une des racines de l'équation du troisième degré, est réelle, les deux autres racines, exprimées par

$$m\sqrt[3]{A} + n\sqrt[3]{B} \quad \text{et} \quad n\sqrt[3]{A} + m\sqrt[3]{B},$$

seront réelles aussi. En effet, supposons

$$\sqrt[3]{A} = t, \quad \sqrt[3]{B} = u;$$

on aura d'abord

$$t + u = h,$$

h étant par l'hypothèse une quantité réelle. Or

$$tu = \sqrt[3]{AB} \quad \text{et} \quad AB = f^2 + g^2,$$

donc

$$tu = \sqrt[3]{f^2 + g^2};$$

l'équation précédente, étant élevée au carré, donne

$$t^2 + 2tu + u^2 = h^2;$$

retranchant $4tu$, on aura

$$(t - u)^2 = h^2 - 4\sqrt[3]{f^2 + g^2}.$$

J'observe que cette quantité doit être nécessairement négative; car, si elle était positive et $= k^2$, on aurait

$$(t - u)^2 = h^2,$$

donc

$$t - u = k;$$

donc, puisque

$$t + u = h,$$

on aurait

$$= \frac{h + k}{2} \quad \text{et} \quad u = \frac{h - k}{2},$$

quantités réelles; donc t^3 et u^3 seraient aussi des quantités réelles, ce qui est contre l'hypothèse, puisque ces quantités sont égales à A et B, toutes deux imaginaires.

Donc la quantité

$$h^2 - 4\sqrt[3]{f^2 + g^2}$$

sera essentiellement négative. Supposons-la égale à $-k^2$; donc

$$(t - u)^2 = -k^2,$$

VII. 3o

et, tirant la racine carrée,

$$t - u = k\sqrt{-1};$$

donc

$$t = \frac{h + k\sqrt{-1}}{2} = \sqrt[3]{A}, \quad u = \frac{h - k\sqrt{-1}}{2} = \sqrt[3]{B}.$$

Telle sera donc nécessairement la forme des deux radicaux cubes

$$\sqrt[3]{f + g\sqrt{-1}} \quad \text{et} \quad \sqrt[3]{f - g\sqrt{-1}},$$

forme à laquelle on parvient directement, en réduisant ces radicaux en série par le théorème de Newton, comme vous l'avez déjà vu dans les leçons du Cours principal. Mais, comme les démonstrations par les séries peuvent laisser quelques nuages dans l'esprit, j'ai voulu en rendre la précédente tout à fait indépendante.

Si donc

$$\sqrt[3]{A} + \sqrt[3]{B} = h,$$

on aura

$$\sqrt[3]{A} = \frac{h + k\sqrt{-1}}{2} \quad \text{et} \quad \sqrt[3]{B} = \frac{h - k\sqrt{-1}}{2};$$

or on a trouvé plus haut

$$m = \frac{-1 + \sqrt{-3}}{2}, \quad n = \frac{-1 - \sqrt{-3}}{2};$$

donc, multipliant ces quantités ensemble, on aura

$$m\sqrt[3]{A} + n\sqrt[3]{B} = \frac{-h + k\sqrt{3}}{2}$$

et

$$n\sqrt[3]{A} + m\sqrt[3]{B} = \frac{-h - k\sqrt{3}}{2},$$

quantités réelles. Ainsi donc, si la racine h est réelle, les deux autres le seront aussi naturellement dans le cas irréductible, et ne pourront l'être que dans ce cas, comme nous l'avons vu ci-dessus.

Mais la difficulté est toujours de démontrer directement que

$$\sqrt[3]{f+g\sqrt{-1}}+\sqrt[3]{f-g\sqrt{-1}},$$

que nous avons supposé $= h$, est toujours une quantité réelle, quelles que soient les valeurs de f et g. On y peut parvenir dans des cas particuliers, en extrayant la racine cubique, lorsque cette extraction peut se faire exactement. Par exemple, si $f = 2$, $g = 11$, on trouvera que la racine cubique de $2 + 11\sqrt{-1}$ sera $2 + \sqrt{-1}$, et de même celle de $2 - 11\sqrt{-1}$ sera $2 - \sqrt{-1}$, de sorte que la somme des deux radicaux sera égale à 4. On peut faire ainsi une infinité d'exemples, et c'est de cette manière que Bombelli s'est convaincu de la réalité de l'expression imaginaire de la formule du cas irréductible; mais, cette extraction n'étant possible en général que par les séries, on ne peut parvenir de cette manière à une démonstration générale et directe de la proposition dont il s'agit.

Il n'en est pas de même des radicaux carrés et de tous ceux dont l'exposant est une puissance de 2. En effet, si l'on a la quantité

$$\sqrt{f+g\sqrt{-1}}+\sqrt{f-g\sqrt{-1}},$$

composée de deux radicaux imaginaires, son carré sera

$$2f + 2\sqrt{f^2 + g^2},$$

quantité nécessairement positive; donc, extrayant la même racine carrée, on aura

$$\sqrt{2f + 2\sqrt{f^2 + g^2}}$$

pour la valeur réelle de la quantité proposée. Mais, si, au lieu de la somme, on avait la différence des mêmes radicaux, alors son carré serait

$$2f - 2\sqrt{f^2 + g^2},$$

quantité nécessairement négative; et, tirant la racine carrée, on aurait l'expression imaginaire simple

$$\sqrt{2f - 2\sqrt{f^2 + g^2}}.$$

30.

Si l'on avait la quantité

$$\sqrt[4]{f + g\sqrt{-1}} + \sqrt[4]{f - g\sqrt{-1}},$$

on l'élèverait d'abord au carré, ce qui donnerait

$$\sqrt{f + g\sqrt{-1}} + \sqrt{f - g\sqrt{-1}} + 2\sqrt[4]{f^2 + g^2} = \sqrt{2f + 2\sqrt{f^2 + g^2}} + 2\sqrt[4]{f^2 + g^2},$$

quantité réelle et positive; on aura donc aussi, en extrayant la racine carrée, une valeur réelle pour la quantité proposée, et ainsi de suite; mais, si l'on voulait appliquer cette méthode aux radicaux cubiques, on retomberait dans une équation du troisième degré, dans le cas irréductible.

Soit, en effet,

$$\sqrt[3]{f + g\sqrt{-1}} + \sqrt[3]{f - g\sqrt{-1}} = x;$$

en élevant d'abord au cube, on aura

$$2f + 3\sqrt[3]{f^2 + g^2}\left(\sqrt[3]{f + g\sqrt{-1}} + \sqrt[3]{f - g\sqrt{-1}}\right) = x^3;$$

savoir,

$$2f + 3x\sqrt[3]{f^2 + g^2} = x^3,$$

ou bien

$$x^3 - 3x\sqrt[3]{f^2 + g^2} - 2f = 0,$$

formule générale du cas irréductible, puisque

$$\tfrac{1}{4}(2f)^2 + \tfrac{1}{27}\left(-3\sqrt[3]{f^2 + g^2}\right)^3 = -g^2.$$

Si $g = 0$, on aura $x = 2\sqrt[3]{f}$; il faudrait donc prouver que, g ayant une valeur quelconque, x aura aussi une valeur correspondante réelle. Or l'équation précédente donne

$$\sqrt[3]{f^2 + g^2} = \frac{x^3 - 2f}{3x},$$

et, élevant au cube,

$$f^2 + g^2 = \frac{x^9 - 6x^6 f + 12x^3 f^2 - 8f^3}{27x^3},$$

d'où

$$g^2 = \frac{x^9 - 6x^6f - 15x^3f^2 - 8f^3}{27x^3},$$

équation qu'on peut mettre sous cette forme

$$g^2 = \frac{(x^3 - 8f)(x^3 + f)^2}{27x^3},$$

ou bien sous celle-ci

$$g^2 = \frac{1}{27}\left(1 - \frac{8f}{x^3}\right)(x^3 + f)^2.$$

Cette dernière forme fait voir que g est nul, lorsque $x^3 = 8f$; qu'ensuite g augmente toujours sans interruption, lorsque x augmentera; car le facteur $(x^3 + f)^2$ augmentera toujours, et l'autre facteur $1 - \frac{8f}{x^3}$ augmentera aussi, parce que, le dénominateur x^3 augmentant, la partie négative $\frac{8f}{x^3}$, qui est d'abord $= 1$, deviendra toujours moindre que 1. Ainsi, en faisant augmenter par degrés insensibles la valeur de x^3, depuis $8f$ jusqu'à l'infini, la valeur de g^2 augmentera aussi par degrés insensibles et correspondants, depuis zéro jusqu'à l'infini. Donc, réciproquement, à chaque valeur de g^2, depuis zéro jusqu'à l'infini, il répondra une valeur de x^2 comprise entre $8f$ et l'infini; et, comme cela a lieu, quelle que soit la valeur de f, on en peut conclure légitimement que, quelles que soient les valeurs de f et g, la valeur correspondante de x^3, et par conséquent aussi de x, sera toujours réelle. Mais comment assigner cette valeur? Il ne paraît pas qu'elle puisse être représentée autrement que par l'expression imaginaire, ou par l'expression en série, qui en est le développement. Aussi doit-on regarder ces sortes d'expressions imaginaires, qui répondent à des quantités réelles, comme formant une nouvelle classe d'expressions algébriques, qui, quoiqu'elles n'aient pas, comme les autres expressions, l'avantage de pouvoir être évaluées en nombres dans l'état où elles sont, ont néanmoins celui, qui est le seul nécessaire aux opérations algébriques, de pouvoir être employées dans ces opérations, comme si elles ne contenaient point

d'imaginaires. Elles ont de plus l'avantage de pouvoir servir aux constructions géométriques, comme on le verra dans la théorie des sections
angulaires, de sorte qu'elles peuvent toujours être représentées exactement par des lignes; et, quant à leur valeur numérique, on pourra toujours la trouver à très-peu près, et aussi exactement qu'on voudra, par
la résolution approchée de l'équation d'où elles dépendent, ou bien
par les Tables trigonométriques connues. En effet, on démontre en
Géométrie que, si dans un cercle dont le rayon est r on prend un arc
dont la corde soit c, et qu'on nomme x la corde de l'arc qui sera le tiers
de celui-là, on a, pour la détermination de x, l'équation du troisième
degré

$$x^3 - 3r^2x + r^2c = 0,$$

équation qui tombe dans le cas irréductible, puisque c est toujours
nécessairement moindre que $2r$; et qui, à cause des deux arbitraires
r et c, peut représenter toutes les équations de ce genre; car, en la comparant avec l'équation générale

$$x^3 + px + q = 0,$$

on aura

$$r = \sqrt{-\frac{p}{3}} \quad \text{et} \quad c = -\frac{3q}{p};$$

de sorte qu'on aura tout de suite, par la trisection de l'arc qui répond à
la corde c dans un cercle de rayon r, la valeur d'une racine x, qui sera
la corde de la troisième partie de cet arc. Or, par la nature du cercle,
une même corde c répond non-seulement à l'arc s, mais encore (en
nommant la circonférence entière u) aux arcs

$$u - s, \quad 2u + s, \quad 3u - s, \quad \ldots;$$

les arcs

$$u + s, \quad 2u - s, \quad 3u + s, \quad \ldots$$

ont aussi la même corde, mais prise négativement, parce que les
cordes, au bout d'une circonférence, deviennent zéro, et ensuite négatives, et ne redeviennent positives qu'au bout de deux circonfé-
rences, etc., comme vous pouvez le voir aisément. Donc les valeurs

de x seront non-seulement la corde de l'arc $\frac{s}{3}$, mais encore celles des arcs

$$\frac{u-s}{3}, \quad \frac{2u+s}{3},$$

et ce seront là les trois racines de l'équation donnée. Si l'on voulait employer encore les arcs suivants qui ont la même corde c, on ne ferait que retrouver les mêmes racines; car l'arc $3u-s$ donnerait la corde de $\frac{3u-s}{3}$, savoir, de $u-\frac{s}{3}$, qu'on a déjà vu être la même que celle de $\frac{s}{3}$, et ainsi des autres.

Comme, dans le cas irréductible, le coefficient p est nécessairement négatif, la valeur de la corde donnée c sera positive ou négative, suivant que q sera positif ou négatif. Dans le premier cas, on prendra pour s l'arc sous-tendu par la corde positive $c = -\frac{3q}{p}$; le second cas se réduit au premier, en faisant x négatif, ce qui fait changer de signe au dernier terme; de sorte qu'en prenant de même pour s l'arc sous-tendu par la corde positive $\frac{3q}{p}$, on n'aura qu'à changer le signe des trois racines.

Quoique tout ce que nous venons de dire puisse suffire pour ne laisser aucun doute sur la nature des racines des équations du troisième degré, nous allons y ajouter encore quelques réflexions sur la méthode même par laquelle on trouve ces racines. Celle qu'on a exposée plus haut, et qu'on appelle communément la *méthode de Cardan*, quoiqu'il me semble que c'est de Hudde que nous la tenons, a souvent été accusée, et elle peut encore l'être tous les jours, de ne donner, dans le cas irréductible, les racines sous une forme imaginaire, que parce qu'on y fait une supposition qui est contradictoire avec l'état même de l'équation. En effet, l'esprit de cette méthode consiste à supposer l'inconnue égale à deux indéterminées $y+z$, pour pouvoir ensuite séparer l'équation résultante

$$y^3 + z^3 + (3yz + p)(y + z) + q = 0$$

en ces deux-ci

$$3yz + p = 0 \quad \text{et} \quad y^3 + z^3 + q = 0.$$

Or, en mettant la première sous cette forme

$$y^3 z^3 = -\frac{p^3}{27},$$

il est visible que la question se réduit à trouver deux nombres y^3 et z^3, dont la somme soit $-q$ et le produit $-\frac{p^3}{27}$, ce qui est impossible, à moins que le carré de la demi-somme ne surpasse le produit, puisque la différence de ces deux quantités est égale au carré de la demi-différence des nombres cherchés.

On conclut de là qu'il n'est pas étonnant qu'en faisant une supposition impossible à réaliser en nombre, on tombe dans des expressions imaginaires, et l'on est induit à croire qu'en s'y prenant autrement on pourrait éviter ces expressions, et n'en avoir que de toutes réelles.

Comme on pourrait faire à peu près le même reproche aux autres méthodes qui ont été trouvées depuis, et qui sont toutes plus ou moins fondées sur la méthode des indéterminées, c'est-à-dire sur l'introduction de quelques quantités arbitraires qu'on détermine de manière à satisfaire à des conditions supposées, nous allons considérer la question en elle-même, et indépendamment d'aucune supposition. Reprenons pour cela l'équation

$$x^3 + px + q = 0,$$

et supposons que ces trois racines soient a, b, c.

Par la théorie des équations, le premier nombre sera formé du produit des trois quantités

$$x - a, \quad x - b, \quad x - c,$$

qui est

$$x^3 - (a + b + c)\,x^2 + (ab + ac + bc)\,x - abc;$$

de sorte que la comparaison des termes donnera

$$a + b + c = 0, \quad ab + ac + bc = p, \quad abc = -q.$$

Comme l'équation est d'un degré impair, on est assuré, ainsi que vous l'avez déjà vu, et que vous le verrez encore dans la Leçon qui suivra celle-ci, qu'elle à nécessairement une racine réelle. Soit c cette racine ; la première des trois équations qu'on vient de trouver donnera

$$c = -a - b,$$

d'où l'on voit d'abord que $a + b$ sera nécessairement aussi une quantité réelle ; cette valeur de c, substituée dans la seconde et la troisième, donnera

$$ab - a^2 - ab - ab - b^2 = p, \quad -ab(a+b) = -q,$$

savoir

$$a^2 + ab + b^2 = -p, \quad ab(a+b) = q,$$

d'où il faudrait tirer a et b ; la dernière donne $ab = \dfrac{q}{a+b}$, d'où je conclus que ab sera nécessairement aussi une quantité réelle. Considérons maintenant la quantité $\dfrac{q^2}{4} + \dfrac{p^3}{27}$, ou bien, en faisant disparaitre les fractions, la quantité $27q^2 + 4p^3$, du signe de laquelle dépend le cas irréductible ; en y substituant pour p et q leurs valeurs ci-dessus en a et b, on trouvera, après les réductions, que cette quantité devient égale au carré de

$$2a^3 - 2b^3 + 3a^2b - 3ab^2$$

pris négativement ; de sorte que, en changeant les signes et extrayant la racine carrée, on aura

$$2a^3 - 2b^3 + 3a^2b - 3ab^2 = \sqrt{-27q^2 - 4p^3},$$

d'où il est d'abord aisé de conclure que les deux racines a et b ne sauraient être réelles, à moins que la quantité $27q^2 + 4p^3$ ne soit négative ; mais je vais démontrer que, dans ce cas, qui est, comme on voit, le cas irréductible, les deux racines a et b seront nécessairement réelles ; car la quantité

$$2a^3 - 2b^3 + 3a^2b - 3ab^2$$

se réduit à cette forme,

$$(a-b)(2a^2 + 2b^2 + 5ab),$$

VII.

31

comme il est aisé de s'en assurer par la multiplication actuelle; or nous avons déjà vu que les deux quantités $a + b$ et ab sont nécessairement réelles, d'où

$$2\,a^2 + 2\,b^2 + 5\,ab = 2(a+b)^2 + ab$$

sera aussi nécessairement une quantité réelle; donc l'autre facteur $a - b$ sera réel aussi, lorsque le radical $\sqrt{-27q^2 - 4p^3}$ est réel; donc, $a + b$ et $a - b$ étant des quantités réelles, il s'ensuit que a et b seront l'un et l'autre réels. Nous avions déjà démontré plus haut ces théorèmes d'après la forme même des racines; mais la démonstration présente est, à quelques égards, plus générale et plus directe, étant tirée des principes de la chose. On n'a rien supposé, et la condition du cas irréductible n'a point introduit d'imaginaires; mais il faut trouver les valeurs de a et b au moyen des équations ci-dessus. Pour cela, j'observe que le premier membre de l'équation

$$a^3 - b^3 + \tfrac{3}{2}(a^2b - ab^2) = \tfrac{1}{2}\sqrt{-27q^2 - 4p^3}$$

peut devenir un cube parfait, en y ajoutant le premier membre de l'équation

$$ab(a+b) = q,$$

multipliée par $\dfrac{3\sqrt{-3}}{2}$, et la racine de ce cube sera

$$\frac{1 - \sqrt{-3}}{2}\,b - \frac{1 + \sqrt{-3}}{2}\,a;$$

de sorte qu'extrayant la racine cubique de part et d'autre, on aura la quantité

$$\frac{1 - \sqrt{-3}}{2}\,b - \frac{1 + \sqrt{-3}}{2}\,a$$

exprimée en quantités connues; et, comme le radical $\sqrt{-3}$ peut aussi être pris en $-$, on aura aussi la quantité

$$\frac{1 + \sqrt{-3}}{2}\,b - \frac{1 - \sqrt{-3}}{2}\,a$$

exprimée en quantités connues, d'où l'on tirera les valeurs de a et b. Mais ces valeurs contiendront la quantité imaginaire $\sqrt{-3}$ qui a été introduite par la multiplication, et se réduiront à la même forme que les deux racines

$$m\sqrt[3]{A} + n\sqrt[3]{B} \quad \text{et} \quad n\sqrt[3]{A} + m\sqrt[3]{B},$$

que nous avons trouvées plus haut; ensuite la troisième racine

$$c = -a - b$$

deviendra $\sqrt[3]{A} + \sqrt[3]{B}$. Dans cette méthode, on voit que la quantité imaginaire n'est employée que pour faire réussir l'extraction de la racine cubique, sans laquelle on ne pourrait déterminer séparément les valeurs a et b; et, comme il paraît impossible d'y parvenir autrement, on peut regarder comme une vérité démontrée que l'expression générale des racines de l'équation du troisième degré, dans le cas irréductible, ne saurait être indépendante des imaginaires.

Passons aux équations du quatrième degré. Nous avons déjà dit que l'artifice qui avait servi d'abord à résoudre ces équations consistait à les préparer, de manière qu'on pût extraire la racine carrée des deux membres, ce qui les abaissait au second degré. Voici comment : soit

$$x^4 + px^2 + qx + r = 0$$

l'équation générale du quatrième degré, privée de son second terme, ce qui est toujours possible, comme vous le savez, en augmentant ou diminuant les racines d'une quantité convenable. Qu'on la mette sous cette forme

$$x^4 = -px^2 - qx - r,$$

et qu'on y ajoute de part et d'autre les termes $2x^2y + y^2$, qui contiennent une nouvelle indéterminée y, et qui n'empêchent pas que le premier membre ne soit encore un carré, on aura

$$(x^2 + y)^2 = (2y - p)x^2 - qx + y^2 - r.$$

Faisons maintenant en sorte que le second membre soit aussi un carré;

31.

il faudra, pour cela, que l'on ait

$$4(2y - p)(y^2 - r) = q^2,$$

et alors la racine du carré sera

$$x\sqrt{2y - p} - \frac{q}{2\sqrt{2y - p}}.$$

Ainsi, pourvu que la quantité y satisfasse à l'équation précédente, qui devient par le développement

$$y^3 - \frac{py^2}{2} - ry + \frac{pr}{2} - \frac{q^2}{8} = 0,$$

et qui n'est, comme l'on voit, que du troisième degré, la proposée se réduira, par l'extraction de la racine carrée, à celle-ci

$$x^2 + y = x\sqrt{2y - p} - \frac{q}{2\sqrt{2y - p}},$$

où l'on peut prendre le radical $\sqrt{2y - p}$ en plus et en moins; de sorte qu'on aura proprement deux équations du second degré, dans lesquelles la proposée se trouvera décomposée, et dont les racines donneront les quatre racines de la proposée, ce qui fournit le premier exemple de la décomposition des équations en d'autres de degrés inférieurs.

La méthode de Descartes, qu'on suit communément dans les éléments de l'Algèbre, est fondée sur le même principe, et consiste à supposer immédiatement que la proposée soit produite par la multiplication de deux équations du second degré, telles que

$$x^2 - ux + s = 0 \quad \text{et} \quad x^2 + ux + t = 0,$$

u, s, t étant des coefficients indéterminés; en les multipliant l'une par l'autre, on a

$$x^4 + (s + t - u^2)x^2 + (s - t)ux + st = 0,$$

dont la comparaison avec la proposée donne

$$s + t - u^2 = p, \quad (s - t)u = q, \quad \text{et} \quad st = r;$$

les deux premières équations donnent

$$2s = p + u^2 + \frac{q}{u}, \quad 2t = p + u^2 - \frac{q}{u};$$

ces valeurs étant substituées dans la dernière $st = r$, on aura une équation en u du sixième degré, mais qui, ne contenant que les puissances paires de u, sera résoluble comme celles du troisième. Au reste, si dans cette équation on substitue $2y - p$ pour u^2, on aura la même réduite en y que nous avons trouvée ci-dessus par l'ancienne méthode.

Ayant ainsi la valeur de u^2, on aura celles de s et t, et la proposée se trouvera décomposée en deux équations du second degré, qui donneront les quatre racines cherchées. Cette méthode, ainsi que la précédente, donne lieu à un doute qui vient de ce que la réduite en u^2 ou en y, étant du troisième degré, doit avoir trois racines, de sorte qu'on pourrait être incertain laquelle de ces trois racines il faudrait employer; cette difficulté se trouve bien résolue dans l'*Algèbre* de Clairaut, où l'on fait voir d'une manière directe que l'on a toujours les mêmes quatre racines ou valeurs de x, quelle que soit la racine de la réduite qu'on emploie. Mais cette généralité inutile nuit à la simplicité qu'on peut désirer dans l'expression des racines de l'équation proposée, et l'on doit préférer les formules que l'on vous a données dans le cours principal, et où les trois racines de la réduite entrent également. Voici encore une manière de parvenir à ces mêmes formules, moins directe que celle qui vous a déjà été exposée, mais qui, d'un autre côté, a l'avantage d'être analogue à celle de Cardan, pour les équations du troisième degré.

Je reprends l'équation

$$x^4 + px^2 + qx + r = 0,$$

et j'y suppose

$$x = y + z + t;$$

j'aurai d'abord

$$x^2 = y^2 + z^2 + t^2 + 2(yz + yt + zt);$$

ensuite, carrant de nouveau, j'ai

$$x^4 = (y^2 + z^2 + t^2)^2 + 4(y^2 + z^2 + t^2)(yz + yt + zt) + 4(yz + yt + zt)^2;$$

or

$$(yz + yt + zt)^2 = y^2 z^2 + y^2 t^2 + z^2 t^2 + 2y^2 z t + 2yz^2 t + 2yz t^2$$
$$= y^2 z^2 + y^2 t^2 + z^2 t^2 + 2yz t (y + z + t).$$

Je substitue ces valeurs de x, x^2, x^4 dans la proposée, et je mets ensemble les termes qui se trouvent multipliés par $y + z + t$, ainsi que
par $yz + yt + zt$; j'ai la transformée

$$(y^2 + z^2 + t^2)^2 + p(y^2 + z^2 + t^2) + [4(y^2 + z^2 + t^2) + 2p](yz + yt + zt)$$
$$+ 4(y^2 z^2 + y^2 t^2 + z^2 t^2) + (8yz t + q)(y + z + t) + r = 0.$$

Maintenant, comme pour les équations du troisième degré nous avons
fait évanouir les termes qui contenaient $y + z$, nous ferons de même
disparaître ici les termes qui contiennent

$$y + z + t \quad \text{et} \quad yz + yt + zt,$$

ce qui nous donnera les deux équations de condition

$$8yz t + q = 0 \quad \text{et} \quad 4(y^2 + z^2 + t^2) + 2p = 0;$$

il restera alors l'équation

$$(y^2 + z^2 + t^2)^2 + p(y^2 + z^2 + t^2) + 4(y^2 z^2 + y^2 t^2 + z^2 t^2) + r = 0,$$

et ces trois équations détermineront les trois quantités y, z, t. La seconde donne d'abord

$$y^2 + z^2 + t^2 = -\frac{p}{2},$$

et, cette valeur étant substituée dans la troisième, on aura

$$y^2 z^2 + y^2 t^2 + z^2 t^2 = \frac{p^2}{16} - \frac{r}{4}.$$

De plus, la première, étant élevée au carré, donne

$$y^2 z^2 t^2 = \frac{q^2}{64}.$$

Donc, par la théorie générale de la formation des équations, les trois quantités y^2, z^2, t^2 seront les racines d'une équation du troisième degré de la forme

$$u^3 + \frac{p}{2} u^2 + \left(\frac{p^2}{16} - \frac{r}{4}\right) u - \frac{q^2}{64} = 0;$$

de sorte que, si l'on nomme a, b, c les trois racines de cette équation, que nous nommerons la *réduite*, on aura

$$y = \sqrt{a}, \quad z = \sqrt{b}, \quad t = \sqrt{c},$$

et la valeur de x sera exprimée par

$$\sqrt{a} + \sqrt{b} + \sqrt{c}.$$

Comme les trois radicaux peuvent être pris chacun avec le signe $+$ ou $-$, on aurait, en faisant toutes les combinaisons possibles, huit valeurs différentes de x; mais il faut observer que, dans l'analyse précédente, nous avons employé l'équation $y^2 z^2 t^2 = \frac{q^2}{64}$, tandis que l'équation donnée immédiatement est $yzt = -\frac{q}{8}$; ainsi il faudra que le produit des trois quantités y, z, t, c'est-à-dire, des trois radicaux

$$\sqrt{a}, \quad \sqrt{b}, \quad \sqrt{c},$$

soit de signe contraire à celui de la quantité q. D'où il suit : 1° que, q étant une quantité négative, il devra y avoir dans l'expression de x ou trois radicaux positifs, ou un positif et deux négatifs. On n'aura donc que ces quatre combinaisons

$$\sqrt{a} + \sqrt{b} + \sqrt{c}, \quad \sqrt{a} - \sqrt{b} - \sqrt{c}, \quad -\sqrt{a} + \sqrt{b} - \sqrt{c}, \quad \sqrt{a} - \sqrt{b} + \sqrt{c},$$

qui seront, par conséquent, les quatre racines de la proposée du quatrième degré; 2° si q est une quantité positive, alors il devra y avoir dans l'expression de x ou trois radicaux négatifs, ou un négatif et deux positifs, ce qui donnera ces quatre autres combinaisons

$$-\sqrt{a}-\sqrt{b}-\sqrt{c}, \quad -\sqrt{a}+\sqrt{b}+\sqrt{c}, \quad \sqrt{a}-\sqrt{b}+\sqrt{c}, \quad \sqrt{a}+\sqrt{b}-\sqrt{c},$$

qui seront les quatre racines de la proposée (*).

Maintenant, si les trois racines a, b, c de la réduite du troisième degré sont toutes réelles et positives, il est visible que les quatre racines précédentes seront toutes réelles aussi; mais, si parmi les trois racines réelles a, b, c il y en a de négatives, les quatre racines de la proposée seront évidemment imaginaires. Ainsi, outre la condition de la réalité des trois racines de la réduite, il faudra encore, pour le premier cas, suivant la règle de Descartes que vous connaissez, que les coefficients des termes de cette réduite soient alternativement positifs et négatifs, et que, par conséquent, on ait p négatif et $\frac{p^2}{16}-\frac{r}{4}$ positif, savoir, $p^2>4r$. Si l'une de ces conditions manque, la proposée du quatrième degré ne pourra pas avoir ses quatre racines réelles. Si la réduite n'a au contraire qu'une seule racine réelle, on observera d'abord qu'à cause du dernier terme négatif de cette réduite la racine réelle sera nécessairement positive; ensuite il est aisé de voir, par les expressions générales que nous avons données des racines de l'équation du troisième degré privée de son second terme, forme à laquelle il est aisé de ramener la réduite en u,

_____

(*) Ces formules simples et élégantes sont dues à Euler; mais M. Bret, professeur de Mathématiques à Grenoble, a fait l'observation importante (*voyez* la *Correspondance sur l'École Polytechnique*, t. II, IIIe Cahier, p. 217) qu'elles peuvent donner des valeurs fausses, lorsque parmi les trois radicaux il y en a d'imaginaires.

Pour éviter toute difficulté et toute ambiguïté, il n'y a qu'à substituer à l'un de ces radicaux sa valeur tirée de l'équation $\sqrt{a}\sqrt{b}\sqrt{c}=-\frac{q}{8}$. Ainsi la formule

$$\sqrt{a}+\sqrt{b}-\frac{q}{8\sqrt{a}\sqrt{b}}$$

donnera les quatre racines de la proposée, en prenant pour a et b deux quelconques des trois racines de la réduite, et prenant successivement les deux radicaux en plus et en moins.

Il faut appliquer cette remarque à l'article 777 de l'*Algèbre* d'Euler, et à l'article 37 de la Note XIII du *Traité de la résolution des équations numériques.*

en augmentant simplement toutes les racines de la quantité $\frac{p}{6}$; il est aisé, dis-je, de voir que les deux racines imaginaires de cette réduite seront de la forme

$$f + g\sqrt{-1} \quad \text{et} \quad f - g\sqrt{-1}.$$

Donc, prenant a pour la racine réelle, et b, c pour les deux imaginaires, $\sqrt{a}$ sera une quantité réelle, et $\sqrt{b} + \sqrt{c}$ sera réelle aussi, par ce que nous avons démontré plus haut, et au contraire $\sqrt{b} - \sqrt{c}$ sera une quantité imaginaire; d'où l'on peut conclure que, des quatre racines trouvées pour l'équation proposée du quatrième degré, les deux premières seront réelles et les deux autres imaginaires.

Au reste, si dans la réduite en u on fait $u = s - \frac{p}{6}$ pour en faire disparaître le second terme et le ramener à la forme que nous avons examinée, on aura cette transformée en s

$$s^3 - \left(\frac{p^2}{48} + \frac{r}{4} \right) s - \frac{p^3}{864} + \frac{pr}{24} - \frac{q^2}{64} = 0;$$

de sorte que la condition de la réalité des trois racines de la réduite sera

$$4 \left(\frac{p^2}{48} + \frac{r}{4} \right)^3 > 27 \left(\frac{p^3}{864} - \frac{pr}{24} + \frac{q^2}{64} \right)^2.$$

LEÇON QUATRIÈME.

SUR LA RÉSOLUTION DES ÉQUATIONS NUMÉRIQUES.

On a vu comment on peut résoudre les équations du second, du troisième et du quatrième degré; le cinquième degré présente une espèce de barrière que les efforts des analystes n'ont pu encore forcer, et la résolution générale des équations est une des choses qui restent encore à désirer en Algèbre. Je dis en Algèbre, car si, dès le troisième degré, l'expression analytique des racines est insuffisante pour faire connaître

VII.   32

leur valeur numérique dans tous les cas, à plus forte raison le serait-elle dans les degrés supérieurs, et l'on serait toujours forcé d'avoir recours à d'autres moyens pour déterminer en nombres les valeurs des racines d'une équation donnée, ce qui est, en dernier résultat, l'objet de la solution de tous les problèmes que les besoins ou la curiosité offrent à résoudre.

Je me propose ici d'exposer les principaux moyens que l'on a imaginés pour remplir cet objet important. Considérons une équation quelconque du degré m, représentée par la formule

(B) $$x^m + p x^{m-1} + q x^{m-2} + r x^{m-3} + \ldots + u = 0,$$

dans laquelle x soit l'inconnue, p, q, r,... des coefficients connus positifs ou négatifs, et u le dernier terme sans x, et connu aussi; nous supposerons que les valeurs de ces coefficients soient données en nombres ou en lignes, ce qui revient au même; car, en prenant une ligne donnée pour unité ou mesure commune de toutes les autres, on pourra les évaluer toutes en nombres. Il est clair que cette supposition a toujours lieu, lorsque l'équation est le résultat d'un problème réel et déterminé. Le but qu'on se propose est de trouver la valeur ou les valeurs de x, s'il y en a plusieurs, qui satisfont à cette équation, c'est-à-dire qui rendent la somme de tous ses termes nulle; alors toutes les autres valeurs qu'on pourrait donner à x rendront cette même somme égale à une quantité positive ou négative; et, comme il n'entre dans l'équation que des puissances entières de x, il est clair que toute valeur réelle de x donnera aussi pour la quantité dont il s'agit une valeur réelle. Plus cette valeur approchera d'être nulle, plus la valeur de x, qui l'aura produite, approchera d'être une racine de l'équation; et, si l'on trouve deux valeurs de x, dont l'une rende la somme de tous les termes égale à une quantité positive, et l'autre à une quantité négative, on pourra être assuré d'avance qu'entre ces deux valeurs il y en aura au moins nécessairement une qui la rendra égale à zéro, et qui sera par conséquent une racine de l'équation.

En effet, désignons en général par P la somme de tous les termes de l'équation qui ont le signe +, et par Q la somme de tous les termes qui ont le signe —, en sorte que l'équation soit représentée par

$$P - Q = o;$$

supposons, pour plus de facilité, que les deux valeurs de x soient positives, A la plus petite, B la plus grande, et que la substitution de A à la place de x donne un résultat négatif, et la substitution de B un résultat positif, c'est-à-dire, que la valeur de $P - Q$ devienne négative lorsqu'on y fait $x = A$, et positive lorsque $x = B$.

Donc, lorsque $x = A$, P sera moindre que Q, et lorsque $x = B$, P sera plus grand que Q. Or, par la forme des quantités P et Q, qui ne contiennent que des termes positifs et des puissances entières et positives de x, il est clair que ces quantités augmentent continuellement à mesure que x augmente, et qu'en faisant augmenter x par tous les degrés insensibles, depuis A jusqu'à B, elles augmenteront aussi par degrés insensibles, mais de manière que P augmentera plus que Q, puisque, de la plus petite qu'elle était, elle devient la plus grande. Donc il y aura nécessairement un terme entre les deux valeurs A et B, où P égalera Q; comme deux mobiles, qu'on suppose parcourir une même droite, et qui, partant à la fois de deux points différents, arrivent en même temps à deux autres points, mais de manière que celui qui était d'abord en arrière se trouve ensuite plus avancé que l'autre, doivent nécessairement se rencontrer dans leur chemin. Cette valeur de x, qui rendra P égal à Q, sera donc une des racines de l'équation, et tombera nécessairement entre les deux valeurs A et B.

On pourra faire un raisonnement semblable sur les autres cas, et l'on parviendra toujours au même résultat.

On démontre aussi la proposition dont il s'agit, par la considération seule de l'équation, en la regardant comme formée du produit des facteurs

$$x - a, \quad x - b, \quad x - c, \quad \ldots,$$

a, b, c,... étant les racines; car il est évident que ce produit ne peut changer de signe par la substitution de deux valeurs différentes de x.

qu'autant qu'il y aura au moins un des facteurs qui changera de signe; et même il est aisé de voir que, si plus d'un facteur changeait de signe, il faudrait que le nombre en fût impair. Ainsi, si A et B sont les deux valeurs de x qui rendent le facteur $x - b$, par exemple, de signe différent, il faudra que, si A est plus grand que b, B soit plus petit, ou réciproquement; donc la racine b tombera nécessairement entre les deux quantités A et B.

A l'égard des racines imaginaires, s'il y en a dans l'équation, comme il est démontré qu'elles sont toujours deux à deux de la forme

$$f + g\sqrt{-1}, \quad f - g\sqrt{-1},$$

si a et b sont imaginaires, le produit des facteurs $x - a$ et $x - b$ sera

$$(x - f - g\sqrt{-1})(x - f + g\sqrt{-1}) = (x - f)^2 + g^2,$$

quantité toujours positive, quelque valeur qu'on donne à x; d'où il suit que les changements de signe ne peuvent venir que des racines réelles. Mais, comme le théorème sur la forme des racines imaginaires ne se démontre rigoureusement qu'au moyen de cet autre théorème, que toute équation d'un degré impair a nécessairement une racine réelle, théorème dont la démonstration générale dépend elle-même de la proposition qu'il s'agit de démontrer, il s'ensuit que cette démonstration peut être regardée comme une espèce de cercle vicieux, et qu'il était nécessaire d'y en substituer une autre à l'abri de toute atteinte.

Mais il y a une manière plus générale et plus simple de considérer les équations, laquelle a l'avantage de faire voir à l'œil même les propriétés principales des équations. Elle est fondée sur une espèce d'application de la Géométrie à l'Algèbre, qui mérite d'autant plus de vous être exposée, qu'elle a des usages très-étendus dans toutes les parties des Mathématiques.

Reprenons l'équation générale proposée ci-dessus, et représentons par des lignes droites toutes les valeurs successives qu'on pourrait donner à l'inconnue x, ainsi que les valeurs correspondantes que recevra le

premier membre de l'équation. Pour cela, au lieu de supposer le second
membre de l'équation égal à zéro, nous le supposerons égal à une quantité indéterminée y; nous porterons les valeurs de x sur une droite in-
définie AB (*fig.* 1) en partant d'un point fixe O, où x sera zéro, et nous

Fig. 1.

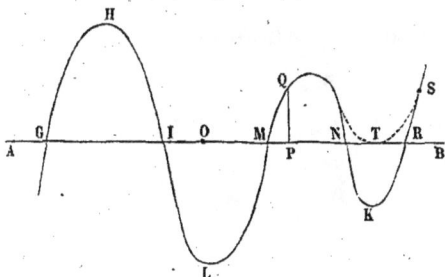

prendrons les valeurs positives de x sur la partie OB, dirigée de la
gauche à la droite; par conséquent, les valeurs négatives de x devront
être prises sur la partie opposée OA, dirigée de la droite à la gauche.
Soit donc OP une valeur quelconque de x; pour représenter la valeur
correspondante de y, nous mènerons par le point P une perpendiculaire
à la droite OP, et, si la valeur de y est positive, nous la porterons sur
cette perpendiculaire en PQ au-dessus de la droite OB; il faudrait la
prendre au-dessous de OB, en partant également du point P, si elle était
négative. On fera la même opération pour toutes les valeurs de x, tant
positives que négatives, c'est-à-dire qu'on prendra les valeurs correspondantes de y sur les perpendiculaires menées à tous les points de la
droite, dont la distance au point O sera égale à x. Les extrémités de
toutes ces perpendiculaires formeront une ligne droite ou courbe, qui
sera comme le tableau de l'équation

$$x^m + p\,x^{m-1} + q\,x^{m-2} + \ldots + u = y.$$

On nomme AB l'axe de la courbe, O l'origine des abscisses, OP $= x$ une
abscisse, et PQ $= y$ l'ordonnée correspondante, et l'équation en x et y
l'équation de la courbe. Cette courbe étant ainsi décrite, comme on le
voit dans la *fig.* 1, il est clair que ses intersections avec l'axe AB don-

neront les racines de l'équation proposée (B)

$$x^m + p\,x^{m-1} + q\,x^{m-2} + \ldots + u = 0;$$

car, comme cette équation n'a lieu que lorsque y devient zéro dans
l'équation de la courbe, les valeurs de x, qui satisfont à l'équation dont
il s'agit et qui en sont les racines, ne pourront être que les abscisses
qui répondent au point où les ordonnées sont nulles, c'est-à-dire où la
courbe coupe l'axe AB. Ainsi, en supposant que la courbe de l'équation en x et y soit celle de la *fig.* 1, les racines de l'équation proposée
seront

OM, ON, OR, ..., et — OI, — OG, ...

Je donne le signe — à ces dernières, parce que les intersections I, G,…
tombent de l'autre côté du point O. La considération de la courbe dont
il s'agit donne lieu à des remarques générales sur les équations :

1° Comme l'équation de la courbe ne contient que des puissances entières et positives de l'inconnue x, il est clair qu'à chaque valeur de x
répondra une valeur déterminée de y, et que cette valeur sera unique et
finie tant que x sera fini; mais, comme rien ne limite les valeurs de x,
elles pourront être supposées infiniment grandes, tant positives que négatives, et il leur répondra aussi des valeurs de y infiniment grandes;
d'où il suit que la courbe aura un cours continu et simple, et qu'elle
pourra s'étendre à l'infini de côté et d'autre de l'origine O.

2° Il suit aussi de là que la courbe ne pourra passer d'un côté de
l'axe à l'autre sans le couper, et qu'elle ne pourra revenir du même côté
qu'après l'avoir coupé deux fois. Par conséquent, entre deux points de
la courbe placés du même côté de l'axe, il y aura nécessairement un
nombre pair d'intersections; comme entre les points H et Q on voit
deux intersections en I et M, et entre les points H et S on en voit
quatre en I, M, N, R, et ainsi de suite. Au contraire, entre deux points
placés l'un d'un côté et l'autre de l'autre côté de l'axe, la courbe aura un
nombre impair d'intersections; comme entre les points L et Q il y a
une intersection en M; entre les points H et K il y a trois intersections
en I, M, N, et ainsi du reste.

Par la même raison, il ne pourra y avoir d'intersection sans que, en deçà et au delà du point d'intersection, il n'y ait des points de la courbe placés des deux côtés, comme les points L, Q, par rapport à l'intersection M. Mais deux intersections, comme N et R, pourraient se rapprocher au point de se réunir en T; alors la branche QKS prendrait la forme de la ligne ponctuée QTS, et toucherait l'axe en T, de manière qu'elle serait toute au-dessus de l'axe; c'est le cas où les deux racines ON, OR deviendraient égales. Si trois intersections se réunissaient, ce qui a lieu dans le cas de trois racines égales, alors la courbe couperait de nouveau l'axe, comme dans le cas d'une seule intersection, et ainsi de suite.

Donc, si l'on a trouvé deux valeurs de y de même signe, on sera assuré qu'entre les deux valeurs de x qui y répondent il ne pourra tomber qu'un nombre pair de racines de l'équation proposée, c'est-à-dire qu'il n'y en aura aucune, ou qu'il y en aura deux ou quatre, etc. Au contraire, si l'on a trouvé deux valeurs de y de signes différents, on sera assuré qu'entre les valeurs correspondantes de x il tombera nécessairement un nombre impair de racines de la proposée, c'est-à-dire une, ou trois, ou cinq, etc., de sorte que, dans ce dernier cas, on en conclura sur-le-champ qu'il y aura au moins une racine de la proposée entre les deux valeurs de x.

Réciproquement toute valeur de x qui sera une racine de l'équation se trouvera entre des valeurs plus grandes et plus petites qui, étant prises pour x, rendront les valeurs correspondantes de y de signe contraire.

Mais cela n'aurait point lieu si la valeur de x était une racine double, c'est-à-dire, si l'équation contenait deux racines de cette même valeur. Au contraire, si la même valeur était une racine triple, il y aurait de même des valeurs plus grandes et plus petites qui rendraient les valeurs de y de signes différents, et ainsi de suite.

Maintenant, si l'on considère l'équation de la courbe, il est d'abord visible qu'en y faisant $x = o$ on aura $y = u$; de sorte que le signe de l'ordonnée y sera le même que celui de la quantité u, dernier terme de l'équation proposée. Ensuite il est aisé de voir qu'on y peut donner à x une valeur positive ou négative, assez grande pour que le premier terme x^m de l'équation surpasse la somme de tous les autres qui auront un signe contraire à x^m; de sorte que la valeur correspondante de y aura alors le même signe que le premier terme x^m. Or, si m est impair, x^m sera positif ou négatif, suivant que x sera positif ou négatif, et, si m est pair, x^m sera toujours positif, soit que x soit positif ou négatif.

D'où l'on peut conclure :

En premier lieu, que toute équation d'un degré impair, dont le dernier terme est négatif, a un nombre impair de racines entre $x = 0$ et x très-grand positif, et un nombre pair de racines entre $x = 0$ et x très-grand négatif, et par conséquent au moins une racine réelle positive; qu'au contraire, si le dernier terme de l'équation est positif, il y aura un nombre impair de racines entre $x = 0$ et x très-grand négatif, et un nombre pair de racines entre $x = 0$ et x très-grand positif, et par conséquent au moins une racine réelle négative;

En second lieu, que toute équation d'un degré pair, dont le dernier terme est négatif, a un nombre impair de racines entre $x = 0$ et x très-grand positif, ainsi qu'entre $x = 0$ et x très-grand négatif, et par conséquent au moins une racine réelle positive et une racine réelle négative; qu'au contraire, si le dernier terme est positif, il y aura un nombre pair de racines entre $x = 0$ et x très-grand positif, et pareillement un nombre pair de racines entre $x = 0$ et x très-grand négatif; de sorte que, dans ce cas, l'équation peut n'avoir aucune racine réelle ni positive ni négative.

Nous avons dit que l'on pouvait toujours donner à x une valeur assez grande pour que le premier terme x^m de l'équation surpassât la somme de tous ceux de signe contraire. Quoique cette proposition n'ait pas besoin de démonstration, à cause que, la puissance x^m étant plus haute que toutes les autres puissances de x qui entrent dans l'équation, elle doit croître beaucoup plus rapidement que celles-ci, à mesure que x augmente; pour n'y laisser néanmoins aucun doute, nous allons la prouver d'une manière fort simple, qui aura même l'avantage de donner une limite, au delà de laquelle on sera assuré qu'aucune racine de l'équation ne pourra se trouver. Pour cela, supposons d'abord x positif, et que k soit le plus grand des coefficients des termes négatifs; si l'on fait $x = k + 1$, on aura

$$x^m = (k+1)^m = k(k+1)^{m-1} + (k+1)^{m-1};$$

or

$$(k+1)^{m-1} = k(k+1)^{m-2} + (k+1)^{m-2},$$

et de même

$$(k+1)^{m-2} = k(k+1)^{m-3} + (k+1)^{m-3},$$

et ainsi de suite; de sorte qu'on aura

$$(k+1)^m = k(k+1)^{m-1} + k(k+1)^{m-2} + k(k+1)^{m-3} + \ldots + k + 1.$$

Or cette quantité est évidemment plus grande que la somme de tous les termes négatifs de l'équation pris positivement, et en y faisant $x = k + 1$; donc la supposition de $x = k + 1$ rendra nécessairement le premier x^m plus grand que la somme de tous les termes négatifs; par conséquent la valeur de y sera du même signe que x.

Le même raisonnement et le même résultat auront lieu pour le cas de x négatif, en changeant seulement x en $-x$ dans l'équation proposée, pour changer les racines positives en négatives et réciproquement.

On prouvera de la même manière que, si l'on donne à x une valeur quelconque plus grande que $k + 1$, la valeur de y sera toujours du même signe : d'où, et de ce qui a été démontré ci-dessus, on conclura d'abord qu'il ne pourra y avoir aucune racine égale ou plus grande que $k + 1$.

Donc, en général, si k est le plus grand coefficient des termes négatifs d'une équation, et qu'en changeant l'inconnue x en $-x$, h soit le plus grand coefficient des termes négatifs de la nouvelle équation, en supposant toujours le premier positif, toutes les racines réelles de l'équation seront nécessairement comprises entre les limites

$$k+1 \quad \text{et} \quad -h-1.$$

Au reste, lorsque dans l'équation il y a plusieurs termes positifs avant

VII.   33

le premier terme négatif, on pourra prendre pour k une quantité moindre que le plus grand coefficient négatif. En effet, il est aisé de voir que la formule ci-dessus peut se mettre sous la forme

$$(k+1)^m = k(k+1)(k+1)^{m-2} + k(k+1)(k+1)^{m-2} + \ldots + (k+1)^2,$$

et pareillement sous celle-ci

$$(k+1)^m = k(k+1)^2(k+1)^{m-3} + k(k+1)^2(k+1)^{m-4} + \ldots + (k+1)^3,$$

et ainsi de suite.

D'où il est aisé de conclure que, si $m - n$ est l'exposant du premier terme négatif de l'équation proposée du degré m, et que l soit le plus grand coefficient des termes négatifs, il suffira de déterminer k de manière que l'on ait

$$k(k+1)^{n-1} = l;$$

et, comme on peut prendre pour k une valeur plus grande quelconque, il suffira que l'on ait $k^n = l$, c'est-à-dire $k = \sqrt[n]{l}$.

Il en sera de même de la quantité h, pour la limite des racines négatives.

Maintenant, si l'on change l'inconnue x en $\frac{1}{z}$, on sait que les plus grandes racines de l'équation en x deviennent les plus petites dans la transformée en z, et réciproquement; on pourra donc, par cette transformation, après avoir ordonné les termes suivant les puissances de z, de manière que le premier terme de l'équation soit z^m, trouver de même les limites

$$K + 1 \quad \text{et} \quad -H - 1$$

des racines positives et négatives de l'équation en z.

Ainsi, $K + 1$ étant plus grand que la plus grande valeur de z ou de $\frac{1}{x}$, par la nature des fractions, $\frac{1}{K+1}$ sera réciproquement plus petit que la plus petite valeur de x; et de même, $\frac{1}{H+1}$ sera plus petit que la plus petite valeur négative de x.

D'où l'on conclura enfin que toutes les racines réelles positives seront nécessairement comprises entre les limites

$$\frac{1}{K+1} \quad \text{et} \quad k+1,$$

et que les racines réelles négatives tomberont entre les limites

$$-\frac{1}{H+1} \quad \text{et} \quad -h-1.$$

On a des méthodes pour trouver des limites plus resserrées; mais, comme elles exigent quelque tâtonnement, la précédente est préférable, dans la plupart des cas, comme plus simple et plus commode.

Par exemple, si, dans l'équation proposée, on substitue $l+z$ à la place de x, et qu'après avoir ordonné les termes suivant les puissances de z, on donne à l une valeur telle que les coefficients de tous les termes deviennent positifs, il est visible qu'il n'y aura alors aucune valeur positive de z qui puisse satisfaire à cette équation : elle n'aura donc plus que des racines négatives; par conséquent l sera une quantité plus grande que la plus grande valeur de x. Or il est aisé de voir que ces coefficients seront exprimés ainsi

$$p + ml,$$

$$q + (m-1)pl + \frac{m(m-1)}{2}l^2,$$

$$r + (m-2)ql + \frac{(m-1)(m-2)}{2}pl^2 + \frac{m(m-1)(m-2)}{2.3}l^3,$$

et ainsi de suite, et il n'y aura qu'à chercher, en tâtonnant, la plus petite valeur de l, qui les rendra tous positifs.

Mais il ne suffit pas le plus souvent d'avoir les limites des racines d'une équation, on a besoin de connaître les valeurs mêmes des racines, du moins d'une manière aussi approchée que les circonstances du problème peuvent le demander; car chaque problème conduit en dernière analyse à une équation qui en renferme la solution; et, si l'on n'a pas

33.

des moyens de résoudre cette équation, tout le calcul qu'on a fait est en pure perte. On peut donc regarder ce point comme le plus important de toute l'Analyse, et, par cette raison, j'ai cru devoir en faire l'objet principal de cette Leçon. Il suit des principes établis plus haut sur la nature de la courbe dont les ordonnées y représentent toutes les valeurs du premier membre d'une équation que, si l'on avait un moyen de la décrire, on aurait tout de suite, par ses intersections avec l'axe, toutes les racines de l'équation proposée; mais il n'est pas nécessaire d'avoir pour cela la courbe entière : il suffit de connaître les parties qui sont de part et d'autre de chaque intersection. Or on peut trouver autant de points de chaque courbe que l'on veut, aussi proches entre eux qu'on voudra, en substituant successivement pour x différents nombres assez voisins l'un de l'autre, et en prenant pour y les résultats de ces substitutions dans le premier membre de l'équation. Si, dans la suite de ces résultats, il s'en trouve deux de signes contraires, on sera assuré, par les principes posés ci-dessus, qu'il y aura au moins une racine réelle entre les deux valeurs de x qui les ont donnés; alors on pourra, par de nouvelles substitutions, resserrer ces deux limites et approcher aussi près qu'on voudra de la racine cherchée.

En effet, si l'on nomme A la plus petite et B la plus grande des deux valeurs de x qui ont donné des résultats de signes contraires, et qu'on demande la valeur de la racine exacte au nombre n près, n étant une fraction aussi petite qu'on voudra, on substituera successivement à la place de x les nombres en progression arithmétique

$$A+n, \quad A+2n, \quad A+3n, \quad \dots,$$

ou

$$B-n, \quad B-2n, \quad B-3n, \quad \dots,$$

jusqu'à ce qu'on arrive à un résultat de signe contraire à celui de la substitution de A ou de B; alors les deux valeurs successives de x qui auront donné des résultats de signes contraires seront nécessairement l'une plus grande et l'autre plus petite que la racine cherchée; et comme ces valeurs ne diffèrent par l'hypothèse que du nombre n, il s'ensuit que chacune d'elles approchera de la racine plus que de la quantité n, de sorte que l'erreur sera moindre que n.

Mais comment déterminer les premières valeurs à substituer pour x, de sorte que, d'un côté, on ne fasse pas trop de tâtonnements inutiles, et que de l'autre on soit assuré de découvrir par ce moyen toutes les racines réelles de l'équation? En considérant la courbe de l'équation, il est aisé de voir que tout se réduit à prendre les valeurs telles, qu'il y en ait au moins une qui tombe entre deux intersections voisines, ce qui arrivera nécessairement si la différence entre deux valeurs consécutives est moindre que la plus petite distance entre deux intersections voisines.

Ainsi, supposant que D soit une quantité plus petite que la plus petite distance entre deux intersections qui se suivent immédiatement, on formera la progression arithmétique

$$o, \quad D, \quad 2D, \quad 3D, \quad 4D, \quad \ldots,$$

et l'on ne prendra de cette progression que les termes qui tomberont entre les limites

$$\frac{1}{K+1} \quad \text{et} \quad k+1,$$

déterminées par la méthode donnée ci-dessus; on aura les valeurs qui, étant substituées pour x, feront connaître toutes les racines positives de l'équation, et donneront en même temps les premières limites de chaque racine. On formera de même pour les racines négatives la progression

$$o, \quad -D, \quad -2D, \quad -3D, \quad -4D, \quad \ldots,$$

dont on ne prendra que les termes contenus entre les limites

$$-\frac{1}{H+1} \quad \text{et} \quad -h-1.$$

Voilà la difficulté résolue; mais il s'agit de trouver la quantité D, par la condition qu'elle soit plus petite que le plus petit intervalle entre deux intersections voisines de la courbe avec l'axe. Comme les abscisses qui répondent aux intersections sont les racines mêmes de l'équation proposée, il est clair que la question se réduit à trouver une quantité plus petite que la plus petite différence entre les deux racines, abstraction faite de leur signe; il n'y aurait donc qu'à chercher, par les méthodes dont on a parlé dans les leçons du cours principal, l'équation dont les racines seraient les différences entre les racines de la proposée. On chercherait, par les moyens exposés plus haut, une quantité plus petite que la plus petite racine de cette dernière équation, et l'on prendrait cette quantité pour la valeur de D.

Cette méthode ne laisse, comme l'on voit, rien à désirer pour la solution rigoureuse du problème; mais elle a l'inconvénient d'exiger un calcul fort long, surtout si l'équation proposée est d'un degré un peu élevé. En effet, on a vu que, si m est le degré de l'équation primitive, celui de l'équation des différences sera $m(m-1)$, parce que chacune des racines pouvant être soustraite de toutes les autres, qui sont au nombre de $m-1$, il en résulte $m(m-1)$ différences; mais, comme chaque différence peut être positive ou négative, il s'ensuit que l'équation des différences doit avoir les mêmes racines en plus et en moins; que par conséquent elle doit manquer de tous les termes où l'inconnue serait élevée à une puissance impaire, de sorte que, en prenant le carré des différences pour inconnue, cette inconnue n'y montera qu'au degré $\frac{m(m-1)}{2}$. Il faudrait donc, pour une équation du degré m, trouver d'abord une transformée du degré $\frac{m(m-1)}{2}$, ce qui peut être d'une longueur extrême et rebutante, si m est un nombre un peu grand. Par exemple, pour une équation du dixième degré, la transformée serait du quarante-cinquième. Comme cet inconvénient peut rendre, dans beaucoup de cas, la méthode presque impraticable, il est important de chercher un moyen d'y remédier. Pour cela, reprenons l'équation proposée du degré m,

$$x^m + p\,x^{m-1} + q\,x^{m-2} + \ldots + u = 0,$$

dont les racines soient a, b, c,...; on aura donc

$$a^m + pa^{m-1} + qa^{m-2} + \ldots + u = 0,$$

et de même

$$b^m + pb^{m-1} + qb^{m-2} + \ldots + u = 0.$$

Soit $b - a = i$, donc $b = a + i$; substituons cette valeur de b dans la seconde équation, et si, après avoir développé par la formule connue les différentes puissances de $a + i$, on ordonne l'équation résultante suivant les puissances de i, en commençant par les moins hautes, on aura une transformée de cette forme

$$P + Qi + Ri^2 + \ldots + i^m = 0,$$

dans laquelle on aura

$$P = a^m + pa^{m-1} + qa^{m-2} + \ldots + u,$$

$$Q = ma^{m-1} + (m-1)pa^{m-2} + (m-2)qa^{m-3} + \ldots,$$

$$R = \frac{m(m-1)}{2}a^{m-2} + \frac{(m-1)(m-2)}{2}pa^{m-3} + \frac{(m-2)(m-3)}{2}qa^{m-4} + \ldots,$$

et ainsi de suite, la loi des termes étant visible.

Or, par la première équation en a, on a $P = 0$; donc, effaçant le terme P de l'équation en i, et divisant tous les autres par i, elle ne montera plus qu'au degré $m - 1$, et sera par conséquent

$$Q + Ri + Si^2 + \ldots + i^{m-1} = 0.$$

Cette équation aura donc pour racines les $m - 1$ différences entre la racine a et les autres racines b, c,.... De même, si l'on substitue b à la place de a dans les expressions des coefficients Q, R,..., on aura l'équation dont les racines seront les différences entre la racine b et les autres racines a, c,..., et ainsi de suite.

Donc, si l'on peut trouver une quantité plus petite que la plus petite racine de toutes ces équations, elle aura la condition demandée, et pourra être prise pour la quantité D dont on cherche la valeur.

Si l'on éliminait a de l'équation en i, au moyen de l'équation $P = 0$, on aurait une équation en i qui renfermerait toutes celles dont nous venons de parler, et dont il n'y aurait qu'à chercher la plus petite racine.

Mais cette équation simple en i ne serait autre chose que l'équation des différences dont on voudrait se passer.

Faisons, dans l'équation ci-dessus en i, $i = \frac{1}{z}$; on aura cette transformée en z

$$z^{m-1} + \frac{R}{Q} z^{m-2} + \frac{S}{Q} z^{m-3} + \ldots + \frac{1}{Q} = 0,$$

et le plus grand coefficient négatif de cette équation donnera, par ce qui a été démontré plus haut, une valeur plus grande que sa plus grande racine; de sorte qu'en nommant L ce plus grand coefficient, L + 1 sera une quantité plus grande que la plus grande valeur de z; par conséquent, $\frac{1}{L+1}$ sera une quantité plus petite que la plus petite valeur positive de i; et l'on trouvera de même une quantité plus petite que la plus petite valeur négative de i. Ainsi l'on pourra prendre pour D la plus petite de ces deux quantités, ou une quantité quelconque plus petite que l'une et l'autre.

Pour avoir un résultat plus simple et indépendant des signes, on peut réduire la question à trouver une quantité L plus grande que chacun des coefficients de l'équation en z, abstraction faite des signes, et il est clair que, si l'on trouve une quantité N plus petite que la plus petite valeur de Q, et une quantité M plus grande que la plus grande valeur de chacune des quantités R, S,..., abstraction faite des signes, on pourra prendre L $= \frac{M}{N}$.

Commençons par chercher les valeurs de M. Il n'est pas difficile de prouver par les principes établis ci-dessus que, si $k + 1$ est, comme plus haut, la limite des racines positives, et $-h-1$ la limite des racines négatives de l'équation proposée, et qu'on substitue successivement dans les expressions de R, S,..., à la place de a, $k + 1$ et $-h-1$, en ne tenant compte que des termes qui auront le même signe que le premier, on aura des quantités plus grandes que les plus grandes valeurs positives et négatives de R, S,... répondant aux racines a, b, c,... de l'équation proposée; de sorte qu'on pourra prendre pour M la plus grande de ces différentes quantités, abstraction faite des signes.

Il ne restera donc plus qu'à trouver une valeur plus petite que la plus petite de Q; or il ne paraît pas qu'on puisse y parvenir autrement que par le moyen de l'équation dont les différentes valeurs de Q seraient les racines, équation qui ne peut être que le résultat de l'élimination de a entre ces deux-ci

$$a^m + pa^{m-1} + qa^{m-2} + \ldots + u = 0,$$

$$ma^{m-1} + (m-1)pa^{m-2} + (m-2)qa^{m-3} + \ldots = Q.$$

Il est aisé de démontrer, par la théorie connue de l'élimination, que l'équation résultante en Q ne sera que du degré m, c'est-à-dire du même degré que la proposée, et l'on peut démontrer aussi par la forme des racines de cette équation qu'elle manquera de son pénultième terme. Si donc on cherche, par la méthode donnée plus haut, une quantité plus petite, abstraction faite du signe, que la plus petite racine de cette équation, cette quantité pourra être prise pour N; ainsi le problème est résolu moyennant une équation d'un même degré que la proposée. Voici à quoi la solution se réduit; je conserverai pour plus de simplicité la lettre x à la place de a.

Étant proposée l'équation du degré m,

$$x^m + p\,x^{m-1} + q\,x^{m-2} + r\,x^{m-3} + \ldots = 0,$$

soit k le plus grand coefficient des termes négatifs, et $m - n$ l'exposant de x dans le premier terme négatif; soit de même h le plus grand coefficient des termes de signes contraires au premier, en changeant x en $-x$, et $m - n'$ l'exposant de x dans le premier terme de signe contraire au premier; on fera

$$f = \sqrt[n]{k+1} \quad \text{et} \quad g = \sqrt[n']{h+1},$$

et l'on aura d'abord f et $-g$ pour les limites des racines positives et négatives. On substituera successivement ces limites à la place de x dans les formules suivantes, en n'ayant égard qu'aux termes qui se trou-

VII. 34

veront du même signe que le premier,

$$\frac{m(m-1)}{2}x^{m-2} + \frac{(m-1)(m-2)}{2}px^{m-3} + \frac{(m-2)(m-3)}{2}qx^{m-4} + \ldots,$$

$$\frac{m(m-1)(m-2)}{2.3}x^{m-3} + \frac{(m-1)(m-2)(m-3)}{2.3}px^{m-4} + \ldots,$$

et ainsi de suite; le nombre de ces formules sera $m-2$, et l'on nommera M la plus grande des quantités qu'on aura de cette manière, en faisant abstraction des signes. On fera ensuite l'équation

$$mx^{m-1} + (m-1)px^{m-2} + (m-2)qx^{m-3} + (m-3)rx^{m-4} + \ldots = y,$$

et l'on éliminera x au moyen de l'équation proposée; ce qui donnera une équation en y du même degré m, qui manquera de son pénultième terme. Soient V le dernier terme de cette équation en y, T le plus grand coefficient des termes de signe contraire à V, en supposant y tant positif que négatif; ces deux quantités T et V étant prises positivement, on déterminera N par l'équation

$$\frac{N}{1-N} = \sqrt[n]{\frac{V}{T}},$$

en prenant n égal à l'exposant du dernier terme du signe contraire à V. On prendra ensuite D égal ou plus petit que la quantité $\frac{N}{M+N}$, et l'on formera les progressions arithmétiques

$$0, \quad D, \quad 2D, \quad 3D, \quad \ldots, \quad -D, \quad -2D, \quad -3D, \quad \ldots,$$

que l'on continuera, de part et d'autre, entre les limites f et $-g$; les termes de ces progressions, étant successivement substitués pour x dans l'équation proposée, mettront en évidence toutes les racines réelles, tant positives que négatives, par les changements de signe dans la suite des résultats de ces substitutions, et en donneront en même temps les premières limites, qu'on pourra ensuite resserrer à volonté, ainsi qu'on l'a fait voir plus haut.

Si le dernier terme V de l'équation en y résultant de l'élimination de x est nul, alors N sera nul, et par conséquent D sera égal à zéro;

mais, dans ce cas, il est clair que l'équation en y aura une racine égale à zéro, et même deux, par le manque du pénultième terme; par conséquent, l'équation

$$m x^{m-1} + (m-1) p x^{m-2} + (m-2) q x^{m-3} + \ldots = 0$$

aura lieu en même temps que la proposée. Ces deux équations auront donc un diviseur commun, qu'on pourra trouver par la méthode connue, et ce diviseur, égalé à zéro, donnera une ou plusieurs racines de la proposée, qui seront en même temps des racines doubles ou multiples, comme il est facile de le prouver par la théorie précédente; car alors le dernier terme Q de l'équation en i sera nul; par conséquent on aura

$$i = 0 \quad \text{et} \quad a = b.$$

L'équation en y, par l'évanouissement de son dernier terme, s'abaissera au degré $m - 2$, parce qu'elle se trouvera divisible par y^2. Si, après cette division, son dernier terme était encore nul, ce serait une marque qu'elle aurait plus de deux racines égales à zéro, et ainsi de suite. On la diviserait donc autant de fois par y qu'il serait possible, et l'on prendrait ensuite son dernier terme pour V et le plus grand coefficient des termes de signes contraires à V pour T, pour avoir la valeur de D, qui servira à faire connaître toutes les autres racines de la proposée. Si la proposée est du troisième degré, comme

$$x^3 + q x + r = 0,$$

on trouvera pour l'équation en y

$$y^3 + 3 q y^2 - 4 q^3 - 27 r^2 = 0.$$

Si la proposée était

$$x^4 + q x^2 + r x + s = 0,$$

on trouverait celle-ci en y,

$$y^4 + 8 r y^3 + (4 q^3 - 16 q s + 18 r^2) y^2 + 256 s^3 - 128 s^2 q^2$$
$$+ 16 s q^4 + 144 r^2 s q - 4 r^2 q^3 - 27 r^4 = 0,$$

et ainsi de suite.

34.

Au reste, comme la recherche de l'équation en y peut être pénible par les méthodes ordinaires d'élimination, voici des formules générales dont la démonstration dépend des propriétés connues des équations.

On formera d'abord, d'après les coefficients p, q, r,... de la proposée, les quantités x_1, x_2, x_3,..., de cette manière :

$$x_1 = -p,$$
$$x_2 = -px_1 - 2q,$$
$$x_3 = -px_2 - qx_1 - 3r,$$
$$\ldots\ldots\ldots\ldots\ldots\ldots$$

On substituera dans l'expression de y, dans celles de y^2, de y^3,..., jusqu'à y^m, après le développement des termes en x, les quantités x_1 pour x, x_2 pour x^2, x_3 pour x^3,..., et l'on désignera par y_1, y_2, y_3,... les valeurs de y, y^2, y^3,... résultant de ces substitutions.

Alors on n'aura plus qu'à former les quantités A, B, C,... par les formules

$$A = y_1,$$
$$B = \frac{Ay_1 - y_2}{2},$$
$$C = \frac{By_1 - Ay_2 + y_3}{3},$$
$$\ldots\ldots\ldots\ldots\ldots\ldots,$$

et l'on aura cette équation en y

$$y^m - Ay^{m-1} + By^{m-2} - Cy^{m-3} + \ldots = 0.$$

La valeur ou plutôt la limite de D, qu'on trouvera par la méthode que nous venons d'exposer, pourra être souvent beaucoup plus petite qu'il ne serait nécessaire pour faire découvrir toutes les racines; mais il n'y aura à cela d'autre inconvénient que d'augmenter le nombre des substitutions successives à faire pour x dans la proposée. D'ailleurs, lorsqu'on a trouvé autant de résultats qu'il y a d'unités dans l'exposant du degré de l'équation, on peut les continuer aussi loin qu'on veut par la simple addition des différences premières, secondes, etc., parce que les différences de l'ordre qui répond à ce degré seront toujours constantes.

On a vu plus haut comment on peut décrire la courbe de l'équation proposée par plusieurs points, en donnant successivement aux abscisses x différentes valeurs, et prenant pour les ordonnées y les valeurs résultantes du premier membre de l'équation; mais on peut trouver aussi ces valeurs de y par une construction fort simple, qui mérite de vous être exposée. Représentons l'équation proposée par

$$a + bx + cx^2 + dx^3 + \ldots = 0,$$

en prenant les termes dans l'ordre inverse; l'équation à la courbe sera

$$y = a + bx + cx^2 + dx^3 + \ldots .$$

Ayant mené (*fig.* 2) la ligne droite OX, qu'on prendra pour l'axe des

Fig. 2.

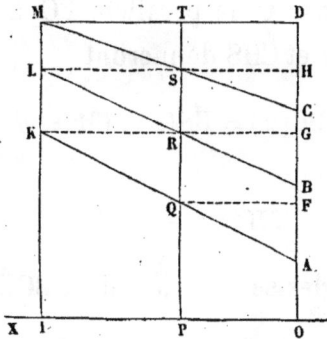

abscisses dont O sera l'origine, on prendra sur cette ligne la partie OI égale à l'unité des quantités a, b, c,..., qu'on peut supposer exprimées par des nombres, et l'on élèvera aux points O, I les perpendiculaires OD, IM. On prendra ensuite sur la ligne OD les parties

$$OA = a, \quad AB = b, \quad BC = c, \quad CD = d, \quad \ldots,$$

et ainsi de suite. Soit maintenant OP $= x$, et soit menée au point P la perpendiculaire PT. Supposons, par exemple, que d soit le dernier des coefficients a, b, c,..., en sorte que la proposée ne soit que du troisième degré, et qu'il s'agisse d'avoir la valeur de

$$y = a + bx + cx^2 + dx^3.$$

Le point D étant ainsi le dernier de ceux qui ont été déterminés sur la perpendiculaire OD, et le point C l'avant-dernier, on mènera par D la parallèle DM à l'axe OI, et par le point M, où cette ligne coupe la perpendiculaire IM, on mènera au point C la droite CM. Ensuite par le point S, où cette droite coupe la perpendiculaire PT, on mènera HSL parallèle à OI, et par le point L, où cette parallèle coupe la perpendiculaire IM, on mènera au point B la droite BL. De même, par le point R, où cette droite coupe la perpendiculaire PT, on mènera la parallèle GRK à OI, et par le point K, où cette parallèle coupe la perpendiculaire IM, on mènera à la première division A de la perpendiculaire DO la droite AK. Le point Q, où cette droite coupera la perpendiculaire PT, donnera la partie PQ $= y$.

En effet, soit menée par Q la parallèle FQ à l'axe OP. Les deux triangles semblables CDM et CHS donneront

$$DM\,(1) : DC\,(d) = HS\,(x) : CH\,(= dx);$$

ajoutant CB (c), on aura

$$BH = c + dx.$$

De même, les deux triangles semblables BHL, BGK donneront

$$HL\,(1) : HB\,(c + dx) = GR\,(x) : BG\,(= cx + dx^2);$$

ajoutant AB (b), on aura

$$AG = b + cx + dx^2.$$

Enfin les triangles semblables AGK et AFQ donneront

$$GK\,(1) : GA\,(b + cx + dx^2) = FQ\,(x) : FA\,(= bx + cx^2 + dx^3);$$

ajoutant OA (a), on aura

$$OF = PQ = a + bx + cx^2 + dx^3 = y.$$

La même construction et la même démonstration auront lieu, quel que soit le nombre des termes de l'équation proposée.

Il faudra seulement avoir soin, si quelques-uns des coefficients a, b, c,... étaient négatifs, de les prendre dans le sens opposé. Par exemple, si a était négatif, il faudrait prendre la partie OA au-dessous de l'axe OI. Ensuite on partirait de même du point A pour y ajouter la partie AB égale à b; si b est positif, on prendra AB dans le sens OD; mais, si b était négatif, il faudrait prendre AB dans le sens opposé, et ainsi des autres.

A l'égard de x, on prendra OP dans le sens de OI, supposé égal à l'unité positive, lorsque x sera positif; mais on prendrait OP dans le sens opposé, si x était négatif.

Il ne serait pas difficile, au reste, de former, d'après cette construction, un instrument qui s'appliquerait à toutes les valeurs des coefficients a, b, c,..., et qui, au moyen de quelques règles mobiles avec des charnières, donnerait pour chaque point P de la droite OP le point correspondant Q, et qui servirait à décrire la courbe même par un mouvement continu. Cet instrument pourrait ainsi servir à résoudre toutes les équations; du moins servirait-il à trouver les premières valeurs approchées des racines, par lesquelles on en trouvera ensuite de plus exactes.

LEÇON CINQUIÈME.

SUR L'USAGE DES COURBES DANS LA SOLUTION DES PROBLÈMES.

Tant que l'Algèbre et la Géométrie ont été séparées, leurs progrès ont été lents et leurs usages bornés; mais lorsque ces deux sciences se sont réunies, elles se sont prêté des forces mutuelles et ont marché ensemble d'un pas rapide vers la perfection. C'est à Descartes qu'on doit l'application de l'Algèbre à la Géométrie, application qui est devenue la clef des plus grandes découvertes dans toutes les branches des Mathématiques. La méthode que je vous ai exposée dernièrement pour trouver et démontrer plusieurs propriétés générales des équations par la considération des courbes qui les représentent, est proprement une espèce d'application de la Géométrie à l'Algèbre; et, comme cette méthode a des usages très-étendus, et peut servir à résoudre facilement des Problèmes dont la solution directe serait très-difficile ou même impossible, je crois devoir vous en entretenir encore dans cette séance, d'autant plus qu'on ne la trouve guère dans les Éléments ordinaires d'Algèbre.

Vous avez vu comment une équation d'un degré quelconque peut se résoudre par le moyen de la courbe dont les abscisses représentent l'inconnue de l'équation, et dont les ordonnées sont égales à la valeur du premier membre de l'équation pour chaque valeur qu'on donne à l'inconnue. Il est clair que cette méthode peut s'appliquer en général à toutes les équations, quelle que soit leur forme, et qu'elle ne demande pas que l'équation soit développée et ordonnée par rapport aux différentes puissances de l'inconnue. Il suffit donc que tous les termes de l'équation soient dans un seul membre, en sorte que l'autre membre soit égal à zéro; alors, en prenant de même l'inconnue pour l'abscisse x, et la fonction de l'inconnue, c'est-à-dire la quantité composée de cette inconnue et des connues, laquelle forme l'un des membres de l'équation, pour l'ordonnée y, la courbe décrite d'après ces ordonnées x et y donnera, par ses intersections avec l'axe, les valeurs de x qui seront les racines cherchées de l'équation donnée. Et comme le plus souvent on n'a pas besoin de connaître toutes les valeurs possibles de l'inconnue, mais seulement celles qui peuvent résoudre le Problème dans le cas dont il s'agit, il suffira de décrire la portion de courbe qui pourra répondre à ces valeurs, ce qui épargnera beaucoup de calculs inutiles. On pourra même de cette manière juger d'abord, par la figure de la courbe, si le Problème a des solutions possibles, conformément aux circonstances qui peuvent les limiter.

Supposons, par exemple, que l'on demande de trouver, sur la ligne qui joint deux lumières dont l'intensité est donnée, le point qui recevra une quantité de lumière donnée, en partant de ce principe de Physique, que l'effet d'une lumière décroît dans le même rapport que le carré de la distance augmente.

Nommons a la distance entre les deux lumières, et x la distance du point cherché à l'une des lumières, dont l'intensité ou la quantité de lumière à la distance $= 1$ soit M, celle de l'autre lumière étant N; on aura $\frac{M}{x^2}$ et $\frac{N}{(a-x)^2}$ pour exprimer les effets de ces deux lumières sur le point en question; de sorte que, désignant l'effet total donné par A, on aura l'équation

$$\frac{M}{x^2} + \frac{N}{(a-x)^2} = A,$$

ou bien

$$\frac{M}{x^2} + \frac{N}{(a-x)^2} - A = 0.$$

On considérera donc la courbe dont l'équation sera

$$\frac{M}{x^2} + \frac{N}{(a-x)^2} - A = y;$$

et l'on verra d'abord qu'en donnant à x une valeur très-petite, positive ou négative, le terme $\frac{M}{x^2}$ deviendra très-grand positif, parce qu'une fraction augmente d'autant plus que son dénominateur diminue, de sorte qu'il sera infini au point où $x = 0$. Ensuite, x croissant, le terme $\frac{M}{x^2}$ ira en diminuant; mais l'autre terme $\frac{N}{(a-x)^2}$, qui était $\frac{N}{a^2}$ lorsque $x = 0$, augmentera continuellement, jusqu'à devenir très-grand ou infini lorsque x aura une valeur très-voisine de a ou égale à a.

Si donc la somme des deux termes peut devenir moindre que la quantité donnée A, en donnant à x des valeurs depuis zéro jusqu'à a, la valeur de y, qui était d'abord très-grande positive, deviendra négative, et redeviendra très-grande positive; par conséquent, la courbe coupera l'axe deux fois entre les deux lumières, et le Problème aura deux solutions. Ces deux solutions se réduiront à une seule, si la plus petite valeur de

$$\frac{M}{x^2} + \frac{N}{(a-x)^2}$$

était exactement égale à A, et elles deviendront imaginaires si cette valeur était plus grande que A, parce qu'alors la valeur de y serait toujours positive depuis $x = 0$ jusqu'à $x = a$; d'où l'on voit que, si c'est une condition du Problème que le point demandé tombe entre les deux lumières, il est possible que le Problème n'ait aucune solution; mais, si le point peut tomber sur le prolongement de la ligne qui joint les deux lumières, nous allons voir que le Problème est toujours résoluble de deux manières. En effet, en supposant x négatif, il est visible que le terme $\frac{M}{x^2}$ restera toujours positif, et de très-grand qu'il est près du point où $x = 0$, il ira toujours en diminuant lorsque x croîtra, jusqu'à devenir très-petit ou nul lorsque x sera très-grand ou infini; l'autre terme $\frac{N}{(a-x)^2}$ sera d'abord $= \frac{N}{a^2}$, et ira aussi en diminuant jusqu'à devenir nul lorsque x sera devenu infini négatif. Il en sera de même en supposant x positif et plus grand que a; car, lorsque $x = a$, le terme $\frac{N}{(a-x)^2}$ sera infini; ensuite il ira en diminuant jusqu'à devenir nul lorsque x sera infini, et l'autre terme $\frac{M}{x^2}$ sera d'abord $= \frac{M}{a^2}$, et ira aussi en diminuant jusqu'à zéro à mesure que x croîtra.

Donc, quelle que soit la valeur de la quantité A, il est visible que les valeurs de y passeront nécessairement du positif au négatif, tant pour les x négatives que pour les x plus grandes que a. Ainsi il y aura une valeur négative de x et une valeur positive plus grande que a, qui résoudront le Problème dans tous les cas. On les trouvera par la méthode générale, en rapprochant successivement les valeurs de x, qui donneront des valeurs de y de signes contraires.

A l'égard des valeurs de x moindres que a, nous avons vu que la réalité de ces valeurs dépend de la plus petite valeur de la quantité

$$\frac{M}{x^2} + \frac{N}{(a-x)^2};$$

on verra dans le Calcul différentiel comment on détermine les plus petites et les plus grandes valeurs d'une quantité variable; nous nous contenterons de remarquer ici que la quantité dont il s'agit sera la plus petite ou un minimum, lorsque

$$\frac{x}{a-x} = \sqrt[3]{\frac{M}{N}},$$

de sorte qu'on aura

$$x = \frac{a\sqrt[3]{M}}{\sqrt[3]{M} + \sqrt[3]{N}},$$

et de là on trouvera, pour la plus petite valeur de la quantité dont il s'agit,

$$\frac{(\sqrt[3]{M} + \sqrt[3]{N})^3}{a^2};$$

par conséquent, il y aura deux valeurs réelles de x si cette quantité est moindre que A; mais ces valeurs seront imaginaires si elle est plus grande. Le cas de l'égalité donnera deux valeurs de x égales entre elles.

Je me suis un peu étendu sur l'analyse de ce Problème, qui n'est, au reste, que de pure curiosité, parce qu'elle peut servir pour tous les cas semblables.

L'équation du Problème précédent, étant délivrée des fractions, sera de cette forme

$$A x^2(a-x)^2 - M(a-x)^2 - N x^2 = 0,$$

laquelle, étant développée et ordonnée, montera au quatrième degré, et aura par conséquent quatre racines; ainsi, par l'analyse que nous venons de donner, on pourra connaître tout de suite la nature de ces racines. Comme il peut résulter de là une méthode applicable à toutes les équations du quatrième degré, nous allons en dire un mot en passant. Soit donc l'équation générale

$$x^4 + p x^2 + q x + r = 0;$$

on a déjà vu que, si son dernier terme est négatif, elle aura nécessairement deux racines réelles, l'une positive et l'autre négative; mais, si ce terme est positif, on n'en peut rien conclure en général sur la nature

35.

de ses racines. Qu'on donne à cette équation la forme

$$(x^2 - a^2)^2 + b(x + a)^2 + c(x - a)^2 = 0,$$

laquelle, étant développée, devient

$$x^4 + (b + c - 2a^2)\, x^2 + 2a(b - c)\, x + a^4 + a^2(b + c) = 0;$$

d'où l'on tire, en comparant les termes,

$$b + c - 2a^2 = p, \quad 2a(b - c) = q, \quad a^4 + a^2(b + c) = r,$$

et de là

$$b + c = p + 2a^2, \quad b - c = \frac{q}{2a}, \quad 3a^4 + pa^2 = r;$$

de sorte qu'en résolvant cette dernière équation, on aura

$$a^2 = -\frac{p}{6} + \sqrt{\frac{r}{3} + \frac{p^2}{36}}.$$

Or nous supposons ici r positif; donc a^2 sera réel positif, et par conséquent a réel; donc aussi b et c seront réels.

Ayant donc déterminé de cette manière les trois quantités a, b, c, on aura la transformée

$$(x^2 - a^2)^2 + b(x + a)^2 + c(x - a)^2 = 0.$$

Si l'on fait le second membre de cette équation $= y$, et qu'on considère la courbe dont x seront les abscisses et y les ordonnées, il est d'abord visible que, lorsque b et c seront des quantités positives, cette courbe sera toute au-dessus de l'axe; par conséquent l'équation n'aura aucune racine réelle. Supposons, en second lieu, que b soit une quantité négative, et c une quantité positive; alors $x = a$ donnera $y = 4ba^2$, quantité négative; ensuite x très-grand positif et négatif donneront y très-grand positif; d'où il est aisé de conclure que l'équation aura deux racines réelles, l'une plus grande que a, et l'autre moindre que $-a$. On trouvera de même que, si b est positif et c négatif, l'équation aura deux racines réelles, l'une plus grande et l'autre moindre que a. Enfin, si b et c sont tous les deux négatifs, alors y sera négatif, en faisant

$$x = a \quad \text{et} \quad x = -a;$$

ensuite il sera positif très-grand pour x très-grand positif ou négatif; d'où l'on conclura encore qu'il y aura deux racines réelles, l'une plus grande que a, l'autre moindre que $-a$. On pourrait pousser ces considérations plus loin, mais nous ne nous y arrêterons pas davantage quant à présent.

On a vu, par l'Exemple précédent, que la considération de la courbe ne demande pas que l'équation soit délivrée des expressions fractionnaires; on doit dire la même chose relativement aux expressions radicales; il y a même un avantage à y conserver ces expressions telles que l'analyse du Problème les donne; c'est qu'on peut n'avoir égard qu'aux signes des radicaux qui conviendront aux circonstances particulières de chaque Problème, au lieu qu'en faisant disparaître les fractions et les radicaux, pour avoir l'équation ordonnée suivant les différentes puissances entières de l'inconnue, on introduit souvent des racines étrangères à la question proposée. Il est vrai que ces racines appartiennent toujours à la même question considérée dans toute son étendue; mais cette richesse de l'Analyse algébrique, quoique très-précieuse en elle-même et sous un point de vue général, devient incommode et onéreuse dans les cas particuliers où l'on ne peut, par les méthodes directes, trouver la solution dont on a besoin, indépendamment de toutes les autres solutions possibles. Lorsque l'équation qui résulte immédiatement des conditions du Problème renferme des radicaux dont le signe est essentiellement ambigu, la courbe de cette équation (en y faisant le membre, qui doit être zéro, égal à l'ordonnée y) aura nécessairement autant de branches qu'il pourra y avoir de combinaisons différentes de ces signes, et pour la solution complète il faudrait considérer chacune de ces branches; mais cette généralité peut être restreinte par les conditions particulières du Problème, qui déterminent la branche où la solution doit se trouver : alors on a l'avantage de ne point faire de calculs inutiles, et cet avantage n'est pas un des moindres qu'offre la méthode de résoudre les équations par la considération des courbes.

Mais cette méthode peut être encore généralisée, et rendue indépendante de l'équation même du Problème. Il suffit, pour pouvoir l'employer, de considérer les conditions du Problème en elles-mêmes, de donner à l'inconnue différentes valeurs arbitraires, et de déterminer d'après ces conditions, soit par le calcul ou par une construction, les erreurs qui en résultent. Ces erreurs étant regardées comme ordonnées y d'une courbe dont les abscisses x seraient les valeurs correspondantes de l'inconnue, il en résultera une courbe continue, qu'on appellera la *courbe des erreurs*, et qui, par ses intersections avec l'axe, donnera également toutes les solutions du Problème. Ainsi, si l'on trouve deux erreurs successives, l'une en excès et l'autre en défaut, c'est-à-dire, l'une positive et l'autre négative, on en conclura sur-le-champ qu'entre ces deux valeurs correspondantes de l'inconnue il y en aura une pour laquelle l'erreur sera nulle, et dont on pourra approcher aussi près qu'on voudra par des substitutions successives, ou même aussi par la description mécanique de la courbe.

Cette manière de résoudre les questions par les courbes des erreurs est une des plus utiles qu'on ait imaginées; elle est d'un usage continuel en Astronomie, où les solutions directes seraient trop difficiles et souvent impossibles; elle peut servir à résoudre des Problèmes importants de Géométrie et de Mécanique, et même de Physique : c'est, à proprement parler, la règle de fausse position prise dans le sens le plus général et rendue applicable à toutes les questions où il y a une inconnue à déterminer. Elle peut s'appliquer aussi à celles qui dépendent de deux ou plusieurs inconnues, en donnant successivement à ces inconnues différentes valeurs arbitraires, et calculant les erreurs qui en résultent, pour les lier par différentes courbes ou les réduire en Tables; de sorte que par cette méthode on peut parvenir immédiatement à la solution cherchée, sans aucune élimination préliminaire des inconnues.

Nous allons en faire voir l'usage par quelques Exemples.

On demande un cercle dans lequel on puisse inscrire un polygone dont tous les côtés soient donnés.

Ce Problème, mis en équation, monterait à un degré d'autant plus haut que le nombre des côtés donnés serait plus grand. Pour le résoudre par la méthode dont nous venons de parler, on décrira d'abord un cercle à volonté, comme ABCD (*fig.* 3), et l'on portera dans ce cercle les côtés donnés

$$AB, \quad BC, \quad CD, \quad DE, \quad EF$$

du polygone que je suppose ici, pour plus de simplicité, un pentagone.

Fig. 3.

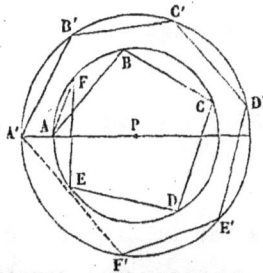

Si l'extrémité F du dernier côté tombait en A, le Problème serait résolu; mais, comme il est très-difficile que cela arrive du premier coup, on portera sur une ligne droite PR (*fig.* 4) le rayon PA du cercle, et

Fig. 4.

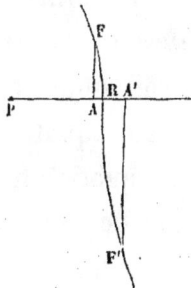

l'on élèvera au point A la perpendiculaire AF, égale à la corde AF de l'arc AF dans lequel consiste l'erreur de la supposition qu'on a faite sur la longueur du rayon PA. Comme cette erreur est un excès, il faudra décrire un cercle d'un rayon plus grand, et faire la même opération, et ainsi de suite, en essayant des cercles de différentes grandeurs. Ainsi le cercle dont le rayon est PA′ donnera l'erreur F′A′, laquelle, tombant de l'autre côté du point A′, devra être censée négative; par conséquent, dans la *fig.* 4, à l'abscisse PA′ il faudra appliquer l'ordonnée A′F′ au-dessous de l'axe. De cette manière on aura plusieurs points F, F′,...., qui seront dans une courbe dont l'intersection R avec l'axe PA′ donnera le vrai rayon PR du cercle qui satisfera à la question, et l'on trouvera cette intersection en resserrant successivement les points de la courbe qui se trouveront de côté et d'autre de l'axe, comme F, F′,.....

D'un point dont la position est inconnue, on a observé trois objets dont les distances respectives sont connues, et l'on a déterminé les trois angles formés par les rayons visuels, menés de l'œil de l'observateur à ces trois objets. On demande la position du lieu de l'observateur par rapport aux mêmes objets.

Si on lie les trois objets par des lignes droites, il est visible que ces trois droites avec les trois rayons visuels formeront une pyramide triangulaire dont la base sera donnée, ainsi que les trois angles qui forment l'angle solide du sommet auquel l'observateur est supposé placé, et la question sera réduite à déterminer les dimensions de cette pyramide.

Comme la position d'un point dans l'espace est entièrement déterminée par ses trois distances à trois points donnés, il est clair que le Problème sera résolu, si l'on détermine les trois distances du point où est l'observateur à chacun des trois objets : or, en prenant ces distances pour inconnues, on aurait trois équations du second degré qui, par l'élimination, donneraient une équation finale du huitième degré; mais, en prenant pour inconnues une des distances et les rapports des deux autres à celle-ci, l'équation finale ne sera que du quatrième degré. On pourrait donc résoudre ce Problème rigoureusement par les méthodes connues; mais, la solution directe étant compliquée et peu commode pour la pratique, voici celle qu'on pourra trouver par la courbe des erreurs.

Soient faits (*fig.* 5) les trois angles successifs

APB, BPC, CPD,

ayant le même sommet P, égaux respectivement aux angles observés entre le premier objet et le second, entre le second et le troisième, et

Fig. 5.

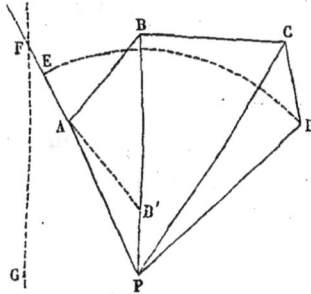

entre le troisième et le premier; et soit d'abord prise la droite PA à volonté, pour représenter la distance de l'observateur au premier objet. Comme la distance de cet objet au second est supposée connue, si elle est égale à la ligne AB, on la portera en AB, et l'on aura ainsi la distance BP du second objet à l'observateur. De même, on portera en BC la distance BC du second objet au troisième, et l'on aura la distance PC de cet objet à l'observateur. Maintenant, si l'on porte en CD la distance du troisième objet au premier, on aura de nouveau PD pour la distance du premier objet à l'observateur; par conséquent il faudra, pour que la première distance supposée soit exacte, que les deux lignes PA, PD soient égales. Prenant donc sur la ligne PA, prolongée s'il est nécessaire, la partie PE = PD, si le point E ne tombe point en A, la différence EA sera l'erreur de la première supposition PA. Ayant tiré (*fig.* 6)

Fig. 6.

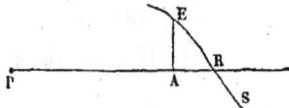

la droite PR, on y prendra depuis le point fixe P l'abscisse PA, et l'on y appliquera, à angle droit, l'ordonnée EA; on aura le point E de la courbe ERS des erreurs. En prenant d'autres distances à la place de PA, et faisant la même construction, on trouvera d'autres erreurs qu'on appliquera de même sur la ligne PR, et qui donneront d'autres points de la même courbe.

On pourra donc décrire ainsi cette courbe par plusieurs points, et le point R où elle coupera l'axe PR donnera la distance PR, dont l'erreur sera nulle, et qui sera, par conséquent, la véritable distance de l'observateur au premier objet; cette distance étant connue, on aura les deux autres par la même construction.

Il est bon de remarquer que la construction dont il s'agit donne, pour chaque point A de la ligne PA, deux points B et B' dans la ligne PB; car, puisque la distance AB est donnée, pour trouver le point B, il n'y a qu'à décrire du point A comme centre, et avec le rayon AB, un arc de cercle qui coupera la droite PB en deux points B et B', lesquels satisferont tous les deux aux conditions du Problème. De la même manière, chacun de ces points en donnera deux sur la droite PC, et chacun de ceux-ci en donnera aussi deux sur la droite PD; d'où il suit que chaque point A, pris sur la première droite PA, en donnera généralement huit sur la droite PD, qu'il faudra donc considérer séparément et successivement pour avoir *toutes les solutions possibles.* J'ai dit *généralement;* car il est possible : 1° que les deux points B, B' se réunissent en un seul, ce qui aura lieu lorsque le cercle décrit du centre A avec le rayon AB touchera la droite PB; 2° que ce cercle ne coupe point la droite PB, auquel cas le reste de la construction devient impossible, et il faudra dire la même chose des points C, D. Ainsi, en menant la ligne GF parallèle à BP, et éloignée de celle-ci d'une distance égale à la ligne donnée AB, le point F où elle coupera la ligne PE, prolongée s'il est nécessaire, sera la limite au delà de laquelle il ne faudra point prendre les points A pour avoir des solutions possibles. On aura de même des limites pour les points B et C, lesquelles serviront à restreindre les suppositions primitives qu'on pourrait faire sur la distance PA.

Les huit points D, qui dépendent en général de chaque point A, répondent aux huit solutions dont le Problème est susceptible, et, lorsqu'on n'a aucune donnée particulière par laquelle on puisse déterminer laquelle de ces solutions convient au cas proposé, il est indispensable de les chercher toutes, en employant pour chacune des huit combinaisons une courbe particulière des erreurs. Mais, si l'on sait, par exemple, que la distance de l'observateur au second objet est plus grande ou plus petite que sa distance au premier, il ne faudra prendre alors dans la ligne PB que le point B dans le premier cas, ou le point B′ dans le second, ce qui diminuera les huit combinaisons de moitié. Si l'on avait la même donnée sur le troisième objet, relativement au second, et sur le premier, relativement au troisième, alors les points C et D seraient déterminés, et l'on n'aurait qu'une solution unique.

Ces deux Exemples peuvent suffire pour montrer l'usage de la méthode de ces courbes dans la résolution des Problèmes; mais cette méthode, que nous n'avons présentée que d'une manière pour ainsi dire mécanique, peut aussi être soumise à l'Analyse.

En effet, tout se réduit à décrire ou faire passer une courbe par plusieurs points, soit que ces points soient donnés par le calcul ou par une construction, ou même par des observations ou des expériences isolées et indépendantes les unes des autres. Ce Problème est, à la vérité, indéterminé; car on peut, à la rigueur, faire passer par des points donnés une infinité de courbes différentes, régulières ou irrégulières, c'est-à-dire soumises à des équations, ou tracées arbitrairement à la main; mais il ne s'agit pas de trouver des solutions quelconques, mais les plus simples et les plus aisées à employer.

Ainsi, s'il n'y avait que deux points donnés, la solution la plus simple serait une ligne droite qu'on mènerait par ces points. S'il y a trois points, on pourrait faire passer par ces points un arc de cercle, qui est, après la droite, la ligne la plus facile à décrire.

Mais, si le cercle est la courbe la plus simple par sa description, elle ne l'est pas par son équation entre les abscisses et les ordonnées rectangles. Sous ce dernier point de vue, on peut regarder comme les plus simples les courbes dont l'ordonnée est exprimée par une fonction en-

36.

tière et rationnelle de l'abscisse, telle que

$$y = a + bx + cx^2 + dx^3 + \ldots,$$

y étant l'ordonnée et x l'abscisse. Ces sortes de courbes s'appellent en général *paraboliques*, parce qu'on peut les regarder comme une généralisation de la parabole, qui a lieu lorsque l'équation n'a que les trois premiers termes. Nous en avons déjà montré l'usage dans la résolution des équations; mais leur considération est toujours utile dans la description approchée des courbes; car on peut toujours faire passer une courbe de ce genre par tant de points qu'on voudra d'une courbe proposée, puisqu'il n'y a qu'à prendre autant de coefficients indéterminés a, b, c,... qu'il y a de points proposés, et déterminer ces coefficients de manière que les abscisses et les ordonnées, pour ces points, soient données. Or il est clair que, quelle que puisse être la courbe proposée, la courbe parabolique ainsi tracée en différera toujours d'autant moins que le nombre des points donnés sera plus grand, et leur distance moindre.

Newton est le premier qui se soit proposé ce Problème; voici la solution qu'il en donne :

Soient P, Q, R, S, ... les valeurs des ordonnées y qui répondent aux valeurs p, q, r, s,... des abscisses x; on aura les équations suivantes

$$P = a + bp + cp^2 + dp^3 + \ldots,$$
$$Q = a + bq + cq^2 + dq^3 + \ldots,$$
$$R = a + br + cr^2 + dr^3 + \ldots,$$
$$\ldots\ldots\ldots\ldots\ldots\ldots\ldots\ldots\ldots,$$

le nombre de ces équations devant être égal à celui des coefficients indéterminés a, b, c,.... Soustrayant ces équations l'une de l'autre, les restes seront divisibles par $q - p$, $r - q$,..., et l'on aura, après la division,

$$\frac{Q - P}{q - p} = b + c(q + p) + d(q^2 + qp + p^2) + \ldots,$$

$$\frac{R - Q}{r - q} = b + c(r + q) + d(r^2 + rq + q^2) + \ldots,$$

$$\ldots\ldots\ldots\ldots\ldots\ldots\ldots\ldots\ldots\ldots\ldots\ldots$$

Soit

$$\frac{Q - P}{q - p} = Q_{\text{\tiny I}}, \quad \frac{R - Q}{r - q} = R_{\text{\tiny I}}, \quad \frac{S - R}{s - r} = S_{\text{\tiny I}}, \quad \dots;$$

on trouvera de la même manière, par la soustraction et la division,

$$\frac{R_{\text{\tiny I}} - Q_{\text{\tiny I}}}{r - p} = c + d(r + q + p) + \dots,$$

$$\frac{S_{\text{\tiny I}} - R_{\text{\tiny I}}}{s - q} = c + d(s + r - q) + \dots,$$

$$\dots\dots\dots\dots\dots\dots\dots\dots\dots$$

Soit de même

$$\frac{R_{\text{\tiny I}} - Q_{\text{\tiny I}}}{r - p} = R_2, \quad \frac{S_{\text{\tiny I}} - R_{\text{\tiny I}}}{s - q} = S_2, \quad \dots;$$

on trouvera

$$\frac{S_2 - R_2}{s - r} = d + \dots,$$

$$\dots\dots\dots\dots\dots\dots,$$

et ainsi de suite.

On trouve, de cette manière, les valeurs des coefficients a, b, c,..., à commencer par les dernières, et, les substituant dans l'équation générale

$$y = a + bx + cx^2 + dx^3 + \dots,$$

il viendra, après les réductions, cette formule, qu'il est aisé de continuer aussi loin qu'on voudra,

$$y = P + Q_{\text{\tiny I}}(x - p) + R_2(x - p)(x - q) + S_3(x - p)(x - q)(x - r) + \dots.$$

Mais on peut réduire cette solution à une plus grande simplicité par la considération suivante.

Puisque y doit devenir P, Q, R,..., lorsque x devient p, q, r,..., il est aisé de voir que l'expression de y sera de cette forme

$$y = AP + BQ + CR + DS + \dots,$$

où les quantités A, B, C,... doivent être exprimées en x, de manière qu'en faisant $x = p$ on ait

$$A = 1, \quad B = 0, \quad C = 0, \quad \ldots;$$

que de même, en faisant $x = q$, on ait

$$A = 0, \quad B = 1, \quad C = 0, \quad D = 0, \quad \ldots;$$

qu'en faisant $x = r$, on ait pareillement

$$A = 0, \quad B = 0, \quad C = 1, \quad D = 0, \quad \ldots, \quad \text{etc.};$$

d'où il est facile de conclure que les valeurs de A, B, C,... doivent être de cette forme

$$A = \frac{(x - q)(x - r)(x - s)..}{(p - q)(p - r)(p - s)...},$$

$$B = \frac{(x - p)(x - r)(x - s)...}{(q - p)(q - r)(q - s)...},$$

$$C = \frac{(x - p)(x - q)(x - s)...}{(r - p)(r - q)(r - s)...},$$

$$\ldots\ldots\ldots\ldots\ldots\ldots\ldots\ldots\ldots,$$

en prenant autant de facteurs, dans les numérateurs et dans les dénominateurs, qu'il y aura de points donnés de la courbe, moins un.

Cette dernière expression de y, quoique sous une forme différente, revient cependant au même, comme on peut s'en assurer par le calcul, en développant les valeurs des quantités Q_1, R_2, S_3,..., et ordonnant les termes suivant les quantités P, Q, R,...; mais elle est préférable par la simplicité de l'Analyse sur laquelle elle est fondée, et par sa forme même, qui est beaucoup plus commode pour le calcul.

On pourra donc, par cette formule, qu'il ne serait pas difficile de réduire à une construction géométrique, trouver la valeur de l'ordonnée y pour une abscisse quelconque x, d'après les ordonnées connues P, Q, R,... pour les abscisses données p, q, r,.... Ainsi, ayant plusieurs termes d'une série quelconque, on pourra trouver tel terme intermédiaire qu'on voudra, ce qui est fort utile pour remplir les lacunes qui pourraient se trouver dans des suites d'observations ou d'expériences, où dans des Tables calculées par des formules ou des constructions données.

Si maintenant on applique cette théorie aux deux Exemples proposés ci-dessus et aux Exemples semblables, dans lesquels on a les erreurs qui répondent à différentes suppositions, on pourra trouver directement l'erreur y qui répondra à une supposition quelconque intermédiaire x, en prenant les quantités P, Q, R,... pour les erreurs trouvées, et p, q, r,... pour les suppositions d'où elles résultent. Mais, dans ces Exemples, la question étant de trouver, non pas l'erreur qui répond à une supposition donnée, mais la supposition dont l'erreur serait nulle, il est clair que cette question est l'inverse de la précédente, et qu'elle peut se résoudre aussi par la même formule, en prenant réciproquement les quantités p, q, r,... pour les erreurs, et les quantités P, Q, R,... pour les suppositions correspondantes : alors x sera l'erreur de la supposition y; par conséquent, en faisant $x = 0$, la valeur de y sera celle de la supposition dont l'erreur sera nulle.

Soient donc P, Q, R,... les valeurs de l'inconnue dans les différentes suppositions, et p, q, r,... les erreurs qui résultent de ces suppositions, en donnant à ces quantités les signes convenables; alors on aura pour la valeur de l'inconnue dont l'erreur sera nulle l'expression

$$AP + BQ + CR + \ldots,$$

dans laquelle les valeurs de A, B, C,... seront

$$A = \frac{q}{q-p} \times \frac{r}{r-p} \times \cdots,$$

$$B = \frac{p}{p-q} \times \frac{r}{r-q} \times \cdots,$$

$$C = \frac{p}{p-r} \times \frac{q}{q-r} \times \cdots,$$

$$\cdots\cdots\cdots\cdots\cdots\cdots\cdots,$$

en prenant autant de facteurs qu'il y aura de suppositions, moins un.

TABLE DES MATIÈRES

CONTENUES

DANS LES LEÇONS ÉLÉMENTAIRES SUR LES MATHÉMATIQUES,

données à l'École Normale, en 1795, par J.-L. Lagrange.

ESSAI D'ANALYSE NUMÉRIQUE

SUR LA

TRANSFORMATION DES FRACTIONS.

ESSAI D'ANALYSE NUMÉRIQUE

SUR LA

TRANSFORMATION DES FRACTIONS.

(*Journal de l'École Polytechnique*, Ve Cahier, t. II, prairial an VI.)

1. Considérons la fraction $\frac{B}{A}$, qu'on suppose moindre que l'unité, et réduite à sa plus simple expression, en sorte que les nombres A et B soient premiers entre eux. Si l'on demandait de transformer cette fraction en une autre dont le numérateur ou le dénominateur fût donné, il est clair que cela ne serait possible, à la rigueur, qu'autant que le nouveau numérateur ou dénominateur serait un multiple du numérateur ou dénominateur donné. Mais, si l'on veut se contenter d'une approximation, le Problème est toujours résoluble, et il s'agira de déterminer la nouvelle fraction, de manière qu'elle approche le plus qu'il est possible de la fraction donnée.

2. Ainsi, en désignant par $\frac{m}{a}$ cette nouvelle fraction, dans laquelle m ou a est supposé donné, le Problème consistera à déterminer a ou m, en sorte que la différence entre les deux fractions $\frac{B}{A}$ et $\frac{m}{a}$ soit la plus petite qu'il est possible. Or cette différence est $\frac{Ba-Am}{Aa}$. Il s'agira donc de déterminer a ou m, de manière que le nombre $Ba-Am$ devienne le plus petit; et, pour cela, il est visible qu'il n'y aura qu'à prendre

pour a le quotient de $\mathrm{A}m$ divisé par B, ou pour m le quotient de $\mathrm{B}a$ par A : alors la valeur de $\mathrm{B}a - \mathrm{A}m$ sera égale au reste de ces divisions, et sera par conséquent moindre que le diviseur.

3. Mais on doit observer ici que le reste d'une division peut être positif ou négatif, suivant qu'on prendra pour quotient le nombre qui, étant multiplié par le diviseur, sera immédiatement moindre ou plus grand que le dividende. Dans l'Arithmétique ordinaire, on fait toujours la division de manière que les restes soient positifs; mais, dans la théorie générale des nombres, on peut employer également des restes positifs ou négatifs, et l'on peut même, par ce moyen, faire en sorte que le reste soit toujours moindre que la moitié du diviseur; car il est évident que, si le reste positif est plus grand que cette moitié, en augmentant le quotient d'une unité, il faudra retrancher le diviseur du reste, ce qui donnera un reste négatif et moindre que la moitié du diviseur.

On peut, pour plus de simplicité, appeler *division en dedans* celle où le reste est positif, et *division en dehors* celle qui donne un reste négatif, parce qu'en effet, dans la première, le produit du quotient par le diviseur tombe en dedans du dividende, et que, dans la seconde, il tombe en dehors.

4. Soit donc $\mathrm{B}a - \mathrm{A}m = \pm\, \mathrm{C}$, en sorte que $\pm\, \mathrm{C}$ soit le reste de la division de $\mathrm{B}a$ par A, et m le quotient, ou $\mp\, \mathrm{C}$ le reste de la division de $\mathrm{A}m$ par B, et a le quotient, on aura

$$\frac{\mathrm{B}}{\mathrm{A}} - \frac{m}{a} = \pm \frac{\mathrm{C}}{\mathrm{A}a},$$

et par conséquent

$$\frac{\mathrm{B}}{\mathrm{A}} = \frac{m}{a} \pm \frac{\mathrm{C}}{\mathrm{A}a}.$$

On pourra donc traiter de la même manière la fraction $\frac{\mathrm{C}}{\mathrm{A}}$, dans laquelle C est toujours nécessairement moindre que A, et la réduire à une autre fraction connue $\frac{n}{b}$, dont le numérateur ou le dénominateur soit donné, et qui approche le plus qu'il est possible de la même fraction.

On fera ainsi $Cb - An = \pm D$, où $\pm D$ sera le reste de la division de Cb par A, et n le quotient, si le dénominateur b est donné; et, si c'est le numérateur n qui est donné, $\mp C$ sera le reste de la division de An par C, et b le quotient.

On aura de cette manière

$$\frac{C}{A} = \frac{n}{b} \pm \frac{D}{Ab}.$$

On pourra, si l'on veut, continuer de même, en faisant

$$Dc - Ap = \pm E,$$

et l'on aura

$$\frac{D}{A} = \frac{p}{c} \pm \frac{E}{Ac},$$

et ainsi de suite.

5. Nous remarquerons ici que, le nombre B étant moindre que A par l'hypothèse, les nombres suivants C, D,... seront aussi moindres que A, puisque ce sont les restes de la division Ba, Cb,... par A. D'où il est facile de conclure que les numérateurs m, n, p,... ne pourront jamais être plus grands que leurs dénominateurs respectifs a, b, c,....

Car, en considérant l'équation $Ba - Am = \pm C$, si $Ba > Am$, on aura

$$Ba - Am = C;$$

donc $Am = Ba - C < Ba$; mais A étant $> B$, il s'ensuit que m sera nécessairement $< a$. Si, au contraire, $Am > Ba$, on aura

$$Ba - Am = -C;$$

donc $Am = Ba + C$, et de là $A(m - 1) = Ba + C - A$; mais, A étant $> C$, $C - A$ sera un nombre négatif; donc on aura

$$A(m - 1) < Ba;$$

donc B étant $< A$, $m - 1$ sera nécessairement $< a$, et par conséquent $m < a + 1$.

On démontrera de la même manière, par l'équation $Cb - An = \pm D$, que l'on aura dans tous les cas $n < b + 1$, et ainsi de suite.

Lorsque les dénominateurs a, b,... sont donnés, et qu'on détermine les numérateurs m, n,... de manière que les restes des divisions de Ba, Cb,... par A soient positifs, alors il résulte de la démonstration précédente qu'on aura nécessairement $m < a$, $n < b$, $p < c$,....

6. En substituant successivement les valeurs de $\frac{C}{A}$, $\frac{D}{A}$,..., on aura cette suite de transformées

$$\frac{B}{A} = \frac{m}{a} \pm \frac{C}{Aa}$$

$$= \frac{m}{a} \pm \frac{n}{ab} \pm \frac{D}{Aab}$$

$$= \frac{m}{a} \pm \frac{n}{ab} \pm \frac{p}{abc} \pm \frac{E}{Aabc}$$

$$= \ldots\ldots \quad \ldots\ldots\ldots\ldots\ldots,$$

où il faut remarquer, à l'égard des signes ambigus, que le premier est le même que celui du premier reste; que le second doit être le produit de ceux des deux premiers restes; que le troisième doit être le produit de ceux des trois premiers restes, et ainsi de suite.

Ces transformations ont l'avantage de réduire la fraction donnée à une suite de fractions décroissantes dont les numérateurs ou les dénominateurs soient donnés, et qui approchent le plus qu'il est possible de la fraction donnée.

7. Si les dénominateurs a, b, c,... sont supposés donnés et tous égaux entre eux, alors la série prend cette forme plus simple

$$\frac{B}{A} = \frac{m}{a} \pm \frac{n}{a^2} \pm \frac{p}{a^3} \pm \cdots,$$

et il est facile de voir que si l'on fait $a = 10$, et qu'on prenne tous restes positifs, c'est-à-dire, qu'on fasse toutes les divisions en dedans comme on le pratique dans l'Arithmétique, on aura la réduction connue de la fraction $\frac{B}{A}$ en décimales, où les numérateurs m, n, p,... seront les caractères successifs de la fraction. En effet m sera le quotient de la division de Ba ou de 10B par A, et C le reste; n sera le quotient de la division de aC ou 10C par A, et D le reste, et ainsi de suite, ce qui revient à l'opération connue de la division en décimales.

Si l'on prenait pour a les nombres 2, 3, 12,..., on aurait la réduction de la fraction $\frac{B}{A}$ en fractions binaires, ternaires, duodécimales, etc.

8. Je remarque maintenant que, lorsque tous les dénominateurs sont donnés et égaux, les numérateurs m, n, p,... doivent nécessairement revenir les mêmes et former une série périodique; car, les restes C, D, E,... étant tous moindres que le diviseur A, il arrivera nécessairement que, dans la suite des opérations, un des restes sera répété. Supposons, par exemple, que le reste E soit égal au reste C; comme n est le quotient et D le reste de la division de Cb par A, que de même q est le quotient et F le reste de la division de Ed par A, il s'ensuit, à cause de b et d égaux à a, que l'on aura $q = n$ et F $=$ D; et, par la même raison, $r = p$, G $=$ E, et ainsi de suite; de sorte que les quotients n, p,... reviendront toujours à l'infini et formeront une suite périodique de deux termes. C'est ce qui a lieu, comme l'on sait, dans l'Arithmétique ordinaire, lorsqu'on réduit en décimales une fraction quelconque. La même chose aura lieu, par conséquent, dans tout autre système d'Arithmétique.

De là on peut conclure réciproquement que, si l'on a une série numérique quelconque de la forme

$$\frac{m}{a} \pm \frac{n}{a^2} \pm \frac{p}{a^3} \pm \cdots,$$

laquelle aille à l'infini, sans que les numérateurs m, n, p,..., qui doivent être tous $< a + 1$, forment une suite périodique, cette série ne pourra jamais représenter une fraction rationnelle.

9. Lorsque ce sont les numérateurs m, n, p,... qui sont donnés, et qu'on cherche les dénominateurs a, b,... par les conditions supposées, les nombres A, B, C, D,... formeront nécessairement une suite décroissante. Car d'abord B est $<$ A par l'hypothèse; ensuite C étant le reste de la division de Am par B sera moindre que B; de même, D étant le reste de la division de Bn par C sera moindre que C, et ainsi de suite. D'où il suit que la suite des restes C, D, E,... devra nécessairement se terminer par zéro; et alors la série même $\frac{m}{a} \pm \frac{n}{ab} \pm \frac{p}{abc} \pm \cdots$ se terminera aussi, ce qui est évident par les formules du n° 6.

Donc, réciproquement, si l'on a une série de la forme

$$\frac{m}{a} \pm \frac{n}{ab} \pm \frac{p}{abc} \pm \cdots,$$

où les numérateurs m, n, p,... soient respectivement moindres que $a+1$, $b+1$, $c+1$,..., cette série, si elle va à l'infini, ne pourra jamais représenter une fraction rationnelle; par conséquent elle représentera nécessairement une quantité numérique irrationnelle.

10. On sait qu'en nommant e le nombre dont le logarithme hyperbolique est l'unité, on a généralement

$$e^u = 1 + u + \frac{u^2}{2} + \frac{u^3}{2.3} + \cdots;$$

donc, si $u = 1$ ou $= \frac{1}{i}$, i étant un nombre quelconque entier, la série qui représente la valeur de $e^{\frac{1}{i}}$ sera de la forme dont il s'agit; par conséquent le nombre $e^{\frac{1}{i}}$ sera nécessairement irrationnel.

On a aussi, comme l'on sait,

$$\sin u = u - \frac{u^3}{2.3} + \frac{u^5}{2.3.4.5} - \cdots,$$

$$\cos u = 1 - \frac{u^2}{2} + \frac{u^4}{2.3.4} - \frac{u^6}{2.3.4.5} + \cdots.$$

Donc, si l'on fait $u = 1$ ou $= \frac{1}{i}$, c'est-à-dire, si l'on prend l'arc u égal au rayon ou à une partie quelconque aliquote du rayon, les séries qui représenteront le sinus et le cosinus de cet arc auront les conditions dont il s'agit; et, comme elles vont à l'infini, on en conclura que ces sinus ou cosinus ne pourront jamais être commensurables au rayon.

11. Considérons maintenant plus particulièrement le cas où les numérateurs m, n,... sont donnés, et supposons que ces numérateurs soient tous égaux à l'unité, ce qui rend la forme de la série la plus simple et la plus convergente.

On fera donc, dans ce cas,

$$B a - A = \pm C, \quad C b - A = \pm D, \quad D c - A = \pm E, \quad ...,$$

et l'on aura

$$\frac{B}{A} = \frac{1}{a} \pm \frac{1}{ab} \pm \frac{1}{abc} + \cdots,$$

où l'on observera, à l'égard des signes ambigus de la série, la règle du n° 6.

Ainsi l'on prendra pour A le quotient de la division de A par B; pour b, le quotient de la division de A par le reste C de la division précédente; pour c, le quotient de la division de A par le reste D de la division précédente, et ainsi de suite; de sorte que dans ces opérations on comparera successivement tous les restes au même dividende A, ce qui rendra la suite des restes décroissante, et celle des quotients a, b, c,... croissante, jusqu'à ce qu'on parvienne à un reste nul, ce qui terminera l'opération et la série.

Si l'on fait toutes les divisions en dedans comme à l'ordinaire (3), les restes C, D,... auront tous le signe négatif, et par conséquent les signes de la série seront alternativement positifs et négatifs (6). Pour que la série n'ait que des termes positifs, il faudra que les divisions successives soient toutes en dehors, pour que les restes C, D,..., dans les formules ci-dessus, soient tous affectés du signe $+$.

Au reste, si l'on voulait avoir la série la plus convergente qu'il est

VII.   38

possible, il faudrait faire chaque division en dedans ou en dehors, suivant qu'elle donnera le reste le plus petit (3).

12. Comme cette manière de convertir une fraction en série est peu connue, et peut être utile dans beaucoup de cas, nous allons l'éclaircir par quelques exemples.

Soit la fraction $\frac{887}{1103}$; voici l'opération entière, dans laquelle je ferai toutes les divisions en dedans :

$$
\begin{array}{cccc}
887 & \begin{array}{|c|}1103 \\ 887 \end{array} & 1 \\
& 216 & \begin{array}{|c|}1103 \\ 1080 \end{array} & 5 \\
& & 23 & \begin{array}{|c|}1103 \\ 1081 \end{array} & 47 \\
& & & 22 & \begin{array}{|c|}1103 \\ 1100 \end{array} & 50 \\
& & & & 3 & \begin{array}{|c|}1103 \\ 1101 \end{array} & 367 \\
& & & & & 2 & \begin{array}{|c|}1103 \\ 1102 \end{array} & 551 \\
& & & & & & 1 & \begin{array}{|c|}1103 \\ 1103 \end{array} & 1103 \\
& & & & & & & & 0
\end{array}
$$

On voit que les restes sont $- 216, - 23, - 22, - 3, - 2, - 1$, et les quotients $1, 5, 47, 50, 367, 551, 1103$; de sorte que l'on aura cette série alternative,

$$
\frac{887}{1103} = 1 - \frac{1}{5} + \frac{1}{5.47} - \frac{1}{5.47.50} + \frac{1}{5.47.50.367}
$$
$$
- \frac{1}{5.47.50.367.551} + \frac{1}{5.47.50.367.551.1103}.
$$

Prenons la fraction qui exprime le rapport de la circonférence au diamètre, et qui est, en décimales,

$$3,141592\,653589\,793238\,462643\,38\ldots.$$

En faisant la même opération sur la fraction

$$\frac{141592\,653589\,793238\,462643\ldots}{1000000\,000000\,000000\,000000\ldots},$$

et faisant les divisions en dedans ou en dehors, suivant qu'il sera né-cessaire pour que chaque reste soit moindre que la moitié du précédent, on trouvera les quotients 7, 113, 4739, 47051, 499762,..., et l'on aura pour le rapport dont il s'agit la série très-convergente

$$3+\frac{1}{7}-\frac{1}{7.113}-\frac{1}{7.113.4739}+\frac{1}{7.113.4739.47051}+\frac{1}{7.113.4739.47051.499762}-\ldots$$

Les deux premiers termes réunis donnent la proportion connue d'Ar-chimède $\frac{22}{7}$; et, en y ajoutant le troisième, on a la proportion de Metius $\frac{355}{133}$.

13. Dans les problèmes précédents, il a été question de réduire une fraction donnée à d'autres fractions dont les numérateurs ou les déno-minateurs étaient donnés; mais on peut chercher simplement à réduire une fraction à d'autres fractions exprimées en moindres termes, et qui soient les plus approchantes qu'il est possible de la fraction donnée. Comme ce Problème est un des plus intéressants de l'Arithmétique, soit par les artifices qu'il demande, soit par les usages dont il est suscep-tible, nous allons en donner ici une solution déduite des mêmes prin-cipes.

14. Suivant les formules du n° 4, nous avons cette transformation

$$\frac{B}{A}=\frac{m}{a}\pm\frac{C}{Aa},$$

où $Ba-Am=\pm C$. Or, lorsque m et a sont indéterminées, et qu'on cherche à les déterminer de manière que la fraction $\frac{m}{a}$ approche le plus qu'il est possible de la fraction donnée $\frac{B}{A}$, les nombres m et a étant moindres respectivement que les nombres B et A, il est clair qu'il faudra donner à C la plus petite valeur possible, c'est-à-dire, faire C égal à l'unité positive ou négative, puisque $C = 0$ emporterait l'égalité des deux fractions, et rendrait $m = B$, $a = A$.

Il s'agira donc de prendre m et a de manière que l'on ait

$$Ba - Am = \pm 1;$$

on aura alors cette transformation

$$\frac{B}{A} = \frac{m}{a} \pm \frac{1}{Aa},$$

où il faudra prendre le signe supérieur ou l'inférieur, suivant qu'on voudra que la fraction donnée soit plus grande ou moindre que la nouvelle fraction $\frac{m}{a}$.

15. Mais il faut s'assurer d'abord qu'il peut toujours exister deux nombres $a < A$, $m < B$, tels que l'on ait $Ba - Am = \pm 1$. Mettons cette équation sous la forme $a = \frac{Am \pm 1}{B}$; il est visible que la question se réduira à trouver un nombre m moindre que B, lequel rende le nombre $mA \pm 1$ divisible par B. Or, si l'on substitue dans $mA \pm 1$ successivement pour m tous les nombres 0, 1, 2,..., jusqu'à $B-1$, et qu'on divise chaque résultat par B, on aura des restes tous moindres que B et tous différents entre eux; car, s'il pouvait y avoir deux restes égaux, soient m et m' les deux nombres qui donneront le même reste; alors la différence $(m - m')A$ sera nécessairement divisible par B; mais A et B sont premiers entre eux, et $m - m'$ est un nombre moindre que B, puisque m et m' sont moindres que B : donc, cette différence ne pouvant être divisible par B, il s'ensuit que les deux restes ne sauraient être égaux; donc le zéro se trouvera nécessairement parmi les restes; par conséquent il y aura toujours un nombre moindre que B, qui, substitué pour m dans $mA \pm 1$, rendra ce dernier nombre divisible par B. Ce même nombre pourra donc être pris pour m, et le quotient de la division de $Am \pm 1$ par B sera la valeur correspondante de a, laquelle sera par conséquent moindre que A.

On voit aussi, par cette démonstration, qu'il ne peut y avoir qu'une seule valeur de m et une de a, moindres que B et A, qui satisfassent à l'équation $Ba - Am = \pm 1$. Car soient a et a' deux valeurs de a, et m, m' deux valeurs de m; on aura donc

$$Ba - Am = \pm 1, \quad Ba' - Am' = \pm 1;$$

donc, retranchant l'une de ces équations de l'autre, on aura

$$B(a - a') = A(m - m'),$$

équation qui ne saurait subsister en nombres entiers, puisque A et B sont premiers entre eux, et que $a - a'$ et $m - m'$ sont des nombres moindres que A et B.

On pourra donc toujours trouver les nombres m et a qui doivent satisfaire à l'équation proposée, en essayant successivement les nombres moindres que B ou A pour m ou a; mais nous donnerons ci-après des méthodes directes pour cet objet.

16. Au reste, lorsqu'on aura trouvé deux valeurs de m et de a qui satisferont à l'équation $Ba - Am = \pm 1$, il n'y aura qu'à prendre $a' = A - a$, $m' = B - m$, et l'on aura $Ba' - Am' = \mp 1$: ainsi il suffira toujours de trouver des valeurs de m et a qui satisfassent à l'équation proposée, en prenant le signe ambigu positivement ou négativement à volonté.

On voit aussi par là qu'il est toujours possible de donner à a ou m des valeurs plus grandes ou plus petites que $\frac{A}{2}$ ou $\frac{B}{2}$; car il est visible que, si a est $> \frac{1}{2}A$, $A - a$ sera $< \frac{1}{2}A$. Or la fraction $\frac{m}{a}$ approche d'autant plus de la fraction $\frac{B}{A}$, soit en plus, soit en moins, que le dénominateur a

est plus grand, puisque leur différence est $\frac{1}{Aa}$, abstraction faite du signe; donc, si l'on prend $a > \frac{A}{2}$, cette différence sera la plus petite et $< \frac{2}{A^2}$.

17. L'équation $Ba - Am = \pm 1$, à laquelle doivent satisfaire les nombres m et a, fait voir de plus :

1° Que ces nombres seront nécessairement premiers entre eux, en sorte que la fraction $\frac{m}{a}$ sera déjà réduite à ses moindres termes; car s'ils avaient un diviseur autre que l'unité, il faudrait qu'il divisât aussi le second membre de l'équation, ce qui ne se peut;

2° Qu'il est impossible qu'entre les deux fractions $\frac{B}{A}$ et $\frac{m}{a}$ il tombe aucune autre fraction, à moins qu'elle n'ait un dénominateur plus grand que A; car supposons qu'il existe une fraction comme $\frac{\mu}{\alpha}$, dont la valeur puisse tomber entre celles de ces deux fractions, et dont le dénominateur α soit $< A$, il faudra donc que la différence entre les deux fractions $\frac{\mu}{\alpha}$ et $\frac{m}{a}$ soit moindre que la différence entre les fractions $\frac{B}{A}$ et $\frac{m}{a}$; mais la première de ces différences est $\frac{\mu a - \alpha m}{\alpha a}$, et la seconde est $\pm \frac{1}{Aa}$. Or il est clair que le nombre $\mu a - \alpha m$ ne peut pas être moindre que l'unité; et, comme $\alpha < A$ par l'hypothèse, il s'ensuit, au contraire, que la première différence sera toujours nécessairement plus grande que la seconde.

18. Si la fraction $\frac{m}{a}$ est encore exprimée en termes trop grands, on pourra la rabaisser de la même manière, puisque les nombres m et a sont aussi premiers entre eux.

On cherchera donc deux autres nombres n et b, moindres respectivement que m et a, qui satisfassent à l'équation $mb - an = \pm 1$, et l'on aura

$$\frac{m}{a} = \frac{n}{b} \pm \frac{1}{ab}.$$

De la même manière, si l'on cherche encore d'autres nombres p et c, moindres que n et b, et qui soient tels que l'on ait $nc - bp = \pm 1$, on aura aussi

$$\frac{n}{b} = \frac{p}{c} \pm \frac{1}{bc},$$

et ainsi de suite.

Ces nouvelles fractions $\frac{n}{b}$, $\frac{p}{c}$, ..., seront aussi réduites à leurs moindres termes, et seront exprimées en termes toujours plus petits; de manière qu'entre deux fractions consécutives de la série $\frac{B}{A}$, $\frac{m}{a}$, $\frac{n}{b}$, $\frac{p}{c}$, ... il ne pourra tomber aucune fraction dont le dénominateur serait entre les dénominateurs de ces deux fractions (17). D'où il s'ensuit que cette série de fractions contiendra toutes les fractions qui, étant successivement exprimées en termes moindres que la fraction $\frac{B}{A}$, approcheront plus de celle-ci que ne pourrait faire toute autre fraction qui ne serait pas exprimée en plus grands termes.

19. Supposons que les nombres a, b, c, d, ..., m, n, p, q, ... soient pris de manière que les signes supérieurs ou les signes inférieurs aient constamment lieu dans les équations

$$Ba - Am = \pm 1, \quad mb - an = \mp 1, \quad nc - bp = \pm 1,$$
$$pd - cq = \mp 1, \quad qe - dr = \pm 1, \quad \text{etc.};$$

on aura, en conservant la même loi des signes, les approximations

$$\frac{B}{A} = \frac{m}{a} \pm \frac{1}{Aa}, \quad \frac{m}{a} = \frac{n}{b} \mp \frac{1}{ab}, \quad \frac{n}{b} = \frac{p}{c} \pm \frac{1}{bc},$$
$$\frac{p}{c} = \frac{q}{d} \mp \frac{1}{cd}, \quad \frac{q}{d} = \frac{r}{e} \pm \frac{1}{de}, \quad \text{etc.};$$

qui sont, comme l'on voit, alternativement en plus et en moins.

Si l'on substitue successivement les valeurs de $\frac{m}{a}$, $\frac{n}{b}$,..., on aura

$$\frac{B}{A} = \frac{m}{a} \pm \frac{1}{Aa}$$

$$= \frac{n}{b} \pm \left(\frac{1}{Aa} - \frac{1}{ab} \right)$$

$$= \frac{p}{c} \pm \left(\frac{1}{Aa} - \frac{1}{ab} + \frac{1}{bc} \right)$$

$$= \frac{q}{d} \pm \left(\frac{1}{Aa} - \frac{1}{ab} + \frac{1}{bc} - \frac{1}{cd} \right)$$

$$= \dots\dots\dots\dots\dots\dots\dots$$

Or, comme les nombres a, b, c,... sont supposés aller en diminuant, il est clair qu'on aura $\frac{1}{ab} > \frac{1}{Aa}$, $\frac{1}{bc} > \frac{1}{ab}$, $\frac{1}{cd} > \frac{1}{bc}$,.... Donc on aura, en vertu des formules précédentes,

$$\frac{B}{A} \begin{smallmatrix} > \\ < \end{smallmatrix} \frac{m}{a} \begin{smallmatrix} > \\ < \end{smallmatrix} \frac{p}{c} \begin{smallmatrix} > \\ < \end{smallmatrix} \frac{r}{e} \begin{smallmatrix} > \\ < \end{smallmatrix} \dots, \qquad \frac{B}{A} \begin{smallmatrix} < \\ > \end{smallmatrix} \frac{n}{b} \begin{smallmatrix} < \\ > \end{smallmatrix} \frac{q}{d} \begin{smallmatrix} < \\ > \end{smallmatrix} \frac{s}{f} \begin{smallmatrix} < \\ > \end{smallmatrix} \dots,$$

les signes supérieurs répondant aux signes supérieurs de ces formules, et les inférieurs aux inférieurs.

D'où je conclus que, si l'on suppose

$$Bb - An = \mp N, \quad Bc - Ap = \pm P, \quad Bd - Aq = \mp Q,$$

$$Be - Ar = \pm R, \quad Bf - As = \mp S, \quad \text{etc.,}$$

en conservant toujours les signes supérieurs ou les inférieurs, les nombres entiers $N, P, Q,\dots$ seront nécessairement tous positifs, et il est clair qu'on aura

$$\frac{B}{A} = \frac{m}{a} \pm \frac{1}{Aa}$$

$$= \frac{n}{b} \mp \frac{N}{Ab}$$

$$= \frac{p}{c} \pm \frac{P}{Ac}$$

$$= \frac{q}{d} \mp \frac{Q}{Ad}$$

$$= \dots\dots\dots$$

20. Cela posé, si l'on ajoute ensemble les deux équations

$$\mathrm{B}a - \mathrm{A}m = \pm 1, \quad \text{et} \quad mb - an = \mp 1,$$

on aura

$$(\mathrm{B} - n)\,a - (\mathrm{A} - b)\,m = 0, \quad \text{savoir} \quad \frac{\mathrm{B} - n}{\mathrm{A} - b} = \frac{m}{a}.$$

Or, la fraction $\frac{m}{a}$ étant réduite à ses moindres termes, la fraction $\frac{\mathrm{B} - n}{\mathrm{A} - b}$ ne peut lui être égale, à moins que le numérateur $\mathrm{B} - n$ et le dénominateur $\mathrm{A} - b$ ne soient équimultiples de m et a. On aura donc nécessairement, en prenant pour λ un nombre entier indéterminé,

$$\mathrm{B} - n = \lambda m, \quad \mathrm{A} - b = \lambda a; \quad \text{donc} \quad n = \mathrm{B} - \lambda m, \quad b = \mathrm{A} - \lambda a.$$

Or, n devant être $< m$ et $b < a$, il est clair qu'on ne pourra prendre pour n et b que les restes des divisions de B par m et de A par a, et λ sera alors le quotient commun de ces divisions. Ainsi, connaissant les deux premières fractions $\frac{\mathrm{B}}{\mathrm{A}}, \frac{m}{a}$, on pourra trouver de cette manière la troisième $\frac{n}{b}$. De même, les équations

$$mb + an = \mp 1 \quad \text{et} \quad nc - bp = \pm 1,$$

étant ajoutées ensemble, donnent

$$(m - p)\,b - (a - c)\,n = 0, \quad \text{savoir} \quad \frac{m - p}{a - c} = \frac{n}{b},$$

d'où l'on tirera, de la même manière,

$$m - p = \mu n, \quad a - c = \mu b,$$

μ étant un nombre quelconque entier.

On aura ainsi $p = m - \mu n$, $c = a - \mu b$; et, comme p doit être $< n$ et $c < b$, il s'ensuit que p et c ne pourront être que les restes des divisions de m par n et de a par b, et que μ sera leur quotient commun.

On tirera pareillement des deux équations

$$nc - pb = \pm 1, \quad pd - cq = \mp 1$$

ces deux formules

$$q = n - \nu p, \quad d = b - \nu c,$$

VII. 39

ν étant un nombre entier indéterminé; et, comme q et d doivent être respectivement moindres que p et c, on en conclura qu'ils ne pourront être que les restes des divisions de n par p et de b par c, et que ν sera leur quotient commun.

Et ainsi de suite.

21. Nous venons de trouver les formules

$$n = B - \lambda m, \quad p = m - \mu n, \quad q = n - \nu p, \quad \ldots,$$
$$b = A - \lambda a, \quad c = a - \mu b, \quad d = b - \nu c, \quad \ldots.$$

Si l'on substitue ces valeurs dans les expressions des nombres N, P, Q,... du n° 19, il viendra, à cause de $Ba - Am = \pm 1$, en ôtant l'ambiguïté des signes qui affectent tous les termes,

$$N = \lambda, \quad P = 1 + \mu N, \quad Q = N + \nu P,$$
$$R = P + \varpi Q, \quad S = Q + \rho R, \quad \ldots,$$

formules qui font voir que les nombres N, P, Q,... vont nécessairement en augmentant, tandis que les nombres a, b, c, d,... et m, n, p, q,... vont en diminuant.

Ces formules peuvent aussi servir à déterminer directement la valeur de ces nombres lorsque les coefficients λ, μ, ν,... seront connus; et ces mêmes nombres N, P, Q,... serviront à exprimer d'une manière simple les différences des fractions $\dfrac{m}{a}$, $\dfrac{n}{b}$,... et de la fraction $\dfrac{B}{A}$ **(19)**.

22. Maintenant, comme les nombres m, n, p,..., ainsi que les nombres a, b, c,..., doivent aller en diminuant, il est évident que par la continuation des mêmes opérations on parviendra à des termes nuls.

Supposons donc, par exemple, qu'on ait $f = 0$; alors l'équation $rf - es = \mp 1$ **(19)** deviendra $- es = \mp 1$; donc il faudra prendre le signe supérieur et faire $e = 1$, $s = 1$.

Donc l'équation $Bf - As = \mp S$ du même numéro deviendra, en prenant le signe supérieur, $- A = - S$, savoir, $S = A$.

Ensuite l'équation qui la précède, $Be - Ar = \pm R$, donnera $B - Ar = R$; donc, puisque B est $< A$, pour que R soit positif, il faudra faire $r = 0$, et l'on aura $R = B$.

23. Ayant ainsi les valeurs des deux derniers termes de la série N, P, Q,..., on pourra trouver les valeurs de tous les précédents, ainsi que celles des nombres λ, μ,..., par les formules du n° **21**,

$$\lambda = N, \quad 1 = P - \mu N, \quad N = Q - \nu P,$$
$$P = R - \varpi Q, \quad Q = S - \rho R, \quad \dots$$

En effet, ayant trouvé $S = A$ et $R = B$, on aura $Q = A - \rho B$; mais Q doit être $< R$, par l'équation $P = R - \varpi Q$; donc, Q devant être $< B$, il est visible que Q ne pourra être que le reste de la division de A par B, et ρ en sera le quotient; ainsi l'on aura Q.

Ensuite l'équation $P = R - \varpi Q = B - \varpi Q$ fait voir de même (à cause que P doit être $< Q$ par l'équation qui précède, $N = Q - \nu P$) que P ne peut être que le reste de la division de R par Q, et que ϖ en sera le quotient.

Pareillement l'équation $N = Q - \nu P$, dans laquelle N doit être $< P$ en vertu de l'équation $1 = P - \mu N$ qui précède, fait voir que N ne peut être que le reste de la division de Q par P, et que ν en sera le quotient.

Enfin l'équation $1 = P - \mu N$ donnera $\mu = \dfrac{P - 1}{N}$, et l'équation $\lambda = N$ donnera la valeur de λ.

24. Les nombres λ, μ, ν, ϖ,... étant ainsi connus, on pourra trouver directement les nombres m, n, p,..., et a, b, c, d,..., par le moyen des formules du n° **21**.

En effet ces formules donnent

$$m = \mu n + p, \quad n = \nu p + q, \quad p = \varpi q + r, \quad q = \rho r + s, \quad \dots,$$
$$a = \mu b + c, \quad b = \nu c + d, \quad c = \varpi d + e, \quad d = \rho e + f, \quad \dots;$$

et, comme on a trouvé $(\mathbf{22})$ $f = 0$, $e = 1$, $s = 1$, $r = 0$, on aura, en remontant successivement, les valeurs de d, c, b, a et q, p, n, m.

39.

Mais on peut faire toutes ces opérations à la fois, comme on le voit par l'Exemple suivant.

25. Soit proposée la fraction $\dfrac{887}{1103}$, en sorte que l'on ait $A = 1103$ et $B = 887$; on disposera le calcul ainsi :

$$1A - 0B = 1103$$
$$0A - 1B = -887 \quad 1$$
$$1A - 1B = 216 \quad 4$$
$$4A - 5B = -23 \quad 9$$
$$37A - 46B = 9 \quad 2$$
$$78A - 97B = -5 \quad 1$$
$$115A - 143B = 4 \quad 1$$
$$193A - 240B = -1 \quad 4$$
$$887A - 1103B = 0$$

Les deux premières équations sont toujours $1A - 0B = A$ et $0A - 1B = -B$. Pour en déduire la troisième, on cherche combien B est contenu en A; ici c'est une fois, et l'on met 1 à côté de la seconde équation; ensuite on ajoute cette équation, multipliée par le même nombre 1, à la précédente, et l'on aura la troisième équation $1A - 1B = 216$. On cherche de nouveau combien le nombre 216 est contenu dans le précédent 887, c'est 4 fois; ainsi l'on met 4 à côté de cette équation, et le produit de cette équation par 4, ajouté à la précédente, donnera la suivante $4A - 5B = -23$, et ainsi de suite.

On voit d'abord, par ce procédé, que les nombres de la troisième colonne sont les restes, et ceux de la quatrième les quotients des différentes divisions qui ont lieu dans l'opération connue pour chercher le plus grand commun diviseur des deux premiers nombres de la troisième colonne; de sorte que, ces nombres étant supposés premiers entre eux, il s'ensuit qu'on doit nécessairement parvenir à un reste égal à l'unité, ce qui donnera sur-le-champ une équation de la forme $mA - aB = \pm 1$;

ainsi, on aura nécessairement de cette manière une solution de cette équation, et par conséquent des valeurs convenables de m et a, d'où l'on pourrait tirer successivement celles de $n, p, q,\ldots$ et de $b, c, d,\ldots$, par la méthode du n° **20**.

26. Mais, en rapprochant ces opérations de celles auxquelles notre analyse nous a conduits ci-dessus (**23**), il est facile de voir que les coefficients de A dans la première colonne sont tous les nombres $m, n, p,\ldots$, et les coefficients de B dans la seconde colonne sont les nombres correspondants $a, b, c,\ldots$, ces nombres étant disposés à rebours; en sorte que les premiers m et a soient les avant-derniers, savoir, 193 et 248.

On doit voir en même temps que les nombres qui forment la troisième colonne sont les nombres 1, N, P, Q,$\ldots$, disposés aussi à rebours et pris alternativement en plus et en moins, de manière qu'on aura $N = 4$, $P = 5$, $Q = 9,\ldots$.

Enfin les nombres de la quatrième colonne seront les nombres λ, μ, $\nu,\ldots$, pris également à rebours; en sorte que l'on aura $\lambda = 4$, $\mu = 1$, $\nu = 1,\ldots$.

Ainsi l'on aura tout de suite les fractions les plus approchantes de la fraction donnée, et conçues en termes toujours plus petits, en supposant la troisième colonne nulle et prenant successivement pour $\dfrac{B}{A}$ les valeurs qui résultent de cette supposition.

Dans le cas de l'Exemple précédent, où la fraction donnée est $\dfrac{887}{1103}$, les fractions convergentes seront donc

$$\frac{193}{240}, \quad \frac{115}{143}, \quad \frac{78}{97}, \quad \frac{37}{46}, \quad \frac{4}{5}, \quad \frac{1}{1}, \quad \frac{0}{1};$$

et les équations $193\,A - 240\,B = -1$, $115\,A - 143\,B = 4,\ldots$ font voir que l'erreur de la première de ces fractions est en excès, celle de la seconde en défaut, et ainsi de suite.

Si l'on voulait avoir une première fraction en défaut, on prendrait (**16**) la fraction $\dfrac{887-193}{1103-240}$, savoir $\dfrac{694}{863}$, et, si l'on voulait de même avoir une seconde fraction en excès, on prendrait la fraction $\dfrac{193-115}{240-143}$, savoir $\dfrac{78}{97}$, et ainsi des autres.

27. Au reste, si l'on met les formules du n° **21** sous la forme

$$\frac{P}{N}=\mu+\frac{1}{\lambda}, \quad \frac{Q}{P}=\nu+\frac{N}{P}, \quad \frac{R}{Q}=\varpi+\frac{P}{Q}, \quad \frac{S}{R}=\rho+\frac{Q}{R}, \quad \ldots,$$

on aura, par la substitution successive,

$$\frac{P}{N}=\mu+\frac{1}{\lambda},$$

$$\frac{Q}{P}=\nu+\cfrac{1}{\mu+\cfrac{1}{\lambda}},$$

$$\frac{R}{Q}=\varpi+\cfrac{1}{\nu+\cfrac{1}{\mu+\cfrac{1}{\lambda}}},$$

$$\frac{S}{R}=\rho+\cfrac{1}{\varpi+\cfrac{1}{\nu+\cfrac{1}{\mu+\cfrac{1}{\lambda}}}},$$

$$\ldots\ldots\ldots\ldots\ldots\ldots\ldots;$$

de sorte que, comme les deux derniers termes de la série N, P, Q,... sont égaux à B et A (**22**), il s'ensuit que la fraction $\dfrac{B}{A}$ se trouvera ainsi réduite à une fraction continue, dont les dénominateurs successifs seront les nombres λ, μ, ν,... pris à rebours, et par conséquent les nombres mêmes de la cinquième colonne dans la Table du n° **25**.

Ainsi la fraction $\dfrac{887}{1103}$ de l'Exemple de ce numéro se réduit à cette fraction continue

$$1 + \cfrac{1}{4 + \cfrac{1}{9 + \cfrac{1}{2 + \cfrac{1}{1 + \cfrac{1}{1 + \cfrac{1}{4}}}}}},$$

et cette fraction, étant coupée successivement au premier dénominateur, au second, au troisième, etc., donne les mêmes fractions convergentes trouvées ci-dessus, $\frac{1}{1}$, $\frac{4}{5}$, $\frac{37}{46}$, ...

28. C'est par le moyen des fractions continues qu'on a coutume de résoudre le Problème des fractions les plus convergentes vers une fraction donnée. On commence par réduire cette fraction en fraction continue, en faisant sur le numérateur et le dénominateur l'opération connue pour trouver le plus grand commun diviseur, et prenant les quotients de ces divisions successives pour les dénominateurs de la fraction continue; ensuite on en déduit les fractions convergentes par des formules semblables à celles du n° 24. La fraction $\frac{887}{1103}$, traitée de cette manière, donne les quotients 1, 4, 9, 2, 1, 1, 4, et l'on en forme immédiatement cette suite de fractions,

$$\overset{1}{\frac{1}{0}}, \quad \overset{4}{\frac{0}{1}}, \quad \overset{9}{\frac{1}{1}}, \quad \overset{2}{\frac{4}{5}}, \quad \overset{1}{\frac{37}{46}}, \quad \overset{1}{\frac{78}{97}}, \quad \overset{4}{\frac{115}{143}}, \quad \frac{193}{240}, \quad \frac{887}{1103},$$

dont chacune est composée des deux précédentes, en prenant pour numérateur la somme du numérateur précédent, multiplié par le nombre de la série des quotients qui est placé au-dessus, et du numérateur qui précède celui-ci; et de même, pour dénominateur, la somme du dénominateur précédent, multiplié par le même nombre, et du dénominateur qui précède ce dernier.

29. Mais on peut déduire de nos formules un autre procédé pour parvenir directement à une quelconque des fractions convergentes par le moyen d'une seule série. Pour cela, je considère les équations du n° 21 sous cette forme,

$$B = \lambda m + n, \quad m = \mu n + p, \quad n = \nu p + q, \quad \ldots,$$
$$A = \lambda a + b, \quad a = \mu b + c, \quad b = \nu c + d, \quad \ldots,$$

et j'observe que les valeurs de B et A dépendent des quantités λ, μ, ν,..., comme celles de m et a dépendent des quantités μ, ν, ϖ,..., et celles de n et b dépendent de ν, ϖ,..., ce qui est évident par la forme même de ces équations. D'un autre côté, si l'on considère la série des nombres N, P, Q,..., et qu'on y ajoute au commencement les deux nombres L = o et M = 1, on a, par les formules du n° 21,

$$N = \lambda M + L, \quad P = \mu N + M, \quad Q = \nu P + N, \quad R = \varpi Q + P, \quad \ldots;$$

or on a vu (22) que les deux derniers termes de cette série sont nécessairement les nombres B et A; donc, si dans ces formules on change les nombres λ, μ, ν,... en μ, ν, ϖ,..., les deux derniers termes de la série seront m et a; de sorte que l'on aura immédiatement la première fraction convergente $\dfrac{m}{a}$, par les deux derniers termes de la série

$$L = o, \quad M = 1, \quad N = \mu M + L, \quad P = \nu N + M, \quad R = \varpi P + N, \quad \ldots,$$

et, par la même raison, on aura la seconde fraction convergente $\dfrac{n}{b}$, en prenant pour n et b les deux derniers termes de la série

$$L = o, \quad M = 1, \quad N = \nu M + L, \quad P = \varpi N + M, \quad \ldots,$$

et ainsi de suite; les nombres λ, μ, ν,... étant les dénominateurs de la fraction continue, pris à rebours, c'est-à-dire à commencer par le dernier.

30. Ainsi, ayant trouvé pour la fraction $\dfrac{883}{1103}$ cette suite de quotients

ou de dénominateurs 1, 4, 9, 2, 1, 1, 4, on pourra former les séries suivantes :

$$
\begin{array}{ccccccc}
4 & 1 & 1 & 2 & 9 & 4 & 1 \\
0, \quad 1, & 4, & 5, & 9, & 23, & 216, & 887, \quad 1103,
\end{array}
$$

$$
\begin{array}{cccccc}
1 & 1 & 2 & 9 & 4 & 1 \\
0, \quad 1, & 1, & 2, & 5, & 47 & 193, \quad 240,
\end{array}
$$

$$
\begin{array}{ccccc}
1 & 2 & 9 & 4 & 1 \\
0, \quad 1, & 1, & 3, & 28, & 115, \quad 143, \quad \text{etc.,}
\end{array}
$$

où chaque terme est composé du terme précédent multiplié par le nombre qui est au-dessus, et de celui qui le précède; et l'on voit que la première série redonne les deux termes de la fraction proposée, que la seconde donne les deux termes de la première fraction convergente $\frac{193}{240}$, que la troisième série donne les termes de la seconde fraction convergente $\frac{115}{143}$, et ainsi de suite. Les nombres placés au-dessus des termes de ces séries sont, comme l'on voit, les dénominateurs de la fraction continue, écrits par ordre à commencer du dernier, ou de l'avant-dernier, ou du second avant le dernier, etc.

31. Nous avons considéré le Problème de la réduction des fractions à d'autres plus simples, d'une manière générale, et nous avons dérivé d'un même principe la théorie des fractions décimales, considérée dans un système quelconque de numération; la théorie d'une autre espèce de fractions peu connues, que feu Lambert a, je crois, proposées le premier, et qui ont l'avantage singulier de former des suites plus convergentes qu'aucune série géométrique; enfin la théorie des fractions continues, qui avait toujours été traitée jusqu'ici d'une manière isolée. Le seul objet de cet écrit a été de montrer comment ces différentes théories pouvaient être rapprochées et présentées sous un même point de vue.

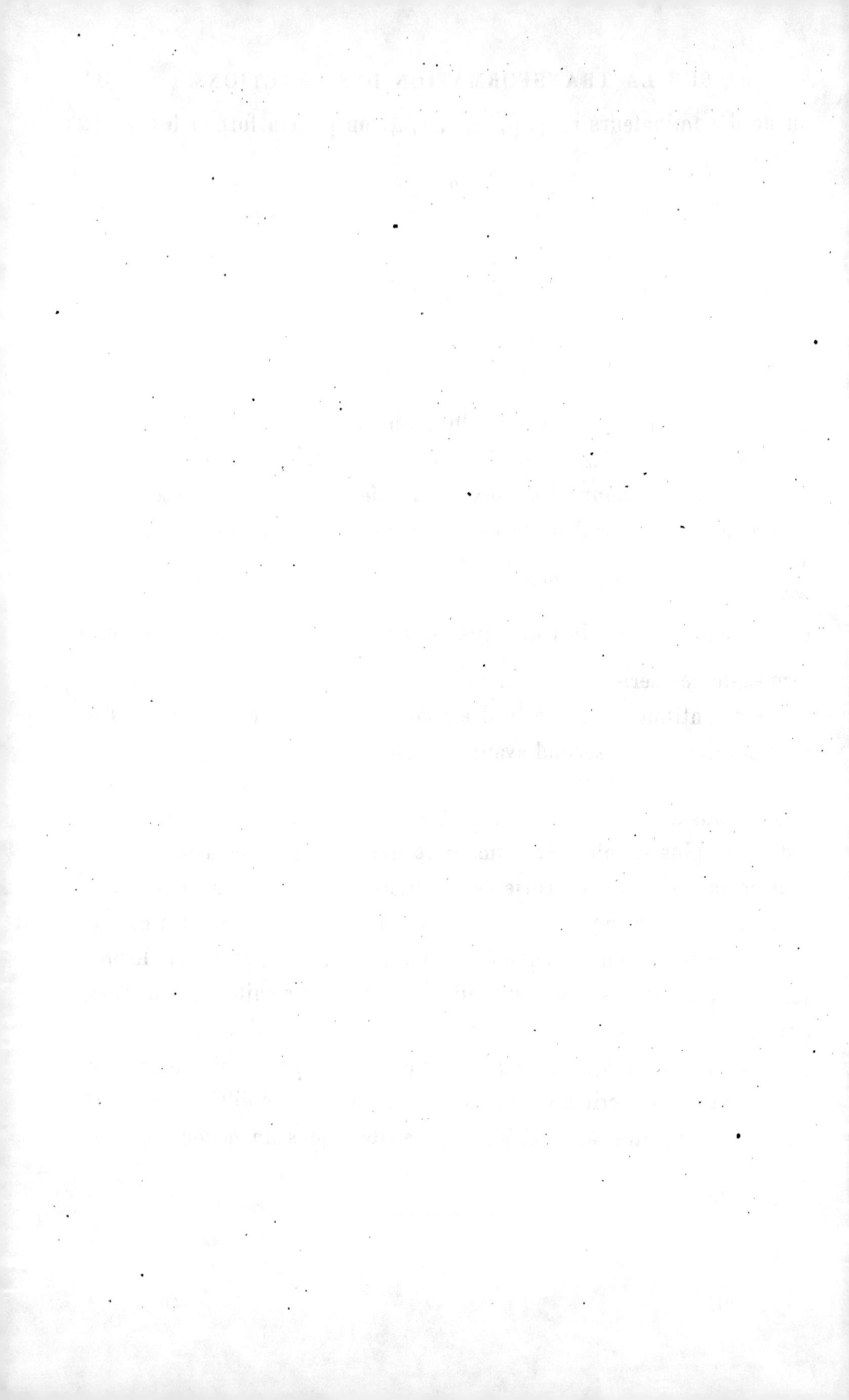

PRINCIPE DES VITESSES VIRTUELLES.

PRINCIPE DES VITESSES VIRTUELLES.

(*Journal de l'École Polytechnique,* Ve Cahier, t. II, prairial an VI.)

Dans les démonstrations que l'on a données du principe des vitesses virtuelles, on l'a fait dépendre du principe de la composition des forces ou de celui de l'équilibre du levier. Ces deux principes sont en effet les fondements ordinaires de la Statique; mais on sait qu'ils ne sont pas assez évidents pour n'avoir pas besoin eux-mêmes de démonstration. Il y a un autre principe qui peut également servir de base à la science de l'équilibre, et qui joint à l'avantage d'être évident par lui-même celui de conduire directement au principe des vitesses virtuelles : c'est le principe de l'équilibre des moufles.

Si plusieurs poulies sont jointes ensemble sur une même chape, on appelle cet assemblage *moufle,* et la combinaison de deux moufles, l'une fixe et l'autre mobile, embrassées par une corde dont l'une des extrémités est fixement attachée et l'autre est tirée par une puissance, forme une machine dans laquelle la puissance est au poids porté par la moufle mobile, comme l'unité est au nombre des cordons qui aboutissent à cette moufle, en les supposant tous parallèles et en faisant abstraction du frottement et de la roideur de la corde; car il est visible qu'à cause de la tension uniforme de la corde dans toute sa longueur le poids est soutenu par autant de puissances égales à celle qui tend la corde, qu'il y a de cordons qui soutiennent la moufle mobile, puisque ces cordons sont tous supposés parallèles.

Maintenant, soit un système de corps ou plutôt de points disposés entre eux d'une manière quelconque, et tirés chacun par une ou plusieurs puissances, suivant des directions données; on demande la loi générale de l'équilibre de ce système.

Nous supposerons d'abord que toutes les puissances qui se font équilibre soient commensurables entre elles, en sorte que, P étant leur commune mesure, aussi petite qu'on voudra, ces puissances soient exprimées par aP, bP, cP,...; a, b, c,... étant des nombres entiers. Il est clair qu'on peut représenter chaque puissance comme aP, ou plutôt son action, par celle d'une corde, fixe par une de ses extrémités et tendue à l'autre extrémité par un poids $\frac{P}{2}$, laquelle embrasserait deux moufles, l'une mobile, attachée au point du système sur lequel la puissance agit, et l'autre fixe dans un point quelconque de la direction de cette puissance, la moufle mobile étant composée de a poulies, de manière qu'il y ait $2a$ cordons qui y aboutissent; car alors le poids $\frac{P}{2}$ produira sur cette moufle, et par conséquent sur le point du système auquel elle est supposée attachée, une force $\frac{P}{2}$ multipliée par le nombre $2a$ des cordons, c'est-à-dire une force égale à aP.

De plus il est visible qu'on peut produire toutes les différentes puissances aP, bP, cP,... par le même poids $\frac{P}{2}$, attaché à une des extrémités d'une corde dont l'autre extrémité serait fixe, et qui passerait successivement sur toutes les moufles appartenant à chaque point du système, au moyen de poulies de renvoi fixées aux moufles fixes. Dans cette disposition, il est évident que l'équilibre du système n'aura lieu, généralement parlant, que lorsque la position du système sera telle que le poids ne pourra plus descendre; car, s'il pouvait encore descendre par un changement dans la position du système, comme ce changement est supposé entièrement libre, le poids descendrait nécessairement. Je dis *généralement parlant;* car on sait qu'il y a des cas particuliers d'équilibre où la descente du poids serait la plus petite au lieu d'être la plus grande. Sur quoi voyez la *Mécanique analytique*.

Cela posé, supposons, pour plus de simplicité, que l'extrémité fixe de la corde soit attachée à la première moufle fixe, et que l'autre bout de la corde porte le poids, après avoir passé sur la poulie de renvoi fixée à la dernière moufle fixe. Soient x la distance entre les deux premières moufles, l'une fixe et l'autre mobile, d'où résulte la force aP, y la distance entre les deux autres moufles qui produisent la force bP, z la distance entre les moufles qui produisent la force cP, et ainsi de suite. Soient de plus f la distance entre les deux premières poulies de renvoi, g la distance entre la seconde et la troisième, h la distance entre la troisième et la quatrième, et ainsi de suite; enfin soit u la portion de la corde interceptée entre la dernière poulie de renvoi et le poids $\frac{P}{2}$, attaché à son extrémité. Il est facile de voir que, comme il y a $2a$ cordons qui joignent les deux premières moufles, la longueur totale de la corde qui embrasse ces moufles sera $2ax$; de même la longueur totale de la portion de la corde qui embrasse les deux moufles suivantes sera $2by$, et ainsi de suite; nous faisons abstraction ici du diamètre des poulies, qu'on peut supposer aussi petit qu'on voudra. De plus les portions de la corde qui se trouvent entre les poulies de renvoi seront f, g,....; donc, ajoutant à toutes ces parties la dernière portion u de la corde, on aura

$$2ax + 2by + 2cz + \ldots + f + g + h + \ldots + u,$$

pour la longueur totale de la corde, que nous désignerons par l. De là nous tirons

$$u = l - f - g - h - \ldots - 2ax - 2by - 2cz - \ldots.$$

Dans cette équation, les quantités l, f, g, h,... sont constantes et données, ainsi que les nombres a, b, c,..., par la nature du système; les distances x, y, z,... sont des variables qui dépendent de la position du système, et la quantité u détermine la descente du poids $\frac{P}{2}$, laquelle devant être la plus grande dans l'état d'équilibre du système, il faudra que u soit alors un maximum.

Ainsi l'on aura en général, pour l'équilibre du système, soit que la quantité u soit un maximum ou un minimum, la condition

$$u' = o, \quad \text{et par conséquent} \quad 2ax' + 2by' + 2cz' + \ldots = o,$$

les fonctions primes x', y', z', ... se rapportant à chacune des variables d'où dépendent les quantités x, y, z.

L'équation précédente, étant multipliée par $\dfrac{P}{2}$, devient

$$aPx' + bPy' + cPz' + \ldots = o,$$

équation générale du principe des vitesses virtuelles pour un système de points tirés par les forces aP, bP, cP, ..., suivant les directions des lignes $x, y, z, \ldots$, puisque les fonctions primes x', y', z', ... ne sont autre chose que les vitesses que les points du système pourraient recevoir, suivant la direction de ces mêmes lignes, par un changement quelconque de position du système. [*Voir* le nº 210 (*) de la *Théorie des fonctions,* auquel ce que nous venons de démontrer peut servir de supplément.]

Quoique la démonstration précédente suppose la commensurabilité des puissances, elle n'en est pas moins générale pour des puissances quelconques, et il ne serait pas difficile de l'appliquer aux puissances incommensurables par les raisonnements connus; mais nous ne nous y arrêterons pas.

J'ajouterai seulement, par rapport aux cas d'équilibre où la descente du poids serait un minimum, que ces sortes d'équilibres peuvent toujours se ramener à l'équilibre du maximum, en prenant les forces dans des directions contraires à leurs directions propres; car on sait que, si

---

(*) Il s'agit ici de la *première* édition de la *Théorie des fonctions*. (*Voir* le nº 30 du Chapitre V de la troisième Partie de l'Ouvrage, pour la *deuxième* édition.)

(*Note de l'Éditeur.*)

des forces se font équilibre dans un système quelconque, l'équilibre subsistera encore en donnant aux mêmes forces des directions opposées, pourvu qu'il n'en résulte aucun dérangement dans le système, c'est-à-dire que les corps ou points, qui par la nature du système doivent être contigus ou à des distances données, soient obligés de conserver leur position respective après le changement de direction des forces; et il est facile de prouver que, si la descente du poids était un maximum dans le premier état, elle ne sera plus qu'un minimum après ce changement, et, réciproquement, qu'elle deviendra un maximum si elle était un minimum.

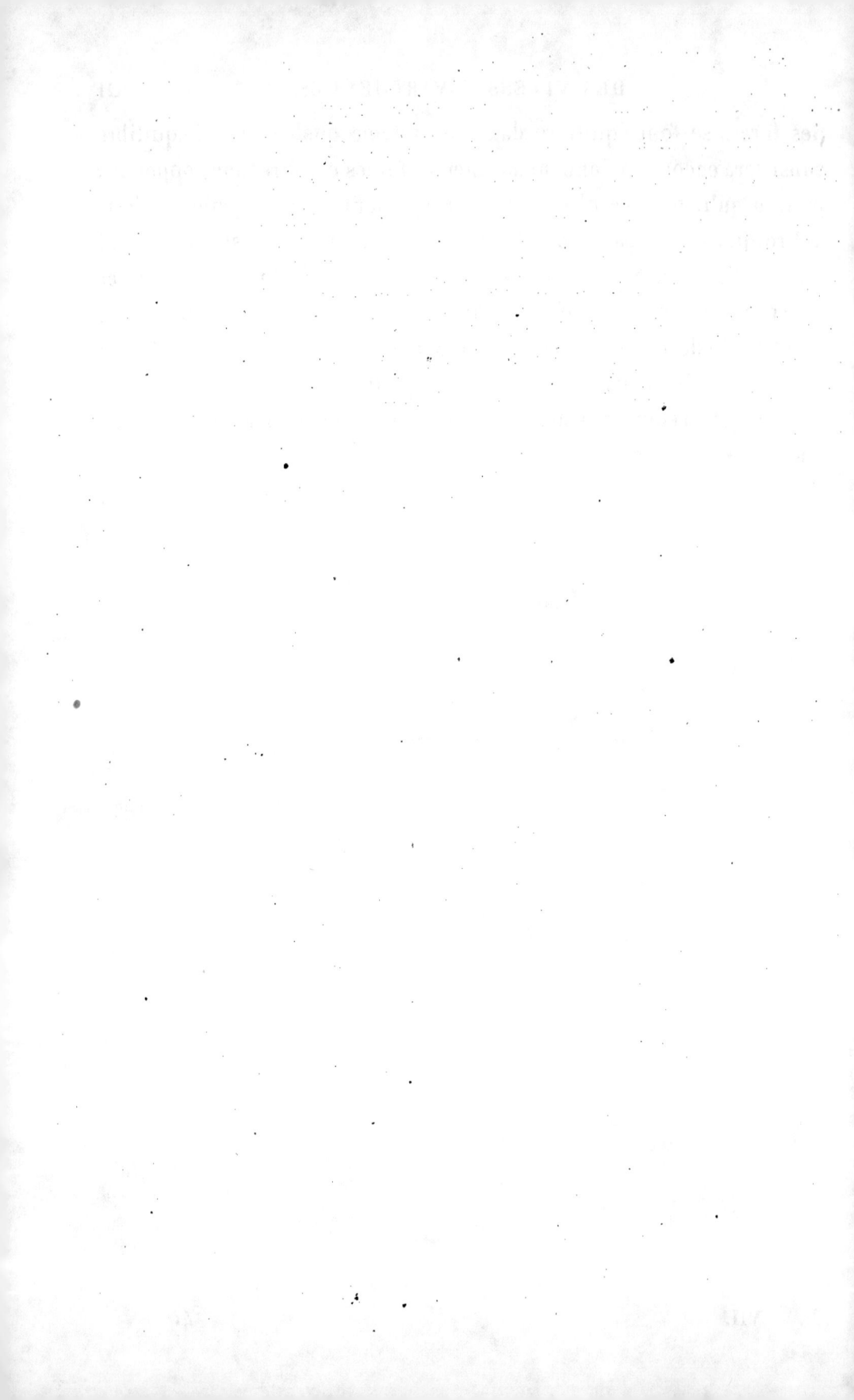

DISCOURS

SUR

L'OBJET DE LA THÉORIE DES FONCTIONS ANALYTIQUES.

DISCOURS

SUR

L'OBJET DE LA THÉORIE DES FONCTIONS ANALYTIQUES.

(*Journal de l'École Polytechnique,* VIᵉ Cahier, t. II, thermidor an VII.)

La théorie des fonctions que je me propose d'exposer cette année, avec plus de détail que je ne l'ai fait dans l'Ouvrage imprimé, a pour objet de faire disparaître les difficultés qui se rencontrent dans les principes du Calcul différentiel et qui arrêtent la plupart de ceux qui entreprennent de l'étudier, en liant immédiatement ce Calcul à l'Algèbre, dont il a fait jusqu'ici une science séparée.

On connaît les difficultés qu'offre la supposition des infiniment petits; pour les éviter, Euler regarde les différentielles comme nulles, ce qui réduit leur rapport à l'expression vague et inintelligible de zéro divisé par zéro. Maclaurin et d'Alembert emploient la considération des limites; mais on peut observer que la sous-tangente n'est pas à la rigueur la limite des sous-sécantes, parce que rien n'empêche la sous-sécante de croître encore lorsqu'elle est devenue sous-tangente.

Les véritables limites, suivant les notions des anciens, sont des quantités qu'on ne peut passer, quoiqu'on puisse en approcher aussi près que l'on veut; telle est, par exemple, la circonférence du cercle à l'égard des polygones inscrits et circonscrits, parce que, quelque grand que devienne le nombre des côtés, jamais le polygone intérieur ne sortira du cercle, ni l'extérieur n'y entrera. Ainsi les asymptotes sont de véritables limites des courbes auxquelles elles appartiennent, etc.

Au reste, je ne disconviens pas qu'on ne puisse, par la considération des limites envisagées d'une manière particulière, démontrer rigoureusement les principes du Calcul différentiel, comme Maclaurin, d'Alembert et plusieurs autres Auteurs après eux l'ont fait. Mais l'espèce de métaphysique qu'on est obligé d'y employer est, sinon contraire, du moins étrangère à l'esprit de l'Analyse, qui ne doit avoir d'autre métaphysique que celle qui consiste dans les premiers principes et dans les opérations fondamentales du Calcul.

A l'égard de la méthode des fluxions, il est vrai qu'on peut ne considérer les fluxions que comme les vitesses avec lesquelles les grandeurs varient, et y faire abstraction de toute idée mécanique; mais la détermination analytique de ces vitesses dépend aussi, dans cette méthode, de la considération des quantités infiniment petites ou évanouissantes, et est par conséquent sujette aux mêmes difficultés que le Calcul différentiel.

A considérer ces différentes méthodes, ou plutôt ces différentes manières d'envisager la même méthode, il n'est pas difficile de s'apercevoir qu'elles n'ont d'autre but que de donner le moyen d'obtenir séparément les premiers termes du développement d'une fonction, en les détachant et les isolant, pour ainsi dire, du reste de la série, parce que tous les problèmes dont la solution exige le Calcul différentiel dépendent uniquement de ces premiers termes; et l'on peut dire qu'on remplissait cet objet sans presque se douter que ce fût là le seul but des opérations du calcul qu'on employait.

La considération des courbes avait fait naître la méthode des infiniment petits, qu'on a ensuite transformée en méthode des évanouissants ou des limites, et la considération du mouvement avait fait naître celle des fluxions. On a transporté dans l'Analyse les principes qui résultaient de ces considérations, et l'on n'a pas vu d'abord, ou du moins il ne paraît pas qu'on ait vu que les problèmes qui dépendent de ces méthodes, envisagés analytiquement, se réduisent simplement à la recherche des fonctions dérivées qui forment les premiers termes du développement des fonctions données, ou à la recherche inverse des fonctions primitives par les fonctions dérivées.

Newton avait bien remarqué, dans sa première solution du Problème sur la courbe décrite par un corps grave dans un milieu résistant, que ce Problème devait se résoudre par les premiers termes de la série de l'ordonnée; mais il se trompa dans l'application de ce principe, et dans la seconde solution il employa purement la méthode différentielle, en considérant les différences de quatre ordonnées successives; et, quoiqu'il ait laissé subsister le passage où il dit que le Problème se résoudra par les premiers termes de la série, on voit que ce passage n'a plus de rapport immédiat à ce qui précède ni à ce qui suit.

Il est donc plus naturel et plus simple de considérer immédiatement la formation des premiers termes du développement des fonctions, sans employer le circuit métaphysique des infiniment petits ou des limites; et c'est ramener le Calcul différentiel à une origine purement algébrique, que de le faire dépendre uniquement de ce développement.

Le développement des fonctions, envisagé d'une manière générale, donne naissance aux fonctions dérivées de différents ordres; et, l'algorithme de ces fonctions une fois trouvé, on peut les considérer en elles-mêmes et indépendamment des séries d'où elles résultent. Ainsi, une fonction donnée étant regardée comme *primitive,* on en peut déduire, par des règles simples et uniformes, d'autres fonctions que j'appelle *dérivées;* et, ayant une équation quelconque entre plusieurs variables, on peut passer successivement aux équations dérivées, et remonter de celles-ci aux équations primitives. Ces transformations répondent aux différentiations et aux intégrations; mais, dans la théorie des fonctions, elles ne dépendent que d'opérations purement algébriques, fondées sur les simples principes du calcul.

A proprement parler, l'Algèbre n'est en général que la théorie des fonctions. Dans l'Arithmétique, on cherche des nombres par des conditions données entre ces nombres et d'autres nombres; et les nombres qu'on trouve satisfont à ces conditions sans conserver aucune trace des opérations qui ont servi à les former. Dans l'Algèbre, au contraire, les quantités qu'on cherche doivent être des fonctions des quantités données, c'est-à-dire, des expressions qui représentent les différentes opérations qu'il faut faire sur ces quantités pour obtenir les valeurs des quantités cherchées.

Dans l'Algèbre proprement dite, on ne considère que les fonctions primitives qui résultent des opérations algébriques ordinaires; c'est la première branche de la théorie des fonctions. Dans la seconde branche on considère les fonctions dérivées, et c'est cette branche que nous désignons simplement par le nom de *Théorie des fonctions analytiques,* et qui comprend tout ce qui a rapport aux nouveaux calculs.

Les fonctions dérivées se présentent naturellement dans la Géométrie, lorsqu'on considère les aires, les tangentes, les rayons osculateurs, etc., et dans la Mécanique, lorsqu'on considère les vitesses et les forces. Si l'on regarde, par exemple, l'aire d'une courbe comme fonction de l'abscisse, l'ordonnée en est la première fonction dérivée, ou fonction prime; l'angle que la tangente de la courbe fait avec l'axe a pour tangente la fonction prime de l'ordonnée, et par conséquent la seconde fonction dérivée, ou fonction seconde de l'aire; le rayon osculateur dépend des deux premières fonctions dérivées de l'ordonnée, et ainsi de suite.

De même, en regardant l'espace parcouru comme fonction du temps, la vitesse en est la fonction prime, et la force accélératrice en est la fonction seconde. Ce n'est pas un des moindres avantages de la théorie des fonctions de fournir, pour ces éléments de la Géométrie des courbes, et de la Mécanique, des expressions aussi simples et aussi intelligibles que le sont les expressions algébriques des puissances et des racines.

SOLUTIONS DE QUELQUES PROBLÈMES

RELATIFS

AUX TRIANGLES SPHÉRIQUES,

AVEC

UNE ANALYSE COMPLÈTE DE CES TRIANGLES.

SOLUTIONS DE QUELQUES PROBLÈMES

RELATIFS

AUX TRIANGLES SPHÉRIQUES,

AVEC

UNE ANALYSE COMPLÈTE DE CES TRIANGLES.

(*Journal de l'École Polytechnique*, VIᵉ Cahier, t. II, thermidor, an VII.)

On sait que, dans les triangles rectilignes, les côtés sont proportionnels aux sinus des angles opposés, et l'on démontre facilement que ce rapport constant des côtés aux sinus est égal au diamètre du cercle circonscrit.

On peut aussi exprimer ce même rapport par le moyen de l'aire du triangle, et il est facile de prouver qu'il est égal au produit des trois côtés, divisé par le double de l'aire.

1.. Mais, si l'on voulait exprimer ce rapport par les seuls côtés du triangle, il n'y aurait qu'à considérer qu'en nommant a, b, c les trois côtés, et A, B, C les angles qui leur sont opposés, on a, par le théorème connu,

$$a^2 = b^2 + c^2 - 2bc \cos A;$$

donc

$$\cos A = \frac{b^2 + c^2 - a^2}{2bc},$$

et de là

$$\sin A = \frac{\sqrt{4b^2c^2 - (b^2 + c^2 - a^2)^2}}{2bc};$$

Donc, si l'on fait, pour abréger,

$$d = \sqrt{4\,b^2c^2 - (b^2 + c^2 - a^2)^2},$$

on aura

$$\sin A = \frac{d}{2\,bc}; \quad \text{donc} \quad \frac{a}{\sin A} = \frac{2\,abc}{d};$$

c'est le rapport cherché.

Si l'on nomme r le rayon du cercle circonscrit au triangle, et s la surface ou l'aire du même triangle, on aura

$$\frac{a}{\sin A} = \frac{2\,abc}{d} = 2r = \frac{abc}{2s};$$

donc

$$r = \frac{abc}{d}, \quad \text{et} \quad s = \frac{abc}{4r} = \frac{d}{4}.$$

2. En développant le carré de $b^2 + c^2 - a^2$, et réduisant, on a

$$d = \sqrt{2\,a^2b^2 + 2\,a^2c^2 + 2\,b^2c^2 - a^4 - b^4 - c^4},$$

formule où l'on voit que les trois côtés a, b, c entrent également, comme cela doit être.

Mais on peut mettre cette formule sous une forme plus simple, et plus commode pour le calcul logarithmique, en la décomposant en facteurs. En effet, on a

$$4\,b^2c^2 - (b^2 + c^2 - a^2)^2 = (2\,bc + b^2 + c^2 - a^2)(2\,bc - b^2 - c^2 + a^2)$$
$$= [(b+c)^2 - a^2][a^2 - (b-c)^2];$$

et, décomposant encore chacun de ces facteurs en deux, on aura

$$d = \sqrt{(a + b + c)(a - b + c)(a + b - c)(-a + b + c)}.$$

Ces formules sont connues, et je ne les rapporte ici que pour servir comme d'introduction aux recherches suivantes.

3. Puisque dans les triangles sphériques les sinus des côtés sont proportionnels aux sinus des angles opposés à ces côtés, on peut être

curieux de connaître ce rapport constant et de voir s'il dépend aussi, comme dans les triangles rectilignes, du rayon du cercle circonscrit ou de l'aire du triangle.

Désignons de même par a, b, c les trois côtés d'un triangle sphérique, et par A, B, C les trois angles opposés à ces côtés; on aura, par le théorème connu,

$$\cos a = \cos b \cos c + \sin b \sin c \cos A;$$

donc

$$\cos A = \frac{\cos a - \cos b \cos c}{\sin b \sin c},$$

et de là

$$\sin A = \frac{\sqrt{\sin^2 b \sin^2 c - (\cos a - \cos b \cos c)^2}}{\sin b \sin c}.$$

Faisons, pour abréger,

$$f = \sqrt{\sin^2 b \sin^2 c - (\cos a - \cos b \cos c)^2};$$

on aura

$$\sin A = \frac{f}{\sin b \sin c};$$

donc

$$\frac{\sin a}{\sin A} = \frac{\sin a \sin b \sin c}{f},$$

expression du rapport cherché, analogue à celle qu'on a trouvée pour les triangles rectilignes (1).

Comme la quantité f est exprimée par un radical carré et peut, par conséquent, avoir le signe *plus* et *moins*, nous remarquerons que, relativement aux triangles sphériques, elle doit toujours être prise positivement, parce que, les côtés et les angles de tout triangle étant toujours moindres que deux droits, leurs sinus sont nécessairement toujours positifs.

4. La quantité radicale f est aussi susceptible de réductions analogues à celles du n° **2**.

Car en substituant pour $\sin^2 b$ et $\sin^2 c$ leurs valeurs en cosinus $1 - \cos^2 b$, $1 - \cos^2 c$, et réduisant, on aura

$$f = \sqrt{1 - \cos^2 a - \cos^2 b - \cos^2 c + 2\cos a \cos b \cos c},$$

où l'on voit que les trois côtés a, b, c entrent également.

On peut de même résoudre la quantité sous le signe en facteurs. En effet, on aura d'abord

$$\sin^2 b \sin^2 c - (\cos a - \cos b \cos c)^2$$
$$= (\sin b \sin c + \cos a - \cos b \cos c)(\sin b \sin c - \cos a + \cos b \cos c)$$
$$= [\cos a - \cos(b+c)][\cos(b-c) - \cos a].$$

Or on a en général

$$\cos a - \cos h = 2\sin \frac{a+h}{2} \sin \frac{h-a}{2};$$

donc, décomposant ainsi les deux facteurs, on aura

$$f = 2\sqrt{\sin \frac{a+b+c}{2} \sin \frac{a-b+c}{2} \sin \frac{a+b-c}{2} \sin \frac{-a+b+c}{2}},$$

expression très-commode pour le calcul logarithmique.

5. Cherchons maintenant le rayon du cercle circonscrit au triangle sphérique. Il est évident que ce cercle ne peut être qu'un petit cercle de la sphère, et qu'il sera aussi circonscrit au triangle rectiligne formé par les trois cordes des arcs a, b, c. Or, ces cordes étant exprimées par $2\sin\frac{a}{2}$, $2\sin\frac{b}{2}$, $2\sin\frac{c}{2}$, il n'y aura qu'à les substituer au lieu de a, b, c dans l'expression du rayon r (2), c'est-à-dire, dans $\frac{abc}{d}$.

Nommons R le rayon de ce cercle circonscrit, et h ce que devient la quantité d par les substitutions dont il s'agit; on aura

$$R = \frac{8\sin\frac{a}{2}\sin\frac{b}{2}\sin\frac{c}{2}}{h}.$$

Or on a

$$h^2 = 32\left(\sin\frac{a}{2}\sin\frac{b}{2}\right)^2 + 32\left(\sin\frac{a}{2}\sin\frac{c}{2}\right)^2 + 32\left(\sin\frac{b}{2}\sin\frac{c}{2}\right)^2$$

$$- 16\left(\sin\frac{a}{2}\right)^4 - 16\left(\sin\frac{b}{2}\right)^4 - 16\left(\sin\frac{c}{2}\right)^4;$$

et, substituant pour $2\left(\sin\frac{a}{2}\right)^2$, $2\left(\sin\frac{b}{2}\right)^2$, $2\left(\sin\frac{c}{2}\right)^2$ leurs valeurs $1-\cos a$, $1-\cos b$, $1-\cos c$, on aura, après les réductions,

$$h^2 = 12 - 8\cos a - 8\cos b - 8\cos c + 8\cos a\cos b + 8\cos a\cos c + 8\cos b\cos c$$

$$- 4\cos^2 a - 4\cos^2 b - 4\cos^2 c,$$

expression qu'on peut réduire à celle-ci

$$4f^2 + 8(1-\cos a)(1-\cos b)(1-\cos c),$$

c'est-à-dire à

$$4f^2 + 64\left(\sin\frac{a}{2}\sin\frac{b}{2}\sin\frac{c}{2}\right)^2,$$

en substituant la valeur de f du n° 4. Ainsi l'on aura

$$R = \frac{4\sin\frac{a}{2}\sin\frac{b}{2}\sin\frac{c}{2}}{\sqrt{f^2 + 16\left(\sin\frac{a}{2}\sin\frac{b}{2}\sin\frac{c}{2}\right)^2}}.$$

6. Maintenant, si l'on considère le rayon de la sphère qui passe par le centre du petit cercle circonscrit, il est visible que ce rayon sera perpendiculaire au plan de ce cercle, et qu'il aboutira au point de la surface qui sera le pôle du même cercle. Donc, en nommant φ l'arc qui mesure la distance du pôle à la circonférence du même cercle, on aura évidemment $R = \sin\varphi$; donc

$$\sin\varphi = \frac{4\sin\frac{a}{2}\sin\frac{b}{2}\sin\frac{c}{2}}{\sqrt{f^2 + \left(4\sin\frac{a}{2}\sin\frac{b}{2}\sin\frac{c}{2}\right)^2}};$$

d'où l'on tire

$$\cos \varphi = \frac{f}{\sqrt{f^2 + \left(4\sin\dfrac{a}{2}\sin\dfrac{b}{2}\sin\dfrac{c}{2}\right)^2}},$$

et de là

$$\tan\varphi = \frac{4\sin\dfrac{a}{2}\sin\dfrac{b}{2}\sin\dfrac{c}{2}}{f}.$$

Donc, puisque $\sin a = 2\sin\dfrac{a}{2}\cos\dfrac{a}{2}$, et ainsi des autres sinus, on aura (3)

$$\frac{\sin a}{\sin A} = 2\tan\varphi\cos\frac{a}{2}\cos\frac{b}{2}\cos\frac{c}{2}.$$

7. Si l'on voulait avoir l'aire du triangle rectiligne inscrit dans le petit cercle dont il s'agit, et formé par les cordes des arcs a, b, c, en nommant S cette surface, il n'y aurait qu'à changer dans la formule $s = \dfrac{abc}{4r}$ du n° 1, s en S, r en R et a, b, c en $2\sin\dfrac{a}{2}$, $2\sin\dfrac{b}{2}$, $2\sin\dfrac{c}{2}$, ce qui donnerait sur-le-champ

$$S = \frac{2\sin\dfrac{a}{2}\sin\dfrac{b}{2}\sin\dfrac{c}{2}}{R},$$

ou bien, à cause de $R = \sin\varphi$ (6),

$$S = \frac{2\sin\dfrac{a}{2}\sin\dfrac{b}{2}\sin\dfrac{c}{2}}{\sin\varphi}.$$

Si maintenant on considère la pyramide triangulaire qui a ce triangle pour base, et dont le sommet est au centre de la sphère, il est visible que la hauteur de cette pyramide sera $\cos\varphi$; donc sa solidité sera $\dfrac{S\cos\varphi}{3}$; ou bien, mettant pour S la valeur qu'on vient de trouver,

$$\frac{2\sin\dfrac{a}{2}\sin\dfrac{b}{2}\sin\dfrac{c}{2}}{3\tan\varphi},$$

et, substituant de plus la valeur de tang φ trouvée plus haut (6), on aura $\frac{f}{6}$ pour la valeur de la solidité de la pyramide.

8. Il nous reste à considérer l'aire même du triangle sphérique formé par les arcs a, b, c.

On connait le beau théorème suivant lequel l'aire d'un triangle sphérique est à la surface entière de la sphère, comme l'excès des trois angles du triangle sur deux droits à huit angles droits. On l'attribue communément à Albert Girard, qui l'énonce en effet dans l'Ouvrage intitulé *Invention nouvelle en Algèbre,* et imprimé à Amsterdam en 1629; mais, comme la preuve qu'il en donne n'est point rigoureuse et qu'elle ne peut pas même être regardée comme une induction, on devrait plutôt attribuer ce théorème à Cavalieri, qui l'a donné dans le *Directorium generale uranometricum,* imprimé à Bologne en 1632, avec la belle démonstration rapportée par Wallis, et insérée depuis dans la plupart des Trigonométries.

Nommons Σ l'excès des trois angles du triangle sur deux droits; on aura, en retenant les dénominations employées jusqu'ici, et nommant D l'angle droit,

$$\Sigma = A + B + C - 2D.$$

Ainsi l'aire du triangle, dont les côtés sont a, b, c et les angles opposés A, B, C, sera la partie $\frac{\Sigma}{8D}$ de la surface entière de la sphère; et, si l'on regarde cette surface comme égale à 8D, on pourra alors prendre Σ pour la valeur de l'aire même du triangle.

9. Si l'on imagine que les côtés b et c qui comprennent l'angle A soient prolongés jusqu'au quart du cercle, les angles B et C deviendront droits, et le côté a deviendra égal à l'angle opposé A; alors l'aire de triangle rectangle isoscèle deviendra A; donc, si l'on en retranche le premier triangle dont les côtés autour de l'angle A sont b et c, on aura le quadrilatère sphérique dont la base sera A, et dont les côtés perpendi-

culaires à cette base seront $D - b$ et $D - c$; et l'aire de ce quadrilatère sera exprimée simplement par $B + C - 2D$.

Mais, par les analogies connues de Neper, on a dans tout triangle sphérique cette équation, que nous démontrerons plus bas,

$$\operatorname{tang}\frac{B + C}{2} = \frac{\cos\dfrac{b - c}{2}}{\cos\dfrac{b + c}{2}}\cot\frac{A}{2}.$$

Donc, si l'on désigne par σ l'aire ou la surface du quadrilatère dont il s'agit, on aura

$$\operatorname{tang}\frac{\sigma}{2} = \cot\frac{B + C}{2} = \frac{1}{\operatorname{tang}\dfrac{B + C}{2}};$$

donc

$$\operatorname{tang}\frac{\sigma}{2} = \frac{\cos\dfrac{b + c}{2}}{\cos\dfrac{b - c}{2}}\operatorname{tang}\frac{A}{2};$$

et, si l'on désigne par β et γ les deux côtés du quadrilatère perpendiculaires à la base A, en sorte que $\beta = D - b$ et $\gamma = D - c$, on aura, pour la détermination de l'aire σ, la formule

$$\operatorname{tang}\frac{\sigma}{2} = \frac{\sin\dfrac{\beta + \gamma}{2}}{\cos\dfrac{\beta - \gamma}{2}}\operatorname{tang}\frac{A}{2}.$$

Cette formule répond à la formule connue $\sigma = \dfrac{\beta + \gamma}{2}A$ pour les quadrilatères rectilignes dont A est la base, β, γ les deux côtés verticaux, et σ l'aire; et, comme celle-ci est du plus grand usage pour mesurer les surfaces planes terminées par des lignes droites, la formule que nous venons de donner sera également utile pour mesurer les surfaces sphériques terminées par des arcs de grands cercles. Ainsi elle peut être employée avec beaucoup d'avantage pour déterminer l'étendue d'un pays, lorsqu'on connaît les latitudes et les différences de longitude de plusieurs points placés à la circonférence; car, en liant ces points par des arcs de grands cercles, on aura un polygone sphérique, dont on trouvera facilement l'aire en le décomposant en quadrilatères formés par les cercles de latitude et par les arcs de l'équateur interceptés entre ces cercles.

10. Mais, si l'on voulait avoir la valeur de l'aire Σ par les trois côtés a, b, c du triangle sphérique, il n'y aurait qu'à considérer que, puisque $\Sigma = A + B + C - 2D$, on aura

$$\cot\frac{\Sigma}{2} = -\tan\frac{A+B+C}{2} = -\frac{\tan\frac{A}{2} + \tan\frac{B+C}{2}}{1 - \tan\frac{A}{2}\tan\frac{B+C}{2}}.$$

Si l'on substitue, au lieu de $\tan\frac{B+C}{2}$, sa valeur trouvée ci-dessus (numéro précédent), on aura

$$\cot\frac{\Sigma}{2} = -\frac{\tan\frac{A}{2}\cos\frac{b+c}{2} + \cot\frac{A}{2}\cos\frac{b-c}{2}}{\cos\frac{b+c}{2} - \cos\frac{b-c}{2}},$$

formule qui se transforme facilement en celle-ci

$$\cot\frac{\Sigma}{2} = \frac{\cos\frac{b}{2}\cos\frac{c}{2} + \sin\frac{b}{2}\sin\frac{c}{2}\cos A}{\sin\frac{b}{2}\sin\frac{c}{2}\sin A}.$$

Si maintenant on substitue dans cette formule les valeurs des $\sin A$ et $\cos A$ du n° 3, on aura, en divisant le haut et le bas par $\sin\frac{b}{2}\sin\frac{c}{2}$,

$$\cot\frac{\Sigma}{2} = \frac{4\left(\cos\frac{b}{2}\cos\frac{c}{2}\right)^2 + \cos a - \cos b\cos c}{f};$$

mais

$$2\left(\cos\frac{b}{2}\right)^2 = 1 + \cos b, \quad \text{et} \quad 2\left(\cos\frac{c}{2}\right)^2 = 1 + \cos c;$$

43.

donc, faisant ces substitutions et renversant la fraction, on aura

$$\tan \frac{\Sigma}{2} = \frac{f}{1 + \cos a + \cos b + \cos c},$$

formule la plus simple pour déterminer l'aire Σ d'un triangle sphérique par le moyen de ses trois côtés a, b, c.

11. Nous avons vu (7) que $\frac{f}{6}$ est la solidité de la pyramide triangulaire formée par les trois rayons de la sphère qui répondent aux trois angles du triangle sphérique.

Considérons maintenant une pyramide triangulaire formée par ces mêmes rayons prolongés autant qu'on voudra, de manière qu'ils deviennent p, q, r, et que a, b, c soient les arcs ou angles compris entre ces droites. Pour avoir la solidité de cette pyramide, il n'y aura qu'à la considérer comme couchée sur une de ses faces, par exemple celle qui a pour côtés les lignes p et q, et abaisser de l'extrémité de la troisième droite r une perpendiculaire P sur le plan de la même face. Il est d'abord facile de voir que, si a est l'angle compris entre p et q, l'aire de la face que nous regardons comme la base de la pyramide sera $\frac{pq \sin a}{2}$; donc la solidité de la pyramide sera $\frac{P pq \sin a}{6}$.

Or, si l'on nomme θ l'angle que la droite r fait avec le plan passant par les droites p et q, il est clair que l'on aura $P = r \sin \theta$; donc la solidité cherchée sera $\frac{pqr \sin a \sin \theta}{6}$.

L'angle θ n'est autre chose que l'arc abaissé perpendiculairement de l'angle A du triangle sphérique sur le côté opposé a; on peut par conséquent déterminer la valeur de $\sin \theta$ par les sinus ou cosinus des côtés a, b, c du triangle; mais, pour notre objet, il suffit de considérer que cette valeur, ainsi que celle du sinus a, étant indépendante des lignes p, q, r, si l'on fait $p = 1$, $q = 1$, $r = 1$, on aura le cas de la pyramide dont on a parlé ci-dessus, et dont la solidité est $\frac{f}{6}$.

D'où il suit qu'on aura $\sin a \sin \theta = f$; par conséquent on aura en général $\frac{pqrf}{6}$ pour la solidité de la pyramide triangulaire dans laquelle les trois côtés ou arêtes qui forment un quelconque des angles solides sont p, q, r, et les angles compris entre ces trois côtés sont a, b, c.

Cette expression de la solidité de toute pyramide triangulaire par le moyen des trois côtés et des angles compris est, comme l'on voit, très-simple et très-commode pour le calcul, surtout si l'on emploie pour la valeur de f l'expression en facteurs du n° 4, et elle peut être très-utile pour déterminer la solidité de tous les corps terminés par des plans, puisqu'on peut toujours les résoudre en pyramides triangulaires, comme on résout tous les polygones en triangles.

12. Au reste, puisque nous avons trouvé $\sin a \sin \theta = f$, on aura

$$\sin \theta = \frac{f}{\sin a};$$

ainsi l'on peut déterminer par cette formule la perpendiculaire θ dans tout triangle sphérique dont a est la base, et b, c les deux côtés.

13. Je n'ai résolu les Problèmes précédents que pour avoir occasion de montrer l'origine et l'usage de quelques formules remarquables, et surtout de la fonction que j'ai désignée par f, et qui mérite particulièrement l'attention des analystes par ses différentes applications. Je vais passer maintenant à des considérations générales sur la Trigonométrie sphérique envisagée analytiquement.

Les résolutions analytiques des triangles sphériques n'ont été d'abord que de simples applications de l'Algèbre aux constructions géométriques. On s'est contenté ensuite d'établir par la Géométrie quelques propositions fondamentales, et l'on a tiré toutes les formules de la Trigonométrie sphérique des équations données par ces propositions. Ce qu'il y a de plus élégant dans ce genre est le Mémoire d'Euler intitulé : *Trigonometria sphærica universa ex primis principiis derivata*, et imprimé dans les *Actes de Pétersbourg* pour l'année 1779, dans lequel on trouve un système complet de formules trigonométriques, fondé uniquement sur trois équations. Mais ne pourrait-on pas simplifier encore ce système, en le réduisant à une seule équation fondamentale?

Cette réduction servirait à perfectionner la théorie analytique des triangles sphériques; car, dans l'Analyse, la perfection consiste à n'employer que le moindre nombre possible de principes, et à faire sortir de ces principes toutes les vérités qu'ils peuvent renfermer, par la seule force de l'Analyse; dans la méthode synthétique des lignes, elle consiste au contraire à démontrer isolément chaque proposition, de la manière la plus simple, à l'aide des propositions déjà démontrées.

Feu de Gua avait déjà eu l'idée de faire dépendre toute la Trigonométrie sphérique d'une seule propriété générale des triangles sphériques; mais le Mémoire qu'il a donné sur ce sujet dans le volume de l'Académie des Sciences de 1783 contient des calculs si compliqués, qu'ils paraissent plus propres à montrer les inconvénients de sa méthode qu'à la faire adopter.

Je me propose ici le même objet, et je vais présenter un tableau succinct de toutes les formules de la Trigonométrie sphérique, en les déduisant, par de simples transformations, d'une seule équation donnée par la nature des triangles sphériques.

14. Nous partirons, comme l'a fait de Gua, de l'équation (3)

$$\cos a = \cos b \cos c + \sin b \sin c \cos A,$$

dans laquelle a, b, c sont les trois côtés ou arcs du triangle, et A est l'angle opposé au côté a.

Cette équation se démontre facilement par la seule considération des deux triangles rectilignes formés, l'un par les deux tangentes des arcs b et c, et par la droite qui joint les extrémités de ces tangentes, et l'autre par cette même droite et par les deux sécantes des mêmes arcs; car il est évident que les deux tangentes forment entre elles l'angle A compris entre les arcs b et c, et que les deux sécantes forment entre elles l'angle a qui est le côté du triangle sphérique opposé à l'angle A.

Ainsi, nommant h le côté commun à ces deux triangles, on aura sur-le-champ, par le théorème connu sur les triangles rectilignes, l'équation

$$h^2 = \tang^2 b + \tang^2 c - 2\tang b \tang c \cos A$$

pour le premier triangle, et l'équation

$$h^2 = \séc^2 b + \séc^2 c - 2\séc b \séc c \cos a$$

pour le second triangle.

De là on tire

$$\tang^2 b + \tang^2 c - 2\tang b \tang c \cos A = \séc^2 b + \séc^2 c - 2\séc b \séc c \cos a.$$

Or on a évidemment $\séc^2 b - \tang^2 b = 1$, et de même $\séc^2 c - \tang^2 c = 1$; donc l'équation deviendra

$$\séc b \séc c \cos a = 1 + \tang b \tang c \cos A;$$

substituant pour $\séc b$, $\séc c$, $\tang b$, $\tang c$ leurs valeurs $\dfrac{1}{\cos b}$, $\dfrac{1}{\cos c}$, $\dfrac{\sin b}{\cos b}$, $\dfrac{\sin c}{\cos c}$, et multipliant par $\cos b \cos c$, on aura l'équation fondamentale

(A) $$\cos a = \cos b \cos c + \sin b \sin c \cos A.$$

Comme, par l'hypothèse, il n'y a entre les quatre quantités a, b, c, A, d'autre condition si ce n'est que a, b, c soient les trois côtés du triangle, et A l'angle opposé au côté a, il s'ensuit qu'en nommant B et C les angles opposés aux côtés b et c, on aura des équations semblables relativement à ces angles, en changeant seulement A en B ou en C, pourvu qu'on change en même temps a en b ou en c.

15. Maintenant, si l'on tire de l'équation précédente la valeur de $\cos A$, et qu'on en forme celle de $\sin A$, on aura, comme on l'a déjà trouvé dans le n° 3,

$$\frac{\sin a}{\sin A} = \frac{\sin a \sin b \sin c}{f},$$

où la quantité f est une fonction de a, b, c, dans laquelle ces trois quantités entrent également, de sorte qu'elle demeure la même, en faisant entre elles telle permutation qu'on voudra.

Ainsi, en changeant a en b et A en B, le second membre de l'équation ne changera pas, et l'on aura par conséquent l'équation

(B)
$$\frac{\sin a}{\sin A} = \frac{\sin b}{\sin B}.$$

C'est ce qu'on appelle l'analogie commune des sinus; et il est visible qu'en changeant a en c et A en C, on aura de même

$$\frac{\sin a}{\sin A} = \frac{\sin c}{\sin C}.$$

16. Reprenons l'équation (A) du nº 14

$$\cos a = \cos b \cos c + \sin b \sin c \cos A;$$

en changeant a en c et A en C, on aura de même

$$\cos c = \cos a \cos b + \sin a \sin b \cos C;$$

substituant cette valeur de $\cos c$ dans la première équation, elle deviendra

$$\cos a = \cos a \cos^2 b + \sin a \sin b \cos b \cos C + \sin b \sin c \cos A,$$

savoir,

$$\cos a \sin^2 b = \sin a \sin b \cos b \cos C + \sin b \sin c \cos A,$$

et, divisant par $\sin b$,

$$\cos a \sin b = \sin a \cos b \cos C + \sin c \cos A.$$

Substituons pour $\sin c$ sa valeur $\dfrac{\sin a \sin C}{\sin A}$, tirée de l'équation (B) du numéro précédent, en changeant b en c et B en C; divisons ensuite par $\sin a$, et mettons $\cot a$ et $\cot A$ à la place de $\dfrac{\cos a}{\sin a}$ et $\dfrac{\cos A}{\sin A}$; on aura l'équation

(C) $$\cot a \sin b = \cot A \sin C + \cos b \cos C.$$

17. Enfin la même équation trouvée ci-dessus,

$$\cos a \sin b = \sin a \cos b \cos C + \sin c \cos A,$$

donne, en changeant a en b et A en B,

$$\sin a \cos b = \cos a \sin b \cos C + \sin c \cos B.$$

Substituant cette valeur de $\sin a \cos b$ dans la même équation, on a

$$\cos a \sin b = \cos a \sin b \cos^2 C + \sin c \cos B \cos C + \sin c \cos A,$$

savoir

$$\cos a \sin b \sin^2 C = \sin c (\cos B \cos C + \cos A);$$

substituons pour $\sin c$ sa valeur $\dfrac{\sin b \sin C}{\sin B}$, tirée de l'équation (B), en changeant a en c et A en C; divisons ensuite par $\sin b \sin C$ et multiplions par $\sin B$, on aura

$$\cos a \sin B \sin C = \cos B \cos C + \cos A,$$

savoir

(D) $$\cos A = - \cos B \cos C + \sin B \sin C \cos a.$$

18. Cette formule est, comme l'on voit, tout à fait analogue à la formule (A) du n° 14, d'où nous sommes partis; les angles A, B, C ont pris la place des côtés a, b, c, et réciproquement; et les cosinus sont devenus négatifs, les sinus demeurant positifs, ce qui indique que les côtés sont devenus les suppléments à deux droits des angles, et les angles les suppléments à deux droits des côtés. Ainsi toutes les formules qui résultent de la formule (A) seront vraies aussi, en y faisant ces mêmes changements.

Il résulte de là cette propriété connue des triangles sphériques, que tout triangle sphérique peut être changé en un autre dont les côtés et les angles soient respectivement suppléments des angles et des côtés du premier; et l'on sait que ce nouveau triangle, qu'on nomme *supplémentaire*, est celui qui est formé sur la sphère par les trois pôles des arcs

VII. 44

qui forment les côtés du triangle donné, en joignant ces pôles par des arcs de grand cercle; ce qui se démontre facilement par une construction fort simple.

19. Les quatre équations (A), (B), (C), (D) que nous venons de trouver renferment la solution de toutes les questions de la Trigonométrie sphérique; car, comme il n'y a dans un triangle sphérique que six éléments, les trois côtés et les trois angles, et que trois de ces éléments suffisent pour déterminer le triangle, il est clair que les relations les plus simples ne peuvent être qu'entre quatre éléments; or toutes les combinaisons différentes qu'on peut faire des six éléments, pris quatre à quatre, se réduisent à ces quatre-ci :

1° Entre trois côtés et un angle : cette relation est donnée par l'équation (A);

2° Entre deux côtés et deux angles, qui peuvent être opposés respectivement aux deux côtés, ou l'un opposé, l'autre adjacent au même côté, ce qui fait deux cas : la relation entre deux côtés et les deux angles opposés est donnée par l'équation (B);

3° Entre deux côtés et deux angles, dont l'un opposé et l'autre adjacent au même côté donné : cette relation est contenue dans l'équation (C);

4° Entre trois angles et un côté : cette relation est donnée par l'équation (D).

20. Si l'on suppose l'angle A droit, les équations précédentes se simplifient et donnent celles-ci

$$\cos a = \cos b \cos c,$$

$$\sin a = \frac{\sin b}{\sin B},$$

$$\cot a = \cot b \cos C,$$

$$\cos a = \cot B \cot C;$$

et, si l'on suppose l'angle C droit, les équations (C) et (D) donnent encore ces deux-ci

$$\cot A = \cot a \sin b,$$

$$\cos A = \sin B \cos a.$$

Ces six équations donnent directement la solution de tous les cas des triangles sphériques rectangles; et, comme elles sont sous une forme très-commode pour l'emploi des logarithmes, on s'en sert communément dans la Trigonométrie en décomposant tous les triangles en triangles rectangles, par l'abaissement d'une perpendiculaire. Mais on peut également résoudre tous les cas par les quatre équations générales en réduisant ces équations en facteurs, au moyen des transformations que nous allons exposer.

21. L'équation (A) entre les trois côtés a, b, c et un angle A opposé au côté a peut servir à déterminer : 1° A par a, b, c; 2° a par b, c et A; 3° b par a, c et A.

1° Pour déterminer A par a, b, c, on aura

$$\cos A = \frac{\cos a - \cos b \cos c}{\sin b \sin c},$$

d'où l'on tire

$$1 + \cos A = 2\left(\cos \frac{A}{2}\right)^2 = \frac{\cos a - \cos (b+c)}{\sin b \sin c} = \frac{2 \sin \dfrac{b+c-a}{2} \sin \dfrac{b+c+a}{2}}{\sin b \sin c},$$

$$1 - \cos A = 2\left(\sin \frac{A}{2}\right)^2 = \frac{\cos (b-c) - \cos a}{\sin b \sin c} = \frac{2 \sin \dfrac{a-b+c}{2} \sin \dfrac{a+b-c}{2}}{\sin b \sin c};$$

donc

$$(a) \qquad \operatorname{tang} \frac{A}{2} = \sqrt{\frac{\sin \dfrac{a+b-c}{2} \sin \dfrac{a-b+c}{2}}{\sin \dfrac{b+c+a}{2} \sin \dfrac{b+c-a}{2}}}.$$

2° Pour déterminer a par b, c et A, on a

$$\cos a = \cos b \cos c + \sin b \sin c \cos A.$$

Il ne paraît guère possible de réduire immédiatement cette équation

44.

en facteurs pour l'usage des logarithmes; mais on peut y parvenir par le moyen d'un angle subsidiaire.

En effet, si l'on fait

$$(b) \qquad \text{tang} \, c \, \cos A = \text{tang} \, \varphi,$$

on aura

$$\sin c \, \cos A = \cos c \, \text{tang} \, \varphi,$$

donc

$$\cos a = \cos c \, (\cos b + \sin b \, \text{tang} \, \varphi);$$

or

$$\cos b + \sin b \, \text{tang} \, \varphi = \frac{\cos b \cos \varphi + \sin b \sin \varphi}{\cos \varphi} = \frac{\cos (b - \varphi)}{\cos \varphi};$$

donc

$$(c) \qquad \cos a = \frac{\cos c \cos (b - \varphi)}{\cos \varphi}.$$

Il n'est pas difficile de voir que cette transformation revient à la division du triangle en deux triangles rectangles, par une perpendiculaire abaissée de l'angle B sur le côté b, et que φ est le segment du côté adjacent à l'angle A.

3° Pour déterminer b par a, c et A, il faudrait substituer, dans l'équation principale (A), $\sqrt{1 - \sin^2 b}$ au lieu de $\cos b$, élever ensuite au carré pour faire disparaître le radical, et tirer la valeur de $\sin b$ par la résolution d'une équation du second degré, ce qui donnerait pour $\sin b$ une formule compliquée et qui se refuserait au calcul logarithmique. Mais la transformation employée ci-dessus sert aussi à résoudre ce cas; car, ayant déterminé l'angle φ par l'équation (b), l'équation (c) donnera

$$(d) \qquad \cos (b - \varphi) = \frac{\cos a \cos \varphi}{\cos c}.$$

22. L'équation (B) entre deux côtés a et b et les angles opposés A et B peut servir : 1° à déterminer A par a, b, B, et 2° à déterminer a par b, A, B.

1° Pour déterminer A par a, b, B, on aura

(e) $$\sin A = \frac{\sin a \sin B}{\sin b}.$$

2° Pour déterminer a par b, A, B, on aura

(f) $$\sin a = \frac{\sin b \sin A}{\sin B}.$$

Ces formules n'ont besoin d'aucune transformation pour l'application des logarithmes.

23. L'équation (C) entre deux côtés a et b, et deux angles A, C, le premier opposé, le second adjacent au côté a, peut servir : 1° à déterminer A par a, b, C; 2° à déterminer a par b, A, C; 3° à déterminer C par a, b, A; 4° à déterminer b par a, A, C.

1° Pour déterminer A par a, b, C, on aura l'équation

$$\cot A = \frac{\cot a \sin b}{\sin c} - \cot C \cos b;$$

et, pour la réduire en facteurs, on fera $\dfrac{\cot a}{\cos C} = \cot \varphi$, ou bien

(g) $$\tan a \cos C = \tan \varphi;$$

donc $\cot a = \cos C \cot \varphi$; et, substituant cette valeur, on aura

$$\cot A = \cot C (\cot \varphi \sin b - \cos b)$$
$$= \frac{\cot C}{\sin \varphi} (\cos \varphi \sin b - \sin \varphi \cos b) = \frac{\cot C \sin (b - \varphi)}{\sin \varphi};$$

donc

(h) $$\cot A = \frac{\cot C \sin (b - \varphi)}{\sin \varphi}.$$

Cette réduction revient aussi à diviser le triangle en deux rectangles par une perpendiculaire abaissée de l'angle B sur le côté opposé b; et l'angle subsidiaire φ est le segment de ce côté adjacent à l'angle C.

2° Pour déterminer a par b, A, C, on aura l'équation

$$\cot a = \frac{\cot A \sin C}{\sin b} + \cot b \cos C,$$

et, pour la réduire en facteurs, on fera

$$(i) \qquad \frac{\cot A}{\cos b} = \tang \varphi;$$

donc, substituant dans l'équation pour $\cot A$ sa valeur $\tang \varphi \cos b$, on aura

$$\cot a = \cot b (\sin C \tang \varphi + \cos C)$$

$$= \frac{\cot b}{\cos \varphi} (\sin C \sin \varphi + \cos C \cos \varphi) = \frac{\cot b \cos(C - \varphi)}{\cos \varphi};$$

donc

$$(h) \qquad \cot a = \frac{\cot b \cos(C - \varphi)}{\cos \varphi}.$$

Cette réduction revient encore à diviser le triangle en deux rectangles, en abaissant une perpendiculaire de l'angle C sur le côté c, et l'angle subsidiaire φ est le segment de l'angle C adjacent au côté b.

3° Pour déterminer C par a, b, A, il faudrait tirer de l'équation (C) la valeur de $\sin C$ ou de $\cos C$ par la résolution d'une équation du second degré, et l'on aurait une expression qui contiendrait un radical. Mais la transformation précédente est également utile pour résoudre ces cas; car, ayant trouvé l'angle φ par l'équation (i), l'équation (h) donnera

$$(l) \qquad \cos(C - \varphi) = \frac{\cot a \cos \varphi}{\cot b}.$$

4° Enfin, pour déterminer b par a, A, C, il faudrait aussi tirer de la même équation (C) la valeur de $\sin b$ ou $\cos b$ par la résolution d'une équation du second degré. Mais la transformation employée pour le premier cas servira aussi pour résoudre celui-ci; car, ayant trouvé l'angle subsidiaire φ par l'équation (g), l'équation (h) donnera

(m) $$\sin(b - \varphi) = \frac{\cot A \sin \varphi}{\cot C}.$$

24. Enfin l'équation (D) entre les trois angles A, B, C et un côté a servira à déterminer : 1° a par A, B, C; 2° A par a, B, C; 3° B par a, A, C. Comme ces trois cas répondent à ceux qui dépendent de l'équation (A), dont l'équation (D) n'est qu'une transformée, on peut y appliquer immédiatement les formules que nous avons données pour ceux-ci dans le n° **21**, en y substituant au lieu des côtés a, b, c les suppléments à deux droits des angles A, B, C, et au lieu de ces angles les suppléments à deux droits des côtés opposés a, b, c (18).

Ainsi : 1° pour déterminer a par A, B, C, l'équation (a) du n° **21** donnera la transformée

(n) $$\cot \frac{a}{2} = \sqrt{\frac{\cos \dfrac{A + B - C}{2} \cos \dfrac{A - B + C}{2}}{- \cos \dfrac{B + C + A}{2} \cos \dfrac{B + C - A}{2}}}.$$

2° Pour déterminer A par a, B, C, on fera les mêmes substitutions dans les formules (b) et (c) du même numéro; et, prenant au lieu de l'angle φ son complément à un droit, on aura ces deux équations

(o) $$\tang C \cos a = \cot \varphi,$$

(p) $$\cos A = \frac{\cos C \sin (B - \varphi)}{\sin \varphi}.$$

3° Les mêmes équations serviront à déterminer B par a, A, C; car, ayant trouvé φ par l'équation (o), l'équation (p) donnera

(q) $$\sin(B - \varphi) = \frac{\cos A \sin \varphi}{\cos C}.$$

25. On peut donc, par ces formules, trouver directement un côté ou un angle quelconque par trois parties données, soit côtés ou angles; ce qui renferme toute la théorie des triangles sphériques. Mais, lorsqu'on a à chercher à la fois deux côtés par le troisième côté et les deux angles opposés, ou deux angles par le troisième angle et les deux côtés opposés, il est plus commode d'employer les formules trouvées par Neper entre ces cinq parties. Voici la manière la plus simple de parvenir à ces formules :

On a trouvé dans le n° 21

$$\tan\frac{A}{2} = \sqrt{\frac{\sin\dfrac{a+b-c}{2}\,\sin\dfrac{a-b+c}{2}}{\sin\dfrac{b+c+a}{2}\,\sin\dfrac{b+c-a}{2}}}.$$

On aura de même pour l'angle B, en changeant A en B et a en b,

$$\tan\frac{B}{2} = \sqrt{\frac{\sin\dfrac{a+b-c}{2}\,\sin\dfrac{b-a+c}{2}}{\sin\dfrac{a+b+c}{2}\,\sin\dfrac{a-b+c}{2}}};$$

donc, multipliant ensemble,

$$\tan\frac{A}{2}\,\tan\frac{B}{2} = \frac{\sin\dfrac{a+b-c}{2}}{\sin\dfrac{a+b+c}{2}};$$

si l'on change dans cette équation b en c et B en C, on aura

$$\tan\frac{A}{2}\,\tan\frac{C}{2} = \frac{\sin\dfrac{a-b+c}{2}}{\sin\dfrac{a+b+c}{2}},$$

et changeant dans la même équation a en c et B en C, on aura

$$\tan\frac{B}{2}\,\tan\frac{C}{2} = \frac{\sin\dfrac{b+c-a}{2}}{\sin\dfrac{a+b+c}{2}};$$

donc, ajoutant ensemble, on aura

$$\left(\tang\frac{A}{2}+\tang\frac{B}{2}\right)\tang\frac{C}{2}=\frac{\sin\frac{a-b+c}{2}+\sin\frac{b+c-a}{2}}{\sin\frac{a+b+c}{2}}=\frac{2\sin\frac{c}{2}\cos\frac{a-b}{2}}{\sin\frac{a+b+c}{2}},$$

et, retranchant les mêmes équations l'une de l'autre, on aura

$$\left(\tang\frac{A}{2}-\tang\frac{B}{2}\right)\tang\frac{C}{2}=\frac{\sin\frac{a-b+c}{2}-\sin\frac{b+c-a}{2}}{\sin\frac{a+b+c}{2}}=\frac{2\cos\frac{c}{2}\sin\frac{a-b}{2}}{\sin\frac{a+b+c}{2}}.$$

D'un autre côté, on a

$$1+\tang\frac{A}{2}\tang\frac{B}{2}=\frac{\sin\frac{a+b+c}{2}+\sin\frac{a+b-c}{2}}{\sin\frac{a+b+c}{2}}=\frac{2\sin\frac{a+b}{2}\cos\frac{c}{2}}{\sin\frac{a+b+c}{2}},$$

$$1-\tang\frac{A}{2}\tang\frac{B}{2}=\frac{\sin\frac{a+b+c}{2}-\sin\frac{a+b-c}{2}}{\sin\frac{a+b+c}{2}}=\frac{2\sin\frac{c}{2}\cos\frac{a+b}{2}}{\sin\frac{a+b+c}{2}}.$$

Donc, puisque $\tang\dfrac{A\pm B}{2}=\dfrac{\tang\frac{A}{2}\pm\tang\frac{B}{2}}{1\mp\tang\frac{A}{2}\tang\frac{B}{2}}$, on aura ces deux équations

(r)
$$\tang\frac{A+B}{2}\,\tang\frac{C}{2}=\frac{\cos\frac{a-b}{2}}{\cos\frac{a+b}{2}},$$

(s)
$$\tang\frac{A-B}{2}\,\tang\frac{C}{2}=\frac{\sin\frac{a-b}{2}}{\sin\frac{a+b}{2}}.$$

On peut déduire des formules semblables de l'équation (n) du n° 24, et, sans faire un nouveau calcul, il n'y aura qu'à changer les côtés a, b, c dans les suppléments à deux droits des angles A, B, C, et ces angles

VII.   45

dans les suppléments à deux droits des mêmes côtés. De cette manière
on aura sur-le-champ ces deux autres équations

$$(t) \qquad \operatorname{tang} \frac{a+b}{2} \cot \frac{c}{2} = \frac{\cos \dfrac{A-B}{2}}{\cos \dfrac{A+B}{2}},$$

$$(u) \qquad \operatorname{tang} \frac{a-b}{2} \cot \frac{c}{2} = \frac{\sin \dfrac{A-B}{2}}{\sin \dfrac{A+B}{2}}.$$

Ces quatre équations serviront donc à trouver directement, et sans le
secours d'aucun angle subsidiaire, les deux angles A et B par les deux
côtés opposés a et b, avec l'angle intercepté C, ou ces deux côtés par les
angles opposés et par le troisième côté.

26. Avant de terminer ce Mémoire, je crois devoir dire deux mots de
la comparaison des triangles sphériques aux triangles rectilignes. En
prenant, ainsi qu'on le fait communément, le rayon de la sphère pour
l'unité, il est clair que les arcs qui forment un triangle sphérique expriment naturellement des angles dont on trouve les sinus et cosinus
dans les Tables; si le rayon de la sphère n'est pas l'unité, alors, pour
avoir la valeur angulaire des côtés du triangle, il faut diviser leur valeur
absolue par le rayon. Ainsi, si α, β, γ sont les longueurs absolues des
arcs qui forment un triangle sphérique sur la surface d'une sphère dont
le rayon est r, on aura $\frac{\alpha}{r}$, $\frac{\beta}{r}$, $\frac{\gamma}{r}$ pour les angles correspondants à ces
arcs, et ce sont ces quantités qu'il faudra prendre pour les côtés que
nous avons désignés par a, b, c, en supposant que A, B, C soient les
angles opposés aux arcs α, β, γ dans le triangle proposé.

Or, si le rayon de la sphère devient infiniment grand, sa surface se
change en un plan, et le triangle sphérique devient rectiligne; d'où il
suit que si, dans les formules des triangles, on substitue partout $\frac{\alpha}{r}$, $\frac{\beta}{r}$, $\frac{\gamma}{r}$
à la place de a, b, c, qu'ensuite on suppose r infiniment grand, et

qu'ayant réduit en série les sinus et cosinus de ces angles, on rejette les termes qui s'évanouissent par la supposition de $\frac{1}{r} = 0$, on aura le cas des triangles rectilignes, dans lesquels α, β, γ sont les côtés et A, B, C les angles opposés.

Ainsi, si $V = 0$ est une équation entre les sinus et cosinus de a, b, c et de A, B, C, on substituera, pour $\sin a$, $\frac{\alpha}{r} - \frac{\alpha^3}{2.3\,r^3} + \ldots$; pour $\cos a$, $1 - \frac{\alpha^2}{2\,r^2} + \frac{\alpha^4}{2.3.4\,r^4} + \ldots$, et pour $\sin b$, $\cos b$, $\sin c$, $\cos c$ des valeurs pareilles, en changeant α en β, γ, et réduisant en série suivant les puissances descendantes de r, ce qui donnera

$$V = \frac{P}{r^m} + \frac{Q}{r^{m+1}} + \frac{R}{r^{m+2}} + \ldots;$$

on aura pour le triangle rectiligne l'équation $P = 0$; car l'équation $V = 0$ donne, en multipliant par r^m,

$$P + \frac{Q}{r} + \frac{R}{r^2} + \ldots = 0,$$

et, faisant $\frac{1}{r} = 0$, on a $P = 0$.

On pourrait de cette manière déduire les règles de la Trigonométrie rectiligne des équations fondamentales de la Trigonométrie sphérique; mais cela n'aurait d'utilité que comme exercice de calcul, puisque ce serait démontrer le simple par le composé : nous nous contenterons de remarquer que l'équation (D) du n° 17 donne tout de suite celle-ci

$$\cos A = \sin B \sin C - \cos B \cos C,$$

savoir

$$\cos A = -\cos(B - C),$$

d'où l'on tire

$$A = 2D - B - C, \quad \text{c'est-à-dire,} \quad A + B + C = 2D,$$

D étant l'angle droit; ce qui est la propriété connue des triangles rectilignes.

45.

27. Maintenant, si le rayon r de la sphère, au lieu d'être infiniment grand, est seulement très-grand, le triangle sphérique ne deviendra pas rectiligne, mais en approchera très-près; et dans ce cas, comme les angles a, b, c qui répondent aux côtés deviennent très-petits, les Tables trigonométriques ordinaires n'offriraient plus une précision suffisante pour le calcul des côtés et des angles. Il y a donc alors de l'avantage à traiter les triangles sphériques comme rectilignes, en ayant égard à la petite correction qui résulte de leur différence.

Le cas dont il s'agit a lieu surtout dans le calcul des triangles qu'on forme sur la surface de la Terre pour mesurer un arc du méridien; dans ces triangles, les quantités α, β, γ sont les longueurs mêmes des côtés, et r est le rayon de la Terre.

Pour déterminer la correction dont nous venons de parler, nous prendrons l'équation (A) du n° 14, qui sert de fondement à toute la Trigonométrie sphérique, et qui donne

$$\cos A = \frac{\cos a - \cos b \cos c}{\sin b \sin c}.$$

Faisons dans le second membre les substitutions indiquées ci-dessus, en nous arrêtant aux termes divisés par r^4, nous aurons d'abord

$$\cos A = \frac{\dfrac{\beta^2 + \gamma^2 - \alpha^2}{2\,r^2} + \dfrac{\alpha^4 - \beta^4 - \gamma^4}{2.3.4\,r^4} - \dfrac{\beta^2\gamma^2}{4\,r^4}}{\dfrac{\beta\gamma}{r^2}\left(1 - \dfrac{\beta^2 + \gamma^2}{2.3\,r^2}\right)};$$

multipliant le haut et le bas de la fraction par r^2, et substituant le facteur $1 + \dfrac{\beta^2 + \gamma^2}{2.3\,r^2}$ à la place du diviseur $1 - \dfrac{\beta^2 + \gamma^2}{2.3\,r^2}$; on aura, en négligeant les termes divisés par des puissances plus hautes que r^2,

$$\cos A = \frac{\beta^2 + \gamma^2 - \alpha^2}{2\beta\gamma} + \frac{\alpha^4 - \beta^4 - \gamma^4}{2.3.4\beta\gamma r^2} - \frac{\beta^2\gamma^2}{4\beta\gamma r^2} + \frac{(\beta^2 + \gamma^2 - \alpha^2)(\beta^2 + \gamma^2)}{3.4\beta\gamma r^2}$$

$$= \frac{\beta^2 + \gamma^2 - \alpha^2}{2\beta\gamma} + \frac{\alpha^4 + \beta^4 + \gamma^4 - 2\alpha^2\beta^2 - 2\alpha^2\gamma^2 - 2\beta^2\gamma^2}{2.3.4\beta\gamma r^2}.$$

En faisant $\frac{1}{r} = 0$, l'angle A devient l'angle opposé au côté α dans le triangle rectiligne dont α, β, γ seraient les côtés.

Désignons cet angle par A'; on aura donc

$$\cos A' = \frac{\beta^2 + \gamma^2 - \alpha^2}{2\beta\gamma},$$

et de là

$$\sin^2 A' = \frac{2\alpha^2\beta^2 + 2\alpha^2\gamma^2 + 2\beta^2\gamma^2 - \alpha^4 - \beta^4 - \gamma^4}{4\beta^2\gamma^2},$$

comme on l'a vu ci-dessus (1 et 2); donc, substituant ces valeurs dans l'équation précédente, elle deviendra

$$\cos A = \cos A' - \frac{\beta\gamma \sin^2 A'}{2 \cdot 3\, r^2};$$

or, dans le triangle rectiligne dont α, β, γ sont les côtés, il est visible que $\frac{\beta\gamma \sin A'}{2}$ en exprime l'aire. Donc, si l'on désigne cette aire par θ, on aura

$$\cos A = \cos A' - \frac{\theta \sin A'}{3\, r^2},$$

d'où il suit qu'on aura, aux quantités de l'ordre de $\frac{1}{r^4}$ près,

$$A = A' + \frac{\theta}{3\, r^2}.$$

Et, comme en changeant le côté α en β ou γ, l'angle A se change en B ou C, si l'on désigne de même par B' et C' les angles opposés aux côtés β et γ dans le triangle rectiligne, on aura également

$$B = B' + \frac{\theta}{3\, r^2},$$

$$C = C' + \frac{\theta}{3\, r^2},$$

puisque la quantité θ, qui est égale à l'aire du triangle rectiligne, est une fonction qui dépend également des trois côtés α, β, γ, de manière qu'elle ne change pas en faisant entre ces quantités tels échanges qu'on voudra.

Donc, lorsqu'on a un triangle sphérique tracé sur la surface d'une sphère dont le rayon r est très-grand, si l'on forme un triangle rectiligne dont les côtés aient la même longueur que ceux du triangle sphérique, les angles de celui-ci seront égaux aux angles correspondants du triangle rectiligne, augmentés chacun de la quantité $\frac{\theta}{3r^2}$, θ étant l'aire du triangle rectiligne, en ayant soin de réduire la valeur de cette quantité en angles, c'est-à-dire, en prenant pour unité l'angle qui répond à l'arc égal au rayon.

28. Si l'on ajoute ensemble les trois équations

$$A = A' + \frac{\theta}{3r^2}, \quad B = B' + \frac{\theta}{3r^2}, \quad C = C' + \frac{\theta}{3r^2},$$

on a

$$A + B + C = A' + B' + C' + \frac{\theta}{r^2};$$

mais on sait que

$$A' + B' + C' = 2D,$$

D étant l'angle droit; donc on aura

$$\frac{\theta}{r^2} = A + B + C - 2D.$$

D'où l'on peut conclure qu'en retranchant de chaque angle du triangle sphérique le tiers de l'excès de la somme de ses trois angles sur deux droits, on aura les trois angles d'un triangle rectiligne dont les côtés seront égaux en longueur à ceux du triangle sphérique. Ainsi l'on pourra traiter celui-ci comme un triangle rectiligne, et les résultats seront exacts aux quantités près de l'ordre $\frac{1}{r^4}$.

Ce beau théorème est dû à Legendre, qui l'a donné d'abord sans démonstration dans les *Mémoires de l'Académie des Sciences* pour l'année 1787, et qui vient de le démontrer d'une manière un peu différente de la précédente, dans un Mémoire sur la méthode de déterminer la longueur du quart du méridien. Comme il peut être d'une grande utilité dans tous les cas où l'on a à calculer des triangles sphériques peu différents des triangles rectilignes, nous avons cru qu'on serait bien aise de le trouver ici.

ÉCLAIRCISSEMENT

D'UNE DIFFICULTÉ SINGULIÈRE

QUI SE RENCONTRE

DANS LE CALCUL DE L'ATTRACTION DES SPHÉROÏDES TRÈS-PEU DIFFÉRENTS DE LA SPHÈRE.

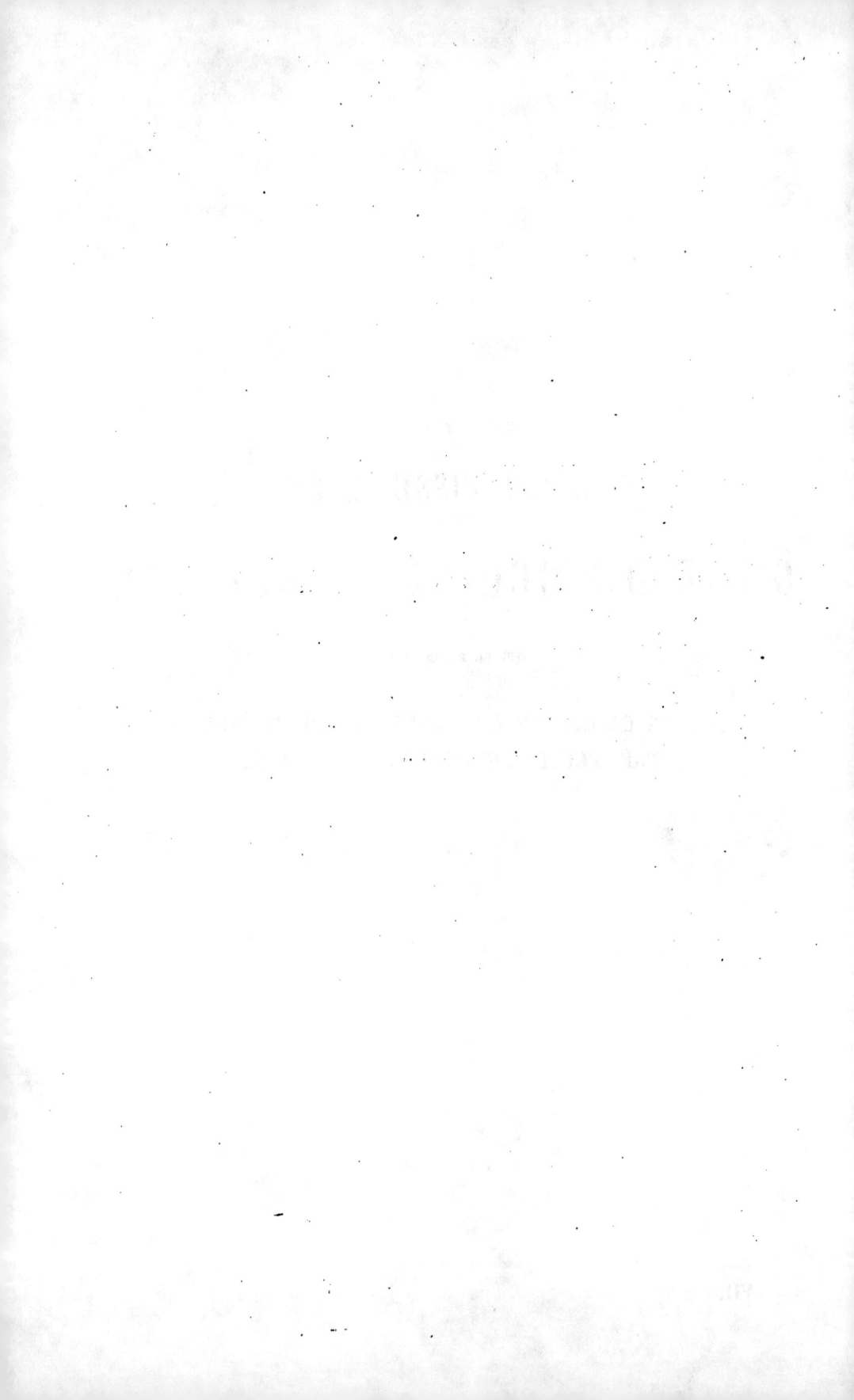

ÉCLAIRCISSEMENT

D'UNE DIFFICULTÉ SINGULIÈRE

QUI SE RENCONTRE

DANS LE CALCUL DE L'ATTRACTION DES SPHÉROÏDES TRÈS-PEU DIFFÉRENTS DE LA SPHÈRE.

(*Journal de l'École Polytechnique,* XVe Cahier, t. VIII, 1809.)

D'Alembert est le premier qui ait donné le calcul de l'attraction des sphéroïdes non elliptiques, mais peu différents de la sphère, dans le second et le troisième volume de ses *Recherches sur le système du Monde.* M. Laplace a traité ensuite cette matière d'une manière nouvelle et plus générale qu'on ne l'avait fait, dans les *Mémoires de l'Académie des Sciences* de 1782, et dans le second volume de sa *Mécanique céleste.* Sa théorie est fondée sur un beau théorème très-remarquable par sa simplicité autant que par sa généralité; mais ce théorème donne lieu à une difficulté singulière, qui paraît n'avoir encore été remarquée par personne, et qui mérite d'être examinée.

1. Soient, comme dans les *Mémoires* de 1782 (page 134) et dans la *Mécanique céleste* (tome II), r la distance du point attiré au point pris pour centre du sphéroïde, θ l'angle que le rayon r fait avec un axe fixe passant par le centre, ϖ l'angle que le plan passant par cet axe et par le rayon r fait avec le plan invariable passant par le même axe; soit, de plus, R la distance d'une molécule du sphéroïde au centre, et soient θ',

46.

ϖ' ce que deviennent les angles θ, ϖ relativement à cette molécule; la distance de la molécule au point attiré sera $\sqrt{r^2 - 2rR\mu + R^2}$; en faisant, pour abréger,

$$\mu = \cos\theta\cos\theta' + \sin\theta\sin\theta'\cos(\varpi - \varpi'),$$

la masse de la molécule sera $R^2\,dR\,d\theta'\,d\varpi'\sin\theta'$, et, si l'on désigne par V la somme des molécules divisées par leurs distances au point attiré, on aura

$$V = \int\int\int \frac{R^2\,dR\,d\varpi'\,d\theta'\sin\theta'}{\sqrt{r^2 - 2rR\mu + R^2}},$$

l'intégrale relative à R devant être prise depuis $R = 0$ jusqu'à la valeur de R à la surface du sphéroïde, l'intégrale relative à ϖ' devant être prise depuis $\varpi' = 0$ jusqu'à $\varpi' = 360°$, et celle qui est relative à θ' ou à μ, depuis $\theta' = 0$ jusqu'à $\theta' = 180°$. La valeur de V étant ainsi déterminée, on aura $\dfrac{dV}{dr}$, $\dfrac{1}{r}\dfrac{dV}{d\theta}$, $\dfrac{1}{r\sin\theta}\dfrac{dV}{d\varpi}$ pour les trois attractions du sphéroïde dans le sens du rayon r, et perpendiculairement à ce rayon dans le plan de r et R, et dans un plan perpendiculaire à celui-ci.

2. Supposons maintenant que le sphéroïde soit très-peu différent d'une sphère dont le rayon soit égal à a; on aura $R = a(1 + y')$, y' étant une fonction très-petite de sinus et cosinus de ϖ' et θ', dont on négligera le carré et les puissances supérieures; il est clair que la valeur de V sera égale à sa valeur relativement à la sphère, plus à la valeur relative à l'excès du sphéroïde sur la sphère. On sait, et il est facile de prouver que la première est égale à la masse de la sphère divisée par la distance r; elle est ainsi exprimée par $\dfrac{4\pi a^3}{3r}$, en nommant π l'angle de 180°. Quant à la seconde, comme nous ne tenons compte que des premières dimensions de y', il est aisé de voir qu'on l'aura en mettant, dans l'expression précédente de V, a à la place de R, et ay' à celle de dR. Ainsi, en nommant cette seconde partie u, on aura

$$V = \frac{4\pi a^3}{3r} + u, \quad \text{et} \quad u = a^3\int\int \frac{y'\,d\varpi'\,d\theta'\sin\theta'}{\sqrt{r^2 - 2a\mu r + a^2}},$$

où il n'y a plus que deux intégrations à faire, l'une relative à ϖ', l'autre relative à θ' ou à μ.

Je différentie maintenant, comme M. Laplace, par rapport à r; j'ai

$$\frac{dV}{dr} = -\frac{4\pi a^3}{3r^4} + \frac{du}{dr};$$

or

$$\frac{du}{dr} = -a^3 \int\int \frac{(r-a\mu)\,r'd\varpi'd\theta'\sin\theta'}{(r^2-2a\mu r+a^2)^{\frac{3}{2}}}.$$

Lorsque le point attiré est à la surface du sphéroïde, on a $r=a(1+y)$, en désignant par y ce que devient y', lorsque θ' et ϖ' deviennent θ et ϖ; mais, comme nous négligeons dans u les quantités du second ordre, il suffit de faire $r=a$. On aura ainsi

$$u = \frac{a^2}{\sqrt{2}} \int\int \frac{r'd\varpi'd\theta'\sin\theta'}{\sqrt{1-\mu}},$$

$$\frac{du}{dr} = -\frac{a}{2\sqrt{2}} \int\int \frac{(1-\mu)\,r'd\varpi'd\theta'\sin\theta'}{(1-\mu)^{\frac{3}{2}}} = -\frac{a}{2\sqrt{2}} \int\int \frac{r'd\varpi'd\theta'\sin\theta'}{\sqrt{1-\mu}};$$

donc

$$\tfrac{1}{2}u + a\frac{du}{dr} = 0,$$

équation qui doit avoir lieu à la surface du sphéroïde.

Donc on aura aussi à cette surface

$$\tfrac{1}{2}V + a\frac{dV}{dr} = \frac{2\pi a^3}{3r} - \frac{4\pi a^4}{3r^2},$$

où il faut faire $r=a(1+y)$, ce qui donnera

$$\tfrac{1}{2}V + a\frac{dV}{dr} = -\frac{2\pi a^2}{3} + 2\pi a^2 y.$$

M. Laplace trouve $\tfrac{1}{2}V + a\frac{dV}{dr} = -\frac{2\pi a^2}{3}$, parce qu'il suppose que la sphère touche le sphéroïde, auquel cas $y=0$.

3. Considérons l'équation $\frac{1}{2}u + a\frac{du}{dr} = 0$, qui est indépendante de la valeur de y' dans u, et supposons d'abord y' constant; on aura

$$u = a^3 y \int\int \frac{d\varpi' d\theta' \sin\theta'}{\sqrt{r^2 - 2ra\mu + a^2}}.$$

Il est facile d'avoir l'intégrale de $\dfrac{d\varpi' d\theta' \sin\theta'}{\sqrt{r^2 - 2ra\mu + a^2}}$; car, en transportant l'axe ou le pôle des angles ϖ', θ' dans la ligne r, ce qui est permis, puisque cette ligne est fixe par rapport aux mêmes angles, on a $\theta = 0$, ce qui donne $\mu = \cos\theta'$, et réduit la différentielle dont il s'agit à

$$- \frac{d\varpi' d\mu}{\sqrt{r^2 - 2ra\mu + a^2}},$$

laquelle doit être intégrée depuis $\varpi' = 0$ jusqu'à $\varpi' = 2\pi$, et depuis $\mu = 1$ jusqu'à $\mu = -1$. La première intégration donne

$$- \frac{2\pi\, d\mu}{\sqrt{r^2 - 2ra\mu + a^2}};$$

la seconde donne d'abord

$$\frac{2\pi \sqrt{r^2 - 2ra\mu + a^2}}{ra},$$

et, complétant,

$$\frac{2\pi(r+a)}{ra} - \frac{2\pi(r-a)}{ra} = \frac{4\pi}{r}.$$

Ainsi l'on a

$$u = \frac{4\pi a^3 y}{r},$$

et de là

$$\frac{du}{dr} = -\frac{4\pi a^3 y}{r^2};$$

et, faisant $r = a$,

$$u = 4\pi a^2 y, \qquad \frac{du}{dr} = -4\pi a y;$$

mais ces valeurs ne satisfont pas à l'équation

$$\tfrac{1}{2} u + a \frac{du}{dr} = 0,$$

car elles donnent

$$\tfrac{1}{2} u + a \frac{du}{dr} = -2\pi a^2 y.$$

4. Nommons ρ, pour abréger, le radical

$$\frac{1}{\sqrt{r^2 - 2ra\mu + a^2}},$$

en sorte que l'on ait $u = a^3 \iint \rho y' d\varpi' d\theta' \sin\theta'$; comme r n'est contenue que dans ρ, on aura

$$\tfrac{1}{2} u + a \frac{du}{dr} = a^3 \int \int \left(\tfrac{1}{2}\rho + a \frac{d\rho}{dr} \right) y' d\varpi' d\theta' \sin\theta',$$

en faisant $r = a$ après la différentiation. Or

$$\frac{d\rho}{dr} = \frac{a\mu - r}{(r^2 - 2ar\mu + a^2)^{\frac{3}{2}}};$$

faisant $r = a$, on a

$$\rho = \frac{1}{a\sqrt{2(1-\mu)}}, \qquad \frac{d\rho}{dr} = \frac{-1}{2a^2\sqrt{2(1-\mu)}};$$

donc $\tfrac{1}{2}\rho + a \frac{d\rho}{dr} = 0$, équation identique.

Si l'on réduit, comme l'a fait M. Laplace, le radical ρ en une série descendante par rapport à r, on aura

$$\rho = \frac{R^{(0)}}{r} + \frac{a R^{(1)}}{r^2} + \frac{a^2 R^{(2)}}{r^3} + \cdots,$$

$$r \frac{d\rho}{dr} = -\frac{R^{(0)}}{r} - \frac{2a R^{(1)}}{r^2} - \frac{3a^2 R^{(2)}}{r^3} - \cdots,$$

d'où résulte

$$\tfrac{1}{2}\rho + r \frac{d\rho}{dr} = -\frac{1}{2}\left(\frac{R^{(0)}}{r} + \frac{3a R^{(1)}}{r^2} + \frac{5a^2 R^{(2)}}{R^3} + \cdots \right),$$

et, faisant $r = a$,

$$\tfrac{1}{2}\rho + a\frac{d\rho}{dr} = -\frac{1}{2a}\left(R^{(0)} + 3R^{(1)} + 5R^{(2)} + \ldots\right),$$

série dans laquelle tous les termes doivent se détruire d'eux-mêmes; ce qu'on trouve, en effet, après la substitution des valeurs de $R^{(0)}$, $R^{(1)}, \ldots$ en fonction de μ.

On n'a pas besoin, pour s'en convaincre, d'effectuer ces substitutions; car, puisque $\rho = (r - 2ar\mu + a^2)^{-\frac{1}{2}}$, on aura

$$\rho\sqrt{r} = \left(r + \frac{a^2}{r} - 2a\mu\right)^{-\frac{1}{2}},$$

et, différentiant par rapport à r,

$$\frac{1}{2\sqrt{r}}\rho + \frac{d\rho}{dr}\sqrt{r} = -\frac{1}{2}\left(1 - \frac{a^2}{r^2}\right)\left(r + \frac{a^2}{r} - 2a\mu\right)^{-\frac{3}{2}};$$

donc, multipliant par $\sqrt{r}$,

$$\tfrac{1}{2}\rho + r\frac{d\rho}{dr} = -\frac{r^2 - a^2}{2(r^2 - 2ar\mu + a^2)^{\frac{3}{2}}} = -\frac{(r^2 - a^2)\rho}{2(r^2 - 2ar\mu + a^2)};$$

de sorte qu'on aura identiquement

$$\frac{R^{(0)}}{r} + \frac{3aR^{(1)}}{r^2} + \frac{5aR^{(2)}}{r^3} + \ldots = \frac{1 - \dfrac{a^2}{r^2}}{1 - \dfrac{2a\mu}{r} + \dfrac{a^2}{r^2}}\left(\frac{R^{(0)}}{r} + \frac{aR^{(1)}}{r^2} + \frac{a^2R^{(2)}}{r^3} + \ldots\right);$$

par conséquent, en faisant $r = a$, la série $R^{(0)} + 3R^{(1)} + 5R^{(2)} + \ldots$ sera nécessairement nulle.

5. La fonction $\tfrac{1}{2}\rho + a\dfrac{d\rho}{dr}$ de μ est donc toujours identiquement nulle; donc l'intégrale de cette fonction, multipliée par $y'd\varpi'd\theta'\sin\theta'$, étant supposée nulle, lorsque $\varpi' = 0$ et $\theta' = 0$, devrait être toujours nulle par les principes du Calcul intégral, suivant lesquels l'intégrale est

regardée comme la somme de toutes les valeurs successives de la différentielle. Ainsi l'on devrait avoir toujours l'équation $\frac{1}{2}u + a\frac{du}{dr} = 0$
que nous avons trouvée d'abord; cependant nous venons de voir que,
dans le cas le plus simple, où y' est constant, on a

$$\tfrac{1}{2}u + a\frac{du}{dr} = -2\pi a^2 y,$$

ce qui est un paradoxe dans le Calcul intégral.

6. Pour en trouver l'explication, je vais reprendre l'analyse qui a
donné l'équation $\frac{1}{2}u + a\frac{du}{dr} = 0$, et je ferai d'abord le calcul sans rien
négliger. Puisque $u = a^3\iint \rho y'd\varpi'd\theta'\sin\theta'$, et que la quantité r n'est
contenue que dans l'expression de ρ, il n'y a nul doute qu'en différentiant par rapport à r, on n'ait

$$\frac{du}{dr} = a^3\int\int\frac{d\rho}{dr}y'd\varpi'd\theta'\sin\theta'.$$

Or

$$\frac{d\rho}{dr} = -\frac{r - a\mu}{(r^2 - 2ra\mu + a^2)^{\frac{3}{2}}};$$

donc

$$r\frac{d\rho}{dr} = -\frac{1}{2\sqrt{r^2 - 2ra\mu + a^2}} - \frac{r^2 - a^2}{2(r^2 - 2ra\mu + a^2)^{\frac{3}{2}}} = -\frac{\rho}{2} - \frac{(r^2 - a^2)\rho^3}{2};$$

donc on aura

$$\tfrac{1}{2}u + r\frac{du}{dr} = -\frac{a^3(r^2 - a^2)}{2}\int\int\rho^3 y'd\varpi'd\theta'\sin\theta'.$$

On voit ici, en effet, qu'en faisant $r = a$, le second terme de l'équation
disparaît, et qu'on a rigoureusement, quel que soit y', l'équation

$$\tfrac{1}{2}u + a\frac{du}{dr} = 0.$$

Donc, puisque d'un autre côté la valeur de $\frac{1}{2}u + a\frac{du}{dr}$ n'est pas toujours

VII. 47

nulle, il faut que le terme multiplié par $r^2 - a^2$ ne disparaisse pas toujours en faisant $r = a$.

7. Pour aller du plus simple au plus composé, nous commencerons par examiner le cas où y' est une quantité constante. Dans ce cas, on n'a qu'à chercher l'intégrale de $\rho^3 \, d\varpi' d\vartheta' \sin\vartheta'$, et, pour cela, nous pouvons supposer, comme dans le n° 3, l'angle θ nul, ce qui donne $\mu = \cos\vartheta'$ et $d\mu = -\sin\vartheta' d\vartheta'$; de sorte que la différentielle dont il s'agit deviendra

$$- \frac{d\varpi' \, d\mu}{(r^2 - 2ar\mu + a^2)^{\frac{3}{2}}}.$$

Intégrant d'abord par rapport à ϖ', on a

$$- \frac{2\pi \, d\mu}{(r^2 - 2ar\mu + a^2)^{\frac{3}{2}}};$$

intégrant ensuite par rapport à μ, on a

$$\frac{-2\pi}{ar\sqrt{r^2 - 2ar\mu + a^2}};$$

et, complétant depuis $\mu = 1$ jusqu'à $\mu = -1$, on aura l'intégrale complète

$$\frac{-2\pi}{ar(r+a)} + \frac{2\pi}{ar(r-a)} = \frac{4\pi}{r(r^2 - a^2)}.$$

Ainsi la valeur complète de $\iint \rho^3 y' d\varpi' d\vartheta' \sin\vartheta'$, lorsque y' est constant, est $\frac{4\pi y'}{r(r^2 - a^2)}$, quelle que soit la valeur de r. Substituant cette valeur dans l'équation du numéro précédent, on aura

$$\tfrac{1}{2}u + r\frac{du}{dr} = -\frac{2\pi a^3 y'}{r}.$$

Si maintenant on fait $r = a$, elle devient

$$\tfrac{1}{2}u + a\frac{du}{dr} = -2a^2\pi y',$$

comme on l'a trouvée dans le n° 3, les quantités y' et y étant ici les mêmes.

8. Considérons maintenant le cas général dans lequel y' est supposé une fonction de sinus et de cosinus des angles ϖ' et θ'; on aura à intégrer la quantité $\rho^3 y' d\varpi' d\theta' \sin\theta'$, et, pour cela, nous transporterons aussi, comme dans le n° 3, l'axe ou le pôle des angles variables ϖ', θ', qui déterminent la position de chaque molécule sur la sphère, dans la ligne r menée du centre au point attiré. Nommons φ et ψ ce que deviennent alors les angles ϖ' et θ'; on aura également $d\varphi\, d\psi \sin\psi$ pour l'élément $d\varpi' d\theta' \sin\theta'$, et $\cos\psi$ pour la valeur de μ; de sorte que la différentielle dont il s'agit deviendra $-\rho^3 y' d\varphi\, d\mu$, qu'il faudra intégrer depuis $\varphi = 0$ jusqu'à $\varphi = 2\pi$, et depuis $\mu = 1$ jusqu'à $\mu = -1$.

Mais, comme y' est supposé fonction de sinus et cosinus des angles ϖ' et θ', qui ont leur pôle dans un axe fixe indépendant de la position du point attiré ou de la ligne r, il faudra substituer dans y', à la place des sinus et cosinus de ϖ' et θ', leurs valeurs en sinus et cosinus de φ et ψ. Pour cela, il n'y a qu'à considérer le triangle sphérique qui a les angles θ, θ' et ψ pour ses trois côtés, et dans lequel $\varpi - \varpi'$ est l'angle opposé au côté ψ, et φ est l'angle opposé au côté θ', et les formules connues de la Trigonométrie sphérique donneront

$$\cos\theta' = \cos\theta \cos\psi + \sin\theta \sin\psi \cos\varphi,$$

$$\sin\theta' \sin(\varpi - \varpi') = \sin\psi \sin\varphi,$$

$$\sin\theta' \cos(\varpi - \varpi') = \sin\theta \cos\psi - \cos\theta \sin\psi \cos\varphi.$$

Ainsi la formule $\rho^3 y' d\varphi\, d\mu$ sera intégrable toutes les fois que y' sera une fonction rationnelle et entière de $\cos\theta'$, $\sin\theta' \sin\varpi'$, $\sin\theta' \cos\varpi'$, parce que l'intégrale relative à φ fera disparaître toutes les puissances impaires du sinus. C'est ainsi que d'Alembert a calculé l'attraction des sphéroïdes peu différents de la sphère; mais pour notre objet il suffit d'avoir réduit l'intégration de la formule $\rho^3 y' d\varpi' d\theta' \sin\theta'$ à celle de la formule $-\rho^3 y' d\varphi\, d\mu$.

9. Commençons par l'intégration relative à μ; la différentielle $y'\rho^3\,d\mu$, intégrée par parties, donne

$$y'\int\rho^3 d\mu - \int \frac{dy'}{d\mu}\left(\int\rho^3 d\mu\right)d\mu.$$

Or

$$\rho = \frac{1}{\sqrt{r^2 - 2ar\mu + a^2}},$$

donc

$$\int\rho^3 d\mu = \frac{\rho}{ar},$$

de sorte que l'intégrale dont il s'agit deviendra

$$\frac{y'\rho}{ar} - \int\frac{dy'}{d\mu}\,\frac{\rho\,d\mu}{ar}.$$

Comme l'intégration doit s'étendre depuis $\mu = 1$ jusqu'à $\mu = -1$, et qu'à la première de ces limites y' devient y, si l'on nomme Y ce que y' devient à la seconde limite, la valeur complète du terme $\frac{y'\rho}{ar}$ hors du signe sera

$$\frac{Y}{ar(r+a)} - \frac{y}{ar(r-a)}.$$

Or, y et Y répondant à $\psi = 0$ et $\psi = \pi$, à cause de $\mu = \cos\psi$, auxquels cas ϖ' et θ' deviennent ϖ et θ, il est visible que ces quantités seront indépendantes de φ; ainsi l'intégration relative à φ, depuis $\varphi = 0$ jusqu'à $\varphi = 2\pi$, exécutée sur le même terme, donnera

$$\frac{2\pi Y}{ar(r+a)} - \frac{2\pi y}{ar(r-a)}.$$

On pourra donc substituer dans l'équation en u du n° 6, à la place de $\iint\rho^3 y'\,d\varpi'\,d\theta'\sin\theta'$, la quantité

$$\frac{2\pi y}{ar(r-a)} - \frac{2\pi Y}{ar(r+a)} + \iint\frac{dy'}{d\mu}\,\frac{\rho\,d\mu\,d\varphi}{ar},$$

ce qui la changera en celle-ci

$$\tfrac{1}{2}u + r\frac{du}{dr} = -\frac{a^2\pi(r+a)y}{r} + \frac{a^2\pi Y(r-a)}{r} - \frac{a^3(r^2-a^2)}{2ar}\iint\frac{dy'}{d\mu}\,\rho\,d\mu\,d\varphi,$$

dans laquelle il faut faire maintenant $r = a$, ce qui la réduit à celle-ci

$$\tfrac{1}{2} u + a \frac{du}{dr} = - 2 a^2 \pi y,$$

comme dans les cas où y est constant.

Il est bon de remarquer qu'une nouvelle intégration par parties, exécutée sur la différentielle $\frac{dr'}{d\mu} \rho \, d\mu$, n'ajouterait rien à l'équation que nous venons de trouver; car, l'intégrale de $\rho \, d\mu$ étant

$$- \frac{1}{ar\rho} = - \frac{\sqrt{r^2 - 2ar\mu + a^2}}{ar},$$

il n'en peut résulter aucun terme où le facteur $r - a$, qui devient nul lorsque $r = a$, soit détruit par la division.

10. Maintenant, puisque $V = \frac{4\pi a^3}{3r} + u$ (2), on aura

$$\tfrac{1}{2} V + a \frac{dV}{dr} = \frac{2\pi a^3}{3r} - \frac{4\pi a^4}{3r^2} + \tfrac{1}{2} u + a \frac{du}{dr};$$

faisant $r = a(1 + y)$ pour avoir l'attraction sur un point à la surface du sphéroïde, on aura

$$\tfrac{1}{2} V + a \frac{dV}{dr} = - \frac{2\pi a^2}{3} + 2\pi a^2 y + \tfrac{1}{2} u + a \frac{du}{dr},$$

en négligeant les y^2. Mais nous venons de trouver

$$\tfrac{1}{2} u + a \frac{du}{dr} = - 2 a^2 \pi y;$$

ainsi l'on a, aux quantités du second ordre près,

$$\tfrac{1}{2} V + a \frac{dV}{dr} = - \frac{2\pi a^2}{3},$$

comme M. Laplace l'a trouvé. Au reste, il est bien remarquable que le terme $2\pi a^2 y$, dû à l'action de la sphère sur un point élevé au-dessus de sa surface de la quantité ay, et par lequel l'équation que nous avions trouvée (2) différait de celle de M. Laplace, se trouve précisément détruit par la valeur de l'intégrale de la différentielle

$$a^3 \left(\tfrac{1}{2}\rho + a\frac{d\rho}{dr} \right) y' d\varpi' d\theta' \sin\theta',$$

dans laquelle le facteur $\tfrac{1}{2}\rho + a\dfrac{d\rho}{dr}$ est toujours identiquement nul.

COMPAS DE RÉDUCTION

POUR

LA DISTANCE DE LA LUNE AUX ÉTOILES.

COMPAS DE RÉDUCTION

POUR

LA DISTANCE DE LA LUNE AUX ÉTOILES.

(*Connaissance des Temps à l'usage des Astronomes et des Navigateurs* pour l'année IVe de la République française, du 23 septembre 1795 au 21 septembre 1796; publiée par le Bureau des Longitudes. — Septembre 1795.)

Dans l'*Abrégé de Navigation* de Lalande, on trouve, page 63, l'explication de l'instrument exécuté par Richer; mais on y a omis les démonstrations; c'est à quoi nous allons suppléer.

Supposons la lettre Z au sommet du triangle, pour représenter le zénith; ZC et ZE pour les deux autres côtés qui sont composés chacun d'une partie fixe et d'une partie mobile; la partie fixe contient les demi-cordes des suppléments pour les sommes des hauteurs; la partie mobile contient les demi-cordes pour les différences de hauteurs, en partant de l'extrémité inférieure dans l'une, et de l'extrémité supérieure dans l'autre; ainsi, quand on a tiré les deux coulisses, la plus grande règle contient la somme de la demi-corde du supplément de la somme des hauteurs et de la demi-corde de la différence des hauteurs, et l'autre règle contient la différence des mêmes demi-cordes. Le côté opposé à l'angle Z contient les cordes des distances des deux astres; il y a encore une règle transversale divisée suivant la ligne des cordes; elle sert à fixer deux règles principales, et montre l'angle A de ces deux règles, ou la différence d'azimut des deux astres. Nous allons prouver que dans le triangle CZE l'angle Z est égal à l'angle au zénith, ou à la

VII.

48

différence d'azimut des deux astres, si les deux côtés adjacents sont composés comme on vient de le dire, et que le côté opposé soit la corde de la distance des mêmes astres.

Si l'on appelle a la somme des hauteurs, et b leur différence, les parties fixes des branches principales sont $= \sin \dfrac{180° - a}{2} = \cos \dfrac{a}{2} = \cos \dfrac{H + h}{2}$; les parties mobiles des deux branches à coulisses, qui glissent sur les branches principales, sont $= \sin \dfrac{b}{2} = \sin \dfrac{H - h}{2}$; enfin le troisième côté ou la branche transversale est $2\sin \dfrac{d}{2}$; donc, dans le triangle ZCE, on aura une des branches

$$ZC = \cos \frac{H + h}{2} + \sin \frac{H - h}{2};$$

l'autre branche

$$ZE = \cos \frac{H + h}{2} - \sin \frac{H - h}{2},$$

et le côté CE destiné à représenter la distance $= 2\sin \dfrac{d}{2}$.

Dans un triangle rectiligne CEZ, on a (*Astronomie*, Art. 3849)

$$CE^2 = CZ^2 + EZ^2 - 2\,CZ . EZ \cos Z;$$

donc

$$4\left(\sin \frac{d}{2}\right)^2 = \left(\cos \frac{H + h}{2} + \sin \frac{H - h}{2}\right)^2 + \left(\cos \frac{H + h}{2} - \sin \frac{H - h}{2}\right)^2$$

$$- 2\left(\cos \frac{H + h}{2} + \sin \frac{H - h}{2}\right)\left(\cos \frac{H + h}{2} - \sin \frac{H - h}{2}\right)\cos Z$$

$$= 2\left(\cos \frac{H + h}{2}\right)^2 + 2\left(\sin \frac{H - h}{2}\right)^2 - 2\left[\left(\cos \frac{H + h}{2}\right)^2 - \left(\sin \frac{H + h}{2}\right)^2\right]\cos Z;$$

ce qui se réduit à

$$2 - 2\cos d = 2 + \cos(H + h) - \cos(H - h) - [\cos(H + h) + \cos(H - h)]\cos Z,$$

ou

$$\cos d = \sin H \sin h + \cos H \cos h \cos Z;$$

ce qui revient à la formule connue (*Astronomie*, Art. 3947).

———————

SUR

L'ORIGINE DES COMÈTES.

48.

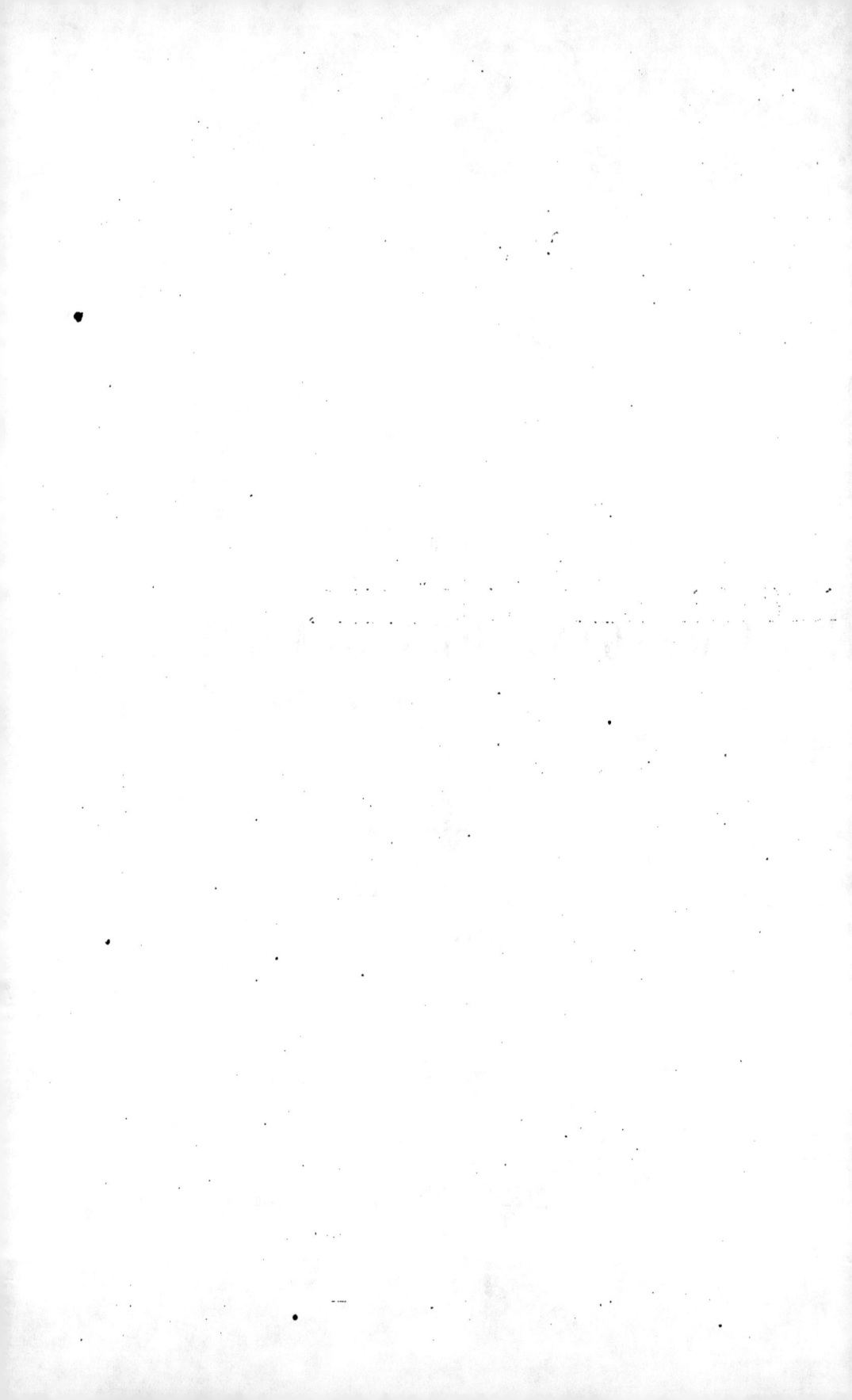

L'ORIGINE DES COMÈTES^(*).

(*Connaissance des Temps ou des Mouvements célestes*, à l'usage des Astronomes et des *Navigateurs*, pour l'année 1814; publiée par le Bureau des Longitudes. — Avril 1812.)

On connaît l'ingénieuse hypothèse imaginée par M. Olbers, pour expliquer les phénomènes de la petitesse des quatre nouvelles planètes, et de l'égalité ou presque égalité de leurs distances au Soleil. Elle consiste à supposer que ces planètes ne sont que des fragments d'une plus grosse planète qui faisait sa révolution à la même distance du Soleil, et qu'une cause extraordinaire a fait éclater en différents morceaux, qui ont continué à se mouvoir autour du Soleil, à peu près à la même distance et avec des vitesses presque égales, mais dans des inclinaisons différentes.

Cette hypothèse lui avait été suggérée par les observations des deux premières de ces planètes, Cérès et Pallas, et elle servit à faire découvrir les deux autres, Junon et Vesta, par l'examen assidu des deux régions du ciel dans lesquelles leurs orbites se coupent, et qui se trouvent dans les constellations de la Vierge et de la Baleine.

L'hypothèse de M. Olbers, tout extraordinaire qu'elle paraît, n'est cependant pas dénuée de vraisemblance. Ceux qui, comme Saussure, Dolomieu et quelques autres, ont fait des observations et des recherches approfondies sur la structure des montagnes, ne peuvent s'empêcher de reconnaître que la Terre a subi de grandes catastrophes, et que les couches qui en forment comme l'écorce ont dû être soulevées, brisées et déplacées par l'action d'un feu intérieur ou d'autres fluides élastiques renfermés dans le globe; il est même possible que de très-grands morceaux en aient été détachés et lancés au loin, et soient devenus des aérolithes en roulant autour de la Terre et en éclatant de nouveau au moment de leur chute (*), ou de petites planètes plus ou moins excentriques, en circulant autour du Soleil, comme la comète de 1770, que Lexell et M. Burckhardt ont reconnue ne pouvoir être qu'une planète très-excentrique, mais dont la révolution ne serait que d'environ six ans, ou enfin de véritables comètes.

Quoi qu'il en soit de ces hypothèses, j'ai été curieux de rechercher quelle serait la force d'explosion nécessaire pour briser une planète, de manière qu'un de ses morceaux pût devenir comète.

Le problème n'est pas difficile en lui-même, parce qu'on connaît depuis Newton la manière de déterminer les éléments de l'orbite que doit décrire un corps projeté avec une vitesse donnée et suivant une direction donnée; mais il s'agit d'obtenir des formules qui donnent des résultats simples et généraux.

Je suppose, pour plus de simplicité, une planète qui décrit autour du Soleil un cercle dont le rayon est r, et je cherche la vitesse qu'il faudrait lui imprimer et la direction de cette vitesse, pour que l'orbite circulaire fût changée en une orbite elliptique dont le demi-axe ou la distance moyenne soit a, le demi-paramètre soit b, et l'inclinaison de la nouvelle orbite sur la première soit i. A l'égard du nœud ou de l'intersection des deux orbites, il est clair qu'il doit être dans le lieu où la planète aura reçu l'impulsion étrangère.

Soit $m : 1$ le rapport de la vitesse communiquée par cette impulsion

(*) On pourrait supposer que les aérolithes sont lancés principalement par des volcans situés dans les régions polaires, et qui produisent en même temps les aurores boréales; lesquelles, suivant les observations qu'on trouve dans les *Mémoires de l'Académie de Stockholm*, sont souvent accompagnées de tremblements de terre dans le Nord. Le fer natif renfermé dans l'intérieur des aérolithes indiquerait qu'ils viennent de l'intérieur de la Terre, où les minéraux peuvent conserver leur état primitif.

à la vitesse primitive du corps dans le cercle, et soient α, β, γ les angles que la direction de l'impulsion fait avec le rayon r, avec une perpendiculaire à ce rayon dans le plan du cercle et dans le sens du mouvement circulaire, et avec une perpendiculaire au plan même du cercle; on aura

$$m = \sqrt{3 - 2\sqrt{\frac{b}{r}} \cdot \cos i - \frac{r}{a}},$$

$$\cos\alpha = \frac{\sqrt{2 - \frac{b}{r} - \frac{r}{a}}}{m},$$

$$\cos\beta = \frac{\sqrt{\frac{b}{r}} \cdot \cos i - 1}{m},$$

$$\cos\gamma = \frac{\sqrt{\frac{b}{r}} \cdot \sin i}{m}.$$

Dans la parabole la distance a devient infinie, ce qui fait disparaître, dans les expressions de m et de $\cos\alpha$, le terme $\frac{r}{a}$, et b devient double de la distance périhélie.

A l'égard des comètes rétrogrades, on sait qu'on peut les regarder comme directes, c'est-à-dire allant toujours dans le même sens, mais avec une inclinaison plus grande que l'angle droit. Ainsi, pour les comètes directes qui vont dans le même sens du mouvement circulaire primitif, l'angle i devra être pris dans le premier quart de cercle, et pour les comètes rétrogrades qui vont en sens opposé, l'angle i devra être pris dans le second quart de cercle.

Pour les comètes directes, $\cos i$ sera donc positif, et l'on voit que la plus grande valeur de m, en supposant l'orbite parabolique, sera $\sqrt{3}$; mais, pour les comètes rétrogrades, $\cos i$ sera négatif, et la plus grande valeur de m ira à $\sqrt{5}$, si le demi-paramètre ne surpasse pas la distance primitive r; en général, le maximum de m sera, pour les comètes rétrogrades, $\sqrt{3 + 2\sqrt{\frac{b}{r}}}$. Ainsi $m = \sqrt{3}$ est la limite qui sépare les comètes directes d'avec les rétrogrades; au-dessous elles sont directes, et au-dessus rétrogrades. Ces résultats me paraissent mériter l'attention des géomètres par leur simplicité; je ne sache pas qu'on les trouve dans aucun des ouvrages connus.

Si l'on veut avoir une solution générale, on supposera que l'orbite primitive est une ellipse quelconque, ayant A pour demi-axe ou distance moyenne, et B pour demi-paramètre; et, faisant, pour abréger,

$$H = \sqrt{2 - \frac{r}{A} - \frac{B}{r}},$$

$$h = \sqrt{2 - \frac{r}{a} - \frac{b}{r}},$$

on aura

$$m = \frac{\sqrt{4 - 2\cos i \sqrt{\frac{bB}{r^2}} - \frac{r}{a} - \frac{r}{A} - 2hH}}{\sqrt{2 - \frac{r}{A}}},$$

$$\cos\alpha = \frac{h - H}{m \sqrt{2 - \frac{r}{A}}},$$

$$\cos\beta = \frac{\cos i \sqrt{\frac{b}{r}} - \sqrt{\frac{B}{r}}}{m \sqrt{2 - \frac{r}{A}}},$$

$$\cos\gamma = \frac{\sin i \sqrt{\frac{b}{r}}}{m \sqrt{2 - \frac{r}{A}}}.$$

Et si, au lieu des angles α et β qui se rapportent au rayon vecteur et à une perpendiculaire à ce rayon dans le plan de l'orbite primitive, on voulait employer les angles α', β' que la direction de l'impulsion fait avec la normale et avec la tangente de l'orbite primitive elliptique, on aurait

$$\cos\alpha' = \frac{h\sqrt{\dfrac{B}{r}} - H\cos i\sqrt{\dfrac{b}{r}}}{m\left(2 - \dfrac{r}{A}\right)},$$

$$\cos\beta' = \frac{Hh + \cos i\sqrt{\dfrac{bB}{r^2}}}{m\left(2 - \dfrac{r}{A}\right)} - \frac{I}{m},$$

l'angle γ demeurant le même.

Dans le cas du cercle, les quantités A et B deviennent $= r$, ce qui donne H $= 0$, et l'on a les premières formules. Lorsque l'ellipse est très-peu excentrique, les quantités A et B sont très-peu différentes de r, et la quantité H est une quantité très-petite de l'ordre de l'excentricité; les premières formules sont alors très-approchées; et, comme ce cas est celui de toutes les planètes connues, ces formules sont suffisantes pour notre objet.

En prenant la distance moyenne de la Terre au Soleil pour l'unité, et sa vitesse moyenne pour l'unité des vitesses, on sait que la vitesse d'une planète quelconque, qui décrirait autour du Soleil un cercle de rayon r, est exprimée par $\frac{I}{\sqrt{r}}$; ainsi, pour que cette planète ou une por-tion de cette planète change tout à coup son orbite circulaire en une orbite elliptique quelconque, il faudra qu'elle reçoive une impulsion qui lui imprime une vitesse exprimée par $\frac{m}{\sqrt{r}}$. Pour que ce phénomène ait lieu, il suffit donc de supposer que, par l'action d'un fluide élastique quelconque développé dans l'intérieur de la planète par des causes ac-cidentelles, il se fait une explosion par laquelle la planète éclate en deux ou plusieurs morceaux; chacun de ces morceaux décrira ensuite une orbite elliptique ou parabolique, conformément à la vitesse $\frac{m}{\sqrt{r}}$ que l'explosion lui aura imprimée. Je fais ici abstraction de l'attraction mutuelle des parties de la planète, laquelle, lorsque ces parties ne sont

VII.   49

pas très-petites et ne se séparent pas avec une grande vitesse, peut altérer un peu les éléments de leurs orbites.

La vitesse moyenne de la Terre, dans son orbite autour du Soleil, est
à peu près de 7 lieues par seconde. La vitesse d'un boulet de 24, au
sortir du canon, est d'environ 1400 pieds ou 233 toises par seconde,
laquelle est aussi à peu près celle d'un point de l'équateur dans le mouvement diurne de la Terre, celle-ci n'étant que de 5 toises plus grande.
Prenons pour l'unité cette vitesse d'un boulet qui est à très-peu près
d'un dixième de lieue par seconde; la vitesse de la Terre dans son orbite
sera exprimée par le nombre 70, et la vitesse produite par l'explosion
d'une planète devra être $\frac{70\,m}{\sqrt{r}}$; et, comme nous avons vu que le maximum de m est de $\sqrt{3}$ pour les comètes directes, et de $\sqrt{5}$ pour les rétrogrades, les maxima des vitesses seront à peu près $\frac{121}{\sqrt{r}}$ et $\frac{156}{\sqrt{r}}$. Pour la
Terre $r=1$; mais pour Saturne $r=9$, et pour Uranus $r=19$. Ainsi,
si l'on supposait que des planètes placées au delà d'Uranus, à une distance du Soleil $r=100$, eussent éclaté, il n'aurait fallu qu'une explosion capable de produire des vitesses moindres que 12 ou 15 fois celle
d'un boulet pour en faire des comètes elliptiques ou paraboliques, suivant toutes les dimensions et les directions possibles. Des vitesses plus
grandes que ces limites en auraient fait des comètes hyperboliques qui
auraient disparu après leur première apparition.

Si l'on veut que les morceaux de la planète brisée continuent à se
mouvoir dans des orbites à peu près égales à celle de la planète, mais
placées différemment, il n'y aura qu'à faire dans nos formules $a=b=r$,
et l'on aura

$$m = 2\sin\frac{i}{2}, \quad \cos\alpha = 0, \quad \cos\beta = -\sin\frac{i}{2}, \quad \cos\gamma = \cos\frac{i}{2},$$

i étant l'inclinaison de la nouvelle orbite sur la première. Cela est à peu
près le cas des quatre petites planètes; et, comme la plus grande valeur
de i est de 38° pour Pallas, ce qui donne $2\sin\frac{i}{2} = 0,48384$, à peu près $\frac{1}{2}$,

et que pour ces planètes on a $r = 2,7$, les vitesses $\frac{70\,m}{\sqrt{r}}$ dues à l'explosion seront moindres que 20.

Par rapport à la Terre, si l'on suppose qu'un morceau égal à sa millième partie, et qui sera par conséquent égal à un globe ayant pour diamètre la dixième partie de celui de la Terre, en soit détaché et lancé avec une vitesse capable d'en faire une comète parabolique, cette vitesse devra être exprimée par $70 \sqrt{3 - 2 \sqrt{\frac{b}{r}} \cdot \cos i}$, et le maximum sera, comme nous l'avons trouvé plus haut, de 121 ou 156, suivant que la comète devra être directe ou rétrograde; mais, dans ce cas, il faudrait ajouter à cette vitesse celle qui sera nécessaire pour vaincre l'action de la gravité ou l'attraction de la Terre, laquelle doit diminuer l'effet de l'explosion et changer un peu les éléments de l'orbite. Il serait difficile de déterminer ces altérations; mais il est évident que cette vitesse additionnelle ne peut pas être plus grande que celle qu'il faudrait donner à un projectile pour qu'il pût aller à l'infini, abstraction faite de la résistance de l'air. Celle-ci est la même que la vitesse que le projectile devrait recevoir pour décrire une parabole autour de la Terre, et elle est à la vitesse avec laquelle il pourrait décrire un cercle à la même distance de la Terre comme $\sqrt{2}$ à 1, ainsi que Newton l'a démontré. Or on sait, depuis Huyghens, que pour que la force centrifuge soit à la surface de la Terre égale à la gravité, il faut que la vitesse de circulation soit 17 fois plus grande que la vitesse de rotation d'un point de l'équateur; ainsi, en prenant pour l'unité cette dernière vitesse, qui diffère peu de celle d'un boulet, la vitesse imprimée au projectile devra être exprimée par $17\sqrt{2}$, ou par 24 à peu près. Il faudra donc augmenter de 24 les nombres 121 et 156, ce qui porterait les maxima des vitesses d'impulsion à 145 et 180.

Mais le reste de la Terre ne recevrait par la même explosion qu'une vitesse en sens contraire mille fois moindre, laquelle ne produirait que des variations presque insensibles sur son orbite; mais le choc des matières brisées et le soulèvement subit des eaux de la mer pourraient causer tous les bouleversements qu'on observe à la surface de la Terre; il en pourrait même résulter quelque changement dans son axe de rotation; mais cela doit faire l'objet d'un autre Problème.

Enfin, si l'explosion se faisait de manière que la planète fût brisée en deux morceaux presque égaux et qui reçussent des vitesses renfermées dans les limites données, ces morceaux deviendraient des comètes, dont les éléments dépendraient des vitesses imprimées et de leurs directions. Le cas le plus simple est celui où l'explosion se ferait dans une direction perpendiculaire au mouvement de la planète, supposé circulaire, et produirait, dans deux sens opposés, des vitesses égales à celle de la planète; les deux morceaux décriraient nécessairement des orbites paraboliques. Ce résultat aurait lieu aussi en regardant l'orbite de la planète comme elliptique, mais seulement dans ses moyennes distances au Soleil, comme on le voit par les dernières formules, en y faisant $\cos\beta' = 0$ et $m = 1$. Si l'explosion se faisait dans les autres points de l'orbite, les deux paraboles seraient changées en ellipses ou hyperboles dont le grand axe $2a$ serait déterminé par l'équation

$$\frac{1}{2a} = \frac{1}{A} - \frac{1}{r},$$

A étant la distance moyenne de la planète au Soleil, et r la distance au Soleil du point de l'orbite où l'explosion arriverait. Ainsi, dans les parties supérieures de l'orbite où $r > A$, les nouvelles orbites seraient des ellipses très-excentriques, et, dans les parties inférieures où $r < A$, elles deviendraient des hyperboles peu différentes de la parabole.

Dans le cas où l'orbite de la planète est elliptique, la valeur de m qui donne la limite entre les comètes directes et les rétrogrades sera, en faisant a infini et $\cos i = 0$,

$$\frac{\sqrt{4 - \frac{r}{A} - 2hH}}{\sqrt{2 - \frac{r}{A}}}.$$

Or, en nommant E l'excentricité de la planète, c'est-à-dire le rapport de la distance des foyers au grand axe, la plus grande ou la plus petite valeur de $\frac{r}{A}$ est $1 \pm E$, la plus grande valeur de H est $\sqrt{1+E} - \sqrt{1-E} < E\sqrt{2}$, et la plus grande valeur de h est $\sqrt{2}$; donc, comme les radicaux H et h peuvent être pris en plus et en moins, on aura pour m ces deux limites

$$\sqrt{\frac{3(1-E)}{1+E}} \quad \text{et} \quad \sqrt{\frac{3(1+E)}{1-E}},$$

lesquelles seront d'autant plus rapprochées que E sera plus petite. Au-dessous de la première, le mouvement sera direct dans les orbites paraboliques produites par l'explosion de la planète, et au-dessus de la seconde il sera nécessairement rétrograde : entre les deux, il pourra être direct ou rétrograde.

Il y aurait plusieurs autres conséquences à tirer de nos formules; mais je ne m'arrêterai pas davantage sur ce sujet, me contentant d'avoir donné une solution générale du Problème.

M. Laplace a proposé, dans l'*Exposition du Système du Monde,* une hypothèse ingénieuse sur la formation des planètes par l'atmosphère du Soleil; mais elle ne s'applique qu'à des orbites circulaires ou presque circulaires, et à des mouvements dirigés dans le même sens. Si l'on y joint l'hypothèse de l'explosion des planètes par l'action du calorique que le passage de l'état aériforme à l'état solide aura concentré dans leur intérieur, on aura une hypothèse complète sur l'origine de tout le système planétaire, plus conforme à la nature et aux lois de la Mécanique que toutes celles qui ont été proposées jusqu'ici.

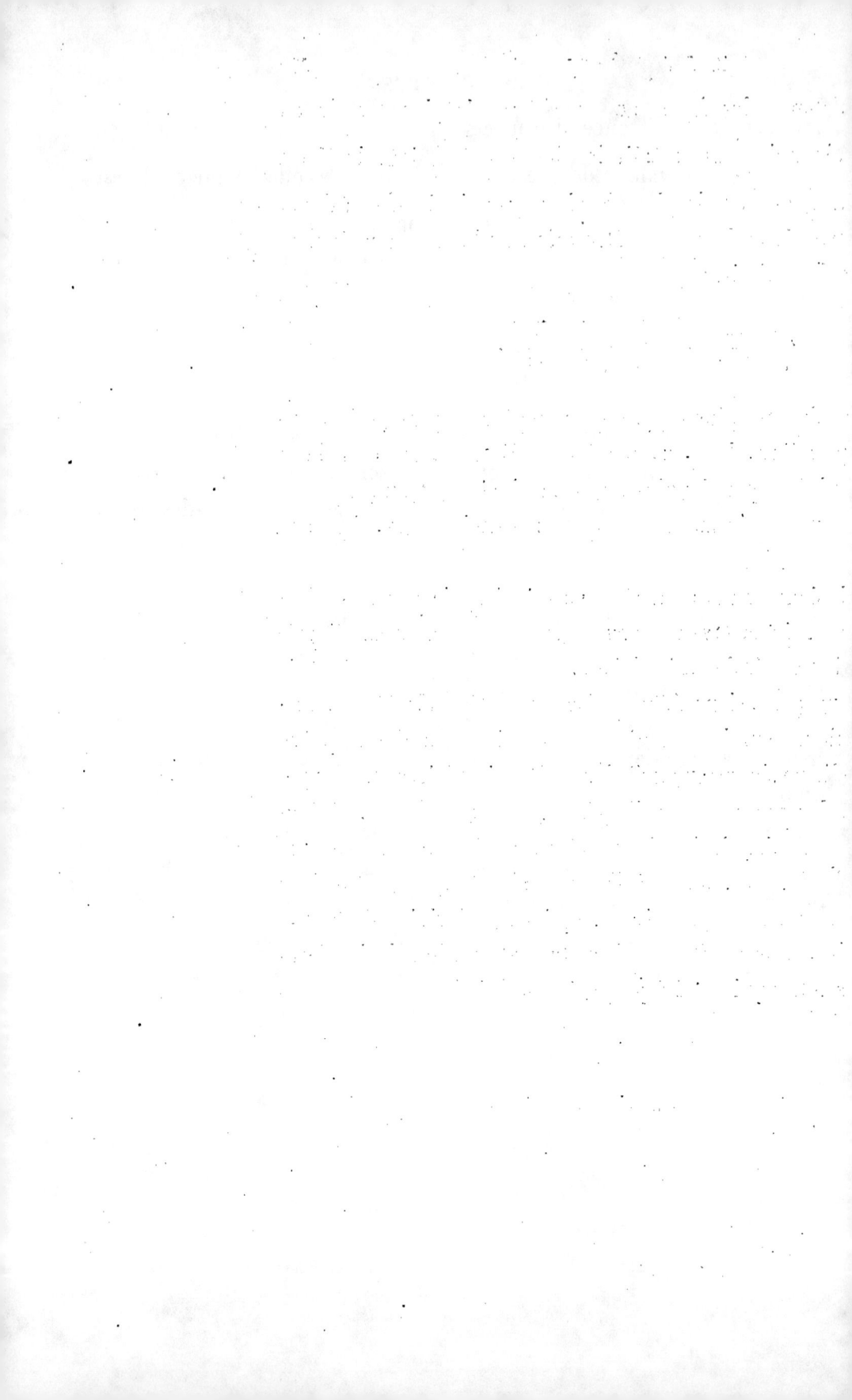

REMARQUES

SUR

LA MÉTHODE DES PROJECTIONS

POUR LE

CALCUL DES ÉCLIPSES DE SOLEIL OU D'ÉTOILES.

REMARQUES

SUR

LA MÉTHODE DES PROJECTIONS

POUR LE

CALCUL DES ÉCLIPSES DE SOLEIL OU D'ÉTOILES (*).

(Connaissance des Temps ou des Mouvements célestes, à l'usage des Astronomes et des Navigateurs, pour l'an 1819; publiée par le Bureau des Longitudes. — 1816.

---

1. Parmi les différentes méthodes que les Astronomes ont imaginées pour faciliter le calcul des éclipses de Soleil, et en général de toutes les éclipses sujettes aux parallaxes, on doit regarder, ce me semble, celle des projections comme une des plus ingénieuses et des plus simples. On en attribue ordinairement l'invention à Kepler; mais il paraît que ce grand Astronome n'est, à proprement parler, que l'auteur de l'idée heureuse de considérer les éclipses de Soleil comme des éclipses de Terre, et de déterminer les phases de l'éclipse générale, c'est-à-dire les circonstances de l'éclipse pour la Terre en général par la considération de la route du centre de l'ombre de la Lune sur le plan du disque de la Terre illuminé. (*Voir* le sixième Livre de son *Epitome Astronomiæ*, où cette méthode est expliquée et appliquée à quelques exemples.) Pour déterminer les phases d'une éclipse pour un lieu particulier de la Terre, il ne suffit pas de considérer la trace de l'ombre sur le plan du disque de

---

(*) Lu à l'Académie de Berlin, le 20 janvier 1778, et imprimé en allemand dans les *Éphémérides de Berlin* de 1781.

la Terre; il faut aussi considérer celle du lieu dont il s'agit, projeté sur le même plan, et c'est en quoi consiste proprement la méthode des projections.

Il paraît que Cassini est le premier qui ait proposé et pratiqué cette méthode dans un écrit italien, imprimé à Ferrare en 1664; depuis, elle a été adoptée et mise en usage par la plupart des Astronomes; on la trouve surtout employée et développée avec beaucoup de détails dans les Tables astronomiques, publiées par La Hire au commencement de ce siècle, et dans celles que Cassini le fils a données en 1740; et il n'y a presque aucun Traité d'Astronomie où elle ne soit expliquée.

2. A considérer cette méthode d'une manière générale, elle ne consiste que dans la représentation en perspective de la marche du centre de l'ombre de la Lune et de celle des différents lieux de la Terre, en conséquence de la rotation diurne.

Comme le lieu de l'œil est arbitraire, ainsi que la position du plan du tableau ou de projection, il convient de les prendre en sorte qu'il en résulte la plus grande simplicité, surtout dans la projection de la route de l'ombre. C'est ce que l'on obtient en plaçant : 1° l'œil dans le centre du Soleil, moyennant quoi la projection du centre de l'ombre de la Lune se trouve la même que celle du centre de la Lune, à cause que le centre de l'ombre est nécessairement dans le prolongement de la ligne droite qui passe par les centres du Soleil et de la Lune; 2° en prenant pour le plan de projection un plan perpendiculaire à l'écliptique et à la ligne menée du centre de la Terre au centre du Soleil qu'on nomme communément la *ligne des centres*, lequel touche en même temps l'orbite de la Lune; car, comme la portion de l'orbite de la Lune, décrite pendant la durée d'une éclipse de Soleil, peut être prise sans erreur sensible pour une ligne droite, le centre de la Lune se trouvera dans le plan de projection, et y décrira une ligne droite dont la position sera facile à déterminer par les éléments de la Lune. De cette manière, toute la difficulté sera réduite à projeter sur le même plan la trace d'un lieu quelconque de la Terre pendant la durée de l'éclipse.

3. Si le Soleil était à une distance infinie de la Terre, toutes les droites menées des différents points de la surface de la Terre au centre du Soleil seraient parallèles entre elles et à la ligne des centres; elles seraient par conséquent toutes perpendiculaires au plan de projection. On aurait donc le cas de la projection perpendiculaire ou orthographique, qui est de toutes la plus simple et la plus facile à exécuter. Dans ce cas, comme la projection est toujours la même sur tous les plans parallèles, quelle que soit leur distance, il n'y aura qu'à considérer la projection de la surface de la Terre sur le plan du disque terrestre éclairé par le Soleil, c'est-à-dire sur le plan du cercle de latitude qui coupe l'écliptique à 90 degrés de part et d'autre du lieu du Soleil. On décrira donc d'abord un cercle qui représente la projection de l'hémisphère éclairé; on mènera dans ce cercle de projection deux diamètres perpendiculaires entre eux, dont l'un représentera l'écliptique, et l'autre le cercle de latitude qui passe par le Soleil. On mènera ensuite un autre diamètre qui fasse avec ce dernier un angle égal à l'angle de position du Soleil dont la tangente est égale à la tangente de l'obliquité de l'écliptique, multipliée par le cosinus de la longitude du Soleil. Ce nouveau diamètre représentera le cercle de déclinaison du Soleil, et sera ce qu'on nomme le *méridien universel,* parce que, dans tous les lieux de la Terre qui s'y trouvent situés, on compte midi en même temps; le diamètre sera aussi la projection de l'axe de la Terre, en sorte que les pôles et les centres des différents parallèles terrestres se trouveront nécessairement sur ce même diamètre; pour déterminer la position des pôles, il n'y aura qu'à prendre, depuis le centre de la projection, une distance qui soit au rayon de la projection comme le cosinus de l'angle que fait l'axe de la Terre avec le plan de projection, angle qui est évidemment égal à la déclinaison du Soleil, est au sinus total; et, pour déterminer le centre d'un parallèle dont la latitude est donnée, on prendra une distance qui soit à celle du pôle comme le sinus de la latitude donnée est au sinus total. Connaissant ainsi la projection du centre d'un parallèle donné, on pourra tracer celle de tout le parallèle, lequel sera projeté par une ellipse dont le grand axe sera perpendiculaire à la

projection de l'axe de la Terre, et sera égal au diamètre même du parallèle (par conséquent il sera au rayon de la projection, comme le cosinus de la latitude donnée est au sinus total), et dont le petit axe sera au grand, comme le cosinus de l'angle que fait le plan du parallèle avec le plan de projection est au sinus total, c'est-à-dire comme le sinus de la déclinaison du Soleil est au sinus total, à cause que l'angle dont il s'agit est évidemment le complément de celui de l'axe de la Terre avec le plan de projection.

Cette ellipse ainsi tracée devra ensuite être divisée en heures et en minutes, si l'on veut, ce que l'on fera en divisant en autant de parties égales la circonférence d'un cercle décrit sur le grand axe de l'ellipse, et abaissant ensuite de chaque point de division des perpendiculaires sur l'axe; les points d'intersection de ces perpendiculaires avec la circonférence de l'ellipse donneront les divisions des heures et minutes; midi et minuit tomberont aux extrémités du petit axe, et 6 heures se trouveront aux extrémités du grand axe.

De cette manière donc on aura la projection d'un lieu quelconque de la Terre dont la latitude est donnée, à une heure quelconque comptée au méridien de ce même lieu, et il n'y aura plus, pour achever la projection de l'éclipse, qu'à déterminer le lieu où le centre de la Lune sera dans un instant quelconque dans le même plan de projection.

4. Pour cela, on considérera qu'en prenant la distance de la Lune à la Terre pour l'unité, le rayon de la Terre devient égal à la parallaxe horizontale de la Lune, qui est l'angle sous lequel ce rayon paraît, vu du centre de la Lune; ce sera donc la valeur du rayon du cercle de projection. Ensuite il est clair que, dans cette même hypothèse, les distances du lieu de la Lune dans le plan de projection aux diamètres qui représentent l'écliptique et le cercle de latitude seront égales à très-peu près à la latitude de la Lune et à la différence de sa longitude à celle du Soleil qui, vu du centre de la Terre, répond au centre de la projection. (Il faudrait prendre, à la vérité, à la place de ces angles leurs sinus; mais, la différence étant très-petite, il est plus simple de

prendre les angles mêmes.) Ainsi, connaissant par les Tables deux longitudes et deux latitudes correspondantes de la Lune, pour deux instants donnés, on placera ces deux lieux sur le plan de projection; ensuite on mènera par ces deux points une ligne droite, qui représentera
l'orbite relative de la Lune, et l'on divisera cette ligne en parties égales
qui représentent les heures et les minutes, en sorte que les instants
donnés tombent précisément aux points marqués. On aura, par ce
moyen, le lieu du centre de la Lune dans un instant quelconque, ce
qui est fondé sur ce que le mouvement relatif de la Lune au Soleil peut
êtrepris pour rectiligne et uniforme dans un court espace de temps, tel
que celui de la durée d'une éclipse de Soleil.

.5. Ce que nous venons de démontrer a lieu dans le cas où la distance
du Soleil à la Terre serait réellement infinie. Supposons maintenant que
le Soleil soit, ainsi qu'il l'est réellement, à une distance finie, quoique
très-grande, de la Terre, et voyons quels sont les changements qui
doivent en résulter dans la projection précédente. Et d'abord il est clair
que la projection du centre de la Lune doit demeurer la même qu'auparavant, parce que ce centre est supposé placé dans le plan même de
projection. Pour ce qui regarde ensuite la projection des lieux de la
surface de la Terre, il est facile de concevoir que chaque point projeté
devra être placé plus près du centre de la projection, en restant néanmoins sur le même rayon, et que sa nouvelle distance au centre de la
projection devra être à la première distance, comme la distance du plan
de projection au Soleil, c'est-à-dire la distance de la Lune au Soleil, est
à la distance du centre de la Terre au Soleil moins la distance du lieu
de la Terre dont on cherche la projection au plan passant par le centre
de la Terre et parallèle au plan de projection. Or cette dernière distance,
étant toujours nécessairement moindre que le rayon de la Terre, est
comme infiniment petite par rapport à celle du Soleil, et peut par conséquent être négligée sans erreur sensible vis-à-vis de celle-ci; donc il
ne s'agira que de diminuer la distance entre chaque point projeté, au
centre de la projection, dans la raison de la distance du Soleil à la

Terre, à celle du Soleil à la Lune, c'est-à-dire dans la raison de la parallaxe de la Lune à la différence des parallaxes de la Lune et du Soleil.
Or nous avons supposé (n° 4) le rayon de la projection égal à la parallaxe de la Lune; donc ce rayon deviendra égal à la parallaxe de la Lune
moins celle du Soleil, et toutes les autres parties de la projection de la
surface de la Terre devront être diminuées dans la même proportion, en
conservant entre elles la même position mutuelle. Ainsi il n'y aura qu'à
faire d'abord le rayon de la projection égal à la différence des parallaxes   .
horizontales de la Lune et du Soleil, et procéder ensuite de la manière
que nous avons expliquée plus haut.

6. La projection que nous venons de détailler représentera donc le
mouvement de la Lune et les mouvements particuliers des différents
lieux de la Terre, vus du centre du Soleil sur un plan toujours perpendiculaire à la ligne qui joint les centres du Soleil et de la Terre, et tou-
chant l'orbite même de la Lune, en sorte que cette planète soit mue
réellement dans ce même plan. Or, si l'on imagine un spectateur placé
dans un lieu quelconque de la surface de la Terre, il est visible que ce
spectateur rapportera le centre du Soleil sur le plan de projection au
même point où un spectateur placé dans le Soleil aurait rapporté le
lieu dont il s'agit de la surface de la Terre; et quant au centre de la
Lune, il paraîtra aux mêmes points du plan de projection qu'auparavant, puisqu'il est supposé placé réellement dans ce plan. Donc la
même projection représentera aussi les positions respectives et la
marche combinée des centres de la Lune et du Soleil, pour un spectateur placé sur un endroit quelconque de la surface de la Terre, pourvu
que l'on rapporte maintenant au centre du Soleil la projection de ce
lieu de la Terre, c'est-à-dire qu'on suppose à chaque instant le centre
du Soleil dans la projection de ce même lieu. Or, par l'hypothèse du
n° 4, il est clair que toutes les parties de la projection sont proportionnelles aux angles sous lesquels ces parties paraîtraient, étant vues du
centre de la Terre; donc aussi les distances des centres du Soleil et de
la Lune, vues par le spectateur dont on vient de parler, et mesurées sur

la projection, seront proportionnelles aux angles sous lesquels elles paraîtraient, étant vues du centre de la Terre. Si ces distances étaient proportionnelles aux angles sous lesquels elles sont vues par le spectateur placé sur la surface de la Terre, alors leur valeur, mesurée sur l'échelle de la projection, donnerait les vrais angles des distances apparentes des centres du Soleil et de la Lune pour ce spectateur, et, étant comparées aux diamètres apparents de ces deux astres, serviraient à déterminer immédiatement les différentes phases de l'éclipse pour le lieu de la Terre où le spectateur est supposé placé. Les Astronomes font tacitement cette supposition dans l'usage de la méthode des projections, en prenant les valeurs des distances mesurées sur la projection pour les vraies distances apparentes; l'erreur qu'ils commettent par là est, à la vérité, assez petite, à cause de la petitesse du rapport du rayon de la Terre à celui de l'orbite de la Lune; mais elle empêche toujours que la méthode dont il s'agit ait toute la précision qu'on y peut désirer.

7. Le grand avantage de cette méthode consiste principalement en ce qu'on peut exécuter toutes les opérations et déterminer les circonstances de l'éclipse avec la règle et le compas, ainsi qu'on le voit dans la plupart des Traités d'Astronomie. On peut aussi, pour plus de précision, calculer les différentes lignes de la projection par la Trigonométrie sphérique; on en trouve la méthode dans les Tables de La Hire et de Cassini et dans les Leçons de La Caille; mais alors le calcul devient presque aussi long que par la méthode ordinaire des parallaxes, et il est moins exact que par cette dernière méthode. On doit dire la même chose de la méthode proposée et employée par l'abbé de La Caille, dans les *Mémoires de Paris* pour 1744. Cette méthode consiste à calculer exactement, par les règles ordinaires de la perspective, la position du centre de la Lune et celle d'un lieu donné de la surface de la Terre sur le plan du disque éclairé de la Terre pour plusieurs instants, et à en déduire ensuite, par l'interpolation, les temps où la projection du lieu donné a été à une distance donnée de la projection du centre de la Lune; M. de La Caille croit rectifier par là la méthode des projections, et il faut

avouer que la projection est plus exacte par ses calculs que par les règles
ordinaires; mais l'erreur qu'on commet en prenant les distances mesurées sur la projection pour les vraies distances apparentes a lieu également dans la méthode de cet astronome, et il est étonnant qu'il ne s'en
soit pas aperçu. Nous ferons voir ailleurs comment on peut rectifier à
cet égard et simplifier même la méthode dont il s'agit.

8. Comme la principale difficulté à laquelle l'usage de la méthode
des projections est sujet consiste à décrire les ellipses qui doivent représenter les différents parallèles terrestres; que d'ailleurs ces ellipses
doivent être toutes semblables pour une même projection du globe à
l'égard du Soleil, c'est-à-dire, pour une même déclinaison du Soleil,
mais seulement de différentes grandeurs, et placées à différentes distances du centre de la projection, suivant la latitude du parallèle correspondant, M. de Lalande a pensé que ce serait rendre un service essentiel à ceux qui voudraient pratiquer la méthode des projections, et
contribuer en même temps à la perfection de cette méthode, en donnant des ellipses déjà tracées et divisées pour différents degrés de déclinaison du Soleil, avec une Table qui indiquerait la valeur du rayon de
la projection, ainsi que la distance du centre de l'ellipse au centre de la
projection, en parties du grand axe de l'ellipse, pour chaque latitude
à laquelle l'ellipse doit répondre; car, comme le rayon de la projection
est arbitraire, rien n'empêche de le prendre tel qu'il puisse cadrer à
une ellipse déjà tracée, et qu'on suppose devoir représenter un parallèle donné. (*Voir* les *Mémoires de Paris* pour 1763.) Cette idée heureuse
de M. de Lalande a été adoptée et poussée plus loin par le P. Hell. Non-
seulement il a étendu la Table de M. de Lalande à tous les degrés de
latitude et à tous les degrés de déclinaison jusqu'au vingt-huitième,
qui est la limite au delà de laquelle aucun astre ne peut être éclipsé
par la Lune; mais, ce qui est encore plus important, il a pris la peine
de calculer les abscisses et les ordonnées de chaque ellipse pour tous les
points qui répondent aux divisions de dix en dix minutes; de sorte
qu'on peut, par le moyen de ses Tables, déterminer, avec toute la faci-

lité et l'exactitude possibles, la trace d'un lieu quelconque de la Terre sur le cercle de projection, sans employer les opérations graphiques, toujours sujettes à erreur. Les Tables dont nous venons de parler sont imprimées à la suite des *Éphémérides* de l'année 1769, et mériteraient, ce me semble, une place dans les recueils de Tables astronomiques.

9. Feu M. Lambert a proposé un autre moyen de lever les difficultés attachées à la description des ellipses de projection. Comme ces ellipses résultent de la projection orthographique des parallèles terrestres, et que dans la projection stéréographique de la sphère, dans laquelle le plan de projection est un des grands cercles, et l'œil est supposé placé au pôle même de ce grand cercle, tous les cercles de la sphère se trouvent aussi projetés par des cercles, M. Lambert commence par projeter les parallèles terrestres stéréographiquement, en supposant l'œil sur la surface du globe et au nadir du Soleil; ensuite, après avoir divisé les cercles projetés en heures et minutes, ce qui se fait par une construction fort simple, il change la projection stéréographique en orthographique par le moyen de deux échelles, dont l'une est divisée suivant les sinus des angles, et l'autre suivant les tangentes de la moitié de ces angles. En effet, il est visible que, dans la projection orthographique, la distance de la projection d'un point quelconque de la surface de la sphère au centre de la projection est égale au sinus de l'arc compris entre ce point de la sphère et celui qui répond au centre de la projection, et que, dans la projection stéréographique, cette distance est égale à la tangente de la moitié du même arc. Ainsi, en appliquant la distance d'un point quelconque de la projection stéréographique au centre de la projection à l'échelle des tangentes, et prenant ensuite sur l'échelle des sinus la valeur de la distance qui répond au même arc, il n'y aura plus qu'à transporter cette dernière distance sur la projection, en partant du centre, et en la plaçant sur le même rayon sur lequel on avait pris la première distance. (*Voir* la deuxième Partie des *Beiträge*, etc., douzième Mémoire.) M. Lambert a encore tiré un autre parti de la projection stéréographique. Il trace d'abord, sur le plan du disque

illuminé, la projection orthographique de la route du centre de la pénombre de la Lune sur la surface du globe, ce qui est facile. Il change
ensuite, par des constructions assez simples, cette projection orthographique en stéréographique, mais faite sur le plan de l'équateur. Alors
il applique sur cette dernière projection celle de l'hémisphère terrestre
projeté de même et dessiné sur un papier transparent, en sorte que les
deux projections soient visibles à la fois, et, faisant tourner cet hémisphère pour représenter la rotation de la Terre, il a un tableau continuel des lieux de la Terre qui entrent successivement dans l'ombre ou
qui en sortent. Cette idée très-ingénieuse peut être appliquée en général à représenter l'état du ciel pour tous les pays de la Terre dans un
instant quelconque, et peut être d'une grande utilité dans plusieurs
occasions.

10. Voilà un exposé succinct des principes et des artifices principaux
de la méthode des projections dont l'usage est si étendu dans toute
l'Astronomie. Comme elle est détaillée et employée dans la plupart des
Traités d'Astronomie, j'aurais pu me dispenser de l'expliquer ici; mais
il m'a paru que la manière dont on la présente ordinairement n'en
donne pas une idée assez nette; car, d'un côté, on emploie la projection orthographique pour déterminer la trace elliptique d'un lieu quelconque de la surface de la Terre sur le plan de projection, ce qui semble
supposer qu'on regarde le Soleil comme infiniment éloigné de la Terre;
de l'autre, on prescrit de faire le rayon de la projection égal à la différence des parallaxes horizontales de la Lune et du Soleil, par la raison
que le disque de la Terre projeté dans l'orbe de la Lune, et vu du centre
du Soleil, c'est-à-dire vu à une distance très-grande, mais finie, doit
paraître de cette grandeur, ce qui est évident de soi-même, mais ce qui
paraît en même temps contraire à la première supposition de la projection orthographique. Parmi tant d'auteurs qui se sont copiés successivement, je n'en ai trouvé aucun qui ait remarqué cette contradiction
apparente dans la méthode ordinaire des projections, ni qui ait fait
voir directement comment la seconde supposition sert à corriger à très-

peu près ce qu'il y a de défectueux dans la première. Je pense que la démonstration que j'en ai donnée ne doit laisser aucun doute sur ce point.

D'ailleurs il me semble que l'idée que l'on donne communément de la projection dans les éclipses est un peu vague et ambiguë. D'abord on suppose un spectateur au centre du Soleil, et l'on décrit sur un plan passant par le centre de la Lune la trace réelle de ce centre et la trace apparente d'un lieu quelconque de la Terre. Ensuite on regarde cette dernière trace comme celle du lieu apparent du Soleil pour un spectateur placé sur la surface de la Terre, et l'on prend les distances mesurées sur la projection entre le lieu apparent du Soleil et le lieu réel de la Lune pour les distances ou angles apparents de ces astres pour le même spectateur, ce qui n'est pas exact, comme nous l'avons déjà observé plus haut.

11. Pour déterminer la juste valeur de ces distances apparentes, on considérera que, le plan de projection étant supposé perpendiculaire à la droite qui joint les centres du Soleil et de la Terre, ce plan sera, à un infiniment petit près, perpendiculaire à toutes les lignes menées des différents points de la surface de la Terre au centre du Soleil. Donc l'angle formé à un point de la surface de la Terre, par une ligne menée de ce point au centre du Soleil, et par une autre ligne menée de ce même point au centre de la Lune, aura pour tangente la distance des points d'intersection de ces deux lignes et du plan de projection, c'est-à-dire la distance des lieux du Soleil et de la Lune, mesurée sur la projection, divisée par la distance du plan de projection même au point de la surface de la Terre dont il s'agit. Mais, comme dans les petits angles l'arc se confond avec sa tangente, que d'ailleurs les différentes lignes de la projection sont déjà exprimées en arcs dont le rayon est celui de l'orbite de la Lune, il s'ensuit que la vraie distance apparente des astres sera à la distance mesurée sur la projection, comme le rayon de l'orbite de la Lune ou la distance du centre de la Terre au plan de projection est à la distance du lieu de la surface de la Terre où est le

spectateur, à ce plan. Il faut donc augmenter, dans la raison de ces dernières distances, celles qu'on aura mesurées sur la projection, pour avoir les distances apparentes cherchées, et cette augmentation est la même qui a lieu dans le diamètre apparent de la Lune, à raison de sa hauteur, et dont les astronomes ont déjà construit des Tables sous le titre d'*Augmentation du diamètre*; en sorte que, après avoir mesuré les distances du Soleil et de la Lune sur la projection, il faudra encore y appliquer une correction semblable à celle du diamètre apparent de la Lune, et dont la valeur peut aller à $\frac{1}{60}$ du total.

12. Il paraît que cette correction n'avait pas échappé à MM. Cassini et La Hire; car, dans les préceptes de leurs Tables astronomiques, ils prescrivirent de diminuer la somme des demi-diamètres du Soleil et de la Lune de la quantité dont le demi-diamètre de la Lune paraît augmenté par son élévation sur l'horizon, pour pouvoir déterminer exactement sur la projection le commencement et la fin de l'éclipse. Or il est visible que c'est la même chose de diminuer la distance qu'on doit observer entre ces astres, avant de l'appliquer à la projection, que d'augmenter dans la même proportion la distance mesurée sur la projection, et de la comparer ensuite à la première distance non altérée. Cependant la plupart des astronomes qui sont venus depuis n'ont eu aucun égard à cette correction, et l'abbé de La Caille, dans le Mémoire déjà cité de 1744, dans lequel il a pris la peine de calculer la projection avec la plus grande rigueur, dit expressément (page 215) qu'*il n'est pas nécessaire de diminuer la somme des demi-diamètres du Soleil et de la Lune de la quantité dont le demi-diamètre de la Lune paraît augmenté par son élévation sur l'horizon, ainsi que l'ont pratiqué MM. Cassini et La Hire, puisqu'il ne s'agit pas ici de ce qui se passe sur une superficie sphérique, mais sur un plan.* Ces dernières paroles font voir, ce me semble, que cet astronome n'avait pas une idée bien nette de la méthode des projections en tant qu'elle s'applique à la théorie des éclipses.

M. de Lalande en parle seulement dans la deuxième édition de son *Astronomie,* et il prétend qu'il faut appliquer au diamètre du Soleil l'augmentation de celui de la Lune à diverses hauteurs, par la raison, dit-il, que *si le demi-diamètre de la Lune paraît plus grand, l'arc total de la projection* HL *paraît plus grand aussi dans la même proportion; et, si le diamètre du Soleil était augmenté de même, il ne serait plus nécessaire d'avoir égard à l'augmentation de* HL; *tout resterait proportionnel, la projection, les diamètres, le mouvement horaire* (n° 1867). J'avoue que je n'entends pas bien ce raisonnement. Il est vrai que, si le diamètre apparent du Soleil augmentait comme celui de la Lune, la projection n'aurait besoin d'aucune correction; mais, de ce que le diamètre demeure invariable, il ne s'ensuit pas qu'il faille l'augmenter lorsqu'on veut l'appliquer à la projection; on doit au contraire plutôt le diminuer dans la même proportion, car nous avons vu plus haut que la somme des demi-diamètres observés de la Lune et du Soleil doit être diminuée dans la même proportion que le diamètre de la Lune paraît augmenté; donc le diamètre de la Lune demeurera le même que s'il était vu du centre de la Terre, et le diamètre du Soleil sera seul diminué dans la proportion dont il s'agit.

M. de Lalande remarque ensuite avec raison (n° 1874) que la méthode des projections suppose que la parallaxe de la Lune est proportionnelle au cosinus de la vraie hauteur du Soleil sur l'horizon, au lieu qu'elle est véritablement proportionnelle au cosinus de la hauteur apparente de la Lune, et il montre, par la considération des parallaxes, que l'on peut remédier à ce défaut dans le cas où les deux centres seraient dans le même vertical, en augmentant la distance apparente des centres, donnée par la projection, à raison de la hauteur de la Lune sur l'horizon. Or nous avons fait voir, en général, que cette correction a lieu également pour toutes les distances des centres, mais à raison de la hauteur du Soleil sur l'horizon.

Feu M. Lambert est celui qui paraît avoir le mieux reconnu cette aberration de la méthode ordinaire des projections, et fait sentir la nécessité d'y remédier en appliquant à toutes les distances observées des centres du Soleil et de la Lune, avant de les comparer aux distances mesurées sur la projection, une correction semblable à celle que

MM. Cassini et La Hire avaient proposée seulement pour le demi-diamètre de la pénombre.

M. Lambert en a donné un exemple en calculant quelques observations des distances d'Aldébaran à différentes taches de la Lune dans les *Éphémérides* de 1777, et M. Schulze l'a employée depuis avec succès pour éclaircir quelques difficultés relatives à une éclipse de Soleil observée à la Chine par le P. Hellerstein. (*Voir* les *Éphémérides* de 1776 et 1778.)

13. Quoique la réduction que nous avons proposé ci-dessus de faire aux distances des centres mesurés sur la projection (11) suffise pour donner à la méthode des projections toute la rigueur qu'on peut désirer, et une rigueur égale à celle qui résulte de la méthode des parallaxes, à une seule circonstance près dont nous parlerons plus bas (n° 18), il faut cependant convenir que, si l'on était obligé d'employer le calcul pour cette réduction, on perdrait un des avantages les plus précieux de la méthode dont il s'agit, celui de pouvoir déterminer toutes les circonstances d'une éclipse par de simples opérations graphiques et par le moyen de la règle et du compas. Cette considération m'a engagé à examiner s'il n'y aurait pas moyen de déduire la correction proposée de la projection même, ou plutôt de la faire entrer dans la construction de la projection, et je vais présenter aux astronomes les résultats de mes recherches sur ce sujet.

14. Je considérerai d'abord la projection telle qu'on l'emploie communément, et, pour n'y rien laisser à désirer du côté de l'exactitude, j'y aurai aussi égard à l'aplatissement de la Terre, ce que personne, ce me semble, n'avait encore fait.

Soit donc ABD le demi-cercle de projection, dans lequel le rayon DC, perpendiculaire au diamètre AB, représente le méridien universel. On prendra d'abord l'arc DP égal à la déclinaison du Soleil au temps de la conjonction; ensuite, étant donnée la latitude du lieu dont on veut décrire le parallèle, on ajoutera à cette latitude la valeur correspondante de l'angle de la verticale avec le rayon du sphéroïde, angle dont il y a une Table à la page 164 de la troisième Partie du *Recueil des Tables astronomiques de l'Académie de Berlin*, pour avoir l'angle du rayon du sphéroïde de la Terre passant par le lieu donné, avec le plan de l'équateur. On prendra sur la circonférence de la projection, de part et d'autre du point P, des arcs PE, PF, chacun égaux à ce dernier angle, et l'on tirera la corde EF et les perpendiculaires EG, FH au rayon CD. Ces perpendiculaires intercepteront la partie GH qui sera le petit axe

de l'ellipse, et le grand axe sera égal à la corde EF; ainsi, ayant divisé la ligne GH en deux parties égales au point I, on y mènera par I une perpendiculaire KIM, qu'on fera égale à la corde EF, en sorte que le point I se trouve au milieu de la droite KIM. On aura ainsi les deux axes GH et KM de l'ellipse qui sera la projection orthographique du parallèle du lieu proposé. On décrira cette ellipse par les méthodes ordinaires, et on la divisera en heures et minutes suivant les règles connues, en plaçant midi au sommet du petit axe, et comptant les heures de la droite à la gauche. Lorsque la déclinaison du Soleil est septentrionale, c'est la partie inférieure de l'ellipse qui doit servir; au contraire, ce sera la partie supérieure si la déclinaison du Soleil est méridionale. Nous avons supposé ce dernier cas dans la figure, et en conséquence nous n'avons tracé que la demi-ellipse supérieure K*d*HM.

On tirera maintenant le rayon CL qui doit représenter le cercle de latitude, et qui doit faire avec DC l'angle LCD égal à l'angle de position du Soleil. On prendra donc sur la circonférence de la projection l'arc DL égal à l'angle dont il s'agit, et l'on placera le point L à la gauche ou à l'orient de D lorsque le Soleil sera dans les signes descendants, et à la droite ou à l'occident lorsqu'il sera dans les signes ascendants. Ensuite, supposant le rayon de la projection CB égal à la parallaxe horizontale de la Lune pour la latitude proposée moins celle du Soleil (dans l'endroit cité des Tables astronomiques il y a aussi une Table de réduction pour les parallaxes horizontales de la Lune à différentes latitudes), on prendra sur ce rayon une partie égale à la latitude de la Lune, qu'on portera sur le rayon CL en C*l*; on tirera par *l* une perpendiculaire à C*l*, sur laquelle on prendra à la gauche de C*l* une partie égale au mouvement horaire de la Lune sur l'écliptique moins celui du Soleil, et au bout de cette partie on élèvera une perpendiculaire parallèle à C*l*, sur laquelle on prendra une partie égale au mouvement horaire de la Lune en latitude, en plaçant cette partie au-dessus ou au-dessous de la ligne du mouvement horaire en longitude, suivant que la Lune s'approchera du nord ou du midi; on mènera enfin par l'extrémité de cette ligne du mouvement en latitude, que je suppose aboutir en *a*, et par le point *l* la droite *alc* qui représentera l'orbite de la Lune, et la partie *al* sera l'espace parcouru par la Lune pendant une heure, en sorte que, marquant au point *l* l'heure et la minute de la conjonction au méridien donné, on pourra diviser toute la partie de l'orbite qui est comprise dans la projection en heures et minutes de temps.

15. Jusqu'ici c'est la projection ordinaire dans laquelle, pour avoir égard à l'aplatissement de la Terre, nous avons supposé que la Terre est un globe dont le rayon est égal à la distance du lieu proposé, pour lequel on fait la projection, au centre de la Terre, mesurée sur le sphéroïde

aplati; car il est évident que le parallèle de ce lieu est alors le même sur ce globe que sur le sphéroïde, et qu'ainsi la projection de ce parallèle doit se faire de la même manière que si la Terre était effectivement sphérique.

Si l'on veut maintenant avoir la distance apparente des centres du Soleil et de la Lune dans un temps quelconque, comme à 2 heures après midi, on tirera par les points d et b du parallèle et de l'orbite, qui répondent à 2 heures, la ligne db, et l'on portera la longueur de cette ligne sur les divisions du rayon de la projection CB; on aura ainsi la distance cherchée exprimée en minutes et même en secondes de degré, si le rayon de la projection est assez grand pour cela. Mais cette distance, pour être exacte, demande encore à être corrigée par la règle du n° 11, laquelle consiste en ce qu'il faut augmenter la distance dont il s'agit, dans la raison de la distance du centre de la Terre au plan de projection à la distance du lieu donné sur la surface de la Terre à ce même plan. Si donc on tire par les points d et b au centre C les rayons Cd, Cb, et que sur le rayon Cd prolongé on prenne la partie Cf qui soit à Cd dans la raison des distances dont il s'agit; qu'ensuite on mène par f la ligne fe parallèle à db : il est clair que la partie fe, interceptée entre les rayons fC et eC, sera la distance apparente corrigée, qui, étant ensuite portée sur les divisions du rayon CB, donnera la vraie distance apparente cherchée des centres du Soleil et de la Lune.

16. Tout se réduit donc à déterminer sur chaque rayon Cd de l'ellipse KdHM le point f, en sorte que les parties fC et dC soient dans la proportion de la distance du centre de la Terre au plan de projection à la distance du lieu de la surface de la Terre, dont d est la projection orthographique, au même plan. Or je dis que tous ces points f, ainsi déterminés, sont aussi sur une ellipse telle que RfNS, laquelle est la projection du même parallèle dont KHM est la projection orthographique, mais pour un spectateur placé au point C du plan de projection, et qui rapporterait les points de la surface de la Terre à un plan passant par son centre, et parallèle au même plan de projection. En effet, il est clair

que la projection orthographique de la surface de la Terre sur ce nouveau plan de projection passant par son centre sera la même que sur le
plan ADB qui est censé toucher l'orbe de la Lune; de sorte qu'on peut
imaginer que le plan ADB soit celui du disque éclairé de la Terre, et
que le lieu de l'œil réponde perpendiculairement au centre C, à une
distance de ce centre qui soit au rayon CB comme le rayon de l'orbite
de la Lune, ou la distance du plan de projection dans l'orbe de la Lune
au centre de la Terre est au rayon même de la Terre. Si donc on cherche
par rapport à ce lieu de l'œil la projection d'un point quelconque de la
surface de la Terre qui réponde perpendiculairement au point d, c'est-
à-dire qui ait d pour sa projection orthographique, il est d'abord visible
que la projection dont il s'agit sera sur le même rayon Cd qui passe par
la projection orthographique; ensuite on aura, par les règles ordinaires
de la perspective, cette proportion : *comme la distance de l'œil moins
celle de l'objet au plan, ainsi la distance* Cd *à la distance* Cf, *et le point f
sera la projection cherchée.* Or cette proportion est la même que celle par
laquelle nous avons déjà déterminé ci-dessus le point f; donc, etc.
Ainsi, pour déterminer tous les points f qui doivent répondre à tous
les points du parallèle terrestre dont l'ellipse KHM est la projection
orthographique, il n'y aura qu'à chercher la projection du même parallèle par rapport à un œil placé perpendiculairement au-dessus du
centre C et à une distance de ce centre qui soit au rayon CB comme la
distance de la Lune à la Terre est au rayon de la Terre, et l'on doit voir
d'abord par là que la projection cherchée sera aussi une ellipse dont le
petit axe sera placé sur le même rayon CD; car cette projection n'est
autre chose que la section d'un cône oblique dont la base est le parallèle terrestre et le sommet est le lieu de l'œil, tandis que la projection
orthographique est la section faite par le même plan d'un cylindre
oblique ayant la même base et le même axe que le cône.

17. Voyons maintenant comment on doit décrire la nouvelle ellipse
dont il s'agit.

Je prends sur la circonférence de la projection, et du même côté du point P, lorsque la déclinaison du Soleil est méridionale, ainsi qu'on le suppose dans la figure, l'arc AT égal au double de la parallaxe horizontale de la Lune (il faudrait prendre cet arc de l'autre côté du point P, c'est-à-dire de B en D, si la déclinaison du Soleil était septentrionale), et je tire la corde TB : cette corde coupera le rayon CD en V, en sorte que CB à CV aura la même proportion que la distance de la Lune à la Terre au rayon de la Terre, à cause que l'angle CBV est égal à la parallaxe horizontale de la Lune. Ayant tiré maintenant aux points E et F de la corde EF les rayons CE et CF, on prendra sur ces rayons les parties CY et CX égales chacune à CV, et l'on mènera par B les lignes BYZ, BX; ensuite de quoi on mènera par E la ligne EQ parallèle à ZB, et par F la ligne FN parallèle à XB. Ces deux lignes intercepteront sur le rayon CD la partie QN, qui sera le petit axe de la nouvelle ellipse, et qu'on divisera en deux parties égales au point O, pour avoir le centre de l'ellipse. Pour avoir ensuite le grand axe de l'ellipse, on mènera par O la ligne mn parallèle à la corde EF, et sur la partie mn de cette ligne interceptée entre les lignes EQ et FN, on décrira le demi-cercle mpn; l'ordonnée rectangle Op, correspondante au point O du diamètre de ce cercle, sera le demi-grand axe cherché, qu'on portera donc en OR et OS, sur la perpendiculaire ROS au rayon CD. Ayant ainsi le petit axe QN et le grand axe RS, on décrira l'ellipse RfNS, qui sera le lieu de tous les points f, et qui servira, par conséquent, à corriger les distances apparentes des deux astres pour tous les lieux de la Terre situés sur le parallèle dont KHM est la projection orthographique, ainsi que nous l'avons montré plus haut.

Pour démontrer cette construction, il suffira de considérer que les deux lignes EQ et NF, étant prolongées à la droite, concourent nécessairement à un point du diamètre ACB prolongé vers B, et que la distance de ce point de concours au centre C sera au rayon CB comme la distance de la Lune à la Terre est au rayon de la Terre; en sorte que ce point de concours sera le lieu de l'œil pour la projection ADB. Le reste est analogue aux procédés de la construction orthographique, et dépend de raisonnements semblables.

18. Nous avons dit qu'il fallait diviser le rayon de la projection CB en autant de minutes et de secondes, si l'on veut porter la précision jusque-là, qu'en contient la différence des parallaxes horizontales de la Lune et du Soleil pour la latitude du parallèle terrestre que l'on a décrit. Or la parallaxe horizontale de la Lune étant différente pour chaque latitude dans le sphéroïde aplati, il faudra faire pour chaque parallèle qu'on voudrait décrire dans la projection une division différente du rayon CB, d'où résultera un changement dans la projection et dans la division de l'orbite de la Lune *alc*. Voici donc comment on pourra remédier à cet inconvénient, et faire servir la même construction pour toutes les latitudes.

Supposons que le rayon CB soit déjà divisé, et la route *alc* de la Lune déjà tracée pour une première latitude, et qu'on ait ensuite décrit les deux projections KHM, RNS d'un parallèle qui ait une autre latitude; on prendra sur la ligne C*l* la partie C*r*, telle que C*r* soit à C*l* comme la différence des parallaxes de la Lune et du Soleil pour la première latitude est à la différence des parallaxes pour la nouvelle latitude, et l'on tirera *qr* parallèle à *lc*.

Ensuite, tout le reste de la construction demeurant le même qu'auparavant, pour avoir la distance apparente des centres, à 2 heures, par exemple, on tirera par le point *d* de l'ellipse et par le point *q*, qui est l'intersection du rayon C*b* et de la droite *qr*, la ligne *dq*, et par le point *e* on tirera la ligne *es* parallèle à *dq*; la partie *es* interceptée entre les deux rayons *cb*, *cd* prolongés, s'il est nécessaire, sera la distance apparente cherchée en parties de la première division de CB, ce qui est facile à démontrer. Au reste, on pourra le plus souvent négliger cette correction et prendre immédiatement *fe* pour la distance apparente.

SUR

LE CALCUL DES ÉCLIPSES

SUJETTES AUX PARALLAXES.

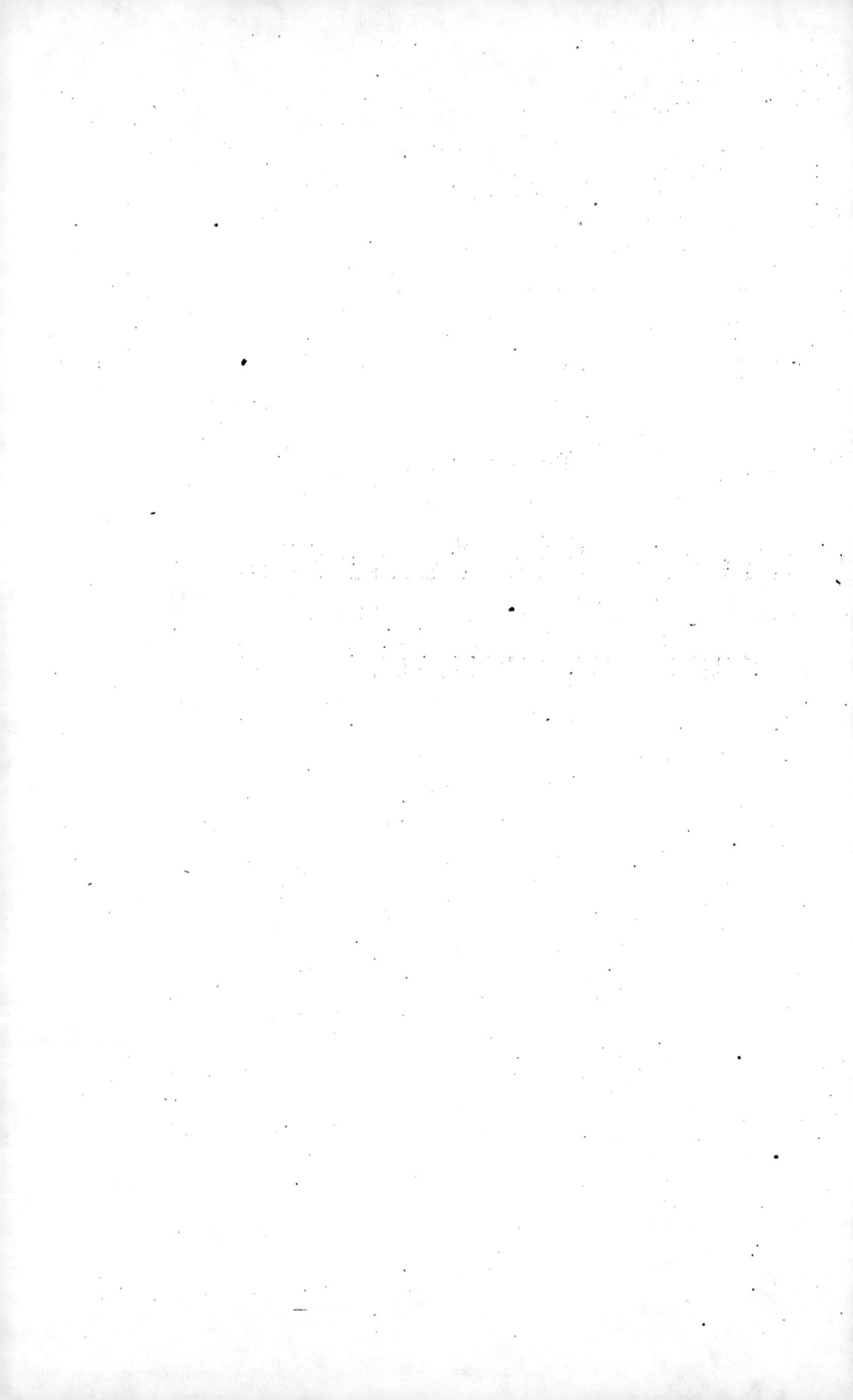

LE CALCUL DES ÉCLIPSES

SUJETTES AUX PARALLAXES (*).

(*Connaissance des Temps et des Mouvements célestes, à l'usage des Astronomes et des Navigateurs,* pour l'an 1817 ; publiée par le Bureau des Longitudes, 1815.)

L'importance et la difficulté du calcul des éclipses de Soleil et des autres phénomènes de ce genre ont dû naturellement engager les Géomètres à chercher des méthodes directes et analytiques pour faciliter ce calcul, et lui donner toute la précision et la généralité dont il peut être susceptible, surtout dans un siècle où l'on a pris à tâche d'appliquer l'Analyse à toute sorte d'objets. Aussi a-t-on vu éclore dans ces derniers temps plusieurs ouvrages plus ou moins considérables sur cette matière, parmi lesquels on doit compter avec distinction les savantes *Recherches* de M. Duséjour, imprimées dans les *Mémoires de l'Académie des Sciences de Paris.*

Ces *Recherches,* par leur étendue et par le grand nombre d'applications intéressantes et délicates que l'Auteur en a faites, paraissent ne rien laisser à désirer sur le Problème dont il s'agit; il me semble néan-

(*) Ce Mémoire a déjà paru en allemand dans les *Ephémérides de Berlin* pour l'année 1782 ; nous l'imprimons ici de nouveau d'après le manuscrit original dont M. Lagrange lui-même avait bien voulu me faire présent. On a pensé que les personnes qui ne savent pas la langue allemande nous sauraient bon gré de leur avoir fourni le moyen de lire un Mémoire dans lequel elles trouveront les fondements de la plupart des méthodes analytiques qu'on a publiées depuis sur le calcul des éclipses. (F. ARAGO.)

moins qu'on ne s'est pas encore appliqué à donner à la solution de ce Problème toute la simplicité et la brièveté qu'on est en droit d'attendre de l'Analyse; et cela me parait d'autant plus nécessaire, que les Astronomes, accoutumés au calcul trigonométrique et aux méthodes arithmétiques, doivent être peu portés à adopter des méthodes nouvelles dont le principal avantage serait d'être plus directes et plus générales, mais dont les principes et le procédé seraient à la fois moins lumineux et moins faciles. C'est pourquoi j'ai cru qu'après tout ce qu'on avait déjà écrit sur cette matière, ils ne regarderaient pas comme inutiles les recherches que j'y ai faites aussi, et que je vais leur présenter.

Je donnerai d'abord des formules générales et rigoureuses pour déterminer les lieux apparents et les distances apparentes des astres sujets à la parallaxe; je me flatte qu'on trouvera, soit dans ces formules, soit dans la méthode que j'emploie pour y parvenir, toute la simplicité et l'élégance, si j'ose le dire, qu'on y peut désirer.

Je ferai voir ensuite comment on peut rendre l'usage de ces formules très-commode pour la pratique, au moyen de quelques Tables dont la construction est très-facile, et qui, étant une fois calculées, serviront pour tous les lieux de la Terre et pour tous les temps.

Je montrerai enfin l'application de ces formules aux éclipses de Soleil, aux passages des planètes sur son disque, aux occultations des astres par la Lune et aux autres Problèmes de ce genre, et je donnerai pour ces différents objets des méthodes plus simples et plus exactes que celles qu'on a eues jusqu'à présent.

Article Ier. — *Méthode la plus simple et la plus directe pour déterminer les distances apparentes des astres sujets à la parallaxe.*

1. La manière la plus simple de déterminer la position d'un point quelconque dans l'espace, par rapport à un point donné, est d'employer des coordonnées rectangles dont l'origine soit au point donné; et cette

manière est d'autant plus commode que, si l'on veut ensuite rapporter le même point à un autre point donné, il n'y a qu'à prendre pour coordonnées rectangles les différences des premières coordonnées et de celles qui déterminent ce second point donné relativement au premier; c'est ce qui est évident de soi-même, à cause de la perpendicularité mutuelle des coordonnées.

2. Comme les mouvements des planètes sont donnés dans les Tables par rapport à l'écliptique, ce qui se présente de plus naturel pour déterminer la position d'un astre quelconque est de supposer que le centre de la Terre soit l'origine des coordonnées de cet astre; que les abscisses x soient prises dans la ligne de l'équinoxe du printemps, d'où l'on compte les longitudes; que les premières ordonnées y soient perpendiculaires à cette ligne dans le plan de l'écliptique, et du côté de l'orient, et que les secondes ordonnées z soient perpendiculaires à ce plan, du côté du pôle boréal.

Et, si l'on nomme a la longitude de l'astre, b sa latitude, et r sa distance au centre de la Terre, on aura évidemment

$$x = r \cos a \cos b, \quad y = r \sin a \cos b, \quad z = r \sin b.$$

3. Les coordonnées x, y, z déterminent le lieu vrai de l'astre par rapport au centre de la Terre; pour avoir celles de son lieu apparent pour un observateur placé sur la surface de la Terre, c'est-à-dire du lieu de l'astre vu par cet observateur, il n'y aura qu'à soustraire des mêmes coordonnées celles qui déterminent la position de l'observateur par rapport au centre de la Terre et au plan de l'écliptique.

Soient donc ξ, η, ζ les coordonnées dont il s'agit, qu'on suppose parallèles respectivement aux coordonnées de l'astre x, y, z, et qui dépendent du lieu de l'observateur sur la surface de la Terre; on aura sur-le-champ $x - \xi$, $y - \eta$, $z - \zeta$ pour les coordonnées du lieu apparent du même astre; en sorte que cet astre paraîtra à l'observateur comme paraîtrait un astre vu du centre de la Terre, dont le lieu vrai serait déterminé par les coordonnées $x - \xi$, $y - \eta$, $z - \zeta$.

VII. 53

4.. Nous désignerons toujours, dans la suite, les valeurs vraies ou apparentes des mêmes quantités par les mêmes lettres, sans trait ou marquées d'un trait; de sorte que les mêmes formules qu'on trouvera pour les valeurs vraies pourront être appliquées sur-le-champ aux valeurs apparentes, en ne faisant que marquer toutes les lettres d'un trait.

Ainsi, comme nous avons désigné par x, y, z les trois coordonnées rectangles du lieu vrai de l'astre, x', y', z' seront les coordonnées de son lieu apparent; de sorte qu'on aura

$$x' = x - \xi, \quad y' = y - \eta, \quad z' = z - \zeta.$$

De plus, ayant appelé a la longitude vraie, b la latitude vraie de l'astre, et r sa distance vraie au centre de la Terre, on nommera a', b', r' la longitude apparente, la latitude apparente et la distance apparente du même astre pour un observateur placé au centre de la Terre, qui y verrait cet astre de la même manière que le voit l'observateur placé sur sa surface, et l'on aura, comme dans le n° 2,

$$x' = r' \cos a' \cos b', \quad y' = r' \sin a' \cos b', \quad z' = r' \sin b'.$$

Par ces formules on pourra déterminer, si l'on veut, les valeurs apparentes a', b', r' par les vraies a, b, r, aussitôt qu'on connaîtra les valeurs des coordonnées ξ, η, ζ du lieu de l'observateur.

5. Soient ρ le rayon de la Terre qui répond au lieu de l'observateur, h l'angle que ce rayon fait avec le plan de l'écliptique dans l'hémisphère boréal, et g l'angle que la projection du même rayon sur ce plan fait avec la ligne de l'équinoxe du printemps du côté de l'orient; il est visible qu'on aura

$$\xi = \rho \cos g \cos h, \quad \eta = \rho \sin g \cos h, \quad \zeta = \rho \sin h.$$

Or il n'est pas difficile de voir que le point du cercle de l'écliptique où tombe la projection du rayon ρ est celui qu'on appelle en Astronomie le *nonagésime;* donc l'angle g sera égal à la longitude du nonagésime pour le lieu donné, et l'angle h sera la distance du nonagésime au zénith de ce lieu, c'est-à-dire le complément à 90 degrés de la hauteur du nonagésime. Ainsi, connaissant la longitude et la hauteur du nonagésime, on aura sur-le-champ les valeurs des coordonnées cherchées. Or on a déjà des Tables toutes calculées, par lesquelles on peut trouver ces deux éléments pour un temps quelconque et pour une latitude terrestre quelconque; mais la grande étendue de ces Tables, qui occupent deux volumes in-8°, les rend d'un usage peu commun, et l'objet principal de ce Mémoire est de donner des moyens plus simples et plus abrégés de parvenir au même but; c'est pourquoi nous allons déterminer directement les valeurs des coordonnées dont il s'agit.

6. Soient φ l'angle que le rayon de la Terre ρ, aboutissant au lieu de l'observateur sur la surface, fait avec le plan de l'équateur, et θ l'angle que la projection du même rayon sur ce plan fait avec la ligne de l'équinoxe du printemps; il est visible que, si l'on veut rapporter le lieu de l'observateur au plan de l'équateur, par le moyen de trois coordonnées rectangles ξ', η', ζ', dont la première ξ' soit prise dans la ligne de l'équinoxe, la seconde η' soit perpendiculaire à cette ligne dans le plan de l'équateur, et la troisième ζ' soit perpendiculaire à ce même plan, il est visible, dis-je, qu'on aura des formules analogues aux précédentes, savoir

$$\xi' = \rho \cos\theta \cos\varphi, \quad \eta' = \rho \sin\theta \cos\varphi, \quad \zeta' = \rho \sin\varphi.$$

Maintenant, comme le plan de l'écliptique coupe celui de l'équateur dans la ligne des équinoxes, et est élevé sur ce même plan d'un angle égal à l'obliquité de l'écliptique, que nous désignerons par ω, il est aisé de trouver, par la théorie du changement des coordonnées, que l'on aura, par rapport à l'écliptique,

$$\xi = \xi', \quad \eta = \eta'\cos\omega + \zeta'\sin\omega, \quad \zeta = \zeta'\cos\omega - \eta'\sin\omega;$$

de sorte qu'en substituant il viendra

$$\xi = \rho \cos\theta \cos\varphi,$$
$$\eta = \rho(\sin\theta \cos\varphi \cos\omega + \sin\varphi \sin\omega),$$
$$\zeta = \rho(\sin\varphi \cos\omega - \sin\theta \cos\varphi \sin\omega),$$

53.

et il est aisé de voir que ces valeurs sont telles que

$$\xi^2 + \eta^2 + \zeta^2 + \rho^2,$$

comme cela doit être.

7. A l'égard des angles θ et φ, il est évident que θ n'est autre chose que l'angle que le méridien du lieu de l'observateur fait avec le colure de l'équinoxe du printemps; c'est par conséquent ce qu'on appelle l'*ascension droite du milieu du ciel*, et qu'on trouve dans toutes les Éphémérides pour tous les jours à midi; c'est, comme l'on sait, la somme de la longitude moyenne du Soleil et du temps moyen converti en degrés, à raison de 15 degrés par heure.

Quant à l'autre angle φ, il est visible que, dans l'hypothèse de la Terre sphérique, cet angle est égal à la latitude terrestre supposée boréale du lieu proposé; mais, dans le cas de la Terre sphéroïdique, si l'on nomme ε le rapport du petit axe au grand axe, et que φ' soit la latitude terrestre observée, c'est-à-dire l'angle de la verticale avec le plan de l'équateur, on a $\tang\varphi = \varepsilon^2 \tang\varphi'$, d'où l'on tire, par les séries,

$$\varphi = \varphi' - \frac{1 - \varepsilon^2}{1 + \varepsilon^2} \sin 2\varphi' + \frac{1}{2}\left(\frac{1 - \varepsilon^2}{1 + \varepsilon^2}\right)^2 \sin 4\varphi' - \ldots$$

La différence entre φ et φ' est, comme l'on voit, très-petite dans le cas de la Terre, où $1 - \varepsilon = \frac{1}{230}$, suivant Newton; et, dans cette hypothèse, nos Tables astronomiques donnent les valeurs de $\varphi' - \varphi$ pour tous les degrés de latitude (t. III, p. 165, 167, col. 4). Cette différence entre φ' et φ peut s'appeler la *réduction de la latitude observée* φ', et l'angle φ peut se nommer, en conséquence, la *latitude réduite*, et ce sera celle qu'il faudra toujours employer dans nos formules.

Pour ce qui concerne le rayon ρ du sphéroïde, en prenant le rayon de l'équateur pour l'unité, on a

$$\rho = \frac{\varepsilon}{\sqrt{\dfrac{1 + \varepsilon^2}{2} - \dfrac{1 - \varepsilon^2}{2} \cos 2\varphi}},$$

et, si l'on substitue à la place de $\cos 2\varphi$ sa valeur en φ', laquelle, à cause de $\cos 2\varphi = \dfrac{1 - \tan^2\varphi}{1 + \tan^2\varphi}$, est égale à $\dfrac{1 - \epsilon^4 + (1 + \epsilon^4)\cos 2\varphi'}{1 + \epsilon^4 + (1 - \epsilon^4)\cos 2\varphi'}$, on trouve

$$\rho = \sqrt{\frac{1 + \epsilon^4 + (1 - \epsilon^4)\cos 2\varphi'}{1 + \epsilon^2 + (1 - \epsilon^2)\cos 2\varphi'}};$$

d'où l'on peut aisément tirer la valeur de ρ exprimée par une série très-convergente, qui procède suivant les cosinus des angles multiples de 2φ ou de $2\varphi'$.

Dans l'endroit déjà cité des Tables astronomiques, on trouve la valeur de ρ en toises, pour chaque degré de latitude φ'; on y trouve aussi (pages citées, col. 6), en parties du rayon de l'équateur, la valeur de $\rho\cos(\varphi' - \varphi)$, c'est-à-dire la distance du centre de la Terre au plan horizontal du lieu dont la latitude apparente est φ', et cette valeur est proprement celle par laquelle il faut multiplier le sinus de la parallaxe horizontale équatorienne, pour avoir le sinus de la vraie parallaxe horizontale hors de l'équateur.

Dans la suite nous n'aurons pas besoin de cette parallaxe, mais seulement de celle dont le sinus est au sinus de la parallaxe horizontale équatorienne comme ρ à 1, et que nous nommerons, pour la distinguer de l'autre, la *plus grande parallaxe de hauteur*. Ainsi, ayant la parallaxe horizontale équatorienne par les Tables, il faudra multiplier son sinus par le nombre correspondant à la latitude du lieu dans la sixième colonne de la Table citée, et de plus, par la sécante de l'angle de la quatrième colonne de la même Table, pour avoir le sinus de la plus grande parallaxe de hauteur.

8. Nous avons supposé jusqu'ici que les trois axes des coordonnées sont : le premier, dans la ligne de l'équinoxe du printemps; le second, perpendiculaire à cette ligne dans le plan de l'écliptique du côté de l'orient; le troisième, perpendiculaire au plan de l'écliptique dans l'hémisphère boréal, et que ces trois axes se coupent au centre de la sphère.

Pour donner maintenant plus d'étendue à nos formules, nous changerons encore la position de ces axes, en sorte que le premier se trouve dirigé vers un astre quelconque dont la longitude soit α et la latitude boréale β; que le second axe soit perpendiculaire à celui-là et placé dans le plan de l'écliptique à l'orient du premier, et que le troisième axe soit perpendiculaire à ces deux-là dans l'hémisphère boréal.

Pour cela, nous commencerons par changer la position des deux premiers axes, en sorte qu'ils demeurent dans l'écliptique, mais qu'ils soient plus avancés vers l'orient d'un angle $= \alpha$. Et, nommant pour un moment x', y' les nouvelles coordonnées dans lesquelles les coordonnées x, y doivent se changer par ce déplacement des axes, on aura visiblement

$$x' = x \cos\alpha + y \sin\alpha, \quad y' = y \cos\alpha - x \sin\alpha.$$

Maintenant il est clair que l'axe des y' a déjà la position convenable, et qu'il n'y a plus qu'à faire tourner les deux autres axes autour de celui-ci, en sorte que l'axe des x' s'élève vers le pôle boréal de l'écliptique et fasse avec le plan de l'écliptique un angle $= \beta$. Or, nommant x'' et z' les nouvelles coordonnées dans lesquelles doivent se changer les coordonnées précédentes x', z, on aura pareillement

$$x'' = x' \cos\beta + z \sin\beta, \quad z' = z \cos\beta - x' \sin\beta,$$

et les coordonnées cherchées seront x'', y', z', que nous dénoterons dans la suite par rl, rm, rn, en sorte que

$$l^2 + m^2 + n^2 = 1.$$

Les substitutions faites, on aura donc

$$rl = (x \cos\alpha + y \sin\alpha) \cos\beta + z \sin\beta,$$
$$rm = y \cos\alpha - x \sin\alpha,$$
$$rn = z \cos\beta - (x \cos\alpha + y \sin\alpha) \sin\beta.$$

L'axe des coordonnées rl est dirigé à un point de la sphère dont la longitude est α et la latitude boréale β; l'axe des coordonnées rm est perpendiculaire au précédent dans le plan de l'écliptique et du côté de l'orient, de sorte que cet axe fait avec la ligne de l'équinoxe du printemps un angle $= 90° + \alpha$; enfin l'axe des coordonnées rn est perpendiculaire à ces deux-là dans l'hémisphère boréal, par conséquent cet axe est dans le plan du cercle de latitude β.

9. Les formules précédentes sont pour le lieu vrai de l'astre ; on aura de même pour son lieu apparent (4)

$$r'l' = (x'\cos\alpha + y'\sin\alpha)\cos\beta + z'\sin\beta,$$
$$r'm' = y'\cos\alpha - x'\sin\alpha,$$
$$r'n' = z'\cos\beta - (x'\cos\alpha + y'\sin\alpha)\sin\beta ;$$

mettant pour x', y', z' leurs valeurs $x - \xi$, $y - \eta$, $z - \zeta$ (numéro cité), et faisant, pour abréger,

$$\frac{(\xi\cos\alpha + \eta\sin\alpha)\cos\beta + \zeta\sin\beta}{\rho} = \lambda,$$

$$\frac{\eta\cos\alpha - \xi\sin\alpha}{\rho} = \mu,$$

$$\frac{\zeta\cos\beta - (\xi\cos\alpha + \eta\sin\alpha)\sin\beta}{\rho} = \nu,$$

$$\frac{\rho}{r} = \varpi,$$

ϖ étant le sinus de la plus grande parallaxe de hauteur de l'astre (3), on aura

$$r'l' = r(l - \varpi\lambda),$$
$$r'm' = r(m - \varpi\mu),$$
$$r'n' = r(n - \varpi\nu).$$

Ce sont les valeurs des trois coordonnées rectangles du lieu apparent de l'astre, rapportées aux mêmes axes que les coordonnées rl, rm, rn du lieu vrai.

Or, comme r' est (hypothèse) la distance du lieu apparent au centre de la sphère, qui est en même temps l'origine des coordonnées, on aura

$$l'^2 + m'^2 + n'^2 = 1.$$

De plus, à cause de $\xi^2 + \eta^2 + \zeta^2 = \rho^2$ (6), il est visible qu'on aura aussi

$$\lambda^2 + \mu^2 + \nu^2 = 1.$$

10. De là il s'ensuit d'abord qu'en ajoutant ensemble les carrés des

équations précédentes et extrayant la racine carrée, on aura

$$\frac{r'}{r} = \sqrt{1 - 2\varpi(l\lambda + m\mu + n\nu) + \varpi^2},$$

ce qui sert à déterminer la distance apparente de l'astre par sa distance vraie.

11. Pour avoir maintenant les valeurs de l, m, n en longitudes et latitudes, il n'y aura qu'à substituer dans les formules du n° 8, pour x, y, z leurs valeurs (2), et, divisant par r, on aura

$$l = \cos(a - \alpha)\cos b \cos\beta + \sin b \sin\beta,$$
$$m = \sin(a - \alpha)\cos b,$$
$$n = \sin b \cos\beta - \cos(a - \alpha)\cos b \sin\beta,$$

et l'on aura $l^2 + m^2 + n^2 = 1$, comme cela doit être.

Quant aux valeurs de λ, μ, ν, on les trouvera par la substitution de celles de ξ, η, ζ du n° 6 dans les expressions ci-dessus, et il viendra

$$\lambda = (\cos\theta \cos\varphi \cos\alpha + \sin\theta \cos\varphi \cos\omega \sin\alpha + \sin\varphi \sin\omega \sin\alpha)\cos\beta$$
$$+ (\sin\varphi \cos\omega - \sin\theta \cos\varphi \sin\omega)\sin\beta,$$

$$\mu = \sin\theta \cos\varphi \cos\omega \cos\alpha + \sin\varphi \sin\omega \cos\alpha - \cos\theta \cos\varphi \sin\alpha,$$

$$\nu = (\sin\varphi \cos\omega - \sin\theta \cos\varphi \sin\omega)\cos\beta$$
$$- (\cos\theta \cos\varphi \cos\alpha + \sin\theta \cos\varphi \cos\omega \sin\alpha + \sin\varphi \sin\omega \sin\alpha)\sin\beta.$$

12. Cela posé, imaginons un plan qui touche la sphère céleste, dont je suppose le rayon $= 1$, au point auquel se dirige le premier axe des coordonnées, c'est-à-dire l'axe des abscisses rl, et dont la longitude est α, la latitude β, et supposons que du centre de la sphère on projette sur ce plan les lieux tant vrais qu'apparents des astres, comme aussi les différents cercles de la sphère; il est clair que les lieux ainsi projetés seront dans les points d'intersection des rayons menés vers les lieux des astres avec le plan proposé, et que tous les grands cercles de la sphère seront représentés sur le plan de projection par des lignes

droites, formées par l'intersection des différents plans de ces cercles
avec le plan dont il s'agit.

Soit C le point où le plan de projection touche la sphère; qu'on mène
par ce point deux droites ED, FH perpendiculaires entre elles, et dont

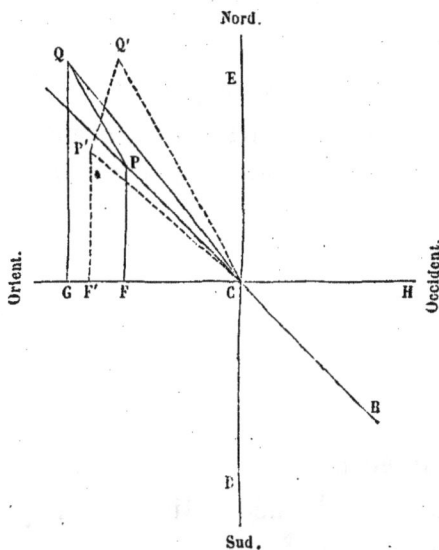

la première représente le cercle de latitude qui passe par le point C, et
la seconde représente le grand cercle qui coupe celui-là perpendiculairement dans le même point C. Il est facile de concevoir que toutes les
droites perpendiculaires à ED représenteront de même des grands
cercles perpendiculaires au cercle de latitude, et que de même toutes
les droites perpendiculaires à FG représenteront des grands cercles perpendiculaires au grand cercle représenté par FG. Enfin il est visible que
toute droite telle que PR, menée par le point C, représentera un grand
cercle faisant avec le cercle de latitude un angle égal à l'angle PCE des
deux droites PC, CE.

Soit maintenant P le lieu de l'astre projeté sur le plan dont il s'agit,
et soit abaissée de P sur CF la perpendiculaire PF; il est clair que, si
cette planète se trouvait justement dans le plan de projection dont la
distance au centre de la sphère est supposée = 1, on aurait pour les
trois coordonnées rectangles du lieu de la planète les quantités 1, CF,

VII.   54

FP, puisque l'axe des abscisses est supposé passer par le point C, per- pendiculairement au plan de projection, et que les deux autres axes sont (hypothèse) parallèles aux lignes FH, DE. Si la planète est hors du plan de projection, mais cependant sur le même rayon qui passe par le point P de ce plan, alors il est visible que ces coordonnées seront plus ou moins grandes, suivant que la planète sera plus ou moins éloignée du centre de la sphère que n'est le point P; mais elles conserveront toujours le même rapport entre elles. Ainsi, prenant une quantité indé- terminée h, ces coordonnées seront h, $h \times$ CF, $h \times$ FP. Mais les coor- données du lieu vrai de la planète sont rl, rm, rn (8); donc

$$h = rl, \quad h \times \mathrm{CF} = rm, \quad h \times \mathrm{FP} = rn;$$

donc

$$\mathrm{CF} = \frac{m}{l}, \quad \mathrm{FP} = \frac{n}{l}.$$

13. Nommons maintenant CF, p et PF, q; les deux quantités p et q seront donc l'abscisse et l'ordonnée du lieu P de la planète dans le plan de projection, et l'on aura

$$p = \frac{m}{l}, \quad q = \frac{n}{l}.$$

Pour avoir maintenant le lieu apparent P′ de la même planète dans le plan de projection, il n'y aura qu'à marquer les lettres précédentes d'un trait, et l'on aura

$$p' = \frac{m'}{l'}, \quad q' = \frac{n'}{l'},$$

où p' sera l'abscisse CF′, et q' l'ordonnée F′P′. Substituant à la place de l', m', n' leurs valeurs tirées des formules du n° 9, on aura donc

$$p' = \frac{m - \varpi u}{l - \varpi \lambda}, \quad q' = \frac{n - \varpi \nu}{l - \varpi \lambda}.$$

Ainsi l'on pourra déterminer par ces formules la position des lieux vrais et apparents d'un astre quelconque sur le plan de projection. Il ne reste plus qu'à voir comment on pourra déduire de ces positions les distances angulaires des astres vus du centre de la sphère.

14. Et d'abord il est clair que, comme les lieux des astres dans le plan de projection sont aux mêmes points où ce plan est traversé par les rayons menés du centre de la sphère aux mêmes astres, les distances angulaires de ces astres vus du centre de la sphère seront les mêmes que si les astres étaient réellement placés dans le plan de projection. De sorte qu'à cet égard on peut regarder les lieux projetés comme les véritables lieux des astres.

Cela posé, supposons en premier lieu que l'un des astres dont on cherche la distance angulaire soit au point C, et l'autre au point P; il est visible que la distance rectiligne PC de ces astres sera la tangente de la distance angulaire cherchée, puisque le centre de la sphère répond perpendiculairement au point C du plan de projection. De plus, l'arc de grand cercle qui joint les deux astres fera avec la partie boréale du cercle de latitude du premier astre un angle égal à PCE.

Soit δ la distance angulaire des deux astres, et γ l'angle de l'arc qui joint ces astres avec le cercle de latitude du premier astre C; on aura

$$\tan\delta = \sqrt{p^2 + q^2}, \quad \tan\gamma = \frac{q}{p}.$$

Donc, si l'on veut rapporter au même astre C le lieu apparent P' de l'autre astre, et qu'on désigne par δ' et γ' les angles analogues à δ et γ, on aura de même

$$\tan\delta' = \sqrt{p'^2 + q'^2}, \quad \tan\gamma' = \frac{q'}{p'}.$$

Si l'on substitue à la place de p, q et de p', q' leurs valeurs (numéro précédent), on aura

$$\tan\delta = \frac{\sqrt{m^2 + n^2}}{l}, \qquad \tan\gamma = \frac{n}{m},$$

$$\tan\delta' = \frac{\sqrt{(m - \varpi\mu)^2 + (n - \varpi\nu)^2}}{l - \varpi\lambda}, \qquad \tan\gamma' = \frac{n - \varpi\nu}{m - \varpi\mu}.$$

Par ces formules on aura donc la position des lieux vrais et apparents de l'astre P, dont la longitude est a et la latitude b, par rapport au lieu vrai de l'astre C, dont la longitude est α et la latitude β.

54.

Ces formules pourront donc être d'usage lorsque la parallaxe de l'astre C sera nulle, comme cela a lieu pour les étoiles fixes, ou du moins lorsqu'elle sera si petite qu'on croira pouvoir la négliger : c'est le cas du Soleil dans un grand nombre d'occasions. Mais, quand on voudra tenir compte également des parallaxes des deux astres, il faudra chercher leur distance angulaire sans supposer que l'un d'eux soit au point C. C'est ce que nous allons faire dans le numéro suivant.

15. Soient donc deux astres P et Q, dont on cherche la distance angulaire vue du centre de la sphère.

Soient pour le premier de ces astres l'abscisse $CF = p$, l'ordonnée $FP = q$, comme plus haut; et pour le second, soient de même l'abscisse $CG = P$, l'ordonnée $GQ = Q$; on aura la distance $CP = \sqrt{p^2 + q^2}$, la distance $CQ = \sqrt{P^2 + Q^2}$ et la distance $PQ = \sqrt{(P - p)^2 + (Q - q)^2}$. Or l'angle que l'on cherche est celui qui est formé au centre de la sphère par les deux rayons menés de ce centre aux points P et Q, et il est visible que ces rayons sont $\sqrt{1 + \overline{PC}^2}$ et $\sqrt{1 + \overline{CQ}^2}$, c'est-à-dire $\sqrt{1 + p^2 + q^2}$ et $\sqrt{1 + P^2 + Q^2}$.

L'angle dont il s'agit est donc celui qui est compris entre les deux côtés $\sqrt{1 + p^2 + q^2}$ et $\sqrt{1 + P^2 + Q^2}$ d'un triangle rectiligne dont le troisième côté est PQ ou $\sqrt{(P - p)^2 + (Q - q)^2}$. Donc, nommant Σ cet angle, on aura, par la propriété connue des triangles rectilignes,

$$\cos \Sigma = \frac{1 + P^2 + Q^2 + 1 + p^2 + q^2 - (P - p)^2 - (Q - q)^2}{2 \sqrt{1 + P^2 + Q^2} \sqrt{1 + p^2 + q^2}},$$

c'est-à-dire

$$\cos \Sigma = \frac{1 + Pp + Qq}{\sqrt{1 + P^2 + Q^2} \sqrt{1 + p^2 + q^2}};$$

d'où l'on tire

$$\sin \Sigma = \frac{\sqrt{(1 + P^2 + Q^2)(1 + p^2 + q^2) - (1 + Pp + Qq)^2}}{\sqrt{1 + P^2 + Q^2} \sqrt{1 + p^2 + q^2}}.$$

Or la quantité qui est sous le signe, dans le numérateur de cette formule, se réduit facilement à $(P - p)^2 + (Q - q)^2 + (Pq - Qp)^2$; donc, divisant le sinus par le cosinus, on aura

$$\tang \Sigma = \frac{\sqrt{(P-p)^2 + (Q-q)^2 + (Pq - Qp)^2}}{1 + Pp + Qq};$$

c'est la tangente de la distance angulaire des deux astres vus du centre de la sphère.

Cette distance est la distance vraie, parce que les quantités p, q, P, Q sont censées appartenir aux lieux vrais des astres; pour avoir la distance apparente des mêmes astres, que je désignerai par Σ', il n'y aura qu'à marquer toutes les lettres d'un trait, ce qui donnera

$$\tang \Sigma' = \frac{\sqrt{(P'-p')^2 + (Q'-q')^2 + (P'q' - Q'p')^2}}{1 + P'p' + Q'q'}.$$

A l'égard des quantités P, Q, P', Q', on les déterminera par des formules semblables à celles qui expriment les quantités p, q, p', q' (13).

Pour cela, on désignera par A la longitude et par B la latitude de l'astre Q, et par L, M, N ce que deviennent les quantités l, m, n du n° 11, en y changeant a en A et b en B; on aura sur-le-champ $P = \frac{M}{L}$, $Q = \frac{N}{L}$; ensuite, nommant Π le sinus de la plus grande parallaxe de hauteur de l'astre Q, on aura $P' = \frac{M - \Pi\mu}{L - \Pi\lambda}$, $Q' = \frac{N - \Pi\nu}{L - \Pi\lambda}$, les quantités λ, μ, ν demeurant les mêmes pour les deux astres, puisqu'elles sont indépendantes des angles a et b.

16. On peut représenter la valeur de $\tang \Sigma$ d'une manière assez simple, par le moyen des lignes PC, QC, PQ et de l'angle PCQ; car on a d'abord $(P-p)^2 + (Q-q)^2 = \overline{PQ}^2$; ensuite, nommant, comme plus haut, l'angle PCE, γ, et pareillement l'angle QCE, Γ, on aura

$$p = CP \times \sin\gamma, \quad q = CP \times \cos\gamma, \quad P = CQ \times \sin\Gamma, \quad Q = CQ \times \cos\Gamma;$$

donc

$$Pq - Qp = CP \times CQ \times \sin(\Gamma - \gamma) = - CP \times CQ \times \sin PCQ,$$

et

$$Pp + Qq = CP \times CQ \times \cos(\Gamma - \gamma) = CP \times CQ \times \cos PCQ.$$

Donc, faisant ces substitutions, on aura

$$\tang \Sigma = \frac{\sqrt{\overline{PQ}^2 + \overline{CP}^2 \times \overline{CQ}^2 \times \sin^2 PCQ}}{1 + CP \times CQ \times \cos PCQ}.$$

De même, si P′ et Q′ sont les lieux apparents des astres P et Q, on aura

$$\tang \Sigma' = \frac{\sqrt{\overline{P'Q'}^2 + \overline{P'C}^2 \times \overline{Q'C}^2 \times \sin^2 P'CQ'}}{1 + P'C \times Q'C \times \cos P'CQ'}.$$

17. Les formules précédentes ont lieu généralement, quelles que soient les positions des astres P et Q; mais, si l'on suppose que l'astre Q tombe au point C, alors il est visible qu'on aura P = o, Q = o; donc M = o, N = o; et, comme $L^2 + M^2 + N^2 = 1$ (hypothèse), on aura L = 1; c'est aussi ce qu'on peut trouver, d'après les valeurs de L, M, N, en y faisant A = α, B = β. On aura donc dans ce cas $\tang \Sigma = \sqrt{p^2 + q^2}$, ce qui s'accorde avec les résultats du n° 14, où δ est la même chose que Σ dans le cas présent, c'est-à-dire, la distance angulaire des deux astres C et P. Mais la distance apparente Σ' ne sera plus la même que la distance apparente δ' du numéro cité, pour laquelle on a la formule $\tang \delta' = \sqrt{p'^2 + q'^2}$; car ici P′ et Q′ ne seront pas nuls, mais auront les valeurs suivantes

$$P' = -\frac{\Pi \mu}{1 - \Pi \lambda}, \qquad Q' = -\frac{\Pi \nu}{1 - \Pi \lambda},$$

qui sont, comme l'on voit, l'effet de la parallaxe de l'astre Q ou C, qu'on avait supposée nulle dans le cas du numéro cité.

18. Au reste, si l'on voulait aussi connaître l'angle que la ligne PQ fait avec CE, il est clair qu'en nommant σ cet angle, on aurait (*)

$$\tang \sigma = \frac{GC - FC}{GQ - FP} = \frac{P - p}{Q - q},$$

(*) L'angle que les deux lignes CG et PQ forment entre elles n'est égal, comme M. Henry l'a remarqué, à celui qui est compris entre le cercle de latitude du point C et le grand cercle qui joint les lieux vrais des deux astres, que dans le seul cas où l'un deux se trouve réellement au point C; ceci, au demeurant, n'a aucune influence sur la suite du Mémoire.

et cet angle σ sera celui que le grand cercle passant par les lieux vrais des deux astres fera avec le cercle de latitude passant par le point C, dont la longitude est α et la latitude β.

Donc aussi, désignant par σ' l'angle du grand cercle qui passe par les lieux apparents avec le même cercle de latitude, on aura

$$\tan \sigma' = \frac{P' - p'}{Q' - q'}.$$

ARTICLE II. — *Simplification des formules précédentes, et manière de faciliter le calcul de ces formules par le moyen de quelques Tables.*

19. Nous venons de résoudre le Problème des distances apparentes des astres, par une méthode qui joint à la plus grande généralité toute l'exactitude et la simplicité dont la matière est susceptible. Mais, comme dans cette méthode on a supposé que la position du plan de projection était arbitraire, cette position dépendant uniquement des angles indéterminés α et β, dont le premier représente la longitude, et le second la latitude du point de la sphère auquel le plan de projection est supposé tangent, il est visible qu'on pourra rendre la solution du Problème encore plus simple, en déterminant convenablement la valeur des angles dont il s'agit, ce qui n'apportera d'ailleurs aucune restriction ni à la généralité ni à l'exactitude de cette solution : c'est ce que nous allons examiner.

On a trouvé en général, pour la détermination de la distance apparente Σ', la formule rigoureuse

$$\tan \Sigma' = \frac{\sqrt{(P' - p')^2 + (Q' - q')^2 + (p'Q' - q'P')^2}}{1 + P'p' + Q'q'},$$

dans laquelle

$$p' = \frac{m - \varpi\mu}{l - \varpi\lambda}, \qquad q' = \frac{n - \varpi\nu}{l - \varpi\lambda},$$

$$P' = \frac{M - \Pi\mu}{L - \Pi\lambda}, \qquad Q' = \frac{N - \Pi\nu}{L - \Pi\lambda},$$

et

$$l = \cos(a - \alpha)\cos b \cos\beta + \sin b \sin\beta,$$

$$m = \sin(a - \alpha)\cos b,$$

$$n = \sin b \cos\beta - \cos(a - \alpha)\cos b \sin\beta,$$

$$L = \cos(A - \alpha)\cos B \cos\beta + \sin B \sin\beta,$$

$$M = \sin(A - \alpha)\cos B,$$

$$N = \sin B \cos\beta - \cos(A - \alpha)\cos B \sin\beta,$$

$$\lambda = (\cos\theta\cos\varphi\cos\alpha + \sin\theta\cos\varphi\cos\omega\sin\alpha + \sin\varphi\sin\omega\sin\alpha)\cos\beta$$
$$+ (\sin\varphi\cos\omega - \sin\theta\cos\varphi\sin\omega)\sin\beta,$$

$$\mu = \sin\theta\cos\varphi\cos\omega\cos\alpha + \sin\varphi\sin\omega\cos\alpha - \cos\theta\cos\varphi\sin\alpha,$$

$$\nu = (\sin\varphi\cos\omega - \sin\theta\cos\varphi\sin\omega)\cos\beta$$
$$- (\cos\theta\cos\varphi\cos\alpha + \sin\theta\cos\varphi\cos\omega\sin\alpha + \sin\varphi\sin\omega\sin\alpha)\sin\beta.$$

Dans ces expressions, A est la longitude d'un des deux astres, que nous nommerons dorénavant le *premier*, B est sa latitude, et Π est le sinus de sa plus grande parallaxe de hauteur; de même, a est la longitude de l'autre astre, que nous nommerons le *second*, b sa latitude, et ϖ le sinus de sa plus grande parallaxe de hauteur; ensuite, ω est l'obliquité de l'écliptique, θ l'ascension droite du milieu du ciel au temps de l'observation, et φ la latitude corrigée du lieu de l'observateur (7).

Enfin on se souviendra que les quantités précédentes sont telles que

$$l^2 + m^2 + n^2 = 1, \quad L^2 + M^2 + N^2 = 1, \quad \lambda^2 + \mu^2 + \nu^2 = 1,$$

ce qui peut être utile dans plusieurs occasions.

20. Comme dans les formules précédentes les angles α et β demeurent arbitraires, il s'agit maintenant de voir quelle valeur il convient de leur donner, pour qu'il en résulte la plus grande simplicité et commodité dans le calcul.

Et d'abord il est visible que ces formules se simplifieront beaucoup en faisant $\beta = 0$ et $\alpha = A$; car alors on aura, en supposant $a - A = t$,

$$l = \cos t \cos b, \quad m = \sin t \cos b, \quad n = \sin b,$$

$$L = \cos B, \qquad M = 0, \qquad N = \sin B, \qquad$$

$$\lambda = \cos \theta \cos \varphi \cos A + \sin \theta \cos \varphi \cos \omega \sin A + \sin \varphi \sin \omega \sin A,$$

$$\mu = \sin \theta \cos \varphi \cos \omega \cos A + \sin \varphi \sin \omega \cos A - \cos \theta \cos \varphi \sin A,$$

$$\nu = \sin \varphi \cos \omega - \sin \theta \cos \varphi \sin \omega.$$

Ces suppositions consistent, comme l'on voit, à prendre le plan de projection perpendiculaire à l'écliptique et tangent au cercle de latitude du premier astre.

21. En second lieu, on aura aussi une grande simplification en gardant la supposition de $\alpha = A$, et en faisant pareillement $\beta = B$ au lieu de $\beta = 0$; car par ce moyen on aura $L = 1$, $M = 0$, $N = 0$; mais, en revanche, les valeurs de l, m, n et de λ, μ, ν seront un peu plus compliquées.

Faisant donc $\alpha = A$ et $\beta = B$, et supposant $a - A = t$, $b - B = u$, on aura

$$l = \cos t \cos B \cos b + \sin B \sin b = \cos u - 2\sin^2 \frac{t}{2} \cos B \cos b,$$

$$m = \sin t \cos b,$$

$$n = \cos B \sin b - \cos t \sin B \cos b = \sin u + 2\sin^2 \frac{t}{2} \sin B \cos b;$$

ensuite

$$L = 1, \quad M = 0, \quad N = 0.$$

Et, si l'on retient les valeurs de λ, μ, ν du numéro précédent, et qu'on désigne par $\bar{\lambda}$, $\bar{\mu}$, $\bar{\nu}$ les valeurs de ces quantités qui ont lieu dans l'hypothèse présente, on aura

$$\bar{\lambda} = \lambda \cos B + \nu \sin B, \quad \bar{\mu} = \mu, \quad \bar{\nu} = \nu \cos B - \lambda \sin B;$$

de sorte qu'il n'y aura qu'à mettre dans les expressions de P', Q', p', q', au lieu de λ, ν, les quantités $\bar{\lambda}$, $\bar{\nu}$.

VII. 55

Cette hypothèse revient à supposer le plan de projection tangent à la sphère dans le lieu du premier astre.

22. Considérons maintenant les valeurs des quantités λ, μ, ν, d'où dépend tout l'effet des parallaxes des astres; il est clair que, par les théorèmes connus, on peut réduire ces valeurs à de simples sinus et cosinus, et l'on trouvera, en changeant α en A et ordonnant les termes par rapport à $\sin\omega$ et $\cos\omega$,

$$\lambda = \frac{\sin\omega}{2}[\cos(A-\varphi)-\cos(A+\varphi)]+\frac{1+\cos\omega}{4}[\cos(\theta-A+\varphi)+\cos(\theta-A-\varphi)]$$
$$+\frac{1-\cos\omega}{4}[\cos(\theta+A-\varphi)+\cos(\theta+A+\varphi)],$$

$$\mu = -\frac{\sin\omega}{2}[\sin(A-\varphi)-\sin(A+\varphi)]+\frac{1+\cos\omega}{4}[\sin(\theta-A+\varphi)+\sin(\theta-A-\varphi)]$$
$$-\frac{1-\cos\omega}{4}[\sin(\theta+A-\varphi)+\sin(\theta+A+\varphi)],$$

$$\nu = -\frac{\sin\omega}{2}[\sin(\theta+\varphi)+\sin(\theta-\varphi)]+\cos\omega\sin\varphi.$$

Comme l'obliquité de l'écliptique ω est à très-peu près constante, on voit qu'il est facile de réduire les valeurs précédentes en Tables, et pour cela il n'y aura qu'à construire quatre Tables, dont la première donne les valeurs de $\frac{\sin\omega}{2}\sin V$, pour tous les degrés et les minutes de V, depuis zéro jusqu'à 90 degrés; la seconde donne de même les valeurs de $\frac{1+\cos\omega}{4}\sin V$; la troisième donne celles de $\frac{1-\cos\omega}{4}\sin V$, et enfin la quatrième donne les valeurs de $\cos\omega\sin V$; et il est visible que, pour avoir cette quatrième Table, il n'y aura qu'à soustraire les nombres de la troisième de ceux de la seconde, et doubler ensuite les différences.

Ces Tables, une fois construites, serviront pour trouver les valeurs de λ, μ, ν pour un temps quelconque et pour un lieu quelconque de la Terre.

Pour cet effet, on prendra dans la première Table, pour μ, les arguments $\varphi - A$ et $180° - \varphi - A$; pour λ, leurs compléments à 90 degrés, et pour ν, les arguments $\varphi - \theta$ et $180° + \varphi + \theta$; dans la seconde Table, on prendra pour μ les arguments $\theta - A + \varphi$ et $\theta - A - \varphi$; pour λ, leurs compléments à 90 degrés; dans la troisième Table, on prendra pour μ les arguments $\varphi - A - \theta$ et $360° - \varphi - A - \theta$; pour λ, leurs compléments à 90 degrés; enfin, dans la quatrième Table, on prendra pour ν l'argument φ.

Ajoutant ensemble les différents nombres qui répondent à ces arguments, on aura sur-le-champ les valeurs des quantités λ, μ, ν.

Pour rendre ces Tables d'un usage aussi général qu'il est possible, il sera bon de les calculer pour l'obliquité moyenne 23°28', et d'y ajouter ensuite les différences pour la variation d'une minute dans l'obliquité ω. Ces différences sont très-faciles à trouver, d'après les Tables mêmes; car, à cause de $d\sin\omega = \cos\omega \, d\omega$ et $d\cos\omega = -\sin\omega \, d\omega$, il est visible que, pour avoir les différences de la première Table, il n'y aura qu'à prendre la moitié des nombres de la quatrième, et à les multiplier par $\sin 1'$; pour avoir celles de la seconde Table, on prendra la moitié des nombres de la première et on les multipliera par $\sin 1'$; pour avoir celles de la troisième Table, on prendra les différences de la seconde avec des signes contraires; enfin, pour avoir les différences de la quatrième Table, il n'y aura qu'à prendre le double des nombres de la première, et à les multiplier aussi par $\sin 1'$.

23. Je remarque, de plus, que, comme les quantités λ, μ, ν doivent être multipliées par ϖ ou Π, si l'on fait $\varpi = \sin\psi$ et $\Pi = \sin\Psi$, en sorte que ψ et Ψ soient les angles des plus grandes parallaxes des deux astres, on aura à calculer les quantités

$$\lambda\sin\psi, \quad \mu\sin\psi, \quad \nu\sin\psi, \quad \text{et} \quad \lambda\sin\Psi, \quad \mu\sin\Psi, \quad \nu\sin\Psi;$$

or la plus grande de toutes les parallaxes des astres étant celle de la Lune, qui ne va qu'à environ 1 degré, et la plus grande valeur de λ, μ, ν étant 1, à cause de $\lambda^2 + \mu^2 + \nu^2 = 1$, je dis qu'on pourra, sans

55.

erreur sensible, changer les quantités précédentes en

$$\sin\lambda\psi, \quad \sin\mu\psi, \quad \sin\nu\psi, \quad \sin\lambda\Psi, \quad \sin\mu\Psi, \quad \sin\nu\Psi.$$

En effet, la différence entre $\lambda\sin\psi$ et $\sin\lambda\psi$ est nulle lorsque $\lambda = 0$ et $\lambda = 1$; donc cette différence sera la plus grande pour une valeur de λ moindre que 1. Or, lorsque ψ est 1 degré, on a à très-peu près $\lambda\sin\psi = \lambda\left(\psi - \dfrac{\psi^3}{2.3}\right)$ et $\sin\lambda\psi = \lambda\psi - \dfrac{\lambda^3\psi^3}{2.3}$; donc la différence de ces deux quantités sera à très-peu près $\dfrac{\lambda - \lambda^3}{2.3}\,\psi^3$, laquelle devient la plus grande lorsque $\lambda = \dfrac{1}{\sqrt{3}}$. Or, en faisant $\psi = 1°$ et $\lambda = \dfrac{1}{\sqrt{3}}$, je trouve $\lambda\sin\psi = \sin 34'38'',47$, et $\lambda\psi = 34'38'',46$; d'où l'on voit que la différence des deux angles n'est que d'un centième de seconde dans le cas où elle est le plus grande.

Cette remarque fournit un moyen de faciliter beaucoup la construction et l'usage des Tables que nous avons proposées; car, comme on n'a besoin que des angles $\lambda\psi$, $\mu\psi$, $\nu\psi$, où ψ n'est guère $> 1°$, j'observe que, si l'on construit les Tables dont il s'agit en sorte qu'elles donnent pour tous les angles V les valeurs des quantités

$$\frac{\sin\omega}{2}\sin V \times 1°, \qquad \frac{1 + \cos\omega}{4}\sin V \times 1°,$$

$$\frac{1 - \cos\omega}{4}\sin V \times 1°, \quad \text{et} \quad \cos\omega\sin V \times 1°,$$

en degrés, minutes, secondes, etc., on aura sur-le-champ, d'après ces Tables, les valeurs des angles $\lambda\psi$, $\mu\psi$, $\nu\psi$, lorsque $\psi = 1°$; et de là, en changeant seulement dans ces valeurs les degrés en minutes, les minutes en secondes, etc., on aura la valeur des mêmes angles pour $\psi = 1'$; de même, en changeant dans les premières valeurs les degrés en secondes, etc., on aura les valeurs des angles dont il s'agit pour $\psi = 1''$, et ainsi de suite; d'où il sera possible d'avoir les véritables valeurs de $\lambda\psi$, $\mu\psi$, $\nu\psi$, pour une valeur quelconque de ψ exprimée en degrés, minutes et secondes.

A l'égard des différences correspondantes à une minute de variation dans l'obliquité ω de l'écliptique, il sera aussi beaucoup plus facile de les trouver dans les Tables que nous venons de proposer, que dans les premières; car, puisque $1° \times \sin 1' = 1'',05$, il est clair que, pour avoir les différences de la première Table, il n'y aura qu'à prendre la moitié des nombres de la quatrième Table, en y changeant les degrés en secondes, et ainsi du reste.

Par les Tables dont il s'agit, on trouvera donc avec la plus grande facilité les valeurs des angles

$$\lambda\psi, \quad \mu\psi, \quad \nu\psi, \quad \lambda\Psi, \quad \mu\Psi, \quad \nu\Psi,$$

et les sinus de ces angles seront les valeurs de

$$\varpi\lambda, \quad \varpi\mu, \quad \varpi\nu, \quad \Pi\lambda, \quad \Pi\mu, \quad \Pi\nu$$

qui entrent dans les expressions de p', q', P', Q' (19).

ARTICLE III. — *Usage des méthodes précédentes pour calculer les éclipses de Soleil, les passages des planètes sur son disque, les occultations des étoiles fixes et des planètes par la Lune, et pour déduire des observations de ces phénomènes les éléments des planètes.*

24. Rien ne doit maintenant être plus facile que d'appliquer les formules et les méthodes des Articles précédents à la solution des différentes questions astronomiques qui dépendent de la parallaxe. Les principales questions de ce genre sont celles qui concernent les éclipses de Soleil, les passages de Vénus et de Mercure sur son disque, et les occultations des étoiles fixes et des planètes par la Lune : c'est aussi à la discussion de ces sortes de questions que nous destinons principalement cet Article.

Comme dans toutes ces questions on n'a communément d'autre but que de déterminer la distance apparente des deux astres qui passent

très-près l'un de l'autre, nous supposerons, en général, que le premier
astre soit celui qui est le plus éloigné de la Terre, et que le second
soit celui qui en est le plus près; ainsi A, B, Π désigneront toujours
la longitude, la latitude et le sinus de la parallaxe horizontale, ou, plus
exactement, de la plus grande parallaxe de hauteur de l'astre le plus
éloigné, et a, b, ϖ désigneront la longitude, la latitude et le sinus de
la parallaxe horizontale de l'astre le plus proche de la Terre; les autres
dénominations demeureront les mêmes que dans les Articles précédents.

Considérons d'abord le cas d'une éclipse de Soleil ou d'un passage
sur son disque; A sera donc la longitude du Soleil, B sera $= 0$, et
Π sera le sinus de la parallaxe horizontale du Soleil, en sorte que
$\Pi = \sin 8''\frac{1}{2}$. Ensuite a sera la longitude de la Lune ou de la planète,
b leur latitude, et ϖ le sinus de leur parallaxe horizontale.

Dans ce cas, il est clair que, à cause de B $= 0$, les formules des nᵒˢ 20
et 21 reviennent au même, et l'on aura d'abord, par ces formules,
L $= 1$, M $= 0$, N $= 0$, ce qui donnera (19)

$$P' = -\frac{\Pi\mu}{1 - \Pi\lambda}, \quad Q' = -\frac{\Pi\nu}{1 - \Pi\lambda},$$

en sorte que ces quantités seront nécessairement très-petites.

Cette circonstance nous met dans le cas de simplifier l'expression de
tang Σ', en y négligeant différents termes comme absolument insensibles; mais, pour que cette omission ne nuise pas à la précision requise, il faut examiner *a priori* quelle est la plus grande erreur qui en
peut résulter.

25. Pour cela, nous commencerons par mettre l'expression de tang Σ'
du nᵒ 19 sous une forme un peu plus simple, que voici.

Il est clair que

$$p'Q' - q'P' = Q'(p' - P') - P'(q' - Q'),$$

et

$$P'p' + Q'q' = P'^2 + Q'^2 + P'(p' - P') + Q'(q' - Q');$$

de sorte que, à cause de

$$[Q'(p'-P')-P'(q'-Q')]^2 + [P'(p'-P')+Q'(q'-Q')]^2$$
$$= (P'^2+Q'^2)[(p'-P')^2+(q'-Q')^2],$$

si l'on fait, pour abréger,

$$\sqrt{(p'-P')^2+(q'-Q')^2} = \tan g\,\sigma,$$

$$\frac{Q'(p'-P')-P'(q'-Q')}{P'(p'-P')+Q'(q'-Q')} = \tan g\,s,$$

$$\sqrt{P'^2+Q'^2} = f,$$

on aura

$$p'Q'-q'P' = f\tan g\,\sigma\sin s, \qquad 1+P'p'+Q'q' = 1+f\tan g\,\sigma\cos s+f^2,$$

et l'expression de $\tan g\,\Sigma'$ deviendra

$$\tan g\,\Sigma' = \frac{\tan g\,\sigma\sqrt{1+f^2\sin^2 s}}{1+f\cos s\tan g\,\sigma+f^2}.$$

Si P' et Q' étaient nuls, on aurait $f = 0$; donc $\tan g\,\Sigma' = \tan g\,\sigma$ et $\Sigma' = \sigma$. Donc, lorsque P' et Q' sont seulement très-petits, l'angle Σ' dif-férera de l'angle σ d'une quantité du même ordre.

Pour trouver cette différence, nous nous servirons des formules que nous avons données dans notre *Mémoire sur la solution de quelques Pro-blèmes*, etc., imprimé parmi ceux de Berlin pour l'année 1776 (*). Dans ce Mémoire, nous avons trouvé (31) que, si l'on a l'équation

$$\tan g\,x = \frac{a\sin y+b\cos y}{\cos y+p\sin y} = \frac{a\tan g\,y+b}{1+p\tan g\,y},$$

et qu'on fasse

$$\frac{b-p}{1+a} = \tan g\,\alpha, \qquad \frac{b+p}{1-a} = \tan g\,\beta, \qquad \frac{\sqrt{(1-a)^2+(b+p)^2}}{\sqrt{(1+a)^2+(b-p)^2}} = K,$$

(*) *OEuvres de Lagrange*, t. IV, p. 297.

on aura

$$x = y + z - K \sin(2y + \alpha - \beta) + \frac{K^2}{2} \sin 2(2y + \alpha - \beta) - \frac{K^3}{3} \sin 3(2y + \alpha - \beta) + \dots$$

Appliquant cela à notre cas, on fera

$$a = \frac{\sqrt{1 + f^2 \sin^2 s}}{1 + f^2}, \quad p = \frac{f \cos s}{1 + f^2}, \quad b = 0,$$

$$\Sigma' = x, \quad \sigma = y;$$

de sorte qu'on aura

$$\Sigma' = \sigma + \alpha - K \sin(2\sigma + \alpha - \beta) + \frac{K^2}{2} \sin 2(2\sigma + \alpha - \beta) - \dots$$

Or il est visible, par l'équation entre $\tang \Sigma'$ et $\tang \sigma$, que $\Sigma' = 0$ lorsque $\sigma = 0$; donc on aura alors

$$\alpha - K \sin(\alpha - \beta) + \frac{K^2}{2} \sin 2(\alpha - \beta) - \dots = 0.$$

Substituant donc cette valeur de α dans la formule précédente et faisant, pour plus de simplicité, $\alpha - \beta = \gamma$, on aura

$$\Sigma' = \sigma - 2K \sin \sigma \cos(\sigma + \gamma) + \frac{2K^2}{2} \sin 2\sigma \cos 2(\sigma + \gamma) - \frac{2K^3}{3} \sin 3\sigma \cos 3(\sigma + \gamma) + \dots$$

Or, à cause de $b = 0$, on aura

$$\tang \gamma = \tang(\alpha - \beta) = - \frac{2p}{1 - a^2 - p^2},$$

ce qui, en substituant les valeurs de a et p et réduisant, donne

$$\tang \gamma = - \frac{2 \cos s}{f};$$

et, par les mêmes substitutions, on trouvera

$$K = \frac{f \sqrt{\cos^2 s + \frac{f^2}{4}}}{1 + \frac{f^2}{2} + \sqrt{1 + f^2 \sin^2 s}}.$$

Or il est visible que la plus grande valeur de K a lieu lorsque $s = 0$, ce qui donne

$$K = \frac{f\sqrt{1 + \frac{f^2}{4}}}{2 + \frac{f^2}{2}} = \frac{f}{2\sqrt{1 + \frac{f^2}{4}}} < \frac{f}{2},$$

d'où l'on peut conclure que K est toujours nécessairement moindre que $\frac{f}{2}$.

Or

$$f = \sqrt{P'^2 + Q'^2} = \frac{\Pi\sqrt{\mu^2 + \nu^2}}{1 - \Pi\lambda};$$

c'est-à-dire, à cause de $\lambda^2 + \mu^2 + \nu^2 = 1$,

$$f = \frac{\Pi\sqrt{1 - \lambda^2}}{1 - \Pi\lambda}.$$

Cette quantité est nulle lorsque $\lambda = 1$ ou -1, qui sont les deux valeurs extrêmes de λ; et son maximum a lieu lorsque $\lambda = \Pi$, auquel cas $f = \frac{\Pi}{\sqrt{1 - \Pi^2}}$. Donc, comme $\Pi = \sin\Psi$, Ψ étant la parallaxe horizontale du Soleil, on aura, pour la plus grande valeur de f, $\tang\Psi$; d'où je conclus enfin que K est toujours $< \frac{\tang\Psi}{2}$.

Comme l'on a $\Psi = 8''\frac{1}{2}$, on voit que K est une fraction excessivement petite; de sorte que la série qui exprime la différence entre les angles Σ' et σ est nécessairement très-convergente. Le premier terme de cette série, étant $2K\sin\sigma\cos(\sigma + \gamma)$, sera toujours $< 2K\sin\sigma$, et par conséquent $< 8''\frac{1}{2}\sin\sigma$.

Donc, tant que $\sin\sigma$ ne sera pas $> \frac{1}{10}$, ce terme donnera toujours un angle $< 1''$. Ainsi, lorsqu'on voudra négliger les tierces dans la valeur de Σ', on pourra négliger le terme dont il s'agit et tous les suivants, et prendre simplement $\Sigma = \sigma$, du moins tant que σ ne sera guère $> 5°$.

26. Dans les éclipses de Soleil, la plus grande distance apparente des centres ne surpasse pas 34 minutes, somme des plus grands demi-diamètres du Soleil et de la Lune, et cette distance est encore plus petite dans les passages des planètes; donc Σ' et σ ne seront pas $> 34'$; donc $\sin\sigma < \frac{1}{100}$. Par conséquent le premier terme de la série qui exprime la différence entre Σ' et σ sera $< 0'',1$.

D'où il s'ensuit que dans les éclipses de Soleil, et à plus forte raison dans les passages de Vénus et de Mercure sur le disque du Soleil, on peut prendre $\Sigma' = \sigma$ sans commettre une erreur d'un dixième de seconde. On aura donc simplement, pour la distance apparente Σ' dans ces sortes de phénomènes, la formule

$$\tan\Sigma' = \sqrt{(p' - \mathrm{P}')^2 + (q' - \mathrm{Q}')^2}.$$

27. Cette expression de $\tan\Sigma'$, quoique déjà fort réduite, est néanmoins susceptible de l'être encore davantage.

Et d'abord, comme les quantités P' et Q' sont extrêmement petites, on pourrait les négliger tout à fait vis-à-vis de p' et q'; mais il est bon d'apprécier l'erreur qui en résulterait.

Pour cela, je remarque, en général, que toute quantité de la forme $\sqrt{(a+\alpha)^2 + (b+\beta)^2}$ est nécessairement comprise entre ces deux limites $\sqrt{a^2 + b^2} + \sqrt{\alpha^2 + \beta^2}$ et $\sqrt{a^2 + b^2} - \sqrt{\alpha^2 + \beta^2}$, de sorte qu'en négligeant les quantités α et β on ne commet, sur la valeur de $\sqrt{(a+\alpha)^2 + (b+\beta)^2}$, qu'une erreur moindre que $\sqrt{\alpha^2 + \beta^2}$.

En effet, on a

$$(a+\alpha)^2 + (b+\beta)^2 = a^2 + b^2 + \alpha^2 + \beta^2 + 2(a\alpha + b\beta);$$

mais

$$(a\alpha + b\beta)^2 = (a^2 + b^2)(\alpha^2 + \beta^2) - (a\beta - b\alpha)^2;$$

donc $a\alpha + b\beta$ sera toujours nécessairement comprise entre ces limites $\pm\sqrt{a^2 + b^2}\sqrt{\alpha^2 + \beta^2}$; donc les limites de $(a+\alpha)^2 + (b+\beta)^2$ seront

$$a^2 + b^2 + \alpha^2 + \beta^2 \pm 2\sqrt{a^2 + b^2}\sqrt{\alpha^2 + \beta^2} = (\sqrt{a^2 + b^2} \pm \sqrt{\alpha^2 + \beta^2})^2;$$

donc les limites de $\sqrt{(a+\alpha)^2 + (b+\beta)^2}$ sont $\sqrt{a^2 + b^2} \pm \sqrt{\alpha^2 + \beta^2}$.

Il s'ensuit de là que la valeur de $\tan\Sigma'$ sera toujours comprise entre ces limites $\sqrt{p'^2 + q'^2} \pm \sqrt{P'^2 + Q'^2}$; de sorte qu'en prenant simplement

$$\operatorname{tang} \Sigma' = \sqrt{p'^2 + q'^2},$$

l'erreur ne surpassera jamais $\sqrt{P'^2 + Q'^2}$.

Or on a trouvé plus haut (25) que la plus grande valeur de $\sqrt{P'^2 + Q'^2}$ est $\operatorname{tang} \Psi$; donc, si l'on fait $\sqrt{p'^2 + q'^2} = \operatorname{tang} \sigma'$, on aura, dans les cas extrêmes,

$$\operatorname{tang} \Sigma' = \operatorname{tang} \sigma' \pm \operatorname{tang} \Psi.$$

Or

$$\operatorname{tang} \sigma' \pm \operatorname{tang} \Psi = (1 \mp \operatorname{tang} \sigma' \operatorname{tang} \Psi) \operatorname{tang}(\sigma' \pm \Psi);$$

de sorte que

$$\operatorname{tang} \sigma' + \operatorname{tang} \Psi < \operatorname{tang}(\sigma' + \Psi), \quad \text{et} \quad \operatorname{tang} \sigma' - \operatorname{tang} \Psi > \operatorname{tang}(\sigma' - \Psi);$$

par conséquent on aura, dans les cas extrêmes,

$$\operatorname{tang} \Sigma' < \operatorname{tang}(\sigma' + \Psi), \quad \text{ou} \quad \operatorname{tang} \Sigma' > \operatorname{tang}(\sigma' - \Psi);$$

donc

$$\Sigma' < \sigma' + \Psi \quad \text{et} \quad > \sigma' - \Psi.$$

D'où il est aisé de conclure qu'en prenant $\Sigma' = \sigma'$, c'est-à-dire $\operatorname{tang} \Sigma' = \sqrt{p'^2 + q'^2}$, l'erreur qu'on pourra commettre sur l'angle Σ' ne pourra jamais surpasser l'angle Ψ, qui est égal à la parallaxe horizontale du Soleil. Mais aussi cette erreur ne sera pas tout à fait à négliger, lorsqu'on voudra porter la précision jusqu'aux secondes inclusivement.

28. En général, il est facile de déduire de l'analyse précédente que si, au lieu de la véritable équation

$$\operatorname{tang} \Sigma' = \sqrt{(p' - P')^2 + (q' - Q')^2},$$

on prend celle-ci

$$\operatorname{tang} \Sigma' = \sqrt{(p' - P' + \alpha)^2 + (q' - Q + \beta)^2},$$

α et β étant des quantités quelconques, l'erreur qui en résultera dans la valeur de l'angle Σ' sera toujours moindre que l'angle qui aurait pour tangente $\sqrt{\alpha^2 + \beta^2}$.

Comme $p' = \dfrac{m - \varpi\mu}{l - \varpi\lambda}$ et $q' = \dfrac{n - \varpi\nu}{l - \varpi\lambda}$ (19), si l'on suppose $\alpha - \mathrm{P}' = \dfrac{\Pi\,l\mu}{l - \varpi\lambda}$,

$\beta - \mathrm{Q}' = \dfrac{\Pi\,l\nu}{l - \varpi\lambda}$, on aura

$$\operatorname{tang}\Sigma' = \frac{\sqrt{[m - (\varpi - \Pi l)\,\mu\,]^2 + [n - (\varpi - \Pi l)\,\nu\,]^2}}{l - \varpi\lambda},$$

et la valeur de Σ', déduite de cette équation, ne pourra jamais différer de la véritable, d'un angle plus grand que celui dont la tangente sera $\sqrt{\alpha^2 + \beta^2}$. Or

$$\alpha = \frac{\Pi\,l\mu}{l - \varpi\lambda} - \frac{\Pi\,\mu}{1 - \Pi\lambda}, \quad \text{et} \quad \beta = \frac{\Pi\,l\nu}{l - \varpi\lambda} - \frac{\Pi\,\nu}{1 - \Pi\lambda};$$

donc

$$\sqrt{\alpha^2 + \beta^2} = \Pi\,\sqrt{\mu^2 + \nu^2}\left(\frac{l}{l - \varpi\lambda} - \frac{1}{1 - \Pi\lambda}\right) = \frac{\Pi\,(\varpi - \Pi l)\,\lambda\,\sqrt{1 - \lambda^2}}{(l - \varpi\lambda)\,(1 - \Pi\lambda)},$$

à cause de $\mu^2 + \nu^2 = 1 - \lambda^2$.

La plus grande valeur de $\lambda\sqrt{1 - \lambda^2}$ a lieu lorsque $\lambda = \sqrt{\tfrac{1}{2}}$, ce qui donne $\lambda\sqrt{1 - \lambda^2} = \tfrac{1}{2}$; de plus

$$(l - \varpi\lambda)\,(1 - \Pi\lambda) = l - (\varpi + \Pi)\lambda + \varpi\Pi\lambda^2 > l - (\varpi + \Pi)\lambda > l - \varpi - \Pi,$$

à cause que λ est toujours renfermé entre $+1$ et -1. Donc on aura nécessairement

$$\sqrt{\alpha^2 + \beta^2} < \frac{\Pi\,(\varpi - \Pi l)}{2\,(l - \varpi - \Pi)}.$$

Donc, comme $\Pi = \sin 8''\tfrac{1}{2}$, l'angle dont la tangente est $\sqrt{\alpha^2 + \beta^2}$ sera $< 8''\tfrac{1}{2} \times \dfrac{\varpi - \Pi l}{2\,(l - \varpi - \Pi)}$. Mais pour la Lune on a environ $\varpi = \sin 1^\circ = \tfrac{1}{60}$, et cette quantité est encore beaucoup moindre pour Vénus et Mercure; donc l'angle dont il s'agit sera $< \dfrac{8''}{2\,(l - \varpi - \Pi)}$; et, comme $l = \cos t \cos b$ (20) $=$ à peu près 1, à cause que t et b sont toujours des angles fort petits dans les éclipses et dans les passages, il s'ensuit que l'angle en question ne sera jamais que de quelques tierces, dans les cas extrêmes.

Enfin, au lieu du terme Πl qui entre dans la dernière expression de $\tan g \Sigma'$, on pourra, pour plus de simplicité, mettre simplement Π, et la plus grande erreur qui en pourra résulter dans la valeur de Σ' sera, par la théorie précédente, égale à l'angle dont la tangente serait

$$\frac{\Pi(1-l)\sqrt{\mu^2+\nu^2}}{l-\varpi\lambda}=\frac{\Pi(1-l)\sqrt{1-\lambda^2}}{l-\varpi\lambda}.$$

La plus grande valeur de $\dfrac{\sqrt{1-\lambda^2}}{l-\varpi\lambda}$ a lieu lorsque $\lambda=\dfrac{\varpi}{l}$, et elle est par conséquent

$$\frac{1}{\sqrt{l^2-\varpi^2}}.$$

Donc, à cause de $\Pi=\sin 8''\frac{1}{2}$, l'angle dont il s'agit sera $<8''\frac{1}{2}\times\dfrac{1-l}{\sqrt{l^2-\varpi^2}}$. Cette quantité est, comme l'on voit, encore plus petite que celle que nous avons négligée ci-dessus; par conséquent la substitution de Π à la place de Πl n'augmentera pas l'erreur sur la distance apparente.

29. Nous venons donc de démontrer rigoureusement que, dans les éclipses de Soleil et dans les passages des planètes par son disque, la distance apparente Σ' des centres peut être déterminée par la formule

$$\tan g\Sigma'=\frac{\sqrt{[m-(\varpi-\Pi)\mu]^2+[n-(\varpi-\Pi)\nu]^2}}{l-\varpi\lambda},$$

sans que la plus grande erreur puisse aller au delà de quelques tierces.

Cette formule se réduit, par ce qu'on a démontré dans l'Article II, à celle-ci

$$\tan g\Sigma'=\frac{\sqrt{[\sin t\cos b-\sin(\mu\psi-\mu\Psi)]^2+[\sin b-\sin(\nu\psi-\nu\Psi)]^2}}{\cos t\cos b-\sin\lambda\psi},$$

dans laquelle b est la latitude de la Lune ou de la planète dont on observe le passage, t l'excès de la longitude de la Lune ou de la planète sur celle du Soleil, ψ la plus grande parallaxe de hauteur de la Lune ou de la planète, et Ψ la plus grande parallaxe de hauteur du Soleil. Les coefficients λ, μ, ν sont des quantités dépendantes uniquement de la longitude A du Soleil, de la latitude réduite φ du lieu de l'observateur, et de l'ascension droite θ du milieu du ciel, et qu'on trouvera aisément par les Tables que nous avons proposées.

30. Comme tous les angles qui entrent dans cette formule sont toujours très-petits, n'y en ayant aucun qui puisse surpasser 1 degré dans les éclipses de Soleil et dans les passages des planètes sur son disque, on peut, sans erreur sensible, la réduire à

$$\Sigma' = \frac{\sqrt{[t - \mu(\psi - \Psi)]^2 + [b - \nu(\psi - \Psi)]^2}}{1 - \sin\lambda\psi},$$

et cette formule sera suffisamment exacte lorsqu'on ne voudra pas pousser la précision jusqu'aux secondes de degré; mais, pour être sûr des secondes, il faudra toujours avoir recours à la précédente.

Au reste, si l'on néglige dans le dénominateur de cette formule le terme $\sin\lambda\psi$, on a, pour la distance apparente Σ', la même valeur qu'on trouve par la méthode ordinaire des projections; d'où l'on voit que, pour avoir une exactitude suffisante, il faut augmenter cette valeur dans la raison de $1 - \sin\lambda\psi : 1$; c'est ce que j'ai démontré ailleurs, d'après les principes mêmes de la projection, en donnant de plus un moyen de faire entrer cette correction dans la construction même de la projection.

31. On peut donc, par les formules précédentes, déterminer avec plus ou moins d'exactitude la distance apparente des centres dans un instant quelconque; par conséquent on peut juger des circonstances de l'éclipse ou du passage, et il est clair que le commencement et la fin du phénomène auront lieu lorsque la distance apparente Σ' sera égale à la somme des demi-diamètres apparents des deux astres.

Pour le Soleil et pour les planètes principales, le diamètre apparent est toujours le même, quelle que soit la hauteur de ces astres sur l'horizon; du moins la variation est trop insensible pour qu'il soit néces-. saire d'en tenir compte, à cause de l'excessive petitesse de la parallaxe de ces astres. Ainsi il suffit de prendre leurs diamètres apparents, tels que les Tables astronomiques les donnent pour le temps dont il s'agit.

Il n'en est pas de même pour la Lune; car, cette planète ayant une parallaxe considérable, son diamètre apparent augmente d'une manière sensible, à mesure que la hauteur sur l'horizon est plus grande : c'est ce qu'on appelle en Astronomie l'*augmentation du diamètre de la Lune*, et l'on a des Tables qui donnent cette augmentation pour tous les degrés de hauteur de la Lune. Voici comment on pourra tenir compte de cette variation par nos formules.

32. Soit d le demi-diamètre horizontal de la Lune donné par les Tables, et d' son demi-diamètre apparent dans un instant quelconque; il est visible que, r étant la distance du centre de la Lune au centre de la Terre, et r' la distance du centre de la Lune au lieu de l'observateur, on aura également $r \sin d$ et $r' \sin d'$ pour le demi-diamètre réel de la Lune dans son orbite. Donc $r \sin d = r' \sin d'$; par conséquent

$$\sin d' = \frac{r \sin d}{r'}.$$

Or, par le n° 10, on a

$$\frac{r'}{r} = \sqrt{(l - \varpi\lambda)^2 + (m - \varpi\mu)^2 + (n - \varpi\nu)^2};$$

ainsi il n'y aura qu'à diviser la valeur de $\sin d$ par cette quantité pour avoir celle de $\sin d'$.

Par la formule du n° 29 on a

$$\sqrt{[m - (\varpi - \Pi)\mu]^2 + [n - (\varpi - \Pi)\nu]^2} = (l - \varpi\lambda) \tan \Sigma';$$

si l'on néglige les termes $\Pi\mu$ et $\Pi\nu$, et qu'on prenne $(l - \varpi\lambda) \tan \Sigma'$ pour la valeur de $\sqrt{(m - \varpi\mu)^2 + (n - \varpi\nu)^2}$, on ne commettra dans cette valeur qu'une erreur moindre que $\sqrt{\mu^2 + \nu^2}$ par le n° 27, c'est-à-dire (à cause de $\lambda^2 + \mu^2 + \nu^2 = 1$) moindre que Π, ou $\sin 8''\frac{1}{2}$, quantité presque inappréciable.

Qu'on substitue donc la valeur dont il s'agit dans l'expression de $\dfrac{r'}{r}$, on aura

$$\frac{r'}{r} = (l - \varpi\lambda)\sqrt{1 + \tan g^2 \Sigma'} = \frac{l - \varpi\lambda}{\cos \Sigma'}.$$

Donc on aura enfin

$$\sin d' = \frac{\sin d \cos \Sigma'}{l - \varpi\lambda}.$$

33. Cela posé, soit D le demi-diamètre horizontal du Soleil donné par les Tables; il est clair que l'éclipse commencera ou finira lorsque $\Sigma' = D + d'$; de sorte qu'on aura pour le commencement ou pour la fin $d' = \Sigma' - D$, par conséquent

$$\sin d' = \sin \Sigma' \cos D - \cos \Sigma' \sin D;$$

substituant donc la valeur précédente de $\sin d'$, on aura

$$\frac{\sin d \cos \Sigma'}{l - \varpi\lambda} = \sin \Sigma' \cos D - \cos \Sigma' \sin D;$$

d'où l'on tire

$$\tan g \Sigma' = \tan g D + \frac{\sin d}{(l - \varpi\lambda) \cos D}.$$

Donc pour le commencement et pour la fin de l'éclipse on aura, en substituant la valeur de $\tan g \Sigma'$ du n° 29,

$$\left[\frac{\sin d}{\cos D} + (l - \varpi\lambda) \tan g D\right]^2 = [m - (\varpi - \mathbf{\Pi})\mu]^2 + [n - (\varpi - \mathbf{\Pi})\nu]^2,$$

équation d'où l'on pourra conclure l'instant précis de ces phases; mais la solution directe de cette équation est impossible, à cause qu'elle renferme les sinus et les cosinus des angles ι, b, A et θ, qui varient avec des vitesses différentes; c'est pourquoi il faut se contenter d'une solution approchée, qu'on peut d'ailleurs rendre aussi exacte qu'on voudra.

Au reste, comme l'usage de cette solution ne consisterait qu'à déterminer l'instant précis du commencement ou de la fin de l'éclipse, ce

qui est de peu d'importance dans l'Astronomie, nous ne nous y arrêterons pas.

34. Le but principal des observations des éclipses de Soleil étant de
déterminer les différences de longitude des différents lieux de la Terre,
et de corriger en même temps les éléments de la théorie lunaire, et les
meilleures observations pour cet objet étant celles du commencement
et de la fin de l'éclipse, nous allons voir comment on y peut employer
la formule précédente. Je la mets d'abord sous la forme suivante

$$\left[\frac{\sin d}{\cos D} + (\cos t \cos b - \sin \lambda \psi) \tan g D\right]^2$$
$$= [\sin t \cos b - \sin(\mu \psi - \mu \Psi)]^2 + [\sin b - \sin(\nu \psi - \nu \Psi)]^2,$$

et j'observe que, l'instant de l'observation étant connu, ainsi que la latitude du lieu de l'observateur, on aura facilement, par les Tables pro-
posées dans le n° 22, les valeurs des angles $\lambda \psi$, $\mu(\psi - \Psi)$ et $\nu(\psi - \Psi)$,
pourvu qu'on connaisse seulement à peu près la longitude de ce lieu;
car cette longitude n'entre dans les valeurs de λ, μ, ν qu'autant que la
longitude du Soleil A en dépend (22); et l'on sait qu'une différence
de 180 degrés dans la longitude des lieux ne peut produire qu'environ
30 minutes de différence dans le lieu du Soleil, en sorte qu'une erreur
de 1 degré sur la longitude n'en produira qu'une de 10 secondes sur le
lieu du Soleil, quantité de nulle considération, surtout dans l'évaluation des valeurs de λ, μ, ν.

Si donc on regarde aussi comme connus par les Tables les demi-diamètres d et D de la Lune et du Soleil, on aura une équation entre
les angles t et b, ou plutôt entre leurs sinus et cosinus, t étant
$=$ longit. ☾ $-$ longit. ☉, et $b =$ latit. ☾ à l'instant de l'observation;
de sorte qu'en supposant connue par les Tables la latitude b, on trouvera la différence de longitude t, et de là, par les mouvements horaires,
on aura l'instant de la conjonction.

Lorsqu'on a observé dans un même lieu le commencement et la fin
de l'éclipse, on a pour ces deux instants deux équations semblables à la

VII.

précédente, dans lesquelles les angles D et d sont les mêmes. De là, en
admettant les mouvements horaires des Tables, on pourra déduire les
valeurs de t et de b pour l'une des observations.

Car soient α la différence des mouvements horaires en longitude du
Soleil et de la Lune, β le mouvement horaire en latitude de la Lune, ce
mouvement étant supposé dirigé vers le pôle boréal, T la durée totale
de l'éclipse exprimée en heures et en décimales d'heure; il est visible
que, si t et b sont les valeurs qui ont lieu pour le commencement de
l'éclipse, ces valeurs deviendront pour la fin $t + \alpha$T et $b + \beta$T. On
fera donc ces substitutions dans l'équation qui se rapporte à la fin de
l'éclipse, et l'on aura ainsi deux équations entre t et b, par lesquelles
on déterminera ces angles. De là on conclura que la conjonction sera
arrivée $-\dfrac{t}{\alpha}$ heures après l'instant du commencement de l'éclipse, et la
latitude de la Lune, à l'instant de la conjonction, aura été $= b - \dfrac{\beta t}{\alpha}$.
Comparant les temps de la conjonction pour différents lieux de la Terre,
on aura leur différence en longitude, et les latitudes trouvées serviront
à corriger les éléments de la théorie de la Lune.

35. Dénotons, pour plus de simplicité, par f, g, h les valeurs des
angles $\lambda\psi$, $\mu(\psi - \Psi)$, $\nu(\psi - \Psi)$ pour le commencement de l'éclipse, et
par F, G, H leurs valeurs pour l'instant de la fin de l'éclipse; les équa-
tions par où il faudra déterminer t et b seront

$$\left[\frac{\sin d}{\cos D} + (\cos t \cos b - \sin f)\, \mathrm{tang}\, D\right]^2 = (\sin t \cos b - \sin g)^2 + (\sin b - \sin h)^2,$$

et

$$\left[\frac{\sin d}{\cos D} + [\cos(t + \alpha T)\cos(b + \beta T) - \sin F]\, \mathrm{tang}\, D\right]^2$$
$$= [\sin(t + \alpha T)\cos(b + \beta T) - \sin G]^2 + [\sin(b + \beta T) - \sin H]^2.$$

Comme tous les angles qui entrent dans ces formules sont toujours
très-petits, on peut, pour une première approximation, mettre ces for-

mules sous la forme suivante

$$[d + (1 - \sin f)\,D]^2 = (t - g)^2 + (b - h)^2,$$
$$[d + (1 - \sin F)\,D]^2 = (t + \alpha T - G)^2 + (b + \beta T - H)^2.$$

Si l'on ôte la première de la seconde, on aura une équation où t et b ne se trouveront qu'à la première dimension; donc si, par son moyen, on élimine b de la première, on aura une équation en t du second degré, laquelle aura par conséquent deux racines; ainsi l'on aura des valeurs de t et des valeurs correspondantes de b, qui satisferont également à la question envisagée analytiquement, et l'on ne pourra pas déterminer *a priori* lesquelles de ces valeurs il faut choisir; mais on pourra toujours le déterminer *a posteriori*, puisque la latitude b est déjà à très-peu près connue par les Tables, cette latitude ne variant que très-peu dans l'intervalle de la durée d'une éclipse.

Ces dernières équations donneront, dans la plupart des cas, une exactitude suffisante; mais, lorsqu'on voudra pousser cette exactitude plus loin et être assuré des secondes, il faudra employer les premières, du moins pour corriger les valeurs trouvées de t et de b.

36. Passons maintenant à considérer les occultations des astres par la Lune. La seule différence qu'il y ait entre le calcul de ces phénomènes et celui des éclipses de Soleil est qu'ici la latitude de l'astre occulté n'est pas nulle comme elle l'est pour le Soleil, ce qui doit rendre les formules un peu moins simples.

On prendra donc A pour la longitude de l'astre occulté, B pour sa latitude supposée boréale, Ψ pour sa parallaxe horizontale, ou plus exactement pour sa plus grande parallaxe de hauteur (7), Π' pour $\sin \Psi$, D pour le demi-diamètre horizontal de l'astre, et les autres dénominations resteront les mêmes que ci-dessus. On trouvera ainsi la distance apparente Σ' des deux astres, par les formules générales du n° 19.

Or nous avons fait voir ci-dessus (25 et suiv.) que, dans le cas de B = o, l'expression de $\tang \Sigma'$ peut être beaucoup simplifiée, en conservant toujours un degré de précision plus que suffisant pour les usages astronomiques, et il est aisé de se convaincre que cette simplification dépend uniquement de ce que, dans le cas dont il s'agit, on a $L = 1$, $M = 0$, $N = 0$, et que Π est le sinus d'un angle de quelques secondes seulement. On aura donc le même avantage dans le cas présent, si l'on adopte les formules du n° **21**, dans lesquelles on a aussi $L = 1$, $M = 0$, $N = 0$; et, pour ce qui regarde la quantité Π, il est clair qu'elle est nulle pour les étoiles fixes; que, pour Jupiter et pour Saturne, elle est encore moindre que pour le Soleil; que, pour Mars, elle ne peut aller au delà du double, et qu'enfin pour Vénus et Mercure elle ne peut guère différer de celle qui a lieu pour le Soleil, puisque les occultations de ces planètes ne peuvent être observées que lorsqu'elles approchent de leurs plus grandes digressions.

37. De là et des n°ˢ **21** et **29** je conclus qu'on aura, aux tierces près,

$$\tan \Sigma' = \frac{\sqrt{[m - (\varpi - \Pi)\mu]^2 + [n - (\varpi - \Pi)(\nu \cos B - \lambda \sin B)]^2}}{l - \varpi(\lambda \cos B + \nu \sin B)},$$

les quantités l, m, n étant

$$l = \cos u - 2\sin^2 \frac{t}{2} \cos b \cos B,$$

$$m = \sin t \cos b,$$

$$n = \sin u + 2\sin^2 \frac{t}{2} \cos b \sin B,$$

où b est la latitude de la Lune supposée boréale, u l'excès de sa latitude sur celle de l'astre occulté, c'est-à-dire $b - B$, et t l'excès de sa longitude sur celle de l'astre.

De sorte qu'on aura, par la remarque du n° **23**,

$$= \frac{\sqrt{[\sin t \cos b - \sin(\mu\psi - \mu\Psi)]^2 + \left[\sin u + 2\sin^2\frac{t}{2}\cos b \sin B - \cos B \sin(\nu\psi - \nu\Psi) + \sin B \sin(\lambda\psi - \lambda}}{\cos u - 2\sin^2\frac{t}{2}\cos b \cos B - \cos B \sin \lambda\psi - \sin B \sin \nu\psi}$$

formule qui a l'avantage d'être également exacte, quelle que soit la latitude de l'astre occulté.

38. Comme les angles t et u, ainsi que ψ et Ψ, sont toujours assez petits, on pourra, par une première approximation, réduire l'équation précédente à celle-ci, dans laquelle $s = t \cos \mathrm{B}$ et $i =$ à l'arc égal au rayon $= 57° 17' 44''$,

$$\Sigma' = \frac{\sqrt{\left[s - \frac{su}{i}\tan\mathrm{B} - (\mu\psi - \mu'\Psi)\right]^2 + \left[u + \frac{s^2}{2i}\tan\mathrm{B} - (\nu\psi - \nu\Psi)\cos\mathrm{B} + (\lambda\psi - \lambda\Psi)\sin\mathrm{B}\right]^2}}{1 - \cos\mathrm{B}\sin\lambda\psi - \sin\mathrm{B}\sin\nu\psi}.$$

Comme, pour la Lune, la latitude B ne va guère qu'à environ 5 degrés, il est visible que les deux termes $\frac{su}{i}\tan\mathrm{B}$ et $\frac{s^2}{2i}\tan\mathrm{B}$ seront toujours très-petits et pourront le plus souvent être négligés, du moins dans la première approximation. Au reste, quand on voudra être assuré des secondes, il faudra toujours avoir recours à la première formule.

39. Pour l'instant de l'immersion ou de l'émersion, on aura, par un calcul semblable à celui des nᵒˢ **32** et **33**, l'équation

$$\tan\Sigma' = \tan\mathrm{D} + \frac{\sin d}{\left[l - \varpi(\lambda\cos\mathrm{B} + \nu\sin\mathrm{B})\right]\cos\mathrm{D}},$$

D étant le demi-diamètre horizontal de la Lune, et d celui de l'astre occulté; de sorte qu'on aura l'équation

$$\frac{\sin d}{\cos\mathrm{D}} + \left(\cos u - 2\sin^2\frac{t}{2}\cos b\cos\mathrm{B} - \cos\mathrm{B}\sin\lambda\psi - \sin\mathrm{B}\sin\nu\psi\right)\tan\mathrm{D}\Big]^2$$

$$= [\sin t\cos b - \sin(\mu\psi - \mu\Psi)]^2 + \left[\sin u + 2\sin^2\frac{t}{2}\cos b\sin\mathrm{B} - \cos\mathrm{B}\sin(\nu\psi - \nu\Psi) + \sin\mathrm{B}\sin(\lambda\psi - \lambda\Psi)\right]^2,$$

qu'on peut réduire à cette formule approchée

$$[d + (1 - \lambda\psi\cos\mathrm{B} - \nu\psi\sin\mathrm{B})\mathrm{D}]^2$$

$$= \left[s - \frac{su}{i}\tan\mathrm{B} - (\mu\psi - \mu\Psi)\right]^2 + \left[u + \frac{s^2}{2i}\tan\mathrm{B} - (\nu\psi - \nu\Psi)\cos\mathrm{B} + (\lambda\psi - \lambda\Psi)\sin\mathrm{B}\right]^2.$$

Ainsi l'on aura deux équations semblables, l'une pour l'immersion, l'autre pour l'émersion; d'où, en supposant les mouvements horaires connus, on pourra déterminer l'instant de la conjonction et la latitude de la Lune dans cet instant, par une méthode semblable à celle qu'on a expliquée plus haut (34 et 35), relativement aux éclipses de Soleil; c'est sur quoi il ne nous parait pas nécessaire d'entrer ici dans un nouveau détail.

40. Pour les étoiles fixes, on a $\Psi = 0$ et $D = 0$, ce qui simplifie beaucoup les formules précédentes. En général, D est toujours très-petit pour les planètes, en sorte qu'on ne commettra qu'une erreur presque inappréciable en prenant $(\sin d + \tang D)^2$ pour le premier membre de la première équation ci-dessus, ou $(d + D)^2$ pour le premier membre de l'équation approchée.

Les formules deviendraient encore plus simples s'il était question de l'occultation d'une étoile fixe par une planète; car alors, en prenant cette planète à la place de la Lune, il est clair que la parallaxe ψ serait très-petite, et que le demi-diamètre horizontal d le serait aussi.

41. Quoique je n'aie donné plus haut que les formules qui se rapportent au commencement et à la fin de l'éclipse ou aux instants des immersions et des émersions, c'est-à-dire aux instants des contacts extérieurs des limbes, il est facile d'en déduire celles qui doivent avoir lieu pour les contacts intérieurs; car il n'y aura pour cela qu'à prendre le demi-diamètre d de l'astre occulté négativement, comme il est facile de le déduire des formules du n° 33.

Enfin, quoique j'aie toujours supposé, dans le cours de ce Mémoire, que les latitudes, tant des lieux de l'observateur que des astres observés, étaient boréales, il est visible que mes formules n'en sont pas moins générales, car il n'y aura qu'à supposer les latitudes négatives lorsqu'elles seront australes. De cette manière, on ne sera exposé à aucune ambiguïté dans les signes ni à aucun embarras dans l'emploi des formules.

TABLE I.

POUR DÉTERMINER LES VALEURS DE $\mu\psi$, $\lambda\psi$, $\nu\psi$, ψ ÉTANT SUPPOSÉ = 1°.

Arg. I, pour $\mu\psi = \varphi - A$.
Arg. II, pour $\mu\psi = $ VI signes $- (\varphi + A)$.

Arg. I, pour $\lambda\psi = $ III signes $-$ arg. I pour $\mu\psi$.
Arg. II, pour $\lambda\psi = $ III signes $-$ arg. II pour $\mu\psi$.

Arg. I, pour $\nu\psi = $ arg. V pour $\nu\psi + A$.
Arg. II, pour $\nu\psi = $ VI signes $+$ arg. III pour $\mu\psi + A$.

S. S.	0 + / VI −	Diff.	Cor.	I + / VII −	Diff.	Cor.	II + / VIII −	Diff.	Cor.	S. S.
0.0'	0.0",0		+	5.58",4		+	10.20',8		+	30.0'
0.30	0. 6,3	6,3	0,0	6. 3,8	5,4	0,3	10.23,9	3,1	0,4	29.30
1. 0	0.12,5	6,2	0,0	6. 9,2	5,4	0,3	10.26,9	3,0	0,4	29. 0
1.30	0.18,8	6,3	0,0	6.14,5	5,3	0,3	10.29,9	3,0	0,4	28.30
2. 0	0.25,1	6,3	0,0	6.19,9	5,4	0,3	10.32,9	3,0	0,4	28. 0
2.30	0.31,3	6,2	0,0	6.25,2	5,3	0,3	10.35,8	2,9	0,4	27.30
3. 0	0.37,6	6,3	0,0	6.30,4	5,2	0,3	10.38,7	2,9	0,4	27. 0
3.30	0.43,8	6,2	0,0	6.35,6	5,2	0,3	10.41,5	2,8	0,4	26.30
4. 0	0.50,0	6,2	0,0	6.40,8	5,2	0,3	10.44,3	2,8	0,4	26. 0
4.30	0.56,3	6,3	0,0	6.46,0	5,2	0,3	10.47,0	2,7	0,5	25.30
5. 0	1. 2,5	6,2	0,0	6.51,1	5,1	0,3	10.49,6	2,6	0,5	25. 0
5.30	1. 8,7	6,2	0,1	6.56,2	5,1	0,3	10.52,2	2,6	0,5	24.30
6. 0	1.15,0	6,3	0,1	7. 1,3	5,1	0,3	10.54,8	2,6	0,5	24. 0
6.30	1.21,2	6,2	0,1	7. 6,4	5,1	0,3	10.57,3	2,5	0,5	23.30
7. 0	1.27,4	6,2	0,1	7.11,4	5,0	0,3	10.59,8	2,5	0,5	23. 0
7.30	1.33,6	6,2	0,1	7.16,4	5,0	0,3	11. 2,2	2,4	0,5	22.30
8. 0	1.39,8	6,2	0,1	7.21,3	4,9	0,3	11. 4,6	2,4	0,5	22. 0
8.30	1.46,0	6,2	0,1	7.26,2	4,9	0,3	11. 6,9	2,3	0,5	21.30
9. 0	1.52,2	6,2	0,1	7.31,1	4,9	0,3	11. 9,2	2,3	0,5	21. 0
9.30	1.58,3	6,1	0,1	7.35,9	4,8	0,3	11.11,4	2,2	0,5	20.30
10. 0	2. 4,5	6,2	0,1	7.40,7	4,8	0,3	11.13,6	2,2	0,5	20. 0
10.30	2.10,6	6,1	0,1	7.45,5	4,8	0,3	11.15,7	2,1	0,5	19.30
11. 0	2.16,8	6,2	0,1	7.50,3	4,8	0,3	11.17,7	2,0	0,5	19. 0
11.30	2.22,9	6,1	0,1	7.55,0	4,7	0,3	11.19,7	2,0	0,5	18.30
12. 0	2.29,1	6,2	0,1	7.59,6	4,6	0,3	11.21,7	2,0	0,5	18. 0
12.30	2.35,2	6,1	0,1	8. 4,3	4,7	0,3	11.23,6	1,9	0,5	17.30
13. 0	2.41,3	6,1	0,1	8. 8,9	4,6	0,3	11.25,5	1,9	0,5	17. 0
13.30	2.47,4	6,1	0,1	8.13,4	4,5	0,3	11.27,3	1,8	0,5	16.30
14. 0	2.53,4	6,0	0,1	8.17,9	4,5	0,3	11.29,0	1,7	0,5	16. 0
14.30	2.59,5	6,1	0,1	8.22,4	4,5	0,4	11.30,7	1,7	0,5	15.30
15. 0	3. 5,5	6,0	0,1	8.26,8	4,4	0,4	11.32,4	1,7	0,5	15. 0
S. S.	XI − / V +			X − / IV +			IX − / III +			S. S.

TABLE I. (Suite.)

POUR DÉTERMINER LES VALEURS DE $\mu\psi$, $\lambda\psi$, $\nu\psi$, ψ ÉTANT SUPPOSÉ $= 1°$.

Arg. I, pour $\mu\psi = \varphi - A$.
Arg. II, pour $\mu\psi = VI$ signes $-(\varphi + A)$.

Arg. I, pour $\lambda\psi = III$ signes $-$ arg. I pour $\mu\psi$.
Arg. II, pour $\lambda\psi = III$ signes $-$ arg. II pour $\mu\psi$.

Arg. I, pour $\nu\psi = $ arg. V pour $\mu\psi + A$.
Arg. II, pour $\nu\psi = VI$ signes $+$ arg. III pour $\mu\psi + A$.

S. S.	0 + VI −	Diff.	Cor +.	I + VII −	Diff.	Cor +.	II + VIII −	Diff.	Cor +.	S. S.
15.0'	3'.5",5			8.26,8			11.32,4			15.0'
15.30	3.11,6	6,1	0,1	8.31,3	4,5	0,4	11.33,9	1,5	0,5	14.30
16.0	3.17,6	6,0	0,1	8.35,7	4,4	0,4	11.35,5	1,6	0,5	14.0
16.30	3.23,6	6,0	0,1	8.40,0	4,3	0,4	11.37,0	1,5	0,5	13.30
17.0	3.29,6	6,0	0,1	8.44,2	4,2	0,4	11.38,4	1,4	0,5	13.0
17.30	3.35,6	6,0	0,2	8.48,5	4,3	0,4	11.39,8	1,4	0,5	12.30
18.0	3.41,5	5,9	0,2	8.52,7	4,2	0,4	11.41,1	1,3	0,5	12.0
18.30	3.47,4	5,9	0,2	8.56,9	4,2	0,4	11.42,3	1,3	0,5	11.30
19.0	3.53,3	5,9	0,2	9.1,0	4,1	0,4	11.43,6	1,2	0,5	11.0
19.30	3.59,2	5,9	0,2	9.5,1	4,1	0,4	11.44,8	1,2	0,5	10.30
20.0	4.5,1	5,9	0,2	9.9,1	4,0	0,4	11.45,9	1,1	0,5	10.0
20.30	4.11,0	5,9	0,2	9.13,1	4,0	0,4	11.46,9	1,0	0,5	9.30
21.0	4.16,9	5,9	0,2	9.17,1	4,0	0,4	11.48,0	1,1	0,5	9.0
21.30	4.22,7	5,8	0,2	9.21,0	3,9	0,4	11.48,9	0,9	0,5	8.30
22.0	4.28,5	5,8	0,2	9.24,9	3,9	0,4	11.49,8	0,9	0,5	8.0
22.30	4.34,3	5,8	0,2	9.28,7	3,8	0,4	11.50,6	0,8	0,5	7.30
23.0	4.40,1	5,8	0,2	9.32,5	3,8	0,4	11.51,4	0,8	0,5	7.0
23.30	4.45,8	5,7	0,2	9.36,2	3,7	0,4	11.52,2	0,8	0,5	6.30
24.0	4.51,6	5,8	0,2	9.39,9	3,7	0,4	11.52,8	0,6	0,5	6.0
24.30	4.57,3	5,7	0,2	9.43,6	3,7	0,4	11.53,5	0,7	0,5	5.30
25.0	5.2,9	5,6	0,2	9.47,2	3,6	0,4	11.54,1	0,6	0,5	5.0
25.30	5.8,6	5,7	0,2	9.50,7	3,5	0,4	11.54,6	0,5	0,5	4.30
26.0	5.14,2	5,6	0,2	9.54,3	3,6	0,4	11.55,0	0,4	0,5	4.0
26.30	5.19,8	5,6	0,2	9.57,8	3,5	0,4	11.55,4	0,4	0,5	3.30
27.0	5.25,4	5,6	0,2	10.1,2	3,4	0,4	11.55,8	0,4	0,5	3.0
27.30	5.31,0	5,6	0,2	10.4,6	3,4	0,4	11.56,1	0,3	0,5	2.30
28.0	5.36,5	5,5	0,2	10.7,9	3,3	0,4	11.56,3	0,2	0,5	2.0
28.30	5.42,0	5,5	0,2	10.11,2	3,3	0,4	11.56,5	0,2	0,5	1.30
29.0	5.47,5	5,5	0,2	10.14,4	3,2	0,4	11.56,7	0,2	0,5	1.0
29.30	5.53,0	5,5	0,2	10.17,6	3,2	0,4	11.56,8	0,1	0,5	0.30
30.0	5.58,4	5,4	0,2	10.20,8	3,2	0,4	11.56,8	0,0	0,5	0.0
S. S.	XI − V +			X − IV +			IX − III +			S. S.

TABLE II

POUR DÉTERMINER LES VALEURS DE $\mu\psi$, $\lambda\psi$, ψ ÉTANT SUPPOSÉ $= 1°$.

Arg. III, pour $\mu\psi =$ arg. I pour $\mu\psi + \theta$.
Arg. IV, pour $\mu\psi =$ arg. II pour $\mu\psi + \theta -$ VI signes.

Arg. III, pour $\lambda\psi =$ III signes $-$ arg. III pour $\mu\psi$.
Arg. IV, pour $\lambda\psi =$ III signes $-$ arg. IV pour $\mu\psi$.

S. S.	0 + VI --			I + VII -			II + VIII -			S. S.
o. o'	o'. o",0	Diff.	Cor.	14.22,8	Diff	Cor.	24.54,4	Diff.	Cor.	30. o'
0.30	0.15,1	15,1	0,0	14.35,8	13,0	0,1	25. 1,8	7,4	0,1	29.30
1. 0	0.30,1	15,0	0,0	14.48,7	12,9	0,1	25. 9,2	7,4	0,1	29. 0
1.30	0.45,2	15,1	0,0	15. 1,6	12,9	0,1	25.16,4	7,2	0,1	28.30
2. 0	1. 0,2	15,0	0,0	15.14,4	12,8	0,1	25.23,6	7,2	0,1	28. 0
2.30	1.15.3	15,1	0,0	15.27,1	12,7	0,1	25.30,6	7,0	0,1	27.30
3. 0	1.30,3	15,0	0,0	15.39,8	12,7	0,1	25.37,4	6,8	0,1	27. 0
3.30	1.45,3	15,0	0,0	15.52,4	12,6	0,1	25.44,2	6,8	0,1	26.30
4. 0	2. 0,4	15,1	0,0	16. 4,9	12,5	0,1	25.50,9	6,7	0,1	26. 0
4.30	2.15,4	15,0	0,0	16.17,4	12,5	0,1	25.57,5	6,6	0,1	25.30
5. 0	2.30,4	15,0	0,0	16.29,7	12,3	0,1	26. 3,9	6,4	0,1	25. 0
5.30	2.45,4	15,0	0,0	16.42,0	12,3	0,1	26.10,2	6,3	0,1	24.30
6. 0	3. 0,4	15,0	0,0	16.54,3	12,3	0,1	26.16,4	6,2	0,1	24. 0
6.30	3.15,3	14,9	0,0	17. 6,4	12,1	0,1	26.22,4	6,0	0,1	23.30
7. 0	3.30,3	15,0	0,0	17.18,5	12,1	0,1	26.28,4	6,0	0,1	23. 0
7.30	3.45,2	14,9	0,0	17.30,4	11,9	0,1	26.34,2	5,8	0,1	22.30
8. 0	4. 0,2	15,0	0,0	17.42,4	12,0	0,1	26.39,9	5,7	0,1	22. 0
8.30	4.15,1	14,9	0,0	17.54,2	11,8	0,1	26.45,5	5,6	0,1	21.30
9. 0	4.29,9	14,8	0,0	18. 5,9	11,7	0,1	26.50,9	5,4	0,1	21. 0
9.30	4.44,8	14,9	0,0	18.17,6	11,7	0,1	26.56,3	5,4	0,1	20.30
10. 0	4.59,6	14,8	0,0	18.29,2	11,6	0,1	27. 1,5	5,2	0,1	20. 0
10.30	5.14,5	14,9	0,0	18.40,7	11,5	0,1	27. 6,6	5,1	0,1	19.30
11. 0	5.29,3	14,8	0,0	18.52,1	11,4	0,1	27.11,6	5,0	0,1	19. 0
11.30	5.44,0	14,7	0,0	19. 3,4	11,3	0,1	27.16,4	4,8	0,1	18.30
12. 0	5.58,8	14,8	0,0	19.14,6	11,2	0,1	27.21,1	4,7	0,1	18. 0
12.30	6.13,5	14,7	0,0	19.25,8	11,2	0,1	27.25,7	4,6	0,1	17.30
13. 0	6.28,2	14,7	0,0	19.36,8	11,0	0,1	27.30,2	4,5	0,1	17. 0
13.30	6.42,8	14,6	0,0	19.47,8	11,0	0,1	27.34,5	4,3	0,1	16.30
14. 0	6.57,4	14,6	0,0	19.58,7	10,9	0,1	27.38,7	4,2	0,1	16. 0
14.30	7.12,0	14,6	0,0	20. 9,5	10,8	0,1	27.42,8	4,1	0,1	15.30
15. 0	7.26,6	14,6	0,0	20.20,2	10,7	0,1	27.46,8	4,0	0,1	15. 0
S. S.	XI — V +			X — IV +			IX — III +			S. S.

TABLE II (suite)

POUR DÉTERMINER LES VALEURS DE $\mu\psi$, $\lambda\psi$, ψ ÉTANT SUPPOSÉ $= 1°$.

Arg. III, pour $\mu\psi =$ arg. I pour $\mu\psi + \theta$.
Arg. IV, pour $\mu\psi =$ arg. II pour $\mu\psi + \theta$ — VI signes.

Arg. III, pour $\lambda\psi =$ III signes — arg. III, pour $\mu\psi$.
Arg. IV, pour $\lambda\psi =$ III signes — arg. IV, pour $\mu\psi$.

S. S.	0 + VI —	Diff.	Cor.	I + VII —	Diff.	Cor.	II + VIII —	Diff.	Cor.	S. S.
15°. 0′	7′.26″,6		—	20′.20″,2		—	27′.46″,8		+	15°. 0′
15.30	7.41,1	14″,5	0,0	20.30,8	10″,6	0″,1	27.50,6	3″,8	0,1	14.30
16. 0	7.55,6	14,5	0,0	20.41,3	10,5	0,1	27.54,3	3,7	0,1	14. 0
16.30	8.10,1	14,5	0,0	20.51,7	10,4	0,1	27.57,9	3,6	0,1	13.30
17. 0	8.24,5	14,4	0,0	21. 2,0	10,3	0,1	28. 1,3	3,4	0,1	13. 0
17.30	8.38,9	14,4	0,0	21.12,2	10,2	0,1	28. 4,6	3,3	0,1	12.30
18. 0	8.53,2	14,3	0,0	21.22,3	10,1	0,1	28. 7,8	3,2	0,1	12. 0
18.30	9. 7,5	14,3	0,0	21.32,4	10,1	0,1	28.10,9	3,1	0,1	11.30
19. 0	9.21,8	14,3	0,0	21.42,3	9,9	0,1	28.13,8	2,9	0,1	11. 0
19.30	9.36,0	14,2	0,0	21.52,1	9,8	0,1	28.16,6	2,8	0,1	10.30
20. 0	9.50,2	14,2	0,0	22. 1,8	9,7	0,1	28.19,3	2,7	0,1	10. 0
20.30	10. 4,3	14,1	0,0	22.11,5	9,7	0,1	28.21,9	2,6	0,1	9.30
21. 0	10.18,4	14,1	0,0	22.21,0	9,5	0,1	28.24,3	2,4	0,1	9. 0
21.30	10.32,4	14,0	0,0	22.30,4	9,4	0,1	28.26,6	2,3	0,1	8.30
22. 0	10.46,4	14,0	0,0	22.39,8	9,4	0,1	28.28,8	2,2	0,1	8. 0
22.30	11. 0,3	13,9	0,0	22.49,0	9,2	0,1	28.30,8	2,0	0,1	7.30
23. 0	11.14,2	13,9	0,0	22.58,1	9,1	0,1	28.32,7	1,9	0,1	7. 0
23.30	11.28,1	13,9	0,0	23. 7,1	9,0	0,1	28.34,5	1,8	0,1	6.30
24. 0	11.41,8	13,7	0,0	23.16,0	8,9	0,1	28.36,1	1,6	0,1	6. 0
24.30	11.55,6	13,8	0,0	23.24,8	8,8	0,1	28.37,6	1,5	0,1	5.30
25. 0	12. 9,3	13,7	0,0	23.33,5	8,7	0,1	28.39,0	1,4	0,1	5. 0
25.30	12.22,9	13,6	0,0	23.42,1	8,6	0,1	28.40,2	1,2	0,1	4.30
26. 0	12.36,4	13,5	0,0	23.50,6	8,5	0,1	28.41,3	1,1	0,1	4. 0
26.30	12.49,9	13,5	0,0	23.58,9	8,3	0,1	28.42,3	1,0	0,1	3.30
27. 0	13. 3,4	13,5	0,0	24. 7,2	8,3	0,1	28.43,2	0,9	0,1	3. 0
27.30	13.16,8	13,4	0,0	24.15,3	8,1	0,1	28.43,9	0,7	0,1	2.30
28. 0	13.30,1	13,3	0,0	24.23,4	8,1	0,1	28.44,5	0,6	0,1	2. 0
28.30	13.43,4	13,3	0,0	24.31,3	7,9	0,1	28.45,0	0,5	0,1	1.30
29. 0	13.56,6	13,2	0,0	24.39,1	7,8	0,1	28.45,3	0,3	0,1	1. 0
29.30	14. 9,7	13,1	0,0	24.46,8	7,7	0,1	28.45,5	0,2	0,1	0.30
30. 0	14.22,8	13,1	0,0	24.54,4	7,6	0,1	28.45,6	0,1	0,1	0. 0
S. S.	XI — V +			X — IV +			IX — III +			S. S.

TABLE III

POUR DÉTERMINER LES VALEURS DE $\mu\psi$, $\lambda\psi$, ψ ÉTANT SUPPOSÉ $= 0$.

Arg. V, pour $\mu\psi =$ arg. I, pour $\mu\psi - \theta$.
Arg. VI, pour $\mu\psi =$ XI signes — arg. III, pour $\mu\psi - 2A$.

Arg. V, pour $\lambda\psi =$ III signes — arg. V pour $\mu\psi$.
Arg. VI, pour $\lambda\psi =$ III signes — arg. VI pour $\mu\psi$.

S. S.	0 / VI +−	Diff.	Cor. +	I / VII +−	Diff.	Cor. +	II / VIII +−	Diff.	Cor. +	S. S.
0	0. 0,0	Diff.	Cor.	0.37,2	Diff.	Cor.	1. 4,5	Diff.	Cor.	30
1	0. 1,3	1,3	0,0	0.38,3	1,1	0,1	1. 5,1	0,6	0,1	29
2	0. 2,6	1,3	0,0	0.39,4	1,1	0,1	1. 5,7	0,6	0,1	28
3	0. 3,9	1,3	0,0	0.40,5	1,1	0,1	1. 6,3	0,6	0,1	27
4	0. 5,2	1,3	0,0	0.41,6	1,1	0,1	1. 6,9	0,6	0,1	26
5	0. 6,5	1,3	0,0	0.42,7	1,1	0,1	1. 7,5	0,6	0,1	25
6	0. 7,8	1,3	0,0	0.43,8	1,1	0,1	1. 8,0	0,5	0,1	24
7	0. 9,1	1,3	0,0	0.44,9	1,1	0,1	1. 8,5	0,5	0,1	23
8	0.10,4	1,3	0,0	0.46,0	1,1	0,1	1. 9,0	0,5	0,1	22
9	0.11,7	1,3	0,0	0.46,9	0,9	0,1	1. 9,5	0,5	0,1	21
10	0.12,9	1,2	0,0	0.47,9	1,0	0,1	1.10,0	0,5	0,1	20
11	0.14,2	1,3	0,0	0.48,9	1,0	0,1	1.10,4	0,4	0,1	19
12	0.15,5	1,3	0,0	0.49,8	0,9	0,1	1.10,8	0,4	0,1	18
13	0.16,8	1,3	0,0	0.50,7	0,9	0,1	1.11,2	0,4	0,1	17
14	0.18,0	1,2	0,0	0.51,7	1,0	0,1	1.11,6	0,4	0,1	16
15	0.19,3	1,3	0,0	0.52,6	0,9	0,1	1.11,9	0,3	0,1	15
16	0.20,5	1,2	0,0	0.53,5	0,9	0,1	1.12,2	0,3	0,1	14
17	0.21,8	1,3	0,0	0.54,4	0,9	0,1	1.12,5	0,3	0,1	13
18	0.23,0	1,2	0,0	0.55,3	0,9	0,1	1.12,8	0,3	0,1	12
19	0.24,3	1,3	0,0	0.56,2	0,9	0,1	1.13,1	0,3	0,1	11
20	0.25,5	1,2	0,0	0.57,0	0,8	0,1	1.13,3	0,2	0,1	10
21	0.26,7	1,2	0,0	0.57,8	0,8	0,1	1.13,5	0,2	0,1	9
22	0.27,9	1,2	0,0	0.58,6	0,8	0,1	1.13,6	0,1	0,1	8
23	0.29,1	1,2	0,0	0.59,5	0,9	0,1	1.13,8	0,2	0,1	7
24	0.30,3	1,2	0,0	1. 0,3	0,8	0,1	1.14,0	0,2	0,1	6
25	0.31,5	1,2	0,0	1. 1,0	0,7	0,1	1.14,2	0,2	0,1	5
26	0.32,6	1,1	0,0	1. 1,7	0,7	0,1	1.14,3	0,1	0,1	4
27	0.33,8	1,2	0,0	1. 2,4	0,7	0,1	1.14,4	0,1	0,1	3
28	0.34,9	1,1	0,0	1. 3,2	0,8	0,1	1.14,4	0,0	0,1	2
29	0.36,1	1,2	0,0	1. 3,8	0,6	0,1	1.14,4	0,0	0,1	1
30	0.37,2	1,1	0,0	1. 4,5	0,7	0,1	1.14,4	0,0	0,1	0

S. S.	XI / V −+			X / IV −+			IX / III −+			S. S.

TABLE IV

POUR DÉTERMINER LA VALEUR DE $\nu\psi$, ψ ÉTANT SUPPOSÉ $= 1°$.

Arg. latitude corrigée $= \varphi$.

La quantité prise dans cette Table s'ajoute à celle prise dans la Table I.

S. S.	0 VI + −	Diff.	Cor.	I VII + −	Diff.	Cor.	II VIII + −	Diff.	Cor.	S. S.
o. o′	o. o″,0			27.31″,1			47.39″,8			3o. o′
			−			−			−	
0.10	0. 9,6	9,6	0,0	27.39,4	8,3	0,2	47.44,6	4,8	0,3	29.5o
0.20	0.19,2	9,6	0,0	27.47,7	8,3	0,2	47.49,4	4,8	0,3	29.40
0.3o	0.28,8	9,6	0,0	27.56,0	8,3	0,2	47.54,1	4,7	0,3	29.3o
0.40	0.38,4	9,6	0,0	28. 4,3	8,3	0,2	47.58,8	4,7	0,3	29.20
0.5o	0.48,0	9,6	0,0	28.12,5	8,2	0,2	48. 3,5	4,7	0,3	29.10
1. 0	0.57,6	9,6	0,0	28.20,8	8,3	0,2	48. 8,2	4,7	0,3	29. 0
1.10	1. 7,2	9,6	0,0	28.29,0	8,2	0,2	48.12,9	4,7	0,4	28.5o
1.20	1.16,8	9,6	0,0	28.37,2	8,2	0,2	48.17,5	4,6	0,4	28.40
1.3o	1.26,4	9,6	0,0	28.45,4	8,2	0,2	48.22,1	4,6	0,4	28.3o
1.40	1.36,0	9,6	0,0	28.53,6	8,2	0,2	48.26,6	4,5	0,4	28.20
1.5o	1.45,6	9,6	0,0	29. 1,8	8,2	0,2	48.31,2	4,6	0,4	28.10
2. 0	1.55,2	9,6	0,0	29. 9,9	8,1	0,2	48.35,7	4,5	0,4	28. 0
2.10	2. 4,8	9,6	0,0	29.18,1	8,2	0,2	48.40,2	4,5	0,4	27.5o
2.20	2.14,4	9,6	0,0	29.26,2	8,1	0,2	48.44,7	4,5	0,4	27.40
2.3o	2.24,0	9,6	0,0	29.34,3	8,1	0,2	48.49,1	4,4	0,4	27.3o
2.40	2.33,6	9,6	0,0	29.42,4	8,1	0,2	48.53,6	4,5	0,4	27.20
2.5o	2.43,2	9,6	0,0	29.5o,5	8,1	0,2	48.57,9	4,3	0,4	27.10
3. 0	2.52,8	9,6	0,0	29.58,5	8,0	0,2	49. 2,3	4,4	0,4	27. 0
3.10	3. 2,4	9,6	0,0	3o. 6,6	8,1	0,2	49. 6,7	4,4	0,4	26.5o
3.20	3.12,0	9,6	0,0	3o.14,6	8,0	0,2	49.11,0	4,3	0,4	26.40
3.3o	3.21,6	9,6	0,0	3o.22,6	8,0	0,2	49.15,3	4,3	0,4	26.3o
3.40	3.31,2	9,6	0,0	3o.3o,6	8,0	0,2	49.19,6	4,3	0,4	26.20
3.5o	3.40,8	9,6	0,0	3o.38,6	8,0	0,2	49.23,8	4,2	0,4	26.10
4. 0	3.5o,3	9,5	0,0	3o.46,6	8,0	0,2	49.28,0	4,2	0,4	26. 0
4.10	3.59,9	9,6	0,0	3o.54,6	8,0	0,2	49.32,2	4,2	0,4	25.5o
4.20	4. 9,5	9,6	0,0	31. 2,5	7,9	0,2	49.36,4	4,2	0,4	25.40
4.3o	4.19,1	9,6	0,0	31.10,4	7,9	0,2	49.40,6	4,2	0,4	25.3o
4.40	4.28,7	9,6	0,0	31.18,3	7,9	0,2	49.44,7	4,1	0,4	25.20
4.5o	4.38,2	9,5	0,0	31.26,2	7,9	0,2	49.48,8	4,1	0,4	25.10
5. 0	4.47,8	9,6	0,0	31.34,1	7,9	0,2	49.52,8	4,0	0,4	25. 0
S. S.	XI − V +			X − IV +			IX -- III +			S. S.

TABLE IV (suite)

POUR DÉTERMINER LA VALEUR DE $\upsilon\psi$, ψ ÉTANT SUPPOSÉ $= 1°$.

Arg. latitude corrigée $= \varphi$.

La quantité prise dans cette Table s'ajoute à celle prise dans la Table I.

S. S.	0 VI + —	Diff.	Cor.	I VII + —	Diff.	Cor.	II VIII + —	Diff.	Cor.	S. S.
5°. 0′	4′.47″,8	Diff.	Cor.	31′.34″,1	Diff.	Cor.	49′.52″,8	Diff.	Cor.	25°.0′
5.10	4.57,4	9″,6	0″,0	31.42,0	7″,9	0″,2	49.56,9	4,1	0″,4	24.50
5.20	5. 6,9	9,5	0,0	31.49,8	7,8	0,2	50. 0,9	4,0	0,4	24.40
5.30	5.16,5	9,6	0,0	31.57,6	7,8	0,2	50. 4,9	4,0	0,4	24.30
5.40	5.26,1	9,6	0,0	32. 5,4	7,8	0,2	50. 8,9	4,0	0,4	24.20
5.50	5.35,6	9,5	0,0	32.13,2	7,8	0,2	50.12,8	3,9	0,4	24.10
6. 0	5.45,2	9,6	0,0	32.21,0	7,8	0,2	50.16,8	4,0	0,4	24. 0
6.10	5.54,7	9,5	0,0	32.28,8	7,8	0,2	50.20,7	3,9	0,4	23.50
6.20	6. 4,3	9,6	0,0	32.36,5	7,7	0,2	50.24,5	3,8	0,4	23.40
6.30	6.13,8	9,5	0,0	32.44,3	7,8	0,2	50.28,4	3,9	0,4	23.30
6.40	6.23,3	9,5	0,0	32.52,0	7,7	0,2	50.32,2	3,8	0,4	23.20
6.50	6.32,9	9,6	0,0	32.59,7	7,7	0,2	50.36,0	3,8	0,4	23.10
7. 0	6.42,4	9,5	0,0	33. 7,3	7,6	0,2	50.39,7	3,7	0,4	23. 0
7.10	6.52,0	9,6	0,0	33.15,0	7,7	0,2	50.43,5	3,8	0,4	22.50
7.20	7. 1,5	9,5	0,0	33.22,6	7,6	0,2	50.47,2	3,7	9,4	22.40
7.30	7.11,0	9,5	0,0	33.30,3	7,7	0,2	50.50,9	3,7	0,4	22.30
7.40	7.20,6	9,6	0,0	33.37,9	7,6	0,2	50.54,5	3,6	0,4	22.20
7.50	7.30,1	9,5	0,0	33.45,5	7,6	0,2	50.58,2	3,7	0,4	22.10
8. 0	7.39,6	9,5	0,0	33.53,1	7,6	0,2	51. 1,8	3,6	0,4	22. 0
8.10	7.49,1	9,5	0,0	34. 0,6	7,5	0,2	51. 5,4	3,6	0,4	21.50
8.20	7.58,6	9,5	0,0	34. 8,2	7,6	0,2	51. 8,9	3,5	0,4	21.40
8.30	8. 8,1	9,5	0,0	34.15,7	7,5	0,2	51.12,5	3,6	0,4	21.30
8.40	8.17,6	9,5	0,0	34.23,2	7,5	0,2	51.16,0	3,5	0,4	21.20
8.50	8.27,1	9,5	0,0	34.30,7	7,5	0,2	51.19,5	3,5	0,4	21.10
9. 0	8.36,6	9,5	0,0	34.38,2	7,5	0,2	51.22,9	3,4	0,4	21. 0
9.10	8.46,1	9,5	0,0	34.45,6	7,4	0,2	51.26,4	3,5	0,4	20.50
9.20	8.55,6	9,5	0,0	34.53,1	7,5	0,2	51.29,8	3,4	0,4	20.40
9.30	9. 5,0	9,4	0,0	35. 0,5	7,4	0,2	51.33,1	3,3	0,4	20.30
9.40	9.14,5	9,5	0,0	35. 7,9	7,4	0,2	51.36,5	3,4	0,4	20.20
9.50	9.24,0	9,5	0,0	35.15,3	7,4	0,2	51.39,8	3,3	0,4	20.10
10. 0	9.33,4	9,4	0,0	35.22,6	7,3	0,2	51.43,1	3,3	0,4	20. 0
S. S.	XI V — +			X IV — +			IX III — +			S. S.

TABLE IV (suite)

POUR DÉTERMINER LA VALEUR DE $\nu\psi$, ψ ÉTANT SUPPOSÉ $= 1°$.

Arg. latitude corrigée $= \varphi$.

La quantité prise dans cette Table s'ajoute à celle prise dans la Table I.

S. S.	0 + VI −	Diff.	Cor.	I + VII −	Diff.	Cor.	II + VIII −	Diff.	Cor.	S. S.
10. 0	9.33,4		−	35.22,6		−	51.43,1		−	20. 0
10.10	9.42,9	9,5	0,1	35.30,0	7,4	0,3	51.46,4	3,3	0,4	19.50
10.20	9.52,3	9,4	0,1	35.37,3	7,3	0,3	51.49,6	3,2	0,4	19.40
10.30	10. 1,8	9,5	0,1	35.44,6	7,3	0,3	51.52,8	3,2	0,4	19.30
10.40	10.11,2	9,4	0,1	35.51,9	7,3	0,3	51.56,0	3,2	0,4	19.20
10.50	10.20,7	9,5	0,1	35.59,2	7,3	0,3	51.59,2	3,2	0,4	19.10
11. 0	10.30,1	9,4	0,1	36. 6,5	7,3	0,3	52. 2,3	3,1	0,4	19. 0
11.10	10.39,5	9,4	0,1	36.13,7	7,2	0,3	52. 5,4	3,1	0,4	18.50
11.20	10.48,9	9,4	0,1	36.20,9	7,2	0,3	52. 8,5	3,1	0,4	18.40
11.30	10.58,4	9,5	0,1	36.28,1	7,2	0,3	52.11,6	3,1	0,4	18.30
11.40	11. 7,8	9,4	0,1	36.35,3	7,2	0,3	52.14,6	3,0	0,4	18.20
11.50	11.17,2	9,4	0,1	36.42,5	7,2	0,3	52.17,6	3,0	0,4	18.10
12. 0	11.26,6	9,4	0,1	36.49,6	7,1	0,3	52.20,6	3,0	0,4	18. 0
12.10	11.36,0	9,4	0,1	36.56,8	7,2	0,3	52.23,6	3,0	0,4	17.50
12.20	11.45,3	9,3	0,1	37. 3,9	7,1	0,3	52.26,5	2,9	0,4	17.40
12.30	11.54,7	9,4	0,1	37.10,9	7,0	0,3	52.29,4	2,9	0,4	17.30
12.40	12. 4,1	9,4	0,1	37.18,0	7,1	0,3	52.32,3	2,9	0,4	17.20
12.50	12.13,5	9,4	0,1	37.25,1	7,1	0,3	52.35,1	2,8	0,4	17.10
13. 0	12.22,8	9,3	0,1	37.32,1	7,0	0,3	52.37,9	2,8	0,4	17. 0
13.10	12.32,2	9,4	0,1	37.39,1	7,0	0,3	52.40,7	2,8	0,4	16.50
13.20	12.41,5	9,3	0,1	37.46,1	7,0	0,3	52.43,5	2,8	0,4	16.40
13.30	12.50,9	9,4	0,1	37.53,1	7,0	0,3	52.46,2	2,7	0,4	16.30
13.40	13. 0,2	9,3	0,1	38. 0,1	7,0	0,3	52.49,0	2,8	0,4	16.20
13.50	13. 9,5	9,3	0,1	38. 7,0	6,9	0,3	52.51,7	2,7	0,4	16.10
14. 0	13.18,8	9,3	0,1	38.13,9	6,9	0,3	52.54,3	2,6	0,4	16. 0
14.10	13.28,2	9,4	0,1	38.20,8	6,9	0,3	52.57,0	2,7	0,4	15.50
14.20	13.37,5	9,3	0,1	38.27,7	6,9	0,3	52.59,6	2,6	0,4	15.40
14.30	13.46,8	9,3	0,1	38.34,6	6,9	0,3	53. 2,1	2,5	0,4	15.30
14.40	13.56,1	9,3	0,1	38.41,4	6,8	0,3	53. 4,7	2,6	0,4	15.20
14.50	14. 5,4	9,3	0,1	38.48,2	6,8	0,3	53. 7,2	2,5	0,4	15.10
15. 0	14.14,7	9,3	0,1	38.55,0	6,8	0,3	53. 9,7	2,5	0,4	15. 0
S. S.	XI V	− +		X IV	− +		IX III	− +		S. S.

TABLE IV (suite)

POUR DÉTERMINER LA VALEUR DE $\nu\psi$, $\psi\cdot$ÉTANT SUPPOSÉ $= 1°$.

Arg. latitude corrigée $= \varphi$.

La quantité prise dans cette Table s'ajoute à celle prise dans la Table I.

S. S.	0 + VI −	Diff.	Cor.	I + VII −	Diff.	Cor.	II + VIII −	Diff.	Cor.	S. S.
15. 0′	14′.14″,7			38′.55″,0			53′. 9″,7			15°. 0′
15.10	14.24,0	9″,3	0″,1	39. 1,8	6″,8	0″,3	53.12,2	2″,5	0″,4	14.50
15.20	14.33,2	9,2	0,1	39. 8,6	6,8	0,3	53.14,6	2,4	0,4	14.40
15.30	14.42,5	9,3	0,1	39.15,3	6,7	0,3	53.17,1	2,5	0,4	14.30
15.40	14.51,8	9,3	0,1	39.22,1	6,8	0,3	53.19,5	2,4	0,4	14.20
15.50	15. 1,0	9,2	0,1	39.28,8	6,7	0,3	53.21,8	2,3	0,4	14.10
16. 0	15.10,2	9,2	0,1	39.35,4	6,6	0,3	53.24,2	2,4	0,4	14. 0
16.10	15.19,5	9,3	0,1	39.42,1	6,7	0,3	53.26,5	2,3	0,4	13.50
16.20	15.28,7	9,2	0,1	39.48,8	6,7	0,3	53.28,8	2,3	0,4	13.40
16.30	15.37,9	9,2	0,1	39.55,4	6,6	0,3	53.31,0	2,2	0,4	13.30
16.40	15.47,1	9,2	0,1	40. 2,0	6,6	0,3	53.33,2	2,2	0,4	13.20
16.50	15.56,3	9,2	0,1	40. 8,6	6,6	0,3	53.35,4	2,2	0,4	13.10
17. 0	16. 5,5	9,2	0,1	40.15,1	6,5	0,3	53.37,6	2,2	0,4	13. 0
17.10	16.14,7	9,2	0,1	40.21,7	6,6	0,3	53.39,7	2,1	0,4	12.50
17.20	16.23,8	9,1	0,1	40.28,2	6,5	0,3	53.41,9	2,2	0,4	12.40
17.30	16.33,0	9,2	0,1	40.34,7	6,5	0,3	53.44,0	2,1	0,4	12.30
17.40	16.42,2	9,2	0,1	40.41,2	6,5	0,3	53.46,0	2,0	0,4	12.20
17.50	16.51,3	9,1	0,1	40.47,6	6,4	0,3	53.48,1	2,1	0,4	12.10
18. 0	17. 0,4	9,1	0,1	40.54,0	6,4	0,3	53.50,1	2,0	0,4	12. 0
18.10	17. 9,6	9,2	0,1	41. 0,5	6,5	0,3	53.52,1	2,0	0,4	11.50
18.20	17.18,7	9,1	0,1	41. 6,9	6,4	0,3	53.54,0	1,9	0,4	11.40
18.30	17.27,8	9,1	0,1	41.13,2	6,3	0,3	53.56,0	2,0	0,4	11.30
18.40	17.36,9	9,1	0,1	41.19,6	6,4	0,3	53.57,9	1,9	0,4	11.20
18.50	17.46,0	9,1	0,1	41.25,9	6,3	0,3	53.59,7	1,8	0,4	11.10
19. 0	17.55,1	9,1	0,1	41.32,2	6,3	0,3	54. 1,6	1,9	0,4	11. 0
19.10	18. 4,2	9,1	0,1	41.38,5	6,3	0,3	54. 3,4	1,8	0,4	10.50
19.20	18.13,3	9,1	0,1	41.44,8	6,3	0,3	54. 5,2	1,8	0,4	10.40
19.30	18.22,3	9,0	0,1	41.51,1	6,3	0,3	54. 6,9	1,7	0,4	10.30
19.40	18.31,4	9,1	0,1	41.57,3	6,2	0,3	54. 8,7	1,8	0,4	10.20
19.50	18.40,4	9,0	0,1	42. 3,5	6,2	0,3	54.10,4	1,7	0,4	10.10
20. 0	18.49,4	9,0	0,1	42. 9,7	6,2	0,3	54.12,1	1,7	0,4	10. 0
S. S.	XI − V +			X − IV +			IX − III ÷			S. S.

TABLE IV. (suite)

POUR DÉTERMINER LA VALEUR DE $\nu\psi$, ψ ÉTANT SUPPOSÉ $= 1°$.

Arg. latitude corrigée $= \varphi$.

La quantité prise dans cette Table s'ajoute à celle prise dans la Table I.

S. S.	0 + VI −	Diff.	Cor.	I + VII −	Diff.	Cor.	II + VIII −	Diff.	Cor.	S. S.
20. 0′	18′.49″,4	″	−″	42′. 9″,7	″	−″	54′.12″,1	″	−″	10. 0′
20.10	18.58,5	9,1	0,1	42.15,8	6,1	0,3	54.13,7	1,6	0,1	9.50
20.20	19. 7,5	9,0	0,1	42.22,0	6,2	0,3	54.15,4	1,7	0,4	9.40
20.30	19.16,5	9,0	0,1	42.28,1	6,1	0,3	54 17,0	1,6	0,4	9.30
20.40	19.25,5	9,0	0,1	42.34,2	6,1	0,3	54.18,5	1,5	0,4	9.20
20.50	19.34,5	9,0	0,1	42.40,3	6,1	0,3	54.20,1	1,6	0,4	9.10
21. 0	19.43,4	8,9	0,1	42.46,3	6,0	0,3	54.21,6	1,5	0,4	9. 0
21.10	19.52,4	9,0	0,1	42.52,4	6,1	0,3	54.23,1	1,5	0,4	8.50
21.20	20. 1,3	8,9	0,1	42.58,4	6,0	0,3	54.24,6	1,5	0,4	8.40
21.30	20.10,3	9,0	0,1	43. 4,4	6,0	0,3	54.26,0	1,4	0,4	8.30
21.40	20.19,2	8,9	0,1	43.10,3	5,9	0,3	54.27,4	1,4	0,4	8.20
21.50	20.28,1	8,9	0,1	43.16,3	6,0	0,3	54.28,8	1,4	0,4	8.10
22. 0	20.37,0	8,9	0,1	43.22,2	5,9	0,3	54.30,1	1,3	0,4	8. 0
22.10	20.45,9	8,9	0,1	43.28,1	5,9	0,3	54.31,4	1,3	0,4	7.50
22.20	20.54,8	8,9	0,1	43.34,0	5,9	0,3	54.32,7	1,3	0,4	7.40
22.30	21. 3,7	8,9	0,1	43.39,9	5,9	0,3	54.34,0	1,3	0,4	7.30
22.40	21.12,6	8,9	0,1	43.45,7	5,8	0,3	54.35,2	1,2	0,4	7.20
22.50	21.21,4	8,8	0,1	43.51,5	5,8	0,3	54.36,4	1,2	0,4	7.10
23. 0	21.30,3	8,9	0,1	43.57,3	5,8	0,3	54.37,6	1,2	0,4	7. 0
23.10	21.39,1	8,8	0,1	44. 3,1	5,8	0,3	54.38,8	1,2	0,4	6.50
23.20	21.47,9	8,8	0,1	44. 8,8	5,7	0,3	54.39,9	1,1	0,4	6.40
23.30	21.56,7	8,8	0,1	44.14,5	5,7	0,3	54.41,0	1,1	0,4	6.30
23.40	22. 5,6	8,9	0,1	44.20,2	5,7	0,3	54.42,1	1,1	0,4	6.20
23.50	22.14,4	8,8	0,1	44.25,9	5,7	0,3	54.43,2	1,1	0,4	6.10
24. 0	22.23,1	8,7	0,1	44.31,6	5,7	0,3	54.44,2	1,0	0,4	6. 0
24.10	22.31,9	8,8	0,1	44.37,2	5,6	0,3	54.45,2	1,0	0,4	5.50
24.20	22.40,7	8,8	0,1	44.42,8	5,6	0,3	54.46,1	0,9	0,4	5.40
24.30	22.49,4	8,7	0,1	44.48,4	5,6	0,3	54.47,0	0,9	0,4	5.30
24.40	22.58,2	8,8	0,1	44.54,0	5,6	0,3	54.47,9	0,9	0,4	5.20
24.50	23. 6,9	8,7	0,1	44.59,5	5,5	0,3	54.48,8	0,9	0,4	5.10
25. 0	23.15,6	8,7	0,1	45. 5,0	5,5	0,3	54.49,7	0,9	0,4	5. 0

S. S.	XI − V +			X − IV +			IX − III +			S. S.

TABLE IV (fin)

POUR DÉTERMINER LA VALEUR DE $n\psi$, ψ ÉTANT SUPPOSÉ $= 1°$.

Arg. latitude corrigée $= \varphi$.

La quantité prise dans cette Table s'ajoute à celle prise dans la Table I.

S. S.	0 VI + −	Diff.	Cor.	1 VII + −	Diff.	Cor.	II VIII + −	Diff.	Cor.	S. S.
$25°, 0'$	$23.'15,''6$			$45.'5,''0$			$54.'49,''7$			$5.°0'$
		"	−		"	−		"	−	
25.10	23.24,3	8,7	0",2	45.10,5	5,5	0",3	54.50,5	0,8	0",4	4.50
25.20	23.33,0	8,7	0,2	45.16,0	5,5	0,3	54.51,3	0,8	0,4	4.40
25.30	23.41,7	8,7	0,2	45.21,5	5,5	0,3	54.52,1	0,8	0,4	4.30
25.40	23.50,3	8,6	0,2	45.26,9	5,4	0,3	54.52,8	0,7	0,4	4.20
25.50	23.59,0	8,7	0,2	45.32,3	5,4	0,3	54.53,5	0,7	0,4	4.10
26. 0	24. 7,6	8,6	0,2	45.37,7	5,4	0,3	54.54,2	0,7	0,4	4. 0
26.10	24.16,2	8,6	0,2	45.43,1	5,4	0,3	54.54,9	0,7	0,4	3.50
26.20	24.24,9	8,7	0,2	45.48,4	5,3	0,3	54.55,5	0,6	0,4	3.40
26.30	24.33,5	8,6	0,2	45.53,7	5,3	0,3	54.56,1	0,6	0,4	3.30
26.40	24.42,1	8,6	0,2	45.59,0	5,3	0,3	54.56,7	0,6	0,4	3.20
26.50	24.50,6	8,5	0,2	46. 4,3	5,3	0,3	54.57,2	0,5	0,4	3.10
27. 0	24.59,2	8,6	0,2	46. 9,5	5,2	0,3	54.57,7	0,5	0,4	3. 0
27.10	25. 7,7	8,5	0,2	46.14,7	5,2	0,3	54.58,2	0,5	0,4	2.50
27.20	25.16,3	8,6	0,2	46.19,9	5,2	0,3	54.58,7	0,5	0,4	2.40
27.30	25.24,8	8,5	0,2	46.25,1	5,2	0,3	54.59,1	0,4	0,4	2.30
27.40	25.33,3	8,5	0,2	46.30,2	5,1	0,3	54.59,5	0,4	0,4	2.20
27.50	25.41,8	8,5	0,2	46.35,4	5,2	0,3	54.59,9	0,4	0,4	2.10
28. 0	25.50,3	8,5	0,2	46.40,5	5,1	0,3	55. 0,2	0,3	0,4	2. 0
28.10	25.58,8	8,5	0,2	46.45,5	5,0	0,3	55. 0,6	0,4	0,4	1.50
28.20	26. 7,2	8,4	0,2	46.50,6	5,1	0,3	55. 0,9	0,3	0,4	1.40
28.30	26.15,7	8,5	0,2	46.55,6	5,0	0,3	55. 1,1	0,2	0,4	1.30
28.40	26.24,1	8,4	0,2	47. 0,6	5,0	0,3	55. 1,3	0,2	0,4	1.20
28.50	26.32,5	8,4	0,2	47. 5,6	5,0	0,3	55. 1,6	0,3	0,4	1.10
29. 0	26.41,0	8,5	0,2	47.10,6	5,0	0,3	55. 1,8	0,2	0,4	1. 0
29.10	26.49,3	8,3	0,2	47.15,5	4,9	0,3	55. 1,9	0,1	0,4	0.50
29.20	26.57,7	8,4	0,2	47.20,4	4,9	0,3	55. 2,0	0,1	0,4	0.40
29.30	27. 6,1	8,4	0,2	47.25,3	4,9	0,3	55. 2,1	0,1	0,4	0.30
29.40	27.14,4	8,3	0,2	47.30,2	4,9	0,3	55. 2,2	0,1	0,4	0.20
29.50	27.22,8	8,4	0,2	47.35,0	4,8	0,3	55. 2,2	0,0	0,4	0.10
30. 0	27.31,1	8,3	0,2	47.39,8	4,8	0,3	55. 2,3	0,1	0,4	0. 0
S. S.	XI V − +			X IV − +			IX III − +			S. S.

VII.

NOUVELLE MÉTHODE

POUR

DÉTERMINER L'ORBITE DES COMÈTES

D'APRÈS LES OBSERVATIONS.

NOUVELLE MÉTHODE

POUR

DÉTERMINER L'ORBITE DES COMÈTES

D'APRÈS LES OBSERVATIONS (*).

(*Connaissance des Temps ou des Mouvements célestes, à l'usage des Astronomes et des Navigateurs,* pour l'an 1821; publiée par le Bureau des Longitudes. — 1818.)

1. Les méthodes que l'on a proposées jusqu'ici pour déterminer l'orbite des comètes, d'après les observations, ne demandent que trois lieux géocentriques observés avec les intervalles de temps entre les trois observations, mais supposent en même temps que l'orbite de la comète est une parabole. Or, d'un côté, il est très-rare qu'on n'ait que trois observations d'une comète, et, de l'autre, l'exemple de la comète de 1770 prouve assez qu'on ne saurait adopter généralement l'hypothèse de l'orbite parabolique. Ces considérations, jointes aux difficultés des méthodes qui n'emploient que trois observations, m'ont engagé à examiner si, en faisant usage d'un plus grand nombre d'observations, on ne pourrait pas faciliter et généraliser la solution du Problème des comètes, et j'ai trouvé la méthode suivante, qui, au moyen de six observations, réduit la recherche des éléments de l'orbite, quelle qu'elle soit, à une simple équation du septième degré.

(*) Lu à l'Académie de Berlin, le 24 février 1780, et imprimé en allemand dans les *Éphémérides de Berlin* de 1783.

2. Soient, dans une observation quelconque, g la longitude géocentrique de la comète, h sa latitude géocentrique supposée boréale (on prendra l'angle h négatif lorsque la latitude sera australe), s la longitude du Soleil, et r la distance du Soleil à la Terre : ces quatre quantités sont connues et doivent être prises pour les données du Problème.

Qu'on nomme maintenant l, m, n les trois coordonnées rectangles qui déterminent le lieu apparent ou géocentrique de la comète, l étant l'abscisse prise depuis le centre de la Terre et parallèle à la ligne de l'équinoxe du printemps, m l'ordonnée perpendiculaire à l, dans le plan de l'écliptique, et n la seconde ordonnée perpendiculaire au plan même de l'écliptique; on aura, par la Trigonométrie, en désignant par δ la distance inconnue de la comète à la Terre,

$$l = \delta \cos h \cos g, \quad m = \delta \cos h \sin g, \quad n = \delta \sin h,$$

et, si l'on nomme de plus p et q l'abscisse et l'ordonnée du lieu du Soleil, on aura de même

$$p = r \cos s, \quad q = r \sin s.$$

Enfin, si l'on nomme x, y, z les coordonnées rectangles du lieu héliocentrique de la comète, c'est-à-dire x l'abscisse prise depuis le centre du Soleil, et parallèle à la ligne de l'équinoxe du printemps, y l'ordonnée perpendiculaire à x dans le plan de l'écliptique, et z l'ordonnée perpendiculaire au plan même de l'écliptique, en sorte que les lignes x, y, z soient respectivement parallèles aux lignes l, m, n, il est aisé de comprendre que l'on aura

$$x = l - p, \quad y = m - q, \quad z = n;$$

donc

$$x = \delta \cos h \cos g - r \cos s,$$
$$y = \delta \cos h \sin g - r \sin s,$$
$$z = \delta \sin h.$$

3. Soient maintenant γ la longitude du nœud ascendant de l'orbite de la comète, et η l'inclinaison du plan de cette orbite sur le plan de

l'écliptique, cet angle η étant censé formé dans la partie orientale et boréale de la sphère. L'équation générale du plan de l'orbite de la comète sera de cette forme

$$z = \tan\eta \cos\gamma . y - \tan\eta \sin\gamma . x,$$

ou bien, en faisant, pour plus de simplicité, $\tan\eta \sin\gamma = \alpha$, $\tan\eta \cos\gamma = \beta$,

$$z = \beta y - \alpha x.$$

C'est ce qui est assez connu par la théorie des courbes.

4. Qu'on substitue donc dans l'équation précédente, pour x, y, z, leurs valeurs trouvées plus haut (2), on aura celle-ci

$$\delta \sin h = \beta \delta \cos h \sin g - \beta r \sin s - \alpha \delta \cos h \cos g + \alpha r \cos s,$$

d'où l'on tire

$$\delta = r \frac{\alpha \cos s - \beta \sin s}{\sin h + \alpha \cos h \cos g - \beta \cos h \sin g};$$

mettant cette valeur dans les mêmes expressions de x, y, z, et divisant le haut et le bas de chacune de ces expressions par $\cos h$, on aura

$$x = r \frac{\beta \sin(g - s) - \tan h \cos s}{\tan h + \alpha \cos g - \beta \sin g},$$

$$y = r \frac{\alpha \sin(g - s) - \tan h \sin s}{\tan h + \alpha \cos g - \beta \sin g},$$

$$z = r \frac{\alpha \tan h \cos s - \beta \tan h \sin s}{\tan h + \alpha \cos g - \beta \sin g}.$$

Dans ces expressions il n'y a, comme l'on voit, d'inconnues que les deux quantités α et β, qui dépendent de la position du plan de l'orbite de la comète sur l'écliptique.

5. Supposons que, dans une autre observation, les quantités g, h, r,

s, x, y, z deviennent g', h', r', s', x', y', z'; on aura de même

$$x' = r' \frac{\beta \sin(g' - s') - \tang h' \cos s'}{\tang h' + \alpha \cos g' - \beta \sin g'},$$

$$y' = r' \frac{\alpha \sin(g' - s') - \tang h' \sin s'}{\tang h' + \alpha \cos g' - \beta \sin g'},$$

$$z' = r' \frac{\alpha \tang h' \cos s' - \beta \tang h' \sin s'}{\tang h' + \alpha \cos g' - \beta \sin g'},$$

et, si l'on substitue les valeurs précédentes de x, y, x', y' dans l'expression $y'x - x'y$, on trouvera la quantité

$$rr' \frac{G\alpha - H\beta + \tang h' \tang h \sin(s' - s)}{(\tang h' + \alpha \cos g' - \beta \sin g')(\tang h + \alpha \cos g - \beta \sin g)},$$

en faisant, pour abréger,

$$G = \tang h' \cos s' \sin(g - s) - \tang h \cos s \sin(g' - s'),$$

$$H = \tang h' \sin s' \sin(g - s) - \tang h \sin s \sin(g' - s').$$

6. Or il est facile de se convaincre, par la Géométrie, que $\frac{y'x - x'y}{2}$ est égale à l'aire du triangle qui est la projection sur l'écliptique du triangle formé dans le plan de l'orbite de la comète par les deux rayons vecteurs menés du Soleil aux deux lieux observés, et par la corde rectiligne qui joint ces deux lieux et qui sous-tend, par conséquent, l'arc parcouru dans l'intervalle des deux observations; de plus, si l'on nomme Δ l'aire de ce dernier triangle, on prouvera aisément, par la Géométrie, que $\Delta : \frac{y'x - x'y}{2} = 1 : \cos\eta$, η étant l'inclinaison du plan de l'orbite sur celui de l'écliptique (3), de sorte qu'on aura

$$\Delta = \frac{y'x - x'y}{2\cos\eta};$$

mais

$$\tang\eta = \sqrt{\alpha^2 + \beta^2},$$

et par conséquent

$$\cos\eta = \frac{1}{\sqrt{1 + \alpha^2 + \beta^2}};$$

donc on aura, après les substitutions,

$$\Delta = \frac{[G\alpha - H\beta + \tan h' \tan h \sin(s' - s)] \, rr' \sqrt{1 + \alpha^2 + \beta^2}}{2(\tan h' + \alpha \cos g' - \beta \sin g')(\tan h + \alpha \cos g - \beta \sin g)}.$$

7. Or, comme s est la longitude du Soleil dans le temps de la première observation, et s' sa longitude dans le temps de la seconde observation, il s'ensuit que $s' - s$ sera l'angle décrit par le Soleil autour de la Terre, ou, ce qui revient au même, l'angle décrit par la Terre autour du Soleil, dans l'intervalle des deux observations; mais r est la distance de la Terre au Soleil dans la première observation, et r' la distance de la Terre au Soleil dans la seconde observation; donc l'aire du triangle, formé au centre du Soleil par les deux rayons vecteurs r, r', et par la corde de l'arc parcouru par la Terre dans l'intervalle des deux observations, sera exprimée par $\dfrac{rr' \sin(s' - s)}{2}$, ainsi qu'on le démontre en Géométrie.

Donc le rapport de l'aire triangulaire Δ, décrite par la comète dans l'intervalle des deux observations, à l'aire triangulaire décrite par la Terre dans le même temps, sera exprimé par $\dfrac{2\Delta}{rr' \sin(s' - s)}$, c'est-à-dire, en substituant la valeur ci-dessus de Δ, et faisant

$$A = \frac{\tan h' \cos s' \sin(g - s) - \tan h \cos s \sin(g' - s')}{\sin(s' - s)},$$

$$B = \frac{\tan h' \sin s' \sin(g - s) - \tan h \sin s \sin(g' - s')}{\sin(s' - s)},$$

par la formule

$$\frac{(\tan h \tan h' + A\alpha - B\beta)\sqrt{1 + \alpha^2 + \beta^2}}{(\tan h + \alpha \cos g - \beta \sin g)(\tan h' + \alpha \cos g' - \beta \sin g')}.$$

8. Je remarque maintenant que, si l'intervalle entre les deux obser-

vations est fort petit, les arcs parcourus par la comète et par la Terre
autour du Soleil se confondront à très-peu près avec leurs cordes, et
par conséquent les secteurs triangulaires, dont nous venons de déterminer le rapport, pourront être pris, sans erreur sensible, pour les véritables secteurs curvilignes décrits par la comète et par la Terre. Or on
sait, par la théorie des forces centrales, que, dans les sections coniques
décrites autour d'un même foyer et par une même force, qui varie dans
la raison inverse du carré des distances, les aires des secteurs décrits
dans le même temps sont entre elles comme les racines carrées des pa-
ramètres des sections; donc, si l'on nomme ϖ le demi-paramètre de
l'ellipse décrite par la comète autour du Soleil, et Π le demi-paramètre
de l'orbite de la Terre, qui est à très-peu près égal à la distance moyenne
du Soleil, on aura, dans l'hypothèse que les deux observations soient
très-proches, l'équation

$$\frac{\tang h \tang h' + A\alpha - B\beta}{(\tang h + \alpha \cos g - \beta \sin g)(\tang h' + \alpha \cos g' - \beta \sin g')} = \sqrt{\frac{\varpi}{(1 + \alpha^2 + \beta^2)\Pi}},$$

laquelle sera d'autant plus exacte que l'intervalle entre les deux observations sera plus petit.

9. L'équation précédente contient, comme l'on voit, trois inconnues
α, β et ϖ; ainsi il faudra trois équations semblables pour déterminer
ces inconnues, et, comme le second membre demeure le même, on éli-
minera d'abord l'inconnue ϖ en retranchant simplement une équation
de l'autre, et l'on aura deux équations entre les deux inconnues α et β,
dans lesquelles ces inconnues ne monteront qu'au troisième degré; en
sorte que l'équation finale en α ou β ne pourra surpasser le neuvième
degré. Ayant trouvé les valeurs de α et β, on connaîtra d'abord la position du plan de l'orbite de la comète (3); ensuite l'une des trois équations donnera la valeur du paramètre ϖ, et l'on déterminera les autres
éléments par les méthodes connues.

Cette méthode demande donc six observations de la comète, faites de
manière que les intervalles de temps, entre la première et la seconde,

entre la troisième et la quatrième, entre la cinquième et la sixième, soient très-petits; mais, pour les intervalles entre la seconde et la troisième, et entre la quatrième et la cinquième, ils peuvent être quelconques, et il sera même avantageux de les prendre le plus grands que l'on pourra, afin que les trois équations soient le plus différentes qu'il est possible.

10. En prenant, comme nous le supposons, les secteurs triangulaires à la place des véritables secteurs curvilignes décrits par la comète et par la Terre, dans l'intervalle des deux observations, on néglige les segments formés par les arcs parcourus par la comète et par la Terre et par les cordes qui sous-tendent ces arcs; or, quand les arcs sont très-petits du premier ordre, les secteurs sont aussi très-petits du même ordre; mais les segments deviennent très-petits du troisième ordre, parce que les cordes sont très-petites du premier ordre, et que les flèches sont très-petites du second ordre. Donc, dans cette hypothèse, le rapport des secteurs triangulaires de la comète et de la Terre ne diffère du rapport des secteurs curvilignes que par des quantités du second ordre seulement; par conséquent, dans l'équation trouvée plus haut (8), le premier membre sera exact, aux quantités très-petites du second ordre près, en regardant les différences des quantités qui se rapportent aux deux observations comme très-petites du premier ordre; ainsi l'on pourra, sans altérer l'exactitude de l'équation dont il s'agit, négliger, dans son premier membre, les quantités dans lesquelles les arcs très-petits $s'-s$, $g'-g$, $h'-h$ formeraient des produits de deux ou d'un plus grand nombre de dimensions.

Cette remarque peut servir à rendre l'équation dont nous venons de parler un peu plus simple. En effet, il est clair qu'on peut mettre la quantité $\tang h + \alpha \cos g - \beta \sin g$ sous cette forme

$$\frac{\tang h' + \tang h}{2} + \alpha \cos \frac{g'+g}{2} \cos \frac{g'-g}{2} - \beta \sin \frac{g'+g}{2} \cos \frac{g'-g}{2}$$

$$-\frac{\tang h' - \tang h}{2} + \alpha \sin \frac{g'+g}{2} \sin \frac{g'-g}{2} + \beta \cos \frac{g'+g}{2} \sin \frac{g'-g}{2},$$

et de même la quantité $\tang h' + \alpha \cos g' - \beta \sin g'$ sous la forme

$$\frac{\tang h' + \tang h}{2} + \alpha \cos \frac{g'+g}{2} \cos \frac{g'-g}{2} - \beta \sin \frac{g'+g}{2} \cos \frac{g'-g}{2}$$

$$+ \frac{\tang h' - \tang h}{2} - \alpha \sin \frac{g'+g}{2} \sin \frac{g'-g}{2} - \beta \cos \frac{g'+g}{2} \sin \frac{g'-g}{2};$$

de sorte que le produit de ces deux quantités deviendra

$$\left[\frac{\tang h' + \tang h}{2} + \left(\alpha \cos \frac{g'+g}{2} - \beta \sin \frac{g'+g}{2} \right) \cos \frac{g'-g}{2} \right]^2$$

$$- \left[\frac{\tang h' - \tang h}{2} - \left(\alpha \sin \frac{g'+g}{2} + \beta \cos \frac{g'+g}{2} \right) \sin \frac{g'-g}{2} \right]^2,$$

expression qui, en négligeant les quantités très-petites du second ordre, se réduit à celle-ci

$$\left(\frac{\tang h' \tang h}{2} + \alpha \cos \frac{g'+g}{2} - \beta \sin \frac{g'+g}{2} \right)^2,$$

qu'on pourra donc substituer à la place du dénominateur du premier membre de l'équation du n° 8.

On pourrait faire de pareilles réductions sur le numérateur du premier membre de la même équation; mais je me suis assuré par le calcul que les valeurs de A et B n'en deviendraient pas plus simples.

11. Retenant donc les expressions des coefficients A et B, données dans le n° 7, et faisant de plus

$$C = \tang h \tang h', \quad a = \cos \frac{g'+g}{2}, \quad b = \sin \frac{g'+g}{2}, \quad c = \frac{\tang h' + \tang h}{2},$$

l'équation du n° 8 deviendra

$$\frac{A\alpha - B\beta + C}{(a\alpha - b\beta + c)^2} = \sqrt{\frac{\varpi}{(1 + \alpha^2 + \beta^2)\, \Pi}},$$

et chaque couple d'observations de la comète, dont l'intervalle soit très-petit, fournira une pareille équation, dans laquelle les coefficients A, B, C, a, b, c seront connus; donc, si l'on a trois couples de telles observations, on en déduira trois équations de la forme

$$\frac{A_1 \alpha - B_1 \beta + C_1}{(a_1 \alpha - b_1 \beta + c_1)^2} = \sqrt{\frac{\varpi}{(1 + \alpha^2 + \beta^2)\,\Pi}},$$

$$\frac{A_2 \alpha - B_2 \beta + C_2}{(a_2 \alpha - b_2 \beta + c_2)^2} = \sqrt{\frac{\varpi}{(1 + \alpha^2 + \beta^2)\,\Pi}},$$

$$\frac{A_3 \alpha - B_3 \beta + C_3}{(a_3 \alpha - b_3 \beta + c_3)^2} = \sqrt{\frac{\varpi}{(1 + \alpha^2 + \beta^2)\,\Pi}},$$

qui serviront à déterminer les trois inconnues α, β et ϖ.

Ces équations donnent d'abord ces deux-ci

$$\frac{A_1 \alpha - B_1 \beta + C_1}{(a_1 \alpha - b_1 \beta + c_1)^2} = \frac{A_2 \alpha - B_2 \beta + C_2}{(a_2 \alpha - b_2 \beta + c_2)^2},$$

$$\frac{A_1 \alpha - B_1 \beta + C_1}{(a_1 \alpha - b_1 \beta + c_1)^2} = \frac{A_3 \alpha - B_3 \beta + C_3}{(a_3 \alpha - b_3 \beta + c_3)^2},$$

par lesquelles on pourra déterminer les deux inconnues α et β.

Qu'on suppose

$$A_1 \alpha - B_1 \beta + C_1 = x,$$
$$a_1 \alpha - b_1 \beta + c_1 = y,$$

on aura

$$\alpha = \frac{(x - c_1) b_1 - (y - c_1) B_1}{A_1 b_1 - a_1 B_1},$$

$$\beta = \frac{(x - c_1) a_1 - (y - c_1) A_1}{A_1 b_1 - a_1 B_1};$$

le premier membre des deux équations précédentes deviendra $\frac{x}{y^2}$; et, substituant les valeurs précédentes de α et β dans les seconds membres des mêmes équations, elles deviendront évidemment de la forme

$$\frac{x}{y^2} = \frac{lx + my + n}{(Lx + My + N)^2},$$

$$\frac{x}{y^2} = \frac{px + qy + r}{(Px + Qy + R)^2};$$

or ces équations se changent en celles-ci

$$\frac{x}{y} = \frac{l\frac{x}{y} + m + \frac{n}{y}}{\left(L\frac{x}{y} + M + \frac{N}{y}\right)^2},$$

$$\frac{x}{y} = \frac{p\frac{x}{y} + q + \frac{r}{y}}{\left(P\frac{x}{y} + Q + \frac{R}{y}\right)^2};$$

savoir, en faisant $\frac{x}{y} = t$, $\frac{1}{y} = u$,

$$t = \frac{lt + m + nu}{(Lt + M + Nu)^2},$$

$$t = \frac{pt + q + ru}{(Pt + Q + Ru)^2}.$$

Qu'on suppose de plus

$$Lt + M + Nu = z,$$

on aura

$$u = \frac{z - Lt - M}{N},$$

et, faisant cette substitution dans les équations précédentes, elles prendront cette forme

$$t = \frac{l't + m' + n'z}{z^2},$$

$$t = \frac{p't + q' + r'z}{(P't + Q' + R'z)^2};$$

la première donne sur-le-champ

$$t = \frac{m' + n'z}{z^2 - l'},$$

et, cette valeur étant substituée dans la seconde, on aura cette équation finale en z,

$$\frac{m' + n'z}{z^2 - l'} = \frac{p'(m' + n'z)(z^2 - l') + (q' + r'z)(z^2 - l')^2}{[P'(M' + N'z) + (Q' + R'z)(z^2 - l')]^2},$$

laquelle, étant développée et ordonnée par rapport à z, montera au septième degré, et aura par conséquent toujours au moins une racine réelle.

12. Il ne sera pas difficile de résoudre par approximation l'équation que nous venons de trouver, et pour cela il vaudra encore mieux employer les deux équations

$$t = \frac{m' + n'z}{z^2 - l'} \quad \text{et} \quad (\mathrm{P}'t + \mathrm{Q}' + \mathrm{R}'z)^2 = \frac{p't + q' + r'z}{t};$$

on donnera successivement à z différentes valeurs, et l'on calculera celles de t et des deux quantités $\mathrm{P}'t + \mathrm{Q}' + \mathrm{R}'z$, $\dfrac{p't + q' + r'z}{t}$; si l'on trouve deux valeurs de z, dont l'une rende la seconde de ces quantités plus grande que le carré de la première, et dont l'autre la rende plus petite, on sera assuré que la vraie valeur de z tombe entre ces deux-là, et l'on pourra ensuite, par d'autres substitutions, approcher davantage de cette valeur. Si l'on ne pouvait pas rencontrer deux substitutions qui donnent des résultats de signes contraires, il n'y aurait alors qu'à opérer suivant les règles que j'ai données dans mon Mémoire sur la résolution des équations numériques (*Mémoires de* 1767), et par lesquelles on est toujours sûr de découvrir et de déterminer aussi exactement que l'on veut toutes les racines réelles d'une équation quelconque.

Ayant trouvé une valeur convenable de z, on aura celles de t et de u, ensuite celles de $x = \dfrac{t}{u}$ et de $y = \dfrac{1}{u}$, enfin celles de α et β, qui feront connaître d'abord la position de l'orbite (3), et l'on connaîtra aussi en même temps la valeur du paramètre ϖ au moyen de l'équation

$$\sqrt{\frac{\varpi}{(1 + \alpha^2 + \beta^2)\,\Pi}} = \frac{x}{y^2} = tu.$$

13. Connaissant α et β, on connaîtra, si l'on veut, la distance δ de la comète à la Terre, ainsi que les coordonnées x, y, z du lieu de la co-

mète dans son orbite, pour chacune des six observations, au moyen des formules du n° 4; on connaîtra donc aussi le rayon vecteur de la comète, que je désignerai par v, et qui est $= \sqrt{x^2 + y^2 + z^2}$.

Or l'équation d'une section conique quelconque rapportée au foyer est

$$\varpi - v = \mu x + \nu y,$$

dans laquelle ϖ est le demi-paramètre, et μ, ν sont deux constantes telles que, si l'on nomme ε l'excentricité et ω l'anomalie qui répond au nœud ascendant, c'est-à-dire la distance du nœud au périhélie de l'orbite, on a

$$\mu = \varepsilon \left(\cos\gamma \cos\omega + \frac{\sin\gamma \sin\omega}{\cos\eta} \right),$$

$$\nu = \varepsilon \left(\sin\gamma \cos\omega - \frac{\cos\gamma \sin\omega}{\cos\eta} \right).$$

Je ne donne point la démonstration de ces formules, parce qu'elle me mènerait trop loin, et qu'il n'est pas d'ailleurs difficile de la trouver, d'après les propriétés connues des sections coniques.

Substituant donc dans l'équation $\varpi - v = \mu x + \nu y$ les valeurs de x, y et v, qui répondent à deux observations quelconques, comme à la première et à la dernière, pour les prendre le plus éloignées qu'il est possible, on aura deux équations, au moyen desquelles on déterminera sur-le-champ les valeurs de μ et de ν, puisque celle de ϖ est déjà connue.

Ayant les valeurs de μ et de ν, on connaîtra l'angle ω par l'équation

$$\frac{\cos\gamma \cos\eta + \sin\gamma \tang\omega}{\sin\gamma \cos\eta - \cos\gamma \tang\omega} = \frac{\mu}{\nu},$$

et l'excentricité ε par l'équation

$$\varepsilon = \frac{\sqrt{\mu^2 + \nu^2}}{\sqrt{\sec^2\eta - \tang^2\eta \cos^2\omega}},$$

les angles η et γ étant connus par le moyen des quantités α et β (3).

Si l'orbite est parabolique, ou à très-peu près, la valeur de ε sera exactement, ou à très-peu près, égale à l'unité; sinon on aura

$$\varepsilon = \sqrt{1 - \frac{\varpi}{\lambda}},$$

λ étant la distance moyenne ou le demi-grand axe de l'orbite.

Enfin, γ étant la longitude du nœud ascendant, et ω la distance du nœud au périhélie, on aura $\gamma - \omega$ pour la longitude du périhélie.

14. Maintenant, si l'on nomme θ le mouvement moyen du Soleil pendant le temps écoulé entre le passage de la comète par le périhélie et une quelconque des observations, dans laquelle le rayon vecteur de la comète soit $= v$, on aura, en prenant la distance moyenne du Soleil pour l'unité, et faisant, pour abréger,

$$\cos\varphi = \frac{1 - \frac{v}{\lambda}}{\varepsilon},$$

on aura, dis-je, par les formules connues,

$$\theta = (\varphi - \varepsilon \sin\varphi) \sqrt{\lambda^3},$$

où φ sera en même temps ce qu'on nomme, d'après Kepler, l'anomalie excentrique.

Et lorsque le demi-grand axe λ sera fort grand, ainsi que cela a lieu dans l'orbite des comètes, on aura, par les séries,

$$\theta = \frac{\varpi}{1 + \varepsilon} \psi + \frac{1}{6} \psi^3 + \frac{3}{20\lambda} \psi^5 + \frac{5}{112\lambda} \psi^7 + \ldots,$$

en faisant

$$\psi = \frac{\sqrt{2v - \varpi - \frac{v^2}{\lambda}}}{\varepsilon}.$$

Dans la parabole, où $\lambda = \infty$, et par conséquent $\varepsilon = 1$, on aura simplement

$$\psi = \sqrt{2v - \varpi}, \quad \text{et} \quad \theta = \frac{\varpi}{2}\psi + \frac{1}{6}\psi^3;$$

et $\frac{\varpi}{2}$ sera alors égale à la distance périhélie.

On connaîtra donc, par les formules précédentes, le temps du passage de la comète par le périhélie, et, si l'on calcule ce temps d'après deux observations assez éloignées, on pourra, par l'accord des résultats, juger de l'exactitude des éléments de l'orbite trouvés par la méthode exposée plus haut; on pourra aussi par ce moyen corriger ces mêmes éléments, au cas qu'ils ne soient pas assez exacts; enfin ce calcul servira à faire connaître laquelle des racines de l'équation z (11) il faudra employer, s'il arrive qu'elle en ait plus d'une réelle.

15. La méthode que nous venons d'exposer dans ce Mémoire est peut-être une des plus simples et des plus sûres qu'on puisse imaginer pour résoudre directement et sans tâtonnement le fameux Problème de la détermination de l'orbite des comètes d'après les observations. Outre qu'elle n'exige que la résolution d'une équation du septième degré, elle a encore l'avantage d'être également applicable, soit que l'orbite de la comète soit une parabole, ou une autre section conique quelconque.

A l'égard des six observations qu'elle demande, si, parmi celles qui auront été faites, il ne s'en trouvait pas qui eussent la condition requise, c'est-à-dire qui fussent deux à deux très-proches, il serait toujours facile d'y suppléer par la méthode connue d'interpolation, et même il sera toujours à propos d'employer cette méthode pour rectifier les résultats immédiats des observations.

Je ne dois pas manquer de remarquer, en finissant, que, lorsqu'on veut résoudre directement et rigoureusement le Problème des comètes au moyen de trois observations très-proches et dans l'hypothèse parabolique, on est aussi conduit à une équation du septième degré, ainsi que je l'ai fait voir dans mes recherches sur ce sujet (*Mémoires de 1778*) (*); de sorte qu'il semble que le septième degré soit une limite au-dessous de laquelle il ne soit pas possible de rabaisser le Problème dont il s'agit, de quelque façon qu'on l'envisage. Au reste, quoique la méthode de ce Mémoire demande aussi des observations fort proches, il est cependant facile de se convaincre qu'elle est beaucoup plus sûre que celle des Recherches citées, puisqu'on y considère le mouvement de la comète dans trois parties de l'orbite, à la vérité infiniment pe-tites ou regardées comme telles, mais en même temps fort différentes l'une de l'autre, au lieu que, dans l'autre méthode, on ne détermine l'orbite que d'après deux parties infiniment petites et consécutives, ou, ce qui revient au même, d'après une seule portion infiniment petite de l'orbite.

(*) *OEuvres de Lagrange*, t. IV, p. 439.

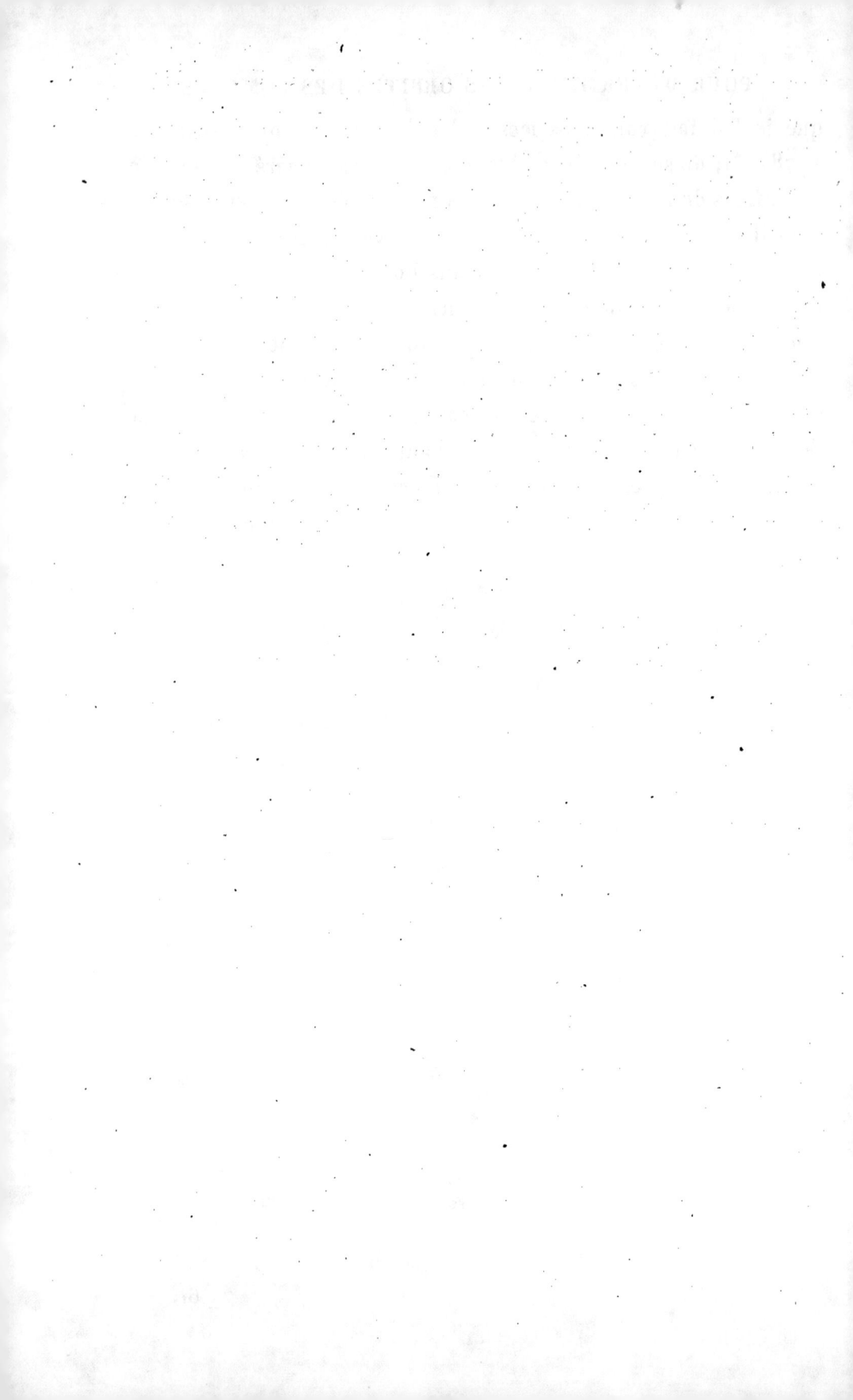

NOUVEAU MOYEN

DE DÉTERMINER

LES LONGITUDES DE JUPITER ET DE SATURNE

AU MOYEN

D'UNE TABLE A SIMPLE ENTRÉE.

NOUVEAU MOYEN

DE DÉTERMINER

LES LONGITUDES DE JUPITER ET DE SATURNE

AU MOYEN

D'UNE TABLE A SIMPLE ENTRÉE (*).

(*Astronomisches Jahrbuch oder Ephemeriden für das Jahr* 1781. Unter Aufsicht und mit Genehmhaltung der Königl. Akademie des Wissenschaften zu Berlin verfertigt und zum Drucke befördert. — Berlin, 1779.)

Les diverses Tables dont on se sert si fréquemment en Astronomie ne sont pas autre chose qu'une suite de solutions de Problèmes indéterminés ou d'équations entre plusieurs variables. Chaque Table donne une suite de valeurs d'une de ces variables, valeurs qui répondent aux valeurs d'une autre variable, dont la première dépend, dont elle est une fonction; cette autre variable est dite l'*argument de la fonction;* ses valeurs sont supposées croître suivant une progression arithmétique dont la raison est d'autant plus faible que la Table est plus resserrée.

Si la variable cherchée est une fonction d'une seule autre variable, la Table ne contient qu'un seul argument, elle est dite *à simple entrée :* dans ce cas la Table fournit les valeurs d'une série d'ordonnées équi-

---

(*) Ce Mémoire a été traduit en allemand par Schulze, et inséré dans les *Éphémérides de Berlin* pour l'année 1781. Ne possédant pas le Mémoire original en français, nous donnons la traduction du texte allemand. (*Note de l'Éditeur.*)

distantes d'une courbe qui représenterait l'équation qui relierait les
deux variables, en regardant l'argument comme l'abscisse, la fonction
cherchée comme l'ordonnée.

Si, au contraire, la quantité variable dont on veut construire une
Table est une fonction de deux autres variables, la Table doit contenir
comme arguments ces deux dernières variables : elle est dite *à double
entrée*. Dans ce cas elle donne les valeurs d'une suite d'ordonnées équi-
distantes d'une surface qui représenterait géométriquement l'équation
qui relierait les trois variables, en regardant les deux variables qui
servent d'arguments comme les abscisses et les ordonnées, et les valeurs
de la variable cherchée comme les distances des points de la surface au
plan de ces deux coordonnées.

On peut imaginer de même des Tables à trois, quatre entrées ou davantage; mais on ne pourrait plus leur donner une représentation géométrique; d'ailleurs il n'y a pas lieu de s'occuper de pareilles Tables,
à cause des difficultés que présenterait leur usage.

Lorsque sur une courbe on a déterminé différents points, on peut
trouver les points intermédiaires en regardant comme rectilignes les
portions de la courbe qu'ils comprennent; on substitue ainsi un polygone à la courbe, et il est clair que cette supposition est d'autant moins
inexacte que les points déterminés sont plus voisins. Mais on s'approchera encore plus de la vérité en regardant chaque portion de la courbe
comme l'arc d'une courbe parabolique qui passerait par les points déterminés, et l'approximation sera d'autant plus grande qu'il y aura un
plus grand nombre de points sur l'arc parabolique. Tel est le fondement des méthodes ordinaires d'interpolation, méthodes dont on se
sert pour trouver, dans les Tables à simple entrée, les valeurs intermédiaires, au moyen des différences entre les termes consécutifs.

On peut diriger l'interpolation de la même façon pour les Tables à
double entrée, en supposant les points de la surface donnés par la Table
reliés entre eux, trois par trois, par des surfaces planes, en substituant
à la surface véritable une surface polyédrale limitée par des faces triangulaires, ou bien en regardant les portions de surface qui relient les

points consécutifs comme des portions de surfaces paraboliques. Mais, pour ces Tables, l'interpolation est toujours pénible, surtout si l'on ne veut pas s'en tenir aux premières différences : c'est pourquoi les Astronomes évitent les Tables de cette nature autant que possible, et, autant que possible, cherchent à n'employer que des Tables à simple entrée.

Cela se fait tout naturellement quand la fonction dont on veut construire une Table s'exprime par le produit, ou par une somme de produits des sinus ou des cosinus des variables qui servent d'arguments; car, dans ce cas, on peut, au moyen des formules ordinaires, résoudre ces produits en simples sinus ou cosinus : chaque série de ces sinus ou cosinus est donnée par une Table à simple entrée; l'ensemble des deux Tables rend le même service que la Table à double entrée que l'on aurait pu construire. C'est ainsi qu'ont été calculées toutes les Tables des mouvements des planètes dont on s'est servi jusqu'ici.

La même chose aura lieu si c'est une fonction quelconque de la grandeur dont on veut avoir une Table, et non cette grandeur, qui est mise sous la forme de produits de sinus ou de cosinus; mais il faudra, dans ce cas, une Table de plus que précédemment, Table qui donnera les valeurs cherchées de la variable, qui correspondent aux diverses valeurs de la fonction donnée.

En dehors de ces cas, il paraît difficile de ramener les Tables qui, en elles-mêmes, paraissent nécessiter deux entrées, à des Tables à simple entrée. Toutefois, dans la solution des problèmes d'Astronomie, on n'exige pas une précision absolue, on cherche une approximation plus ou moins grande; aussi peut-on, dans beaucoup de cas, substituer des Tables à simple entrée aux Tables à double entrée, les premières, moins précises que les secondes, suffisant à donner des valeurs approchées. Ce sujet paraît de la plus grande importance pour les calculs d'Astronomie; je me propose de le traiter au point de vue de la détermination des longitudes géocentriques des planètes.

PREMIÈRE SECTION.

MÉTHODE POUR TRANSFORMER CERTAINES FORMULES QUI EXIGENT DES TABLES A DOUBLE ENTRÉE EN D'AUTRES QUE L'ON PEUT CALCULER AU MOYEN DE TABLES A SIMPLE ENTRÉE.

I.

Si l'on veut représenter par une Table la formule $\tang \varphi = a \tang \theta$, on aura, pour chaque valeur du coefficient a, une Table à simple entrée, dont l'argument sera l'angle θ et la fonction cherchée l'angle φ. Cette Table est pareille à celle que les Astronomes connaissent sous le nom de *réduction à l'équateur;* car, en appelant θ la longitude d'un point de l'écliptique, et φ l'ascension droite cherchée de ce point, on a, en désignant par ω l'obliquité de l'écliptique,

$$\tang \varphi = \cos \omega \, \tang \theta.$$

II.

Si l'on veut au contraire réduire en Table la formule

$$\tang \varphi = \frac{\sin \theta + a \sin \psi}{\cos \theta + a \cos \psi},$$

on peut croire, au premier abord, qu'il n'est pas possible d'employer une autre Table qu'une Table à double entrée; toutefois il suffit d'une Table à simple entrée, comme nous allons le démontrer géométriquement et analytiquement.

III.

Soit (*fig.* 1) la ligne $AB = p$, faisant avec la ligne AE l'angle $BAE = \theta$; menons par l'extrémité B de AB une ligne $BC = q$ telle, que, en la prolongeant suffisamment, elle coupe la ligne AE sous un angle $BDE = \psi$; enfin menons la ligne AC, et désignons par φ l'angle CAE, qu'il nous faut exprimer au moyen de p, q, θ et ψ.

Ayant mené BE et CF perpendiculairement, BG parallèlement à AEF,

Fig. 1.

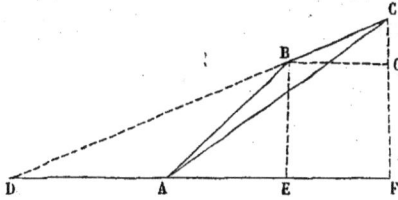

on a évidemment

$$BE = p \sin\theta, \quad AE = p \cos\theta, \quad CG = q \sin\psi, \quad BG = q \cos\psi, \quad \frac{CF}{AF} = \tang\varphi;$$

or

$$CF = CG + BE, \quad AF = BG + AE,$$

donc on a

$$\tang\varphi = \frac{p \sin\theta + q \sin\psi}{p \cos\theta + q \cos\psi};$$

si l'on fait maintenant $\dfrac{q}{p} = a$, on aura

$$\tang\varphi = \frac{\sin\theta + a \sin\psi}{\cos\theta + a \cos\psi},$$

ce qui est la formule posée au commencement.

IV.

Si maintenant on désigne par ζ l'angle BAC, on aura

$$\varphi = \theta - \zeta$$

et, dans le triangle ABC,

$$AB = p, \quad BC = q, \quad ABC = 180^\circ - DBA;$$

mais

$$DBA = BAE - BDE = \theta - \psi;$$

donc

$$ABC = 180^\circ - \theta + \psi.$$

· On connaît donc dans ce triangle deux côtés p et q et l'angle compris $180° - \theta + \psi$; on peut donc trouver l'angle ζ, qui ainsi ne dépend que de l'angle $\theta - \psi$; et, par suite, une Table à simple entrée suffira pour le calcul de ζ, tant que p et q resteront constants; ayant ζ, on aura aisément l'inconnue φ par la formule $\varphi = \theta - \zeta$.

V.

On a, dans le triangle ABC,

$$p \sin \zeta = q \sin BCA ;$$

mais

$$BCA = 180 - ABC - BAC = \theta - \psi - \zeta,$$

donc

$$p \sin\zeta = q \sin(\theta - \psi - \zeta) = q \sin(\theta - \psi) \cos\zeta - q \cos(\theta - \psi) \sin\zeta;$$

donc

$$\tang\zeta = \frac{q \sin(\theta - \psi)}{p + q \cos(\theta - \psi)}.$$

Si l'on fait maintenant $\zeta = \frac{\theta - \psi}{2} - y$, un calcul simple donnera immédiatement

$$\tang y = \frac{p - q}{p + q} \tang \frac{\theta - \psi}{2}.$$

Cette dernière équation est, comme on voit, de la forme traitée dans le n° I; elle n'exige qu'une Table à simple entrée, dont l'argument est $\frac{\theta - \psi}{2}$, y étant l'angle cherché. Ayant trouvé cet angle, on aura ζ par la formule

$$\zeta = \frac{\theta - \psi}{2} - y$$

et, finalement,

$$\varphi = \frac{\theta + \psi}{2} + y.$$

VI.

L'artifice que je viens d'employer pour décomposer la formule donnée est fondé sur la construction géométrique de cette formule, et s'appliquerait peut-être difficilement à des cas plus compliqués. Nous allons examiner comment on peut procéder directement.

Dans ce but, j'emploierai un moyen que j'ai déjà utilisé avec avantage, et qui repose sur l'analogie qu'il y a entre passer d'une tangente à l'angle correspondant et prendre le logarithme d'un nombre.

VII.

En désignant par e la base des logarithmes hyperboliques, on a, comme on sait,

$$e^{\varphi\sqrt{-1}} = \cos\varphi + \sqrt{-1}\sin\varphi, \quad \text{et} \quad e^{-\varphi\sqrt{-1}} = \cos\varphi - \sqrt{-1}\sin\varphi;$$

donc

$$e^{2\varphi\sqrt{-1}} = \frac{\cos\varphi + \sqrt{-1}\sin\varphi}{\cos\varphi - \sqrt{-1}\sin\varphi} = \frac{1 + \sqrt{-1}\tan\varphi}{1 - \sqrt{-1}\tan\varphi}.$$

Si maintenant à la place de $\tan\varphi$ on substitue la valeur du n° II, en introduisant partout, au lieu des lignes trigonométriques, les expressions exponentielles, on aura

$$e^{2\varphi\sqrt{-1}} = e^{2\theta\sqrt{-1}}\frac{1 + ae^{(\psi-\theta)\sqrt{-1}}}{1 + ae^{-(\psi-\theta)\sqrt{-1}}};$$

si donc on fait

$$\frac{1 + ae^{(\psi-\theta)\sqrt{-1}}}{1 + ae^{-(\psi-\theta)\sqrt{-1}}} = e^{2\varkappa\sqrt{-1}},$$

on aura

$$\varphi = \theta + \varkappa;$$

l'angle $\varkappa$ dépend seulement, comme on voit, des angles φ et θ.

VIII.

Pour abréger la solution, je prends $\psi - \theta = \zeta$, et je trouve, en réduisant,

$$\tang\left(\varkappa - \frac{\zeta}{2}\right) = \frac{a-1}{a+1}\tang\frac{\zeta}{2}, \quad \text{ou} \quad \tang\left(\frac{\zeta}{2} - \varkappa\right) = \frac{1-a}{1+a}\tang\frac{\zeta}{2}.$$

On voit aisément que ce résultat revient absolument à celui du n° V. Si nous remettons en effet, à la place de a, le rapport $\frac{q}{p}$ employé dans le n° III, et si nous prenons $\varkappa = \frac{\zeta}{2} + y$, nous aurons

$$\tang y = \frac{p-q}{p+q}\tang\frac{\theta - \psi}{2}, \quad \text{puis} \quad \varphi = \theta + \varkappa = \theta + \frac{\zeta}{2} + y = \frac{\theta + \psi}{2} + y.$$

IX.

Soit la formule $\tang\varphi = \dfrac{\sin\theta + a\sin\varphi + b\sin\chi}{\cos\theta + a\cos\varphi + b\cos\chi}$; on trouvera, comme précédemment et par la même méthode,

$$e^{2\varkappa\sqrt{-1}} = \frac{1 + ae^{(\psi-\theta)\sqrt{-1}} + be^{(\chi-\theta)\sqrt{-1}}}{1 + ae^{-(\psi-\theta)\sqrt{-1}} + be^{-(\chi-\theta)\sqrt{-1}}},$$

en faisant $\varphi = \theta + \varkappa$.

X.

Soient, pour abréger, $\psi - \theta = \zeta$, $\chi - \theta = \eta$; on aura

$$e^{2\varkappa\sqrt{-1}} = \frac{1 + ae^{\zeta\sqrt{-1}} + be^{\eta\sqrt{-1}}}{1 + ae^{-\zeta\sqrt{-1}} + be^{-\eta\sqrt{-1}}},$$

d'où

$$\tang\left(\varkappa - \frac{\zeta}{2}\right) = \frac{(a-1)\sin\frac{\zeta}{2} + b\sin\left(\eta - \frac{\zeta}{2}\right)}{(a+1)\cos\frac{\zeta}{2} + b\cos\left(\eta - \frac{\zeta}{2}\right)}.$$

XI.

Si maintenant on prend l'angle y de façon que

$$\tan y = \frac{\sin\left(\chi - \frac{\theta + \psi}{2}\right) + \frac{1 - a}{b}\sin\frac{\theta - \psi}{2}}{\cos\left(\chi - \frac{\theta + \psi}{2}\right) + \frac{1 + a}{b}\cos\frac{\theta - \psi}{2}},$$

on trouvera comme précédemment

$$\varkappa = y - \frac{\theta - \psi}{2}, \quad \text{d'où} \quad \varphi = \frac{\theta + \psi}{2} + y;$$

d'où l'on voit que l'angle y et par suite aussi l'angle φ n'exigent qu'une Table à double entrée, les arguments étant $\frac{\theta - \psi}{2}$ et $\chi - \frac{\theta + \psi}{2}$; mais il ne paraît pas possible de substituer à cette Table une Table à simple entrée lorsque l'un des arguments n'est pas nul ou égal à un multiple de l'autre.

XII.

Le plus simple des cas où l'on peut substituer une Table à simple entrée à la Table à double entrée est celui où $\chi = \frac{\theta + \psi}{2}$; on tirerait alors des formules du n° IX

$$\varphi = \frac{\theta + \psi}{2} + y, \quad \text{et} \quad \tan y = \frac{\frac{1 - a}{b}\sin\frac{\theta - \psi}{2}}{1 + \frac{1 + a}{b}\cos\frac{\theta - \psi}{2}};$$

ainsi y s'obtiendra par une Table à simple entrée, dont l'argument sera l'angle $\frac{\theta - \psi}{2}$.

XIII.

En général, il ne me paraît pas possible de réduire la formule du n° IX en une ou plusieurs Tables à simple entrée; toutefois, si les coefficients sont des fractions proprement dites, on peut y arriver en se bornant à des valeurs approchées. Dans ce but, je remarque que, si l'on pouvait décomposer la formule du n° X

$$\frac{1 + ae^{\zeta\sqrt{-1}} + be^{\eta\sqrt{-1}}}{1 + ae^{-\zeta\sqrt{-1}} + be^{-\eta\sqrt{-1}}}$$

en facteurs de la forme

$$\frac{1 + A\,e^{\alpha\sqrt{-1}}}{1 + A\,e^{-\alpha\sqrt{-1}}} \quad \text{et} \quad \frac{1 + B\,e^{\beta\sqrt{-1}}}{1 + B\,e^{-\beta\sqrt{-1}}}, \quad \dots,$$

on pourrait employer la méthode du n° VIII; on représenterait ces facteurs par $e^{2\lambda\sqrt{-1}}$, $e^{2\mu\sqrt{-1}}$, et l'on obtiendrait les équations

$$\tan\left(\frac{\alpha}{2} - \lambda\right) = \frac{1 - A}{1 + A}\tan\frac{\alpha}{2},$$

$$\tan\left(\frac{\beta}{2} - \mu\right) = \frac{1 - B}{1 + B}\tan\frac{\beta}{2}, \quad \text{etc.},$$

puis

$$e^{2\varkappa\sqrt{-1}} = e^{2\lambda\sqrt{-1}} \times e^{2\mu\sqrt{-1}} = e^{2(\lambda+\mu+\,..)\sqrt{-1}},$$

d'où

$$\varkappa = \lambda + \mu + \dots,$$

et enfin

$$\varphi = \theta + \lambda + \mu + \dots.$$

XIV.

La plus grande valeur de l'angle λ ne peut pas surpasser l'angle dont A est le sinus; ce que l'on voit aisément par la théorie des maxima et des minima, en différentiant la formule qui détermine λ, ou encore au moyen de la construction du n° III. En effet, l'équation

$$\tan\left(\frac{\alpha}{2} - \lambda\right) = \frac{1 - A}{1 + A}\tan\frac{\alpha}{2}$$

est semblable à la formule du n° V, si l'on fait $\alpha = \theta - \psi$, $\lambda = \zeta$, $A = \frac{q}{p}$; d'où il suit que si, dans notre figure, on fait $\frac{BC}{AB} = A$, DBA $= \alpha$, on aura $BAC = \lambda$; mais il est clair que la valeur de l'angle BAC, en supposant que, les deux côtés AB, AC restant constants, l'angle compris ABC varie seul, atteint son maximum lorsque la ligne AC est tangente au cercle décrit de B comme centre avec le rayon BC, et que, par suite, l'angle BCA est droit; mais alors $\frac{BC}{AB} = \sin BAC$, et par conséquent la formule $\sin\lambda = A$ fournit la valeur maximum de λ.

Pareillement, la valeur maximum de μ est donnée par la formule $\sin\mu = B$, et de même pour les autres.

D'où il suit que, si les coefficients A, B, ... deviennent de plus en plus petits, les angles λ, μ, ... deviendront aussi très-petits; par conséquent il suffira d'introduire dans le calcul un certain nombre convenable de ces angles pour parvenir au degré d'approximation que l'on veut.

XV.

Tout revient donc à décomposer la formule proposée en formules simples de la forme que nous venons de dire. Toutefois il est clair que cette décomposition ne peut pas se faire exactement, mais seulement en négligeant les produits des coefficients a, b, ... à partir d'un certain degré.

Si l'on veut décomposer le trinôme $1 + p + q$ en un produit de facteurs, on pourra prendre $(1+p)(1+q)$, en négligeant le produit pq. Si l'on ne veut négliger que les termes qui dépassent la deuxième dimension, on prendra

$$1 + p + q = (1+p)(1+q)(1-pq).$$

Si l'on ne veut négliger que les termes qui dépassent la troisième dimension, on prendra

$$1 + p + q = (1+p)(1+q)(1-pq)(1+p^2q)(1+pq^2),$$

et ainsi de suite, comme on le voit par un calcul facile.

De même, si l'on voulait décomposer l'expression $1 + p + q + r$ en produits de facteurs, on trouvera, en négligeant successivement les

VII.   63.

produits de la deuxième, de la troisième, de la quatrième dimension,

$$
\begin{aligned}
1 + p + q + r &= (1+p)(1+q)(1+r) \\
&= (1+p)(1+q)(1+r)(1-pq)(1-pr)(1-qr) \\
&= (1+p)(1+q)(1+r)(1-pq)(1-pr)(1-qr) \\
&\quad \times (1+p^2 r)(1+p^2 q)(1+pq^2)(1+pr^2)(1+q^2 r) \\
&\quad \times (1+qr^2)(1+2pqr),
\end{aligned}
$$

et ainsi de suite.

XVI.

Si donc on néglige la troisième dimension des produits des coefficients a, b, on pourra décomposer la formule

$$
\frac{1 + ae^{\zeta\sqrt{-1}} + be^{\eta\sqrt{-1}}}{1 + ae^{-\zeta\sqrt{-1}} + be^{-\eta\sqrt{-1}}}
$$

dans les facteurs suivants :

$$
\frac{1 + ae^{\zeta\sqrt{-1}}}{1 + ae^{-\zeta\sqrt{-1}}}, \qquad
\frac{1 + be^{\eta\sqrt{-1}}}{1 + be^{-\eta\sqrt{-1}}},
$$

$$
\frac{1 - abe^{(\zeta+\eta)\sqrt{-1}}}{1 - abe^{-(\zeta+\eta)\sqrt{-1}}}, \qquad
\frac{1 + a^2 be^{(2\zeta+\eta)\sqrt{-1}}}{1 + a^2 be^{-(2\zeta+\eta)\sqrt{-1}}}, \qquad
\frac{1 + ab^2 e^{(\zeta+2\eta)\sqrt{-1}}}{1 + ab^2 e^{-(\zeta+2\eta)\sqrt{-1}}};
$$

il suit de là, d'après le n° XIII, que l'on aura à employer les formules

$$
\operatorname{tang}\left(\frac{\zeta}{2} - \lambda\right) = \frac{1-a}{1+a} \operatorname{tang}\frac{\zeta}{2},
$$

$$
\operatorname{tang}\left(\frac{\eta}{2} - \mu\right) = \frac{1-b}{1+b} \operatorname{tang}\frac{\eta}{2},
$$

$$
\operatorname{tang}\left(\frac{\zeta+\eta}{2} - \tau\right) = \frac{1+ab}{1-ab} \operatorname{tang}\frac{\zeta+\eta}{2},
$$

$$
\operatorname{tang}\left(\frac{2\zeta+\eta}{2} - \varpi\right) = \frac{1-a^2 b}{1+a^2 b} \operatorname{tang}\frac{2\zeta+\eta}{2},
$$

$$
\operatorname{tang}\left(\frac{\zeta+2\eta}{2} - \rho\right) = \frac{1-ab^2}{1+ab^2} \operatorname{tang}\frac{\zeta+2\eta}{2}.
$$

Ces formules serviront à déterminer les angles λ, μ, τ, ..., puis on aura

$$\varphi = \theta + \lambda + \mu + \tau + \varpi + \rho.$$

L'erreur commise sera d'un ordre moindre que les angles dont les sinus sont $a^2 b$ et ab^2.

XVII.

En résumé, si l'on donne l'équation

$$\operatorname{tang}\varphi = \frac{\sin\theta + a\sin\psi + b\sin\zeta}{\cos\theta + a\cos\psi + b\cos\zeta},$$

dans laquelle a et b sont des fractions proprement dites, et si l'on veut déterminer l'angle φ avec une erreur d'un ordre moindre que les angles dont les sinus sont plus petits que les produits $a^2 b$ et ab^2, on prendra

$$\varphi = \theta + \theta' + \theta'' + \theta''' + \theta^{\mathrm{iv}} + \theta^{\mathrm{v}},$$

en déterminant les angles θ', θ'', θ''', θ^{iv}, θ^{v} par les équations

$$\operatorname{tang}\left(\frac{\psi - \theta}{2} - \theta'\right) = \frac{1-a}{1+a}\operatorname{tang}\frac{\psi - \theta}{2},$$

$$\operatorname{tang}\left(\frac{\zeta - \theta}{2} - \theta''\right) = \frac{1-b}{1+b}\operatorname{tang}\frac{\zeta - \theta}{2},$$

$$\operatorname{tang}\left(\frac{\psi + \zeta - 2\theta}{2} - \theta'''\right) = \frac{1+ab}{1-ab}\operatorname{tang}\frac{\psi + \zeta - 2\theta}{2},$$

$$\operatorname{tang}\left(\frac{2\psi + \zeta - 3\theta}{2} - \theta^{\mathrm{iv}}\right) = \frac{1-a^2 b}{1+a^2 b}\operatorname{tang}\frac{2\psi + \zeta - 3\theta}{2},$$

$$\operatorname{tang}\left(\frac{\psi + 2\zeta - 3\theta}{2} - \theta^{\mathrm{v}}\right) = \frac{1-ab^2}{1+ab^2}\operatorname{tang}\frac{\psi + 2\zeta - 3\theta}{2},$$

dont chacune exige une Table à simple entrée.

63.

XVIII.

Ces équations étant toutes semblables, je, désignerai en général par $(m)(\varkappa)$ la valeur de l'angle ζ déterminée par l'équation

$$\tan\left(\frac{\varkappa}{2}-\zeta\right)=\frac{1-m}{1+m}\tan\frac{\varkappa}{2}.$$

Ainsi $(m)(\varkappa)$ exprimera une équation astronomique dont l'argument est $\varkappa$, et dont la valeur maximum est égale à l'arc dont le sinus est m.

Si l'on pose

$$\sqrt{m}=\tan\frac{\mu}{2},$$

on aura

$$\frac{1-m}{1+m}=\cos\mu,$$

et l'équation précédente devient

$$\tan\left(\frac{\varkappa}{2}-\zeta\right)=\cos\mu\,\tan\frac{\varkappa}{2}.$$

Cette équation est pareille à celle par laquelle on opère la réduction des planètes à l'écliptique, ou de l'écliptique à l'équateur. En outre, on peut remarquer que l'on a

$$(m)(-\varkappa)=-(m)(\varkappa), \quad (-m)(\varkappa)=-(m)(180°-\varkappa),$$

$$\left(\frac{1}{m}\right)(\varkappa)=-(m)(\varkappa), \quad \left(-\frac{1}{m}\right)(\varkappa)=(m)(180°-\varkappa).$$

XIX.

Il suit de là que l'on a

$$\theta'=(a)(\psi-\theta), \quad \theta''=(b)(\zeta-\theta), \quad \ldots,$$

et que

$$\varphi=\theta+(a)(\psi-\theta)+(b)(\zeta-\theta)+(-ab)(\psi+\zeta-2\theta)$$
$$+(a^2b)(2\psi+\zeta-3\theta)+(ab^2)(\psi+2\zeta-3\theta).$$

XX.

On décomposera de même la formule

$$\tan\varphi = \frac{\sin\theta + a\sin\psi + b\sin\zeta + c\sin\xi}{\cos\theta + a\cos\psi + b\cos\zeta + c\cos\xi}.$$

En négligeant les angles dont les sinus sont plus petits que les produits de la troisième dimension, on aura à résoudre treize équations, dont chacune exigera une Table à simple entrée.

Cela suffira pour mettre en lumière la théorie de ces transformations; nous allons maintenant appliquer les propositions qui précèdent à la détermination des longitudes géocentriques des planètes.

DEUXIÈME SECTION.

APPLICATION DES THÉORÈMES PRÉCÉDEMMENT DÉMONTRÉS A LA DÉTERMINATION DES LONGITUDES GÉOCENTRIQUES DE JUPITER ET DE SATURNE.

XXI.

Soient (*fig.* 2), à une époque quelconque,

Fig. 2.

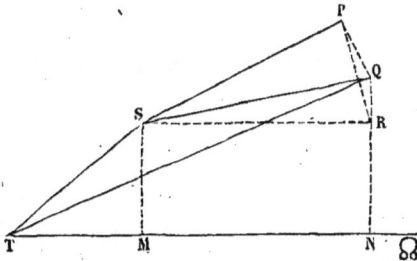

T la Terre;

S le Soleil;

P une planète;

SR la ligne des nœuds de l'orbite de cette planète.

Par T menons la ligne TMN parallèle à SR; abaissons de P la perpendiculaire PQ sur le plan de l'écliptique, et traçons les lignes QS et QT
qui joignent le lieu réduit de la planète aux points S, T, la ligne QRN
perpendiculaire à TN; enfin joignons les points P et R par la droite PR.

Appelons maintenant

ρ le rayon de l'orbite de la planète;

θ l'argument de la latitude;

ω l'inclinaison de l'orbite sur l'écliptique;

r le rayon de l'orbite terrestre;

ψ la longitude du Soleil comptée à partir du nœud ascendant de la planète, ou l'excès de la longitude du Soleil sur la longitude du nœud de
la planète.

On aura dans notre figure $SP = \rho$, $RSP = \theta$, $PRQ = \omega$ (l'angle SRP
dans le plan de l'orbite de la planète et l'angle SRQ dans le plan de
l'écliptique sont droits); puis $TS = r$ et $NTS = \psi$. Enfin soit φ la longitude géocentrique de la planète comptée à partir de son nœud ascendant, ou l'excès de sa longitude géocentrique sur la longitude de son
nœud; on aura, dans la figure, $QTS = \varphi$, puisque nous avons supposé
que Q était le lieu de la planète réduit à l'écliptique.

XXII.

Cela posé, on a

$$PR = \rho \sin\theta, \quad SR = \rho \cos\theta, \quad QR = PR \cos\omega = \rho \sin\theta \cos\omega,$$

$$SM = r \sin\psi, \quad TM = r \cos\psi, \quad \text{et} \quad \tang\varphi = \frac{QN}{TN};$$

mais

$$QN = QR + SM, \quad \text{et} \quad TN = SR + TM;$$

donc

$$\tang\varphi = \frac{\rho \sin\theta \cos\omega + r \sin\psi}{\rho \cos\theta + r \cos\psi}.$$

Cette formule n'est pas tout à fait de la même forme que celles que nous avons traitées, mais on l'y ramènera aisément en remarquant que

$$\cos\omega \sin\theta = \frac{1+\cos\omega}{2}\sin\theta + \frac{1-\cos\omega}{2}\sin(-\theta),$$

et que

$$\cos\theta = \frac{1+\cos\omega}{2}\cos\theta + \frac{1-\cos\omega}{2}\cos(-\theta);$$

d'ailleurs

$$\frac{1+\cos\omega}{2}=\cos^2\frac{\omega}{2}, \qquad \frac{1-\cos\omega}{2}=\sin^2\frac{\omega}{2};$$

on aura donc, en remplaçant,

$$\tang\varphi = \frac{\rho\cos^2\frac{\omega}{2}\sin\theta + \rho\sin^2\frac{\omega}{2}\sin(-\theta) + r\sin\psi}{\rho\cos^2\frac{\omega}{2}\cos\theta + \rho\sin^2\frac{\omega}{2}\cos(-\theta) + r\cos\psi},$$

formule semblable à celle du n° IX, et qui serait tout à fait de la même nature si les grandeurs r, ρ, ω étaient constantes.

L'angle ω, qui mesure l'inclinaison de l'orbite de la planète sur l'écliptique, peut être regardé comme une constante. Au contraire, le rayon de l'orbite, ou la distance de la planète au Soleil dépend de l'anomalie du Soleil et de la planète.

XXIII.

Soient donc

A la distance moyenne du Soleil à la Terre;
α l'excentricité de l'orbite solaire en parties de cette distance moyenne;
s l'anomalie vraie du Soleil;
on aura, comme on sait,

$$r = \frac{A(1-\alpha^2)}{1-\alpha\cos s}.$$

Soient maintenant

B la distance moyenne de la planète au Soleil;

β l'excentricité de son orbite en parties de cette distance moyenne;

t son anomalie vraie;

on aura de même

$$\rho = \frac{\mathrm{B}(1 - \beta^2)}{1 - \beta \cos t};$$

il faudra substituer ces valeurs dans la formule du numéro précédent.

Le numérateur et le dénominateur seront alors multipliés par $(1 - \alpha \cos s)(1 - \beta \cos t)$; en transformant les produits de sinus et de cosinus en simples sinus et cosinus, on trouvera, après réduction, une expression pour $\tan\varphi$ dont le numérateur sera une somme de différents sinus multipliés par certains coefficients, et dont le dénominateur sera tout semblable, sauf que les sinus devront être remplacés par des cosinus. Si, parmi ces coefficients, il s'en trouve un qui soit beaucoup plus grand que les autres, on divisera tous les termes du numérateur et du dénominateur par ce coefficient, et l'on parviendra, pour $\tan\varphi$, à une expression pareille à celle des n°^{os} XVII et XIX; on la traitera de la même façon.

XXIV.

C'est ce qui a lieu pour Jupiter et pour Saturne, leurs distances au Soleil étant, pour le premier, cinq fois au moins, pour le second, dix fois plus grandes que la distance de la Terre au Soleil. Aussi vais-je maintenant appliquer mes formules à la détermination des longitudes géocentriques de Jupiter et de Saturne, en poussant l'approximation jusqu'à 1 minute de degré, ce qui suffit pour le calcul des Éphémérides. Cela nous permettra, d'après le n° XIV, de négliger, dans l'expression de $\tan\varphi$, tous les termes qui sont beaucoup plus petits que $\sin 1'$ ou que 0,0002909, ou, en nombre rond, que $\frac{1}{3500}$.

XXV.

D'après cette supposition, je divise haut et bas l'expression de $\tan g\varphi$ par $\rho \cos^2 \frac{\omega}{2}$, et j'obtiens

$$\tan g\varphi = \frac{\sin\theta + \dfrac{r\sin\psi}{\rho \cos^2 \frac{\omega}{2}} + \tan g^2\frac{\omega}{2}\sin(-\theta)}{\cos\theta + \dfrac{r\cos\psi}{\rho \cos^2 \frac{\omega}{2}} + \tan g^2\frac{\omega}{2}\cos(-\theta)};$$

mais

$$\frac{r}{\rho} = \frac{A(1-\alpha^2)}{B(1-\beta^2)} \times \frac{1 - \beta\cos t}{1 - \alpha\cos s};$$

or on a

$$\alpha < \frac{1}{50},$$

et, pour Jupiter,

$$\frac{A}{B} < \frac{1}{5}, \quad \beta < \frac{1}{20};$$

pour Saturne,

$$\frac{A}{B} < \frac{1}{9}, \quad B < \frac{1}{17};$$

donc $\frac{A}{B}\alpha\beta$ est plus petit que $\frac{1}{5000}$ pour Jupiter, et que $\frac{1}{7050}$ pour Saturne; on pourra, par suite, négliger les termes plus petits que $\frac{A}{B}\alpha^2$, $\frac{A}{B}\alpha^2\beta$, ...

On peut donc mettre la valeur de $\frac{r}{\rho}$ sous la forme

$$\frac{A}{B}\frac{1-\alpha^2}{1-\beta^2}(1 + \alpha\cos s - \beta\cos t).$$

Si l'on pose, pour abréger,

$$a = \frac{A(1-\alpha^2)}{B(1-\beta^2)\cos^2\frac{\omega}{2}}, \quad b = \tan g^2\frac{\omega}{2},$$

VII.   64

on aura

$$\tang\varphi = \frac{\sin\theta + a\sin\psi(1 + \alpha\cos s - \beta\cos t) + b\sin(-\theta)}{\cos\theta + a\cos\psi(1 + \alpha\cos s - \beta\cos t) + b\cos(-\theta)};$$

en transformant les produits de sinus et de cosinus, on obtiendra, pour le numérateur,

$$\sin\theta + a\sin\psi + b\sin(-\theta) + \frac{a\alpha}{2}[\sin(\psi + s) + \sin(\psi - s)]$$

$$- \frac{a\beta}{2}[\sin(\psi + t) + \sin(\psi - t)],$$

et, pour le dénominateur,

$$\cos\theta + a\cos\psi + b\cos(-\theta) + \frac{a\alpha}{2}[\cos(\psi + s) + \cos(\psi - s)]$$

$$- \frac{a\beta}{2}[\cos(\psi + t) + \cos(\psi - t)].$$

On aura donc pour φ une expression semblable à celle du n° XIX.

XXVI.

Maintenant, pour Jupiter,

$$\omega = 1^{o}\,19'\,10'',$$

et, pour Saturne,

$$\omega = 2^{o}\,30'\,10'';$$

par suite, $\cos^2\frac{\omega}{2}$ est voisin de 1; la différence est, pour Saturne, plus petite que $\frac{1}{2000}$, et encore moindre pour Jupiter; par conséquent, a est voisin de $\frac{A}{B}$. On trouve ensuite, pour Jupiter, $b < \frac{1}{7380}$, et, pour Saturne, $b < \frac{1}{2040}$: d'où l'on voit que l'on peut négliger les puissances de b et même les produits de b par a. En outre, on voit que l'on peut négliger les puissances et les produits de $a\alpha$ et de $a\beta$, parce que, la valeur de $a\beta$ pour Jupiter étant $< \frac{1}{100}$, la plus grande quantité que l'on puisse négliger ainsi, savoir $a^2\beta^2$, est inférieure à $\frac{1}{10000}$. Enfin, pour Jupiter, on peut négliger les coefficients $a^4\alpha$ et $a^4\beta$; car le second, qui est le plus grand, est $< \frac{1}{12500}$; mais, pour Saturne, on peut négliger même les coefficients $a^3\alpha$ et $a^3\beta$; car le second, qui est le plus grand des deux, est inférieur à $\frac{1}{12390}$.

XXVII.

Par suite de ces remarques, on aura, pour Saturne,

$$\varphi = \theta + (a)(\psi - \theta) - (b)(2\theta)$$
$$+ \left(\frac{a\alpha}{2}\right)(\psi + s - \theta) + \left(\frac{a\alpha}{2}\right)(\psi - s - \theta)$$
$$+ \left(-\frac{a\beta}{2}\right)(\psi + t - \theta) + \left(-\frac{a\beta}{2}\right)(\psi - t - \theta)$$
$$+ \left(\frac{a^2\alpha}{2}\right)(2\psi + s - 2\theta) + \left(\frac{a^2\alpha}{2}\right)(2\psi - s - 2\theta)$$
$$+ \left(\frac{a^2\beta}{2}\right)(2\psi + t - 2\theta) + \left(-\frac{a^2\beta}{2}\right)(2\psi - t - 2\theta).$$

φ représente ici la longitude géocentrique de la planète, comptée à partir du nœud; θ est la longitude héliocentrique dans l'orbite, comptée à partir du même nœud : on a donc, en ajoutant aux deux membres de l'équation la longitude du nœud ascendant,

long. géoc. ♄ = long. hélioc. dans l'orbite
$$+ (a)(\psi - \theta) - (b)(2\theta) + \dots.$$

64.

Si l'on fait la distance du Soleil à la Terre $= o$, la longitude géocentrique deviendra la longitude héliocentrique comptée dans l'écliptique; tous les termes de l'équation précédente, sauf $-(b)(2\theta)$, s'annulent à cause de $a = o$. Par suite, notre équation devient

$$\text{long. hélioc.} = \text{long. dans l'orbite} - (b)(2\theta);$$

donc $(-b)(2\theta)$ n'est pas autre chose que la réduction de la planète à l'écliptique; cela se vérifie d'ailleurs immédiatement.

Si donc on substitue à la longitude de la planète dans l'orbite la longitude dans l'écliptique, que l'on déduit aisément des Tables, on pourra négliger dans notre équation le terme $-(b)(2\theta)$, et les termes restants exprimeront la différence entre les longitudes géocentrique et héliocentrique de la planète, ou ce que l'on appelle la *parallaxe annuelle*.

On peut en outre remarquer que, ψ étant la longitude du Soleil, θ au contraire la longitude de la planète, comptées toutes deux à partir du nœud ascendant, $\psi - \theta$ sera l'angle de commutation de la planète, ou l'excès de sa longitude sur la longitude du Soleil. Si l'on désigne par u cet angle de commutation, on aura, pour la longitude géocentrique de Saturne, l'équation suivante

$$\text{long. géoc. } \hbar = \text{long. hélioc. } \hbar + (a)(u)$$

$$+ \left(\frac{a\alpha}{2}\right)(u+s) + \left(\frac{a\alpha}{2}\right)(u-s)$$

$$+ \left(-\frac{a\beta}{2}\right)(u+t) + \left(-\frac{a\beta}{2}\right)(u-t)$$

$$+ \left(-\frac{a^2\alpha}{2}\right)(2u+s) + \left(-\frac{a^2\alpha}{2}\right)(2u-s)$$

$$+ \left(\frac{a^2\beta}{2}\right)(2u+t) + \left(\frac{a^2\beta}{2}\right)(2u-t),$$

où $s = \text{anom.} \odot$, $t = \text{anom.} \hbar$, $u = \text{long.} \odot - \text{long.} \hbar$.

XXVIII.

Pour Jupiter on trouve des formules semblables, sauf qu'on ne doit pas négliger les termes de l'ordre $a^3\alpha$, $a^3\beta$: on a

long. géoc. $\mathcal{Z}'=$ long. hélioc. $\mathcal{Z}'+(a)\,(u)$

$$+\left(\frac{a\,\alpha}{2}\right)(u+s)+\left(\frac{a\,\alpha}{2}\right)(u-s)$$

$$+\left(-\frac{a\beta}{2}\right)(u+t)+\left(-\frac{a\beta}{2}\right)(u-t)$$

$$+\left(-\frac{a^2\alpha}{2}\right)(2u+s)+\left(-\frac{a^2\alpha}{2}\right)(2u-s)$$

$$+\left(\frac{a^2\beta}{2}\right)(2u+t)+\left(\frac{a^2\beta}{2}\right)(2u-t)$$

$$+\left(\frac{a^3\alpha}{2}\right)(3u+s)+\left(\frac{a^3\alpha}{2}\right)(3u-s)$$

$$+\left(-\frac{a^3\beta}{2}\right)(3u+t)+\left(-\frac{a^3\beta}{2}\right)(3u-t),$$

où $s=$ anom. $\odot$, $t=$ anom. $\mathcal{Z}'$, $u=$ long. $\odot$ $-$ long. $\mathcal{Z}'$.

D'ailleurs, pour Jupiter, on a

$$\frac{a^3\beta}{2}<\frac{1}{5000}, \quad \text{et} \quad \frac{a^3\alpha}{2}<\frac{a^3\beta}{2},$$

car α est $<\beta$; on peut donc supprimer sans scrupule les quatre derniers termes, si l'on ne tient pas à pousser la précision très-loin et s'il suffit d'avoir un nombre rond de minutes.

Il suffit donc de cinq Tables à simple entrée pour trouver commodément les longitudes géocentriques de Jupiter et de Saturne. Ces Tables se calculent aisément, car elles sont de la même forme que celles qui donnent la réduction de l'écliptique à l'équateur, ainsi que cela a été montré dans le n° XVIII.

Si, au reste, on ne veut pas faire directement le calcul par la formule (n° XVIII)

$$\operatorname{tang}\left(\frac{z}{2} - \zeta\right) = \frac{1 - m}{1 + m} \operatorname{tang} \frac{z}{2},$$

mais se servir d'une série infinie pour calculer ζ, et il est aisé de déduire une telle série des formules précédentes.

En effet, la formule trouvée pour la longitude géocentrique de la planète étant semblable à la formule du n° XVIII, on la ramènera aisément à la suivante

$$e^{\zeta\sqrt{-1}} = \frac{1 + me^{z\sqrt{-1}}}{1 + me^{-z\sqrt{-1}}},$$

et, en prenant les logarithmes, on aura

$$\zeta = \frac{\log\left(1 + me^{z\sqrt{-1}}\right) - \log\left(1 + me^{-z\sqrt{-1}}\right)}{2\sqrt{-1}};$$

développant les logarithmes en série et substituant les expressions trigonométriques aux expressions exponentielles, il vient

$$\zeta = m \sin z - \frac{m^2}{2} \sin 2z + \frac{m^3}{3} \sin 3z - \ldots.$$

On peut consulter sur ce sujet les *Gedenkschriften der Königl. Akademie* pour l'année 1776.

ADDITION AU MÉMOIRE

SUR

LE CALCUL DES ÉCLIPSES

SUJETTES AUX PARALLAXES.

ADDITION AU MÉMOIRE

SUR

LE CALCUL DES ÉCLIPSES

SUJETTES AUX PARALLAXES (*).

(*Astronomisches Jahrbuch oder Ephemeriden* für das Jahr 1782, unter Aufsicht und mit Genehmhaltung der Königl. Akademie des Wissenschaften zu Berlin verfertig und zum Drucke befördert. Berlin, 1779.)

J'ai montré comment ce tracé pouvait être effectué, même en tenant compte de l'aplatissement de la Terre et en corrigeant les distances apparentes. Pour ne rien laisser à désirer sous le rapport de l'exactitude, il faut encore avoir égard à une autre circonstance, à savoir la variation de l'angle de position du Soleil, angle regardé comme constant pendant la durée de l'éclipse; mais je vais montrer que cette variation ne peut pas altérer les distances apparentes de plus de 1 seconde, et qu'elle est par conséquent négligeable.

Comme la durée d'une éclipse de Soleil est au plus de deux heures et que la variation de l'angle de position s'élève au plus à 26′ pour 1°

(*) Ce Mémoire a d'abord paru, traduit en allemand, dans les *Éphémérides de Berlin* pour l'année 1782; nous l'avons reproduit en français, page 415 de ce volume, d'après la *Connaissance des Temps*. L'un des textes n'est pas une traduction littérale de l'autre. Nous donnons ici la traduction des derniers paragraphes du texte allemand, qui ne se trouvent pas dans la *Connaissance des Temps*. (*Note de l'Éditeur.*)

de variation de la longitude du Soleil, il s'ensuit que la variation de l'angle de position pendant l'éclipse ne peut guère dépasser 2′, et de là il est aisé de conclure que la plus grande erreur qui pourrait résulter de cette variation dans les distances mesurées sur la projection ne correspond qu'à un arc de 2′ mesuré sur la circonférence de la projection dont le demi-diamètre s'élève à environ 1° en nombre rond. Comme le demi-diamètre est égal à 3437′, il suit de là que la plus grande erreur que l'on puisse commettre est au plus $\frac{2 . 1°}{3437}$, ou 2″ environ. Comme on emploie dans la projection l'angle de position correspondant au moment de la conjonction, il en résulte que la variation de l'angle de position peut occasionner au plus une erreur de 1″ dans la distance des centres, soit au commencement, soit à la fin de l'éclipse.

Il en est de même pour ce qui concerne la variation de la déclinaison du Soleil, car la plus grande variation de celle-ci est seulement d'environ 24′ pour un changement de 1° dans la longitude du Soleil; par conséquent la déclinaison ne peut jamais varier de plus de 2′ pendant l'éclipse. D'ailleurs il est facile de se convaincre, d'après les principes des projections, que la plus grande erreur qui puisse résulter de là, relativement à la distance des centres, ne s'élève qu'à 2′ sur la circonférence du cercle de projection. Il suit de là, comme ci-dessus, que cette erreur ne peut altérer de plus d'une seconde de degré la distance des centres au commencement ou à la fin de l'éclipse.

Ces deux circonstances ne se rencontrent jamais ensemble, car c'est lorsque la variation de la déclinaison du Soleil est la plus petite que l'angle de position varie le moins, et réciproquement. On peut donc, en toute sécurité, négliger ces deux corrections dans le Problème qui nous occupe, car elles ne feraient que rendre la construction plus pénible sans en augmenter la précision d'une manière appréciable.

SUR LA DIMINUTION

DE

L'OBLIQUITÉ DE L'ÉCLIPTIQUE.

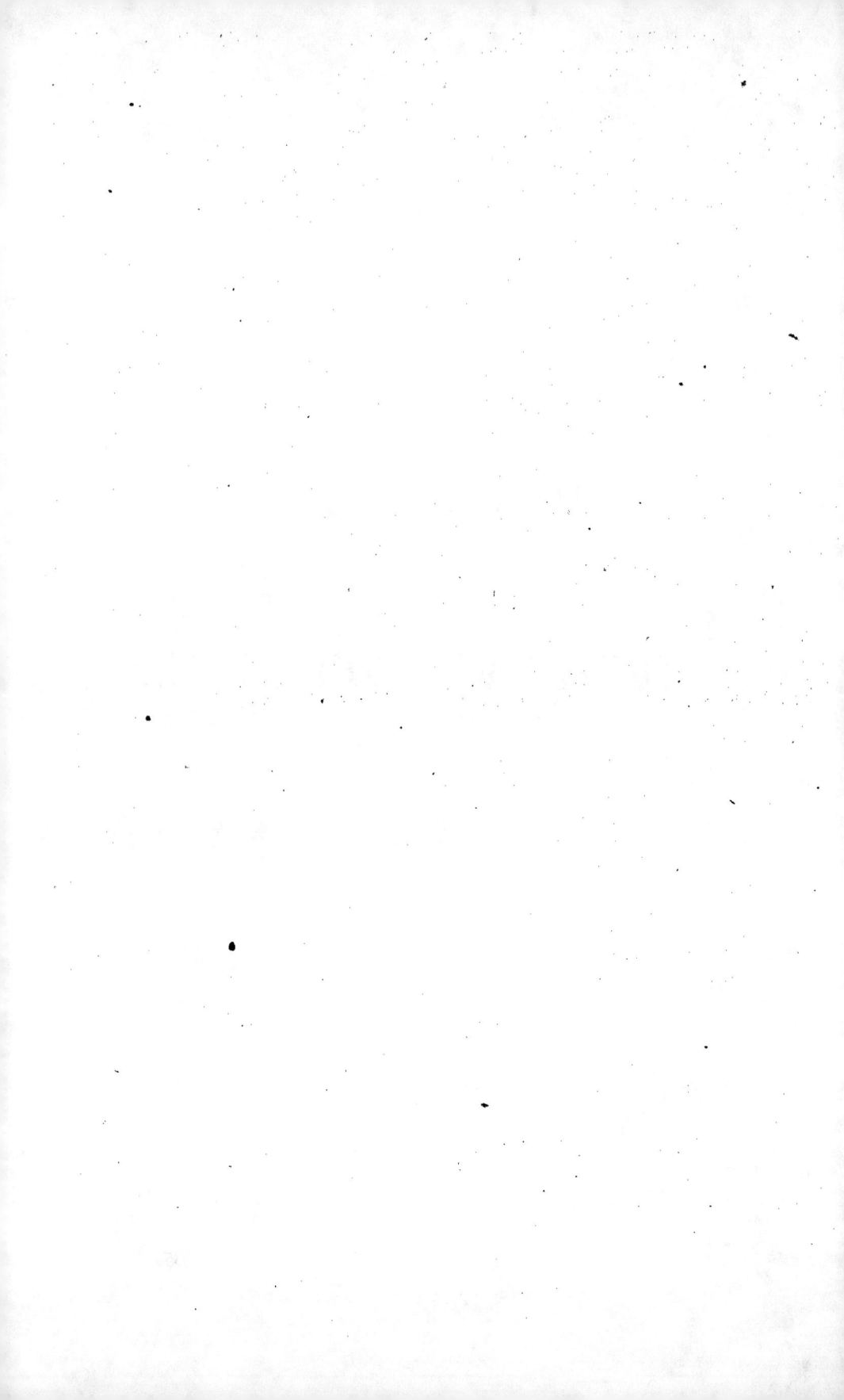

SUR LA DIMINUTION

DE

L'OBLIQUITÉ DE L'ÉCLIPTIQUE (*).

(*Astronomisches Jahrbuch oder Ephemeriden* für das Jahr 1782; Berlin, 1779.)

I.

Les observations sont d'accord avec la théorie pour prouver que l'obliquité de l'écliptique va en diminuant; mais elles ne le sont ni entre elles ni avec celle-ci sur la quantité de cette diminution.

Si l'on compare les plus anciennes observations que Ptolémée nous ait transmises avec celles qu'on a faites dans ce siècle, on trouve une diminution d'environ 23′ dans l'espace de dix-neuf siècles et demi; les observations d'Albatenius, du IXe siècle, ne donnent qu'une diminution de 7′ dans huit siècles et demi; celles de Tycho Brahé, de l'année 1587, donnent environ 2′ dans un espace de cent soixante ans; enfin les observations faites vers la fin du dernier siècle ou au commencement de celui-ci, et comparées avec les plus récentes, ne donnent qu'environ $\frac{1}{2}$ seconde par an de diminution; mais, si l'on compare à ces dernières celles qu'on n'a faites que depuis trente ans, on ne trouve pour cet

(*) Ce Mémoire a été lu par l'Auteur à l'Académie des Sciences de Berlin, le 26 février 1778. Il a été traduit en allemand par Schulze, et inséré dans les *Éphémérides de Berlin* pour l'année 1782. Nous reproduisons ici le Mémoire original en français, retrouvé dans les papiers de Lagrange qui sont déposés à la Bibliothèque de l'Institut de France.

(*Note de l'Éditeur.*)

intervalle de temps qu'une diminution de 10″ à 11‴, ce qui ne donnerait qu'environ 33″ pour la diminution séculaire.

II.

On voit par là que la diminution séculaire est toujours moindre à
mesure qu'on la déduit d'observations moins distantes entre elles; et,
si l'on pouvait compter entièrement sur l'exactitude de ces résultats, il
s'ensuivrait que la diminution est variable, et l'on pourrait même en
déterminer la loi jusqu'à un certain point; mais, d'un côté, les observations anciennes, surtout celles qui ont été conservées par Ptolémée,
sont reconnues pour trop peu exactes; de l'autre, l'intervalle de temps
écoulé entre les observations modernes est trop peu considérable, et
l'erreur inévitable des observations influe trop pour qu'on puisse rien
conclure de certain ni des unes ni des autres sur la vraie quantité de la
diminution séculaire, et moins encore sur la variation de cette diminution; ainsi la théorie paraît le seul moyen sûr que l'on ait jusqu'à présent de fixer cet élément important.

III.

M. Euler est le premier qui ait démontré la diminution de l'obliquité
de l'écliptique, en faisant voir que la rétrogradation des nœuds de l'orbite de la Terre sur l'orbite de chacune des planètes principales, causée
par l'action de ces planètes, doit nécessairement diminuer l'angle de
l'écliptique et de l'équateur, du moins dans la disposition actuelle de
ces orbites, disposition qui doit aussi changer à la longue par l'action
mutuelle de toutes les planètes.

IV.

M. Euler trouve les quantités suivantes

$$3_7″, \quad 6_95″, \quad 8″, \quad 533″, \quad 1″$$

pour les rétrogradations séculaires des nœuds de l'orbite de la Terre
sur les orbites de Saturne, Jupiter, Mars, Vénus et Mercure; de là, en
multipliant respectivement ces quantités par les sinus des inclinaisons
et par ceux des longitudes des nœuds descendants des orbites des
mêmes planètes par rapport à l'écliptique, il conclut la diminution séculaire de l'obliquité de l'écliptique due à l'action de chaque planète,
et ne tenant compte que des actions de Jupiter et de Vénus, vis-à-vis
desquelles les autres sont presque nulles, il trouve cette diminution de
$47''\frac{1}{2}$. (*Voyez* les *Mémoires* de cette Académie pour l'année 1754.)

M. Euler donne les résultats précédents sans démonstration; il avertit
seulement, à l'égard des masses des planètes, que, pour celles de Saturne, Jupiter et la Terre, il a adopté les déterminations de Newton,
fondées sur une valeur de la parallaxe du Soleil égale à $10''$; et que,
pour celles des autres planètes, savoir : Mars, Vénus et Mercure, il les
a déduites de l'hypothèse que les densités des planètes soient en raison
inverse des racines carrées de leurs temps de révolutions périodiques,
hypothèse qui se vérifie à peu près à l'égard des densités connues de
Saturne, Jupiter et la Terre.

V.

La démonstration que M. Euler a supprimée a été restituée par
M. de Lalande, qui, en partant des mêmes données, est parvenu à très-
peu près aux mêmes résultats, dans les *Mémoires de l'Académie des
Sciences de Paris* pour l'année 1758.

Les masses adoptées par M. de Lalande sont (en prenant celle de la
Terre pour l'unité) 56,036 pour Saturne, 158,65 pour Jupiter, 0,018
pour Mars, 0,42 pour Vénus, 0,04 pour Mercure et 169282 pour le
Soleil, et les mouvements séculaires des nœuds de l'orbite de la Terre
sur celle de chacune de ces planètes trouvés d'après ces masses sont
respectivement

$$37'',8, \quad 692'',4, \quad 9'',4, \quad 514'',7, \quad 4'',7,$$

d'où M. de Lalande conclut la diminution séculaire de l'obliquité de l'écliptique due à ces planètes de

$$1'',54, \quad 15'',75, \quad 0'',23, \quad 29'',25, \quad 0'',40,$$

ce qui donne, pour la diminution totale en vertu de leur action réunie,

$$47'',2.$$

VI.

M. de Lalande, dans un autre endroit de ces *Mémoires*, remarque ensuite que la détermination de la masse de Vénus $= 0,42$ dépend de la
supposition que le volume de cette planète ne soit qu'un tiers de celui
de la Terre, supposition démentie par le passage de 1761; il fait voir
que les observations de ce passage donnent (en faisant la parallaxe du
Soleil de $9''$) $0,917$ pour le diamètre de Vénus exprimé en parties de celui
de la Terre, et de là $0,771$ pour son volume, celui de la Terre étant $=1$;
or l'hypothèse de M. Euler sur les densités donne, pour celle de Vénus,
$1,32$, en faisant celle de la Terre $=1$; de sorte que, en multipliant le
volume $0,771$ par la densité $1,32$, il vient, à très-peu près, 1 pour la
masse de Vénus. Ainsi, comme les mouvements des nœuds et la diminution de l'obliquité de l'écliptique qui en résulte sont proportionnels
aux masses qui les produisent, il faut augmenter dans le rapport de $0,42$
à 1 la diminution séculaire $29'',25$ trouvée ci-dessus en vertu de l'action
de Vénus, ce qui la réduira à $69'',64$; ainsi il faudra ajouter à la diminution totale de $47'',2$ l'excès de $69'',64$ sur $29'',25$, c'est-à-dire $40'',39$,
moyennant quoi on aura pour la diminution séculaire de l'obliquité de
l'écliptique, dans l'hypothèse que la masse de Vénus soit égale à celle
de la Terre, la quantité $87'',6$. M. de Lalande, dans son *Astronomie*,
donne $70'',19$ pour la diminution de l'obliquité de l'écliptique due à
Vénus, ce qui supposerait la masse de cette planète $= 1,0078$. De là
il conclut la diminution totale de $1'28'',11$, et c'est le résultat qu'il
a adopté ensuite dans la *Connaissance des Temps*.

VII.

Tel était l'état de ce Problème important d'Astronomie physique, lorsque j'ai entrepris, il y a cinq ans, de le résoudre avec toute la rigueur et la généralité dont il est susceptible, ne me bornant pas, ainsi qu'on l'avait fait avant moi, à donner les formules différentielles qui n'expriment que les variations instantanées, mais en intégrant ces formules pour avoir des résultats applicables à tous les temps, intégration qui avait jusqu'alors échappé aux efforts des géomètres. Mes Recherches sur ce sujet sont imprimées parmi les *Mémoires de l'Académie des Sciences de Paris* pour l'année 1774 (*), et l'on en trouve les résultats, avec plusieurs Tables qui en dépendent, dans notre *Recueil des Tables astronomiques* imprimé en 1776. C'est à servir d'éclaircissement et de supplément au même Recueil qu'est destiné le présent Mémoire.

Dans les Recherches dont je viens de parler, j'ai adopté les déterminations des masses des planètes que M. de Lalande a trouvées d'après le dernier passage de Vénus, en supposant la parallaxe du Soleil de $8''\frac{1}{2}$, et qu'il a publiées dans la *Connaissance des Temps* de 1774 et des années suivantes. Ces masses sont (en prenant toujours celle de la Terre pour l'unité) : 106,90 pour Saturne, 340,00 pour Jupiter, 0,22 pour Mars, 1,17 pour Vénus, 0,14 pour Mercure, 365412 pour le Soleil, et j'ai trouvé que la diminution séculaire de l'obliquité de l'écliptique dans ce siècle, due à l'action de ces masses, doit être de $56''$,07. Comme les planètes qui ont le plus d'influence dans cette diminution sont Jupiter et Vénus, et que les masses précédentes de ces planètes sont plus grandes que celles qui ont servi de données dans les calculs de M. de Lalande, on doit être surpris de voir que mes résultats, au lieu d'être plus forts que les siens, le sont au contraire beaucoup moins : c'est pourquoi je crois devoir rendre raison de cette contradiction apparente pour lever les doutes qu'on pourrait peut-être se former sur l'exactitude de mes calculs.

(*) *OEuvres de Lagrange*, t. VI, p. 635.

VIII.

Pour cet effet, je remarque que le mouvement des nœuds d'une planète pendant une de ses révolutions, causé par l'action d'une autre planète, est exprimé en général par une fonction du rapport des distances moyennes de ces planètes au Soleil, multiplié par le rapport de la masse de la planète qui produit ce mouvement à la masse du Soleil; de sorte que, le rapport des distances au Soleil demeurant le même, si celui des masses change, le mouvement séculaire des nœuds variera dans la raison directe de ce dernier rapport. Or le rapport des distances, ne dépendant que de celui des temps périodiques, doit être encore à très-peu près le même que celui que Newton a déterminé; mais il n'en est pas ainsi du rapport de la masse d'une planète à celle du Soleil; ce dernier rapport est, comme l'on sait, en raison directe triplée de celui de la distance moyenne du satellite de la planète à la distance moyenne de la planète au Soleil, et en raison inverse doublée de celui du temps périodique du satellite au temps périodique de la planète. Les rapports des temps périodiques des satellites et des planètes principales n'ont guère subi de correction depuis Newton; mais ceux des distances ont été beaucoup changés, du moins pour la Lune et la Terre. En effet, le rapport entre la distance de la Lune à la Terre et la distance de la Terre au Soleil étant le même que celui de la parallaxe du Soleil à celle de la Lune, il s'ensuit que ce rapport a dû diminuer par la diminution de la parallaxe du Soleil, que Newton avait supposée de 10″, et que les dernières observations du passage de Vénus ont réduite à 8″$\frac{1}{2}$; à l'égard de la parallaxe de la Lune, les dernières déterminations diffèrent peu de celle de Newton; ainsi la diminution de la parallaxe du Soleil a dû influer principalement sur le rapport de la masse de la Terre à celle du Soleil, en le diminuant dans la raison triplée : c'est pourquoi, la masse de la Terre étant prise pour l'unité, celle du Soleil est devenue plus du double plus grande. Quant aux rapports entre les distances des satellites

de Jupiter et de Saturne à leurs planètes principales et les distances de
ces planètes au Soleil, ces rapports sont mesurés par les plus grandes
élongations des satellites à leurs planètes principales dans le temps des
quadratures de ces planètes, et les observations les plus récentes les ont
diminuées un peu, ce qui a dû diminuer aussi, dans la raison triplée,
les rapports entre les masses de Jupiter et de Saturne et celle du Soleil;
mais la différence entre les dernières déterminations et celle de Newton
n'est pas, à beaucoup près, aussi considérable pour ces masses que pour
celles de la Terre et du Soleil.

IX.

Puis donc que le mouvement des nœuds de l'orbite de la Terre et la
diminution séculaire de l'obliquité de l'écliptique qui en résulte ne
sont pas simplement proportionnels à la masse absolue de la planète
qui les produit, mais au rapport de cette masse à celle du Soleil, il
faut, pour réduire les résultats de M. de Lalande du n° V à ce qu'ils
doivent être, en employant les masses qu'il a données dans la *Connaissance des Temps* de 1774, les multiplier respectivement par les rapports entre les dernières masses et les premières, mais en prenant
dans l'évaluation de ces masses celle du Soleil pour l'unité, et non pas
celle de la Terre, comme on le pratique ordinairement.

Or (la masse du Soleil étant = 1) je trouve, pour les masses de Saturne, Jupiter, Mars, Vénus et Mercure, telles que M. de Lalande les a
employées dans ses premiers calculs, les nombres

0,00033102,   0,00093722,   0,000000106,   0,000002481,   0,000000236,

et pour les mêmes masses, telles qu'elles résultent des dimensions données dans la *Connaissance des Temps* de 1774, ceux-ci

0,00029255,   0,00093047,   0,000000602,   0,000003203,   0,000000388.

Ainsi il faudra multiplier respectivement les nombres (n° V)

1″,54,   15″,75,   0″,23,   29″,25,   0″,40

66.

par les suivants

0,88381,   0,99281,   5,6592,   1,2913,   1,6442,

ce qui donnera ceux-ci

1″,361,   15″,637,   1″,301,   35″,770,   0″,657,

qui exprimeront donc la diminution séculaire de l'obliquité de l'écliptique due à chacune de ces planètes; en sorte que la diminution totale
sera de 56″,726, à très-peu près comme nous l'avons trouvé, et, si l'on
remarque encore que nous avons négligé dans notre calcul l'action de
Mercure comme trop petite et trop incertaine, il faudra, pour faire une
comparaison exacte des résultats précédents avec les nôtres, retrancher
de la quantité 56″,726 la diminution due à Mercure, savoir 0″,657; le
reste sera 56″,069, ce qui s'accorde parfaitement avec le résultat de
notre calcul.

X.

Après avoir montré l'accord de nos résultats avec ceux que M. de Lalande aurait dû trouver s'il avait employé, ainsi que nous l'avons fait,
ses propres déterminations des masses des planètes, il est à propos
d'examiner aussi les changements que ces résultats devraient éprouver
si l'on changeait les valeurs des masses de Vénus et de Mars, sur lesquelles il y a encore beaucoup d'incertitude.

Supposons, en général, que la masse de Vénus doive être augmentée
dans la raison de $1:m$, et celle de Mars dans la raison de $1:n$; il faudra,
dans les calculs de notre Mémoire (*), multiplier par m les nombres
$(0,3)$, $(1,3)$, $(2,3)$, $(4,3)$, et par n les nombres $(0,4)$, $(1,4)$, $(2,4)$,
$(3, 4)$, et refaire en conséquence toute la suite des calculs d'après les
valeurs qu'on voudra donner à m et n; mais si, au lieu de formules générales telles que celles que nous avons trouvées, on veut se contenter
de formules approchées qui n'aient lieu, à la vérité, que pendant un temps
limité, mais qui soient cependant suffisantes pour tout le temps durant

(*) *OEuvres de Lagrange,* t. VI, p. 647.

lequel l'Astronomie a été cultivée, on cherchera les valeurs des quantités s et u exprimées par des séries qui procèdent suivant les puissances du temps t; et, pour cela, on emploiera les formules générales connues

$$s = (s) + \left(\frac{ds}{dt}\right) t + \left(\frac{d^2s}{dt^2}\right)\frac{t^2}{2} + \left(\frac{d^3s}{dt^3}\right)\frac{t^3}{2.3} + \dots,$$

$$u = (u) + \left(\frac{du}{dt}\right) t + \left(\frac{d^2u}{dt^2}\right)\frac{t^2}{2} + \left(\frac{d^3u}{dt^3}\right)\frac{t^3}{2.3} + \dots,$$

les quantités (s), $\left(\frac{ds}{dt}\right)$, $\dots$, (u), $\left(\frac{du}{dt}\right)$, $\dots$ exprimant les valeurs de s, $\frac{ds}{dt}$, $\dots$, u, $\frac{du}{dt}$, $\dots$, qui répondent à $t=0$. Or les valeurs de (s) et de (u) sont données par les Tables pour toutes les planètes, et l'on trouvera celles de $\left(\frac{ds}{dt}\right)$, $\left(\frac{du}{dt}\right)$, de $\left(\frac{d^2s}{dt^2}\right)$, $\left(\frac{d^2u}{dt^2}\right)$, $\dots$ au moyen des équations différentielles du n° 16 de notre Mémoire (*), en substituant successivement, dans ces équations et dans les différences des mêmes équations, les valeurs données par les Tables.

De cette manière, j'ai trouvé les valeurs suivantes, en prenant, comme dans le Mémoire cité, l'année 1760 pour époque, et réduisant tout en secondes :

Pour Jupiter.

$$(s) = 4700'', \qquad \left(\frac{ds}{dt}\right) = -0'',0963,$$

$$(u) = -697'', \qquad \left(\frac{du}{dt}\right) = -0'',1354.$$

Pour Saturne.

$$(s) = 8391'', \qquad \left(\frac{ds}{dt}\right) = 0'',2263,$$

$$(u) = -3323'', \qquad \left(\frac{du}{dt}\right) = 0'',3181.$$

(*) *OEuvres de Lagrange*, t. VI, p. 647.

Pour la Terre.

$$(s) = 0, \quad \left(\frac{ds}{dt}\right) = -0'',0286 + 0'',1050\,m + 0'',0116\,n,$$

$$(\dot{u}) = 0, \quad \left(\frac{du}{dt}\right) = -0'',1702 - 0'',3793\,m - 0'',0127\,n.$$

Pour Vénus.

$$(s) = 11772'', \quad \left(\frac{ds}{dt}\right) = -0'',1910 + 0'',0031\,n,$$

$$(u) = 3259'', \quad \left(\frac{du}{dt}\right) = 0'',5264 + 0'',0171\,n.$$

Pour Mars.

$$(s) = 4929'', \quad \left(\frac{ds}{dt}\right) = -0'',4160 - 0'',0101\,m,$$

$$(u) = 4482'', \quad \left(\frac{du}{dt}\right) = 0'',0471 - 0'',0564\,m.$$

Et de là j'ai trouvé pour la Terre

$$\left(\frac{d^2 s}{dt^2}\right) = 0'',00000195 + 0'',0000357\,m + 0'',00000102\,n + 0'',0000122\,m^2$$
$$+ 0'',0000017\,mn + 0'',0000003\,n^2,$$

$$\left(\frac{d^2 u}{dt^2}\right) = 0'',00000185 + 0'',0000089\,m + 0'',00000140\,n + 0'',0000033\,m^2$$
$$+ 0'',0000005\,mn + 0'',0000003\,n^2.$$

Ainsi l'on aura les valeurs suivantes approchées de σ et υ, savoir :

$$\sigma = (-0'',0284 + 0'',1050\,m + 0'',0116\,n)\,t$$
$$+ \left[\begin{array}{l} 0'',0000009 + 0'',0000178\,m + 0'',0000005\,n \\ + 0'',0000061\,m^2 + 0'',0000008\,mn + 0'',0000002\,n^2 \end{array}\right] t^2,$$

$$\upsilon = (-0'',1702 - 0'',3793\,m - 0'',0127\,n)\,t$$
$$+ \left[\begin{array}{l} 0'',0000009 + 0'',0000044\,m + 0'',0000007\,n \\ 0'',0000016\,m^2 + 0'',0000002\,mn + 0'',0000002\,n^2 \end{array}\right] t^2,$$

d'où l'on tirera celles de σ' et de v' par les formules de la page 279 du tome II des *Tables astronomiques*, et l'on aura, par ces mêmes formules, les variations qui en résultent dans l'obliquité de l'écliptique, dans la précession des équinoxes et dans les positions des étoiles fixes, t étant le nombre des années tropiques comptées depuis le commencement de 1760.

XI.

Pour avoir les variations pour le premier siècle, on fera $t = 100$, et dans ce cas on pourra négliger les termes affectés de t^2 comme ne donnant que des décimales de seconde.

On aura donc pour lors

$$\sigma = -\ 2'',84 + 10'',50\,m + 1'',16\,n,$$
$$v = -17'',02 - 37'',93\,m - 1'',27\,n,$$

et, comme $50'',3 \times 100 = 1°23'50''$, dont le sinus est 0,02438 et le cosinus est 0,99970, on aura, sans erreur sensible,

$$\sigma' = \sigma \quad \text{et} \quad v' = v,$$

de sorte que la diminution séculaire de l'obliquité de l'écliptique sera exprimée par la valeur précédente de $-v$, savoir

$$17'',02 + 37'',93\,m + 1'',27\,n.$$

Si l'on fait $m = 1$ et $n = 1$, on a

$$56'',22,$$

ce qui s'accorde avec ce que donne la Table VI, page 288, en prenant le milieu entre les deux valeurs de v' qui répondent au premier siècle avant et après 1760.

On voit par la formule précédente que, si l'on devait réduire à $33''$ la diminution de l'obliquité de l'écliptique pour le siècle courant, ainsi que le prétendent de très-grands astronomes d'après leurs observations, il faudrait que l'on eût cette équation

$$17'',02 + 37'',93\,m + 1'',27\,n = 33'',$$

savoir

$$37'',93\,m + 1'',27\,n = 15'',98;$$

donc

$$m = 0,42130 - 0,03348\,n;$$

d'où il s'ensuit que la masse de Vénus devrait être moindre de la moitié que celle que nous avons adoptée d'après la *Connaissance des Temps.*

Or, comme la masse d'une planète est en raison directe composée de son volume et de sa densité, et que le volume de Vénus est assez bien connu d'après les observations des derniers passages (ce volume ayant été déterminé par M. de Lalande de 0,91822, en prenant celui de la Terre pour l'unité), il faudrait diminuer la densité de cette planète dans la raison de $1 : m$. Mais la densité adoptée par M. de Lalande, d'après l'hypothèse de M. Euler, est de 1,2750, en prenant celle de la Terre pour l'unité; donc, cette densité deviendrait $0,53716 - 0,04269\,n$, c'est-à-dire $< 0,53716 < \frac{100}{186}$ de celle de la Terre, ce qui serait hors de toute vraisemblance, puisque Vénus, étant plus près du Soleil que la Terre, semble au contraire devoir être plus dense que la Terre, ou du moins d'une densité peu différente.

XII.

Quoi qu'il en soit, si la diminution de l'obliquité de l'écliptique était bien connue par les observations, on en pourrait conclure la masse de Vénus au moyen de la formule générale du numéro précédent; car, pour ce qui est de la masse de Mars d'où dépend le nombre n, il est clair qu'elle n'a que très-peu d'influence sur la diminution dont il s'agit, en sorte qu'on peut en faire abstraction sans erreur sensible; et ce moyen de déterminer la masse de Vénus d'après la diminution de l'obliquité de l'écliptique est, au défaut d'un moyen direct, tel que serait celui d'un satellite qui tournerait autour de cette planète, peut-être le plus exact que l'Astronomie puisse fournir; mais, en attendant que des observations — sûres et continuées au moins pendant un ou deux siècles nous mettent en état de profiter du moyen que nous venons de proposer pour connaître un élément si important du système du monde, nous allons examiner ce qui résulte de quelques autres phénomènes qui peuvent conduire aussi à la même connaissance, parce qu'ils dépendent en grande partie de l'action de Vénus.

XIII.

Le premier et le plus important de ces phénomènes est le mouvement d'apogée du Soleil, qui parait assez bien déterminé et que les dernières Tables de Mayer font de $1'6''$ par an. Il n'est pas douteux que ce mouvement ne soit dû à l'action des planètes sur la Terre, parmi lesquelles Jupiter et Vénus sont celles qui doivent produire le plus grand effet, la première à raison de sa grosseur, et la seconde à raison de sa proximité. M. de Laplace, qui a calculé cet effet dans un Mémoire imprimé parmi ceux des *Savants étrangers* de l'année 1773, trouve, pour le mouvement annuel de l'apogée du Soleil par rapport aux étoiles fixes, en vertu des actions réunies de Jupiter et de Saturne, la quantité

$$7'',1099 + 2710300'' \mu,$$

en représentant par μ le rapport de la masse de Vénus à celle du Soleil. Faisant donc cette quantité $= 66''$ — la précession annuelle des équinoxes qui, suivant Mayer, est de $50'',3$, on a l'équation

$$7'',1099 + 2710300'' \mu = 66'' - 50'',3,$$

d'où l'on tire

$$\mu = 0,000003 1694,$$

quantité qui n'est que tant soit peu plus petite que celle que nous avons employée dans notre théorie des mouvements des nœuds, celle-ci étant de $0,0000032o3$ (n° IX).

VII.   67

De là on trouvera

$$m = \frac{3169,4}{3203,0} = 0,9893 = 1 - 0,0107;$$

de sorte que la diminution séculaire de l'obliquité de l'écliptique en deviendra moindre de $0'',406$, quantité insensible.

Au reste, nous nous proposons d'examiner cet objet plus à fond dans une autre occasion.

XIV.

L'autre phénomène qui peut servir à connaître la masse de Vénus est une petite inégalité de la longitude du Soleil dépendante de la distance de Vénus au Soleil, que M. l'abbé de la Caille a le premier introduite dans ses Tables solaires d'après le calcul de M. Clairaut, et que M. Mayer a conservée dans les siennes, mais en la réduisant aux deux cinquièmes. Cette inégalité est celle qui est contenue dans la Table IX, page 258 du premier volume de nos Tables, sous le titre de : *Équation produite par Vénus,* et dont l'argument n'est autre chose que la longitude moyenne de Vénus, moins celle de la Terre (qui est plus grande de six signes que la longitude du Soleil), en supposant la circonférence du cercle divisée en 1000 parties.

En nommant a cet argument, et désignant par μ le rapport de la masse de Vénus à celle du Soleil, on a, d'après les calculs de M. Clairaut (*Mémoires* de 1754, p. 555), pour l'inégalité dont il s'agit, la formule

$$\mu(9,6475 \sin a - 11,1174 \sin 2a - 1,3597 \sin 3a - 0,4089 \sin 4a).$$

Pour déterminer la valeur de μ d'après la Table de Mayer, il ne s'agit que de comparer deux valeurs répondant à un même argument quelconque ; faisons donc, dans la formule précédente, $a = 90°$; elle donnera $11,0072\mu$; ce qui, étant réduit en secondes (en multipliant par $206264'',8$, valeur du rayon en secondes), donne $2270400''\mu$ pour la valeur de l'équation qui répond au quart de cercle ; or dans la Table

citée, la valeur qui répond à l'argument 250 est de 3″,9; on aura donc
l'équation

$$2270400\mu = 3,9,$$

d'où l'on tire

$$\mu = 0,000001718.$$

Cette valeur de μ est presque la moitié moindre que celle que nous avons trouvée plus haut d'après le mouvement de l'apogée du Soleil; il y a donc lieu de croire qu'elle est beaucoup trop petite et que, par conséquent, l'équation de Vénus dans les Tables de Mayer l'est aussi. Si, au contraire, on s'en tient aux Tables de l'abbé de la Caille, lesquelles donnent 9″,4 pour la valeur de cette équation lorsque l'argument est de 90°, on trouve

$$\mu = 0,0000041402,$$

valeur d'un tiers plus grande que celle que donne le mouvement de l'apogée du Soleil, et qui doit, par conséquent, être regardée comme trop forte.

Si maintenant on prend le milieu entre les deux Tables de la Caille et de Mayer, il en résultera pour μ une valeur qui sera moyenne arithmétique entre les deux précédentes, et qui sera par conséquent $= 0,0000029290$; cette dernière valeur de μ est, comme l'on voit, un peu plus petite que celle qui résulte du mouvement de l'apogée du Soleil; mais la différence est moindre qu'un dixième, en sorte qu'on peut la négliger et regarder ces deux valeurs comme à peu près égales.

XV.

Je crois donc pouvoir conclure de tout ce que je viens de dire que la détermination de la masse de Vénus, qui a servi de base à ma Théorie de la diminution de l'obliquité de l'écliptique, et qui a donné cette diminution de 56″ pour le siècle courant, est aussi plausible qu'on peut le désirer : 1° parce que cette détermination est fondée sur l'hypothèse très-naturelle que la densité de Vénus soit tant soit peu plus grande que celle de la Terre; 2° parce qu'elle s'accorde très-bien avec celle qui résulte du mouvement très-connu de l'apogée du Soleil; 3° parce qu'elle s'accorde aussi à très-peu près avec le milieu pris entre les deux équations de Vénus dans les Tables du Soleil de l'abbé de la Caille et de Mayer.

SUR

LES INTERPOLATIONS.

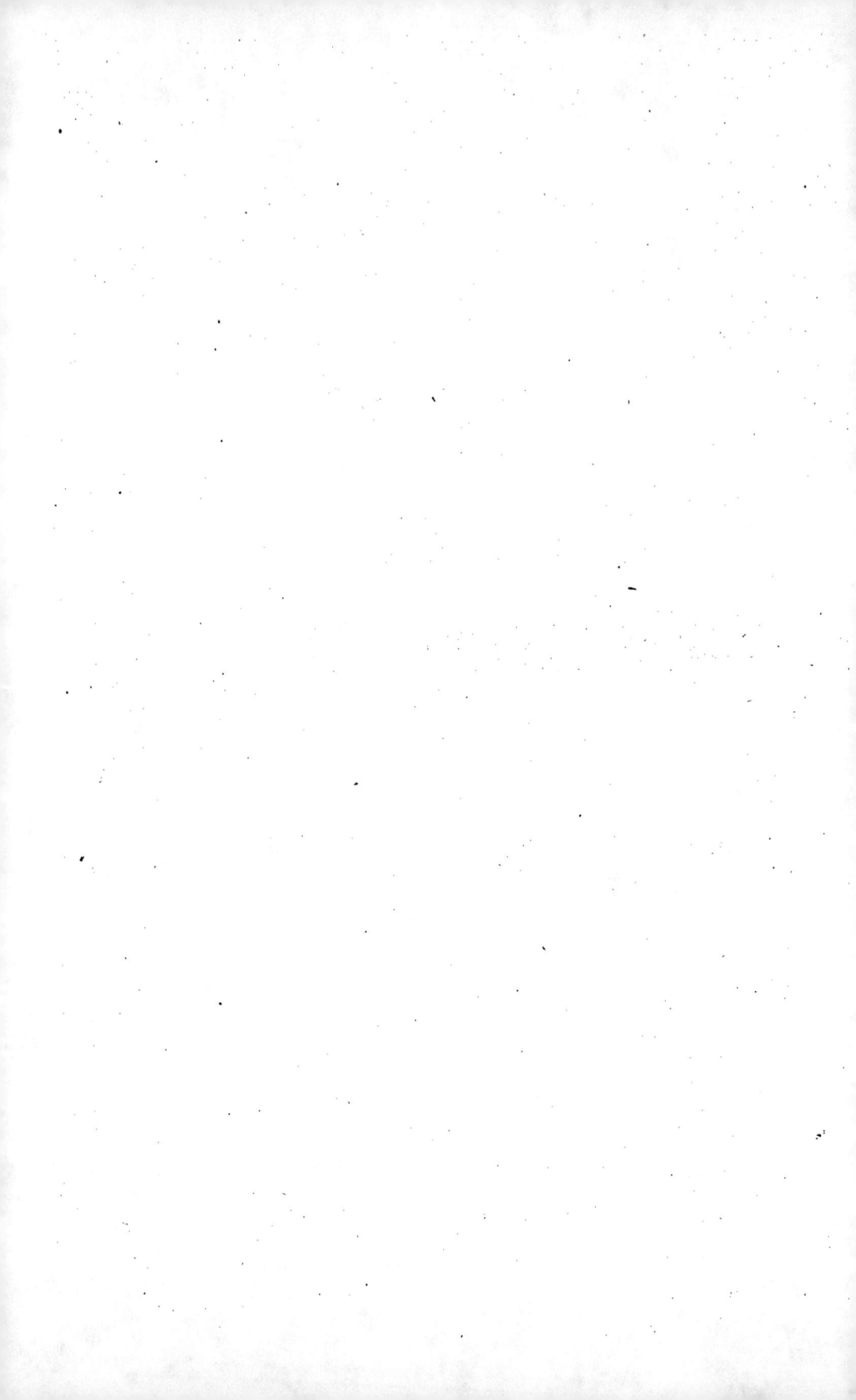

SUR

LES INTERPOLATIONS.[*]

(*Astronomisches Jahrbuch oder Ephemeriden für das Jahr* 1783. Unter Aufsicht und mit Genehmhaltung der Königl. Akademie der Wissenschaften zu Berlin verfertigt und zum Drucke befördert. — Berlin, 1780.)

1. La méthode des interpolations est une des plus ingénieuses et des plus utiles que l'Astronomie possède. Elle sert non-seulement pour remplir dans les Tables les lieux moyens entre ceux qu'on a calculés immédiatement, mais encore pour suppléer dans une suite d'observations à celles qui manquent. Lorsque les nombres donnés entre lesquels il s'agit d'insérer des nombres intermédiaires sont en progression arithmétique, il est naturel d'imaginer que les nombres intermédiaires cherchés doivent former aussi une même progression arithmétique avec les nombres donnés; il n'y a donc alors qu'à insérer des moyens arithmétiques entre les nombres donnés; c'est en quoi consiste la méthode des parties proportionnelles, dont l'usage paraît avoir été connu de tout temps. Mais cette méthode si simple ne peut avoir lieu que lorsque les nombres donnés croissent ou décroissent également, c'est-à-dire par des différences constantes. Si ces différences ne sont pas constantes, alors on ne peut pas supposer non plus que celles des nombres intermédiaires le soient, et la question se réduit à trouver la loi de l'augmentation ou de la diminution des nombres donnés pour pouvoir y

(*) Ce Mémoire a été lu par l'Auteur à l'Académie des Sciences de Berlin, le 3 septembre 1778. Il a été traduit en allemand par Schulze et inséré dans les *Éphémérides de Berlin* pour l'année 1783. Nous reproduisons le Mémoire original en français, retrouvé dans les papiers de Lagrange qui sont déposés à la Bibliothèque de l'Institut de France.

(*Note de l'Éditeur.*)

assujettir aussi les nombres intermédiaires. C'est l'objet de la méthode des interpolations. Ce qui se présente de plus naturel dans cette recherche, c'est d'examiner si les différences des nombres donnés forment elles-mêmes une progression arithmétique; dans ce cas il est visible que l'on peut appliquer la méthode des parties proportionnelles à la suite des différences; ensuite on pourra remonter de cette suite à celle des nombres cherchés. De même, si les différences des nombres donnés ne forment pas une progression arithmétique, mais que les différences de ces différences, qu'on appelle différences secondes de la série donnée, en forment elles-mêmes une, on pourra trouver les termes intermédiaires de cette dernière suite, et remonter de là successivement à celle des différences premières, et enfin à celle des nombres à interpoler.

C'est sur ce principe qu'est fondée la théorie ordinaire de l'interpolation, laquelle se réduit par conséquent à la solution de ce Problème :

Étant donnée une suite de nombres dont les différences d'un ordre quelconque soient constantes, trouver un nombre quelconque de termes intermédiaires qui suivent la même loi.

Les Français font honneur de cette découverte à M. Mouton, chanoine de Lyon, qui en parle dans un Ouvrage sur les diamètres apparents du Soleil et de la Lune, imprimé en 1670, à l'occasion d'une Table des déclinaisons du Soleil insérée dans cet Ouvrage. C'est le même qui a calculé les logarithmes des sinus et des tangentes pour toutes les secondes des quatre premiers degrés et des quatre derniers, jusqu'à dix décimales, dont l'Académie des Sciences de Paris possède le manuscrit, et qu'on a publié depuis peu, mais seulement jusqu'à sept décimales dans la nouvelle édition des *Tables* de Gardiner, faite à Avignon.

Il paraît néanmoins que la découverte dont il s'agit doit être beaucoup plus ancienne, et il est bien naturel de penser qu'elle n'a pu échapper aux premiers calculateurs des Tables trigonométriques et logarithmiques, à cause des secours immenses qu'elle offre dans ces sortes de calculs. Aussi je trouve que Henri Briggs, qui a calculé le premier les logarithmes des nombres naturels depuis 1 jusqu'à 20000 et depuis 90 jusqu'à 100 mille, propose, pour remplir cette lacune, une méthode d'interpolation fondée sur la considération des différences successives, qu'il dit avoir déjà employée avec succès dans la construction du canon trigonométrique pour les sinus et tangentes des degrés et des centièmes de degré. (*Voir* son *Arithmetica logarithmica*, Chap. XIII, et sa *Trigonometria Britannica*, Chap. XII.)

Cette méthode, dont Briggs ne donne point la démonstration, et dont aucun des auteurs qui sont venus après lui n'a fait mention que je sache, me paraît très-directe et très-ingénieuse; elle a été généralisée depuis par Cotes dans sa *Canonitechnia, sive constructio Tabularum per differentias;* mais cet auteur a également supprimé la démonstration de ses formules, et je ne sache pas que personne jusqu'ici ait entrepris d'y suppléer, ce qui vient vraisemblablement de ce que l'usage de cette méthode a été entièrement abandonné depuis que Newton en a proposé une autre plus simple, fondée uniquement sur la considération des courbes.

Newton regarde les termes donnés comme autant d'ordonnées d'une courbe de genre parabolique, et il cherche l'équation d'une courbe de cette espèce qui passerait par tous les points donnés. Ayant cette équation, on a évidemment la loi de toute la courbe, et par conséquent la valeur de toutes les ordonnées intermédiaires, qui sont les termes à interpoler.

2. Comme l'analyse de Newton est très-connue, je ne la rappellerai point ici. Elle conduit, comme l'on sait, à cette formule très-simple et très-générale

$$A_x = A + xB + \frac{x(x-1)}{2}C + \frac{x(x-1)(x-2)}{2.3}D + \ldots,$$

dans laquelle B, C, D, ... sont les différences premières, secondes, troisièmes, etc. de la suite donnée A, A_1, A_2, A_3, ..., qu'il s'agit d'interpoler; en sorte que

$$B = A_1 - A, \quad C = A_2 - 2A_1 + A, \quad D = A_3 - 3A_2 + 3A_1 - A, \quad \ldots.$$

Cette formule sert donc, comme on voit, à trouver la valeur d'un

VII.   68

terme quelconque A_x intermédiaire entre deux termes quelconques de la série donnée, et pour cela il n'y a qu'à faire x égal à la fraction qui exprime la distance du terme cherché au premier terme A. Mais, pour en faciliter l'usage dans l'interpolation des lieux de la Lune et des planètes, on a donné jusqu'ici, dans nos *Éphémérides,* une Table qui donne les valeurs des coefficients x, $\dfrac{x(x-1)}{2}$, ..., en supposant x exprimé en parties de 24 heures, et cette Table est calculée de 10 en 10 minutes. On trouve de plus, dans le volume des *Éphémérides* pour 1778, une autre Table qui donne les valeurs des mêmes coefficients en parties d'une heure ou de 60 minutes, et qui est calculée de 10 en 10 secondes. La première de ces Tables sert pour interpoler les lieux calculés de jour en jour, comme on les trouve dans les *Éphémérides.* La seconde pourrait servir pour interpoler des lieux calculés d'heure en heure; mais son principal usage consiste à interpoler des quantités qui ne seraient données que de degré en degré. Enfin, il y a dans le *Recueil des Tables logarithmiques et trigonométriques* de M. Schulze une nouvelle Table qui donne les valeurs des coefficients dont il s'agit, pour chaque centième partie de l'unité, c'est-à-dire en faisant successivement $x = 0,01$, $= 0,02$, ..., $= 1$; de sorte que par le moyen de cette Table on pourra aisément interpoler entre les premiers termes A et A_1 d'une suite donnée quatre-vingt-dix-neuf termes intermédiaires placés à distances égales.

3. La formule précédente est la plus usitée, et c'est d'ailleurs presque la seule que les Astronomes connaissent. Il y en a cependant une autre non moins simple, et qui est même préférable à quelques égards : c'est celle qui résulte de la troisième Proposition de la méthode différentielle de Newton, et qui a fourni les Tables placées à la fin du Traité de Cotes : *De constructione Tabularum.* La voici :

4. Soit la suite des termes équidistants à interpoler continuée de part et d'autre ainsi

$$\ldots,\ _3A,\ _2A,\ _1A,\ A,\ A_1,\ A_2,\ A_3,\ \ldots,$$

qu'on en prenne successivement les différences premières, secondes, troisièmes, ..., en les écrivant, pour plus de commodité, comme on le voit ici,

$$\ldots, \ _3A, \ _2A, \ _1A, \ A, \ A_1, \ A_2, \ A_3, \ \ldots,$$
$$_3B, \ _2B, \ _1B, \ B_1, \ B_2, \ B_3,$$
$$_2C, \ _1C, \ C, \ C_1, \ C_2,$$
$$_2D, \ _1D, \ D_1, \ D_2,$$
$$_1E, \ E, \ E_1,$$
$$_1F, \ F_1,$$
$$G,$$

en sorte que la seconde ligne horizontale soit celle des différences premières des termes de la première ligne; que la troisième contienne les différences premières des termes de la seconde, et par conséquent les différences secondes de ceux de la première, et ainsi de suite, et qu'en général chaque terme d'une ligne quelconque horizontale soit la différence des deux termes de la ligne supérieure entre lesquels il est placé; par exemple,

$$_1B = A - {}_1A, \quad B_1 = A_1 - A, \quad \ldots, \quad C = B_1 - {}_1B, \quad \ldots.$$

Qu'on suppose maintenant, pour plus de simplicité et d'uniformité,

$$B = \frac{{}_1B + B_1}{2}, \quad D = \frac{{}_1D + D_1}{2}, \quad F = \frac{{}_1F + F_1}{2}, \quad \ldots,$$

on aura en général

$$A_x = A + xB + \frac{x^2}{2}C + \frac{2x(x^2-1)}{3.4}D + \frac{x^2(x^2-1)}{2.3.4}E + \frac{3x(x^2-1)(x^2-4)}{3.4.5.6}F$$

$$+ \frac{x^2(x^2-1)(x^2-4)}{2.3.4.5.6}G + \frac{4x(x^2-1)(x^2-4)(x^2-9)}{3.4.5.6.7.8}H + \ldots.$$

En faisant x négatif on aura la valeur de $_xA$. (*Voyez* les *Mémoires de l'Académie de Berlin* pour 1758, où cette formule est démontrée et appliquée à quelques exemples).

68.

5. Les avantages de cette dernière formule sont :

1º Que l'on peut trouver par une même opération les valeurs des deux termes A_x et $_xA$ également distants de part et d'autre du terme du milieu A.

Car en faisant x négatif pour avoir la valeur de $_xA$, il est clair que les termes de la formule qui occupent les places paires doivent demeurer les mêmes, puisque x n'y est élevé qu'à des puissances paires; au contraire, les termes qui occupent les places impaires changent simplement de signe, puisque chacun de ces termes est une fonction de x^2 multipliée par x.

De sorte que, si l'on fait séparément une somme des termes pairs et une somme des termes impairs, et qu'on nomme la première P, la seconde Q, on aura

$$A_x = P + Q, \quad _xA = P - Q.$$

2º Que les termes affectés des puissances paires de x sont séparés et indépendants de ceux qui contiennent les puissances impaires, la somme P étant composée uniquement des premiers et la somme Q uniquement des seconds, ce qui est plus analogue à la nature des fonctions que l'on a à interpoler dans l'Astronomie, ces fonctions étant ordinairement composées de sinus et de cosinus dont les uns ne donnent que des puissances impaires de l'arc, les autres que des puissances paires.

3º Si les termes de la suite des différences A, B, C, D, ... vont en décroissant et deviennent enfin nuls, c'est une marque que la série proposée est algébrique. Alors la formule qui exprime le terme général A_x se trouve finie et exacte; ainsi elle donnera rigoureusement la valeur d'un terme quelconque intermédiaire. Mais, si les termes de la suite dont il s'agit ne vont pas en diminuant, l'expression de A_x ne se terminera pas et ne sera pas même convergente; elle sera donc fautive et ne pourra pas être employée pour trouver les termes intermédiaires. Cet inconvénient a également lieu dans la formule ordinaire d'interpolation que nous avons rapportée plus haut, et vient en général de ce qu'alors la série n'est pas algébrique, comme on le suppose.

6. Parmi les cas qui échappent à ces méthodes d'interpolation, un des plus étendus et des plus importants dans l'Astronomie est celui où la série à interpoler est composée de sinus ou de cosinus d'angles qui varient uniformément, mais dont les variations d'un terme à l'autre de la série sont trop grandes pour qu'on puisse substituer à ces sinus ou cosinus leurs valeurs exprimées par des puissances des arcs. Dans ce cas, les différences successives sont très-irrégulières : elles vont tantôt en augmentant, tantôt en diminuant, et changent même souvent de signe, ce qui ne peut que rendre fautive la valeur de A_x dans les formules connues d'interpolation. Ces formules ne peuvent donc être d'aucun usage dans ces sortes de séries; il est néanmoins d'autant plus intéressant d'avoir une méthode pour interpoler les séries de cette forme que toutes les irrégularités des mouvements des corps célestes s'y rapportent, et qu'en général l'art de construire des Tables des planètes d'après les observations en dépend. Cette considération m'a engagé, il y a quelques années, à chercher une méthode particulière pour cet objet, et j'ai donné le résultat de mes recherches sur cette matière dans un Mémoire imprimé parmi ceux de l'Académie des Sciences de Paris pour l'année 1772 (*); mais j'ai remarqué depuis qu'on peut simplifier beaucoup la méthode de ce Mémoire en employant la série des différences successives A, B, C, ... de la seconde formule d'interpolation donnée ci-dessus (n° 4). C'est ce que je vais développer; je tâcherai en même temps d'ajouter quelques autres simplifications à la méthode dont il s'agit.

7. La question considérée dans toute sa généralité se réduit à celle-ci :

Supposons que l'on ait une suite dont le terme général A_x soit de la forme suivante

$$A_x = a\sin(\alpha + x\varphi) + b\sin(\beta + x\theta) + c\sin(\gamma + x\psi) + \ldots;$$

et que l'on connaisse plusieurs valeurs successives, telles que

$$\ldots, \ _3A, \ _2A, \ _1A, \ A, \ A_1, \ A_2, \ A_3, \ \ldots,$$

(*) *OEuvres de Lagrange*, t. VI, p. 507.

répondant à

$$x = \ldots, \quad -3, \quad -2, \quad -1, \quad 0, \quad 1, \quad 2, \quad 3, \quad \ldots,$$

il s'agit de déterminer les coefficients a, b, c, ... ainsi que les angles α, β, γ, ..., φ, θ, ψ, ...

Supposons, pour plus de simplicité, que la valeur de A_x ne renferme qu'un seul terme $a \sin(\alpha + x\varphi)$; en donnant successivement à x les valeurs précédentes, on aura

$$\ldots, \quad {}_3A = a \sin(\alpha - 3\varphi),$$
$${}_2A = a \sin(\alpha - 2\varphi),$$
$${}_1A = a \sin(\alpha - \varphi),$$
$$A = a \sin\alpha,$$
$$A_1 = a \sin(\alpha + \varphi),$$
$$A_2 = a \sin(\alpha + 2\varphi),$$
$$A_3 = a \sin(\alpha + 3\varphi), \quad \ldots$$

De là on trouvera, en prenant les différences successives et employant les réductions connues

$$\ldots, \quad {}_3B = 2a \sin\frac{\varphi}{2} \cos\left[\alpha - \left(2 + \frac{1}{2}\right)\varphi\right],$$

$${}_2B = 2a \sin\frac{\varphi}{2} \cos\left[\alpha - \left(1 + \frac{1}{2}\right)\varphi\right],$$

$${}_1B = 2a \sin\frac{\varphi}{2} \cos\left(\alpha - \frac{\varphi}{2}\right),$$

$$B_1 = 2a \sin\frac{\varphi}{2} \cos\left(\alpha + \frac{\varphi}{2}\right),$$

$$B_2 = 2a \sin\frac{\varphi}{2} \cos\left[\alpha + \left(1 + \frac{1}{2}\right)\varphi\right],$$

$$B_3 = 2a \sin\frac{\varphi}{2} \cos\left[\alpha + \left(2 + \frac{1}{2}\right)\varphi\right], \quad \ldots;$$

$${}_2C = -4a \sin^2\frac{\varphi}{2} \sin(\alpha - 2\varphi),$$

$${}_1C = -4a \sin^2\frac{\varphi}{2} \sin(\alpha - \varphi),$$

$$C = -4a\sin^2\frac{\varphi}{2}\sin\alpha,$$

$$C_1 = -4a\sin^2\frac{\varphi}{2}\sin(\alpha+\varphi),$$

$$C_2 = -4a\sin^2\frac{\varphi}{2}\sin(\alpha+2\varphi), \quad \ldots;$$

$$_2D = -8a\sin^3\frac{\varphi}{2}\cos\left[\alpha-\left(1+\frac{1}{2}\right)\varphi\right],$$

$$_1D = -8a\sin^3\frac{\varphi}{2}\cos\left(\alpha-\frac{\varphi}{2}\right),$$

$$D_1 = -8a\sin^3\frac{\varphi}{2}\cos\left(\alpha+\frac{\varphi}{2}\right),$$

$$D_2 = -8a\sin^3\frac{\varphi}{2}\cos\left[\alpha+\left(1+\frac{1}{2}\right)\varphi\right], \quad \ldots;$$

$$_1E = 16a\sin^4\frac{\varphi}{2}\sin(\alpha-\varphi),$$

$$E = 16a\sin^4\frac{\varphi}{2}\sin\alpha,$$

$$E_1 = 16a\sin^4\frac{\varphi}{2}\sin(\alpha+\varphi), \quad \ldots.$$

De sorte qu'on aura

$$A = a\sin\alpha,$$

$$B = 2a\sin\frac{\varphi}{2}\cos\frac{\varphi}{2}\cos\alpha,$$

$$C = -4a\sin^2\frac{\varphi}{2}\sin\alpha,$$

$$D = -8a\sin^3\frac{\varphi}{2}\cos\frac{\varphi}{2}\cos\alpha,$$

$$E = 16a\sin^4\frac{\varphi}{2}\sin\alpha,$$

$$F = 32a\sin^5\frac{\varphi}{2}\cos\frac{\varphi}{2}\cos\alpha,$$

$$\ldots\ldots\ldots\ldots\ldots\ldots\ldots\ldots$$

Donc, puisque $2\sin\frac{\varphi}{2}\cos\frac{\varphi}{2} = \sin\varphi$, si l'on partage la série pécédente en deux, on aura ces deux suites

$$A = a\sin\alpha,$$

$$C = -a\sin\alpha\left(2\sin\frac{\varphi}{2}\right)^2,$$

$$E = a\sin\alpha\left(2\sin\frac{\varphi}{2}\right)^4,$$

$$G = -a\sin\alpha\left(2\sin\frac{\varphi}{2}\right)^6,$$

$$\dots\dots\dots\dots\dots\dots,$$

$$B = a\cos\alpha\sin\varphi,$$

$$D = -a\cos\alpha\sin\varphi\left(2\sin\frac{\varphi}{2}\right)^2,$$

$$F = a\cos\alpha\sin\varphi\left(2\sin\frac{\varphi}{2}\right)^4,$$

$$H = -a\cos\alpha\sin\varphi\left(2\sin\frac{\varphi}{2}\right)^6,$$

$$\dots\dots\dots\dots\dots\dots\dots$$

lesquelles sont évidemment deux progressions géométriques qui ont la même raison $-\left(2\sin\frac{\varphi}{2}\right)^2$.

8. De là il est facile de conclure que, si l'expression de A_x contient plusieurs termes tels que

$$a\sin(\alpha + x\varphi) + b\sin(\beta + x\theta) + c\sin(\gamma + x\psi) + \dots,$$

la série A, C, E, ... sera composée d'autant de progressions géométriques dont les premiers termes seront

$$a\sin\alpha, \qquad b\sin\beta, \qquad c\sin\gamma, \qquad \dots,$$

et dont les raisons seront

$$-\left(2\sin\frac{\varphi}{2}\right)^2, \quad -\left(2\sin\frac{\theta}{2}\right)^2, \quad -\left(2\sin\frac{\psi}{2}\right)^2, \quad \dots$$

et que, de même, la série B, D, F, ... sera composée d'autant de progressions géométriques dont les premiers termes seront

$$a \cos\alpha \sin\varphi, \quad b \cos\beta \sin\theta, \quad c \cos\gamma \sin\psi, \quad \ldots,$$

et dont les raisons seront les mêmes que pour la série A, C, E, ...

Ces deux séries seront par conséquent toujours du genre de celles que l'on nomme *récurrentes,* et dont la propriété est qu'il y a constamment la même relation entre un certain nombre de termes successifs; cette relation étant la même que celle des puissances successives de l'inconnue dans une équation qui aurait pour racines les raisons des différentes progressions géométriques qui composent la série récurrente, ainsi qu'il est démontré dans plusieurs Ouvrages.

9. Lors donc qu'on aura formé la série des différences successives A, B, C, D, ..., on examinera d'abord si cette série va en diminuant, auquel cas on pourra faire usage de la formule du n° 4.

Si l'on voit que cette série n'est pas décroissante, on la partagera en ces deux A, C, E, ..., B, D, F, ..., et l'on examinera si elles sont des progressions géométriques qui ont la même raison. Alors, nommant q cette raison, c'est-à-dire le quotient d'un terme quelconque divisé par le précédent, on aura

$$-\left(2\sin\frac{\varphi}{2}\right)^2 = q,$$

d'où

$$\sin\frac{\varphi}{2} = \frac{\sqrt{-q}}{2}.$$

Ensuite on aura

$$a \sin\alpha = A, \quad a \cos\alpha \sin\varphi = B,$$

d'où l'on tire

$$a = \sqrt{A^2 + \frac{B^2}{\sin^2\varphi}}, \quad \tang\alpha = \frac{A \sin\varphi}{B},$$

par où l'on connaîtra le coefficient a, ainsi que les deux angles α et φ; ainsi l'on aura

$$A_z = a \sin(\alpha + x\varphi),$$

pour expression du terme général de la série primitive donnée.

VII.   69

10. En général, lorsque les séries A, C, E, ..., B, D, F, ... sont composées de différentes progressions géométriques, il est facile de s'apercevoir qu'elles doivent dégénérer peu à peu en progressions géométriques simples, qui aient pour raison la plus grande des quantités

$$-\left(2\sin\frac{\varphi}{2}\right)^2, \quad -\left(2\sin\frac{\theta}{2}\right)^2, \quad -\left(2\sin\frac{\psi}{2}\right)^2, \quad \dots,$$

parce que les termes des progressions dont les raisons sont moindres doivent aller en diminuant vis-à-vis de ceux de la progression qui a la plus grande raison.

Donc, si l'on a un grand nombre de termes de ces séries, il n'y aura qu'à examiner si les derniers termes sont entre eux dans un rapport constant ou à peu près constant, et qui soit le même pour les deux séries. Si cela n'est pas, on en conclura d'abord que l'expression du terme général A_x n'est pas composée de sinus d'arcs qui croissent uniformément. Mais supposons que la condition dont il s'agit ait lieu; alors, nommant q le quotient d'un des derniers termes divisé par celui qui le précède, on aura $\sin\frac{\varphi}{2} = \frac{\sqrt{-q}}{2}$, l'angle φ étant celui de tous les angles φ, θ, ψ, ... qui approchera le plus de 180°. Et cette détermination de φ sera d'autant plus exacte que la série approchera le plus d'être une progression géométrique. De plus, si l'on divise un de ces termes par q^{m-1}, m étant le quantième de ce terme, à compter du premier A ou B, on aura à très-peu près les valeurs de $a\sin\alpha$ et $a\cos\alpha\cos\varphi$, par où l'on connaîtra l'angle α et le coefficient a. On pourra donc connaître par ce moyen, du moins par approximation, un des termes, tel que $a\sin(\alpha + x\varphi)$ de l'expression de A_x.

11. Si maintenant on reprend la série primitive et qu'on y prenne seulement les termes de deux en deux comme

$$\dots, \ _4A, \ _2A, \ A, \ A_2, \ A_4, \ \dots,$$

ou de trois en trois comme

$$\dots, \ _6A, \ _3A, \ A, \ A_3, \ A_6, \ \dots,$$

ou, en général, de μ en μ comme

$$\ldots, \;_{2\mu}A, \;_{\mu}A, \; A, \; A_{\mu}, \; A_{2\mu}, \; \ldots,$$

série que nous représenterons simplement ainsi

$$\ldots, \;_{2}(A), \;_{1}(A), \; (A), \; (A)_{1}, \; (A)_{2}, \; \ldots,$$

il est visible que le terme général $(A)_x$ de cette série sera le même que le terme général A_x de la première série, en mettant dans celui-ci $\mu\varphi$, $\mu\theta$, $\mu\psi$, ..., à la place de φ, θ, ψ, ...

Si donc on cherche les différences successives de cette dernière série, et qu'on en déduise les deux séries (A), (C), (E), ... et (B), (D), (F), ..., on y pourra appliquer les raisonnements du numéro précédent et en déduire par la même méthode la valeur approchée de l'angle $\mu\varphi$ qui sera le plus près de 180°. Ainsi l'on connaîtra par ce moyen celui des angles φ, θ, ψ, ..., qui approchera le plus de $\dfrac{180°}{\mu}$; ou plutôt, comme $\sin\dfrac{\mu\varphi}{2}$ est un maximum lorsque $\mu\varphi = (2n+1)\,180°$, n étant un nombre entier quelconque positif ou négatif, l'angle φ qu'on trouvera par la méthode précédente sera celui qui sera le plus près de $\dfrac{2n+1}{\mu}\,180°$, ce qui fournira différents moyens de connaître à peu près les différents angles φ, θ, ψ, ... qui entrent dans l'expression du terme général A_x.

12. Mais, pour trouver les valeurs exactes de ces angles ainsi que des autres constantes qui entrent dans l'expression du terme général A_x, il faut considérer la question dans toute sa généralité et traiter les séries A, C, E, ..., B, D, F, ..., comme des séries récurrentes d'ordre quelconque. La méthode que j'ai donnée pour cet objet dans le Mémoire cité plus haut est peut-être ce qu'il y a de plus direct pour cette recherche; mais, comme cette méthode est fondée sur la théorie des fractions continues, qui n'est peut-être pas assez familière aux Astronomes, nous allons en proposer une autre qui a l'avantage de ne demander que des opérations élémentaires.

Cette méthode est fondée sur la propriété générale des séries récurrentes dont nous avons parlé plus haut (n° 8).

On prendra un nombre indéfini d'inconnues que nous dénoterons,
pour plus de simplicité, par (o), (1), (2), (3), ..., et l'on formera les
équations suivantes, dont la loi est assez évidente,

$$A\,(o) + C\,(1) + E\,(2) + \ldots = o,$$
$$B\,(o) + D\,(1) + F\,(2) + \ldots = o,$$
$$C\,(o) + E\,(1) + G\,(2) + \ldots = o,$$
$$D\,(o) + F\,(1) + H\,(2) + \ldots = o,$$
$$E\,(o) + G\,(1) + L\,(2) + \ldots = o,$$
$$F\,(o) + H\,(1) + K\,(2) + \ldots = o,$$
$$\ldots\ldots\ldots\ldots\ldots\ldots\ldots\ldots\ldots\ldots\ldots$$

On divisera d'abord chacune de ces équations par le coefficient de la
première inconnue (o); ensuite on les soustraira successivement l'une
de l'autre; on aura de nouvelles équations de la même forme, mais qui
ne contiendront plus l'inconnue (o). On divisera de nouveau ces équations par les coefficients de la première inconnue (1), et on les retran-
chera l'une de l'autre, ce qui produira de nouvelles équations où les
deux inconnues (o), (1) ne se trouveront plus. On continuera ainsi tant
qu'il y aura des équations et des inconnues.

Maintenant, si la loi des séries peut être représentée par deux
termes, il faudra que, dans les équations ci-dessus, toutes les inconnues
puissent être nulles, hors les deux premières (o), (1).

Par conséquent il faudra que, dans la seconde suite d'équations sans
l'inconnue (o), l'autre inconnue (1) disparaisse d'elle-même, c'est-à-dire
que les coefficients de cette inconnue soient nuls. Si cette condition a
lieu, on prendra une quelconque des premières équations, on y fera
(2) = o, (3) = o, ..., et l'on déterminera par là la valeur de (1) en
supposant, pour plus de simplicité, (o) = 1. Alors, nommant en général T, T′ deux termes quelconques successifs de la série A, C, ..., ou de
l'autre série B, D, ..., on aura cette relation constante

$$T + T'\,(1) = o,$$

d'où l'on formera cette équation en z du premier degré

$$z + (1) = 0.$$

Si la condition précédente n'a pas lieu, il faudra savoir si la loi des séries récurrentes peut être représentée par trois termes. Pour cela il faudra que, dans la troisième suite d'équations sans les inconnues (0) et (1), la troisième inconnue (2) s'en aille d'elle-même, afin que l'on puisse y supposer nulles toutes les autres inconnues (3), (4), ...

Si cette dernière condition a lieu, on prendra une quelconque des premières équations et une quelconque des équations sans (0); on y fera $(3) = 0$, $(4) = 0$, ..., et l'on aura deux équations qui serviront à déterminer les inconnues (1) et (2), et où l'on pourra supposer, pour plus de simplicité, $(0) = 1$.

Alors nommant T, T', T'' trois termes consécutifs de l'une ou de l'autre série A, C, ..., B, D, ..., on aura cette relation constante

$$T + T'(1) + T''(2) = 0,$$

d'où l'on formera cette équation en z du second degré

$$z^2 + (1)z + (2) = 0.$$

Mais, si la condition dont il s'agit n'a pas lieu, la loi des séries ne pourra pas être représentée par trois termes, et il faudra voir si elle peut l'être par quatre, et ainsi de suite.

13. Supposons à présent que l'on ait reconnu que cette loi peut être exprimée par $n+1$ termes, en sorte que l'on ait cette relation entre les termes successifs T, T', T'', ...,

$$T + T'(1) + T''(2) + \ldots = 0.$$

On formera de là l'équation en z de degré n

$$z^n + (1)z^{n-1} + (2)z^{n-2} + \ldots + (n) = 0,$$

dont les racines seront les raisons des différentes progressions géomé-

triques qui composent les séries A, C, ..., et B, D, ..., et par conséquent seront égales à (n° 8)

$$-\left(2\sin\frac{\varphi}{2}\right)^2, \quad -\left(2\sin\frac{\theta}{2}\right)^2, \quad -\left(2\sin\frac{\psi}{2}\right)^2, \quad \ldots$$

On aura donc non-seulement le nombre des sinus qui entrent dans
l'expression du terme général A_x de la série proposée (n° 7), mais
aussi les valeurs des angles φ, θ, ψ, ..., et il ne restera plus qu'à déterminer les coefficients a, b, ..., ainsi que les angles α, β, ..., ce
qu'on fera par la comparaison d'autant de termes de la série donnée.
On pourrait aisément donner des formules générales pour cet objet,
mais elles seraient, dans la pratique, moins commodes que l'opération
ordinaire de l'élimination.

Pour faciliter cette opération, on prendra d'abord les sommes et les
différences des termes équidistants de part et d'autre du terme A, et
l'on formera ces n équations

$$A = a\sin\alpha + b\sin\beta + c\sin\gamma + \ldots,$$

$$\frac{A_1 + {}_1A}{2} = a\sin\alpha\cos\varphi + b\sin\beta\cos\theta + c\sin\gamma\cos\psi + \ldots,$$

$$\frac{A_2 + {}_2A}{2} = a\sin\alpha\cos2\varphi + b\sin\beta\cos2\theta + c\sin\gamma\cos2\psi + \ldots,$$

$$\ldots\ldots\ldots\ldots\ldots\ldots\ldots\ldots\ldots\ldots\ldots\ldots\ldots\ldots,$$

ainsi que les n équations

$$\frac{A_1 - {}_1A}{2} = a\cos\alpha\sin\varphi + b\cos\beta\sin\theta + c\cos\gamma\sin\psi + \ldots,$$

$$\frac{A_2 - {}_2A}{2} = a\cos\alpha\sin2\varphi + b\cos\beta\sin2\theta + c\cos\gamma\sin2\psi + \ldots,$$

$$\frac{A_3 - {}_3A}{2} = a\cos\alpha\sin3\varphi + b\cos\beta\sin3\theta + c\cos\gamma\sin3\psi + \ldots,$$

$$\ldots\ldots\ldots\ldots\ldots\ldots\ldots\ldots\ldots\ldots\ldots\ldots\ldots\ldots\ldots$$

Les premières serviront à déterminer les n inconnues $a\sin\alpha$, $b\sin\beta$,

$c \sin \gamma$, ..., et les dernières serviront à déterminer les inconnues $a \cos \alpha$, $b \cos \beta$, $c \cos \gamma$, ..., d'où l'on déduira ensuite les valeurs de a, b, c, ... et des angles α, β, γ, ...

14. On voit donc, d'après tout ce qui précède, que, pour que la série primitive donnée soit formée d'un certain nombre de sinus d'angles croissant uniformément, il faut que l'équation en z trouvée par les règles ci-dessus ait toutes ses racines réelles inégales et comprises entre ces limites o et 4; autrement on ne pourra déterminer les différents angles φ, θ, ψ,.... Cependant, lorsque quelqu'une de ces conditions n'a pas lieu, on peut également avoir l'expression du terme général A_x. Parcourons les différents cas qui peuvent arriver. Et d'abord supposons que toutes les racines soient comprises entre les limites assignées, mais qu'il y en ait deux d'égales entre elles, en sorte que l'on ait $\theta = \varphi$. Alors, au lieu du terme $b \sin(\beta + x\theta)$ de l'expression de A_x, il faudra substituer un terme de cette autre forme $x b \sin(\beta + x\varphi)$; par conséquent, dans les équations ci-dessus, il faudra changer θ en φ, et multiplier en même temps chaque terme par le coefficient de l'angle θ.

Si trois racines sont égales, en sorte que, outre $\theta = \varphi$, on ait encore $\psi = \varphi$, alors il faudra de plus changer le terme $c \sin(\gamma + x\psi)$ en un autre de cette forme $x^2 c \sin(\gamma + x\varphi)$; par conséquent, dans les équations précédentes il faudra changer aussi ψ en φ et multiplier les termes respectifs par les carrés des coefficients de l'angle ψ, et ainsi de suite.

Cela peut se démontrer de plusieurs manières, et surtout par la considération des quantités évanouissantes, en supposant que les angles φ, θ, ψ, au lieu d'être absolument égaux, diffèrent entre eux par des quantités infiniment petites; mais ce n'est pas ici le lieu d'entrer dans ce détail.

On doit conclure de là que, dans le cas des racines égales, l'expression de A_x contiendra toujours la quantité x en coefficient, et élevée à la première puissance pour deux racines égales, à la seconde pour trois racines égales, et ainsi de suite, ce qui donnera des équations séculaires de différents ordres.

15. Supposons maintenant que, parmi les racines de l'équation en z, il y en ait une q qui tombe hors de ces limites 0 et -4. Alors il est visible que l'équation $-\left(2\sin\frac{\varphi}{2}\right)^2 = q$ ne pourra pas donner pour φ un angle réel; cet angle deviendra donc imaginaire, et ses sinus et cosinus se transformeront en sinus et cosinus hyperboliques. Pour résoudre ce cas, on fera donc

$$\varphi = \omega\sqrt{-1};$$

et, employant les exponentielles, on aura

$$2\sin\frac{\varphi}{2} = \frac{e^{-\frac{\omega}{2}} - e^{\frac{\omega}{2}}}{\sqrt{-1}},$$

ce qui donnera l'équation

$$e^{\omega} + e^{-\omega} - 2 = q,$$

qui, étant résolue par les logarithmes, donnera toujours une valeur réelle de ω tant que q sera > 0 ou < -4.

Ayant trouvé ω, on mettra, à la place du terme $A\sin(\alpha + x\varphi)$ de l'expression de A_x, deux termes de cette forme

$$M\frac{e^{x\omega} + e^{-x\omega}}{2} + N\frac{e^{x\omega} - e^{-x\omega}}{2},$$

M et N étant des coefficients qu'on déterminera par la comparaison des termes.

Les expressions $\frac{e^{x\omega} + e^{-x\omega}}{2}$ et $\frac{e^{x\omega} - e^{-x\omega}}{2}$ sont ce qu'on appelle *cosinus* et *sinus hyperboliques* du secteur $\frac{x\omega}{2}$, et l'on en trouve une Table toute calculée dans les Additions publiées par M. Lambert aux *Tables logarithmiques et trigonométriques*. Dans ce cas donc, l'expression de A_x contiendra la quantité x en exponentielle, d'où résultera une autre espèce d'équations séculaires; mais il ne paraît pas qu'il y ait de telles équations dans le système du monde.

16. Enfin si, parmi les racines de l'équation en z, il y en avait d'imaginaires, alors les angles φ et θ, correspondant à deux racines imaginaires de la forme $q + r\sqrt{-1}$, $q - r\sqrt{-1}$, deviendraient aussi de la même forme, et il en résulterait, après les réductions dans l'expression de A_x, des termes où x serait à la fois en exponentielle et en sinus et cosinus. Comme ce cas est peut-être encore plus étranger au système du monde que le précédent, nous nous dispenserons de l'examiner en détail, d'autant plus que les difficultés qu'il présente peuvent être résolues par les méthodes connues.

17. En finissant ce Mémoire, je ne dois pas oublier de faire remarquer que toute suite formée de sinus d'angles croissant en progression arithmétique a cette propriété que, si l'on n'en prend les termes que de deux en deux, ou de trois en trois, ou etc., on aura encore des suites de même nature, et que la même chose aura lieu pour toutes les suites qu'on pourra former par l'addition d'un certain nombre de termes successifs de la suite proposée, même en multipliant chacun de ces termes par un coefficient donné. C'est de quoi on peut se convaincre par une analyse facile, que nous supprimons ici pour ne pas passer les bornes que nous nous sommes prescrites. Cette remarque peut être surtout d'une grande utilité lorsqu'il s'agira d'appliquer la méthode de ce Mémoire aux résultats déduits des observations, puisqu'on pourra prendre également, à la place de chaque résultat particulier, le milieu entre un certain nombre de résultats successifs, ce qui rendra les résultats plus sûrs et l'emploi de la méthode plus avantageux.

Je me propose de donner quelque jour l'application de la méthode de ce Mémoire à la recherche de la loi des erreurs des Tables de Halley dans les oppositions de Saturne et de Jupiter.

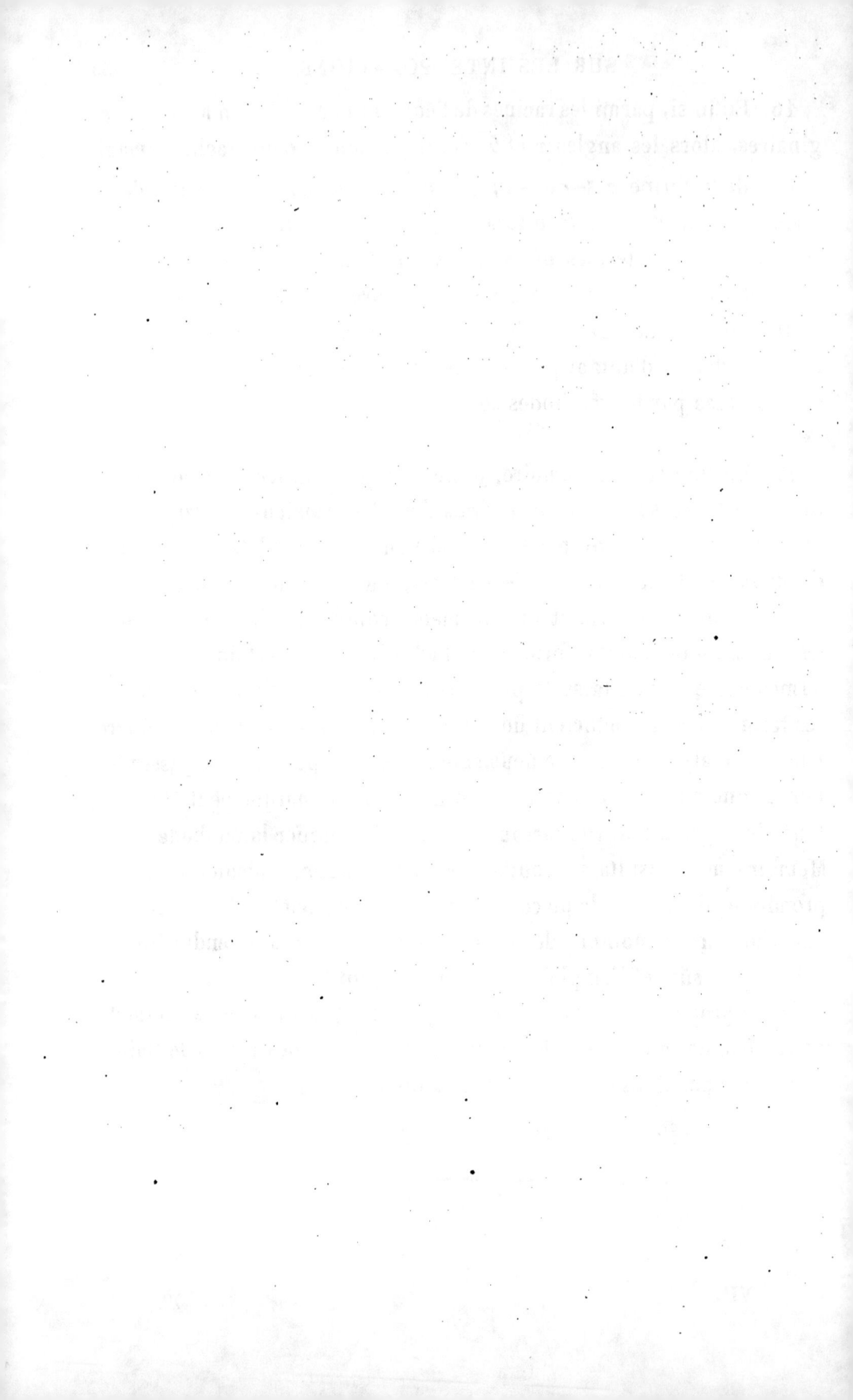

VALEURS

DES VARIATIONS ANNUELLES

DES ÉLÉMENTS DES ORBITES DES PLANÈTES.

70.

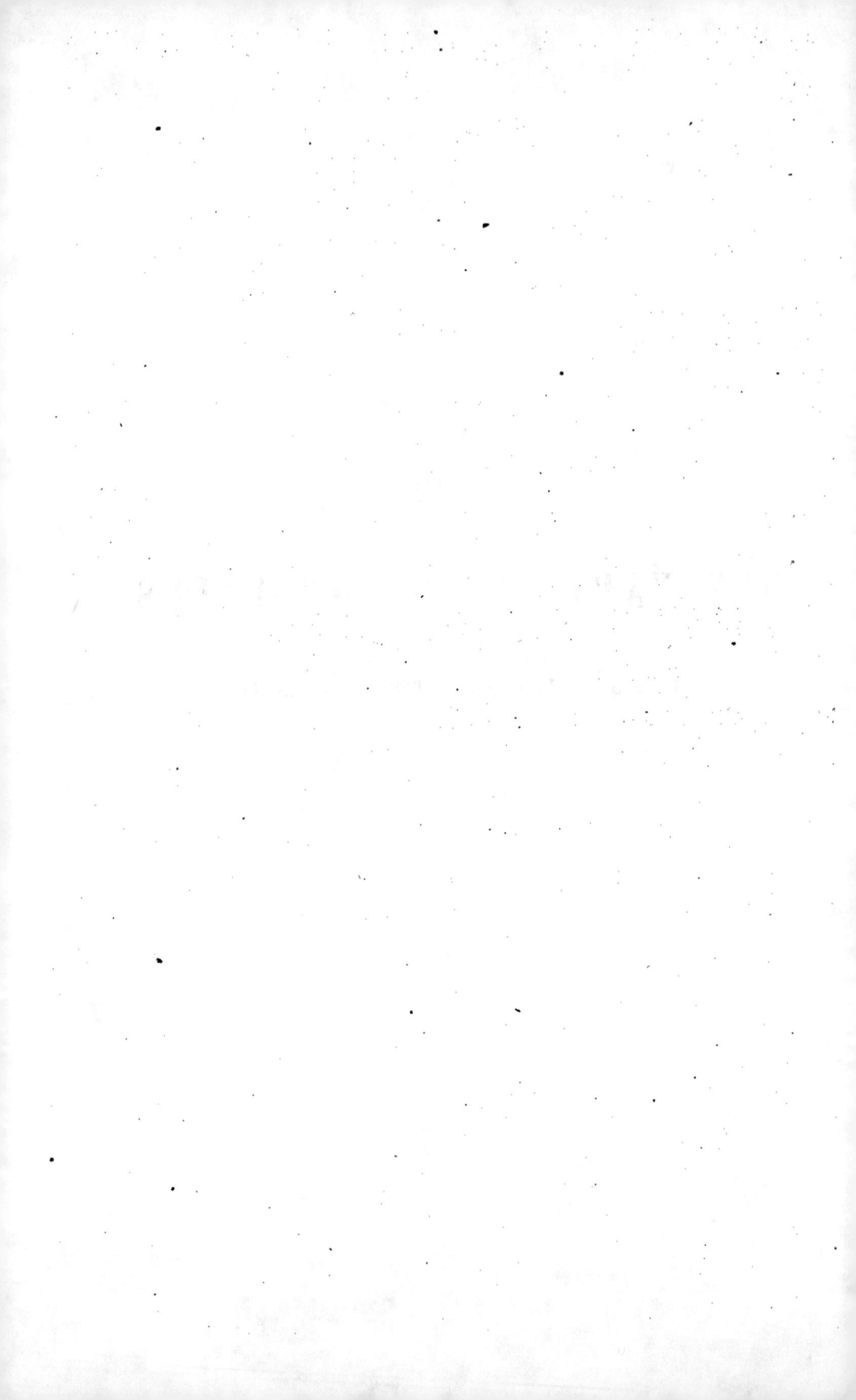

VALEURS

DES VARIATIONS ANNUELLES

DES ÉLÉMENTS DES ORBITES DES PLANÈTES.

[Extrait d'un Mémoire lu récemment à l'Académie (*).]

(*Astronomisches Jahrbuch oder Ephemeriden*, für das Jahr 1786. Mit Genehmhaltung der Königl. Akademie der Wissenschaften berechnet und herausgegeben von J.-E. Bode, Astronom der Akademie. — Berlin, 1783.)

En prenant pour unité la masse du Soleil et exprimant de la manière suivante les masses des planètes,

$$\saturn = \frac{1+a}{3358,4}, \qquad \jupiter = \frac{1+b}{1067,2}, \qquad \mars = \frac{1+c}{1846082},$$

$$\earth = \frac{1+d}{365361}, \qquad \venus = \frac{1+e}{278777}, \qquad \mercury = \frac{1+f}{2025810},$$

on a, par suite des attractions réciproques de toutes les planètes, les résultats suivants :

Mouvement annuel de l'aphélie.

$$\saturn = 66'',3287 + 15'',9931\,b + 0'',0006\,c + 0'',0010\,d + 0'',0007\,e,$$

$$\jupiter = 56'',9106 + 6'',5601\,a + 0'',0021\,c + 0'',0089\,d + 0'',0060\,e + 0'',0002\,f,$$

$$\mars = 65'',9817 + 0'',6955\,a + 12'',3083\,b + 1'',9211\,d + 0'',7027\,e + 0'',0208\,f,$$

(*) Cet Extrait a été traduit en allemand, et inséré dans les *Éphémérides de Berlin* pour l'année 1786. Ne possédant ni le Mémoire original ni l'Extrait de ce Mémoire en français, nous donnons la traduction du texte allemand. (*Note de l'Éditeur.*)

$♅ = 63'',6502 + 0'',1914\,a + 6'',7938\,b + 1'',5461\,c + 5'',2021\,e - 0'',4165\,f,$

$♀ = 48'',6135 + 0'',0812\,a + 6'',3758\,b + 1'',1854\,c - 5'',0579\,d - 4'',3043\,f,$

$☿ = 56'',9938 + 0'',0795\,a + 1'',5599\,b + 0'',0408\,c + 0'',8391\,d + 4'',1412\,e.$

Variation annuelle du maximum de l'équation du centre.

$♄ = -1'',1060 - 1'',1060\,b$

$♃ = \quad 0'',5626 + 0'',5628\,a - 0'',0002\,c,$

$♂ = \quad 0'',3708 + 0'',0130\,a + 0'',3168\,b + 0'',0366\,d + 0'',0022\,e + 0'',0022\,f,$

$♅ = -0'',1768 - 0'',0008\,a - 0'',1602\,b - 0'',0494\,c + 0'',0416\,e - 0'',0080\,f,$

$♀ = -0'',2498 - 0'',0014\,a - 0'',0616\,b - 0'',0064\,c - 0'',0902\,d - 0'',0902\,f,$

$☿ = \quad 0'',0216 + 1'',0002\,a - 0'',0126\,b - 0'',0022\,c + 0'',0058\,d + 0'',0304\,e.$

Mouvement annuel des nœuds sur l'écliptique vrai et mobile.

$♄ = 29'',4047 - 0'',3403\,a - 12'',2792\,b - 0'',1422\,c$
$\qquad\qquad - 0'',0010\,d - 8'',0564\,e - 0'',1095\,f,$

$♃ = 30'',9885 + 5'',8758\,a - 6'',9480\,b - 0'',3894\,c$
$\qquad\qquad - 0'',0089\,d - 17'',5615\,e - 0'',3128\,f,$

$♂ = 24'',5450 - 0'',4674\,a - 11'',0018\,b - 0'',4330\,c$
$\qquad\qquad - 1'',7724\,d - 11'',7980\,e - 0'',3187\,f,$

$♀ = 30'',6406 - 0'',2856\,a - 5'',1352\,b - 0'',2872\,c$
$\qquad\qquad - 6'',6908\,d - 7'',4579\,e + 0'',1640\,f,$

$☿ = 41'',3513 - 0'',1176\,a - 2'',1843\,b - 0'',1431\,c$
$\qquad\qquad - 0'',8696\,d - 5'',5698\,e - 0'',0976\,f.$

Variation annuelle de l'inclinaison de l'orbite par rapport à l'écliptique vrai et mobile.

$♄ = -0'',2311 + 0'',0589\,b - 0'',0125\,c - 0'',2665\,e - 0'',0110\,f,$

$♃ = -0'',2719 - 0'',0751\,a - 0'',0106\,c - 0'',1767\,e - 0'',0095\,f,$

$♂ = \quad 0'',0345 - 0'',0125\,a - 0'',1320\,b + 0'',1795\,e - 0'',0005\,f,$

$♀ = \quad 0'',0447 + 0'',0035\,a + 0'',0260\,b - 0'',0042\,c + 0'',0194\,f,$

$☿ = \quad 0'',2043 + 0'',0104\,a + 0'',0987\,b + 0'',0006\,c + 0'',0946\,e.$

Mouvement annuel des nœuds sur l'écliptique supposé fixe.

$$\text{♄} = 41'',6126 - 8'',7194\,b - 0'',0003\,c - 0'',0010\,d,$$

$$\text{♃} = 56'',8355 + 6'',5036\,a - 0'',0004\,c - 0'',0089\,d + 0'',0080\,e - 0'',0005\,f,$$

$$\text{♂} = 40'',9533 - 0'',2632\,a - 7'',8276\,b - 1'',7724\,d + 0'',4326\,e + 0'',0506\,f,$$

$$\text{♀} = 41'',1627 - 0'',0853\,a - 2'',6588\,b - 0'',0759\,c - 6'',6908\,d + 0'',3402\,f,$$

$$\text{☿} = 45'',5408 - 0'',0691\,a + 1'',3968\,b - 0'',0292\,c - 0'',8696\,d + 2'',4278\,e.$$

Variation annuelle de l'inclinaison de l'orbite sur l'écliptique supposé fixe.

$$\text{♄} = \quad 0'',0963 + 0'',0963\,a$$

$$\text{♃} = -0'',0784 - 0'',0786\,a + 0'',0001\,c + 0'',0001\,e,$$

$$\text{♂} = -0'',2985 - 0'',0258\,a - 0'',2549\,b - 0'',0179\,e + 0'',0001\,f,$$

$$\text{♀} = -0'',0162 - 0'',0055\,a - 0'',0381\,b + 0'',0021\,c + 0'',0253\,f,$$

$$\text{☿} = -0'',1530 - 0'',0032\,a - 0'',0289\,b + 0'',0006\,c - 0'',1215\,e,$$

Diminution annuelle de l'obliquité de l'écliptique.

$$0'',6156 + 0'',0139\,a + 0'',1586\,b + 0'',0103\,c + 0'',4244\,e + 0'',0084\,f.$$

En multipliant ces valeurs par 100, on obtient les variations séculaires, et il suffit pour cela d'avancer de deux rangs la virgule placée
devant les chiffres décimaux. Les mouvements de l'aphélie et du nœud
sont rapportés au point équinoxial.

Les moyennes distances des planètes au Soleil et aussi les durées de
leurs révolutions n'ont pas de variations séculaires.

Les valeurs précédentes sont calculées pour le commencement du
siècle actuel, et s'appliquent aussi bien à quelques siècles avant ou
après cette époque; mais elles ne seraient pas applicables à une époque
quelconque.

J'ai pris comme écliptique fixe le plan avec lequel coïncidait l'écliptique vraie, c'est-à-dire le plan de l'orbite apparente du Soleil autour
de la Terre au commencement de l'année 1700, et l'on voit combien la

variation des nœuds et des inclinaisons par rapport à ce plan diffèrent de celles qui se rapportent à l'écliptique vraie, laquelle, aussi bien que les orbites des autres planètes, est mobile par rapport à la sphère céleste. Il semble que jusqu'ici les Astronomes n'aient pas tenu compte de ces différences, sans la considération desquelles il est impossible de rien déterminer de certain sur les nœuds et les inclinaisons des orbites des planètes.

ÉQUATIONS

DÉTERMINATION DES ÉLÉMENTS DE L'ORBITE

D'UNE PLANÈTE OU D'UNE COMÈTE

AU MOYEN DE TROIS OBSERVATIONS PEU ÉLOIGNÉES.

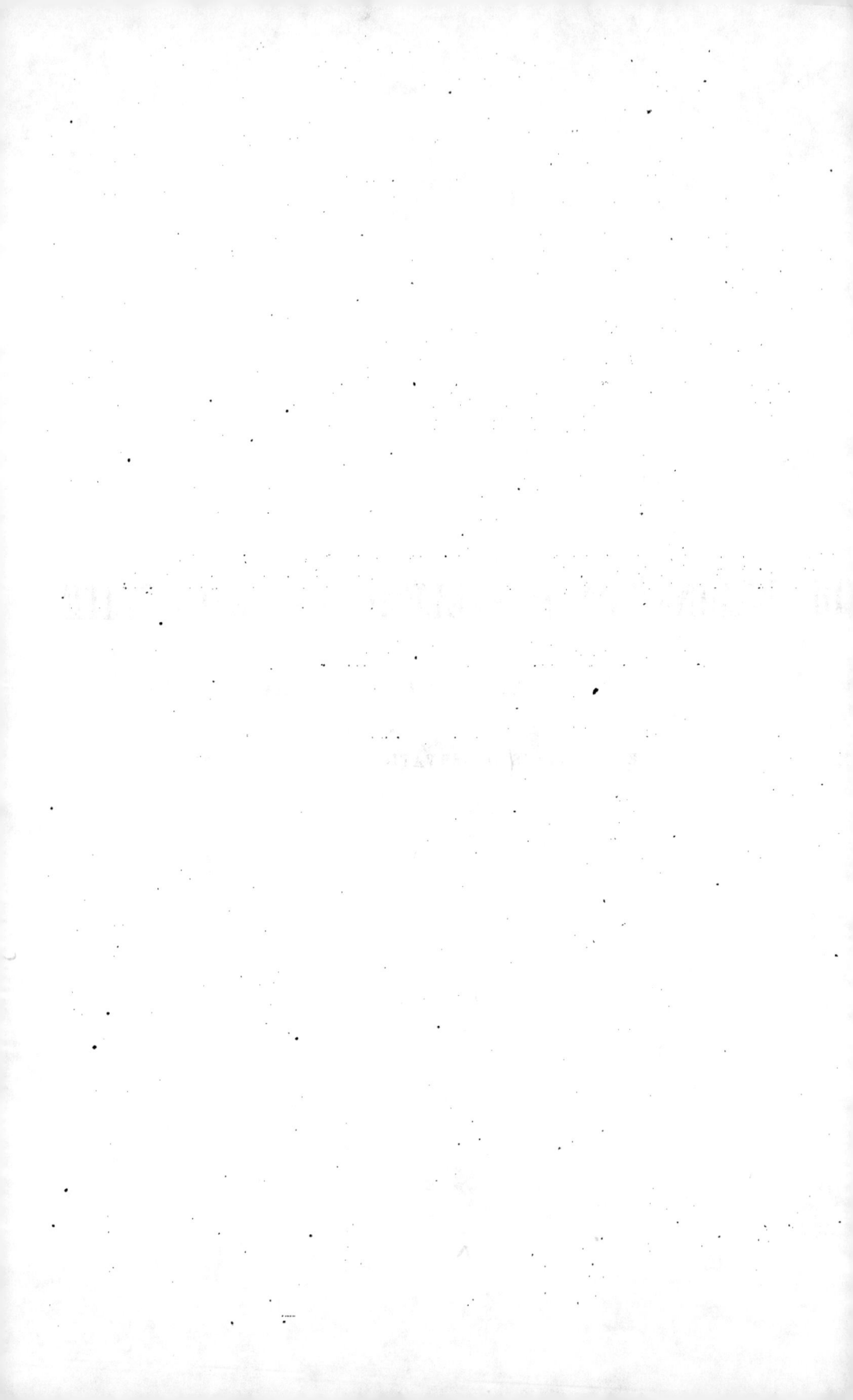

ÉQUATIONS·

POUR LA

DÉTERMINATION DES ÉLÉMENTS DE L'ORBITE

D'UNE PLANÈTE OU D'UNE COMÈTE

AU MOYEN DE TROIS OBSERVATIONS PEU ÉLOIGNÉES (*).

(*Astronomisches Jahrbuch oder Ephemeriden*, für das Jahr 1789. Mit Genehmhaltung der Königl. Akademie der Wissenschaften berechnet und herausgegeben von J.-E. Bode, Astronom der Akademie. — Berlin, 1786.)

Soient C, D, E les positions apparentes, sur une sphère de rayon égal à l'unité, d'une comète observée à trois époques peu éloignées. Supposons, en outre, qu'au moment de la première observation, la comète soit au point C et le Soleil au point S; qu'au moment de la deuxième, la comète soit en D et le Soleil en T; au moment de la troisième, la comète en E et le Soleil en V. Si l'on joint ces six points par des arcs de grand cercle, on obtient des triangles sphériques CDS, CDT, dont les côtés et les angles peuvent être calculés ou mesurés sur un globe céleste suffisamment précis.

Soit θ le temps écoulé entre la première et la troisième observation, et représentons ce temps par le moyen mouvement du Soleil, c'est-à-dire

---

(*) Ce Mémoire a été traduit en allemand par Schulze, et inséré dans les *Éphémérides de Berlin* pour l'année 1789. Ne possédant pas le Mémoire original en français, nous donnons la traduction du texte allemand. (*Note de l'Éditeur.*)

71.

par la différence de longitude moyenne du Soleil en V et en S réduite en parties du rayon, c'est-à-dire divisée par l'arc de $57°17'45''$. Dans ces conditions, si l'intervalle de temps est de i jours, $\theta = \dfrac{i}{58,1324}$.

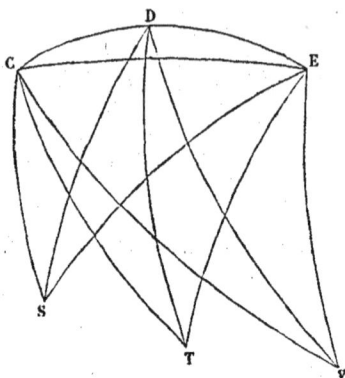

Supposons, en outre, que l'intervalle écoulé entre les deux premières observations soit à l'intervalle de temps écoulé entre les deux dernières comme 1 est à n, de telle façon que $\dfrac{\theta}{n+1}$ représente le premier, et $\dfrac{n\theta}{n+1}$ le dernier de ces intervalles.

Enfin, prenons comme unité la moyenne distance de la Terre au Soleil, et désignons par β, δ, λ les vraies distances du Soleil aux époques des trois observations, c'est-à-dire quand le Soleil occupe les positions S, T, V. Ces distances sont données dans les *Éphémérides,* et, à cause de la faible excentricité de l'orbite solaire, on pourra souvent supposer $\beta = \delta = \lambda = 1$.

Cela posé, soient

$$t = 1 - \frac{\theta^2}{6r^3} + \frac{(n-1)\theta^3}{4(n+1)r^3}p + \frac{(3n^2-4n+3)\theta^4}{8(n+1)^2 r^3}\left(\frac{q}{5}-p^2\right) + \frac{\theta^4}{3.5.8\,r^6} + \ldots,$$

$$s = 1 - \frac{n^2\theta^2}{6(n+1)^2 r^3} + \frac{n^3\theta^3}{4(n+1)^3 r^3}p + \frac{n^4\theta^4}{8(n+1)^4 r^3}\left(\frac{3q}{5}-3p^2+\frac{1}{15r^3}\right) - \ldots,$$

$$u = 1 - \frac{\theta^2}{6(n+1)^2 r^3} - \frac{\theta^3}{4(n+1)^3 r^3}p + \frac{\theta^4}{8(n+1)^4 r^3}\left(\frac{3q}{5}-3p^2+\frac{1}{15r^3}\right) - \ldots.$$

Soient, en outre,

$$x = n\beta s \frac{\sin CS}{\sin CD} - \frac{\sin ECS}{\sin ECD} - (n+1)\delta t \frac{\sin CT}{\sin CD} - \frac{\sin ECT}{\sin ECD} + \lambda u \frac{\sin CV}{\sin DC} \frac{\sin ECV}{\sin ECD},$$

$$y = n\beta s \frac{\sin DS}{\sin DC} \frac{\sin EDS}{\sin EDC} - (n+1)\delta t \frac{\sin DT}{\sin DC} \frac{\sin EDT}{\sin EDC} + \lambda u \frac{\sin DV}{\sin DC} \frac{\sin EDV}{\sin EDC},$$

$$z = n\beta s \frac{\sin DS}{\sin DE} \frac{\sin CDS}{\sin CDE} - (n+1)\delta t \frac{\sin DT}{\sin DE} \frac{\sin CDT}{\sin CDE} + \lambda u \frac{\sin DV}{\sin DE} \frac{\sin CDV}{\sin CDE}.$$

Soient enfin

$$\sigma^2 = r^2 - \frac{2 r^2 \theta}{n+1} p \frac{r^2 \theta^2}{(n+1)^2} q + \frac{\theta^3}{3(n+1)^3 r} p - \frac{\theta^4}{4(n+1)^4 r} \left(\frac{q}{3} - p^2 \right)$$

$$- \frac{\theta^5}{4(n+1)^5 r} \left(\frac{3pq}{5} + \frac{p}{15 r^3} - p^3 \right) + \dots,$$

$$v^2 = r^2 + \frac{2 n r^2 \theta}{n+1} p + \frac{n^2 r^2 \theta^2}{(n+1)^2} q - \frac{n^3 \theta^3}{3(n+1)^3 r} p - \frac{n^4 \theta^4}{4(n+1)^4 r} \left(\frac{q}{3} - p^2 \right)$$

$$+ \frac{n^5 \theta^5}{4(n+1)^5 r} \left(\frac{3pq}{5} + \frac{p}{15 r^3} - p^3 \right) + \dots.$$

On a alors les trois équations

$$x^2 + 2(n+1)\delta t x \cos DT + (n+1)^2 (\delta^2 - r^2) t^2 = 0,$$

$$y^2 - 2 n \beta s y \cos CS + n^2 (\beta^2 - \sigma^2) s^2 = 0,$$

$$z^2 - 2 \lambda u z \cos EV + (\lambda^2 - v^2) u^2 = 0,$$

au moyen desquelles les trois quantités inconnues r, p, q pourront être déterminées; r représente le rayon vecteur de la comète, ou sa distance au Soleil au moment de la seconde observation; p et q servent à déterminer le grand axe de l'orbite de la comète et le paramètre de cette orbite au moyen des formules

$$\frac{1}{a} = \frac{1}{r} - r^2 q, \quad b = r + r^4 (q - p^2).$$

Ces quantités une fois connues, on obtient la position dans l'orbite du périhélie au moyen de l'équation

$$\cos\varphi = \frac{r^3(q - p^2)}{\sqrt{1 - \dfrac{b}{a}}},$$

où φ désigne l'angle que le rayon vecteur r fait avec la direction du périhélie.

Les quantités s, t, u, x, y, z, σ, υ servent aussi à déterminer les distances de la comète à la Terre et au Soleil; on a, abstraction faite des signes, $\dfrac{x}{(n + 1)r}$ pour la distance de la comète à la Terre dans la deuxième observation, $\dfrac{y}{ns}$ dans la première, et $\dfrac{z}{u}$ dans la troisième. Enfin σ est la distance de la comète au Soleil dans la première observation, et υ la même distance dans la troisième observation. Au moyen de ces distances, il est aisé de trouver les autres éléments de l'orbite.

La résolution des trois équations données plus haut ne présente aucune difficulté quand θ est moindre que 1 ou peu supérieur à 1, ce qui suppose que l'intervalle entre les observations extrêmes ne dépasse pas deux mois. Dans ce cas, les séries qui représentent les quantités s, u, σ^2, υ^2 sont convergentes, et le sont d'autant plus que θ est plus petit. Si l'on néglige les termes en θ^4 et ceux qui renferment de plus hautes puissances de θ, les trois équations dont nous nous occupons contiennent les inconnues p et q sous forme linéaire, ce qui permet de les éliminer très-facilement et d'obtenir une équation en r qui, en réalité, est d'un degré assez élevé, mais qui, dans une première approximation, peut être abaissée au huitième, en supprimant dès le début les termes en θ^2.

Enfin je remarque, sur les expressions des quantités x, y, z, que les rapports des sinus des angles ECS, ECT, ECV à celui de l'angle ECD ont le signe —, puisque, dans la figure, les trois premiers angles sont d'un côté, et le quatrième de l'autre côté de l'arc commun CE; au contraire, les rapports des sinus des angles EDS, EDT, EDV au sinus de EDC, et ceux des sinus de CDS, CDT, CDV au sinus de CDE sont positifs, puisque les quatre premiers angles sont d'un même côté de l'arc ED, et les quatre derniers d'un même côté de CD. La cause de cela est que ces rapports doivent tendre vers l'unité quand les points D, C, E tendent vers S, T, V. En tenant compte de ces remarques, on n'aura pas à craindre de se tromper au sujet des signes.

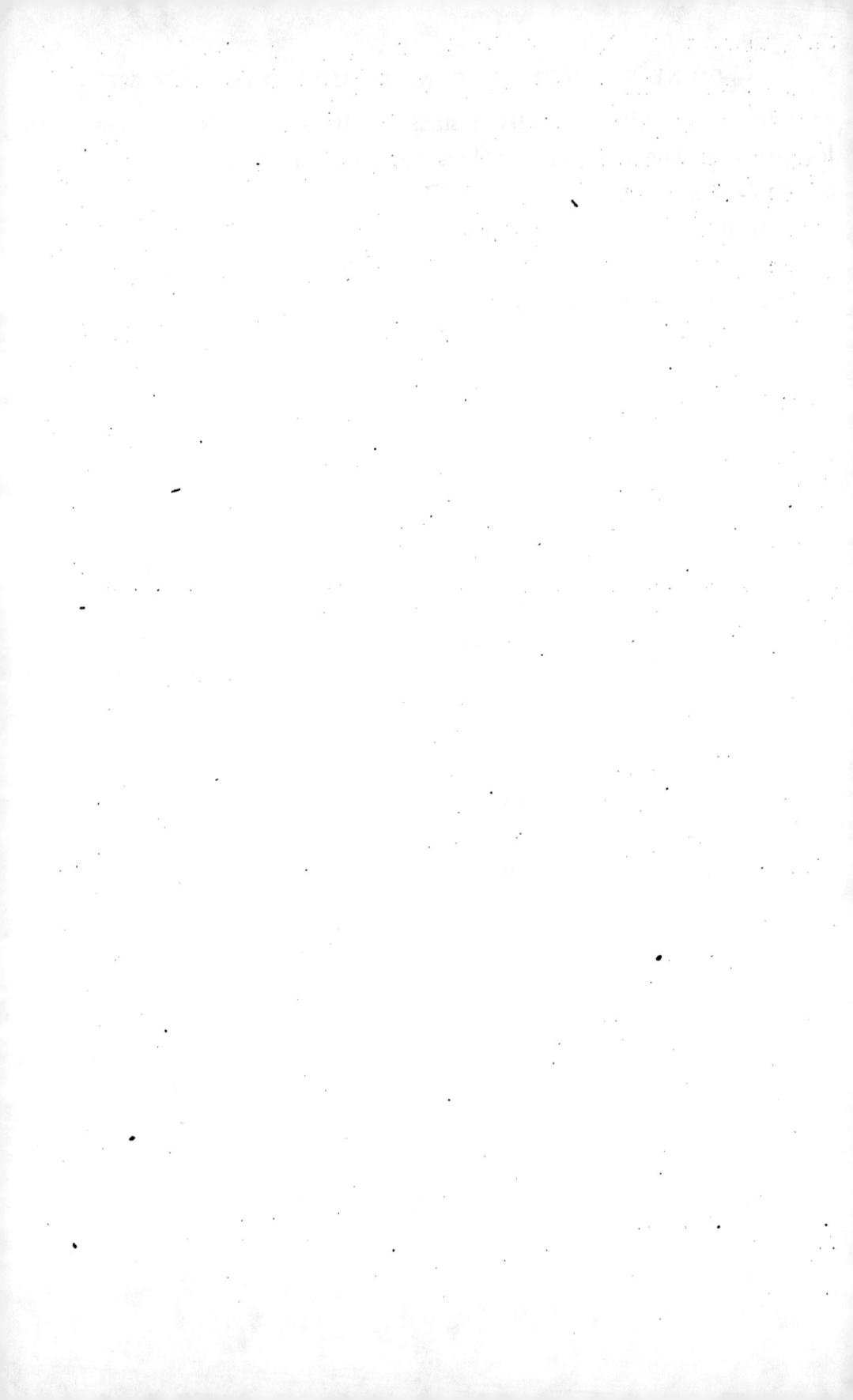

ESSAI

D'ARITHMÉTIQUE POLITIQUE

SUR LES

PREMIERS BESOINS DE L'INTÉRIEUR DE LA RÉPUBLIQUE.

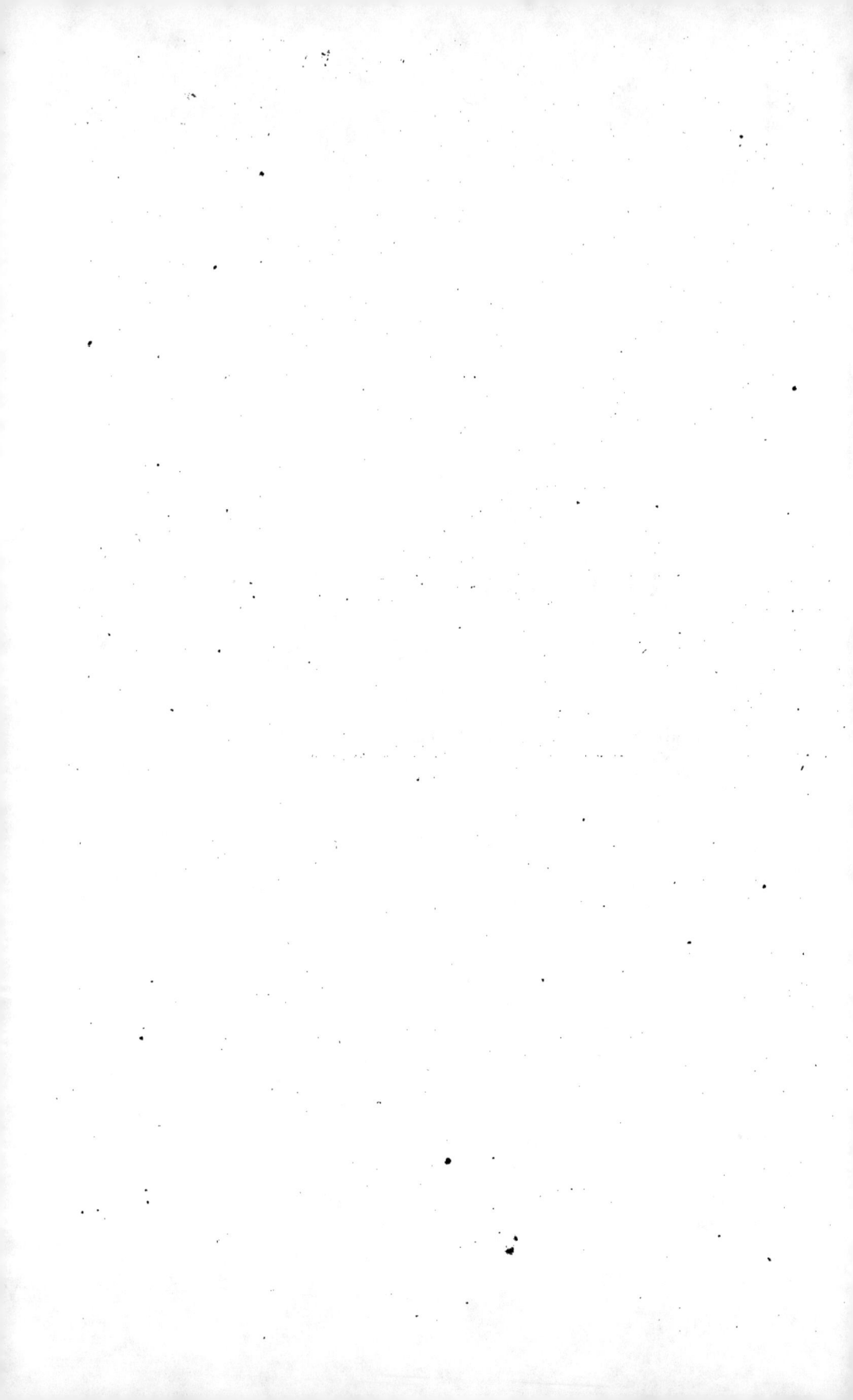

ESSAI

D'ARITHMÉTIQUE POLITIQUE

SUR LES

PREMIERS BESOINS DE L'INTÉRIEUR DE LA RÉPUBLIQUE (*).

(Collection de divers ouvrages d'Arithmétique politique, par Lavoisier, de Lagrange et autres, publiée par Rœderer. *A Paris, C.-C. Corancez et Rœderer, an IV; 1 vol. in-8.)*

Je suppose, d'après les calculs les plus exacts, que la France contient 25 000 000 d'individus, répandus sur une surface de 105 000 000 d'arpents de 100 perches carrées; la perche a 22 pieds ou 3⅔ toises.

Cet arpent, qu'on appelle le *grand arpent*, est un carré dont le côté est de 36,666 toises, et son contenu en toises carrées est de 1343,95 (**).

La lieue de 25 au degré est de 2281,08 toises, en prenant 57,027 toises pour la longueur du degré moyen. Ainsi la lieue contient 62,222 fois le côté de l'arpent, et la lieue carrée contient 3871,65 arpents.

Par conséquent l'étendue de la France en lieues carrées est de 27126,47 : divisant ce nombre par celui des habitants, on a 921,60 pour le nombre moyen des habitants d'une lieue carrée.

Je rapporte ce résultat, parce qu'il peut servir à faciliter la comparaison de la population de la France avec celle des autres pays, qui est

---

(*) Cet Essai est du célèbre de Lagrange; sa modestie voulait en cacher l'Auteur. Je n'ai obtenu la permission de le nommer qu'en lui montrant la profonde conviction que j'ai de l'utilité de son nom pour le succès de l'Ouvrage et de l'utilité de l'Ouvrage pour la chose publique.

(**) La virgule sépare les parties décimales des entiers, suivant l'usage reçu.

ordinairement rapportée ou qui peut se rapporter aisément à des lieues
carrées, la lieue étant une partie donnée du degré, qui est la même
pour toute la terre, abstraction faite de la petite inégalité provenant de
la non-sphéricité.

On suppose ordinairement le nombre des femmes égal à celui des
hommes; mais le tableau de la population donné par Lavoisier donne
217746 hommes de plus que de femmes sur les 25000000 d'habitants
de la France.

Ce tableau me fait voir de plus que $\frac{1}{3}$ des habitants est au-dessous de
15 ans, et que le second tiers est au-dessous de 36 ans. Suivant des
Tables de mortalité dressées en Allemagne, le premier tiers va jusqu'à
17 ans, et le second jusqu'à 37.

Considérons maintenant les besoins de cette société de 25000000 de
citoyens, et arrêtons-nous d'abord à ceux de première nécessité.

Ces besoins sont : 1° la nourriture; 2° le vêtement; 3° l'abritement,
ce qui comprend aussi le chauffage et la lumière.

Nous allons commencer par la nourriture. Elle est de deux sortes,
végétale et animale.

Comme notre dessein n'est que de donner un aperçu et des valeurs
moyennes, nous ne ferons pas l'énumération des différents objets qui
servent à la nourriture des hommes; mais nous réduirons d'abord toute
la nourriture végétale aux grains qui se cultivent en grand, et même à
une seule espèce moyenne que nous nommerons simplement *blé*, et qui
comprendra le blé-froment, le seigle et l'orge, qu'on mange en pain.

Par la même raison, nous réduirons toute la nourriture animale à la
viande de boucherie, qui comprend celle de bœuf, de vache, de veau,
de mouton et de porc, qui forme une partie considérable de cette nourriture.

Nous réduirons de même toute la boisson au seul vin, dont la consommation surpasse infiniment celle des autres boissons, telles que la
bière, le cidre, etc. Cette réduction est fondée sur la nature de la chose;
car on peut regarder les autres objets de nourriture, soit végétale, soit
animale, comme tenant lieu d'une quantité de blé ou de viande qui con-

tiendrait à peu près autant de matière nutritive. Il est clair qu'ils ne doivent entrer dans le calcul de la nourriture qu'à raison de leur valeur nutritive ; et, si l'on connaissait cette valeur pour chaque objet, on pourrait le convertir tout de suite en blé ou en viande. Relativement aux objets de nourriture générale et ordinaire, je crois qu'on ne se trompera pas beaucoup en supposant leur valeur nutritive proportionnelle à leur prix. Ainsi l'on pourra prendre à peu près une demi-livre de fromage sec comme l'équivalent d'une livre de viande. Nous ferons surtout usage de ce principe dans l'évaluation de la consommation de Paris (*).

Cela posé, la question est réduite à déterminer à peu près la quantité moyenne de blé et de viande nécessaire pour la subsistance de la République.

Je ne vois que trois manières de parvenir à cette détermination :

1° Par la ration qu'on distribue aux troupes ;

2° Par la consommation des villes fermées où il y avait des registres d'entrée ;

3° Par l'évaluation des produits annuels de toutes les terres cultivées en grains ou en pâturages ; la somme de ces produits étant supposée égale à la consommation annuelle, c'est-à-dire, en faisant abstraction de toute importation ou exportation.

Voici les résultats que ces trois moyens peuvent fournir :

La ration est, pour chaque combattant, de 28 onces de pain et d'une demi-livre de viande. Je ferai ici abstraction de l'eau-de-vie et du vinaigre, qui font aussi partie de la ration, parce que ces deux objets ne sont absolument nécessaires qu'aux troupes qui sont en campagne ; on pourrait d'ailleurs les comprendre dans la boisson.

On estime qu'une livre de pain répond à une livre de blé, poids pour poids. Le blé perd, par la mouture et par le son qu'on en tire, le quart de son poids ; mais la farine regagne par l'eau qu'on y ajoute pour la réduire en pâte, et dont une partie reste dans le pain, le tiers de son

---

(*) L'Auteur de ce Mémoire m'a dit, en preuve de cette proposition, qu'il avait vérifié que le poids de douze œufs est égal au poids d'une livre de viande, et se vend généralement au même prix.

poids, ce qui restitue exactement le poids primitif du blé. Il pourrait y avoir quelques variations à cet égard; mais, comme elles ne peuvent être que fort petites, nous nous tiendrons à celle donnée en nombres ronds.

Ainsi il faut une livre trois quarts de blé par jour à chaque combattant.

Mais j'observe que les combattants sont des hommes d'élite, tous dans la force de l'âge et des passions, et dont la consommation peut être regardée comme le maximum de consommation de tous les individus.

On remarque que les hommes consomment en général plus que les femmes, et les femmes plus que les enfants, et que, dans une famille composée d'un mari, d'une femme et de trois enfants au-dessous de dix ans, le père consomme presque autant à lui seul que le reste de la famille.

Or je vois, par le même tableau de population dont j'ai parlé ci-dessus, qu'il y a au moins un cinquième au-dessous de dix ans. Ainsi l'on peut supposer que ce cinquième compense par sa consommation ce que les femmes consomment de moins que les hommes; de sorte qu'en ayant encore égard à la moindre consommation des vieillards, on en peut conclure, sans craindre de se tromper beaucoup, que la consommation totale de tous les habitants de la France, pour être de pair avec celle des troupes, ne doit être que les quatre cinquièmes de la consommation d'un égal nombre de combattants, c'est-à-dire, de 20 000 000.

Ainsi la consommation totale en blé sera, à raison de $1\frac{3}{4}$ livre, de 35 000 000 de livres, et celle de la viande, à raison d'une demi-livre, de 10 000 000 de livres par jour.

Donc, multipliant par $365\frac{1}{4}$, on aura, pour la consommation totale annuelle en blé, 12 784 000 000 de livres, et en viande 3 652 500 000 livres.

La consommation moyenne de chaque individu serait par jour d'une livre et deux cinquièmes de blé, et de deux cinquièmes de livre de viande; et par an, de 511,36 livres de blé, et de 146 livres de viande.

La seconde manière de déterminer la consommation moyenne du blé et de la viande est fondée sur les registres d'entrée des villes qui étaient sujettes à des droits. Je me contenterai dans ce moment de considérer la consommation de Paris avant la Révolution, d'après les résultats de Lavoisier :

La consommation annuelle en pain y est estimée de 206 000 000 de livres
  pesant, ce qui fait autant en blé.................   206 000 000^{liv. pes.}
J'ajoute la consommation du riz, qui est de...........   3 500 000
                                                       ──────────────
                                                         209 500 000

A l'égard des légumes et fruits, le tableau n'en donne pas la quantité, mais seulement le prix, qui monte à 12 500 000 livres, tandis que le prix total du pain est de 20 600 000 livres, n'étant estimé qu'à 2 sous la livre.

Si l'on pouvait supposer la valeur nutritive des légumes, relativement à celle du blé, proportionnelle à leurs prix respectifs, la quantité totale de légumes consommée à Paris pourrait équivaloir à $\frac{126}{206}$ de tout le pain, ce qui en fait plus de la moitié; mais, comme il s'y consomme beaucoup de légumes et de fruits de luxe, et qu'en général je crois la valeur nutritive des légumes et fruits moindre que celle du pain, à prix égal, je ne prendrai, pour leur valeur représentative, que le quart du pain, c'est-à-dire 51 500 000 livres.

Ajoutons donc ce nombre à celui que nous avons trouvé : on aura 261 000 000 de livres en blé pour la consommation annuelle de Paris.

La population de Paris était estimée alors à 600 000 habitants. Divisant donc le nombre précédent par celui-ci, on trouve 435 livres pour la consommation annuelle en blé de chaque habitant de Paris.

Les mêmes résultats donnent 90 000 000 de livres de viande de boucherie et 10 000 000 de livres de poisson. Comme le poisson est à peu près aussi nourrissant que la viande, nous ajouterons ces deux articles ensemble : 100 000 000 de livres.

J'y trouve ensuite 78 000 000 d'œufs. Comme, à prix égal et à nourriture égale, je crois qu'on préférerait la viande aux œufs, on ne risquerait pas d'estimer trop haut le rapport des œufs à la viande relativement à la nourriture en le supposant égal à celui des prix de ces deux objets. Or je vois, par le tableau des prix, que la valeur des œufs consommés dans Paris était de 3 500 000 livres, tandis que celui de la viande était de 40 500 000 livres. Le rapport de ces deux nombres étant de 1 à 11,57 ..., nous supposerons, en nombres ronds, que les œufs tiennent lieu de $\frac{1}{12}$ de toute la viande, c'est-à-dire, de 7 500 000 livres.

Il reste encore à estimer le laitage. Les résultats qui me servent de guide ne donnent que la consommation du beurre et du fromage, qui est de 5 850 000 livres de beurre, et de 2 600 000 livres de fromages secs, outre 424 507 livres de fromages mous. Le tableau des prix donne, pour ces deux articles réunis, 7 700 000 livres; ce nombre est à celui du prix de toute la viande comme 1 à 5,26 .... En supposant les valeurs nutritives proportionnelles aux prix, le beurre et le fromage consommés à Paris équivaudraient à 17 111 000 livres de viande. J'observe que ce poids est un peu moindre que le double du poids réuni du beurre et du fromage, lequel est de 8 874 507 livres. En le supposant égal, on aurait, en nombres ronds, une demi-livre de beurre ou de fromage pour l'équivalent d'une livre de viande, ce que je crois à peu près juste, d'après différents renseignements que j'ai pris là-dessus.

Ajoutant donc ensemble ces trois sommes, nous avons 124 611 000 livres de viande pour 600 000 individus, ce qui donne 207,68 livres par tête.

Je viens maintenant à la troisième manière de déterminer la consommation moyenne. Elle consiste à estimer la consommation de toute la France par sa production annuelle, et à la diviser par le nombre total des habitants.

Les résultats ci-dessus donnent pour le total, en livres pesant de blé, seigle, orge, qui se récoltent et se consomment, non compris l'orge consommée par les animaux, 14 000 000 000; d'où, retranchant le sixième pour les semences, reste pour la consommation *annuelle* de toute la France, 11 667 000 000 de livres; ce qui, étant divisé par 25 000 000, donne par tête 466,68 livres.

Comme cette consommation ne comprend que les grains qui se mangent en pain, il faudrait pouvoir y ajouter celle des fruits et légumes, qui est très-considérable dans les campagnes, surtout dans les parties méridionales de la France. Nous l'avons estimée pour Paris à un quart de celle du pain : on peut présumer que pour la France entière elle doit être plutôt dans une plus grande proportion que dans une moindre. En la supposant d'un quart, il faudrait ajouter 116,67 livres à la consommation individuelle trouvée ci-dessus, ce qui la porterait à 583,35 livres.

Suivant les mêmes résultats, la consommation totale de bœufs, vaches, veaux, moutons, porcs, est, en livres de viande, de 1 211 400 000 ; ce qui ne donne que 48 456 livres par tête.

Cette évaluation est peut-être trop faible ; car, dans le nombre des bestiaux consommés, il n'y a que 397 000 bœufs et 460 000 vaches ; or je trouve, dans un Mémoire sur le commerce de la France, imprimé en 1789, qu'il se marque annuellement 1 280 000 cuirs de bœuf ou de vache, sans compter ceux qu'on ne fait pas marquer pour en frauder le droit, et qu'on estime pouvoir être évalués au quart au moins. De cette manière, la consommation des bœufs et vaches, qui, dans l'évaluation ci-dessus, entre pour 392 600 000 livres, devrait être presque doublée ; mais, ne sachant pas quelle confiance peut mériter l'Auteur de ce Mémoire, je n'ose faire une telle correction aux résultats de Lavoisier.

Il faut ajouter à la consommation de la viande celle du fromage : or je trouve, dans ces résultats, que le nombre total des vaches est de 4 000 000.

D'un autre côté, je trouve, dans l'*Art de la Fromagerie*, que le produit moyen est d'un quintal et demi de fromage par vache : en ne le supposant que d'un quintal, on aurait, en fromage, 400 000 000 de livres ; ce qui donnerait par tête 16 livres, qu'on peut regarder comme équivalentes à peu près à 32 livres de viande.

On aurait donc, en nombres ronds, 80 livres de viande pour la consommation annuelle de chaque individu en France, sans compter les œufs, les poissons, la volaille, etc., sur lesquels je n'ai trouvé aucun renseignement.

Voici le tableau des résultats qu'on vient de trouver :

	CONSOMMATION ANNUELLE MOYENNE de chaque individu, évaluée en livres pesant de	
	blé.	viande.
D'après la ration des soldats...............	511,36	146
» la consommation de Paris..............	435	207,68
» la consommation totale de la France.....	583,35	80

De cette Table j'ai déduit la suivante :

	A	B	C
D'après la ration des soldats...............	657,36	0,7779	0,2221
» la consommation de Paris	642,68	0,6768	0,3232
» la consommation totale de la France..	663,35	0,8794	0,1206

La colonne A donne les sommes en livres pesant de blé et de viande.

La colonne B donne les rapports du poids du blé à la somme des poids du blé et de la viande.

La colonne C donne les rapports du poids de la viande à la même somme.

La colonne A fait voir que le poids total du blé et de la viande est à peu près le même, d'après les trois évaluations. La valeur moyenne est de 654,46 livres, qui ne diffère guère de celle qui résulte de la ration des soldats; elle est plus grande que celle de Paris, et moindre que celle de toute la France d'environ 10 livres, ce qui ne fait qu'un soixantième du total.

Ce résultat me parait digne de remarque. Il prouve que les hommes ont besoin, en général, d'un même poids donné d'aliments, comme une espèce de lest qui dépend de la constitution humaine. La différence de nourriture ne consiste donc que dans la différente proportion du blé ou de la viande, ou des autres aliments qui les représentent. Suivant la ration des soldats, cette proportion est de 7 à 2; mais dans Paris elle est de 21 à 10, à très-peu près, et dans toute la France elle est de 15 à 2 environ. Cette proportion est la vraie mesure de la pauvreté ou de la richesse d'un État, puisque c'est de la nourriture que dépend essentiellement le bien-être des habitants. Pour augmenter celui des Français, il faudrait donc pouvoir augmenter la consommation de la viande, même aux dépens de celle du blé; la culture des prairies artificielles est peut-être le seul moyen de parvenir à un but si désirable; elle est d'autant plus précieuse qu'elle peut accroitre à la fois le produit des bestiaux et celui du blé; mais cet objet est trop connu pour que nous nous y arrétions ici.

La conclusion qu'on peut tirer des résultats que nous avons trouvés est que la France, dans l'état où est son agriculture, fournit assez de grains pour la consommation de ses habitants, mais qu'en bestiaux elle n'en fournit qu'un peu plus de la moitié de ce qui serait nécessaire pour que chaque habitant eût une ration de viande proportionnelle à celle des soldats.

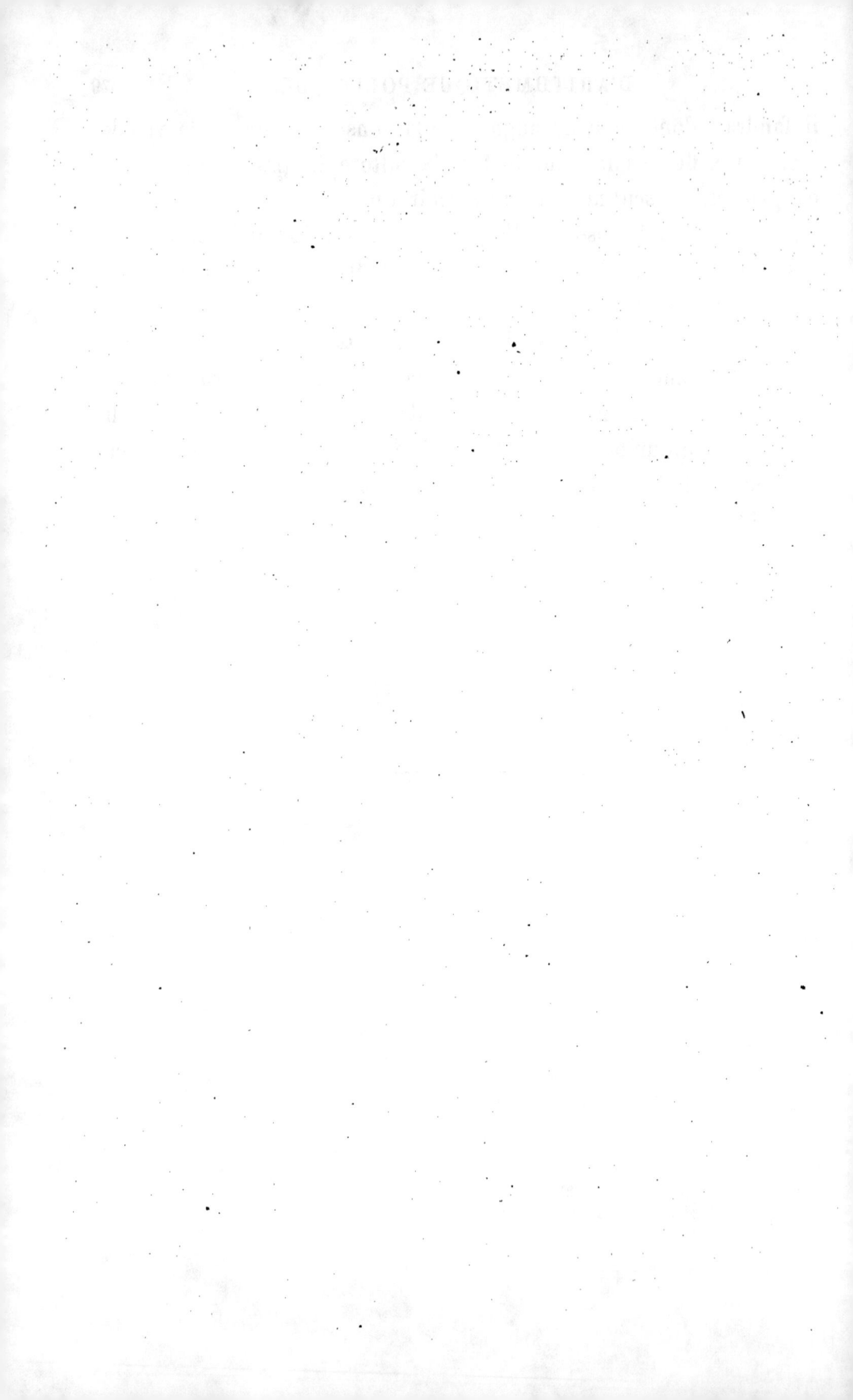

LETTERA

ALL' ILLUSTRISSIMO SIGNOR CONTE

GIULIO CARLO DA FAGNANO,

CONTENENTE

UNA NUOVA SERIE PER I DIFFERENZIALI ED INTEGRALI DI QUALSIVOGLIA GRADO,
CORRISPONDENTE ALLA NEWTONIANA PER LE POTESTÀ E LE RADICI.

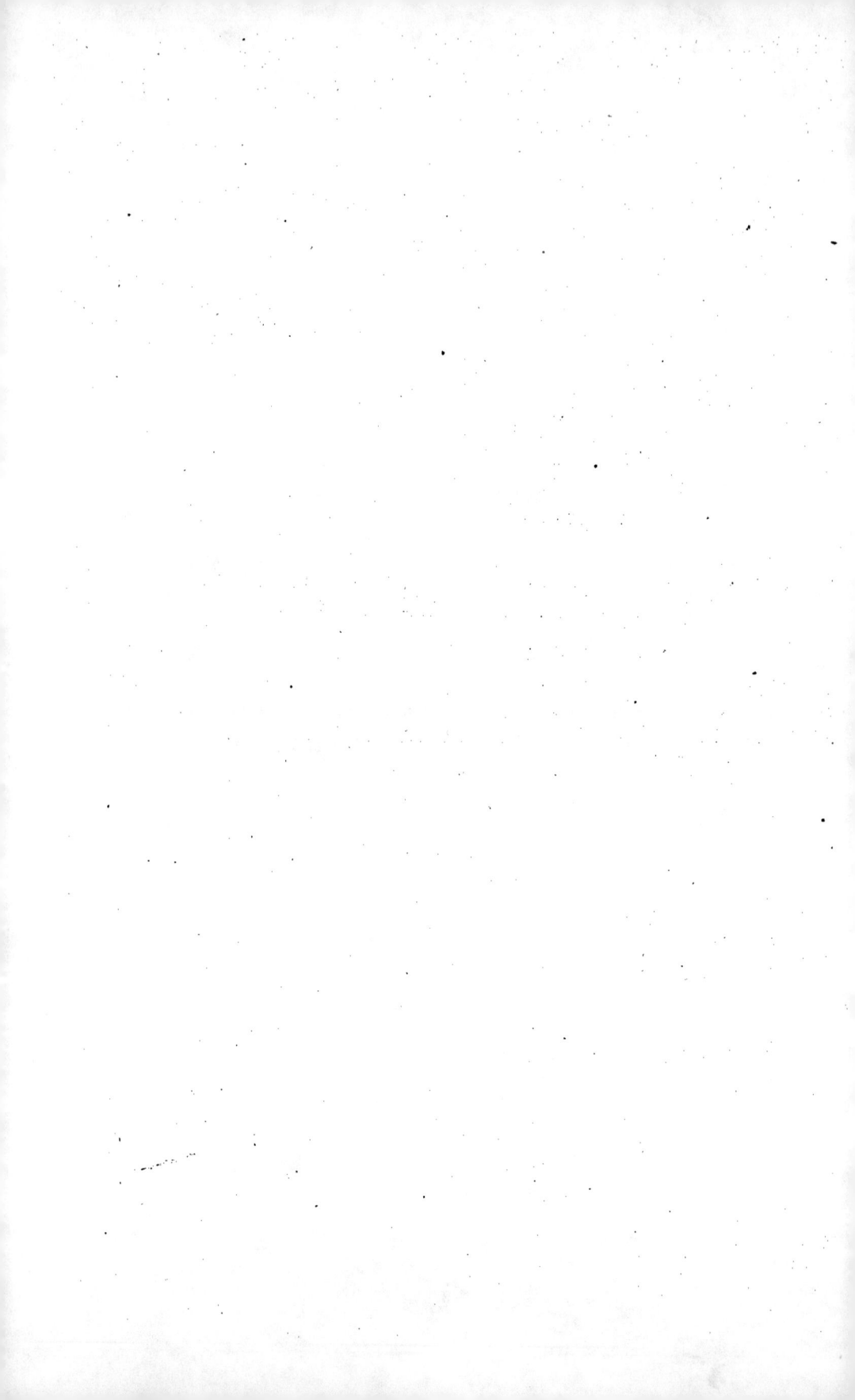

LETTERA

DI

LUIGI DE LA GRANGE TOURNIER,

TORINESE,

ALL' ILLUSTRISSIMO SIGNOR CONTE

GIULIO CARLO DA FAGNANO,

MARCHESE DE' TOSCHI E DI S. ONORIO, NOBILE ROMANO, E SENOGAGLIESE,
MATEMATICO CELEBRATISSIMO,

CONTENENTE

UNA NUOVA SERIE PER I DIFFERENZIALI ED INTEGRALI DI QUALSIVOGLIA GRADO,
CORRISPONDENTE ALLA NEWTONIANA PER LE POTESTÀ E LE RADICI.

(In Torino, MDCCLIV; nella Stamperia reale. Con lic. de' Sup.)

ILLUSTRISSIMO SIGNORE,

Nella serie, che ho comunicata a V. S. Illustriss., mi lusingava ben io d'avere ampiamente comprese varie operazioni del calcolo sì differenziale che integrale di qualunque grado; e col paragone di quella colla tanto celebratissima serie Newtoniana per le potestà mi pareva in vero d'aver scoperta una corrispondenza non dispregevole tra 'l calcolo delle infinite, e quello delle finite grandezze; ma poichè in somma non altro, che nuova comprensione, e riporto di calcoli notissimi per quello qualunque ritrovamento si palesava, e nulla realmente si disvelava, che nuova scienza chiamarsi potesse, anzi che offerirlo al pubblico, che oramai tutto nausea, e schifa, che non sia di somma importanza per le umane cognizioni, pensava trarne assai ampio frutto, ritenendolo per me a mio privato uso, e ad agevolare gli studj della mia affatto giovenile età, la quale, anzichè atta a somministrare altrui, è pur del tutto bisognosa di ricevere da altri lume, e scienza; ma i cenni della degnevolissima Lettera di V. S. Illustriss. mi sono in luogo di autorevole comandamento; e poichè a Lei piace, che si pubblichi la suddetta serie, non dubito di recar malgrado a veruno, obbedendo a Lei, ed a Lei anzi offerendola, che molto più di quello, che essa abbia in se, può darle di dignità col suo ragguardevolissimo giudizio, se come si è compiaciuta di commendarla, finchè era nelle mie mani, vorrà riguardarla con egual benignità ora, che la ripongo nelle sue. Che se pur Ella tollerasse, che a Lei sola questo mio picciolo ritrovato io presentassi, sarebbe di già compita interamente l'offerta, senza che ora di vantaggio estendermi dovessi in dichiararlo. Che sa bene tutto il mondo letterato, come e le sottili sue opere, ed i grandissimi applausi dalle più celebri Accademie ricevuti ne lo attestano, che a Lei basta il proporsi a snodare qualunque più riposto arcano delle Matematiche, per comprenderne tosto in uno e lo scioglimento, e le conseguenze. Ed altronde, queste, che a Lei offro, mie riflessioni, sono pur di tal natura, che anche a' ingegni meno sublimi basta accennarle, perchè ad essi spontaneamente possano manifestarsi. Ma pure giacchè Ella vuole, che io scriva ad ognuno, che di sì fatte materie abbia comunque vaghezza, penso, che non m'abuserò della pazienza di Lei, se più oltre mi dilungherò, come tale mira richiede, e vuole. Dunque primieramente propongo le due serie, la Newtoniana per le potestà, e la mia per i differenziali, ed integrali, sicchè in una sola occhiata se ne comprenda ogni possibile rapporto, e corrispondenza

$$(a+b)^m = a^m b^0 + m a^{m-1} b^1 + m \frac{(m-1)}{2} a^{m-2} b^2 + m \frac{(m-1)}{2} \frac{(m-2)}{3} a^{m-3} b^3 + \dots,$$

$$(xy)^m = x^m y^0 + m x^{m-1} y^1 + m \frac{(m-1)}{2} x^{m-2} y^2 + m \frac{(m-1)}{2} \frac{(m-2)}{3} x^{m-3} y^3 + \dots.$$

Dunque:

1° Siccome la prima serie serve per elevare a qualunque potestà la somma di due, e conseguentemente di quantunque quantità date, fa-

cendo l' esponente m egual al numero del grado della potestà data; così
la seconda serve per differenziare in qualsivoglia grado un qualunque
prodotto di due, e conseguentemente di quantunque variabili, facendo
nella stessa guisa l' esponente m egual al numero del differenzial pro-
posto;

2° Siccome la prima serie vale similmente per estrarre qualunque
radice dalla somma di due o quantunque quantità, facendo l' esponente m eguale al numero rotto del grado della radice data; così la seconda serve per ridurre ad integrale di qualunque grado un qualunque
prodotto di due, o quantunque quantità finite, od infinitesime, facendo
l' esponente m eguale al numero intero (ma preso negativamente) del
grado dell' integrale dato.

Finalmente, siccome nella prima serie l' esponente, ove resta eguale
a zero, fa che la quantità, cui esso appartiene, si debba intender ele-
vata alla potestà nulla, e conseguentemente eguale ad 1; così nella seconda esso indica in tal quantità non avervi luogo nè differenziazione,
nè integrazione, e perciò doversi essa lasciare tal quale si trova.

Onde, come diceva nella stessa guisa appunto, che dell' una ci ser-
viamo per l' elevazioni a potestà, ed estrazioni di qualunque radice, po-
tremo dell' altra valersi per le differenziazioni ed integrazioni di qualsivoglia grado.

Sia dunque da differenziarsi la quantità xy; in questo caso poichè il
differenzial cercato si è il primo, m sarà $= 1$, e però la serie generale
piglierà questa forma

$$x^1 y^0 + x^0 y^1,$$

cioè ridotta alla comune maniera di scrivere (che secondo l' uso intro-
dotto il numero del grado della differenziazione si applica alla lettera d,
o pure si segna con altrettanti punti)

$$dx.y + x.dy.$$

Se in luogo del primo si voglia il secondo, o il terzo differenziale, sarà
$m = 2$, od $= 3$, ed i ricercati differenziali, fatte le sostituzioni in luogo

di *m*, saranno il secondo

$$x^2 y^0 + 2 x^1 y^1 + x^0 y^2,$$

ed il terzo

$$x^3 y^0 + 3 x^2 y^1 + 3 x^1 y^2 + x^0 y^3,$$

i quali come sopra ridotti rendono l' uno

$$d^2 x . y + 2 dx . dy + x . d^2 y,$$

e l' altro

$$d^3 x . y + 3 d^2 x . dy + 3 dx . d^2 y + x . d^3 y,$$

veri differenziali della quantità proposta, se si pigli anche il *dx* per fluente, e lo stesso s' intenda de' differenziali di qualunque siasi ulteriore grado.

E come queste operazioni di differenziare per questa serie nulla più hanno di difficoltà, che quelle di elevare a potestà per la Newtoniana, così nulla più difficile si è l' integrare con quella di quel, che lo sia l' estrar le radici per mezzo di questa.

Debbasi per esempio, per aver la quadratura indefinita di qualsivoglia curva, ritrovar l' integrale dell' elemento dell' area *y dx*. Si supponga nel canone generale $dx = x$; sarà, per quel che di sopra s' è detto, $m = -1$; i quali valori in esso sostituiti, avremo la serie particolare

$$dx^{-1} . y^0 - dx^{-2} . y^1 + dx^{-3} . y^2 - dx^{-4} . y^3 + dx^{-5} . y^4 - \ldots .$$

Ora dx^{-1} dinota l' integrale di *dx*, dx^{-2} l' integral dell' integrale di *dx* (cioè l' integrale di *x*), che io chiamo integral secondo di *dx*, e segno in questa guisa $\overset{2}{\int} dx$; dx^{-3} l' integral terzo di *dx*, cioè $\overset{3}{\int} dx$, ecc.

Ma

$$\int dx = x, \quad \overset{2}{\int} dx = \frac{x^2}{2\, dx}, \quad \overset{3}{\int} dx = \frac{x^3}{2 . 3\, dx^2},$$

e generalmente,

$$\overset{m}{\int} dx = \frac{x^m}{2 . 3 . 4 . 5 \ldots m \, dx^{m-}}$$

(come chiunque se ne può accertare, differenziando tali quantità, una, due, tre volte secondo il grado dell'integrazione, pigliando però sempre il dx per costante); dunque sostituiti questi valori nella serie ultimamente trovata, e posti secondo l'usanza dy, d^2y, d^3y,... in luogo di y', y^2, y^3,..., essa sarà in fine

$$xy - \frac{x^2 dy}{2 dx} + \frac{x^3 d^2 y}{2.3 dx^2} - \frac{x^4 d^3 y}{2.3.4 dx^3} + \frac{x^5 d^4 y}{2.3.4.5 dx^4} - \dots = \int y \, dx.$$

La qual serie particolare dalla mia universal derivata, vede benissimo V. S. Illustriss., che non è altra che quella stessa tanto celebrata, che di già scoprì il Chiarissimo Sig. Giovanni Bernoullio, e pubblicò poscia negli *Atti degli Eruditi* del mese di novembre 1694.

Del resto, non solo a' differenziali di primo grado s'estende questa mia serie, ma bensì ad integrar con una sola operazione eziandio quelli di qualunque ulterior grado. Ricerchisi l'integral secondo di $dy \, dx$, fatto dunque $m = -2$, e supposto $x = dx$, ed $y = dy$ otterremo la seguente serie

$$dx^{-2} dy^0 - 2 dx^{-3} dy^1 + 3 dx^{-4} dy^2 - 4 dx^{-5} dy^3 + \dots,$$

la qual come l'altra ridotta dà

$$\frac{x^2 dy}{2 dx} - \frac{2 x^3 d^2 y}{2.3 dx^2} + \frac{3 x^4 d^3 y}{2.3.4 dx^3} - \frac{4 x^5 d^4 y}{2.3.4.5 dx^4} + \dots = \int^2 dy \, dx,$$

eguale ancora ad $\int y \, dx$, e per conseguenza all'altra poco fa trovata, la qual egualità, sebbene apertamente non si manifesti, tuttavia si può vedere, differenziando e l'una, e l'altra due volte, posto il dx costante, conciosiaché distruggendosi vicendevolmente tutti gl'altri termini, altro non vi resta in amendue, che il $dy \, dx$.

Molte altre considerazioni, che mi occorrerebbono per ora le ometto, e come non del tutto necessarie, e come poco dicevoli alla intenzione mia, onde anzi che annojarla, con dilungarmi in cose a Lei superflue, bramo unicamente di attestarle il mio ossequiosissimo rispetto.

74.

Dunque ringraziandola del gradimento, che V. S. Illustriss. s' è compiaciuta significarmi di questa mia tenuissima cosa, non meno che del prezioso regalo, che mi fa della dottissima sua lettera ultimamente impressa; e pregandola istantemente a continuarmi le sue pregiatissime grazie, ho l' onore di protestarmi con tutta la maggior stima, et con la più umile riverenza, ecc.

P. S. — Rileggendo V. S. Illustriss. questa mia formola, non potranno all' acutezza del suo ingegno non occorrere sopra di essa qualcune importanti, ed utili reflessioni; supplico per tanto la somma di Lei bontà, e cortesia, che di già ho avuta la sorte di esperimentare, a volermi far la grazia di comunicarmele, e di bel nuovo sono

Di V. S. Illustriss.

Devotiss. ed obligatiss. Servitor,

LUIGI DE LA GRANGE.

Torino, il 23 Luglio 1754.

NOTE

SUR UN PARADOXE

QU'ON RENCONTRE DANS LES FORMULES DE L'ATTRACTION D'UN POINT
VERS UNE SURFACE SPHÉRIQUE QUELCONQUE.

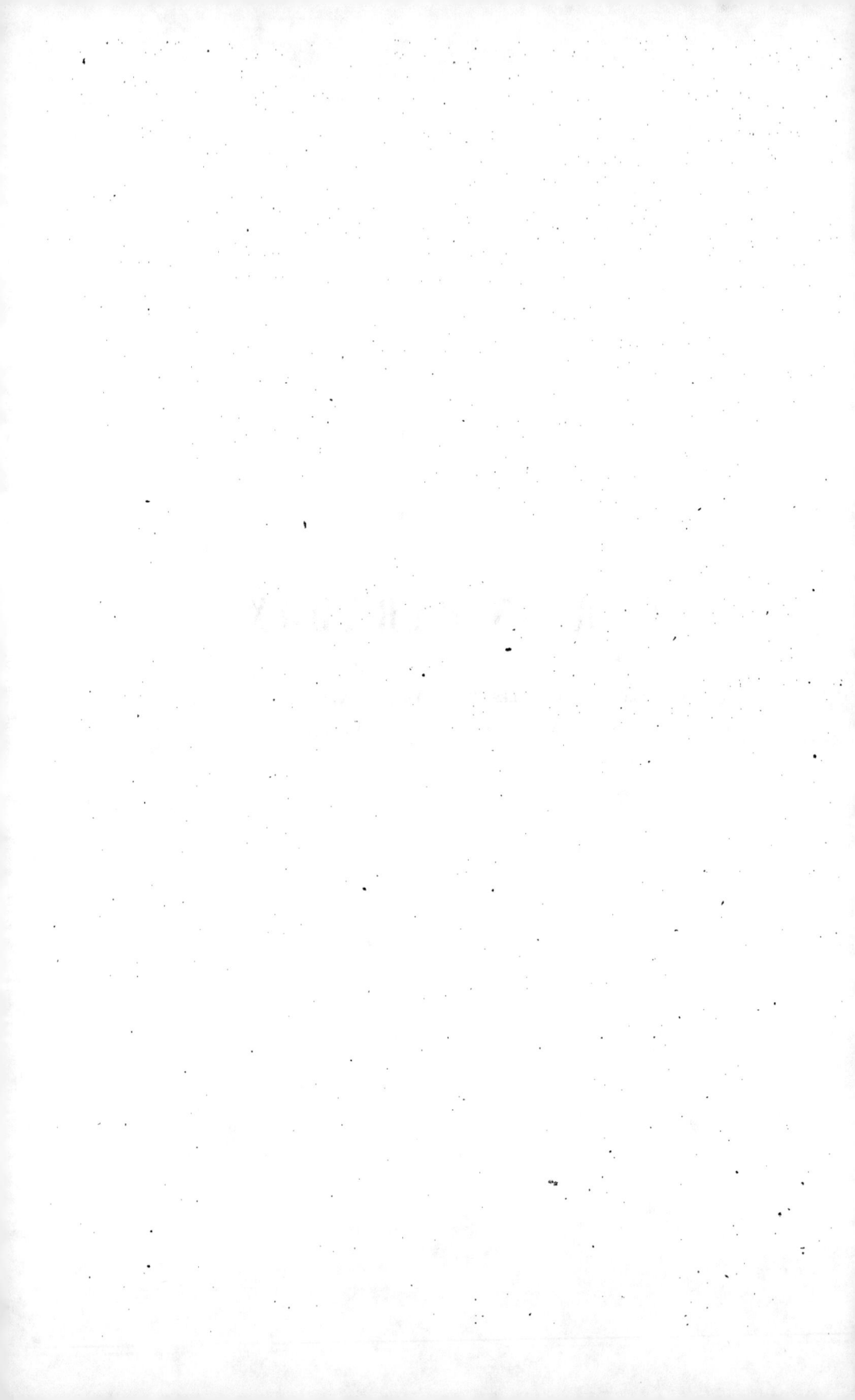

NOTE

SUR UN PARADOXE

QU'ON RENCONTRE DANS LES FORMULES DE L'ATTRACTION D'UN POINT
VERS UNE SURFACE SPHÉRIQUE QUELCONQUE (*).

(*Miscellanea Taurinensia*, t. I, 1759.)

Dans l'article *Gravitation* de l'Encyclopédie et dans le troisième tome
des *Recherches sur le Système du Monde* (p. 198), il est parlé d'un certain paradoxe qu'on rencontre dans les formules de l'attraction d'un
point vers une surface sphérique quelconque. Comme l'explication que
j'en ai trouvée, et que j'ai même communiquée à l'Auteur, dans une
lettre particulière, me paraît fondée, et que d'ailleurs elle tient immédiatement aux principes établis ci-dessus, je crois qu'on voudra me
permettre d'ajouter ici deux mots sur ce point. Voici en quoi consiste
le paradoxe. Soit cherchée l'attraction d'une surface sphérique sur un
point placé sur la surface même, dans le cas des forces en raison inverse
des carrés des distances. Si l'on commence par considérer le point au
delà de la surface, et que, ayant trouvé l'expression générale de son
attraction, on fasse ensuite évanouir la distance de ce point à la surface, on aura 4π pour l'attraction. Au contraire, si le point est d'abord
supposé au dedans de la surface, son attraction se trouve toujours égale

---

(*) Cette *Note* de Lagrange se trouve placée au bas des pages 142 à 145 d'un Mémoire du
chevalier DAVIET DE FONCENEX, inséré dans le tome I des *Miscellanea Taurinensia*, et ayant
pour titre : *Réflexions sur les quantités imaginaires.*　　　　　(*Note de l'Éditeur.*)

à zéro, d'où elle reste encore nulle quand le point vient toucher la surface même. Que si l'on veut d'abord regarder le point comme placé sur la surface, on obtient pour lors la formule de son attraction $= 2\pi$. On a donc trois valeurs différentes 4π, 2π, 0, qui semblent appartenir au même cas, ce qui doit paraître, au premier aspect, absurde et contradictoire. Pour trouver le dénouement de cette difficulté, il faut rechercher avec soin ce que ces trois manières de considérer le même cas peuvent avoir de différent entre elles. Or je dis que cette différence dépend du point de la surface A qui exerce une force finie, et $= 2\pi$ sur le point B, lorsqu'on fait évanouir leur distance AB. Pour s'en convaincre on n'a qu'à réfléchir qu'un point de surface est nécessairement un infiniment petit du second ordre, et que la fonction $\overline{AB}^2$ de la distance évanouissante devient aussi infiniment petite du même ordre; d'où il s'ensuit que l'attraction du point A, qui est proportionnelle à ce point, divisée par la fonction donnée, deviendra finie, et l'on peut s'assurer d'ailleurs que cette attraction sera précisément $= 2\pi$. Cela posé, quand on fait venir le point B à la surface, de dehors, on a l'attraction $= 4\pi$, qui est composée de l'attraction 2π du point A, et de l'autre partie 2π, qui doit nécessairement exprimer l'attraction du reste de la surface. Mais, si l'on fait que le point vienne toucher la surface au dedans, alors l'attraction 2π du point A devra agir en sens contraire, et, jointe avec l'autre partie 2π qui agit dans le même sens qu'auparavant, donnera $2\pi - 2\pi = 0$ pour l'attraction dans ce cas; enfin, si le point est d'abord placé sur la surface en A, on exclut dans ce cas l'attraction du point de la surface A, et l'on a seulement 2π pour l'attraction totale, tout de même comme nous le donne le calcul. Pour sentir mieux la raison de ces différences, il faut faire le calcul en entier : on verra aisément que la différentielle est composée de deux parties, dont l'une est toute multipliée par la distance du point à la surface, et devient par conséquent égale à zéro lorsque cette distance s'évanouit, l'autre partie donnant 2π pour intégrale. C'est le cas où le point est d'abord placé sur la surface; mais, si l'on achève l'intégration avant de faire évanouir cette distance, on trouve, pour l'intégrale de la première partie, une expression finie, qui se réduit au contact à 2π si le point a été supposé dehors, et à -2π si on l'a supposé dedans, d'où l'on tire, pour le premier cas, $2\pi + 2\pi = 4\pi$, et $2\pi - 2\pi = 0$ pour l'autre. Voilà donc pourquoi la même formule ne peut pas servir pour tous les cas possibles; car dans le passage du point de dehors en dedans, il faudrait que l'attraction 2π devint tout d'un coup $= 0$, et puis $= -2\pi$, ce qui choque directement la loi de continuité généralement admise dans les formules algébriques. M. Daniel Bernoulli avait déjà senti l'incompatibilité de ces cas dans une même formule, comme il paraît dans l'Article 4 du Chapitre II de la Pièce *Sur le flux et reflux de la mer*. Au reste, il ne doit pas paraître étonnant qu'un point qui, par rapport à une surface, doit être regardé comme zéro, puisse dans certains cas exercer une force finie, car il est clair qu'il suffit pour cela que la fonction qui exprime la force devienne infinie, et infinie du même ordre que le point est infiniment petit. Nous avons vu comment une formule qui est toujours égale à zéro peut recevoir une valeur finie dans certains cas particuliers (Chapitre VI de ma *Dissertation sur le son*); c'est la même chose qui arrive ici. Au reste les Géomètres ne sont plus étrangers à ces sortes de paradoxes, si on les peut nommer ainsi (car je n'y vois que des conséquences toutes naturelles des suppositions qu'on a faites dans le calcul). M. Clairaut a fait voir un semblable cas dans sa *Théorie sur la figure de la Terre*, Article 45 de la première Partie, et le P. Boscovich dans un Mémoire *Sur l'attraction des corps vers un centre fixe*, imprimé dans la troisième partie du second tome des *Commentaires de l'Académie de Bologne*, et l'on voit dans la dissertation présente que le dénouement des difficultés sur le passage des logarithmes des nombres positifs à ceux des nombres négatifs dépend d'un pareil principe.

M. d'Alembert apporte encore pour objection à la loi de continuité l'exemple de la courbe $y = \sqrt{ax} + \sqrt[4]{a^3(x+b)}$, que M. Euler avait déjà proposé dans son Mémoire sur les logarithmes. Cette équation dégagée des radicaux monte au huitième degré, et a généralement un diamètre; cependant, dans le cas où $b = 0$, elle ne monte plus qu'au quatrième, et perd tout d'un coup son diamètre; mais il faut remarquer

VII.

que cela n'arrive que parce que la courbe dans ce cas devient un système de deux, qui sont exprimées par ·

$$y^4 - 2axy^2 + 4ax^2y + a^2x^2 - a^3x = 0,$$
$$y^4 - 2axy^2 - 4ax^2y + a^2x^2 - a^3x = 0,$$

dont chacune en particulier est, à la vérité, destituée de diamètre; mais leur système le conserve toujours. Tous les ordres des courbes algébriques contiennent des exemples de cas semblables.

NOTE

SUR LA MÉTAPHYSIQUE

DU CALCUL INFINITÉSIMAL.

75

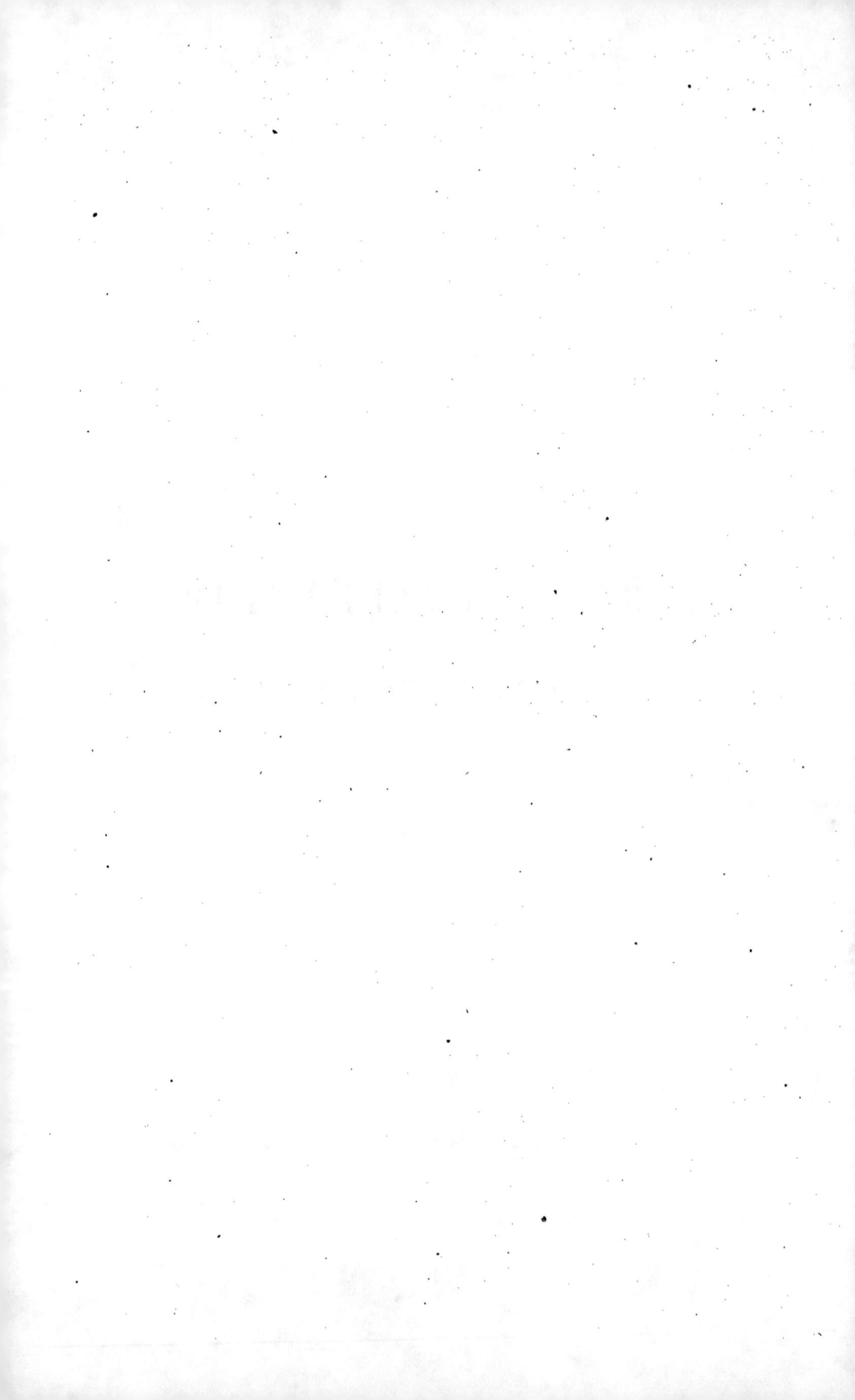

NOTE

SUR LA MÉTAPHYSIQUE

DU CALCUL INFINITÉSIMAL (*).

(*Miscellanea Taurinensia*, t. II, 1760-1761.)

Pour s'en convaincre, il n'y a qu'à examiner le calcul qu'on fait d'a-
près cette supposition pour trouver les asymptotes des lignes courbes.
Ce calcul consiste à chercher d'abord des formules générales pour la
position de toutes les tangentes de la courbe donnée, et à rejeter ensuite dans ces formules plusieurs termes qui sont regardés comme nuls

(*) Cette *Note* de Lagrange se trouve placée en bas des pages 17-18 d'un Mémoire du
P. GERDILE, barnabite, inséré dans le tome II des *Miscellanea Taurinensia*, et ayant pour
titre : *De l'infini absolu considéré dans la grandeur*. Nous reproduisons ci-après le passage
de ce Mémoire auquel se rapporte la *Note* de Lagrange :

IMPOSSIBILITÉ DE L'INFINI ABSOLU DÉMONTRÉE GÉOMÉTRIQUEMENT.

« *Quatrième preuve tirée des asymptotes de l'hyperbole.* — On m'objectera peut-être que de très-
habiles Géomètres conviennent avec M. de l'Hospital (*Sections coniques*, Article 108) que *les asymptotes peuvent être regardées comme des tangentes infinies, qui touchent les hyperboles dans leurs
extrémités,* ce qui semble établir la possibilité de l'infini actuel.

» Je réponds que, dans le style des Géomètres, cette supposition ne signifie autre chose, sinon que
dans le cours indéfini de l'hyperbole et de l'asymptote, celle-ci, approchant de plus en plus de
l'hyperbole, la toucherait enfin si l'on pouvait parvenir au terme de ce prolongement infini, ou,
pour mieux dire, si ce prolongement infini pouvait avoir un terme quelconque. Ce n'est qu'à cette
condition qu'ils supposent que l'asymptote puisse être regardée comme une tangente infinie qui
touche l'hyperbole, puisqu'ils disent que ce cas ne peut avoir lieu qu'à l'extrémité de l'hyperbole,
comme l'énonce M. de l'Hospital.

» Mais en même temps ces Géomètres ne prétendent point réaliser cette supposition, ni en établir
la possibilité. »   (*Note de l'Éditeur.*)

par rapport à d'autres termes dont la valeur devient, par la supposition, infiniment plus grande : d'où l'on voit que ce calcul n'est pas absolument rigoureux, et qu'il ne peut par conséquent donner un résultat exact, à moins qu'on ne regarde comme peu exacte la supposition sur laquelle on l'a établi, en sorte que l'erreur de l'hypothèse détruise tout à fait celle qu'on a commise dans le calcul.

A parler exactement, l'asymptote est une droite qui s'approche continuellement d'une courbe de manière que sa distance à la courbe puisse devenir moindre qu'aucune grandeur donnée, sans qu'elle soit jamais zéro absolu. Or cette condition rend fausse la supposition que l'asymptote soit une véritable tangente; mais on la redresse ensuite dans le calcul, en faisant, pour ainsi dire, disparaître le point d'attouchement, en sorte que la tangente cesse d'être tangente, et devienne seulement la limite des tangentes, savoir la limite de la courbe même, ce qui est conforme à la nature de l'asymptote.

Il en est ici comme dans la méthode des infiniment petits, où le calcul redresse aussi de lui-même les fausses hypothèses que l'on y fait. On imagine par exemple qu'une courbe soit un polygone d'une infinité de petits côtés, dont chacun étant prolongé devienne une tangente à la courbe. Cette supposition est réellement fausse, car le petit côté prolongé ne peut jamais être autre chose qu'une véritable sécante; mais l'erreur est détruite par une autre erreur qu'on introduit dans le calcul en y négligeant comme nulles des quantités qui, selon la supposition, ne sont qu'infiniment petites. C'est en quoi consiste, ce me semble, la métaphysique du calcul des infiniment petits, tel que l'a donnée M. Leibnitz. La méthode de M. Newton est au contraire tout à fait rigoureuse, soit dans les suppositions, soit dans les procédés du calcul; car il ne conçoit qu'une sécante devienne tangente que lorsque les deux points d'intersection viennent tomber l'un sur l'autre, et alors il rejette de ses formules toutes les quantités que cette condition rend entièrement nulles. Cette méthode exige absolument qu'on regarde comme évanouissantes, c'est-à-dire comme nulles, les quantités dont on cherche les premières ou dernières raisons, et c'est ce qui rend souvent les démonstrations longues et compliquées. La supposition des infiniment petits sert à abréger et à faciliter ces démonstrations; mais ce n'est qu'après avoir prouvé en général que l'erreur qu'elle fait naître est toujours corrigée par la manière dont on manie le calcul qu'il est permis de regarder les infiniment petits comme des réalités, et de les employer comme tels dans la solution des Problèmes.

FORMULES

RELATIVES AU

MOUVEMENT DU BOULET DANS L'INTÉRIEUR DU CANON

EXTRAITES DES MANUSCRITS DE LAGRANGE,

Par M. POISSON.

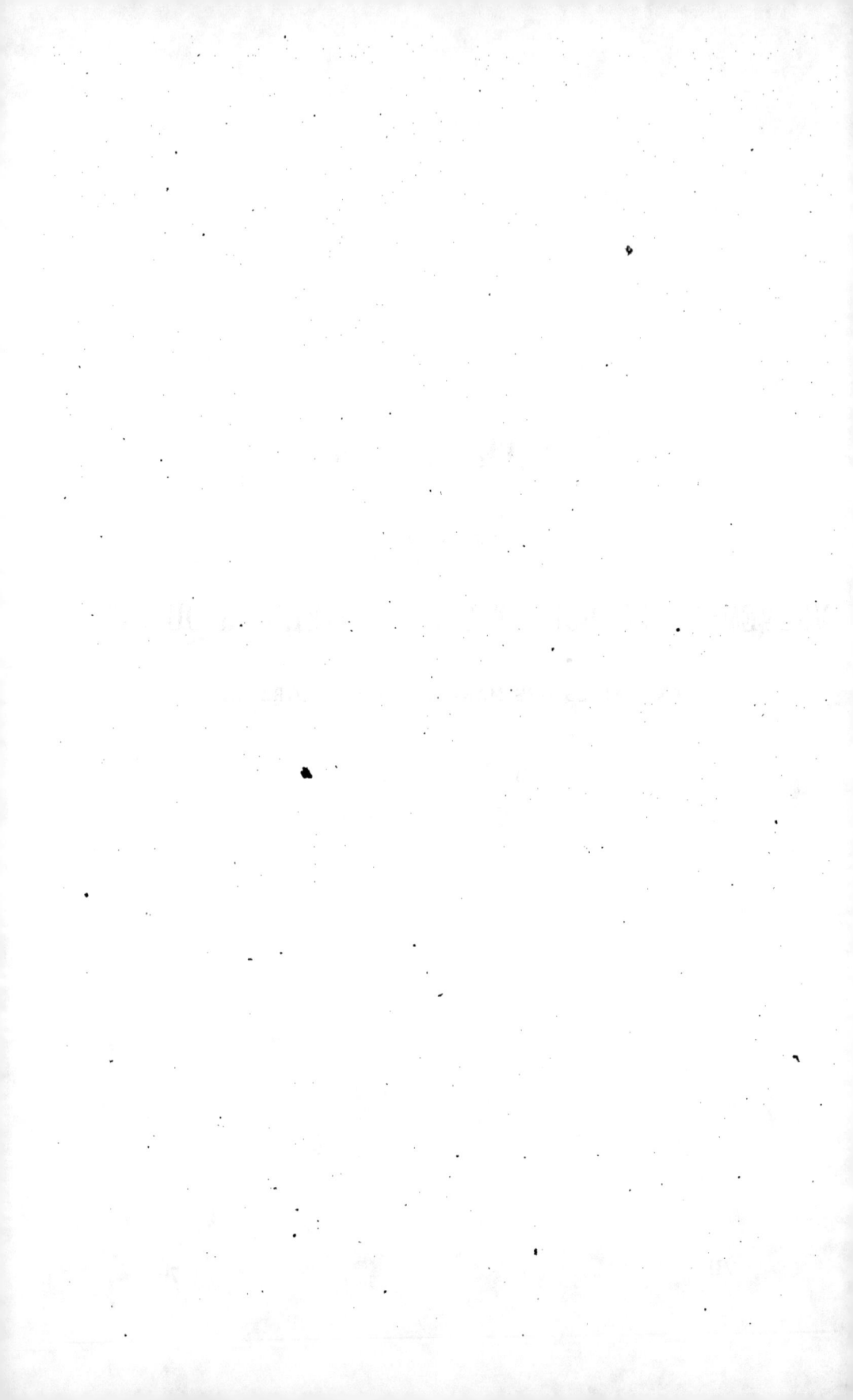

FORMULES

MOUVEMENT DU BOULET DANS L'INTÉRIEUR DU CANON

EXTRAITES DES MANUSCRITS DE LAGRANGE,

Par M. POISSON.

(*Journal de l'École Polytechnique*, XXIᵉ Cahier, t. XIII, 1832.)

Les manuscrits de Lagrange, déposés à la bibliothèque de l'Institut, renferment des recherches sur les mouvements simultanés du boulet, du canon et de la poudre réduite en gaz, dont la rédaction n'est pas achevée, et qui n'ont point été publiés. Le résultat auquel l'Auteur parvient ne satisfait pas complétement à toutes les conditions de la question ; mais il prouve que la solution qu'on donne ordinairement de ce Problème est inexacte ; et d'ailleurs ce travail de Lagrange contient des vues nouvelles que j'ai cru utile de faire connaître. Il paraît qu'il a été entrepris en 1793 par ordre du Gouvernement. Une loi de cette époque obligeait les étrangers de sortir de France ; pour que Lagrange pût rester, on obtint un arrêté du Comité de Salut-public qui le chargeait de traiter des questions de théorie, propres à éclairer la pratique, et l'on croit que ce fut là l'origine des recherches dont je vais donner une sorte de commentaire.

1. A l'origine du mouvement, la densité du gaz est la même en tous ses points, et égale à celle de la poudre. Le fluide se dilate ensuite, et pousse le boulet et le canon en sens contraire l'un de l'autre ; mais sa force de ressort est en même temps employée à transporter sa propre masse dans l'intérieur de la pièce, d'où l'on peut déjà conclure que la vitesse acquise par le boulet, quand il est parvenu à la bouche du canon, doit être moindre que si la masse du gaz était insensible, et qu'il eût cependant la même force de ressort. Pour parvenir à une détermination exacte de cette vitesse, il était donc nécessaire de considérer simultanément le mouvement du gaz et du projectile. C'est ce qu'on ne fait pas ordinairement, et ce que Lagrange a essayé de faire, ainsi qu'on va le voir.

On supposera qu'à chaque instant la vitesse, la densité et la pression sont les mêmes pour tous les points d'une même tranche du gaz, infiniment mince et perpendiculaire à l'axe du canon ; au bout du *temps quelconque t*, compté depuis l'origine du mouvement, on représentera ces trois quantités par v, ρ, p, relativement à la tranche dont la distance à un plan fixe et perpendiculaire à l'axe est actuellement z et était x à l'origine du mouvement; en sorte que v, ρ, p, z soient des inconnues qu'il s'agira de déterminer en fonctions de x et t.

On a d'abord

$$v = \frac{dz}{dt}.$$

L'épaisseur de la tranche que l'on considère était dx à l'origine du mouvement; elle est devenue $\frac{dz}{dx}\,dx$ au bout du temps t; son volume a changé dans le même rapport, et sa densité en raison inverse; si donc on appelle D la densité de la poudre ou du gaz à l'origine, on aura

$$\rho = D\left(\frac{dz}{dx}\right)^{-1}.$$

D'après la loi de Mariotte, on prend ordinairement la pression p proportionnelle à ρ; mais, pour plus de généralité, Lagrange la représente par une puissance n de la densité; d'où il résulte qu'on a

$$p = k\left(\frac{dz}{dx}\right)^{-n},$$

k étant la force élastique du gaz à l'origine du mouvement, laquelle force est rapportée à l'unité de surface, et peut être exprimée par un poids gDh, en désignant par g la gravité et par h une ligne d'une très-grande longueur.

Il ne restera donc plus que l'inconnue z à déterminer. Or, si l'on appelle A l'aire de la section intérieure du canon, perpendiculaire à son axe, la force motrice de la couche fluide qui répond à z sera $\frac{d^2z}{dt^2}\,DA\,dx$, puisque sa masse est $DA\,dx$ comme à l'origine du mouvement; d'ailleurs la pression qui la pousse dans le sens de z étant Ap, celle qui la pousse en sens contraire s'en déduira, abstraction faite du signe, en y mettant $x + dx$ à la place de x, et sera conséquemment $A\left(p + \frac{dp}{dx}\,dx\right)$; on aura donc

$$\frac{d^2z}{dt^2}\,DA\,dx = Ap - A\left(p + \frac{dp}{dx}\,dx\right),$$

ou simplement

$$\frac{d^2z}{dt^2} + \frac{1}{D}\,\frac{dp}{dx} = 0,$$

pour l'équation d'où dépendra la valeur de z. En substituant la valeur de p et faisant, pour abréger,

$$\frac{nk}{D} = ngh = a^2,$$

elle deviendra

(1)
$$\frac{d^2z}{dt^2} = a^2\frac{d^2z}{dx^2}\left(\frac{dz}{dx}\right)^{-n-1}.$$

Ces différentes équations sont indépendantes de l'état initial du fluide, et auront encore lieu lorsqu'à l'origine du mouvement ses différentes couches ont reçu des vitesses et éprouvé des déplacements quelconques; en sorte que les valeurs de z et $\frac{dz}{dt}$ qui répondent à $t = 0$

soient des fonctions quelconques de x. On peut vérifier, en effet, qu'elles s'accordent avec les équations connues du mouvement dans une colonne d'air dont les couches ont des vitesses et éprouvent des variations de densité qui ne sont pas supposées très-petites. Dans le cas des déplacements très-petits, z diffère très-peu de x; et, en réduisant le facteur $\left(\dfrac{dz}{dx}\right)^{-n-1}$ à l'unité dans le second membre de l'équation (1), elle devient l'équation de la propagation du son dans un tuyau cylindrique.

2. Pour déterminer simultanément les mouvements du gaz, du boulet et du canon, il faudra joindre à l'équation (1) celles du mouvement de ces deux derniers corps. On supposera que l'action du gaz sur l'un et sur l'autre s'exerce dans une étendue égale à la section intérieure du canon, dont l'aire sera πc^2, en désignant par c son rayon. Si donc on appelle m la masse du boulet et m' celle du canon, y compris l'affût qu'il entraîne avec lui; si de plus on représente par y et ϖ, y' et ϖ' ce que deviennent z et p relativement aux deux couches extrêmes du gaz, les équations du mouvement du boulet et du canon seront

$$m\frac{d^2 y}{dt^2} = \pi c^2 \varpi, \quad m'\frac{d^2 y'}{dt^2} = -\pi c^2 \varpi'.$$

Les valeurs de ϖ et ϖ' se déduiront de celle de p du numéro précédent, en y mettant y et y' à la place de z; et, en les substituant dans ces équations, nous aurons

$$(2) \quad \begin{cases} m\,\dfrac{d^2 y}{dt^2} = \pi c^2 k\left(\dfrac{dy}{dx}\right)^{-n}, \\ m'\,\dfrac{d^2 y'}{dt^2} = -\pi c^2 k\left(\dfrac{dy'}{dx}\right)^{-n}. \end{cases}$$

Je compterai les distances x et z à partir de la position initiale de la culasse; alors y' et $\dfrac{dy'}{dt}$ se déduiront de z et $\dfrac{dz}{dt}$, en y faisant $x = 0$; et, si l'on représente par α la longueur de la charge, y et $\dfrac{dy}{dt}$ se déduiront de z et $\dfrac{dz}{dt}$, en y faisant $x = \alpha$.

On admet généralement qu'à l'origine du mouvement les vitesses du boulet et du canon sont nulles ou infiniment petites. C'est aussi ce que Lagrange suppose pour ces deux vitesses initiales et pour celle de la poudre réduite en gaz. Toutefois il ne serait pas impossible que, quand la masse entière du boulet commence à se mouvoir, son centre de gravité eût déjà reçu une vitesse de grandeur finie, et même une très-grande vitesse. En effet, quelque dure que soit la matière du boulet, la pression de la poudre commence d'abord par comprimer un tant soit peu sa partie postérieure; une partie adjacente se comprime ensuite, puis une autre, et de proche en proche le mouvement parvient à la partie antérieure. Cette propagation du mouvement a lieu dans une très-petite fraction de seconde, que l'on peut évaluer à 5 cent-millièmes, par exemple, en supposant la vitesse du son dans la matière du boulet sextuple de celle du son dans l'air, et prenant 1 décimètre pour le calibre. Or, pendant cet intervalle de temps, le centre de gravité du projectile reçoit la même vitesse que si la pression y était immédiatement appliquée et que sa masse entière y fût concentrée; par conséquent, lorsque cette masse entière commencera à se déplacer, le centre du boulet aura déjà acquis une vitesse de grandeur finie. L'effet de la pression, pendant ce temps extrêmement court, est ce qu'on appelle un *choc* ou une *percussion*, c'est-à-dire une quantité de mouvement imprimée presque instantanément, et sans que le mobile se soit déplacé. La question est donc de savoir si l'on peut négliger, comme on le fait ordinairement, la vitesse initiale du boulet ainsi produite, ou bien si cette vitesse est une partie sensible de celle que le projectile a acquise quand il a atteint la bouche du canon. On ne peut pas décider *a priori* que ce dernier cas soit impossible, et c'est l'expérience seule qui nous apprendra s'il a réellement lieu; car, pour qu'il arrivât, il suffirait, par exemple, que l'état d'incandescence du gaz de la poudre ne subsistât que pendant les premiers instants qui suivent l'inflammation, et que, dans cet état, l'action du gaz compensât son peu de durée par la grandeur de son intensité, de sorte que dans un temps qui serait, pour fixer les idées, la centième partie de la petite fraction de seconde pendant laquelle le boulet se meut dans la pièce, l'action initiale ou la percussion du gaz incandescent pût imprimer à ce projectile une vitesse comparable, égale, ou même supérieure à celle qu'il acquiert ensuite graduellement par la pression du gaz refroidi.

M. Cazaux, officier supérieur d'artillerie, a voulu prouver l'existence d'une percussion exercée par la poudre dans les premiers instants de sa réduction en gaz. Il appuie son opinion sur des considérations différentes de celles qu'on vient d'indiquer, pour montrer seulement la possibilité de cette force initiale. C'est à cette force qu'il attribue les effets de l'explosion des mines et le refoulement du métal du canon qui s'observe à l'endroit occupé par la charge et le boulet; de cette manière, il donne une explication assez plausible de la singularité qu'ont présentée les poudres inflammables substituées à la poudre ordinaire : on a reconnu qu'elles détériorent beaucoup plus les armes à feu sans communiquer néanmoins une vitesse plus grande à la balle ou au boulet.

Quoi qu'il en soit, Lagrange n'est point entré dans cette discussion, et il a supposé nulles les vitesses de toutes les parties du système à l'origine du mouvement. Ainsi l'on aura à la fois

$$t = 0, \quad z = x, \quad \frac{dz}{dt} = 0, \quad \frac{dy}{dt} = 0, \quad \frac{dy'}{dt} = 0,$$

et le problème consistera à satisfaire en même temps à ces conditions initiales et aux équations (1) et (2).

3. On pourra, si l'on veut, remplacer les équations (2), qui sont différentielles du second ordre, par les équations qui résultent des principes généraux du mouvement et ne sont que du premier ordre.

Pour cela, j'ajoute les équations (2) après les avoir multipliées par dt; en intégrant ensuite, il vient

$$m\frac{dy}{dt} + m'\frac{dy'}{dt} = \pi c^2 k \int \left[\left(\frac{dy}{dx}\right)^{-n} - \left(\frac{dy'}{dx}\right)^{-n} \right] dt,$$

cette intégrale commençant avec t, ainsi que toutes les suivantes qui répondent à cette variable. L'équation (1) donne, par l'intégration relative à x,

$$\int_0^\alpha \frac{d^2 z}{dt^2}\, dx = -\frac{k}{D}\left[\left(\frac{dy}{dx}\right)^{-n} - \left(\frac{dy'}{dx}\right)^{-n} \right];$$

en multipliant par dt et intégrant par rapport à t, on aura, par conséquent,

$$\int_0^\alpha \frac{dz}{dt}\, dx = -\frac{k}{D} \int \left[\left(\frac{dy}{dx}\right)^{-n} - \left(\frac{dy'}{dx}\right)^{-n} \right] dt;$$

et, si l'on appelle μ la masse de la poudre, de sorte qu'on ait

$$\mu = \pi c^2 \alpha D,$$

on conclura de ces équations

$$(3) \qquad m\frac{dy}{dt} + m'\frac{dy'}{dt} + \frac{\mu}{\alpha}\int_0^\alpha \frac{dz}{dt}\,dx = 0,$$

ce qui résulte en effet du principe général de la conservation du mouvement du centre de gravité, appliqué au centre de gravité du boulet, du canon et de la poudre réduite en gaz.

Je multiplie la première équation (2) par $2\frac{dy}{dt}\,dt$ et la seconde par $2\frac{dy'}{dt}\,dt$; je les ajoute, et j'intègre par rapport à t, ce qui donne

$$m\frac{dy^2}{dt^2} + m'\frac{dy'^2}{dt^2} = 2\pi c^2 k\int\left[\frac{dy}{dt}\left(\frac{dy}{dx}\right)^{-n} - \frac{dy'}{dt}\left(\frac{dy'}{dx}\right)^{-n}\right]dt;$$

l'équation (1) donne aussi

$$\frac{dz^2}{dt^2} = \frac{2nk}{D}\int \frac{dz}{dt}\frac{d^2z}{dx^2}\left(\frac{dz}{dx}\right)^{-n-1}dt;$$

par l'intégration par partie relative à x, on a d'ailleurs

$$n\int_0^\alpha \frac{dz}{dt}\frac{d^2z}{dx^2}\left(\frac{dz}{dx}\right)^{-n-1}dx = \frac{dy'}{dt}\left(\frac{dy'}{dx}\right)^{-n} - \frac{dy}{dt}\left(\frac{dy}{dx}\right)^{-n} + \int_0^\alpha \frac{d^2z}{dt\,dx}\left(\frac{dz}{dx}\right)^{-n}dx;$$

à cause de $z = x$ et $\frac{dz}{dx} = 1$, quand $t = 0$, on a

$$\int \frac{d^2z}{dt\,dx}\left(\frac{dz}{dx}\right)^{-n}dt = \frac{1}{1-n}\left[\left(\frac{dz}{dx}\right)^{1-n} - 1\right];$$

nous aurons donc

$$\int n\left[\int_0^\alpha \frac{dz}{dt}\frac{d^2z}{dx^2}\left(\frac{dz}{dx}\right)^{-n-1}dx\right]dt$$
$$= \frac{1}{1-n}\int_0^\alpha\left[\left(\frac{dz}{dx}\right)^{1-n} - 1\right]dx - \int\left[\frac{dy}{dt}\left(\frac{dy}{dx}\right)^{-n} - \frac{dy'}{dt}\left(\frac{dy'}{dx}\right)^{-n}\right]dt,$$

et, par conséquent,

$$\int_0^\alpha \frac{dz^2}{dt^2}dx = \frac{2k}{D(1-n)}\left[\int_0^\alpha\left(\frac{dz}{dx}\right)^{-n}dx - \alpha\right] - \frac{2k}{D}\int\left[\frac{dy}{dt}\left(\frac{dy}{dx}\right)^{-n} - \frac{dy'}{dt}\left(\frac{dy'}{dx}\right)^{-n}\right]dt.$$

En multipliant cette dernière équation par $\frac{\mu}{\alpha}$ ou $\pi c^2 D$, et l'ajoutant à l'une des précédentes, on en conclut

$$(4) \qquad m\frac{dy^2}{dt^2} + m'\frac{dy'^2}{dt^2} + \frac{\mu}{\alpha}\int_0^\alpha \frac{dz^2}{dt^2}dx = \frac{2\pi c^2 k}{1-n}\left[\int_0^\alpha\left(\frac{dz}{dx}\right)^{1-n}dx - \alpha\right],$$

résultat qui coïncide avec le principe général des forces vives. Dans le cas particulier de $n = 1$, on supposera d'abord $1 - n$ infiniment petit, et l'on en conclura

$$m\frac{dy^2}{dt^2} + m'\frac{dy'^2}{dt^2} + \frac{\mu}{\alpha}\int_0^\alpha \frac{dz^2}{dt^2}\,dx = 2\pi c^2 k\int_0^\alpha \left(\log\frac{dz}{dx}\right)dx.$$

4. Dans la solution que Robins et d'autres auteurs ont donnée du Problème qui nous occupe, on suppose que la densité du gaz est la même dans toute son étendue, et qu'elle ne varie qu'avec le temps. En désignant par T et T' des fonctions de t, on a donc

$$\frac{dz}{dx} = T, \quad z = Tx + T';$$

et si l'on détermine T et T' de manière qu'on ait $z = y'$ et $z = y$, pour $x = 0$ et $x = \alpha$, il en résultera

$$z = (y - y')\frac{x}{\alpha} + y',$$

expression qui satisfait aussi à la condition $z = x$ quand $t = 0$, puisque alors on a $y' = 0$ et $y = \alpha$. De plus, on néglige, dans la solution dont il s'agit, la masse de la poudre par rapport à celle du boulet. Pour obtenir cette solution, je supprime donc les termes multipliés par μ dans les premiers membres des équations (3) et (4), et je substitue cette valeur de z dans le second membre de l'équation (4); il en résulte

$$(5)\quad\begin{cases} m\dfrac{dy}{dt} + m'\dfrac{dy'}{dt} = 0, \\[2mm] m\dfrac{dy^2}{dt^2} + m'\dfrac{dy'^2}{dt^2} = \dfrac{2\pi c^2 \alpha k}{1-n}\left[\left(\dfrac{y-y'}{\alpha}\right)^{1-n} - 1\right], \end{cases}$$

et, en intégrant la première de ces deux équations, on a

$$my + m'y' = m\alpha,$$

ce qui fera connaître l'une des deux inconnues y et y', quand l'autre sera déterminée.

Pour séparer les variables dans la seconde équation (5), je fais

$$y - y' = \theta, \quad y + y' = \theta';$$

de sorte que θ soit, à un instant quelconque, la distance du boulet à la culasse. Les équations (5) deviennent

$$(m' - m)\frac{d\theta}{dt} = (m' + m)\frac{d\theta'}{dt},$$

$$\tfrac{1}{4}(m + m')\left(\frac{d\theta^2}{dt^2} + \frac{d\theta'^2}{dt^2}\right) - \tfrac{1}{2}(m' - m)\frac{d\theta}{dt}\frac{d\theta'}{dt} = \frac{2\pi c^2 \alpha k}{1-n}\left(\frac{\theta^{1-n}}{\alpha^{1-n}} - 1\right);$$

en éliminant $d\theta'$ entre elles, il vient

$$(6)\quad \frac{mm'}{m+m'}\frac{d\theta^2}{dt^2} = \frac{2\pi c^2 \alpha k}{1-n}\left(\frac{\theta^{1-n}}{\alpha^{1-n}} - 1\right),$$

d'où l'on tire

$$dt = \sqrt{\frac{(1-n)\,mm'\alpha^{-n}}{2\pi c^2 k(m+m')}}\;\frac{d\theta}{\sqrt{\theta^{1-n}-\alpha^{1-n}}}.$$

Par la méthode des quadratures, on aura donc la valeur de t relative à chaque valeur de θ, et réciproquement, ce qui fera connaître à chaque instant la position du boulet dans l'intérieur de la pièce. Si l'on appelle l sa longueur, on aura en particulier

$$t = \sqrt{\frac{(1-n)\,mm'\alpha^{-n}}{2\pi c^2 k(m+m')}}\int_\alpha^l \frac{d\theta}{\sqrt{\theta^{1-n}-\alpha^{1-n}}},$$

pour le temps que le projectile emploie à atteindre la bouche du canon. Au bout de ce temps, si l'on désigne par V et V' les vitesses du boulet et du canon, on aura, d'après les équations (5),

$$m\mathrm{V} + m'\mathrm{V}' = 0,$$

$$m\mathrm{V}^2 + m'\mathrm{V}'^2 = \frac{2\pi c^2\alpha k}{1-n}\left(\frac{\theta^{1-n}}{\alpha^{1-n}}-1\right),$$

formules qui sont effectivement celles dont on se sert pour déterminer ces deux vitesses.

5. Au lieu de supprimer les termes multipliés par μ dans les équations (3) et (4), Lagrange y substitue, comme dans le second membre de l'équation (4), la valeur précédente de z, savoir

$$z = \frac{y-y'}{\alpha}x + y',$$

ce qui change ces équations en celles-ci

$$(m+\tfrac{1}{2}\mu)\frac{dy}{dt} + (m'+\tfrac{1}{2}\mu)\frac{dy'}{dt} = 0,$$

$$(m+\tfrac{1}{3}\mu)\frac{dy^2}{dt^2} + (m'+\tfrac{1}{3}\mu)\frac{dy'^2}{dt^2} + \frac{\mu}{3}\frac{dy}{dt}\frac{dy'}{dt} = \frac{2\pi c^2\alpha k}{1-n}\left[\left(\frac{y-y'}{z}\right)^{1-n}-1\right].$$

Or, en les comparant aux équations (5), et observant que la masse μ de la poudre est communément le tiers ou la moitié de la masse m du boulet, on voit combien doit être fautive la solution du numéro précédent, et combien doivent être inexactes les valeurs de V et V' qui s'en déduisent. Mais, si cette comparaison suffit pour rendre sensible l'inexactitude des équations (5), celles que nous venons d'écrire ne sont pas elles-mêmes suffisamment exactes quand on veut avoir égard à la masse de la poudre; car, lors même qu'on la suppose très-petite et qu'on ne veut conserver que la première puissance de μ dans le calcul, il faut substituer dans le second membre de l'équation (4) une valeur de z plus approchée que la précédente. Pour obtenir cette valeur, Lagrange fait

$$z = \frac{y-y'}{\alpha}x + y' + u,$$

u étant une nouvelle inconnue qu'il suppose très-petite. Après avoir mis l'équation (1) sous la forme

(7) $$\frac{d^2z}{dx^2} = \frac{\mathrm{D}}{nk}\left(\frac{dz}{dx}\right)^{n+1}\frac{d^2z}{dt^2},$$

il y substitue cette expression de z et il néglige les différences partielles de u dans son second membre, de sorte qu'on a

$$\frac{d^2 u}{dx^2} = \frac{D}{nk}\left(\frac{y-y'}{\alpha}\right)^{n+1}\left[\left(\frac{d^2 y}{dt^2}-\frac{d^2 y'}{dt^2}\right)\frac{x}{\alpha}+\frac{d^2 y'}{dt^2}\right].$$

Mais les équations (2) donnent en même temps

$$\frac{d^2 y}{dt^2} = \frac{\pi c^2 k}{m}\left(\frac{y-y'}{\alpha}\right)^{-n},$$

$$\frac{d^2 y'}{dt^2} = -\frac{\pi c^2 k}{m'}\left(\frac{y-y'}{\alpha}\right)^{-n};$$

et en substituant ces valeurs dans l'équation précédente, et observant que $\pi c^2 \alpha D = \mu$, on aura

$$\frac{d^2 u}{dx^2} = \frac{\mu}{n\alpha^3}(y-y')\left(\frac{x}{m}+\frac{x-\alpha}{m'}\right).$$

D'après les conditions $z = y'$ et $z = y$, quand $x = 0$ et $x = \alpha$, il faut que u s'évanouisse pour ces deux valeurs extrêmes de x, et, cela étant, on trouve en conséquence

$$u = \frac{\mu(y-y')(x-\alpha)x}{6n\alpha^3}\left(\frac{x+\alpha}{m}+\frac{x-2\alpha}{m'}\right),$$

valeur qui sera effectivement très-petite, ou plutôt une très-petite partie de z, lorsque la masse μ sera très-petite par rapport à m. Nous aurons

$$(8) \qquad z = \frac{y-y'}{\alpha}x+y'+\frac{\mu(y-y')(x-\alpha)x}{6n\alpha^3}\left(\frac{x+\alpha}{m}+\frac{x-2\alpha}{m'}\right)$$

pour la valeur correspondante de z.

Ce serait donc cette expression qu'il faudrait substituer à la place de z dans le second membre de l'équation (4); mais on voit qu'elle ne satisfait pas à la condition $z = x$ quand $t = 0$, car pour cette valeur de t on a $y' = 0$ et $y = \alpha$, et par conséquent

$$z = x + \frac{\mu(x-\alpha)x}{6n\alpha^2}\left(\frac{x+\alpha}{m}+\frac{x-2\alpha}{m'}\right).$$

Or cette valeur initiale de z n'est point applicable à la question qui nous occupe : elle suppose que les couches du fluide ont été déplacées suivant une certaine loi, ou, autrement dit, qu'elles ont été condensées et dilatées d'une certaine manière à l'origine du mouvement, ce qui n'a pas lieu dans le Problème du mouvement de la poudre réduite en gaz, où l'on suppose que la densité du fluide est constante dans toute sa longueur, et la même que celle de la poudre lorsqu'il commence à se mouvoir. La formule (8) est donc étrangère à la question; mais je ferai voir tout à l'heure qu'on peut la compléter et la rendre applicable au mouvement du gaz de la poudre, en supposant toujours la masse de ce fluide peu considérable par rapport à celle du projectile.

Cette formule se compose des deux premiers termes d'une série ordonnée suivant les puissances de μ, qu'on peut représenter par

$$z = Z + \mu Z' + \mu^2 Z'' + \mu^3 Z''' + \dots$$

En la substituant dans l'équation (1), et égalant ensuite les coefficients des mêmes puissances de μ dans les deux membres, on formera une série d'équations d'après lesquelles on pourra déterminer successivement les coefficients Z, Z', Z'', ..., au moyen les uns des autres, et du premier dont la valeur est $(y - y')\dfrac{x}{\alpha} + y'$; mais ces équations seront très-compliquées, et, encore plus les valeurs de Z, Z', Z'', ... Lagrange a aussi essayé de développer la valeur de z en série ordonnée suivant les puissances de x; mais ces différents développements ne l'ont conduit à aucun résultat satisfaisant. Il a ensuite reconnu qu'on peut satisfaire en même temps aux équations (1) et (2) par certaines valeurs de z, y, y', qui ne dépendent que des quadratures: et, quoique cette solution ne remplisse pas non plus la condition $z = x$ quand $t = 0$, je crois cependant utile de la faire connaître.

6. Soit X une fonction inconnue de x, et supposons qu'on puisse avoir exactement

$$z = \left(\frac{y - y'}{\alpha}\right) X + y'.$$

Il faudra d'abord que X s'évanouisse avec x, et qu'on ait $X = \alpha$ quand $x = \alpha$, afin que les valeurs extrêmes de z soient y' et y. Je désignerai par $6'$ et 6 les valeurs de $\dfrac{dX}{dx}$ qui répondent à $x = 0$ et $x = \alpha$, et alors, après avoir substitué cette expression de z dans les équations (1) et (2), on aura

$$(9)\quad\begin{cases} \left(\dfrac{d^2 y}{dt^2} - \dfrac{d^2 y'}{dt^2}\right)\dfrac{X}{\alpha} + \dfrac{d^2 y'}{dt^2} = \dfrac{nk}{D}\left(\dfrac{y - y'}{\alpha}\right)^{-n}\dfrac{d^2 X}{dx^2}\left(\dfrac{dX}{dx}\right)^{-n-1}, \\[2ex] \dfrac{d^2 y}{dt^2} = \dfrac{\pi c^2 k}{m 6^n}\left(\dfrac{y - y'}{\alpha}\right)^{-n}, \\[2ex] \dfrac{d^2 y'}{dt^2} = -\dfrac{\pi c^2 k}{m' 6'^n}\left(\dfrac{y - y'}{\alpha}\right)^{-n}. \end{cases}$$

Au moyen de ces deux dernières équations et de $\mu = \pi c^2 \alpha D$, la première devient

$$\frac{1}{m 6^n} X + \frac{1}{m' 6'^n}(X - \alpha) = \frac{n \alpha^2}{\mu}\frac{d^2 X}{dx^2}\left(\frac{dX}{dx}\right)^{-n-1},$$

et, comme elle ne renferme plus que X et x, il s'ensuit déjà la possibilité de la forme de z qu'on a supposée.

Je multiplie cette équation par $2\,dX$, et j'intègre de manière que les deux membres s'évanouissent pour $x = 0$, $X = 0$, $\dfrac{dX}{dx} = 6'$; il vient

$$(10)\quad \frac{1}{m 6^n} X^2 + \frac{1}{m' 6'^n}(X^2 - 2\alpha X) = \frac{2 n \alpha^2}{(1 - n)\mu}\left[\left(\frac{dX}{dx}\right)^{1-n} - 6'^{1-n}\right].$$

En faisant $x = \alpha$, $X = \alpha$, $\dfrac{dX}{dx} = 6$, on aura

$$\frac{1}{m 6^n} - \frac{1}{m' 6'^n} = \frac{2 n}{(1 - n)\mu}\left(6^{1-n} - 6'^{1-n}\right),$$

pour l'une des deux équations qui devront servir à déterminer θ et θ'. En résolvant l'équation (10) par rapport à dx, on a

$$dx = \left[\theta'^{1-n} + \frac{(1-n)\mu}{2\,nm\,\alpha^2\theta^n}\,X^2 + \frac{(1-n)\mu}{2\,nm'\,\alpha^2\theta'^n}\,(X^2 - 2\alpha X)\right]^{\frac{1}{n-1}} dX,$$

d'où l'on déduira, par les quadratures, les valeurs de x d'après celle de X, et réciproquement. Si l'on intègre cette formule depuis $X = 0$ jusqu'à $X = \alpha$, cette intégrale définie devra être égale à α, ce qui fournira la seconde des équations d'où dépendront les valeurs de θ et θ'. Dans le cas de $n = 1$ ces formules changent de forme, et, par exemple, l'équation (10) devient

$$\frac{1}{m\theta}\,X^2 + \frac{1}{m'\theta'}\,(X^2 - 2\alpha X) = \frac{2\alpha^2}{\mu}\log\left(\frac{1}{\theta'}\,\frac{dX}{dx}\right),$$

d'où l'on tire

$$\theta'dx = e^{-\frac{\mu}{2m\theta\alpha^2}X^2 - \frac{\mu}{2m'\theta'\alpha^2}(X^2 - 2\alpha X)}\,dX,$$

en désignant par e la base des logarithmes népériens.

Il reste encore y et y' à déterminer en fonctions de t. Or, si l'on retranche l'une de l'autre les deux dernières équations (9), et qu'on mette θ à la place de $y - y'$, on a

$$\frac{d^2\theta}{dt^2} = \pi c^2 k\left(\frac{1}{m\theta''} + \frac{1}{m'\theta'''}\right)\theta^{-n},$$

et, par l'intégration,

$$\frac{d\theta^2}{dt^2} = \frac{2\pi c^2 k}{1-n}\left(\frac{1}{m\theta''} + \frac{1}{m'\theta'''}\right)(\theta^{1-n} - \alpha^{1-n});$$

tirant de là la valeur de dt, puis intégrant par la méthode des quadratures, on aura les valeurs de t correspondantes à celles de θ, et réciproquement. L'une des deux dernières équations (9) fera connaître ensuite les valeurs de y ou y'; mais il vaudra mieux les déduire de l'équation (3), laquelle devient

$$m\frac{dy}{dt} + m'\frac{dy'}{dt} + \frac{\mu}{\alpha^2}\left(\frac{dy}{dt} - \frac{dy'}{dt}\right)\int_0^\alpha X\,dx + \mu\frac{dy'}{dt} = 0,$$

après qu'on y a mis pour z sa valeur : en intégrant, on aura donc

$$my + m'y' + \frac{\mu}{\alpha}(y - y')\int_0^\alpha X\,dx + \mu y' = \mu\alpha + \mu\int_0^x X\,dx,$$

pour déterminer y ou y' au moyen de θ ou $y - y'$.

7. Voici maintenant comment on peut rectifier la formule (8).

Je conserve, pour abréger, u à la place de sa valeur ; je désigne par ω une nouvelle inconnue, du même ordre de grandeur que u, et je fais

$$z = (y - y')\frac{x}{\alpha} + y' + u + \omega.$$

En substituant cette valeur dans l'équation (7), je néglige $\dfrac{du}{dx}$ et $\dfrac{d^2u}{dt^2}$ dans son second membre, où ces quantités se trouveraient divisées par k, qui est toujours très-grand; par la même raison, je néglige aussi $\dfrac{d\omega}{dx}$; mais il faudra conserver $\dfrac{d^2\omega}{dt^2}$, parce que la différentiation relative à t donne à cette quantité un facteur très-grand, qui fait disparaître le diviseur k. En observant d'ailleurs que la valeur de z satisfait déjà à l'équation (7), abstraction faite des termes dépendants de ω, on trouve

$$\frac{d^2\omega}{dx^2} = \frac{D}{nk}\left(\frac{\gamma - \gamma'}{\alpha}\right)^{n+1}\frac{d^2\omega}{dt^2}.$$

Au lieu de t si l'on prend une autre variable indépendante, il faudra remplacer $\dfrac{d^2\omega}{dt^2}$ par

$$\frac{d^2\omega}{dt^2} - \frac{1}{2}\frac{d\omega\,d.dt^2}{dt^i},$$

et, si cette autre variable est θ, il suffira, au degré d'approximation où nous nous arrêtons, de prendre pour dt^2 sa valeur donnée par l'équation (6). On en déduit

$$dt^2 = \frac{(1-n)\,mm'\alpha^{-n}}{2\pi c^2 k(m+m')}\frac{d\theta^2}{\theta^{1-n} - \alpha^{1-n}},$$

$$d.dt^2 = -\frac{(1-n)^2\,mm'\alpha^{-n}}{2\pi c^2 k(m+m')}\cdot\frac{\theta^{-n}\,d\theta^3}{(\theta^{1-n} - \alpha^{1-n})^2},$$

ce qui change l'équation précédente en celle-ci

$$\frac{d^2\omega}{dx^2} = \frac{2\mu(m+m')\theta^{n+1}}{nmm'\alpha^2}\left(\frac{\theta^{1-n} - \alpha^{1-n}}{1-n}\frac{d^2\omega}{d\theta^2} + \tfrac{1}{2}\theta^{-n}\frac{d\omega}{d\theta}\right).$$

La valeur de ω qui s'en déduira devra en outre s'évanouir pour $x = 0$ et $x = \alpha$, puisque alors z doit coïncider avec γ et γ'; or on remplit cette condition et l'on satisfait à cette équation en prenant

$$\omega = \sum q_i\,\varphi_i \sin\frac{i\pi x}{\alpha},$$

i étant un nombre entier et positif, q_i une constante indéterminée qui pourra dépendre de i, φ_i une fonction de θ et i déterminée par l'équation

$$(11)\qquad \frac{i^2\pi^2}{\alpha^2}\varphi_i + \frac{2\mu(m+m')\theta^{n+1}}{nmm'\alpha^2}\left(\frac{\theta^{1-n} - \alpha^{1-n}}{1-n}\frac{d^2\varphi_i}{d\theta^2} + \tfrac{1}{2}\theta^{-n}\frac{d\varphi_i}{d\theta}\right) = 0,$$

et la caractéristique $\sum$ désignant une somme relative à i, qui s'étendra depuis $i = 1$ jusqu'à $i = \infty$. A cause du coefficient indéterminé q_i, on pourra supposer que φ_i se réduit à l'unité quand $\theta = \alpha$; d'ailleurs, à l'origine du mouvement, pour que $\dfrac{dz}{dt}$ soit zéro, il faudra que $\dfrac{d\varphi_i}{d\theta}$ le soit aussi; on déterminera donc les deux constantes arbitraires qui seront contenues dans l'intégrale complète de l'équation (11), de sorte qu'on ait simultanément

$$\theta = \alpha, \qquad \varphi_i = 1, \qquad \frac{d\varphi_i}{d\theta} = 0;$$

de cette manière φ_i sera une fonction entièrement déterminée de i et θ, et il ne restera plus qu'à trouver l'expression de q_i.

Or, la condition $z = x$, quand $t = o$ ou $\theta = \alpha$, exige que la quantité $u + \omega$ soit alors égale à zéro; d'où l'on conclut

$$(12) \qquad \sum q_i \sin \frac{i\pi x}{\alpha} = \frac{\mu(\alpha - x)x}{6n\alpha^2}\left(\frac{x + \alpha}{m} + \frac{x - 2\alpha}{m'}\right),$$

équation qui devra subsister pour toutes les valeurs de x, depuis $x = o$ jusqu'à $x = \alpha$, en y comprenant les deux extrêmes; mais, d'après une formule connue et due à Lagrange, on a pour toutes ces valeurs

$$f(x) = \frac{2}{\alpha}\sum \int_0^\alpha \left(\sin \frac{i\pi x}{\alpha}\,\sin \frac{i\pi x'}{\alpha}\right)f(x')\,dx',$$

i étant un nombre entier et positif auquel répond la somme $\sum$ qui s'étend depuis $i = 1$ jusqu'à $i = \infty$, comme précédemment, et $f(x)$ désignant une fonction quelconque de x, pourvu qu'elle s'évanouisse aux deux limites $x = o$ et $x = \alpha$. On peut donc prendre successivement

$$f(x) = x(\alpha^2 - x^2), \qquad f(x) = x(\alpha - x)(x - 2\alpha);$$

et, comme on a

$$\int_0^\alpha (\alpha^2 - x'^2)\,x'\sin \frac{i\pi x'}{\alpha}\,dx' = -\frac{6\alpha^4}{i^3\pi^3}\cos i\pi,$$

$$\int_0^\alpha (\alpha - x')(x' - 2\alpha)\,x'\sin \frac{i\pi x'}{\alpha}\,dx' = -\frac{6\alpha^4}{i^3\pi^3},$$

il en résultera

$$x(\alpha^2 - x^2) = -12\sum \frac{\alpha^3}{i^3\pi^3}\cos i\pi \sin \frac{i\pi x}{\alpha},$$

$$x(\alpha - x)(x - 2\alpha) = -12\sum \frac{\alpha^3}{i^3\pi^3}\sin \frac{i\pi x}{\alpha},$$

valeurs que je substitue dans l'équation (12), et d'où je conclus, par la comparaison des termes semblables dans les deux membres,

$$q_i = -\frac{2\mu\alpha}{n\pi^3 i^3}\left(\frac{\cos i\pi}{m} + \frac{1}{m'}\right).$$

Il résulte de cette analyse qu'en faisant, pour abréger,

$$U = \frac{(y - y')(x - \alpha)x}{6n\alpha^3}\left(\frac{x + \alpha}{m} + \frac{x - 2\alpha}{m'}\right) - \frac{2\alpha}{n\pi^3}\sum\left(\frac{\cos i\pi}{m} + \frac{1}{m'}\right)\frac{\varphi_i}{i^3}\sin \frac{i\pi x}{\alpha},$$

a valeur rectifiée de z qu'il s'agissait d'obtenir sera

$$z = (y - y')\frac{x}{\alpha} + y' + \mu U.$$

On la substituera dans les équations (3) et (4), et l'on négligera les termes dépendants du carré de μ. Si l'on représente toujours par l la longueur de la pièce, par V et V' les vitesses du boulet et du canon qui répondent à $x = l$, et par ψ la valeur correspondante de $\dfrac{dU}{dx}$, on aura de cette manière

$$(m + \tfrac{1}{2}\mu)\,V + (m' + \tfrac{1}{2}\mu)\,V' = 0,$$

$$(m + \tfrac{1}{3}\mu)\,V^2 + (m' + \tfrac{1}{3}\mu)\,V'^2 + \tfrac{1}{3}VV' = \frac{2\pi c^2 \alpha k}{1 - n}\left[\left(\frac{l}{\alpha}\right)^{1-n} - 1 + (1 - n)\left(\frac{l}{\alpha}\right)^{-n}\mu\psi\right].$$

En éliminant V′ entre ces deux équations, on en déduira ensuite une valeur de la vitesse V du boulet à la bouche du canon, qui sera d'autant plus approchée que le poids de la charge aura été plus petit par rapport à celui du projectile.

Toute la question se trouve ainsi réduite à la détermination de la quantité φ_i en fonction de i et θ, laquelle dépend de l'équation (11), qui ne peut s'intégrer que par les méthodes d'approximation.

FIN DU TOME SEPTIEME.

TABLE DES MATIÈRES

DU TOME SEPTIÈME.

SECTION QUATRIÈME.

PIÈCES DIVERSES NON COMPRISES DANS LES RECUEILS ACADÉMIQUES.

TABLES DES MATIÈRES

DES

ŒUVRES DE LAGRANGE

(TOMES I A VII).

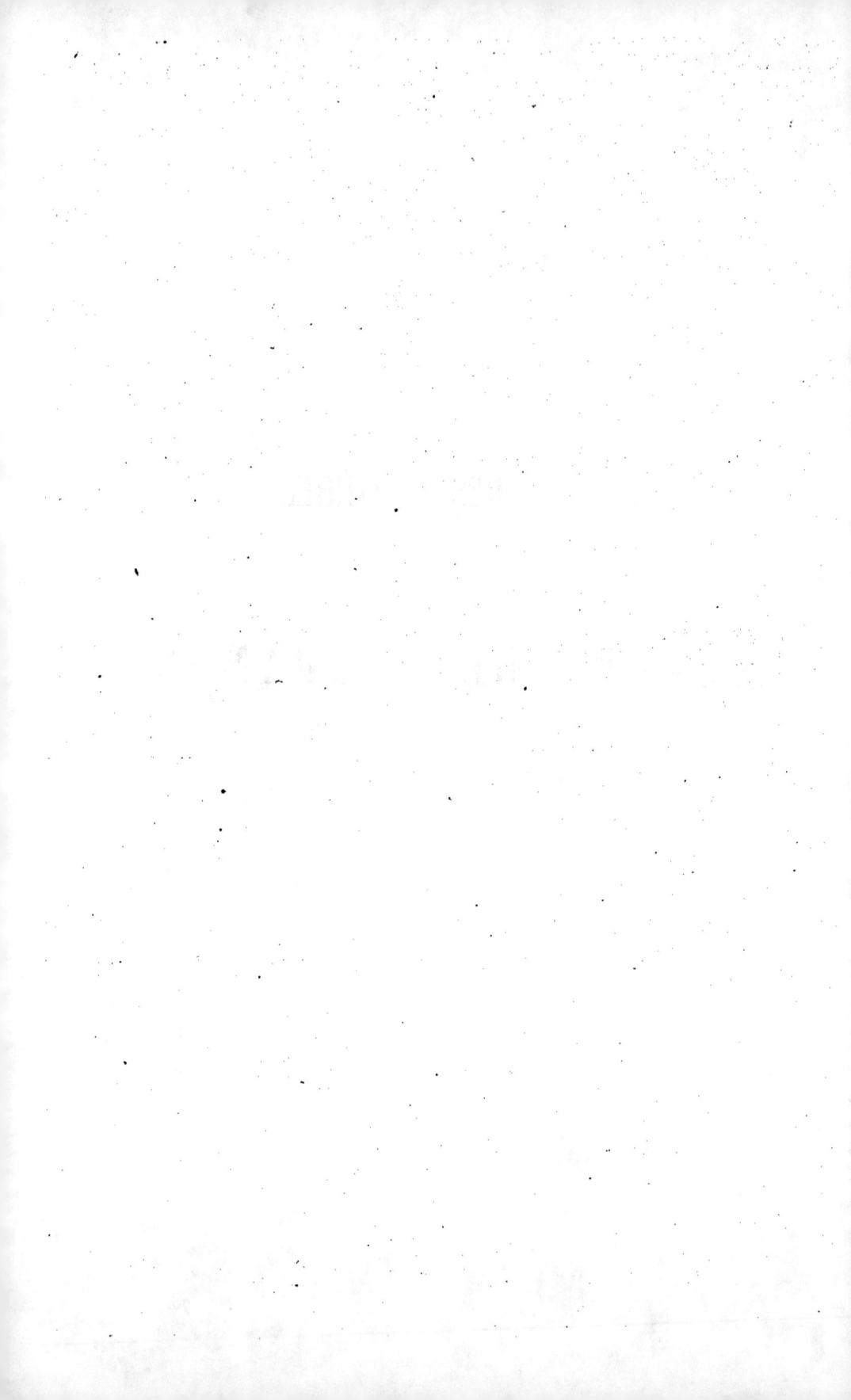

TOME PREMIER.

SECTION PREMIÈRE.

MÉMOIRES EXTRAITS DES RECUEILS DE L'ACADÉMIE DE TURIN.

TOME DEUXIÈME.

SECTION PREMIÈRE.

(SUITE.)

MÉMOIRES EXTRAITS DES RECUEILS DE L'ACADÉMIE DE TURIN.

SECTION DEUXIÈME.

MÉMOIRES EXTRAITS DES RECUEILS DE L'ACADÉMIE ROYALE DES SCIENCES ET BELLES-LETTRES DE BERLIN.

TOME TROISIÈME.

SECTION DEUXIÈME.

(suite.)

MÉMOIRES EXTRAITS DES RECUEILS DE L'ACADÉMIE ROYALE DES SCIENCES ET BELLES-LETTRES DE BERLIN.

TOME QUATRIÈME.

SECTION DEUXIÈME.

(SUITE.)

MÉMOIRES EXTRAITS DES RECUEILS DE L'ACADÉMIE ROYALE DES SCIENCES ET BELLES-LETTRES DE BERLIN.

TOME CINQUIÈME.

SECTION DEUXIÈME.
(SUITE.)

MÉMOIRES EXTRAITS DES RECUEILS DE L'ACADÉMIE ROYALE DES SCIENCES
ET BELLES-LETTRES DE BERLIN.

TOME SIXIÈME.

SECTION TROISIÈME.

TOME SEPTIÈME.

SECTION QUATRIÈME.

PARIS. — IMPRIMERIE DE GAUTHIER-VILLARS, SUCCESSEUR DE MALLET-BACHELIER,
Quai des Augustins, 55.

BRIOT (Ch.) et **BOUQUET**. — Théorie des fonctions elliptiques. 2ᵉ édition. In-4; 1875.... 30 fr.

CHASLES, Membre de l'Institut. — Aperçu historique sur l'origine et le développement des Méthodes en Géométrie, particulièrement de celles qui se rapportent à la Géométrie moderne, suivi d'un *Mémoire de Géométrie sur deux principes généraux de la Science, la Dualité et l'Homographie*. 2ᵉ édition conforme à la première. Un beau volume in-4 de 850 pages; 1875.... 35 fr.

DOSTOR (G.), Docteur ès sciences, Professeur à la Faculté des Sciences de l'Université catholique de Paris. — Éléments de la Théorie des déterminants, avec application à l'Algèbre, la Trigonométrie et la Géométrie analytique dans le plan et dans l'espace. In-8 de XXXII-352 pages; 1877.... 8 fr.

GILBERT (Ph.), Professeur à l'Université catholique de Louvain. — Cours de Mécanique analytique. *Partie élémentaire.* Grand in-8, avec figures dans le texte; 1877.... 9 fr. 50 c.

HOÜEL (J.). — Recueil de Formules et de Tables numériques, formant le complément des *Tables de Logarithmes à cinq décimales* du même Auteur. 2ᵉ édition. Grand in-8; 1868.... 4 fr. 50 c.

LEONELLI. — Supplément logarithmique, précédé d'une NOTICE SUR L'AUTEUR; par M. *J. Hoüel*, Professeur à la Faculté des Sciences de Bordeaux. 2ᵉ édition. In-8; 1876.... 4 fr.

LEVY (Maurice), Ingénieur des Ponts et Chaussées, Docteur ès Sciences. — La Statique graphique et ses *Applications aux constructions*. Un beau volume grand in-8, avec un Atlas même format, comprenant 24 planches doubles; 1874.... 16 fr. 50 c.

PONCELET. — Applications d'Analyse et de Géométrie qui ont servi de principal fondement au Traité des Propriétés projectives des figures. 2 forts volumes in-8, avec figures dans le texte; 1862-1864.... 20 fr.
Chaque volume se vend séparément.... 10 fr.

PONCELET, Membre de l'Institut. — Traité des Propriétés projectives des figures. 2ᵉ édition; 1865-1866. 2 volumes in-4, avec de nombreuses planches gravées sur cuivre; 1865-1866.... 40 fr.
Le IIᵉ volume se vend séparément.... 20 fr.

PONCELET, Membre de l'Institut. — Introduction à la Mécanique industrielle, physique ou expérimentale. 3ᵉ édition, publiée par M. *Kretz*, Ingénieur en chef des Manufactures de l'État. In-8 de 757 pages, avec 3 planches; 1870.... 12 fr.

PONCELET, Membre de l'Institut. — Cours de Mécanique appliquée aux machines, publié par M. *Kretz*, Ingénieur en chef des Manufactures de l'État. 2 volumes in-8.
1ʳᵉ PARTIE : *Machines en mouvement, Régulateurs et transmissions, Résistances passives*, avec 117 figures dans le texte et 2 planches; 1874.... 12 fr.
2ᵉ PARTIE : *Mouvements des fluides, Moteurs, Ponts-levis*, avec 111 fig. dans le texte; 1876. 12 fr.

SAINT-GERMAIN (de), Professeur de Mécanique à la Faculté des Sciences de Caen, ancien Maître de Conférences à l'École des Hautes Études de Paris. — Recueil d'Exercices sur la Mécanique rationnelle, à l'usage des candidats à la Licence et à l'Agrégation des Sciences mathématiques. In-8, avec figures dans le texte; 1876.... 8 fr. 50 c.

SECCHI (le P.), Directeur de l'Observatoire du Collége Romain, Correspondant de l'Institut de France. — Le Soleil. 2ᵉ édition. PREMIÈRE et SECONDE PARTIE. 2 beaux volumes grand in-8 avec Atlas; 1875.
Prix, pour les Souscripteurs aux deux volumes.... 30 fr.
On vend séparément :
Iʳᵉ PARTIE. Un volume grand in-8 avec 150 figures dans le texte et un Atlas comprenant 6 grandes planches gravées sur acier (I. *Spectre ordinaire du Soleil et Spectre d'absorption atmosphérique*. — II. *Spectre de diffraction* d'après la photographie de M. HENRY DRAPER. — III, IV, V et VI. *Spectre normal du Soleil*, d'après ANGSTRÖM, et *Spectre normal du Soleil, portion ultra-violette*, par M. A. CORNU); 1875.... 18 fr.
IIᵉ PARTIE. Un volume in-8, avec nombreuses figures dans le texte, 10 planches chromolithographiques de *protubérances solaires* et *spectres d'étoiles*, et 3 planches gravées sur acier de *taches solaires et nébuleuses*; 1876.... 18 fr.

SERRET (J.-A.), Membre de l'Institut, Professeur au Collége de France et à la Faculté des Sciences de Paris. — Cours d'Algèbre supérieure. 4ᵉ édition; 2 forts volumes in-8; 1877.... 25 fr.

TISSERAND, Correspondant de l'Institut, Directeur de l'Observatoire de Toulouse, ancien Maître de Conférences à l'École des Hautes Études de Paris. — Recueil complémentaire d'Exercices sur le Calcul infinitésimal, à l'usage des candidats à la Licence et à l'Agrégation des Sciences mathématiques. (Cet Ouvrage forme une suite naturelle à l'excellent *Recueil d'Exercices* de M. FRENET.) In-8, avec fig. dans le texte; 1876.... 7 fr. 50 c.

TYNDALL (John), Professeur à l'Institution royale et à l'École royale des Mines de la Grande-Bretagne. — Le Son, traduit de l'anglais et augmenté d'un *Appendice* par M. l'Abbé MOIGNO. Un beau volume in-8, orné de 171 figures dans le texte; 1869.... 7 fr.

TYNDALL (John). — La Lumière; *six Leçons faites en Amérique pendant l'hiver de 1872-1873*; Ouvrage traduit de l'anglais par M. l'*Abbé Moigno*. In-8, avec portrait de l'auteur et nombreuses figures dans le texte; 1875.... 7 fr.